王玉德◎著

明清环境变迁史

中国环境变迁史丛书

『十一五』国家重点图书出版规划项目

中州古籍出版社

· 郑州 ·

图书在版编目（CIP）数据

明清环境变迁史 / 王玉德著 . —郑州：中州古籍出版社，
2021. 12
（中国环境变迁史丛书）
ISBN 978-7-5348-9810-5

Ⅰ.①明… Ⅱ.①王… Ⅲ.①生态环境 – 变迁 – 研究 –
中国 – 明清时代 Ⅳ.① X321.2

中国版本图书馆 CIP 数据核字（2021）第 194128 号

MING-QING HUANJING BIANQIAN SHI

明清环境变迁史

策划编辑　杨天荣
责任编辑　杨天荣
责任校对　牛冰岩
美术编辑　王　歌

出 版 社	中州古籍出版社（地址：郑州市郑东新区祥盛街 27 号 6 层　邮编：450016　电话：0371-65788693）
发行单位	河南省新华书店发行集团有限公司
承印单位	河南瑞之光印刷股份有限公司
开　　本	710 mm × 1000 mm　1/16
印　　张	39
字　　数	677 千字
版　　次	2021 年 12 月第 1 版
印　　次	2021 年 12 月第 1 次印刷
定　　价	135.00 元

《中国环境变迁史丛书》 总序

一部环境通史，有必要开宗明义，先介绍环境的概念、学科属性、学术研究状况等，并交代写作的思路与框架。因此，特作总序于前。

一、何谓环境

何谓环境？《辞海》解释之一为：一般指围绕人类生存和发展的各种外部条件和要素的总体。……分为自然环境和社会环境。[①] 由此可知，环境分为自然环境与社会环境。

本书所述的环境主要指自然环境，指人类社会周围的自然境况。"自然环境是人类赖以生存的自然界，包括作为生产资料和劳动条件的各种自然条件的总和。自然环境处在地球表层大气圈、水圈、陆圈和生物圈的交界面，是有机界和无机界相互转化的场所。"[②]

环境有哪些元素？空气、气候、河流湖泊、大海、土壤、动物、植物、灾害等，都是环境的元素。需要说明的是，这些环境元素不是一成不变的，在不同的时期、不同的学科、不同的语境，人们对环境元素的理解是有差异的。在一些专家看来，环境是一个泛指的名词，是一个相对的概念，是相对于主体而言的客体，因此，不同的学科对环境的含义就有不同的理解，如环境保护法明确指出环境是指"大气、水、土地、矿藏、森林、草原、野生动物、野生植

---

① 《辞海》，上海辞书出版社 2020 年版，第 1817 页。

② 胡兆量、陈宗兴编：《地理环境概述》，科学出版社 2006 年版，第 1 页。

物、名胜古迹、风景游览区、温泉、疗养区、自然保护区、生活居住区等"①。

二、何谓环境史

国内外学者对环境史的定义做过许多探讨，表述的内容差不多，但没有达成一个共识。如，包茂宏认为："环境史是以建立在环境科学和生态学基础上的当代环境主义为指导，利用跨学科的方法，研究历史上人类及其社会与环境之相互作用的关系。"② 梅雪芹认为："作为一门学科，环境史不同于以往历史研究和历史编纂模式的根本之处在于，它是从人与自然互动的角度来看待人类社会发展历程的。"③

享誉盛名的美国学者唐纳德·休斯在《什么是环境史》一书中，用整整一部著作讨论环境史，他在序中说：环境史是"一门历史，通过研究作为自然一部分的人类如何随着时间的变迁，在与自然其余部分互动的过程中生活、劳作与思考，从而推进对人类的理解"④。显然，休斯笔下的环境史是人类史，是作为自然一部分的人类的历史，是人与自然关系的历史。

根据学术界的观点，结合我们研究的体会，我们认为：环境史是客观存在的历史。从学科属性而言，环境史是自然史与人类史的交叉学科。人类史与环境史是有区别的，在环境史研究中应当更多关注自然，而不是关注人。环境史是从人类社会视角观察自然的历史，研究的是自然与人类的历史。还要说明的是，我们所说的环境史，不包括与人类没有直接关系的纯自然现象，那样一些现象是动物学、植物学、细菌学等自然学科所研究的内容。

进入我们视觉的环境史是古老的。从广义而言，有了人类，就有环境史，就有了环境史的信息，就有了可供环境史研究的资料。人类对环境的关注、记载、研究的历史，可以上溯到很久以前，即可与人类文明史的起点同步。有了

---

① 朱颜明等编著：《环境地理学导论》，科学出版社2002年版，第1页。

② 包茂宏：《环境史：历史、理论和方法》，《史学理论研究》2000年第4期。

③ 梅雪芹：《马克思主义环境史学论纲》，《史学月刊》2004年第3期。

④ ［美］J. 唐纳德·休斯著，梅雪芹译：《什么是环境史》，北京大学出版社2008年版，第2页。

人类，就有了对环境的观察、选择、利用、改造。因此，我们说，环境史是古老的，其知识系统是悠久的。环境史是伴随着人类历史的步伐而走到了现在。

如果从更广义而言，环境史还应略早于人类史。有了环境才有人类，人类是环境演迁到一定阶段的产物。因此，环境史可以向上追溯，追溯到环境与人类社会的产生。作为环境史研究，可以从远观、中观、近观三个层次探究环境的历史。环境史的远观比人类史要早，环境史的中观与人类诞生相一致，环境史的近观是在 20 世纪才成为一门独立的学科。

三、环境史学的产生

人类生活在自然环境之中，但环境长期没有作为人类研究的主要内容。直到工业社会以来，环境才逐渐进入人类研究的视野，环境史学才逐渐成为历史学的一部分。为什么会产生环境史学？为什么会产生环境史的研究？环境史学的产生是 20 世纪以来的事情，之所以会产生环境史学，当然是学术多元发展的结果，更重要的是人类社会发展的结果，是环境问题越来越严重的结果。具体说来，有五点原因。

其一，人类社会越来越关注人自身的生存质量。随着物质文明与精神文明的发展，人们的欲望增加，人类的享乐主义盛行。人们都希望不断提高生活质量，要住宽敞的大房子，要吃尽天下的山珍海味，要到环境优美的地方旅游，要过天堂般的舒适生活。因此，人们对环境质量的要求越来越高，对环境的关注度超过了以往任何时候。

其二，人类对自己所处的生活环境越来越不满意。人类生存的环境条件日益恶化，各种污染严重威胁人们的生活与生命，如空气、水、大米、肉、蔬菜、水果等无一不受到污染，各种怪病层出不穷。事实上，生活在工业社会的人们，虽然在科技上得到一些享受，但在衣食方面、空气与水质方面远远不如农耕社会那么纯粹天然。

其三，人类越来越感到资源欠缺。随着工业化的进程，环境资源消耗增大，且正在消耗殆尽，如石油、木材、淡水、土地等，已经供不应求。以汽车工业为例，虽然生产汽车在短时间内拉动了经济，便利了人们的生活，但同时也带来了空气污染、石油消耗、交通拥挤等后患。

其四，人类面临的灾害越来越多。洪水、干旱、地震、海啸、瘟疫等频频发生，这些灾害严酷地摧残着人类，使人类付出了极大的代价。生活在这个地球上的人类，越来越艰难，无不感到自然界越来越可怕了。也许是互联网太发达，人们天天听到的都是环境恶化的坏消息。

其五，人类希望社会可持续发展，希望人与自然更加和谐，希望子孙后代也有好的生活空间。英国学者汤因比主张研究自然环境，用历史的眼光对生物圈进行研究，从人类的长远利益出发进行研究，目的是要让人类能够长期地在地球这个生物圈生活下去。他说："迄今一直是我们唯一栖身之地的生物圈，也将永远是我们唯一的栖身之地，这种认识就会告诫我们，把我们的思想和努力集中在这个生物圈上，考察它的历史，预测它的未来，尽一切努力保证这唯一的生物圈永远作为人类的栖身之处，直到人类所不能控制的宇宙力量使它变成一个不能栖身的地方。"①

人类似乎正处在文明的巅峰，又似乎处在文明的末日。换言之，人类正在创造美好的世界，又正在挖自己的坟墓。人类的环境之所以演变到今天这种情况，有其必然性。随着工业化的进程，随着大科学主义的无限膨胀，随着人类消费欲望的不断增多，随着人类的盲目与自大，随着人类对环境的残酷掠夺与虐待，环境一定会受到破坏，资源一定会减少，生态一定会不断恶化。有人甚至认为环境破坏与资本主义有关，"把人类当前面临的全球生态环境问题放在一个比较长的时段上进行观察，我们发现，这是一个经过了长期累积、在工业化以后日趋严重、到全球化时代已无法回避的问题。在近代以来的每个历史阶段，全球性的生态环境问题都与资本主义有关"②。如果没有资本主义，也许环境不会恶化成现在这个样子。但是，资本主义相对以前的社会形态毕竟是一个进步，环境恶化不能完全怪罪于社会的演进。

要改变环境恶化的这种情况，必须依靠人类的文化自觉。幸好，人类还有良知，人类还有先知先觉的智者。环境史学科的产生，就是人类良知的苏醒，就是学术自觉的表现。为了创造美好的社会，保持现代社会的可持续性发展，各国学者都关注环境，并致力于从环境史中总结经验。正因为人类社会越来越

---

① ［英］汤因比著，徐波等译：《人类与大地母亲》，上海人民出版社 2001 年版，第 8 页。

② 俞金尧：《资本主义与近代以来的全球生态环境》，《学术研究》2009 年 6 期。

关注环境，当然就会产生环境史学，开展环境史的研究。

四、环境史研究的内容

环境史研究可以分为三个方面：

第一，环境的历史。在人类社会的历史长河中，与人类息息相关的环境的历史，是环境史研究最基本的内容。历史上环境的各种元素的状况与变化，是环境史研究的主要板块。环境史不仅要关注环境过去的历史，还要着眼于环境的现状与未来。现在的环境对未来环境是有影响的，决定着未来的环境的状况。当前的环境与未来的环境都是历史上环境的传承，受到历史上环境的影响。

第二，人类社会与环境的关系的历史。历史上，环境是怎样决定或影响着人类社会？人类社会又是怎样反作用于环境？环境与农业、游牧业、商业的关系如何？环境与民族的发展如何？环境与城市的建设、居住的建筑、交通的变化有什么关系？这都是环境史应当关注的。

第三，人类对环境的认识史。人类对环境有一个渐进的认识过程，从简单、糊涂、粗暴的认识，到反思、科学的认识，都值得总结。人类的智者自古就提倡人与自然和谐，提倡保护自然。古希腊斯多葛派的创始人芝若说过："人生的目的就在于与自然和谐相处。"

由以上三点可知，环境史研究的目的，一是掌握有关环境本身的真实信息、确切的规律，二是了解人类有关环境问题上的经验教训与成就，三是追求人类社会与环境的和谐相处与持续发展。

五、环境史研究的社会背景与学术背景

研究环境史，或者把它当作一门环境史学科，应是 20 世纪以来的事情。环境史学是古老而年轻的学科。在这门年轻学科构建的背景之中，既有社会的酝酿，也有学术的准备。

1. 社会的酝酿

1968 年，在罗马成立了罗马俱乐部，其创建者是菲亚特汽车公司总裁佩

切伊（1908—1984），他联合各国各方面的学者，展开对世界环境的研究。佩切伊与池田大作合著《二十一世纪的警钟》。1972 年，世界上首次以人类与环境为主题的大会在瑞典斯德哥尔摩召开，发表了《联合国人类环境会议宣言》，会议的口号是"只有一个地球"，首次明确提出："保护和改善人类环境已经成为人类一个紧迫的目标。"联合国把每年的 6 月 5 日确定为世界环境日。1992 年在巴西召开了世界环境与发展大会，有 183 个国家和地区的代表团参加了会议，有 102 个国家的元首或政府首脑参加，通过了《里约环境与发展宣言》《21 世纪议程》。这次会议提出全球伦理有三个公平原则：世界范围内当代人之间的公平性、代际公平性、人类与自然之间的公平性。

2. 学术的准备

环境史学有相当长的准备阶段，20 世纪有许多关于研究环境的成果，这些成果构成了环境史学的酝酿阶段。

早在 20 世纪初，德国的斯宾格勒在《西方的没落》中就提出"机械的世界永远是有机的世界的对头"的观点，认为工业化是一种灾难，它使自然资源日益枯竭。[①] 资本主义的初级阶段，造成严重的环境污染，引起劳资双方极大的对立。斯宾格勒正是在这样的背景下写出了他的忧虑。

美国的李奥帕德（又译为莱奥波尔德）撰有《大地伦理学》一文，1933 年发表于美国的《林业杂志》，后来又收入他的《沙郡年记》。《大地伦理学》是现代环境主义运动的《圣经》，李奥帕德本人被称为"现代环境伦理学之父"。他超越了狭隘的人类伦理观，提出了人与自然的伙伴关系。其主要观点是要把伦理学扩大到人与自然，人不是征服者的角色，而是自然界共同体的一个公民。

德国的海德格尔在《论人类中心论的信》（1946）中反对以人类为中心，他说："人不是存在者的主宰，人是存在者的看护者。"[②] 另一位德国思想家施韦泽（又译为史韦兹，1875—1965 年在世），著有《敬畏生命》（上海社会科学科学院出版社 2003 年版），主张把道德关怀扩大到生物界。

---

① [德] 斯宾格勒：《西方的没落》，黑龙江教育出版社 1988 年版，第 24 页。

② 宋祖良：《海德格尔与当代西方的环境保护主义》，《哲学研究》1993 年第 2 期。

1962 年，美国生物学家蕾切尔·卡逊著《寂静的春天》（中国环境科学出版社 1993 年版），揭露美国的某些团体、机构等为了追求更多的经济利益而滥用有机农药的情况。此书被译成多种文字出版，学术界称其书标志着生态学时代的到来。

此外，世界自然保护同盟主席施里达斯·拉夫尔在《我们的家园——地球》中提出，不能仅仅告诉人们不要砍伐森林，而应让他们知道把拯救地球与拯救人类联系起来。① 英国学者拉塞尔在《觉醒的地球》（东方出版社 1991 年版）中提出地球是活的生命有机体，人类应有高度协同的世界观。

美国学者在 20 世纪先后创办了《环境评论》《环境史评论》《环境史》等刊物。美国学者约瑟夫·M. 佩图拉在 20 世纪 80 年代撰写了《美国环境史》，理查德·怀特在 1985 年发表了《美国环境史：一门新的历史领域的发展》，对环境史学作了概述。以上这些学者从理论、方法上不断构建环境史学科，其学术队伍与成果是世界公认的。

显然，环境史是在社会发展到一定阶段之后，由于一系列环境问题引发出学人的环境情怀、环境批判、环境觉悟而诞生的。限于篇幅，我们不能列举太多的环境史思想与学术成果，正是有这些丰硕的成果，为环境史学科的创立奠定了基础。

六、中国环境史的研究状况与困惑

中国是一个悠久的文明古国，一个以定居为主要生活方式的农耕文明古国，一个还包括游牧文明、工商文明的文明古国，一个地域辽阔的多民族大家庭的文明古国。在这样的国度，环境史的资料毫无疑问是相当丰富的。在世界上，没有哪一个国家的环境史资料比中国多。中国人研究环境史有得天独厚的条件，没有哪个国家可以与中国相提并论。

尽管环境史作为一门学科，学术界公认是外国学者最先构建的，但这并不能说明中国学者研究环境史就滞后。中国史学家一直有研究环境史的传统，先

---

① ［英］施里达斯·拉夫尔：《我们的家园——地球》，中国环境科学出版社 1993 年版。

秦时期的《禹贡》《山海经》就是环境史的著作。秦汉以降，中国出现了《水经注》《读史方舆纪要》等许多与环境相关的书籍，涌现出郦道元、徐霞客等这样的环境学家。史学在中国古代是比较发达的学科，而史学与地理学是紧密联系在一起的，任何一个史学家都不能不研究地理环境，因此，中国古代的环境史研究是发达的。

环境史是史学与环境学的交叉学科。历史学家离不开对环境的考察，而对环境的考察也离不开历史的视野。时移势易，生态环境在变化，社会也在变化。社会的变化往往是明显的，而山川的变化非要有历史眼光才看得清楚。早在 20 世纪，中国就有许多历史学家、地理学家、物候学家研究环境史，发表了一些高质量的环境史的著作与论文，如竺可桢在《考古学报》1972 年第 1 期发表的《中国近五千年来气候变迁的初步研究》就是环境史研究的代表作。此外，谭其骧、侯仁之、史念海、石泉、邹逸麟、葛剑雄、李文海、于希贤、曹树基、蓝勇等一批批学者都在研究环境史，并取得了丰硕的成果。国家环保局也很重视环境史的研究，曲格平、潘岳等人也在开展这方面的研究。

显然，环境史学科正在中华大地兴起，一大群跨学科的学者正在环境史田园耕耘。然而，时常听到有人发出疑问，如：

有人问：中国古代不是有地理学史吗？为什么还要换一个新名词环境史学呢？

答：地理史与环境史是有联系的，也是有区别的。环境史的内涵与外延大于地理史。环境史是新兴的前沿学科，是国际性的学科。中国在与世界接轨的过程中，一定要在各个学科方面也与世界接轨。应当看到，中国传统地理学有自身的局限性，它不可能完全承担环境史学的任务。正如有的学者所说：传统地理学的特点在于依附经学，寓于史学，掺有大量堪舆成分，持续发展，文献丰富，擅长沿革考证，习用平面地图。[1] 直到清代乾隆年间编《四库全书总目》，仍然把地理学作为史学的附庸，编到史部中，分为宫殿、总志、都、会、郡、县、河渠、边防、山川、古迹、杂记、游记、外记等子目。这些说明，传统地理学不是一门独立的学科，需要重新构建，但它可以作为环境史学

---

[1] 孙关龙：《试析中国传统地理学特点》，参见孙关龙、宋正海主编：《自然国学》，学苑出版社 2006 年版，第 326—331 页。

的前身。

有人问：研究环境史有什么现代价值？

答：清代顾祖禹在《读史方舆纪要·序》中说："孙子有言：'不知山林险阻沮泽之形者，不能行军。不用乡导者，不能得地利。'"环境史的现代价值一言难尽。如地震方面：20 世纪 50 年代，中国科学院绘制《中国地震资料年表》，其中有近万次地震的资料，涉及震中、烈度，这对于了解地震的规律性是极有用的。地震有灾害周期、灾异链，许多大型工程都是在经过查阅大量地震史资料之后，从而确定工程抗震系数。又如兴修水利方面：黄河小浪底工程大坝设计参考了黄河历年洪水的数据，特别是 1843 年的黄河洪水数据。长江三峡工程防洪设计是以 1870 年长江洪水的数据作为参考。又如矿藏方面：环境史成果有利于我们了解矿藏的分布情况、探矿经验、开采情况。又如，有的学者研究了清代以来三峡地区水旱灾害的情况①，意在说明在三峡工程竣工之后，环境保护仍然是三峡地区的重要任务。

说到环境史的现代价值，休斯在《什么是环境史》第一章有一段话讲得好，他说："环境史的一个有价值的贡献是，它使史学家的注意力转移到时下关注的引起全球变化的环境问题上来，譬如，全球变暖，气候类型的变动，大气污染及对臭氧层的破坏，包括森林与矿物燃料在内的自然资源的损耗……"② 可见，正因为有环境史，所以人类更加关心环境的过去、现在与未来，而这是其他学科所没有的魅力。毫无疑问，环境史研究既有很大的学术意义，又有很大的社会意义，对中国的现代化建设有重要价值，值得我们投入到其中。

每个国家都有自己的环境史。中华民族有五千多年的文明史，作为中国的学者，应当首先把本国的环境史梳理清楚，这才对得起"俱往矣"的列祖列宗，才对得起当代社会对我们的呼唤，才对得起未来的子子孙孙。如果能够对约占世界四分之一人口的中国环境史有一个基本的陈述，那将是对世界的一个

---

① 华林甫：《清代以来三峡地区水旱灾害的初步研究》，《中国社会科学》1991 年第 1 期。

② ［美］J. 唐纳德·休斯著，梅雪芹译：《什么是环境史》，北京大学出版社 2008 年版，第 2 页。

贡献。中华民族的学者曾经对世界作出过许多贡献，现在该是在环境史方面也作出贡献的时候了！

王玉德

2020 年 6 月 3 日

序　言

　　学术界习惯于把明朝与清朝合并成一个时间段加以研究，称为"明清史"。早在 20 世纪上半期，孟森教授就在北京大学讲授明清史这门课，后来他在商务印书馆出版了《明清史讲义》，此书一直被研究明清史者奉为圭臬。此外，梁方仲所著的《明清赋税与社会经济》、傅衣凌所著的《明清农村社会经济》、杨国桢所著的《明清土地契约文书研究》、郑振满所著的《明清福建家族组织与社会变迁》等都以"明清"作为一个单元开展研究。

　　学术界之所以把明朝与清朝合并起来研究，关键是因为这两个朝代在时间上是连接在一起的，有密切的传承关系。如果按五种社会形态划分，这两个朝代共同构成了中国封建社会晚期，也是中国封建社会烂熟的时期。这两个朝代的时代境遇与历史地位，有共性的地方，值得作整体研究。

　　环境史更是这样，有必要把明清 543 年联系起来研究。因为天文、气候、地理、灾害等是超越朝代的，大自然本身是有规律的。研究朝代史，必须按朝代开展研究，而研究环境史、文明演进史、艺术发展史等未必要死板地依照朝代网格。许多专门史都有独特的路径，与朝代史不是完全一致的。

　　进入 21 世纪以来，随着人类社会的快速发展，环境出现了许多前所未有的严峻问题。环境学已经成为一门愈来愈热的学科。人们深知历史是一面镜子，试图通过对过去环境的研究来解读现在的环境。在学术界研究的诸多对象之中，环境是一个特殊的对象，必须把它放在长时段的历史中考察，才可能掌握它的规律。当然，长时段的历史是由一个个短时期的片段连接的，只有深入探析已有的历史片段，才可能联系起来认识环境史的真相，才可能更好地为现实服务。

　　于是，史学工作者、环境学工作者，自觉不自觉就走向了历史，走向了断代。这，就有了明清环境变迁史的研究，有了我们接下来的写作思路，有了这部著作。本书所要揭示的是明清的环境。在明清时期，天文气候如何？土地山川河流如何？植物、动物、矿物的状况如何？自然灾害如何？人们的环境观念如何？环境与社会关系如何？诸如此类的问题，就是本书所要介绍或论述的。

作为一本研究明清环境变迁的著作，应当尽量描述出从明初 1368 年到清末 1911 年这段时间整个中国大地环境史的基本状况。一是要利用明清的文献资料，尽可能地复原历史。二是要尽可能地介绍当代学者的研究成果，提供学术信息。

为了展开环境史内容，有必要先做初步的铺垫，于是第一章撰写了《明清环境概说》。本章主要介绍了明清的疆域、行政区划、交通、人口、社会性质等。

论从史出，史料是研究的基础。为了尽可能地还原明清环境，有必要先从环境文献入手，搞清楚明清有哪些资料可用于研究环境。虽然明清没有专门的环境史著作，但资料还是丰富的。这个工作其实就是环境文献学，或者说是环境史料学。只有充分掌握资料，才可能言之有据。因此，专门撰写了第二章明清的环境史文献。

进入到正题，说到环境，当然要从天说起，第三章讲述了天文、气候。所谓天，就是宇宙系统，就是大地之上的东西。大自然形成的冷暖寒湿，直接影响到大地的旱涝，影响到植被的荣枯，影响到动物的生死，影响到农业的丰歉与畜牧的兴衰，影响到社会的兴衰。

有了天，就有地。人类以土地为生，土地的状况决定了生存的状况。土质、土地的开垦、山区与湖泊的利用，都是环境史的内容。本书分别介绍了北方与南方的土地的信息。

有了大地，就有水文。水是环境中最关键的因素，有水才有生命，植物、动物无不依赖水。中国是个农业文明古国，水利是农业的命脉，因此，要下大力气了解明清的水环境。本书介绍了人们对水环境的总体认识，介绍了国家如何治水。笔者原来打算把《海域与岛屿》专列一章，因篇幅不大，就列在了明清的水环境这一章。

有水就有生物。植物与植被是环境中最重要的表征。从某种意义上说，植被好，环境就好，生态就好。只有植被好，才能说明水的蓄养好，才可能有各式各样的生命存在。本书论述了明清时期人们对植物与植被的基本认识，对不同区域的植被做了介绍。对政府的植树与毁树，还有当时的林木贸易与保护林木的思想做了介绍。

生态环境的各个要素总是以链接的形式而存在。人类与其他动物一样，共同生活在同一个地球上。其他动物的生存状况，直接关系到人类的生存状况，反映了环境的总体状况。天上飞的，地上爬的，水中游的，不论是飞禽，还是走兽，都应当受到关注，甚至爱护。本书介绍了各地区的动物，以及对动物的伤害与保护。

自然界除了有生命之物外，还有矿物。金银铜铁及各类石材、能源，无不是环境的一部分，也是人类生存不可或缺的一部分。本书对矿藏的分布、矿藏的开采与利用、人们的矿藏观念、开采的技术、因开采产生的矿藏污染、矿业与环境的关系等均做了介绍。

环境史不仅要着眼于自然，还要关注自然与社会的关系。社会是由人组成的，人的精神层面的东西是文化的核心。环境史要对人们的环境思想有所关注。本书论述了人们对环境的认识，诸如环境情结、天人意识、环境迷信，以及人们保护环境的观念。此外，还论述了环境管理机制、管理山水的举措。

研究明清的环境史，有必要从区域角度作一个大的鸟瞰。世界的环境史必须建立在国别的环境史基础上，国别的环境史必须建立在地区的环境史基础上。本书沿用《宋元环境变迁史》的做法，按照中国现在的疆域及其行政区划，对各个地区的环境做大概的介绍。大致依据北京大学李孝聪教授的《中国区域历史地理》（北京大学出版社 2004 年 10 月版），以秦岭与淮河为南北分界线，把宏观区域与现代省份相结合，东北地区包括黑龙江、吉林、辽宁。北亚蒙古草原包括内蒙古自治区。西北地区包括宁夏、甘肃、青海、新疆。中原地区包括河南、河北、陕西、山西、山东。西南地区包括西藏、云南、四川、重庆、贵州。长江中下游地区包括湖北、湖南、江西、安徽、江苏。东南沿海地带包括浙江、福建、台湾。岭南地区包括广西、广东、海南。

研究环境史，一定要与社会结合起来。环境史本质上是环境与社会的历史。本书专门介绍了城市（特别是明代的两座都城）与环境问题、乡村环境的新趋势、住宅环境的理念、园林环境艺术等。

有环境就有灾害。灾害是相对的，是针对"风调雨顺"而言的。在不同的时期、不同的地区，灾害是不同的，灾害总是给人类以深刻的记忆。环境史研究的重点之一就是灾害史，本书论述了区域性的灾害，分别对旱灾、水灾、震灾、蝗灾、疫灾、风灾、雷灾、火灾、鼠灾等做了介绍。灾害产生之后，有什么危害？面对灾害，人们是如何应对的？有些什么样的经验与教训？本书作了初步的探讨。

为了让读者从时间线索方面了解明清环境史，为了把一些不便于写进各章的环境史信息表达出来，专门增加了一个附录《明清环境变迁史大事表》，此表是参考了一些学术成果，加上笔者在写作中搜录到的材料编纂而成的。

环境史涉及许多地理学、环境学的常识和理论，考虑到本书的篇幅有限，这样一些铺垫性的前期的学科知识尽量从略。

拙作致力于三个方面的努力：其一，尽量运用大量的历史文献，特别是从方志中发掘了一些新的材料，来丰富环境史的内容。其二，尽量采用交叉学科的研究方法，把历史学、地理学、生态学、文化学等诸多学科的理论运用到研究之中。其三，尽量与现实紧密结合，争取对当代社会发展有借鉴意义。如，其中论述了各个地区在明清时期的气候、植物、动物、灾害，对各个地区的当代环境保护是有启发意义的。

以上赘言，希望能对读者了解明清环境变迁有所帮助！

目录

第一章
明清环境概说

　　说到明清环境，首先有必要大致了解明朝与清朝这两个朝代的基本情况，了解其疆域、区划、人口、交通等，了解明清时期学者对环境的基本看法。在这一时期，中华古代文明达到了很高的成就，相应的环境问题也日益突出，人们的环境思想、环境举措都呈现出新的特征。

第一节　明朝与清朝

　　这里，首先对明朝与清朝做简要介绍。

一、明朝

　　明朝从 1368 年至 1644 年，共历 276 年。历经 17 位皇帝。初期建都南京，明成祖时期定都北京。

　　明朝之所以称"明"，其中有环境观念。朱元璋初定天下，相信敬天而得大明。明朝取代元朝，按五德终始观念，是以火克金，故以明喻火。元朝国号出自《周易》，明朝国号也从《周易》"大明终始"一句受到启发，寓意元明之间正统嬗替。

　　明朝有其兴衰的几个阶段，在洪武、永乐、宣德时期治理清明，国力强盛。明中期发生土木堡之变，由盛而衰，后经弘治中兴、万历中兴，国势稍振。晚明因政治腐败、天灾外患，国势日衰。1644 年，李自成领导的农民军攻入北京，崇祯帝自缢，明朝灭亡。明亡之后，后继南明与明郑政权仍延续了数十年，直到 1683 年，明廷宗室才被清军完全灭绝。

　　如何评价明朝的历史地位？张安奇在《中华文明史·明史》的《卷首语》提出，明代的文明出现五大特征：一是明代的生产力水平已达到了封建社会中可以达到的高峰。传统的科学技术趋向于终结，并蕴含着走向近代的因素。二是明代农业、手工业的发展，促进了商品经济的繁荣。明中叶以后，在经济发达的某些地区，首先在手工业、继而在农业中出现了资本主义生产关系的萌芽，昭示着封建社会的没落。三是封建社会政治制度的高度成熟与极权主义、腐败政治的极度发展，构成了社会、阶级、民族的复杂矛盾，人民的反抗斗争持续不断，最终导致王朝覆灭。四是出现了思想文化领域的灿烂繁盛和新的变异。正德以后至万历年间，商品经济的发展引发出思想文化领域的勃勃生机、繁荣辉煌、气象万千。五是出现了中华文明和海外文明的交流，以及西方科学文化的传入。① 这五点评价，姑且作为我们评价明朝的参考。

二、清朝

清朝从 1644 年到 1911 年。统治者为爱新觉罗氏。清朝是中国历史上最后一个封建王朝，共传 12 帝。清朝在中国历史舞台上，如果从 1616 年努尔哈赤建立后金算起，总计 295 年；从 1636 年皇太极改国号为清算起，国祚 275 年；从清兵入关建立全国性政权算起为 267 年。

清朝的名称得自于阴阳五行学说，术士认为朱明属于五行之火，火能克金，而"清"旁有水，水能灭火，因此由金更名为清。还有一种说法，清，青也。北方萨满教诸族崇尚青色，故取"大清"为号。

清朝前期，国家统一，疆域辽阔，人口众多，土地增垦，物产丰盈，国库充实。清史专家戴逸对清朝有很高的评价，他说："我个人的估计，康雍乾时期不仅在中国历史上发展到了最高峰，而且在全世界也是名列前茅的，这和传统的估计不同，康雍乾时期 134 年里，是中国历史上最繁荣的时期，没有哪一个朝代能够比得上。我们常说中国最繁荣的是汉朝、唐朝，但是我认为康雍乾时期发展的高度远远超过汉唐。"②

清朝到了嘉庆、道光年间，社会震荡，一蹶不振，江河日下。以 1840 年的鸦片战争为断限，清代前后各为一段。学术界以 1840 年以前为封建社会，1840 年以后为半殖民地半封建社会。清朝由盛而衰的原因不是因为出现了如唐代安史之乱那样的动荡，而是因为外国列强的侵略与内在体制的腐朽。

①《中华文明史》第 8 卷，河北教育出版社 1994 年版，第 3—5 页。

② 戴逸：《论康雍乾盛世》，《戴逸自选集》，学习出版社 2007 年版。

第二节　明清的疆域、行政区划、交通、人口

一、疆域

1. 明朝疆域

从《明史·地理志一》记载可知明朝所辖疆域，"计明初封略，东起朝鲜，西据吐番，南包安南，北距大碛，东西一万一千七百五十里，南北一万零九百四里。自成祖弃大宁，徙东胜，宣宗迁开平于独石，世宗时复弃哈密、河套，则东起辽海，西至嘉峪，南至琼、崖，北抵云、朔，东西万余里，南北万里"。与元朝相比，明代的疆域有一个由大变小的内缩过程：明朝的北边，明洪武年间在北方边境一带设置四十余个卫所为边防前线，包括东胜卫、斡难河卫、开平卫、大宁卫等皆为明朝边防重地，北界在阴山、大青山和西拉木伦河一带。永乐年间以后，天气转寒，农耕不济，边境不得不南移。嘉靖中叶，蒙古复振，北方边境再次内迁，明朝放弃了河套地区，修建长城以防御蒙古，在长城沿线设九边重镇加强防御，形成了以长城为限的北界。

东北边界，明初到达了黑龙江口与库页岛。朱棣招抚女真部落，于1409年设奴儿干都司，共辖130多个卫所。这时期有一个重要的历史文献《永宁寺碑记》，记载：

伏闻天之德高明，故能覆帱；地之德博厚，故能持载；圣人之德神圣，故能悦近而服远，博施而济众。洪惟我朝统一以来，天下太平五十年矣。九夷八蛮□山航海，骈肩接踵，稽颡于阙廷之下者，民莫枚举。

惟东北奴儿干国，道在三译之表，其民曰吉列迷及诸种野人杂居焉。皆闻风慕化，未能自至。况其地不生五谷，不产布帛，畜养惟狗，或野人养□驾□运□□□物□以捕鱼为业，食肉而衣皮，好弓矢。诸般衣食之艰，不胜为言。

是以天□□至其国□□抚慰□安矣。

　　□□□而未善，永乐九年春，特遣内官亦失哈等率官军一千余人，巨船二十五艘，复至其国，开设奴儿干都司。昔辽、金俦民安故业，皆为尧舜之风，今日复见而服矣。遂上□朝□□选都司，而余人上授以官爵、印信，赐以衣服，□以布钞，给赍而还。依土立兴卫、所，收集旧部人民，使之自相统属。①

　　后来，女真势力崛起，后金占领了辽东都司的大部分土地，明朝管理的范围内缩。1435 年明宣宗撤回在奴儿干的流官驻军。

　　西北方面，明初在新疆的哈密等地设置了哈密、阿端、安定、曲先、罕东五卫。嘉靖八年（1529 年）后，明军退守嘉峪关，嘉峪关以西皆为吐鲁番所据。

　　西南方面，明初在今缅甸、老挝、泰国境内都设有宣慰司，在今越南设置交阯布政使司。② 安南正式成为明朝的一个行政区，下设府十五、州四十一，共得三百一十二万人民。《明史·安南传》记载：

　　六月朔，诏告天下，改安南为交阯，设三司：以都督金事吕毅掌都司事，黄中副之，前工部侍郎张显宗、福建布政司左参政王平为左、右布政使，前河南按察使阮友彰为按察使，裴伯耆授右参议。又命尚书黄福兼掌布、按二司事。设交州、北江、谅江、三江、建平、新安、建昌、奉化、清化、镇蛮、谅山、新平、演州、乂安、顺化十五府，分辖三十六州，一百八十一县。又设太原、宣化、嘉兴、归化、广威五州，直隶布政，分辖二十九县。其他要害，咸设卫所控之。……六年六月，辅等振旅还京，上交阯地图，东西一千七百六十里，南北二千八百里。安抚人民三百一十二万有奇，获蛮人二百八万七千五百有奇，象、马、牛二十三万五千九百有奇，米粟一千三百六十万石，船八千六百七十余艘，军器二百五十三万九千八百。

　　永乐年间增设底兀剌、大古剌、底马撒三个宣慰司，统治范围包括今缅甸、老挝大部及泰国西北部抵达孟加拉湾。1427 年，明朝罢交阯布政使司，

---

① 钟民岩：《历史的见证——明代奴儿干永宁寺碑文考释》，《历史研究》，1974 年第 1 期。

② 邹逸麟：《中国历史地理概述》，福建人民出版社 1993 年版，第 117 页。

放弃安南。

1661 年，郑成功收复台湾，次年驱逐荷兰人，设承天府，辖天兴、万年二县。

相对于元代与清代，明代的疆域要小得多，这是由农耕民族的内敛性所决定的，其统治者没有对领土的扩张倾向。明代大修长城，以长城为边界，就像一个老农守着一亩三分地一样，只图关起门来过日子。

对明朝疆域的认识，基于明代绘制的地图。明人重视从空间上了解国土，绘图是集天文、地理、测量于一体的工作，集中反映了人们的环境知识。明代罗洪先编绘《广舆图》，有《总舆图》《直隶图》《九边图》《黄河图》《漕河图》《海运图》《边疆图》《外域图》。地图上有各种符号。意大利传教士利马窦输入《万国舆图》，把测绘学、制图学、世界地理知识传到中国，使中国人耳目一新。徐光启在 1629 年利用西方的测绘技术，对北京、南昌、南京、广州四个城市的纬度进行测量。

2. 清朝疆域

清朝前期的疆域，西跨葱岭，西北达巴尔喀什湖北岸，北接西伯利亚，东北到黑龙江以北的外兴安岭和库页岛，东临太平洋，东南到台湾，南到东沙、西沙、中沙、南沙四大群岛和黄岩岛。《清史稿·地理志一》对清朝疆域有论述，如下：

有清崛起东方，历世五六。太祖、太宗力征经营，奄有东土，首定哈达、辉发、乌拉、叶赫及宁古塔诸地，于是旧藩札萨克二十五部五十一旗悉入版图。世祖入关薙寇，定鼎燕都，悉有中国一十八省之地，统御九有，以定一尊。圣祖、世宗长驱远驭，拓土开疆，又有新藩喀尔喀四部八十二旗，青海四部二十九旗，及贺兰山厄鲁特迄于两藏，四译之国，同我皇风。逮于高宗，定大小金川，收准噶尔、回部，天山南北二万余里毡裘浑酪之伦，树颔蛾服，倚汉如天。自兹以来，东极三姓所属库页岛，西极新疆疏勒至于葱岭，北极外兴安岭，南极广东琼州之崖山，莫不稽颡内乡，诚系本朝。于皇铄哉！汉、唐以来未之有也。

穆宗中兴以后，台湾、新疆改列行省；德宗嗣位，复将奉天、吉林、黑龙江改为东三省，与腹地同风：凡府、厅、州、县一千七百有奇。自唐三受降城以东，南卫边门，东凑松花江，北缘大漠，为内蒙古。其外涉瀚海，阻兴安，东滨黑龙江，西越阿尔泰山，为外蒙古。重之以屏翰，联之以昏姻，此皆列帝之所怀柔安辑，故历世二百余年，无敢生异志者。

太宗之四征不庭也，朝鲜首先降服，赐号封王。顺治六年，琉球奉表纳款，永藩东土。继是安南、暹罗、缅甸、南掌、苏禄诸国请贡称臣，列为南服。高宗之世，削平西域，巴勒提、痕都斯坦、爱乌罕、拔达克山、布哈尔、博洛尔、塔什干、安集延、浩罕、东西布鲁特、左右哈萨克，及坎车提诸回部，联翩内附，来享来王。东西朔南，辟地至数万里，幅员之广，可谓极矣。洎乎末世，列强环起，虎眈鲸吞，凡重译贡市之国，四分五裂，悉为有力者负之走矣。

比起其他朝代，满人入关之后给中华民族带来的最大一份礼品就是疆域。满人把他们原来在东北直到库页岛的土地都融入到清朝的管辖范围。

二、行政区划

1. 明朝行政区划

1427 年，明朝在全国设置两京、十三布政使司，包括北直隶、陕西、山西、山东、河南（以上为北五省）、南直隶、浙江、江西、湖广、四川（以上为中五省）、广东、福建、广西、贵州、云南（以上为南五省）。

明朝改元代的行省名称为"承宣布政使司"，但人们在习惯上仍称"省"。其中，山东、山西、河南、江西、浙江、福建、广东、广西、云南九个布政司的名称与辖区与今省界大致相同。陕西包括今陕、甘二省及宁夏回族自治区，还有青海省的西宁一带；湖广包括今湖北、湖南二省；四川除管辖今四川大部外，还包括贵州北部的遵义地区及云南东北部的昭通地区。贵州包括除遵义以外的今贵州全境。北直隶的辖区与今河北省长城以内基本一致，南直隶包括今江苏、安徽二省。

明朝在青藏地区设有乌思藏都司、朵甘都司；在东北女真部落设奴儿干都司，下辖 131 卫，至万历年间增至 384 卫；嘉峪关以西地区置西北八卫，均属羁縻卫所，与内地的都司、行都司性质不同。《明太祖实录》卷七十九记载："（洪武六年）诏置乌思藏、朵甘卫指挥使司、宣慰司二、元帅府一、招讨司四、万户府十三、千户所四，以故元国公南哥思丹八亦监藏等为指挥同知、金事、宣慰使同知、副使、元帅、招讨、万户等官凡六十人，以摄帝师喃加巴藏卜为炽盛佛宝国师，先是遣员外郎许允德使吐蕃，令各族酋长举故官至京授职，至是南加巴藏卜以所举故元国公南哥思丹八亦监藏等来朝贡乞授职名。"

明朝地方行政的省以下有府、州、县。① 明代改元代的路为府，以税粮多寡为划分标准。粮廿万石以上为上府，廿万石以下十万石以上为中府，十万石以下为下府。根据《明史·地理志》记载，终明一代有府 140、州 193、县 1138。根据《明史·兵志二》记载，明有卫 493、所 359。

明朝还设置了介于省和府、县之间的道。道分为分守道和分巡道两种。

明朝徐霞客在《闽游日记》前篇记载了明代的行政设置是变动的，并以环境为依据。在福建永安，徐霞客"询之土人，宁洋未设县时，此犹属永安；今则岭北水俱北者属延平，岭南水俱南者属漳州。随山奠川，固当如此建置也。其地南去宁洋三十里，西为本郡之龙岩，东为延平之大田云"。这说明，明代时常对行政区划作局部调整。

当代学者认为，明朝的行政区划设置大体符合山川形便之处，但仍有一些不合理之处。如南直隶就地跨淮北、淮南、江南三个地区。而嘉兴、湖州、杭州三个太湖流域的府却被划入浙江省，与同为太湖流域的苏州府分离。河南省占据了黄河以北的部分土地。贵州省呈现中间窄两边宽的蝴蝶状。

2. 清朝行政区划

清朝地方行政设有省、道、府州、县四级。边远地区设立了与府平行但名义较低的直隶厅。②

清朝的行政区划有一个构建的过程。

清朝顺治二年（1645 年），改南直隶为江南。

康熙元年（1662 年），郑成功从荷兰殖民者手中收复了台湾。康熙二年分陕西为陕西、甘肃二省，北直隶专称直隶省；康熙三年（1664 年）分湖广为湖北、湖南二省；康熙六年（1667 年）分江南省为江苏、安徽二省。康熙二十二年（1683 年），郑成功之孙郑克塽投降清朝，台湾纳入清朝版图。第二

---

① 施和金编著：《中国历史地理》，南京出版社 1993 年版，第 36 页。

② 施和金编著：《中国历史地理》，南京出版社 1993 年版，第 37 页。

年，清朝设置台湾府，隶属福建省。

乾隆二十二年（1757 年），清政府将准噶尔贵族割据势力彻底消灭，控制了天山北路，又平定了天山南路的回部贵族大、小和卓兄弟发动的叛乱，把这一地区完全收入清朝版图之中，取名"新疆"。清朝在伊犁设置伊犁将军，统一管辖整个新疆地区，又设参赞大臣、领队大臣，分驻塔城等地，推行州县制，允许汉人到新疆发展。准噶尔旧地乌鲁木齐（迪化）迅速成为繁华的经济文化中心。

清朝在西藏设驻藏大臣，为管理西藏而颁布了《钦定章程》。中央对西藏宗教领袖加以赐封，顺治帝封达赖喇嘛，康熙帝封班禅·额尔德尼。乾隆年间，开始实行金瓶掣签制度来选出达赖和班禅的继承人。这项制度确保了清朝对西藏的直接控制，有利于西藏地区的政治稳定。清廷让他们到京城参拜，北京城内的雍和宫，承德的外八庙都是汉藏友好的见证。

清朝在西南设立土司，后来又进行了改土归流。雍正四年（1726 年），清世宗采纳云贵总督鄂尔泰的建议，在云、贵、粤、桂、川、湘、鄂等地，推行"改土归流"。"土"指土司，"流"即流官。"改土归流"即把原来由少数民族首领世袭的土司制度，改为由朝廷直接委派的流官来进行治理，分别设立府、厅、州、县。这一措施消除了土司割据的局面，减轻了当地人民的负担，加强了中央对西南少数民族地区的统治。清代的边疆政策，因地而宜，举措不一，有利于边远地区的稳定。各民族的文化在清代充分融合，逐渐同化。

三、交通

1. 明朝的交通

为了加强对地方的管理，朱元璋注重道路的修筑。洪武年间，朱元璋命令东莞伯何真及其子贵同往云南，开拓道路。朱元璋还命令行人李靖往治奉节至施州驿道，即今奉节县到恩施的道路，使巴地山区与鄂西南山区的交通得到改善。

洪武年间，景川侯曹震受命到四川去任职。为了实施地方治理，曹震注重交通建设，重修了峨眉到建昌的古驿道。《明史·曹震传》记载，曹震向朝廷上奏说："四川至建昌驿，道经大渡河，往来者多死瘴疠。询父老，自眉州峨眉至建昌，有古驿道，平易无瘴毒，已令军民修治。请以泸州至建昌驿马，移置峨眉新驿。"朱元璋同意了他的请求。后来，永宁宣慰司报告说所辖地有百九十滩，其八十余滩道梗不利。朝廷要求曹震疏导治理道路。曹震到达泸州巡视，注意到"有支河通永宁，乃凿石削崖，令深广以通漕运。又辟陆路，作驿舍、邮亭，驾桥立栈。自茂州，一道至松潘，一道至贵州，以达保宁"。由于道路开通了，农业与商业就好发展了。先是有行人许穆说："松州地硗瘠，不宜屯种。戍卒三千，粮运不给，请移戍茂州，俾就近屯田。"一旦道路开通了，"松潘遂为重镇"。曹震受到朱元璋的嘉奖。"震在蜀久，诸所规画，并极周详。蜀人德之。"①

　　明初修筑道路，改善了交通环境。当时流行黄汴撰写的《水陆路程便览》，全书八卷。黄汴，徽州人，年轻时随父兄经商，阅历丰富，于是依据所见所闻，耗时 27 年时间的积累，于隆庆四年（1570 年）完成此书。黄汴在序中讲述了自己编纂的过程，说侨居苏州期间，利用平时搜集到的资料，裁其异同，以便商家参考。书中提到了到达南昌、长沙、北京等地的交通道路，颇为实用。

　　《水陆路程便览》卷五是交通指南，上面记载北方的道路有：开原卫到山海关路，山海关由蓟州到撞道口路，内三关内外二城各口路，北京由宣府、大同镇到偏头关路，陕西黄甫川到榆林镇、宁夏镇、固原镇、兰州、庄浪、西宁三卫路，凉州到富谷、会州、大宁三卫旧址路，北京到兴州中屯卫旧址路，北京到开平卫旧址路，北京到大宁卫旧址路。在东北，以开原为中心、海西为中心，都有辐射状的道路。② 如北京到河南、湖广的水陆路线是：从顺天府正阳门出发，途经卢沟桥、保定、真定、内丘、彰德、汤阴、卫辉、开封、朱仙镇、上蔡、光山、麻城、团凤、阳罗、武昌。各地之间的里程，明代的交通书上都有更加详细的记载。这些道路或驿站为官员赴任、商人远行提供了便利。

　　明朝周边有许多朝贡国家，如日本、朝鲜、爪哇、安南、琉球。《明史》记载这些国家多次到明朝进贡，交通通道畅通。

　　明朝派遣吏部验封司员外郎陈诚出使撒马儿罕、吐鲁番、火州等西域十八

---

① 《明史·蓝玉传附曹震传》。

② 韩大成：《明代城市研究》，中国人民大学出版社 1991 年版，第 242 页。

国，其著有《西域番国志》《西域行程记》传世。

16 世纪，新航路开辟以后，葡萄牙人于 1511 年占领了马六甲。1516 年，葡萄牙国王派出一支对华使团前往中国，在广州登陆，希望与明政府建交。明武宗同意葡萄牙人在澳门开设洋行，修建洋房，并允许他们每年来广州"越冬"。

2. 清朝的交通

清朝的交通有不同的层次。

从京城通往各个省城的道路是"官马大路"，沿途设立了驿传机构，内地各省之间有驿，关外的驿称"塘"或"台"。省城通往其他城市有大路，也有驿传，传递公文的机构称为"所"。从北京到保定、太原、西安、平凉、兰州、武威、哈密、迪化、伊犁，全程有 155 个驿站。此外，还可以从北京走宣化、大同、朔州、榆林，再到武威。随着晚清运河的变迁，一些地方通了铁路，使得原有的驿传制度逐渐瓦解。

《钦定大清会典事例》有专门的卷帙讲述邮政、驿程。当时，在全国有驿站 1972 处，急递铺 13935 所。

道光年间，林则徐组织翻译英国人慕瑞的《世界地理大全》，译成中文《四洲志》，后来编入魏源的《海国图志》。

有一些外国人著述的书籍值得我们注意。如美国人威廉·埃德加·盖洛著《中国十八省府》，盖洛在 1911 年前完成此书，全书分为三个部分，分别记载了清末各省省府的情况，涉及道路交通、城市的规模、城市的景点。如太原府，作者引用道光《阳曲县志》，介绍了当时的植物、鸟类，说明外国人也注意用方志了解中国的地域文化。其中也补充了作者的所见所闻，如"我们坐着骡车从太原前往汾州，一路上尘土飞扬，天气炎热"。又如"武昌城是湖北省会，蛇山东西横亘，把武昌城正好分成了两半。南半部过去有九个湖，但其中有五个已经填湖造田了"。书中还有一些照片，如"四川自流井的盐井""广州的运河"，对于了解清末环境实景是有价值的。①

---

① [美] 威廉·埃德加·盖洛著，沈弘等译：《中国十八省府》，山东画报出版社 2008 年版，第 350、245 页。

奥里尔·斯坦因于1900—1901年对天山南道考察，1906—1908年到岳特干、丹丹乌里克、楼兰及敦煌石窟等处考察，1913—1915年考察了敦煌汉代燧遗址、居延烽燧遗址、黑水城遗址、高昌古城遗址和墓地以及唐代北庭都护府遗址等。1930—1931年又考察一次。斯坦因先后发表《古代于阗》（1907年）、《西藏》（1921年）、《亚洲腹地》（1928年）和《西域考古记》（1933年），这些书籍对研究当地环境变迁有一定的价值。

四、人口

1. 明朝人口

明朝实行严格的户口制度。户口制度是古代用来束缚民众的最好办法。洪武十四年（1381年），朱元璋推行黄册制度，首次统计出全国有人口5987万。

明朝人口，《明实录》与《明史》有记载，在不同的时期，人口不一，多则七千万，少则四千多万。《明实录》比《明史》的资料更原始。

明太祖朱元璋洪武年间记载人口六千万左右。《明太祖实录》卷一百四十记载：洪武十四年（1381年），"是岁，计天下人户一千六十五万四千三百六十二，口五千九百八十七万三千三百五"。《明史·食货志一》记载："洪武二十六年，天下户一千六十五万二千八百七十，口六千五十四万五千八百一十二。"

明朝官方统计的人口峰值在宪宗成化十五年（1479年）。《明宪宗实录》卷一百九十八记载："是岁天下户九百二十一万六百九十户，口七千一百八十五万一百三十二口。"

明朝官方统计的人口谷底在武宗正德元年（1506年）。《明武宗实录》卷二十记载："是岁天下，户共九百一十五万一千七百七十三户，口共四千六百八十万二千五十名口。"

明末，人口稳定在五千万左右。熹宗天启六年（1626年），《明熹宗实录》卷七十九记载："是岁天下户口田赋之数，官民田土七百四十三万九千三百一十九顷八十三亩八厘九毫七忽四微三纤二沙八尘五渺，人户九百八十三万五千四百二十六户，人口五千一百六十五万五千四百五十九口半。"（按，这段文字中把土地统计到"渺"，把人口统计到"半"。"渺"是计量单位，"半"是将人口折合为纳税户口的结果，比较常见于统计中。）

由于许多人逃税，加上边远地区或山区的人口难以统计，因此，明朝官方统计的人口数字必然会有漏失。当代学者根据科学方法推测，明朝后期的人口数量，当在一亿上下。例如：

赵文林、谢淑君《中国人口史》认为：明末峰值人口应有一亿左右，这一点是无可置疑的。[①]

王育民认为万历年间明朝人口达到峰值，实际人口在 1.3 亿人至 1.5 亿人之间。[②]

何炳棣认为 1600 年实际人口达 1.5 亿。[③]

葛剑雄认为 1600 年明朝约有 1.97 亿人，并推测 1655 年明清之际人口谷底约为 1.2 亿人。[④]

曹树基认为 1630 年明朝达到人口峰值，实际人口大约有 1.9251 亿人，1644 年实际人口约有 1.5247 亿人。[⑤]

2. 清朝人口

清朝人口增长迅速。

史书记载中国古代的人口经常是徘徊在 6 千万左右，如明成祖永乐元年（1403 年），全国总人口 66 598 337 人。

清乾隆六年（1741 年），全国总人口 143 411 559 人。这是有确切记载的中国人口首次突破 1 亿大关的时间与数量。乾隆二十七年（1762 年），全国总人口 200 472 461 人。这是中国有统计的首次人口突破 2 亿大关。乾隆五十五年（1790 年），全国总人口 301 487 115 人。人口统计已从 2 亿多增加到 3 亿多。

---

① 赵文林、谢淑君：《中国人口史》，人民出版社 1988 年版，第 357—376 页。

② 王育民：《中国历史地理概论》（下册）：人民教育出版社 1988 年版，第 109 页。

③ ［美］何炳棣著，葛剑雄译：《1368—1953 年中国人口研究》，上海古籍出版社 1989 年版，第 262 页。

④ 葛剑雄：《中国人口发展史》，福建人民出版社 1991 年版，第 241—250 页。

⑤ 曹树基：《中国人口史·明时期》，复旦大学出版社 2000 年版。

道光十四年（1834 年），全国总人口 401 008 574 人。[①]

洪亮吉撰《意言》，提出人口增长快于粮食增长，必将导致社会的动荡和变乱。今人称其为"中国的马尔萨斯"。

清朝与明朝一样，朝代之初，人口有迁徙与流动的态势。到了中期以后，各地人口逐渐稳定下来，定居的民众安居在自己的土地上，从事耕作，为地方政府统计人口提供了可能。吴建新研究广东北部的农村时，提出历史上南雄是南北交通要道和商业重镇，是岭北人民南迁的必经之道。明清广东各地的宗族，多自称源出南雄珠玑巷。清代南雄地区大规模的人口迁移不复见。《乾隆始兴县志》卷之二《山川》记载的是乾隆盛世的人口状况："始兴人安耕作，……今则居民稠密，鸡犬相闻，田土未增，货财生殖视前颇觉盈。"说明随着人口的定居和增长，在土地未有大幅度增加的情况下社会财富稍有增长。《道光直隶南雄州志》卷之九《户口》将前朝与当时的人口模式做了一个对比："稽户口于雄州，昔也往来无定，今也安止不迁"，"烟村鳞接，考其先世来自岭北者十之九，宅而宅，田而田，安土重迁，各有世业以长子孙"。曹树基的《中国人口史·清时期》中计算南雄府的人口，乾隆四十一年为 17.6 万，嘉庆二十五年为 20.5 万。这样，乾隆、嘉庆年间南雄地区人口分别约是明代洪武二十四年的 5.8 万的 3.03 倍、3.53 倍。[②]

---

① 曹树基：《中国人口史·清时期》，复旦大学出版社 2001 年版。

② 吴建新：《明清时期粤北南雄山区的农业与环境》，《古今农业》2006 年第 4 期。

第三节　明清时期的农耕与游牧

一、明代突出农耕社会

当历史演进到明代，不难发现，这时中国的主体依然是一个农耕社会，或者说是一个熟透了的农耕社会、即将转型的农耕社会，农耕文明到此时已经接近尽头。如果不是满人入关，中国这个古老的农耕社会解体起来可能还要更快一些。

钱穆在《中国文化史导论》[①] 中提出：在世界独中国为唯一的大型农业国，中国创造了农业文化、和平文化。为什么说中国是一个农业国？钱穆没有展开深入论述。如果我们从环境史的角度分析，不难发现，农耕社会是由特定的环境决定的，换言之，上苍赐给的适合于农业的土壤铸就了农耕文化模式。中国的地理条件，群山之间有大河，大河流域有湖泊和平原。关中平原、汉中平原、华北平原、四川平原、江汉平原、鄱阳湖平原、太湖平原等天然就是从事农耕的区域。所谓农耕社会，就是农民一代又一代地依附于土地，以土地为命根子。在这样的社会，生产力低下，工具简单；手工业和商业是农业派生出来并为之服务的附属经济形式，农民以一家一户为生产单位和消费单位，把少量的剩余产品用于交换。商品交换活动少，"赶集"交换物只是少量的剩余产品。农民生活的目标就是生产资料的再生产和家族人口的再生产。两千多年来中国就是这样的社会，农民附着于土地，日出而作，日落而息，年复一年地、慢节奏地、低效率地进行着简单再生产。

明代社会就是这样的农耕社会。明代王朝是建立在农耕基础上的国家，政

---

① 钱穆：《中国文化史导论》，商务印书馆 1994 年版。

权的主要经济基础是农业。朱元璋称帝后，十分重视农业，他带着儿子出巡时，曾对周围的人说："必念农之劳，取之有制，用之有节，使之不苦于饥寒，若复加之横敛，则民不堪命矣。"① 明朝最突出的农业政绩就是奖励垦荒，鼓励移民屯田。据黄冕堂在《明史管见》（齐鲁书社 1985 年版）中的考述：明建国伊始，全社会的荒残和破败景象较之汉唐之初有过之而无不及，但至洪武二十八年（1395 年），全国耕垦土地的总面积已达八百五十万顷的创纪录数字，这个数字比之清兵入关以后经历了一百余年的土地总数还要大。《明史·食货志》记载："东自辽左，北抵宣大，西至甘肃，南尽滇蜀，极于交趾，中原则大河南北，在兴屯矣。"至朱元璋去世时，全国已达到了"无弃土"的地步，全国军队百余万，拥有军屯土地高达九十万顷，几乎每个士兵拥有九十亩地。所以，朱元璋夸海口说：明朝"养兵百万，不费百姓一粒米"。明成祖朱棣登位之际，移直隶、苏州等 10 郡和浙江等 9 个省的富民充实北京，以后又多次从南方移民到北方，垦殖开发。屯垦作为明朝的一项基本国策，一直延续了 200 余年。因此，理解明清时期的中国，一定要从农耕社会入手，这是中国几千年的基本国情，也是明清时期的基本国情。

　　不过，明清时期，除了有农业社会，还有游牧社会，这两种社会形态并存。② 客观的事实是，在北半球上，从东亚、蒙古到中亚、欧洲中部有大片的不适合从事农业的土地，天然就是放牧之地。中亚细亚是内陆，雨少干旱，河流依赖高山积雪融解。农业仅限于绿洲和山间盆地，不能有大的发展。人们只能随水草迁徙，以游牧业为主。在中国辽阔的土地上，从东北松嫩平原西部、辽河中上游、阴山山脉、鄂尔多斯高原东缘、祁连山，到青藏高原东缘的这一条线以西以北地区是草原文化区，适合于游牧。那里不适合从事农业，于是一直是游牧的领地。周谷城认为中国北方的蒙古等民族的文化是游牧的经济文化、长江流域的文化是典型的农耕经济文化、黄河流域的文化是游牧与农耕的混合经济文化。③ 黄土高原农牧兼宜，可农可牧。其南是以农田、村落为主要

---

① （清）谷应泰：《明史纪事本末》，中华书局 1977 版。

② 本书中，明朝与明代，清朝与清代，在意思上略有偏重，"朝"偏重政权内涵的王朝；"代"偏重空间内涵的一段时期。

③ 周谷城：《中国社会史论》，齐鲁书社 1988 年版，第 7 页。

形式的农耕文化，其北是以草原、牧群、部落为主要形式的游牧文化。

从空间审视，中国的北部农业民族和游牧民族交接地区存在一条农牧业过渡带。这条分界线，大致而言，西起河套，东至大兴安岭南端。早在汉代，司马迁在《史记·货殖列传》曾经论述过这条分界线，说是从碣石（今河北昌黎），西经桑干河到山西。到了明代，人们大修长城，把长城作为中华民族两大文明圈的分界线，一边是农业社会，一边是游牧社会。古人认为长城以北是引弓之国，长城以内是冠带之室。

这条分界线（过渡带）的具体位置，在不同时期，由于气候的原因，有所变化，在明代内缩，在清代处延。邹逸麟对明清时期北部农牧过渡带的推移进行了深入的研究，他认为：明初在其北疆约今蒙古高原的东南缘设置了四十余个卫所，大致沿着阴山、大青山南麓斜向东北至西拉木伦河侧一线，屯田养军，形成了一条实际上的农耕区的北界。此线西段和中段显然已较元时南移了一个纬度。究其原因，是因为 14 世纪全球开始进入小冰期，我国北方气候转寒。大约康熙末期至乾隆中叶的 18 世纪，我国北方气候有一段转暖时期，因此农牧过渡带的北界有可能到达了无灌溉旱作的最西界。西段稍北移至阴山、大青山北麓的海流图、百灵庙一线；中段大致以大马群山、小滦河上游一线为界；东段与大兴安岭南端相接，沿岭东斜向东北。至清末基本未变。雍正、乾隆年间在长城以北设置了一系列与内地体制相同的厅、州、县制，是农耕区北展的反映。这种温暖气候大概延续到 18 世纪末，嘉庆、道光年间河北地区曾出现多次寒冬。大约到 19 世纪末、20 世纪开始又有一个转暖期，其程度较康、乾为弱。这就是光绪末年大力开垦蒙地，将农田推至大青山、西拉木伦河以北的气候背景。①

二、清代透露游牧气息

由于自然环境的缘故，在清代辽阔的疆域上，依生态不同而仍然保存两种经济生活方式，即农业与游牧业。有的学者做了具体划分："清代北部农牧分

---

① 邹逸麟：《明清时期北部农牧过渡带的推移和气候寒暖变化》，《复旦学报》（社会科学版）1995 年第 1 期。

界线可以说有两条：一条是陕西省北界和山西、河北长城及辽西努鲁儿虎山一线，此线以南为农耕区；一条是沿贺兰山、阴山山脉，东至乌兰察布盟的乌拉山迄大兴安岭南端，此线以南有部分是半农半牧区及分块的农耕区。"①

清朝的建立，意味着关外的游牧民族区域与关内的农耕民族区域更加紧密地连成了一片，两个文明圈真正融合为一个整体，长城这个分界线已经被打破，没有任何意义。历史上，农耕民族在对付游牧民族的过程中，长城的作用是极其有限的。《道光承德府志》卷一《诏谕》记载康熙三十五年（1696年），古北口总兵蔡元请求修复古北口的城墙，康熙下谕批评说："帝王治天下，自有本原，不专恃险阻。秦筑长城以来，汉、唐、宋亦常修理，其是时岂无边患？明末，我太祖统大兵，长驱直入，诸路瓦解，皆莫敢。可见，守边之道，惟在修德安民，民心悦则邦本得，而边境自固，所谓众志成城是也。"

与明代一样，清代从总体上仍然是农耕社会。除了有农业社会，还有游牧社会，这两个社会并存。

农耕与游牧这两种社会形态的存在是由环境决定的，对于中华民族的生存与发展都是有益的。梁启超1900年发表《中国史叙论》中即指出："我中国之版图，包有寒温热之三带，有绝高之山，有绝长之河，有绝广之平原，有绝多之海岸，有绝大之沙漠，宜于耕，宜于牧，宜于渔，宜于工，宜于商。凡地理上之要件与特质，我中国无不有之。故按中国地理，而观其历史上之变化，实最有兴味之事也。"梁又说："地理与历史，最有密切之关系，是读史者所最当留意也。高原适于牧业，平原适于农业，海滨河渠适于商业。寒带之民，擅长战争；温带之民，能生文明。凡此皆地理历史之公例也。"梁启超还指出："故地理与人民二者常相恃，然后文明以起，历史以成。若二者相离，则无文明，无历史，其相关之要，恰如肉体与灵魂相恃以成人也。"②

由于环境与物产的不同，明清时期的茶马互市是农耕民族与游牧民族交往的重要形式。明朝官方控制茶马互市，并派御史巡督茶马，以保证能够收购到足够的马匹。在弘治年间曾用茶四十万斤，约易马四千匹。在茶马互市中交换所得的马匹基本上都用于满足边防用马的需要。清代，茶马互市更多地具有民

---

① 邹逸麟：《中国历史地理概述》，福建人民出版社1993年版，第169页。

② 梁启超：《饮冰室合集·文集之六》，中华书局1989年版，第4页。

间性。不仅北方有茶马互市，而且云南等地也有茶马互市。

汤因比曾经把中国与欧洲作过一番比较，他说："中国与希腊世界的地理结构是截然不同的。它不是由一系列的内陆海洋环绕，而是大片坚硬的陆地。这样，在运输问题可以解决的范围内，就造成了文化上的极大的一致性和政治统一的极大的持久性。希腊世界的绝大部分地区都处在易于到达海滨的范围之内，除了黑海的内陆地区，河流通航的作用不大。中国像希腊世界一样，通讯联络依赖于水路。中国的河流很多，但没有一条大河横贯南北或横贯东西。"① 正是在这样一个特定的地域中，中华先民创造了自己的文明。

---

① ［英］汤因比：《人类与大地母亲》，上海人民出版社 2001 年版，第 223 页。

第二章

明清环境变迁史文献与研究

　　中国古代没有严格意义的环境史专著，但从不缺乏有关环境史的文献。本章所说"明清环境史文献"，主要是指有关明清环境史料与环境史研究的书籍。这些书籍记载了明清的环境信息与人们的环境思想，体现了当时的人们对环境的关注，代表了他们了解和研究环境的水平。这些书籍是明清环境史的重要组成部分，是我们研究明清环境史的资料库。因此，专辟一章。

　　特别要说明的：明代的有些学者撰写了明代以前的环境书籍，对明以前的历史地理有专门的考证，或者撰写了海外环境的书籍，此章从略。清朝虽然是满人建立的政权，但非常重视史料整理。清人入关后在顺治二年（1645 年）就设立了明史馆，说明修史的意识很强。清朝一直设有国史馆，属翰林院，主要编写清史。还有武英殿修书处，属内务府，负责整理古书，编有《古今图书集成》等"殿版"书。①

　　研究清代环境史，应当借鉴清代地理学的成就。张之洞《书目答问·地理》值得参考，其中介绍了胡林翼等编的《皇朝一统舆图》三十二卷，又介绍了西洋人编的《新译海道图说》十五卷，附《长江图说》三卷，还介绍了明清时期的《历代山陵考》《关中胜迹图志》《昌平山水记》等书。当代学术界早就有了一个共识，即：清代地理学高水平地总结了传统地理学的成就，试探性地开始了传统地理学的转型，完成了承前启后的历史任务。对清代地理学，谭其骧先生曾经从六个方面总结了成就：其一，在传统的沿革地理方面，对政区的沿革、水道的变迁等考证取得了巨大的成果。其二，对古代的地理名著进行了比较全面的整理和研究，使得很多珍贵的资料得以保存和流传。其三，通过引进西方先进的测绘技术，结合我国丰富的文献资料和广泛的地理调查，康熙时期实测绘制的全国地图达到了当时世界最先进的水平。其四，注重边疆地理的历史和现状的调查研究，写出了高质量的边疆地理著作。其五，普遍、经常性地编纂全国总志和各地区的地方志。其六，开始接受西方近代地理学。谭先生还认为清代地理学有其时代的局限性："近代地理学还没有为清代学者所接受和掌握，地理学还没有形成一门独立的学科，基本上没有专业的地理学家。再加上专制的统治和落后生产力的限制，这就决定了清代地理学研究

---

① 可参考冯尔康：《清史史料学》，沈阳出版社 2004 年版。

只能是旧的总结，而不可能成为新的开端。但是，它的成就是不能低估的。"①

明清书籍浩如烟海，与环境史相关的文献可以分为综合类、专题类，这里仅选重点图书加以介绍。

第一节　综合类书籍

一、大型书籍

明代历朝的史官共同编成《明实录》。《明实录》是编年体史料汇编，书中记录了自太祖至熹宗时期的皇帝，共 13 部，其中建文朝附入《太祖实录》，景泰朝附入《英宗实录》。《明实录》记录了皇帝每天的活动，记载了官员报告的各地大事，记载了朝廷处理事务的过程，其中有不少环境史的材料，是研究明代历史最原始的材料。华中师范大学的李国祥、杨昶二位教授按内容类别重新编纂了此书，有《自然灾异类纂》等分册，可以参考。

明代官修《明会典》，共 180 卷。其中记载了明代典章制度，如水利、食货等，还包括明代法律制度，可以窥视明代的环境政策法规。由于它是官修文献，有一定的权威性。

明代陈子龙等编《明经世文编》，504 卷，成书于明末。全书分为政治、文教、武备、皇室四大类，63 目，内容涉及农政、救荒、矿政、水利等。其中的文章多是官员们的奏疏、朝廷的往来文件，议论的都是事关国计民生的事情。如周忱的《与户部诸公书》，谈论苏松户口流亡的事情，批评了时弊。书中还保存了徐光启的《徐文定公集》六卷，涉及天文、历算、火器、兵机、

---

① 谭其骧主编：《清人文集地理类汇编》第一册，浙江人民出版社 1986 年版，第
2、3 页。

盐政、水利、农政等。这些对于研究环境史弥足珍贵。

明末清初的傅维麟撰《明书》，171卷。傅维麟（1608—1667年），原名维祯，崇祯举人，顺治进士，历官至工部尚书，为官之余则喜好治史。《明书》版本有清康熙三十四年（1695年）刻本、《畿辅丛书》本。其中《方域志》五卷，收入王云武主编《丛书集成》。《方域志》的内容先是总论，次述二京十三布政使司，另有边关九镇。材料主要依据于《大明会典》等资料。《方域志》对每个地区的山川形胜、天文分野都有记述，如湖广省分为七道：武昌、荆西、上荆南、下荆南、湖北、上湖南、下湖南，每道领若干府。此外，湖广还有施州卫、永顺、保靖等几个军民指挥使司。

明末清初顾炎武撰《天下郡国利病书》。顾炎武（1613—1682年），字宁人，号亭林，江苏昆山人。顾炎武关注国计民生，遍游江浙、山东、河北、山西、陕西等地，考察山川形胜、郡国利病。他每到一地，必"考其山川风俗，疾苦利病，如指诸掌"[①]。遇到城堡关隘，他一定仔细考察，走访当地"老兵退卒"和"山民猎户"，询问城堡的沿革、地形以及布置利弊。他参考了一千余部史志，编修而成《天下郡国利病书》。全书120卷（《四库全书总目》著录100卷），记述了各地的疆域沿革、民情风俗、物产资源等，考究天下的利弊得失。卷一是舆地山川总论，卷二至卷一百一十四分别论述湖广、贵州等地情况，其他各卷叙述了边备、西域等。其中对全国的山脉分布、各地气候、水系源流、社会状况都有详细的介绍。该书先叙舆地山川总论，次叙南北直隶、十三布政使司。讲述舆地沿革，对屯垦、水利、漕运也有许多记载，是研究明代环境与社会的重要史籍。顾炎武重视研究各地的军事要地，对全国各地的形势、险要、卫所、城堡、关寨、岛礁、烽堠等方面的资料，无不详细摘录。梁启超在《中国近三百年学术史》中称此书为"政治地理学"。

顾炎武还编有其他的地理著作，如《肇域志》，是明代地理总志，内容涉及建置、沿革、山川、形势、城郭、道路、驿递、水利等，取材于《明一统志》、二十一史、明历朝实录、地方志和奏疏、文集。其所引明方志一千余种和各种专志，大多已佚，赖此书得以窥其一斑。他还撰写了《历代宅京记》

[①]《顾亭林先生年谱》，王季深编：《中国历代旅行家小传》，知识出版社1983年版，第186页。

（辑录并考证历代帝都建置沿革情况）、《昌平山水记》，都是地理书。他撰写的《日知录》也有关于地理的论述，如《日知录》卷一二记载："洪武中令天下州长吏，月奏雨泽。"这说明地方官员每月都要向朝廷报告雨水气象。

明末清初历史地理学家顾祖禹撰《读史方舆纪要》。顾祖禹（1631—1692年），字景范，江苏无锡人。《读史方舆纪要》是一部记叙地理沿革、军事形势的历史地理专著。全书共 130 卷（后附《舆地要览》四卷），约 280 万字，分为四个部分：第一部分，1—9 卷撰述历代州域形势。按历史顺序编排。第二部分，10—123 卷叙述明代两京十三布政使司及所属府州县，分别记载了各地的建置沿革、方位、古迹、山川、城镇、关隘、驿站等内容。每县记辖境内主要山川、关隘、桥、驿及城镇等。例如所记直隶密云县（今属北京市），不仅列有主要山川如密云山、白檀山、雾灵山、九尾岭、白河、潮河、要水等，还记有历史上存在过的白檀、要阳、犀奚、安市、燕乐、行唐等废县，渔阳城以及要地古北口、石塘岭关、白马关、曹家寨、墙子岭关、峨嵋山寨、石匠营、李家庄、保安镇、金沟馆等十余处。第三部分，124—129 卷，"以川渎异同，昭九州之脉络也"。这部分记载山川、大河、淮水、汉水、大江、漕运、海道等水道的沿革变迁。第四部分，130 卷记载天文分野，介绍了历代星宿学说。书末附有《舆图要览》四卷，自京师各省、边疆漕运以至海洋，"以显书之脉络"，即十五省和周边地区的地图和一些表格。《读史方舆纪要》注重军事地理、经济地理、环境变迁，是《山海经》《禹贡》《水经注》等书之后的又一座里程碑，是沿革地理的集大成著作，是传统沿革地理专著，也是军事地理学专著。梁启超的《清代学术概论》上说："清代地理学亦极盛。然乾嘉以后，率偏于考古，且其发明多属于局部。以云体大思精，至今盖尚无出无锡顾祖禹《读史方舆纪要》上者。"

明末清初孙兰撰《柳庭舆地隅说》。孙兰（1625—1715 年），字滋九，晚年自号听翁。扬州江都人。他曾跟从钦天监监正德国传教士汤若望学习天文历法，对中国古代的舆地著作持有较多的批评态度，主张建立一门新式的地学。《柳庭舆地隅说》于康熙三十二年（1693 年）完成。《柳庭舆地隅说·序》强调研究自然环境时要知其然，还要知其所以然。真正的舆地学说应当是能够"说其所以然，又说其所当然，说其未有天地之始，与既有天地之后，则所谓舆地之说也"。

明末清初的方以智撰《物理小识》，多是清以前的材料。方以智（1611—

1671 年），字密之，安徽桐城人。他从小好穷物理，曾谓："不肖以智，有穷理极物之僻。"（《物理小识》卷五），《清史稿》记载："以智生有异秉，年十五，群经子史略能背诵。博涉多通，自天文、舆地、礼乐、律数、声音、文字、书画、医药、技勇之属，皆能考其源流，析其旨趣。"《物理小识》全书12 卷，包括天文、地理、动物、植物、矿物、医学、算学、物理等，是一部古代科学知识的百科全书。方以智在其"总论"中谈到编写此书的宗旨是"体天地之撰，类万物之情"。这句名言有生态伦理的趣味，即把天地当作人一样去理解，揣测天地在创造时的想法，条辨自然界万物的情感。

康熙年间，陈梦雷、蒋廷锡等奉诏编《古今图书集成》。这套大型类书有1 万卷，广罗群籍，分门别类，资料系统而翔实。如《博物汇编》有艺术典、神异典、禽虫典、草木典，《历象汇编》有庶征典，《经济汇编》有食货典，均与生态环境有关。其中的《方舆编》2144 卷，有坤舆典（包括土石沙水、分土画疆、建都立国、关隘市肆、陵寝冢墓）、职方典（灾异、星野、救襄、关隘、水利、驿递）、山川典（名山大川、物产、寺观）、边裔典（边疆的古国与部落）。不过，其中有许多材料是讲沿革地理的。

康熙年间，张廷玉等编《明史》，336 卷，其中《五行志》《天文》《地理》《河渠》《食货》等专志都有环境方面的材料。《地理志》对明代府州县的沿革与环境有详细记载，《五行志》对灾害记载得最多。除了志书，其他的本纪列传都散见有环境的材料，不可忽视。在历代钦定的二十四部正史之中，《明史》是一部修纂得较好的纪传体断代史，有一定的可信度，是我们研究明代环境史最基本最重要的文献。

清代编《续三通》，即《续通典》《续通志》《续文献通考》，前两部由清嵇璜、刘墉等奉敕撰，纪昀等校订，均成书于乾隆年间。《续文献通考》，最初有明代王圻编撰本。后来，清乾隆十二年（1747 年），在王圻本基础上，完成官修本《续文献通考》，250 卷。《续三通》中有蠲免赈灾、开垦土地的材料。民国年间，刘锦藻主持修《清续文献通考》，其中记载了屯垦、河渠水利、赈恤等材料。

徐继畬编纂《瀛寰志略》。徐继畬（1795—1873 年），道光六年（1826 年）中进士，后任广东盐运使、广东按察使、福建布政使等职。《瀛寰志略》约 14.5 万字，10 卷，图共 44 幅。其中有《皇清一统舆地全图》以及朝鲜、日本的地图，还临摹了欧洲人的地图。书中首先以地球为引子，介绍了东西半球的概况。之后以此按亚洲、欧洲、非洲、美洲的顺序依次详细地介绍了各洲的疆域、种族、人口、沿革、建置、物产、生活、风俗、宗教、盛衰。康有为读了《瀛寰志略》之后才"知万国之故，地球之理"，把此书列为他讲授西学的教材之一。梁启超在读了《瀛寰志略》后"始知五大洲各国"，并认为中国研究外国地理是从《瀛寰志略》和《海国图志》才"开始端绪"。郭嵩焘曾怀疑《瀛寰志略》对英法诸国的论述过于夸大，但在出使英国后感叹道："徐先生未历西土，所言乃确实如是，且早吾辈二十余年，非深识远谋加人一等者乎。"曾任福建巡抚的刘鸿翔赞誉此书是"百世言地球之指南"。《瀛寰志略》传往日本后，受到广泛重视，被认为是"通知世界之南针"。《瀛寰志略》纠正了国人对外部世界的不少错误观念，使中国人有关"天下"的概念得到了极大的延伸。徐继畬不仅是一位爱国官吏、地理学家，更是中国近代开眼看世界的伟大先驱之一。

王锡祺编写《小方壶斋舆地丛钞》。王锡祺（1855—1913 年），字寿萱，曾东渡日本求学。他用 21 年时间辑录清地理著作 1400 余种，编录作者 600 余人，其中有 40 多个外国作者。选择的地理文章有地理总论、旅行记、山水游记、风土物产等，不仅包括中国各省的形势、少数民族的风俗，还兼及欧美各国见闻，其中很多篇是作者亲身经历。此书是空前的集大成的清代地理资料汇编。

晚清时，贺长龄、魏源等编《皇清经世文编》，120 卷，收录 2236 篇文章，内容涉及疆域、开矿、水利、堤防、救荒、赈灾等。

清朝是我国最后一个封建王朝，其档案保存完好，藏于北京的皇史宬。档案中有农业、水利、畜牧业、矿产、天文、灾害等资料。今人秦国经著《明清档案学》，对清代的档案做了详细介绍。[①] 根据清代档案等资料，1959 年，第一历史档案馆编有《清代地震档案史料》，记载了清代十六个省区从 1755 到 1909 年之间的地震情况。

清代历朝的史官完成了编年体史料汇编《大清历朝实录》（即《清实录》），共 4484 卷。把清朝近三百年的历史，按月按日翔实记录，以奏折为主，涉及人丁、田土、自然环境、灾害等，堪称第一手材料。

———————————

① 秦国经：《明清档案学》，学苑出版社 2005 年版。

民国初年编纂《清史稿》，其中的《艺文志》记载了七类地理书，其中总括性的地理书有《大清一统志》《形势纪要》等，都会郡县之类的地理书有《满洲源流考》《畿辅志》等，山川河渠之类的地理书有《万山纲目》《水道提纲》等，边疆之类的地理书有《西域图志》《楚南苗志》等，古迹之类的地理书有《西湖志》《历代帝王宅京记》等，杂类有《岭南风物记》《林屋民风》等，世界地理书有《海国闻见录》《海国图志》等。《清史稿》是民国年间学者编纂的，是研究清代环境史的必备之书，其中《地理》《灾异》《河渠》《交通》等志是研究环境史的重要资料。

民国初年徐珂编《清稗类钞》。徐珂（1869—1928 年），浙江杭县（今属杭州市）人。《清稗类钞》有 92 类 300 万字，虽为随笔杂录，但有可观的资料。其中有的类目（时令、气候、地理、名胜、宫苑、园林、动物、植物、矿物、物品）可以作为佐证环境的材料，用于学术研究。在撰写明清环境史的过程中，笔者注意到这部大型杂史笔记中有很丰富的环境史资料，并多次引用其书。但有必要说明的是，如果要得到可信的历史信息，还需要多找一些旁证材料。

二、方志

明代注重修志，志书中有许多环境史资料。洪武三年（1370 年），朱元璋命令修《大明志书》，按天下郡县形胜，汇编各地的山川、关津、城池、道路、名胜。永乐年间，诏天下郡、县、卫、所修志，颁布了《纂修志书凡例》。明代于是形成修志的风潮，志书的数量远比宋代多，《明史·艺文志》记载，明代 13 省都有省志，大多数府州有府志和州志。如《洪武苏州府志》《永乐顺天府志》《万历湖广图经志书》《嘉靖广西通志》《成化河南总志》《万历四川总志》《嘉靖宁夏志》《弘治常熟县志》等。还有一些专志，如曹学佺有《蜀中风土记》，是研究区域的文献。

李贤、彭时等在天顺五年（1461 年）撰修成《大明一统志》。此书记载了建置、沿革、郡名、形胜、风俗、山川、土产、宫室、关津等内容，如"外夷女直"（今东北）区的"长白山"条目下注："在故会宁府南六十里，横亘千里，高二百里，其巅有潭，周八十里，南流为鸭绿江，北流为混同江（即图们江），东流为阿也苦河。"

　　明代仅福建就编修有 230 种左右的方志，其中有 80 种尚存。现存最早的明代方志是永乐二年（1404 年）修的《政和县志》，有抄本传世。明代，黄仲昭修《八闽通志》，87 卷，史称善本，受到修志者好评，现由福建人民出版社重新印行。此外，明代还有万历年间何乔远的《闽书》154 卷，王应山的《闽大记》55 卷、《全闽纪略》8 卷。

　　清代重视地方志。中国有地方志约一万种，清代的地方志占有一半以上，约 5600 种。清代由官府修州志、县志，有一统志、省志、府志、州志、县志、厅志、乡镇志、山水志、水利志、盐井井场志、名胜古迹志等。北京图书馆收藏方志约 6000 种，上海图书馆收藏 5400 种。[①] 20 世纪中期，台湾出版了《中国方志丛书》。20 世纪末以来，江苏古籍出版社联合各方面力量陆续出版大型的《中国地方志集成》，有省府县志、山水寺庙园林志、乡镇志，使方志成为学人颇便查阅的资料。

　　清代的方志有全国性的一统志，地方性的省志、府志、县志。如：

　　《大清一统志》，清代官修地理总志。从清康熙二十五年（1686 年）至道光二十二年（1842 年），前后编辑过三部，即康熙《大清一统志》、乾隆《大清一统志》、《嘉庆重修一统志》，卷数不一。康熙年间，康熙皇帝下令编纂《大清一统志》，以便掌握国内的情况。其体例，基本仿照《大明一统志》。康熙去世时，这部总志尚未完成。雍正与乾隆时期继续编辑，至乾隆八年（1743 年），才最后成书。全书首先排列京师、直隶，然后是各省。直隶及"每省皆先立统部，冠以图表，首分野、次建置沿革、次形势、次职官、次户口、次田赋、次名宦，皆统括一省者也。其诸府及直隶州，又各立一表，所属诸县系焉。皆首分野、次建置沿革、次形势、次风俗、次城池、次学校、次户口、次田赋、次山川、次古迹、次关隘、次津梁、次堤堰、次陵墓、次寺观、次名宦、次人物、次流寓、次列女、次仙释、次土产"（《凡例》）。在编辑《一统志》的过程中，朝廷安排人员测绘并制作了青海、西藏、新疆地区精确的地图，编写《西域图志》等边地的图书，要求各省官员收集、整理、上交有关《大清一统志》所需的资料等。嘉庆年间重修《一统志》，新增大量材料，《嘉庆重修一统志》是嘉庆二十五年（1820 年）以前的清代地理总志，而且也包

---

① 朱士嘉：《清代地方志的史料价值（上）》，《文史知识》1983 年第 3 期。

含了以往各代的地理志内容。生态环境方面，记载了山、岭、冈、坡、江、湖、河、海、沙漠、矿藏、气候、土壤等内容，堪称我国古代规模最大的全国地理总志，其价值超过了以往的任何一部地理书。《一统志》由穆彰阿主修，引用了丰富的档案资料，体例严密，考证精详，为学者了解或研究区域地理和文化提供了系统的资料。不过，《一统志》只有前清时期的环境史材料，晚清的材料还得从其他的资料中搜集。

顺治十七年（1660 年），河南巡抚贾汉复纂修《河南通志》完稿。康熙皇帝重视修志，把修志作为地方官员的一大政绩，同时把《河南通志》颁布天下，作为样式，推动了地方志的编写。省志要求有大致统一的体例，如考证疆域的四至、城池修建的时间、河道的开浚、灾害的情况。康熙、乾隆、道光年间分别修有《福建通志》。《嘉庆湖北通志》《道光湖广通志》，都是修得较好的志书，对于研究区域环境史有重要意义。

清代编有不少府志，如《康熙台湾府志》。此志在康熙二十四年（1685 年），由首任台湾府知府、奉天锦州人蒋毓英主修，后来，地方官员又有多次修补，均以修志作为地方官员的重要工作。其中记述了台湾的山川形胜、气候、风信、潮汐等。书中描述台湾形胜，说："台湾府襟海枕山，山外皆海，东北则层峦叠嶂，西南则巨浸汪洋，北之鸡笼城与福省对峙，南而沙马矶头，则小琉球相近焉，诸番樯橹之所通，四省（江浙闽粤）藩屏之寄戍。"这部方志说明台湾自古就是中国管辖的领土，台湾对于中国东南有重要战略意义。

清代有许多县志。如，清代福建共修志 242 种，有 151 种保存。顺治七年（1650 年）修《浦城县志》、顺治九年（1652 年）修《永安县志》，均保存。

光绪年间王有庆、陈世容等修《泰州志》，三十六卷，首一卷。内容有建置沿革、疆域、山川、河渠、风俗、物产、城池、公署、学校、赋役、军政、盐法、祠祀等。卷三介绍了泰山、天目山、凤山、玉带河等。卷三十收录了《论地方形势》《河渠论》《野趣堂赋》《凤凰墩赋》。卷三十一收录了《玩芳亭记》《城隍庙记》《修桑子河堰记》《鼓楼记》《方洲记》《泰堂记》《起云楼祠记》《天目山记》《重建望海楼记》《松林庵古柏记》，均是了解泰州环境的资料。

晚清孙诒让在《瑞安县志局总例六条》中谈到修志的原则，讲到绘图要实测，要坚持科学性。他说："凡考证方舆，以图学为最要。……议由局延请精究测算专家，周历各乡，将村庄、市镇、山形、水道，一一测明方位斜直、距数远近，计里开方，分别精绘。寨堡桥埭之类，亦一律详载。其水道湮废者，亦宜逐地访明绘入。"① 在此之前，志书的地图在比例尺寸方面有很大的随意性，随着西方测绘学的引进，中国的地方志开始用测绘的方法确定地图的标识，使图文更加科学。

清代不乏方志大家，许多方志学家亦是环境学家。如邹代钧（1854—1908年），字甄伯，又字沅帆，湖南新化人，其祖父邹汉勋是舆地学家，撰地方志二百余卷，他自己也精通舆地学。光绪二十一年（1895年），邹代钧在武昌创办舆地学会，传播地理知识，绘制地图。撰写明清环境史，最大宗的资料莫过于方志。欲把环境史研究得很细致，非得到方志中爬梳不可。

三、笔记文集

明清的笔记中有关于环境的资料，其内容涉及面广泛，记述事情较为具体，有作者耳闻目睹的实例，也有道听途说的材料，如沈德潜的《万历野获编》，叶梦珠的《阅世编》，顾炎武的《日知录》，都可以作为我们研究环境史的辅助性文献。

王士性撰《广志绎》。《广志绎》是一部全国性的地理笔记，有《台州丛书甲集》本、中华书局《元明史料丛刊》本等。王士性（1547—1598年），字恒叔，号太初，又号元白道人。台州（属今浙江）临海杜岐兰道村人。一生喜游历，每到一地，都详细记述山川、气候、地貌、道路及农林特产、风俗、文化、古迹等自然和人文要素。传世著作有《五岳游草》《广游志》《广志绎》《吏隐堂集》《东湖志》等。《广志绎》是王士性晚年的作品，全书六卷，卷一《方舆崖略》通论全国的环境，卷二分论各地的情况。清初学者杨体元在《刻广志绎序》中评价王士性的学问时说："志险易、要害、漕河、海运、天官、地理、五方风俗、九微情形，以及草木、鸟兽、药饵、方物、饮食、制度、早晚、燥湿、高卑、远近，各因时地异宜，悉如指掌。"

王士性对西南的环境开发情有独钟。他考察了广西之后，提出经济发展重心南迁江浙之后，又将继续转向西南，走入黔粤，实现第二次迁移。这一预测

---

① 孙诒让：《籀庼遗文》，引自谭其骧主编：《清人文集地理类汇编》第二册，浙江人民出版社 1986 年版，第 645 页。

学上的见识，被称为我国历史发展大势的"王士性猜想"。这对于今日我国西南的发展战略有重要意义。王士性还对云南的矿业开采，做了较为详细的叙述。王士性对饮食与健康有独到见解。他在《广志绎》卷三《江北四省》谈到山西的饮食与人体健康和身体特征的关系，说："饭以枣，故其齿多黄，食用羊，故其体多肉……其水泉深厚，故其力多坚劲，而少湿郁微肿之疾。"[①]

王士性撰写的其他几部书中也有环境史材料。如《五岳游草》成书于万历十九年（1591年），全书12卷，其中《杂志》按自然区概括各地的生态特点，颇为精当，如称晋中"太行数千里亘其东，黄河抱其西，沙漠限其北，自然一省会也"。这对于我们研究区域生态环境是有参考价值的。

陆容撰《菽园杂记》。陆容（1436—?），字文量，号式斋，太仓（今属江苏）人，成化二年（1466年）进士，曾授南京主事，终居浙江参政。《明史》将《菽园杂记》列入《文苑传》。《四库全书提要》称此书"于明代朝野故实，叙述颇详，多可与史相参证。旁及谈谐杂志，皆并列简编"。

谢肇淛撰《五杂俎》。全书共16卷，分类记事，计有天部2卷、地部2卷、人部4卷、物部4卷、事部4卷。"俎"或作"组"。谢肇淛（1567—1624年），字在杭，长乐（今属福建）人。明万历二十年（1592年）进士。他先在湖州做官，后来担任过兵部郎中。他还著有《北河记》八卷，详细记载了河流的原委及历代治河利弊。

陈洪谟撰《治世余闻》《继世纪闻》。《治世余闻》成书于正德十六年（1521年），专记弘治一朝见闻，分上下两篇，"上篇事关朝庙，下篇则臣下事也"，多为一时所见所闻。《继世纪闻》记正德一朝的见闻，书成于嘉靖初年。两书内容均翔实可靠，为后人提供了许多有关这一时期朝政、吏治、边疆等方面的资料。

张瀚撰《松窗梦语》。此书是作者晚年追忆自己一生见闻经历之作，全书共8卷。涉及各地风物与人情、边境边疆、工商财政、漕运等内容。此书在明史研究界相当有名，书中材料屡屡被中外学者所引用。

徐弘祖撰《徐霞客游记》。徐弘祖（1587—1641年），字振之，号霞客，

---

① 张陈呈：《王士性〈广志绎〉对明代科技事象的考究》《边疆经济与文化》2008年第2期。

江阴（今属江苏）人，著名的旅行家、地理学家、环境学家。他自幼特好奇书，博览古今史籍及舆地志、山海图经，厌弃科举仕进。1607 年，他开始寻访天下山川的旅程与考察。以后 30 多年间，他几乎年年外出游历，东航普陀，北临幽燕，南逾罗浮，西北登太华绝顶，西南抵滇黔高原，足迹遍及明朝的十四省区，约当现在的江苏、浙江、安徽、江西、福建、山东、河北、河南、山西、陕西、湖北、湖南、广东、广西、云南、贵州 16 省区和京、津、沪地区，获得了第一手环境史资料。

徐弘祖撰有天台山、雁荡山、黄山、庐山等名山游记 17 篇和《浙游日记》《江右游日记》《楚游日记》《粤西游日记》《黔游日记》《滇游日记》等日记，除佚散者外，留下了 60 余万字游记资料。他去世后，后人整理成《徐霞客游记》，世传本有 10 卷、12 卷、20 卷等数种。主要按作者 1613—1639 年间旅行观察所得，对地理、水文、地质、植物等现象加以叙述。

徐弘祖还考察了长江、黄河、珠江、怒江、金沙江等水系，《游记》记载了 551 条河，写有《江源考》《盘江考》。江阴紧临长江，水网密布，徐家出门即湖，所以其对水有特别的情感。相比较而言，《禹贡》以区域地理为主，《山海经》以山为主，《汉书·地理志》以疆域地理为主，《水经注》以水系为主。《徐霞客游记》以自然地理为主，视野更开阔。《徐霞客游记》与历来的山水游记的最大区别在于它的科学价值，其田野考察的日记内容是全方位的，是第一手的，是研究性的，是有开创性的，为我们进行环境史研究，保护生态具有极其重要的意义。英国学者李约瑟认为："（《徐霞客游记》）读来并不像是 17 世纪的学者所写的东西，倒像是一位 20 世纪的野外勘测家所写的考察记录。"[1] 因此，我们认为，再不能把徐霞客只是当作一个旅游家、探险家，而应当把他作为一位当时世界上最卓越的环境学家。

民国年间出版过《清代笔记丛刊》。齐鲁书社 2001 年出版《清代笔记丛刊》，收录《广阳杂记》《岛居随录》《今世说》《觚剩》《虞初新志》《池水偶谈》《子不语》《熙朝新语》《耳食录》《归田琐记》《退庵随笔》《履园丛话》等，此不一一介绍。

---

[1] ［英］李约瑟：《中国科学技术史》第 5 卷，第 1 分册，科学出版社 1976 年版，第 62 页。

第二节　专题类书籍

专题类书籍主要包括环境纪实、自然资源、农业、手工业、水利、灾荒与赈灾、建筑与居住、地图与交通、方志、其他等方面的书籍。

一、自然资源类

成书于明代初期的《滇南本草》是我国古代内容最丰富保存最完整的一部地方性本草学专著，很有特色和价值，是我国历史上最早集中记载云南及附近地区少数民族的药物与治疗经验的图书。

明代黄省曾撰《农圃四书》即《稻品》（又称《理生玉镜稻品》）一卷、《蚕经》（又称《养蚕经》）一卷、《种鱼经》（又称《养鱼经》）一卷、《艺菊书》（又称《艺菊谱》）一卷。黄省曾（1490—1540 年），字勉之，号五岳山人，吴县（今江苏苏州）人。生活于明代中期。黄省曾幼年时常读《尔雅》，从而奠定了他喜欢考证事物源流的习惯。此外，黄省曾还撰有《芋经》（又称《种芋法》）一卷、《兽经》一卷、《西洋朝贡典录》三卷，多是关系国计民生的环境经济类书籍。

万历年间，慎懋官撰写《华夷花木鸟兽珍玩考》，全书 12 卷，近 20 万字，收录动植物资料 1400 余条。慎懋官，字汝学，吴兴郡（今浙江湖州）人。书中的第七卷至第十一卷载录了马、牛、星虎、天铁熊、抱石鱼、九色鸟、白鹦鹉、白花蛇等。书的内容庞杂，但提供了一些有益的生物信息。其中也谈到环境与禽兽的关系，如："广之南新勤春十州呼为南道，多鹦鹉，凡养之俗，忌以手频触其背。""真珠鸡，生夔峡山中，畜之甚驯。"从这个书名看，万历年间的人们有了"华"与"夷"动物的区别，"夷"可能是指少数民族，也可以是指域外，说明人们的视野更加开阔。

最值得关注的是李时珍编写的《本草纲目》。李时珍（1518—1593 年），字东璧,号濒湖,蕲州(治今湖北蕲春)人。《本草纲目》52卷,分16部、60类,共收载历代诸家《本草》所载药物并新增了374种。《本草纲目》不仅仅是中国药典,而且还是生态环境资料的百科。

《本草纲目》的编排体例注意因循生态的本末链接关系,有纲有目。李时珍在《凡例》中说他以十六部为纲,六十类为目,"今各列为部,首以水、火,次之以土,水、火为万物之先,土为万物母也。次之以金、石,从土也。次之以草、谷、菜、果、木,从微至巨也。次以之服、器,从草、木也。次之以虫、鳞、介、禽、兽,终之以人,从贱至贵也"。所谓从贱至贵,就是从最基本的东西到生成的东西,符合自然演变的规律。每种药首先以正名为纲,附释名为目;其次是集解、辨疑、正误,详述产状;再次是气味、主治、附方,说明体用。

李时珍在《本草纲目》中阐述了药物学理论,包括药物的采集、炮制、性味、用法、禁忌等。第3卷至4卷为"百病主治药",列举了113种病症的常用药。第5至52卷记载药物,分为16部60类,标以药物总名为纲,分列正名、释名、集解、辨疑、正误、产地、形状、气味、主治、附方、采集、栽培、炮制等项为目,征引历代名医论说,加以评价和补充,对过去许多错误观念和记载,均予以校正和辨析。全书总结了中国16世纪以前的药学知识,对生态环境科学有着重大意义。

李时珍注重药物的类别与分类。其分类思想基于生态的多样性。李时珍非常重视正名核实,他认为生产有南北,节气有早晚,根苗异收采,制造异法度。在他看来,时间与空间,采摘与生产,都对药物有重要影响,分类就是为了名实相副,这是研究的基础。药物之间有内在的联系,必须采用合乎生态的理论进行分类。

《本草纲目》的药物分类方式,体现了较先进的生物分类思想。天地万物依其属性,可归于无机界、植物界、动物界三大范畴,《本草纲目》的16部排序正体现了这一原则。动物界依照虫、鳞(鱼类和蛇类)、介(龟鳖类和蚌蛤类)、禽、兽的顺序排列,最后是人,这与动物进化的顺序基本一致。植物界则依照草、谷、菜、果、木的顺序排列,与现代植物分类有诸多相似之处(如《谷部·稷粟》多是禾本科植物、《菽豆》多为豆科植物、《菜部·水菜》多是藻类植物、《芝栭》多是真菌)。这种生物分类方式是当时世界上最先进的,对后世的生态科学也有深远影响。达尔文的著作,就引用过《本草纲目》

的资料。

二、经济民生类

徐光启所撰《农政全书》，是一部农业百科全书。徐光启（1562—1633年），字子先，号玄扈，上海人，明末杰出的科学家。全书60卷，约60万字，共12目，其中包括：农本3卷，田制2卷，农事6卷，水利9卷，农器4卷，树艺6卷，蚕桑4卷，蚕桑广类2卷，种植4卷，牧养1卷，制造1卷，荒政18卷。《农政全书》注重环境史方面的材料，记载江浙遍植乌桕，"两省之人既食其利，凡高山大道、溪边田畔无不种之"。书中收入了《救荒本草》《野菜谱》两部典籍，采录了可救饥荒的野生植物400余种，附图加注。《农政全书》有《水利》，提出用水五术，主张蓄水、引水、调水、保水、提水。建议充分利用高山之水、泉中之水、湖中之水，合理支配水资源。

徐光启研究农业，不是从书本到书本，而是亲自参加调研并实践。他在为父守丧期间，居家从事农业试验，撰有《甘薯疏》《种棉花法》《代园种竹图说》等文，总结作物栽培和耕作经验。他先后三次前往天津主持农事和垦田，撰写了《壮耕录》《宣垦会》《农垦杂疏》等文。《农政全书》借鉴了当时西方的科学知识，如其中的《水利》详载利用各种水源和凿井、挖塘、修水库的方法，内有《泰西水法》一篇，是中国古代科技典籍中率先记载外国科技成果的典范。

徐光启去世前留下的《农政全书》是一部未定稿，后经陈子龙等整理成书。据《明史·徐光启传》，徐光启死后，"帝念光启博学强识，索其家遗书。子骥入谢，进《农政全书》六十卷，诏令有司刊布"。

宋应星撰《天工开物》。宋应星（1587—?），字长庚，明朝科学家，江西奉新人。宋应星早年熟读经史及诸子百家言，十分推崇宋代张载的"关学"，在"凡事皆须试见而后详之"思想的指导下，宋应星热心于国计民生方面的知识。他在担任江西省分宜县教谕期间，将平时所调查研究的农业和手工业方面的技术整理成书，在崇祯十年（1637年），由其朋友涂绍煃资助出版。

《天工开物》是一本百科全书，书名取自《周易·系辞》中"天工人其代之"及"开物成务"。此书原帙20卷，自删2卷，所余18卷，分隶上、中、下三编。全书按"贵五谷而贱金玉之义"（《序》），分为《乃粒》《乃服》

《彰施》《粹精》《作咸》《甘嗜》《膏液》《陶埏》《冶铸》《舟车》《锤锻》《燔石》《杀青》《五金》《佳兵》《丹青》《曲蘖》和《珠玉》，约有 53 000 字，内容涉及粮食生产，水利工具的制造，养蚕，缫丝，纺织工具，织布，印染，谷物加工，制盐，制糖，养蜂，砖瓦、陶瓷、金属铸造，船舶车辆的制造，金属锻造，石灰、矾石、硫黄的烧制和采煤，油料的提取方法，造纸工艺及设备，金属矿物的开采冶炼，冷兵器及火药制造，墨和颜料的制造，发酵曲种的制法，宝石的采取和加工，等等。全书有 123 幅插图，有多种版本传世。

《天工开物·燔石》记载：“凡烧砒时，立者必于上风十余丈外。下风所近，草木皆死。烧砒之人，经两载即改徙，否则须发尽落。此物生人食过分厘立死。然每岁千万金钱速售不滞者，以晋地菽麦必用伴〔拌〕种，且驱田中黄鼠害；宁绍郡稻田必用蘸秧根，则丰收也。不然，火药与染铜需用能几何哉！”这段话说出了砒对于环境的破坏，也说出了砒的作用。

《天工开物》有几节专门讲盐的产地与生产。如《作咸》记载：“海滨地，高者名潮墩，下者名草荡，地皆产盐。同一海卤传神，而取法则异。……凡池盐，宇内有二：一出宁夏，供食边镇；一出山西解池，供晋豫诸郡县。……凡滇、蜀两省，远离海滨，舟车艰通，形势高上，其咸脉即韫藏地中。凡蜀中石山去河不远者，多可造井取盐。盐井周圆不过数寸，其上口一小盂覆之有余，深必十丈以外，乃得卤信。故造井功费甚难。”这对于研究明代盐业是很有价值的。

三、地理考证类

清代流行考据学，乾嘉时期形成了考据学的天下。许多学者乐于考证地理环境。

考证儒家经典。阎若璩撰《四书释地》，顾栋高撰《春秋舆图》，江永撰《春秋地理考实》，焦循撰《毛诗地理释》，高士奇撰《春秋地名考略》。

考证《山海经》。清人吴任臣撰《山海经广注》，惠栋撰《山海经训纂》，汪绂撰《山海经存》，毕沅撰《山海经新校正》，翟灏撰《山海经道常》，郝懿行撰《山海经笺疏》，吴承志撰《山海经地理今释》，陈逢衡撰《山海经纂说》。

考证《禹贡》。朱鹤龄撰《禹贡长笺》，恽鹤生撰《禹贡解》，胡渭撰

《禹贡锥指》，徐文靖撰《禹贡会笺》，蒋廷锡撰《尚书地理今释》，王澍撰《禹贡谱》，洪腾蛟撰《禹贡黑水说》，程瑶田撰《禹贡三江考》，王筠撰《禹贡正字读》，丁晏撰《禹贡集释》，魏源撰《禹贡说》，桂文灿撰《禹贡川泽考》，顾观光撰《禹贡读本》，洪符孙撰《禹贡地名疏正》，杨守敬撰《禹贡本义》。

考证正史。全祖望撰《汉书地理志稽疑》，陈澧撰《汉书地理志水道图说》，洪颐煊撰《汉志水道疏证》《补东晋疆域志》《补十六国疆域志》，毕沅撰《晋书地理志补正》，杨守敬撰《隋书地理志考证》，吴兰修撰《宋史地理志补正》，林国赓撰《元史地理今释》。

四、其他

明代还有许多诗文，也记述了各地的自然环境。虽然其作品中有文学性的夸张，但总体上还是写实作品。通过读这些作品，使我们平添一些对祖国大好河山的热爱。如于谦的《上太行》记述了太行山的自然环境。俞大猷的《题七星岩》记载了七星岩的结构。戚继光的《盘山绝顶》描写了蓟北的秋景。

清人的诗词中有环境史资料。清人张应昌编辑《清诗铎》，这是一部清代诗歌总集，原名《国朝诗铎》，有 26 卷。其中选入了大量有关时政和民生疾苦的作品，如关征、海塘、田家、蚕桑、木棉、岁时、舆地、水利、灾荒、采矿的材料。

清代有关环境的资料还散见于学者的散文之中。如清初钱谦益的《游黄山记》，记述了安徽黄山的云海、飞瀑、怪石、奇松。方苞的《游雁荡记》，记述了浙江雁荡山的美景。姚鼐的《登泰山记》记述了泰山日出、泰山雪后初晴的瑰丽景色。袁枚的《游武夷山记》，赵翼的《澜沧江》，洪亮吉的《伊犁纪事》《天山歌》，等等。

清代文集中也有不少环境史资料。20 世纪 80 年代，谭其骧组织编辑《清人文集地理类汇编》7 册 400 余万字，其中收录清人文集 300 余部，内容包括通论、总志、方志序跋、河渠水利、山川游记、古迹名胜、外纪边防等。

清代，堪舆术方兴未艾，不见衰败。天为堪，地为舆，堪舆就是有关天地之间的环境。《清史稿·艺文志》载录有《葬经笺注》《地理大成》《罗经解定》《堪舆泄秘》等书籍，《四库全书》也载录了《发微论》《玉尺经》《山法全书》等二十多种书籍。

清代出现了一些地理环境方面的重要学者及书籍，如：

洪亮吉（1746—1809 年），舆地学家，字君直，一字稚存，号北江，晚号更生居士，阳湖（今江苏常州）人。乾隆五十五年（1790 年）中进士，授翰林院编修，充国史馆编纂官。洪亮吉精于史地，撰有《补三国疆域志》。他一生好游名山大川，足迹遍及吴、越、楚、黔、秦、晋、齐、豫等地。他曾担任贵州学政，在任期间，实地考察，撰写了《贵州水道考》，是了解当时贵州河流的重要文献。他还参加过多部方志的编修，如《泾县志》《登封县志》《延安府志》，对地方环境研究有突出的贡献，是一名方志学家。

刘献廷（1648—1695 年），字继庄，别号广阳子，大兴（今属北京市）人。他主张"经世致用"，撰《广阳杂记》五卷，书中记载明清杂事，旁及地理、水利、象纬，对物候的迟早、雨旸的先后皆有所论列。他又力主兴修西北水利，认为这是经理天下的要务。他提出地理学研究应打破旧传统，方舆之书要"详于今而略于古"，并进而探求"天地之故"的见解。

李兆洛（1769—1841 年），字申耆，晚号养一老人，阳湖（今江苏常州）人。文学家、地理学家，嘉庆十年（1805 年）进士，曾任凤台知县，主讲江阴书院二十余年。李兆洛藏书逾五万卷，皆手加丹铅，尤嗜舆地文学。主要著作有《养一斋集》《皇朝文典》《大清一统舆地全图》《凤台县志》《历代地理志韵编今释》《历代地理沿革图》等。

此外，《黄宗羲全集》《王船山全集》《戴震全集》《碑传全集》都有环境史方面的参考价值。

第三节　当代明清环境变迁史研究的状况

在中国环境史研究中，明清环境史是学术界研究的重点之一。由于明清时期的环境与当前中国的环境有密切联系，理所当然受到更多的关注，因而学术成果也就特别多，多得难以一一列举。这里，有必要对当代学者的著作与论文做简要介绍，一则让读者知道明清环境史的"学术前史"，二则介绍这些学人的重要贡献，三则表达对这些学人的敬意。①

一、区域研究

研究环境史，视野应当是多元的。只有采用多元的视野研究历史，才可能接近真实的历史，丰富我们对原本历史的认识。区域性研究，包括行政区划、山脉河流、灾害抗灾等研究。研究环境史的学者必须根据研究目标，确定研究的最佳视角，或者创新性地确定研究视角，才可能推出有崭新价值的学术成果。而区域性的环境史研究，切合了地方发展的需要，处处是未开拓的处女地，常做常新。

梁必骐主编的《广东的自然灾害》（广东人民出版社 1993 年版）对广东省的自然灾史做了全面的介绍，如旱灾、水灾、风灾、冷冻灾害、冰雹灾害、地震灾害、虫灾、疫灾。其中说到明代旱灾 102 次，256 县次，以 1530 年、

---

① 关于环境史研究的相关综述，钞晓鸿撰写的《世纪之交的中国生态环境史》载于钞晓鸿：《生态环境与明清社会经济》黄山书社 2004 年版，对当代学者的环境史研究作了较全面的介绍，重点介绍了明清环境史研究的信息。此外，高凯撰的《20 世纪以来国内环境史研究的述评》（《历史教学》2006 年第 11 期），还有一些其他学术综述性的文章，都值得参考，特作说明。

1536 年、1560 年、1595 年、1596 年、1628 年的干旱最严重。明代大水灾 160 次、644 县次，以 1409 年、1436 年、1492 年、1516 年、1535 年、1571 年、1586 年、1611 年、1616 年的水灾最严重。清代旱灾有 216 年次，683 县次，以 1648 年、1742 年、1758 年、1777 年、1786 年、1787 年、1850 年、1851 年、1902 年的干旱最严重。清代大水灾 247 次、1186 县次，以 1694 年、1701 年、1704 年、1725 年、1743 年、1764 年、1769 年、1733 年、1804 年、1833 年、1856 年、1864 年、1877 年、1885 年、1908 年、1911 年的水灾最为严重。[①] 书中对灾情的原因进行了分析，但对数据的资料出处没有做交代。

按区域水系开展研究。鲁西奇著《区域历史地理研究：对象与方法——汉水流域的个案考察》（广西人民出版社 2000 年版）。鲁西奇采用人类学方法，沿着汉水进行了纵贯性实地考察，掌握了大量的第一手资料，因而写出了第一部关于汉水环境的专著。

按地区进行研究。赵珍著《清代西北生态变迁研究》（人民出版社 2005 年版），专门研究西北环境史，其中引用了大量的历史文献，做了深入细致的研究。蓝勇著《历史时期西南经济开发与生态变迁》（云南教育出版社 1992 年版）研究了西南地区的生态环境变迁。袁林著《西北灾荒史》（甘肃人民出版社 1994 年版），研究了西北地区的灾荒，内容很厚实，资料相当丰富。钞晓鸿著《生态环境与明清社会经济》（黄山书社 2004 年版），全书分上下卷，上卷侧重于环境，其中的《生态环境与社会变迁——以清代汉中府为例》、《清代至民国时期陕西南部的环境保护》是两篇关于清代陕西南部生态环境的论文。其实，类似的题目，如华中、东南、东北的生态环境变迁，也值得研究。

过去的学者把眼光总是集中在黄河流域，而对黄河的支流缺乏研究，王元林著《泾洛流域自然环境变迁研究》（中华书局 2005 年版），开创性地研究了泾洛二水，无疑填补了河流环境史的一个薄弱环节，并给其他有志于研究环境史的学者带来研究的启迪。事实上，中国还有许多河流值得研究，从河头到河尾的环境变迁都值得搞清楚。《泾洛流域自然环境变迁研究》还研究了陇东、陕北一带泾洛流域的气候、地形、水文、土壤、植被、灾害等广泛的内容。书

---

① 梁必骐主编：《广东的自然灾害》，广东人民出版社 1993 年版，第 30、32、38、42 页。

中归纳了泾洛流域自然灾害的特点：种类多，发生频率高，无灾害的正常年份少。明至民国的 582 年中，泾洛流域有旱灾记录的达 331 年，有雨涝灾记录的达 262 年。蝗灾，唐五代平均 14 年发生一次，明代平均 6 年发生一次。灾害相互之间有一定的关联性，在时间与地域上分布不均衡。①

颜家安著《海南岛生态环境变迁研究》（科学出版社 2008 年版），此书旨在描述和阐释海南岛生态环境在人类活动干扰下的变迁过程、原因及其生态后果，提出创建海南生态特区的新理念。其中引用了一些历史资料，对海南岛的森林、野生动物、气候、灾害均有涉及。作者是一位从事自然科学工作的学者，其论述的角度与人文社会科学学者显然不同，有其新意。

这里要特别提到一套丛书，即邹逸麟主编《500 年来环境变迁与社会应对丛书》（上海人民出版社 2008 年版），其中收录了尹玲玲《明清两湖平原的环境变迁与社会应对》、杨伟兵《云贵高原的土地利用与生态变迁》（1659—1912 年），冯贤亮《太湖平原的环境刻画与城乡变迁》（1368—1912 年），陈业新《明至民国时期皖北地区灾害环境与社会应对研究》。这套丛书表明，以上海复旦大学为学术据点的一批历史地理学者，现在越来越重视环境史的研究，他们组成学术团队，以老带新，以项目的形式，把一批中青年学者推上了学术研究的前台。

区域环境开发方面的研究。明清时期的山区开垦现象非常突出，人们为了躲避残酷的统治，就到行政地区交界的深山老林开荒，种植玉米、甘薯等杂粮。当代学者对这种现象给予了关注，如：马雪芹的《明清时期黄河流域农业开发和环境变迁述略》（《徐州师范大学学报》1997 年第 3 期），邹逸麟的《明清流民与川陕鄂豫交界地区的环境问题》（《复旦学报》社会科学版，1998 年第 4 期），张建民的《明清山区资源开发特点述论——以秦岭—大巴山区为例》（《武汉大学学报》哲学社会科学版，1999 年第 6 期），谭作刚的《清代陕南地区的移民、农业垦殖与自然环境的恶化》（《中国农史》1986 年第 4 期），爱德华·B·费梅尔的《清代大巴山区山地开发研究》（《中国历史地理论丛》1991 年第 2 期），汪润元等的《清代长江流域人口运动与生态环境的恶化》（《上海社会科学院学术季刊》1994 年第 4 期），梁四宝的《清代秦巴山

---

① 王元林：《泾洛流域自然环境变迁研究》，中华书局 2005 年版，第 299—332 页。

地的开发与环境恶化》（《晋阳学刊》1994 年第 5 期），葛庆华的《试论清初中期川陕交界地区的开发与环境问题》（《西北史地》1999 年第 1 期），张晓虹等的《清代陕南土地利用变迁驱动力研究》（《中国历史地理论丛》2002 年第 4 期），郑哲雄等的《环境、移民与社会经济——清代川、湖、陕交界地区的经济开发和民间风俗之一》（《清史研究》2004 年第 3 期），郑维宽的《试论明清时期广西经济开发与森林植被的变迁》（《广西地方志》2007 年第 1 期），胡英泽的《凿池而饮：明清时期北方地区的民生用水》（《中国历史地理论丛》2007 年第 2 期）。看似已经有了许多关于山区开垦与环境变迁的论文了，其实，这些论文主要集中在华中地区的山区，还有好多山区的开垦还没有人研究。即使对华中地区的山区的研究，在角度上还可以更新。

二、专题研究

植被方面的研究。植被是环境史中最重要的内容，此类论文颇多。如，张帆的《江淮丘陵森林的盛衰及中兴》（《江淮论坛》1981 年第 6 期），周云庵的《秦岭森林的历史变迁及其反思》（《中国历史地理论丛》1993 年第 1 期），蓝勇的《明清时期的皇木采办》（《历史研究》1994 年第 6 期）都是研究森林环境的论文。

飞禽走兽方面的研究。国内目前研究动物史的学者凤毛麟角，只要谁在这个领域潜下心来多做研究，就有可能出成果。何业恒著《中国珍稀兽类的历史变迁》（湖南科学技术出版社 1993 年版）和《中国珍稀鸟类的历史变迁》（湖南科学技术出版社 1994 年版），文焕然等著《中国历史时期植物与动物变迁研究》（重庆出版社 1995 年版），这些著作从自然科学的角度，研究了自然界中的飞禽走兽，采用了大量的方志材料，拓展了生物史新领域。

环境灾害方面的研究。自 20 世纪末以来，人们对环境史的研究往往集中于灾害，这是因为灾害对社会危害太大，给人刻骨铭心的记忆。此类专题主要是集中在灾害与社会的关系方面开展研究，如：王振忠著的《近 600 年来自然灾害与福州社会》（福建人民出版社 1996 年版）选择一个城市的灾害与社会进行研究，内容相当具体。还有复旦大学历史地理研究中心主编的《自然灾害与中国社会历史结构》（复旦大学出版社 2001 年版），冯贤亮著的《明清江南地区的环境变动与社会控制》（上海人民出版社 2002 年版）。这些著作采用历史社会学的观点，把灾荒与社会联系起来考察，使人们更加清楚地看到灾荒对社会的危害。主要论文有：王日根的《明清时期苏北水灾原因初探》（《中国社会经济史研究》1994 年第 2 期），马雪芹的《明清河南自然灾害研究》（《中国历史地理论丛》1998 年第 1 期），卜风贤的《中国古代的灾荒理念》（《史学理论研究》2005 年第 3 期）。这些关于灾害史的研究，视角宽广，有原因分析、影响分析、机制分析。

灾害应对方面的研究。赈灾的经验教训对现实社会有很实在的启示，所以许多学者关注灾害史研究。陈业新撰写了《明至民国时期皖北地区灾害环境与社会应对研究》。主要论文有杨昶的《明朝有利于生态环境改善的政治举措考述》（《华中师范大学学报》人文社会科学版，1998 年第 5 期），李向军的《清代救灾的制度建设与社会效果》（《历史研究》1995 年第 5 期），吴滔的《清代江南社区赈济与地方社会》（《中国社会科学》2001 年第 4 期）。高建国、贾燕的《中国清代灾民痛苦指数研究》，采用了计量方法，把史料进行数字化处理，把历史上的灾情分为一级、二级、三级、四级，对灾情作了量化处理，换算成分数记其值，一级大涝得三分，二级涝得一分，三级正常得半分。又如史书记载某地"疫"，记一分；某地"大疫"，记二分；某地因疫而"死人无算"，记四分。该文最后得出来的结论是清代灾民比明代灾民痛苦，清后期灾民比清前期痛苦。清代灾民痛苦指数最高的时期首当其冲的是宣统年间。[①] 这样的研究方法，无疑是一个新的探讨。

三、综合研究

治学当从文献入手，不掌握史料就会形成无米之炊。邹振环著的《晚清西方地理学在中国——以 1815 至 1911 年西方地理学译著的传播与影响为中心》（上海古籍出版社 2000 年版），有利于我们了解海外的环境知识传入中国及其影响。周致元著的《明代荒政文献研究》（安徽大学出版社 2007 年版），是了解明代荒情与救荒的文献专书。只有多推出这类具有工具书性质的学术成

---

① 李文海、夏明方主编：《天有凶年：清代灾荒与中国社会》，生活·读书·新知
　　三联书店 2007 年版，第 8 页。

果，才可能把环境史研究推向深入。

环境史理论方面的研究。主要的论文有王利华的《中国生态史学的思想框架和研究理路》（《南开学报》2006 年第 2 期），朱士光的《关于中国环境史研究几个问题之管见》（《山西大学学报》2006 年第 3 期），王培华的《自然灾害成因的多重性与人类家园的安全性——以中国生态环境史为中心的思考》（《学术研究》2008 年第 12 期），余新忠的《卫生史与环境史——以中国近世历史为中心的思考》（《南开学报》哲学社会科学版，2009 年第 2 期），俞金尧的《资本主义与近代以来的全球生态环境》（《学术研究》2009 年第 6 期）。

环境思想史方面的研究。只要有环境问题，就会有环境思想。环境思想从不同层面反映了人们对环境的认识水平。王振忠的《历史自然灾害与民间信仰——以近 600 年来福州瘟神"五帝"信仰为例》（《复旦学报》社会科学版，1996 年第 2 期），从地方民俗的角度探讨了人们对可怕的瘟神的畏惧与崇敬。

环境变迁方面的研究。有少数学者研究绿洲的开发，如封玲的《历史时期中国绿洲的农业开发与生态环境变迁》（《中国农史》2004 年第 3 期）。绿洲主要指在干旱地区保存的水草较好的局部地区，在中国北方的农耕中发挥过重要作用。主要论文还有尹玲玲的《明清时期长江武汉段江面的沙洲演变》（《中国历史地理论丛》2007 年第 2 期），秦大河的《中国气候与环境演变》（《文明》2005 年第 12 期），张允锋等的《近 2000a 中国重大历史事件与气候变化的关系》（《气象研究与应用》2008 年第 1 期）。

明清环境史研究总的态势是，不仅有从事自然科学的学者进入到这个领域，而且还有许多从事地理学、历史学、社会学、哲学的学者也都被吸引过来。环境史研究的视野极其广泛，方法众多。相信随着学术的深入，中国环境史研究一定能成为学术领域最有活力、最有益于社会发展的学科之一。

谈到中国环境史，当代外国学者也有一些成果，他们从另外一个角度观察中国，其论点值得我们关注。如美国乔治城大学约翰·麦克尼尔在《由世界透视中国环境史》中认为：中国特殊之处，大多数是于它的地理禀赋和国家的弹性。中国的水系作为整合广大而丰饶的土地之设计，世界上没有一个内陆水系可与之匹敌。"借着这个水系，自宋代以来的中国政府在大部分的时间都能控制了巨大而多样的生态地带，具备了一系列有用的自然资源。从海南至满洲和新疆，中国各朝代所控制的地区横跨三十个纬度和自热带至北极圈附近的生态区。结果是，可供中国国家使用的是大量而多种的木材、粮食、鱼类、纤维、盐、金属、建筑用的石材，以及偶尔有的牲畜和牧地。这多样性的生态资源转化而成为国家的保障和弹性。"① 中国的农业景观是高度人为的景观，非常依赖人口和政治的稳定，并且非常容易因疏失而破坏。在每次破坏之后，大致都可以及时修复，因而显示出强烈的循环性。在麦克尼尔看来，中国历史上是一个有地理禀赋的国家，中国人对水系的利用是杰出的，资源是丰富的。环境资源的多样性保证了国家的延续。

---

① 刘翠溶等主编：《积渐所至：中国环境史论文集》，（台北）"中央研究院"经济研究所 1995 年版，第 42 页。

第三章

明清的天文历法与气候

本章论述明清的天文、气候、物候等方面的情况，介绍当时对天文的了解与观察，归纳明清气候的基本趋势，探讨南北方各地的气候与物候信息，还对气候灾害与相关的文化做了论述。

第一节　天文历法与相关研究

一、明清对天文的观察与历法

中国古代以农耕文明为主体，先民从事农业必须有准确的历法作为指导，历法的制订必须依赖天文观察。明清时期加强了对天文的观察与研究，信息量骤增。

（一）明代

《明会要》卷六十八《祥异一》记载，明代洪武、永乐、宣德等时期都出现了日食。洪武年间还多次记载了太阳黑子、数日并出、彗孛、五星凌犯、星聚、星陨等天象。之所以能记载这些天象，与人们持之以恒的观察有关。

早在1383年，明朝就在南京设京师观象台。1439年，造浑天仪，置于北京。（1900年被八国联军德国劫走，1921年索回，置于南京紫金山天文台。）1442年，北京设观象台。1446年，建晷影堂，此堂位于北京古观象台西南侧。西人伽利略在1609年制造出天文望远镜。1626年，汤若望和李祖白翻译了《望远镜》一书，介绍望远镜的使用、原理、构造和制作方法。1619年，德国人邓玉函把望远镜带入中国。1634年在北京安装中国第一架天文望远镜"筒"。

明代学者坚持不懈地观察天象，于是就有了丰富的天文信息。明代天文观测中有一些重要的记录，如关于1572年和1604年的超新星爆发的记录和多次有关彗星、流星雨的记载等，都是很宝贵的。

先民重视观云，"行到水穷处，坐看云起时"。明代茅元仪《武备志·占度载》载有《玉帝亲机云气占候》，有 51 幅云图和日月星辰的星象图。明清时期流传的《白猿献三光图》载有 132 幅云图。《白猿献三光图》以日、月、星、银河作为背景，通过云的位置、云的色彩、云的运动，预测天气，其中的一些内容与现代气象学原理相一致。此图是世界上最早的云图集，欧洲到 1879 年才出版只有十六幅的云图。1607 年，李之藻所撰《浑盖通宪图说》刊行。1643 年，出版《崇祯历书》。

明初郑和下西洋时，要依赖观察天象确定地理方位。郑和等人搜集了航海天文资料，并在航海中有记录，在星图中标出某一地理位置与星座的方位、高度等。当时不仅用水罗盘指示方向，还在夜间以星辰作为航标，使用了"牵星术"定位定向，留下了《过洋牵星图》。通过测得北极星及其他恒星的高度和方位，然后按图得到地理纬度及航向。这在当时的世界上是领先的。

正德元年（1506 年），常熟出现《石刻星图》，是翻刻了宋代苏州的《石刻星图》，说明人们很重视传承天文知识。

明代谢肇淛《五杂俎》卷一《天部》记载了他对天体的看法。天是由气组成的。所谓的天，是有规律的，有作为的，是值得敬重的。"天，气也；地，质也。以质视气，则质为粗；以气视太极，则气又为粗。未有天地之时，混沌如鸡子。然鸡子虽混沌，其中一团生意，包藏其中，故虽历岁时而字之，便能变化成形。……天，积气尔，此亘古不易之论也。夫果积气，则当茫然无知，混然无能，而四时百物，孰司其柄？生死治乱，孰尸其权？如以为偶然，则字蚀变故，谁非偶然者？而天变不足畏之说，诚是也。然而惠迪从逆，捷如影响，治乱得失，信于金石，雷击霜飞，人妖物眚，皆非偶然者也。故积气之说，虽足解杞人之忧，而误天下后世不浅也。"

明代方以智在《物理小识》卷一解释了蒙气差（即大气折射）现象，从气一元论自然观出发，提出一种朴素的光波动学说："气凝为形，发为光声，犹有未凝形之空气与之摩荡嘘吸。故形之用，止于其分，而光声之用，常溢于其余：气无空隙，互相转应也。"他在卷一还指出："物为形碍，其影易尽，声与光常溢于物之数，声不可见矣，光可见，测而测不准矣。"光在传播过程中，光区扩大，阴影区缩小，形成光肥影瘦。当时有传教士说，太阳半径为地球半径的 160 多倍，而太阳距地球只有 1600 多万里。方以智指出这是错误的。因为，据此计算（定地球圆周长约 9 万里），太阳的直径就将近有日地距离的三分之一大，这显然是不可能的。方以智运用自己的"光肥影瘦"理论，指出人眼所见的太阳圆面比实际发光体要大，因此按几何方法进行的测量并不准确。方以智《物理小识》卷二提出："宙（时间）轮于宇（空间），则宇中有宙，宙中有宇。"他提出了时间和空间不能彼此独立存在的时空观。方以智探讨过地心学说、九重天说、黄赤道、岁差、星宿、日月食、历法等天文学问题。他观察天体运动轨道，根据西方用望远镜观天发现金星有周相变化的事实，提出了金星、水星绕太阳运行的正确猜测。

明代在采用旧历的基础上，注意参考域外的历法知识。

据《明史》记载，明太祖朱元璋因统治的需要，对天文历法较为重视。洪武元年（1368 年）改太史院为司天监，又置回回司天监。诏征元朝太史院使张佑、回回司天太监黑的儿等人进京，商议历法。洪武三年（1370 年）设钦天监，掌管天文、漏刻、《大统历》、《回回历》这四方面的事情。钦天监编制《大统民历》《御览月令历》《七政躔度历》《六壬遁甲历》《四季天象占验历》《御览天象录》等。洪武十年（1377 年）三月，朱元璋与群臣论天与七政的关系，朱元璋说："朕自起兵以来，仰观乾象，天左旋，七政右旋，历家之论，确然不易。尔等犹守蔡氏之说，岂所谓格物致知学乎？"

洪武十五年（1382 年）九月，诏翰林李翀、吴伯宗翻译《回回历书》。《回回历书》属于阿拉伯的天文学知识体系，洪武十八年（1385 年）完成编译，但未刊刻成书。明代一直采用《大统历》，但此历与实际的时日有些微偏差，月食的初亏与复圆都不合推步，引起了社会上的各种议论与不安。

到了成化年间，屡有灾异，钦天监监副贝琳上书陈述"弥变图治"六件事，请求重视回回历法，得到批准。贝琳（1429—1482 年），字宗器，号竹溪拙叟。祖籍浙江定海，后迁居上元（今江苏南京）。他的生平事迹见之于《镇海县志》和《畴人传》。贝琳于成化十三年（1477 年）完成七卷本《七政推步》，刊刻出版。七政，旧指日、月和金、木、水、火、土五星。推步，是指推算天象历法。

《七政推步》是我国第一部系统介绍回回历法和阿拉伯天文学的著作，其中记载了七曜和十二月名的本音名号；增加了太阳太阴经度等十份立成表；刊载了有 277 颗恒星的中西星名对照表，载有黄经黄纬、十三幅黄道坐标的星图等。巨蟹、狮子、天秤、天蝎等十二星座的名称，最早出现在这部书中。这项工作，使明代的天文知识与阿拉伯天文知识对接，甚至与欧洲天文知识（尤其是托勒密体系）有了对接，这成为后来中国人研究回历和阿拉伯天文学的主要参考资料。

朱载堉对历法很有研究，撰《圣寿万年历》8卷。《明史·历志》记载："其书进于万历二十三年（1595年），疏称《授时》《大统》二历，考古则气差三日，推今即时差九刻。盖因《授时》减分太峻，失之先天。《大统》不减，失之后天。因和会两家，酌取中数，立为新率，编撰成书。其步发敛、步朔闰、步晷漏、步交道、步五纬诸法，及岁余、日躔、漏刻、日食、月食、五纬诸议，史皆详采之，盖于所言颇有取也。"

由于《大统历》不是太准确，有识之士一直主张改进历法，借用西洋历法，完善中国历法。明末，徐光启、李天经聘请龙华民、邓玉函、汤若望、罗雅谷等耶稣会士参加，编译《崇祯历书》137卷。此书采用了一些较准确的天文信息，其中包括日躔历、恒星历、月离历、日月交会历、五纬星历、五星交会历等，引进周日视差和蒙气差的数值改正和明确的地球概念，并引用了地理经纬度的测算计算方法。徐光启等编的《崇祯历书》，表明明代处在中西历法的过渡时期。

值得注意的是朱元璋建立政权之后，限制民间研习天文历法，使天文历法知识失去了群众性的基础。朝廷虽然有相关机构，但缺乏生气。沈德符在《万历野获编》中说：国初学天文有厉禁，至孝宗时开禁，但世上已很少有人精通天文历法了。

（二）清代

清代在天文观察的制度、设备、方法上更加完备。

清代注重记载气候，朝廷设钦天监，管理这方面事务。《清史稿·职官志二》记载，钦天监下设时宪科、天文科、漏刻科等部门。"时宪科掌推天行之度，验岁差以均节气，制时宪书，颁之四方。天文科掌观天象，书云物机祥；率天文生登观象台，凡晴雨、风雷、云霓、晕珥、流星、异星，汇录册簿，应奏者送监，密疏上闻。漏刻科掌调壶漏，测中星，审纬度；祭祀、朝会、营建，诹吉日，辨禁忌。"钦天监逐日记载北京地区的气象，每年把《晴雨录》编成册子，进呈给皇帝。苏州、杭州等地每月也向朝廷递交《晴雨录》。在这种气象统计的优良传统方面，世界其他国家未必能与中国相比。

康熙皇帝重视天文观察，他任命传教士南怀仁主持钦天监工作，支持钦天监建造观察天文的仪器，推广天文新知识。南怀仁把空气温度表①传入中国，这就使得对气候的观察更加符合科学。伴随过康熙皇帝的法国传教士白晋曾经记载："若干年来无论在皇宫、京外御苑、鞑靼地区，或是在其他地方，都经常可以看到皇帝让侍从带着仪器随侍左右，当着朝臣的面专心致志于天体观测与几何学的研究。"② 康熙皇帝特别关心生态环境，钻研自然科学，甚至虚心请教外国传教士，不懂就问，这是他与其他帝王的不同之处、胜人之处。在过去的史学教科书中，总是把帝王描述成单一的政治统治者、奴役民众的剥削者，实在是一种偏见。

《清稗类钞》卷一"观象台"条记载康熙、乾隆重视观天仪："观象台在城东南隅堞堵上……康熙癸丑（1673 年），以旧仪年久多不可用，御制新仪凡六，曰天体仪，曰赤道仪，曰黄道仪，曰地平经仪，曰地平纬仪，曰记限仪，均陈于台上，历朝遵用，其旧仪移藏台下。乙未年（1715 年）又制地经平纬仪，乾隆甲子（1744 年），又制玑衡抚辰仪，并陈台上。"这说明清代帝王对天象设施还是能够投入资金的。

清代黄履庄撰有《奇器图略》，他还曾制造许多仪器，如验冷热器、验燥湿器、望远镜、显微镜、瑞光镜等。女天文学家王贞仪撰有《地圆论》《月食解》《岁差日至辨疑》。

乾隆年间，法国传教士于 1743 年用温度计等仪器观测京城的气候，作了一些实录。道光年间，京城开始有了较为系统的气象观察，其后，上海、天津也开始了气象观察。不过，辛亥革命之前，中国没有现代意义的气象学。从 1911 年开始，我国才建立起了正规的运用仪器观测的气象站。

清代有了更加丰富的天文知识。傅鸾翔在《地舆之学须通天文说》中说过："欲修地志，先详天度之门。苟不以天测地，则重出障隔，即泰西之远镜难窥；苟不以地验天，则霄汉迢遥，即公输之绳尺莫度；……此天文之所以宜急讲也。"③ 杨仁俊曾以海潮为例，说："日月合力引水，则潮大；月朔时，日

---

① 空气温度表是意大利科学家伽利略在 1597 年发明的。

② ［法］白晋：《康熙帝传》，珠海出版社 1996 年版，第 42 页。

③ 江标编：《沅湘通艺录》卷五，引自谭其骧主编：《清人文集地理类汇编》第一册，浙江人民出版社 1986 年版，第 4 页。

月同道，吸力相合，能引水离地更高，则潮更大；月望时，地略在日月之间，日月各引水高起，其力亦大。凡潮涨处大，而退处亦大，故朔望之潮与他日不同。由此以推上下弦，而潮信如指诸掌，海行不至衍期矣。"①

清代的儿童在学习蒙学的时候就要熟读《步天歌》，要充分了解天上的星象与农历节气。清代的学人在掌握天文历法知识方面，远比明人强。传统的天学，得到了复苏，比明代限制百姓研习天文是个大进步。

清代出现了一些杰出的天文学家。王锡阐精通天文，撰《晓庵新法》《五星行度解》等。他坚持观天，几十年如一日。他自创了日月食的初亏和复圆方位角的计算方法。王锡阐重视中西比较研究，用20多年时间钻研中西天文历法，撰成《晓庵新法》。在这本书的序文中，他主张扬弃性地接收西方历法，"吾谓西历善矣，然以为测候精详，可也；以为深知法意，未可也；循其理而求其通，可也；安其误不辨，不可也"。《畴人传·王锡阐下》记载王锡阐的学术态度是"考正古法之误而存其是，择取西说之长而去其短"。

清代梅文鼎先后撰写86种书籍，他的《古今历法通考》是我国第一部历学史。他的《中西数学通》涉及古今中外数学知识，代表了当时我国数学研究的最高水平。

清代李光地等撰《星历考原》，允禄等撰《协纪辨方书》。

曾经久居英国的王韬对西方科技大加赞扬，认为中西文化的很大差异在于科技。他在《漫游随录·制造精奇》说："英国以天文、地理、电学、火学、气学、光学、化学、重学为实学，弗尚诗赋词章，其用可由小而至大。"他认为只有国家鼓励科技，社会才可能发展。

清代，在历法上多有波折反复。清初，德国传教士汤若望在明代历法的基础上，借鉴西方的新知识，编《时宪历》，在顺治年间被采用。然而，清代有些保守的士人拒绝接受新的天文历法知识，杨光先主张宁可用中国不好的历法，也不可学西方传教士带来的知识。康熙初年，汤若望主持的历法工作出现失误，杨光先等趁机上疏请禁教，辅政大臣把汤若望、南怀仁等投入监狱。王士禛《池北偶谈》"停止闰月"条记载："杨光先者，新安人，明末居京师，

---

① 江标编：《沅湘通艺录》卷五，引自谭其骧主编：《清人文集地理类汇编》第一册，浙江人民出版社1986年版，第6页。

以劾陈启新，妄得敢言名，实市侩之魁也。康熙六年（1667年），疏言西洋历法之弊，遂发大难，逐钦天监监正兼通政使汤若望而夺其位。然光先实于历法毫无所解，所言皆舛谬。"

康熙年间重新采用《大统历》。然而，《大统历》仍然存在不准确的问题，一时又找不到更好的历法。雍正皇帝缺乏康熙皇帝的大度，他在1723年下令把西方传教士赶出中国，使得西方科技的传入陷于停顿，变得断断续续。乾嘉时期的著名学者阮元认为西方的天文学理论变化太大，他在《续畴人传·序》甚至批评哥白尼学说："上下易位，动静倒置，则离经叛道，不可为训。"这些说明，陈旧的观念是很大的阻力，一直妨碍着中国人采用先进的西学。

太平天国注意到历法与实际岁时的一致性，其《颁行历书》云："特命史官作月令，钦将天历记分明。每年节气通记录，草木萌芽在何辰。每四十年一核对，裁定耕种便于民。立春迟早斡年定，迟减早加作典型。立春迟早看萌芽，耕种视此总无差。每年萌芽记节气，四十年对斡减加。立春迟些斡年减，早些斡加气候嘉。无迟无早念八定，永远天历颁天涯。"①

二、明清对气候、物候的观察与研究

气候俗称"天气"，主要指气象，包括气温、湿度、雨量，甚至物候。气候是不断变化的自然现象，因时因地而不同。现在的教科书认为：所谓天气，是指短时间内大气状态和现象的综合。所谓气候，是指由太阳辐射、大气环流、海陆分布、地面性质等因素相互作用所决定的一个地区的多年天气特征。所谓气象，是大气中冷、热、干、湿、风、云、雨、雪、雾、闪电等各种物理状态和物理现象的总称。② 植物的发芽、开花、结果、落叶等生长过程，以及动物的孵化、迁徙、休眠等行为均具有一定的规律，这便是物候。作为农业文明大国，出于经济生活的需要，中国人一向重视气候。农业国的收成大半依赖于气候，人们利用物候知识来指导农业生产。根据天象变化预测自然界的灾异

---

① 中国史学会主编：《太平天国》第1册，神州国光社1952年版，第208页。

② 王瑜、王勇主编：《中国旅游地理》，中国林业出版社、北京大学出版社2008年版，第49页。

和天气变化，称为占候。因此，先民特别重视对气候的记录，留下许多资料。

明代有一些关于气候或物候的书，如徐光启的《占候》，程羽文的《田家历》，胡文焕的《占候成书》，周履靖校刊的《天文占验》，无名氏万历八年（1580）刊本《农用政书历占》，抄本《风云雷雨图》，谈迁的《北游录》等。

《明史·五行志》记载了恒寒、恒阴、雪霜、冰雹，当时的修史者认为这些内容在五行中皆属水，所以放在水部论述。我们不要因为其名称是"五行"就忽略这篇文献的重要价值。迄今为止，很少有明代文献对气候的记载超过《明史·五行志》。

谢肇淛认为南北天象与气候是有差异的，农作物的收获时间也是不同的，他在《五杂俎》卷二《天部》记载："凡物遇秋始熟，而独麦以四月登，故称'麦秋'。然吾闽中早稻皆以六月初熟，至岭南则五月获矣。南人不信北方有八月之雪，北方亦不信南方有五月之稻也。"

1617 年，张燮著《东西洋考》，记载海洋气候等资料。张燮（1574—1640年），字绍和，自号海滨逸史。他天资聪慧，20 岁中举，后定居镇江。《东西洋考》共 12 卷，记载东西洋 40 个国家的沿革、事迹、形势、物产和贸易情况；记载水程、二洋针路、海洋气象、潮汐，以及国人长期在南海诸岛的航行活动、造船业和海船的组织等情况，是当时中国人与东西洋各国贸易通商的指南。

明代流行以花开花落的时间说明二十四节气，编有"花信风"口诀。人们把花开时吹来的风叫作"花信风"，意即带来开花音讯的风候。从小寒到谷雨，八气二十四候，每候五日，均以一种花的状况来表明节气候。明代焦竑的《焦氏笔乘》、清代康熙年间流行的《广群芳谱》均载有 24 番花信风：小寒：一候梅花、二候山茶、三候水仙；大寒：一候瑞香、二候兰花、三候山矾；立春：一候迎春、二候樱桃、三候望春；雨水：一候菜花、二候杏花、三候李花；惊蛰：一候桃花、二候棠梨、三候蔷薇；春分：一候海棠、二候梨花、三候木兰；清明：一候桐花、二候麦花、三候柳花；谷雨：一候牡丹、二候酴醿、三候楝花。

《明史·五行志》有一类材料的名称是"花孽"，其内容是"弘治十六年九月，安陆桃李华。正德元年九月，宛平枣林庄李花盛开。其冬，永嘉花尽放。六年八月，霸州桃李华"。编写《五行志》的学者认为这些花开的时间有些反常，所以称之为"花孽"。

李时珍重视动植物物候特征的规律，在《本草纲目》中强调植物生长，皆有定时。在记载"苏"时，李时珍说："紫苏、白苏皆以二三月下种……五六月连根采收……八月开细紫花，成穗作房，如荆芥穗。九月半枯时收子。"在记载谷物时，李时珍说："北方气寒，粳性多凉，八九月收者即可入药。南方气热，粳性多温，惟十月晚稻气凉乃可入药。"（《谷部》粳条）在记载桃树时，李时珍说："有五月早桃、十月冬桃、秋桃、霜桃，皆以时名者也。"（《果部》桃条）

明末清初的叶梦珠《阅世编》卷一记载了崇祯、顺治年间的天象，如太白中天、日中黑子，以及种植业受气候环境的影响。《阅世编》卷七记载："自顺治十一年（1654年）甲午冬，严寒大冻，至春，橘、柚、橙、柑之类尽槁，自是人家罕种，间有复种者，每逢冬寒，辄见枯萎。至康熙十五年（1676年）丙辰十二月朔，奇寒凛冽，境内秋果无有存者，而种植之家，遂以为戒矣。"由这段材料可证，清朝初年、康熙年间曾经出现严寒的天气，使得经济作物受到打击，农民不得不改变原有的种植品类和习惯。

《王阳明全集·悟真录之三·外集四》载有《气候图序》，反映了王阳明的气候观念，也反映了当时人们对气候的朴素认识。当时，有一位总兵怀柔伯施瓒命绘工作《七十二候图》，遣使请王阳明作序，王认为总兵命绘此图的目的是"善端之发"，"戒心之萌"。"其殆致察乎气运，而奉若夫天道也欤！夫警惕者，万善之本，而众美之基也。公克念于是，其可以为贤乎！由是因人事以达于天道，因一月之候以观夫世运会元，以探万物之幽赜，而穷天地之始终，皆于是乎始。"

明末清初的人们仍用朴素的阴阳理论解释地区之间的环境差异，这种生态哲学思想是经验的总结，但还没有上升到科学的境界。屈大均《广东新语》卷一《天语》记载："东粤之地，阴阳二气恒不得其和，而雷、琼二州尤甚。雷州在海北多阴，雷生于阴之极，故雷州多雷。琼州在海南多阳，风生于阳之极，故琼州多风。凡风生于火者阳风，生于水者阴风。雷出于山者阳雷，出于泽者阴雷。琼州在水中，其风多阴。雷州在山中，其雷多阳。而二州雷风，往往相应。雷州雷则琼州风，琼州风则雷州雷，琼州风甚，则雷州雷亦甚，雷州雷甚，则琼州风亦甚，其气常相摩荡也。雷人事雷，琼人事风，皆甚谨。"其实，早在先秦时期的《国语·周语》就有关于阴阳二气与地理关系的论述，时隔两千多年，这套理论还没有新的突破，说明阴阳学说对先民的影响是深远的。

清代学者对气候有所关注。王士禛的《水月令》，邓琳的《海虞农家占验》，梁章钜的《农候杂占》，吴鹄的《卜星恒言》，喻端士的《时节气候钞》中，都记载有气候的材料。

《清史稿》中的《灾异志》有材料，类似于《明史·五行志》，过去的学者经常把《灾异志》当作迷信的资料库，其实有失偏颇，值得我们今后注意。

清初刘献廷采用比较的方法，把上古的物候与清代的物候进行比较，试图说明气候发生了变化。他在《广阳杂记》卷三说："诸方七十二候各不同，如岭南之梅，十月已开；湖南桃李，十二月已烂漫，无论梅矣。若吴下，梅则开于惊蛰，桃李放于清明。相去若此之殊也！"他认为随着时间的推移，物候也有不同。"今历本亦载七十二候，本之月令，乃七国时中原之气候也。今之中原，已与《月令》不合，则古今历差为之。今于南北诸方，细考其气候，取其确者一候中，不妨多存几句，传之后世，则天地相应之变迁，可以求其微矣！"刘献庭是个有远见的人，主张把每一物候的表征记载得详细一些，以便后人考证其变化。这种研究思路，值得我们记取。

中华先民对万物的观察有悠久的历史，物候学就是在观察的基础上形成的。到了清代，先民在观察的制度、设备、方法上更加完备。

三、今人的相关研究

（一）相关的学术成果

中国古代的气候学与物候学关系密切。竺可桢认为："物候学和气候学可说是姊妹行，所不同的，气候学是观测和记录一个地方的冷暖晴雨，风云变化，而推求其原因和趋向；物候学则是记录一年中植物的生长荣枯，动物的来往生育，从而了解气候对动植物的影响。"[1] 古人通过万物变化而获得有关气候的信息，并根据动物、植物的状况解释气候或节气。

竺可桢在 1973 年发表的《中国近五千年来气候变迁的初步研究》，把近

---

① 竺可桢、宛敏渭：《物候学》，科学出版社 1973 年版，第 1 页。

五千年的气候变迁史时间分为考古时期、物候时期、方志时期、仪器观测时期。关于明清时期的气候，从公元 1400 年到 1900 年，我国大半地区有当地编纂且时加修改的方志；自 1900 年以来开始有仪器观测气象记载，但局限于东部沿海地区。

刘昭民著《中国历史上气候之变迁》由台湾商务印书馆于 1982 年出版。刘昭民曾撰写《中华天文学史》等书。徐道一等撰《明清宇宙期》，发表在《大自然探索》1984 年第 4 期。张丕远主编《中国历史气候变化》，由山东科学技术出版社于 1996 年出版，书前有施雅风作的序，说这是 1988 年国家自然科学基金项目，项目任务书中列出主要研究为"用孢粉、沉积、文献、考古等方法重建 1 万年来气候序列，研究我国气候变化规律及未来趋势；研究近万年中国海面变化的规律和原因，对下世纪上半叶海面和可能变化及影响进行试点研究；应用数值模拟方法，模拟大气中 CO_2 倍增条件下所引起的气候变化；探讨气候变化对西北、华北水资源影响并预估其未来变化"。其中值得注意的内容有：夏商以来中国东部气候的冷暖变化，中国东部 4000aBP 以来的气候冷暖变化，500aBP 以来中国气候变化，过去 2000 年来中国旱涝变化研究，1230 年的突变及 2000aBP 以来气候的阶段性，19 世纪上半叶的气候突变，农牧过渡带、亚热带经济作物界线的迁徙，气候变化对农业的影响，气候带变迁对野生动物分布界线的影响，过去 10000 年来中国气温变化的基本特征。

有的学者认为，历史上的气候规律是可以掌握的。秦大河研究了气候变暖的趋势及危害，认为："中国是一个历史悠久的国家，很多气候资料可以通过历史文字、文献，利用一定的科学方法进行重建。中国近 2000 年来有四个明显的暖期，即公元一世纪到二世纪，公元 570—980 年，公元 930—1320 年，以及 1920 年至今。"[①] 我们只有在这种气象规律的大框架之下认识中国历史的演迁，才可能更加全面地解读明清社会。

许多省份都在编气象资料，如湖北省组织学者编有《中国气象灾害大典·湖北卷》，此书虽为资料大全，实际上是研究性的成果。编者在《绪论》中归纳了湖北气象灾害的特点有六方面：种类多，危害重；汛期降水集中，客

---

① 秦大河：《中国气候与环境演变（上、下）》，《资源环境与发展》2007 年第 3、
4 期。

水来量大，洪涝灾害突出；降雨量年际变率大，年内时空分布不均，多数年份有较严重的干旱发生；春夏季风雹等强对流天气灾害频繁，冬半季常有冻害发生；具有群发性和非稳定性；具有继发性和转移性。① 这样的归纳基于详细的史料，颇有说服力。如果每个省都这样编写出这样的资料，那么，环境史研究就具有了更加厚实的基础。

从气候角度研究历史，已经成为史学的一个研究角度。如冯贤亮著《明清江南地区的环境变动与社会控制》（上海人民出版社 2002 年版），此书结合环境变动及其社会控制两方面的共同考察，对明清时期江南地区的自然环境与社会控制的变迁，进行了论述。钞晓鸿著的《生态环境与明清社会经济》（黄山书社 2004 年版），李文涛撰写的博士论文《气候视野下的北朝农业经济与社会》，都从气候史的角度研究断代社会。此外，蓝勇编著的教材《中国历史地理学》与其他历史地理教材不同的是，专门列了《历史时期气候变迁》一章，此书由高等教育出版社 2002 年出版。

（二）气候史研究的重要意义

通过气候变迁可以了解农业变化，分析人口迁徙、社会动荡等。欧洲学者研究气候得出的结论是，1450 年前后的气温偏低，干旱导致饥荒，促使欧洲各民族向海外拓殖，移民到南北美洲。这个观点虽不一定全面，但仍然可以作为近代社会早期西方人向海外发展的原因之一。明末之所以是多事之秋，与气候不无关系。明末清初史学家谈迁的《北游录》中的物候记载表明，当时北京冬季的气温比现在约低摄氏 2 度，春季物候期平均比现在迟 7 天左右。② 学者们根据此书的记载推测，现在的海河每年冻结的日数有 56 天，比清初少 5 天，迟 11 天。③ 1600 年至 1850 年的明清之际，长城以外酷寒，灾害频仍，游牧民族不断骚扰中原，满族乘中原内乱而入关。

通过气候研究，可以了解中华民族的生存能力。台湾学者在《中国人的

---

① 温克刚主编：《中国气象灾害大典·湖北卷》，气象出版社 2007 年版，第 5—6 页。

② 龚高法等：《北京地区自然物候期的变迁》，《环境变迁研究》（第一辑），海洋出版社 1984 年版。

③ 刘昭民：《中国历史上气候之变迁》，台湾商务印书馆 1982 年版，第 156 页。

气候适应力》一文中认为，中国人有很强的气候适应力，能适应热带气候，也能适应冷带气候。[①] 其实，这种现象很好解释。中国地域辽阔，纬度跨得大，既有生活在寒冷地区的人，也有生活在热带的人，所以说中国人既耐冷，又耐热，实不为过。但是，这种现象又是相对的，长期生活在黑龙江的人未必就适应热带气候，反之，长期生活在海南岛的人未必适应黑龙江的气候。

当代中国学者对气候的研究正在从粗线条研究向精致考察转变，一些从事自然科学的学者推出了新成果，如有的学者研究清代秦岭的气温变化，用冷杉年轮测定方法，得出结论：陕西镇安在 1798 年前后出现大幅度降温，1850 年前后又出现降温趋势。[②] 有的学者研究厄尔尼诺现象与降雨的关系，指出在公元 1500 年以来的厄尔尼诺年，全国大范围的降水偏少，内蒙古—甘肃与长江中下游一带干旱少雨，而东北、黄淮与广东沿海多雨。指出 1880 年以来，在厄尔尼诺年江南降水偏多，北方偏少，反厄尔尼诺年（拉尼娜年）则相反。[③] 如果这样地区性的研究成果增多，无疑对了解整个明清时期的气候是极有益处的。

---

① 沙学浚：《地理学论文集》，台湾商务印书馆 1972 年版，第 418 页。

② 刘洪滨、邵学梅：《利用树轮重建秦岭地区历史时期初春温度变化》，《地理学报》2003 年第 6 期。

③ 张德二、薛朝晖：《公元 1500 年以来 ElNino 事件与中国降水分布型的关系》，《应用气象学报》1994 年第 2 期。

第二节　气候与趋势

中国位于欧亚大陆东部、太平洋的西岸。全国陆地面积约 960 万平方千米，就纬度而言，中国位于赤道以北的北半球，涉及热带、亚热带、暖温带、中温带、寒温带五个温度带及青藏高原气候区。中国占有亚洲 1/4 的面积，与欧洲面积差不多相等。中国气温分布的特点是北冷南暖，平原暖，高原冷，南北气温常常相距 30℃ 以上，全国大部分地区四季分明，具有丰富的光热资源。中国的气候除了由经纬度决定之外，还与中国地形的多样性有关，众多的山脉与巨大的高原成为南北冷暖气流的障壁。对气候与季节的判断，使中国人又形成了自己独特的物候观念。因此，气候不是一个单纯的天气问题，它与地理环境等因素有密切关系，而气候史是综合性的知识体系。

这一部分主要是从时间走向分析明清时期的冷暖情况。其实，冷暖只是气候的一部分内容，气候是一个复杂的环境体系。关于中国历史上的气候趋势，学术界的基本共识是：从距今 8000 年到 5000 年，中国处于温暖期。距今 5000 年到 3000 年，气温相对下降，但仍较温暖。公元前 1100 年左右为近 5000 年来的第一个寒冷期。从公元前 770 年到公元前 1 世纪的春秋至西汉时期，气候温暖。东汉到南北朝时期是寒冷期。唐朝到北宋是温暖期。南宋是寒冷期。元代（1200—1300 年）是温暖期。明清时期（1400—1900 年）是宇宙期，又称为方志期或小冰河期。[①]

从元末明初到清末，历经 500 余年，我国历史时期的气候变化进入了最为漫长的一个寒冷期。中国历史上气候冷暖交替变化，王绍武研究了自公元 1380 年以来的华北气温变化，发现小冰期中的第一冷谷消失，揭示了小冰期

---

① 蓝勇编著：《中国历史地理学》，高等教育出版社 2002 年版，第 32 页。

的气候变化在各地存在着差异。① 张德二研究了中国南部近 500 年的冬季温度变化，得出在这一地区小冰期的三个冷谷一次比一次加深。② 张丕远、龚高法在对小冰期的细微结构进行研究后认为：公元 1600 年至公元 1700 年为小冰期最盛期。③

一、明代的气候

明代总体气候状况是比其他时期寒冷些，但这并不意味在某些年份有暖和的冬季。总体说来，处于寒冷期。学者们对明代气象资料进行研究，发现中国气候从 14 世纪开始逐渐转入寒冷期，15 世纪以后气候加剧转寒。明代气候继续了元代的寒冷，但更加干旱，而明代中叶是最旱的灾荒时期。在学者们看来，明代是中国历史上雨量最少的时期之一，旱灾总数是各时期之冠。

刘昭民《中国历史上气候之变迁》一书中认为明代的气候可以划分成四个时期：④

①明代前期，从洪武元年到明英宗天顺元年，即 1368—1457 年，气候寒冷期。没有"冬无雪"的记载。《浙江通志》记载，代宗景泰元年（1450 年）正月，嘉兴大雪两旬，深丈许。这一时期的气温比现在至少低 1℃。

②明代中叶，从明英宗天顺二年到世宗嘉靖三十一年，即 1458—1552 年，中国历史上第四个小冰河期。这时期的江南、华中、华南各地都出现寒冷现象，太湖等大湖结冰。由于天冷，旱灾频繁，社会不安。这一时期的气温比现在至少低 1.5℃。

③明代末叶的前半期，从世宗嘉靖三十六年到明神宗万历二十七年，即

---

① 王绍武：《公元 1380 年以来我国华北气温序列的重建》，《中国科学》1990 年第 5 期。

② 张德二：《中国南部近 500 年冬季温度变化的若干特征》，《科学通报》1980 年第 6 期。

③ 张丕远、龚高法：《十六世纪以来中国气候变化的若干特征》，《地理学报》1979 年第 3 期。

④ 刘昭民：《中国历史上气候之变迁》，台湾商务印书馆 1982 年版，第 137 页。

1557—1599 年，仍是中国历史上第四个小冰河期，但气候特点是夏寒冬暖。从方志可以发现，这时期的夏季多次出现寒流，如《浙江通志》记载神宗万历二十六年（1598 年）立夏，浙江金华大风雪。这一时期的气温比现在至少低 0.5℃。

④明代末叶的后半期，从明神宗万历二十八年到明思宗崇祯十六年，即 1600—1643 年，中国历史上的第五个小冰河时期。这一时期一直延缓到清代康熙五十九年，即到达了 1720 年。这个时期与欧洲、北美的历史记载一样，北半球都处于小冰河时期。《云南通志》记载，神宗万历二十九年（1601 年）九月，云南大雪。《广东通志》也记载神宗万历四十六年（1618 年）冬十二月，广东大雪。南方地区下大雪，说明气候之寒冷。这一时期的气温比现在至少低 1.5℃~2℃。

概言之，衡量气候的一个重要标志，就是看南方的气温是否有明显变化。这时期，南方的江河湖泊在冬季有结冰的现象。如明代宗景泰五年（1454 年），淮河结冰。南方一些地区出现了下雪的现象，如明武宗正德元年（1506 年），广东下雪。这些说明气候的极端化特征。这个概括值得我们注意，有利于我们认识明朝各时期的社会变动。

历史文献中有许多关于明代寒冷气候的记载，如《明会要》卷六十九《祥异二》记载：天顺四年（1460 年）四月，大雨雪，月余乃止。令人奇怪的是：弘治六年（1493 年）九月，凤阳竟然下了大雪。

《明史》对明代的寒冷气候有记载，如《五行志》记载：景泰四年（1453 年）冬十一月至次年孟春，"山东、河南、浙江、直隶、淮、徐大雪数尺，淮东之海冰四十余里，人畜冻死万计"。景泰五年（1454 年）是相当寒冷的一年，江南诸府连续下大雪，冻死许多穷人与牲畜。

明代成化十年（1474 年）到正德十二年（1517 年），气候寒冷。苏北大寒，海边冰冻，苏南的太湖结冰。"成化十三年（1477 年）四月壬戌，开原大雨雪，畜多冻死。十六年（1480 年）七八月，越巂雨雪交作，寒气若冬。"

从《明史·五行志》看，这部正史对气候的记载缺乏系统性，只是点缀性地讲了几个皇帝时期的若干个年份的情况。但值得注意的是：明代在农历四月、七月、八月有过寒冷的气候，这应属于反常现象。

明代成化以后，气候变得异常寒冷。弘治六年（1493 年）九月，淮河流域普降大雪，至次年二月才停止，降雪期长达半年，汉水结冰，苏北海水结冰，大面积寒潮，这是当地从未有过的严寒气候。可以说，在明代诸多的年份中，1493 年最为寒冷。

弘治之后，江南严寒频仍。正德八年（1513 年）冬天，洞庭湖、鄱阳湖和太湖都曾结冰。当时，湖面最为宽阔的洞庭湖竟成为"冰陆"，其冰厚不仅可行人，甚至可以通车。[①] 正德年间，海南岛的万州下雪，这是我国古代地域最南端的一次下雪。有关此次下雪情况，《正德琼台志》有记录，当地举人王世亨还专门写了诗，收在志中。

明代晚期，气候寒冷。泰昌元年（1620 年）冬季异常寒冷，从安徽到江西都有大雪。

根据明末清初史学家谈迁《北游录》中的物候记载，可以推断当时北京冬季的气温比现在约低摄氏 2 度，春季物候期平均比现在迟 7 天左右。

北京气象台曾分析近 500 年来北京的气象变化趋势，就明代的情况而言，在从 1484—1644 年的 160 年间，只有 45 年为多雨期，其余 115 年皆处于少雨期。[②]

关于北方气候，邹逸麟撰写的《明清时期北部农牧过渡带的推移和气候寒暖变化》[③] 值得参考。该文提出 13 世纪的气候是一个比现在更温暖的气候。这个温暖期大约结束于该世纪末。在 14 世纪前 50 年，中国东部气候已从温暖期向寒冷期转变。[④] 进入 14 世纪以后，山西北部、河北北部、辽宁西部在五月至八月间陨霜、雨雹、风雪记载特多，说明中国北方气候转寒。朱元璋建立明朝后，在其北疆约今蒙古高原的东南缘设置了四十余个卫所，大致沿着阴山、大青山南麓斜向东北至西拉木伦河侧一线，驻兵戍守，形成了一条实际上的农耕区的北界。此线西段和中段显然已较元时南移了一个纬度。这说明 15 世纪初开始，明朝北部实际农耕区北界又发生变化。

---

① 王育民：《中国历史地理概论》（上），人民教育出版社 1985 年版，第 220 页。

② 北京气象台：《北京市近五百年旱涝分析》，参见中央气象局研究所编：《气候变迁和超长期预报文集》，科学出版社 1977 年版。

③ 该文发表于《复旦学报》（社会科学版）1995 年第 1 期。

④ 满志敏等：《中国东部十三世纪温暖期自然带的推移》，载施雅风等：《中国气候与海面变化研究进展》，海洋出版社 1990 年版。

明代把暖冬称为"恒燠"，由于冬季不下雪，人们只好祈求上苍赐雪。《明史·五行志》记载：

> 洪熙元年正月癸未，以京师一冬不雪，诏谕修省。正统九年冬，畿内外无雪。十二年冬，陕西无雪。景泰六年冬，无雪。天顺元年冬，宫中祈雪。是年，直隶、山西、河南、山东皆无雪。二年冬，命百官祈雪。六年冬，直隶、山东、河南皆无雪。成化元年冬，无雪。五年冬，燠如夏。六年二月壬申，以自冬徂春，雨雪不降，敕谕群臣亲诣山川坛请祷。十年二月，南京、山东奏，冬春恒燠，无冰雪。十一年冬，以无雪祈祷。十五年冬，直隶、山东、河南、山西无雪。十九年冬，京师、直隶无雪。弘治九年冬，无雪。十五年冬，无雪。十八年冬，温如春，无雪。正德元年冬，无雪。永嘉自冬至春，麦穗桃李实。三年冬，无雪。六年至九年，连岁无雪。十一年冬，无雪。嘉靖十四年，冬深无雪，遣官遍祭诸神。十九年冬，无雪。二十年十二月癸卯，祷雪于神祇坛。二十四年十二月甲午，命诸臣分告宫庙祈雪。三十二年冬，无雪。三十三年十二月壬申，以灾异屡见，即祷雪日为始，百官青衣办事。三十六年冬，无雪。三十九年冬，无雪。明年，又无雪。帝将躬祷，会大风，命巫祷雪兼禳风变。四十一年至四十五年冬，祈雪无虚岁。隆庆元年冬，无雪。四年冬，无雪。万历四年十二月己丑，命礼部祈雪。十六年、十七年、二十九年、三十七年、四十七年，亦如之。崇祯五年十二月癸酉，命顺天府祈雪。六年、七年冬，无雪。

由以上文字可知，明代亦有温暖的冬季。

此外，《明实录》中也有暖冬的记载。如《明孝宗实录》卷一百二十弘治九年（1496 年）十二月条记载杨廉上奏说："大寒过后犹少霜雪，冬至以来愈觉暄暖。"

冬季如果不冷，令人难受，更使人感到来年的不祥。冬雪对于补给地下水，对于杀伤害虫都是非常重要的，所以从朝廷到民间都重视冬季之雪。

二、清代气候

清代初期的气候处于寒冷阶段，顺治十一年（1654 年）、康熙四年（1665 年）、康熙九年（1670 年）、康熙二十二年（1683 年）、康熙二十九年（1690 年）、康熙五十年（1711 年）、嘉庆五年（1800 年）、道光十二年（1832 年）、道光二十一年（1841年）、咸丰十一年（1861年）、同治元年（1862年）、光绪三年（1877年）、光绪七年（1881年）、光绪十八年（1892年）都出现过异常寒冷的天气。

顺治十一年（1654年）特别寒冷。据叶梦珠《阅世编》，顺治十一年（1654年）以前，江西普遍种植橘柚，"不独山间广种以规利，即村落园圃家户种之以供宾客"。然而，天气变寒，顺治十一年（1654年）出现"严寒大冻，至春，橘、柚、橙、柑之类尽槁，自是人家罕种，间有处长种者，每遇冬寒，辄见枯萎。至康熙十五年（1676年）丙辰十二月朔，奇寒凛冽，境内秋果无有存者，而种植之家遂以为戒严矣"。这段材料从江西种植橘柚说到天气的变化。由于冬寒，橘、柚、橙、柑之类必然枯萎，久而久之，人们得不到经济实惠，就放弃了这些作物的种植。经济类树木的栽培，受制于气候。通过对橘、柚、橙、柑种植地区变迁的分析，可以窥见气候的变迁。

康熙九年（1670年）也很寒冷，湖南的耒阳与衡山、江西的抚州、浙江的绍兴，都有大风大雪，压坏树木，河水结冰。

道光二十一年（1841年）年底，长江中下游出现大规模降雪。浙江巡抚刘韵珂在奏折中说浙江中北部在十一月初下大雪，连续五昼夜，雪深五尺。

咸丰十一年（1861年），太湖冰冻，长江的九江段冻结。

光绪十八年（1892年），全国寒冷，东南沿海尤其奇寒。上海地区的港浦冰冻，江苏太湖结冰。《光绪太平县续志》记载："河流尽冻，不能行舟，花木多萎，百岁老人所未见。"寒潮直接波及海南岛，琼山冻死贫民。由于寒冷，有些地方的农业颗粒无收。

清代的气候状况，表现为第四个寒冷期的延续。

清代虽处于寒冷期，但寒冷的年份并不是均匀分布的。其中，也有相对的暖冬期，只是处于寒冬的时间占绝大部分，大约为五分之四。在第四个寒冷期的近500年间，最寒冷的时间是在17世纪，特别以1650年至1700年为最冷年代。在这50年间，其间，太湖结冰四次，鄱阳湖结冰一次，洞庭湖结冰三次，汉水结冰五次，淮河结冰四次。在现在人看来，这都是不可思议的。水面广阔、纬度偏南的南方大湖泊、流淌不息的汉水也曾结冰，甚至我国热带地区，在这半个世纪中，其下雪结冰的冬季也极为频繁。难以想象气候之极端化。谈迁《北游录》中记载了1653—1655年他在北京感受到的寒冷气候。气候学家认为17世纪中叶冬季的北京要比现在的温度低2℃。

按刘昭民在《中国历史上气候之变迁》第五章的论述，清代气候也可以分为四个时期：

①清代前叶，从世祖顺治元年到康熙五十九年，即从 1644—1720 年，是中国历史上第五个小冰河时期。

②清代中叶，从康熙六十年到仁宗嘉庆二十五年，即 1721 年到 1820 年，有较暖和的冬天，气候较暖湿。

③清代末叶，从道光二十年到德宗光绪六年，即 1840 年到 1880 年，是中国历史上第六个小冰河时期。

④光绪六年以后，中国进入历史上第五个暖期。

邹逸麟在《明清时期北部农牧过渡带的推移和气候寒暖变化》[①] 中认为 17 世纪下半叶我国曾经出一个短时期的温暖气候。据文献记载，康熙、乾隆年间木兰围场秋季曾多次出现高温天气，康熙四十二年（1703 年）玄烨曾说："塞外多寒，今年炎热不异六月，向来所未见也。"《热河志》所载乾隆皇帝所做的诗篇中，以"暖""秋热""热""雨""秋雨"为题的占了很大比例，反映了当时秋季气温较高、雨水较多的实况。同时他在许多诗句中也多处提到秋暖的情况。如卷三载："关外逢秋热，忽如夏杪时。葛收箱欲换，扇衍箧重持。"卷七载："今年秋候长，入冬气尚暖。"《雨》载："木兰九月雨，秋暖实异常。"乾隆二十八年（1763 年）作《入古北口即事》注："往岁塞外叶落，入关犹见绿树，今岁秋暖，塞外树亦未凋。"（卷十八《巡典》）

这些资料充分说明了从 18 世纪初至中后期，我国北部地区气候有一个由寒转暖的过程，温度大约延迟一个节气。当时北部农牧过渡带的北界应该是自然条件允许的最北界。这种温暖气候大概延续到 18 世纪末，嘉庆、道光年间河北地区曾出现多次寒冬。康、雍、乾时期农业很兴旺的归化城一带，到了咸丰年间却成苦寒之地，春末开冻，秋初阴霜，终年燠少寒多，禾稼难以长发，劳于耕作，而薄于收成。大约到 19 世纪末、20 世纪初又出现短暂的温暖气候，这就是清末光绪年间大规模开垦蒙地的地理背景。

邹逸麟的结论是：①明清时期我国北部农牧过渡带地处长城和阴山、大青

---

① 邹逸麟：《明清时期北部农牧过渡带的推移和气候寒暖变化》，《复旦学报》（社会科学版）1995 年第 1 期。

山、大兴安岭山脉之间，从气候而言，属温带、暖温带。由于热量水分条件的不同，湿润程度自东向西由湿润、半湿润、半干旱至干旱过渡。气候特征是冬季严寒且长，夏季短促而温热，春秋温度骤变，无霜期很短。降水大多集中在6—8月的夏季，春寒严重，给农牧业带来一定影响。历史时期人们在利用和改造自然的过程中，形成了农耕区、牧业区及两者之间的半农半牧区。从历史资料来看，在14世纪中叶至20世纪初的明清时期，在农耕区和牧业区之间的农牧过渡带有过一定的变化。②15世纪初明朝卫所的内迁，其中固然有政治原因，但其主要原因则是气候转寒。据今人研究，14世纪开始全球进入小冰期，在我国也有所反映，譬如与我国北部农牧过渡带最近的黄淮海平原从14世纪开始至18世纪就有一个寒冷期。③大约康熙末期至乾隆中叶的18世纪，我国北方气候有一段转暖时期，因此农牧过渡带的北界有可能到达了无灌溉旱作的最西界。雍正、乾隆年间在长城以北设置了一系列与内地体制相同的厅、州、县制，也是农耕区北展的反映。20世纪开始又有一个转暖期，其程度较康、乾为弱。这就是光绪末年大力开垦蒙地，将农田推至大青山、西拉木伦河以北的气候背景。④明代初年的农牧过渡带的北界大致为阴山、大青山斜向东北至西拉木伦河上游南侧一线。15世纪以后因气候转寒有所内缩。18世纪清康熙时期开始逐渐北移，西段稍北移至阴山、大青山北麓的海流图、百灵庙一线；中段大致在大马群山、小滦河上游一线；东段与大兴安岭南端相接，沿岭东斜向东北。至清末基本未变。⑤今内蒙古地区农业区主要分布在水热条件稍好的地区，即大兴安岭东侧、阴山山前的丘陵和平原以及鄂尔多斯高原的东部地区，半农半牧区位于农业区与牧业之间的交错狭长过渡地区，也可以说是农牧业的分界线。半农半牧区以北及以西为牧区，其以南以东为农区。这是一条呈宽带状的过渡带。明清时期这条过渡带基本上与今天相同，随着湿润状况的变化，有偏东偏西的变化。

　　笔者翻阅《清史稿·灾异志》，注意到清代有些年份出现了春夏季节特别寒冷的现象。笔者读后，作了下列笔记：

　　顺治年间和雍正年间各只记了一次气候，是史官疏忽，还是没有可记的？康熙朝对气候记载详细，这是否说明当时的气候情况严峻？在如此寒冷的时期，为什么会出现了太平盛世？其中的"大冶大雪四十余日"是否指鄂东的大冶？如果是鄂东的大冶，江南连续下四十多天大雪，实属罕见。还有，"太湖大雪严寒，人有冻死者"，这种情况也是极少见的。"阜阳大雪，江河冻，舟楫不通"，天寒地冻，导致南方的江河不能行船，这种情况也是难以令人置信的。特别是康熙"五十七年（1718年）七月，通州大雪盈丈。十二月，太湖、潜山大雪深数尺。五十八年（1719年）正月，嘉定严寒，太湖、潜山大雪四十余日，大寒"。南方连续两年如此冰天雪地，也是罕见的。以上说明，康熙年间的气候是寒冷的，超过了乾隆以后的各个时期。

《清史稿·灾异志》记载乾隆年间，"余姚大寒，江水皆冰"。在浙江的余姚出现如此寒冷天气，史上少见。嘉庆元年（1796年）正月，寒冷又超过了以往。"永嘉大风寒甚，冰冻不解；湖州大雪，苦寒杀麦；义乌奇寒如冬。"道光二十一年（1841年）正月，"登州府各属大雪深数尺，人畜多冻死。冬，高淳大雪深五尺，人畜多冻死"。史书一般记载冰雪三尺，像这样记载五尺的情况极少，说明雪大。咸丰"九年（1859年）六月，青浦夜雪大寒；黄岩奇寒如冬，有衣裘者"。在农历六月却下大雪，这实为奇闻。十一年（1861年）十二月，"蒲圻大雪，平地深五六尺，冻毙人畜甚多，河水皆冰"。这里所记的蒲圻当是今鄂南赤壁市，雪深五六尺，难以置信。

徐珂《清稗类钞·婚姻类》记载光绪丁丑（1877年）的严寒气候："望空交拜之成婚：北地严寒，冬日则水泽腹坚，舟楫不通，虽通洋诸口，不能不停桡以待，谓之封河，若南中则向无是也。光绪丁丑腊月大雪之后，气候凛冽，河冰厚尺许，来桡去楫，停滞者旬余。苏城有某姓子，聘胥门外某氏女为妻，期于是月初八日迎娶。乃至是而冰雪交阻，将由陆路，则雪深没胫，舆不能行；将由水路，则冰坚如石，舟不能进。两家父母乃令新郎新妇望空交拜，以应吉时。越七日，而黄姑织女乃得相见。"

到了同治年间，寒冷的状况似乎还没有改变。"同治元年（1862年）六月，崇阳大寒。"四年（1865年）正月，"十六日，钟祥、郧阳大雪；汉水冰，树木牲畜多冻死"。汉水结冰，这在20世纪是没有见到过的情况，而在清末出现了。为什么在夏季发生如同冬季一般寒冷的情况？这是偶然现象，还是必然现象？值得将来进一步研究。

史书的其他材料也可以说明清代天气的寒冷状况。如：1670年，冬季大寒，长江封冻，匝月不解。光绪十八年（1892年）始，广西陆川连续两年寒冬大雪，钦州雪后平地若敷棉花，空气刺骨，牛羊冻死无数，为空前未有之奇。即使是近海的广东大埔，也曾经下过大雪，山林屋宇弥望皆白，冻死虫鱼牲畜无数。海南岛琼山境内因十一月大雨霜，寒风凛冽，溪鱼多死，浮水面。① 这种情况，直到 19 世纪末才开始逐渐改变，各地的气温也逐渐升高。

---

① 王玉德、张全明等：《中华五千年生态文化》，华中师范大学出版社 1999 年版，第 819 页。

第三节　各地的气候

这一部分主要是从区域角度介绍明清时期的气候。我国的气候除了因时间不同而发生变化之外，还因空间不同而发生变化。我国的长城、秦岭、五岭构成了三条东西走向的气候分界线。北边的长城东西延伸，形成暖温带与温带分界线；秦岭、淮河一线是亚热带与暖温带的分界线；五岭是热带与亚热带分界线。① 明清时期的学者虽然没有科学地指出这几条分界线，但在文献中经常谈到不同区域之间的差别。

气候有区域差异，因为纬度不同，所以南北的气候明显不同。谢肇淛在《五杂俎》卷四《地部》记载："边塞苦寒之地，有唾出口即为冰者；五岭炎暑之地，有衣物经冬不晒晾即霉湿者。天地气候不齐乃尔。然南人尚有至北，北人入南，非疟即痢，寒可耐而暑不可耐也。余在北方，不患寒而患尘，在南方，不患暑而患湿。尘之污物，素衣为缁；湿之中人，强体成痹。然湿犹可避，而风尘一至，天地无所容其身，故释氏以世界为尘，讵知江南有不尘之国乎？"由于多年的生活习惯，使得南方人与北方人在天气的适应力方面是有差异的，谢肇淛用他的亲身体会说明了人在区域之间的环境调适问题。

徐光启也注意到南北气候的差异很大，他说："天地气候，南北不同也。广东、福建，则冬木不凋，而其气常燠。如北之宣大，则九月服纩，而天雪也。"②

顾炎武《天下郡国利病书》卷五十八记载南北的气候不一样，经济状况也不一样，"盖南境气候既暖，物产复饶，有木棉粳稻之产，有蚕丝楮绵之业

① 方如康：《中国的地形》，商务印书馆1995年版，第186页。

② （明）徐光启撰，石声汉点校：《农政全书》，上海古籍出版社2011年版，第185页。

……北境则不然也，地寒凉，产瘠薄"。南北物产的富饶差异，顾炎武归之为气候，说明他注意到气候在环境与经济中具有十分重要的作用。

明代，南方与北方在四季的气候方面有时出现会反常的情况。陈洪谟《继世纪闻》卷四记载气候异常的情况："正德七年（1512年）壬申夏，荧惑入南方，将逼斗，旬月而退。是年冬，京师及河、朔之地温燠如春，而徐、淮以南风雪特甚，至洞庭水流出冰有至尺厚者。天时地气，可谓异常矣。"1512年，南方的洞庭湖冰冻"至尺厚"，而北京却"温燠如春"。北方温暖，南方寒冷，这说明，气候的反常不仅是工业社会以后才出现的情况，古代亦有。

清末，社会上出现了一种普遍的思想倾向，认为族群的人文与社会进步状况与所处的地理气候有关，近代地理学创始人之一张相文在1908年所写《新撰地文学》中论述说："各种族之盛衰兴废……寒热带之人，为天然力所束缚，或昏怠迟缓，或猥琐困陋，皆不免长为野蛮。亚热带则生物以时，得天颇优，常为开化之先导。亚寒带则生物鲜少，人尚武健。在中古时常足以战胜他族。然发达竞争，要以温带之地为高尚人种之锻炼场，故今世富强文明诸国，莫非温带之民族所创建也。"[1] 这是试图解释为什么在这个地球上有强势族群和弱势族群，如果把族群强弱的原因仅仅归之于气候，当然是片面的。但是，这些学者注意到自然环境的影响，不失为一种有益的探讨。

一、北方的气候

（一）东北

《清稗类钞》卷一记载黑龙江气候，"黑龙江四时皆寒，五月始脱裘。六月昼热十数日，与京师略同，夜仍不能却重衾，七月则衣棉矣。立冬后，朔气砭肌骨，立户外呼吸之顷，须眉俱冰。出必时以掌温耳鼻，少懈则鼻准死，耳轮作裂竹声，痛如割。宣统朝则渐暖，不似前此江水之七月即冰也"。这说的是清末以前，黑龙江一带的气候在四季都很冷，即使农历六月的夜间也得盖厚棉被。

---

[1] 张相文：《新撰地文学》，岳麓书社2013年版，第111—112页。

清人吴振臣撰写《宁古塔纪略》，记载了康熙二十年（1681 年）今黑龙江省宁安一带的天气，"春初至三月，终日夜大风。如雷鸣电激，尘埃蔽天，咫尺皆迷。七月中有白鹅飞下，便不能复起。不数日即有浓霜，八月中即下大雪，九月中河尽冻，十月地裂盈尺。雪才到地，即成坚冰，虽向日照灼不消"。吴振臣，字南荣，生于康熙三年（1664 年），卒年不详。江苏吴江县人，其父吴兆骞顺治十四年（1657 年）遭科场冤狱，遣戍宁古塔。

《清稗类钞》卷一记载内蒙古气候："内蒙地处高原，距海面自二千尺至六千尺不等，带山环绕东南，瀚海横亘西北，水源缺乏，地气薄弱。早晚甚寒，正午骤热，正午与早晚有相差四十度者。平时西北风为多，孟秋即下雪，（白露前后）入冬井水亦冻，季春尚以雪充饮料，六月亦有下雪时也。"这种情况，与现在的内蒙古气候差不多。

（二）西北

《嘉靖宁夏新志》卷七《文苑志》载录了一些关于气象的诗词，《贺兰九歌》有诗云："八月风高天气凉，寒衣不见来家乡。""十月严寒雪花堕，空中片片如掌大。"这些反映了农历各个月份的气候，夏天短，农历八月天气就转凉了。

清初刘献廷是一位地理学家，喜好旅游。他在《广阳杂记》卷三记述："平凉一带，夏五六月间，常有暴风起。黄云自山来，风亦黄色，必有冰雹，大者如拳，小者如栗，坏人田苗，此妖也。土人见黄云起，则鸣金鼓，以枪炮向之施放，即散去。"甘肃平凉一带到了夏季时常发生黄云、黄风、冰雹，损坏农作物。这本是当地的自然现象，但为什么乡村民众要用土枪土炮驱散灾害，果真能达到目的吗？

《清稗类钞》卷一记载青海的雪岭十分寒冷："青海有雪岭，其地有汉番傲居焉，天寒不能支，相率迁避。土垣颓圮，不可息处，过客率插帐而居。晓风凛冽，昼日萧森。夜深，霜花簌簌有声，无敢揭帐，揭则手肿不可握。涕沫凌封髭须，耳鼻麻木，指不敢捻，先用温水巾覆之，再近围炉。行人以毡裹首，露二睛，俗名毡胄，戴之立雪中，两颊犹冷如冰。古人所云'积雪没胫，坚冰在须'，犹未尽其状也。有时风吹帐倒，则爇薪于上风以御寒威，而后举手，否则堕指裂肤，且冻死矣。"据此可知，青海有汉人与少数民族居住，天冷时，帐篷不得随意掀开，稍有不慎就冻死人。

　　《清稗类钞》卷一记载青海西宁在夏季一昼夜有四种不同的气候："西宁气候，冬日最冷时可至摄氏寒暑表零下二十度，夏日极热时，华氏表不及九十度，常衣夹衣，甚或衣棉衣。青海沿边一带，每至夏秋，一昼夜而四气皆备，晨衣棉，及午而易夹衣，午余仍衣絮，入夜则可披毳裘。某君至柴达木，适在暑夏凉秋时，气候忽变，其热度高于西宁。夏时干燥异常，日中蒸气如釜，木叶自萎。贴面饼于墙，曝而能熟，临时可取食，隔宿则坚硬如石。牛羊肉不曝自干，可腌为熟脯。午后必衣纱葛，沙中热至不能插足，不就林荫，易致疾病。牲畜道毙者，一宿即臭烂，故毒瘴特甚。往往百里无甘泉，必携革囊木桶，盛清水，调面煮茶，有余，分饮马匹。然七月即雪，雪至必裘，晨起即融。秋日温度常较海东为高，土人云：'严冬始有积雪。'极寒时，河水亦积坚冰，至来春方释。夏多雹，冰块大如桃，百卉为之殒。或有黑霜厚积如毡，则草木皆枯矣。"这种变化多端的气候非常恶劣，夏天"牛羊肉不曝自干，可腌为熟脯"，"冰块大如桃，百卉为之殒"，人们在这种条件下生存是非常艰难的。

　　新疆的气候，清人也有记载。《清稗类钞》卷一记载，清代中期以前的新疆伊犁天气炎热："道光以前，伊犁天气炎热，焦铄千里，人皆避入窖中，至夜始出。"人们躲到地窖中避暑，到夜间才敢出来活动，说明当时天气十分酷热。

　　萧雄在《听园西疆杂述诗》卷四《气候》谈新疆各地的气候，说："新疆气候不齐，哈密犹属东陲。而冬之寒、夏之热皆倍于内地。即如夏日，晴则酷热难禁，若天阴风起，忽如冬令，即值暑天晴日，昼中大热，早晚仍需棉服，即当炎日卓午，城中挥汗不止，出城北行三十里，至黑帐房地方，又寒气逼人，气候大约如此。盖因地高土燥，蒸之以炎日，故热不可挡。……巴里坤在大谷中，为新疆极寒处，冬不待言，即夏日晴明，犹宜春服，若阴霾辄至飞雪，著裘者有之。……吐鲁番之热，不但迥异各城，并倍于南省。……伊犁虽在北路之西，而地当岭外，形势转低，气候较北路和平多矣。常下雨，每当三月，大有春景，至九月犹不甚寒，大约与南八城相左右……南八城捷至伊犁，犹近温线，故温和而有雨。哈密捷至乌鲁木齐及塔尔巴哈台，地与温线较远，与冷线较近，故雨泽甚稀，常数年不一见。……边地多风，常三五日一发，昼夜不止，尘沙入室，出户不能睁眼。戈壁广野中，尤猛烈难行，石子小者能飞，大者能走，沙石怒号，击肉欲破，行人车马遇之，须即停止，苟且遮避，若稍移动，即迷失不复得路矣。"① 从这段材料可知，哈密一带的气候不论是冬寒还是夏热都超过了内地，昼夜的温差大，夏天的早晚要穿棉衣。新疆最冷的地方是巴里坤，最热的是吐鲁番，而伊犁的气候相对平和。最扰人的是风沙，每隔三五天就来一次，可把大石头吹得飞起来。

当代学者王元林研究了明清时期陇东、陕北一带泾洛流域的气候，归纳指出：泾洛流域虽然以冷干气候为主，但仍有小的波动。从 17 世纪开始，明末气候再变寒冷。这种寒冷一直持续到 18 世纪初十年，1709 年到 1810 年又出现九十余年温和气候。1810 年到 1900 年又为寒冷限，1900 年短暂变暖后又变寒冷。而明清干湿状况与冷暖变化不尽一致。明代比清代干旱严重，出现频率高，以 15 世纪后半叶频率最高。危害严重以 17 世纪初最为典型。清代前期 1670—1690 年比较湿润，1690—1710 年又变干燥，1710—1760 年则又相对湿润，1760—1840 年又趋干旱，1840—1890 年又相对湿润，1890—7950 年又变干旱。② 由此可见，在大气候背景下，小环境区域内的气候仍然有局部的波动，而干湿状况与冷暖变化不是同步的。

（三）中原

明清时期中原的气候是整个中国气候的基本坐标。由于中国古代的政治中心长期位于中原，因而，中原的气候变化对中国社会影响最大，而古书中对中原的气候记载得也最详细。从某种意义上说，中原的气候决定着自然的灾异，牵动着人们的神经。

山西

山西属大陆性季风气候，地区气候差异大。沿恒山、长城一线形成暖温带与温带分界线，北边寒冷。

明代张瀚《松窗梦语》卷二《西游纪》记载山西的气象："天气极寒，非重裘不能御冬。出郊外，北风猛烈，令人不能前。举手攘臂，直令堕指裂肤。人情厚自缘饰，而中藏叵测，亦风气之使然也。"

明末，气候异常。崇祯六年（1633 年），徐霞客游山西五台山，其《游五

---

① 该文载于《丛书集成初编·史地类》。

② 王元林：《泾洛流域自然环境变迁研究》，中华书局 2005 年版，第 28 页。

台山记》记载当时的气候，八月，初六日"风怒起，滴水皆冰。风止日出，如火珠涌吐翠叶中。……从台北直下者四里，阴崖悬冰数百丈，曰'万年冰'。其坞中亦有结庐者。初寒无几，台间冰雪，种种而是。闻雪下于七月二十七日，正余出都时也"①。

陕西

陕西位于我国内陆中纬度地区，秦岭山脉横亘省境中南部，南北气候差异大，年降水量由南向北递减，山区则由下向上递减。当代学者刘洪滨、郑景云等人对陕西的气候有专门研究。如郑景云研究了西安与汉中在冬季的气温，认为汉中比西安的气温波动幅度要大。②

徐霞客曾经游历华山，时间是在农历三月，当时的雨水较多，他在《游太华山日记》初七日记载："雨大注，终日不休，舟不行。"初八日又记载："雨后，怒溪如奔马，两山夹之，曲折萦回，轰雷入地之险，与建溪无异。已而雨复至。午抵影石滩，雨大作，遂泊于小影石滩。"

河北

谢肇淛《五杂俎》卷四《地部》记载了正德年间河北的反常气候："正德中，顺天文安县水忽僵立。是日，天大寒，遂冻为冰柱，高五六丈，四围亦如之，中空而旁有穴，凝结甚固。逾数日，流贼刘六、刘七等杀掠过此，民大小老弱相率入冰穴中避之，赖以全活者甚众。此亦古今所未见之异也。"刘六（名宠）、刘七（名宸）兄弟是河北文安县刘庄子村人，他们于正德五年（1510年）十月在霸州发动起义，数千农民响应。次年，起义军由河北攻入山东，以后又由山东回攻京畿。正德七年（1512年），起义军在北方被击溃，刘六、刘七孤军奋战，率部走湖广，在黄州兵败，刘六船翻身亡。七月，刘七与义军余部全军覆没于江苏狼山。正德七年正是前述南方寒冷的年份，起义军难以适应气候，刘六、刘七最终失败。

明代袁宏道《满井游记》一文反映了北京物候的信息。"燕地寒，花朝节后，余寒犹厉。冻风时作，作则飞沙走砾。局促一室之内，欲出不得。每冒风

①《徐霞客游记》卷一《游五台山日记》。

② 郑景云等：《1736~1999年西安与汉中地区年冬季平均气温序列重建》，《地理研究》2003年第3期。

驰行，未百步辄返。廿二日天稍和，偕数友出东直，至满井。高柳夹堤，土膏微润，一望空阔，若脱笼之鹄。于时冰皮始解，波色乍明，鳞浪层层，清澈见底，晶晶然如镜之新开而冷光之乍出于匣也。山峦为晴雪所洗，娟然如拭，鲜妍明媚，如倩女之面而髻鬟之始掠也。柳条将舒未舒，柔梢披风。麦田浅鬣寸许。"从此文可知，农历二月十二日之后，北京仍然寒冷，并且有风沙。[①] 此文写于万历二十七年（1599 年），时间是花朝节（在农历二月十二日，相传这一天为百花生日）之后，明代的京城就季节性地出现风沙天气。袁宏道在《瓶史》曾说："京师风霾时作，空窗净几之上，每一吹号，飞埃寸余。"

隆庆元年（1567 年），北方天气寒冷，清明节前后奇冷，基层机构向朝廷报告城外冻死一百七十余人。[②]

明代，北京有频繁的沙尘天气。高寿仙在《明代北京的沙尘天气及其成因》（《北京教育学院学报》2003 年第 3 期）中，根据《明实录》以及《明史·五行志》中有关北京沙尘天气的记载，作了初步整理，并以 20 年为间隔，将洪熙元年（1425 年）至崇祯十七年（1644 年）的 220 年划分为 11 个时间段，对各时间段出现沙尘记录的次数进行了统计。显示的统计数据可以看出，各时间段被记录下来的沙尘天气次数明显呈上升趋势。如将 1445—1644 年划分为前后两段，则 1445—1544 年的 100 年间共出现沙尘天气记录 49 次，1545—1644 年的 100 年间共出现沙尘天气记录 83 次，后 100 年比前 100 年的沙尘天气记录增加了 59%。（明代北京沙尘天气发生的年代分布时间段——沙尘次数：1425—1444 年 1 次。1445—1464 年 6 次。1465—1484 年 9 次。1485—1504 年 11 次。1505—1524 年 17 次。1525—1544 年 6 次。1545—1564 年 23 次。1565—1584 年 15 次。1585—1604 年 8 次。1605—1624 年 18 次。1625—1644 年 19 次。明代北京的沙尘天气主要集中于冬春时节，特别是农历正月到四月。《明实录》中的沙尘天气记录在各月份的分布情况是：正月 19 次，二月 36 次，三月 36 次，四月 20 次，五月 5 次，六月 0 次，七月 0 次，

---

① 王彬主编：《古代散文鉴赏辞典》，农村读物出版社 1987 年版，第 944 页。满井是北京东直门北三四里地的一口古井，当时泉水喷涌，冬夏不竭。井旁草丰藤青，渠水清流，亭台错落。

②（明）李诩：《戒庵老人漫笔》卷五。此书记述了明代的一些社会异闻。

八月1次，九月4次，十月3次，十一月3次，十二月6次。正月至四月共计111次，占总数133次的83.46%。）这说明随着时间推移，明代北京的沙尘天气有日益严重化的趋向。除《明实录》记录下来的比较严重的沙尘天气外，明代北京还经常出现规模稍小的沙尘弥漫现象，以致当时市井中曾流传着"天无时不风，地无处不尘"的谚语。

清初气候寒冷。天津一带的运河在顺治十年（1653年）至顺治十三年（1656年）之间，每年冰封期达107天。[1] 而现在这里的运河冰冻期平均每年只有56天。水电部水文研究所整理天津附近杨柳青水文站1930—1949年的水文记录。从物候的迟早看，谈迁所记的顺治年间的北京物候同现在的北京物候相比，也要迟1~2周。[2] 按此推算，清代北京在17世纪中叶冬季的平均气温，较现在低2°C左右。

乾隆皇帝自撰的《气候》诗云："气候自南北，其言将无然。予年十二三，仲秋必木兰。其时鹿已呦，皮衣冒雪寒。及卅一二际，依例往塞山。鹿期已觉早，高峰雪偶观。今五十三四，山庄驻跸便。哨鹿待季秋，否则弗鸣焉。大都廿年中，暖必以渐迁。"乾隆四十六年修《热河志》载有这首诗，表明在乾隆时期，天气在局部地区有变暖的特征。

《清稗类钞》卷一记载清末河北的气候差异："宣化去京师数百里耳，而气候截然不同，以居庸关为之隔也。自岔道至南口，中间所谓关沟，祇四十五里，而关北关南几若别有天地。光绪乙酉五月下旬，有人入都，在宣化，衣则夹也；过居庸，衣则棉也；出南口而炎蒸渐盛，入都门而摇扇有余暑矣。迨八月下旬，则寒风凛烈，木叶乱飞，已似冬初光景。晓起登舆，竟有非此不可之势。前人诗云：'马后桃花马前雪，出关争得不回头。'诚非故作奇语。盖可以三秋如此推之三春也。"

河南

《松窗梦语》卷二《北游纪》记载洛阳的气候："洛阳……而寒多于燠，夏可无葛，冬不可无裘，犹近西北风土。"

徐霞客在《徐霞客游记》的《游嵩山日记》中记载他于天启三年（1623

---

[1]（明末清初）谈迁：《北游录·纪程》。

[2]（明末清初）谈迁：《北游录·纪程》。

年）仲春到嵩岳考察，在太室山见到"路多积雪"。他还注意到在登封告成镇有测景台。

明末河南归德人郑廉著《豫变纪略》，在卷一列表中介绍了当时河南的气候，如：天启七年（1627 年）冬"大雪，人多冻死"。崇祯元年（1628 年），"雨雹伤禾"。崇祯二年（1629 年），"郑州大雪五尺"。这些说明当时河南的天气较冷。

二、南方的气候

（一）西南

西藏

西藏相对于其他各省来说，气温低，空气稀薄，日照时间长，太阳辐射强。

据说，第五世达赖喇嘛时期流行一本叫《白琉璃》（1683 年成书）的书，其中记载了物候与节气，说冬至后一个月零七天乌鸦筑巢，此后一个月零八天始见野鸭、雁等，此后十五天就是春分。[1] 高原上的这种物候历与平原上的物候历是有差异的，大致反映出自然现象与时间之间的不同关系。

《清稗类钞》卷一记载西藏气候："西藏天气凝寒，地气瘠薄，千山雪压，六月霜飞。"

云南

云南地处南亚热带季风、东亚季风及青藏高原气候的结合部，省内 8 个纬距内呈现出寒温热三带，具有相当于中国南部的海南岛到东北长春的气候差异，气候交错分布。[2]

明代杨慎（1488—1559 年），字用修，号升庵，因直言谪戍云南永昌卫，居云南 30 余年，死于戍地。他对云南的气候有许多记载，在《滇候记》中

---

[1] 张云：《青藏文化》，辽宁教育出版社 1998 年版，第 417 页。

[2] 梅兴等：《中国大百科全书·中国地理》，中国大百科全书出版社 1993 年版，第 590 页。本章的有些材料参考了这一部工具书。

说:"千里不同风,百里不共雷。日月之阴,经寸而移;雨旸之地,隔垄而分。兹其细也。……余流放滇越温暑毒草之地,甚少过从晤言之适,幽忧而屏居,流离而阅时。感其异候,有殊中土。"杨慎的籍贯是四川,竟然连云南的气候都不适应,说明当时的云南确实有殊于中土。

明代陆容《菽园杂记》卷四记载:"大理点苍山,即出屏风石处,其山阴崖中积雪尤多,每岁五六月,土人入夜上山取雪,五更下山卖市中,人争买以为佳致。盖盛暑啖雪,诚不俗也。"

贵州

贵州的气候四季不分明,冬无严寒,夏无酷暑,雨水多,日照不足。贵州的气候多变,道光年间刊印的《鸿雪因缘图记》称:"跬步皆山,土石半作铁色,故以'黔'名。贵阳为省会地,风景差胜,惟天以阴雨而号漏,地以高寒而多雹,苗民患之,呼曰'硬'雨。"

四川

四川冬季暖和,春早夏长,平均气温高。《菽园杂记》卷四记载:"蜀中气暖少雪,一雪,则山上经年不消,山高故也。"

《清稗类钞》卷一记载成都气候:"古人谓成都常夜雨,又称漏天,皆言雨水之多也。今则气候温和,寒热适度,晴雨亦均,惟春秋冬三季多阴雨耳。若晴,正月可夹衣,二月可单衣,三月则必冷,俗谓之冻桐子花。四月中旬可棉衣,五月或不热,三伏日之热亦不至华氏寒暑表百度。而七月上半月之炎热与六月下半月同,八月初亦有热至九十度以外者。九月初则多阴雨,俗称滥九皇,可衣夹棉或呢绒。十月初可衣小毛,无大雪及大冰雹,而降雪时期,恒在交春之时。"

(二) 长江中下游

湖南

湖南属中亚热带气候。据《嘉庆宁乡县志》,成化十八年(1482年),湖南宁乡冬天下大雪,冰冻三个月。

《清稗类钞》卷一记载湖南永绥气候:"永绥僻处万山,罕见人迹,气候与内地迥殊,每值黑雾蒙浓,对面不相见。且春夏霪雨连绵,秋冬霜雪早降。时下冰凌,屋溜冻结,自檐至地,其大如椽,谓之冰柱,苗人以木杵撞开,始能出入。城外虽稍平旷,然亦寒居十七,热居其三,春多寒,仲夏犹时挟纩。

立秋日晴，则后二十四日大热，甚于三伏；是日雨，则凉暖不常。谚云：'秋风十八暴。'言雨多也。中秋前后，即衣薄絮，雪深尺许，则沍冻。冬雨，则轰雷。四境山多田少，汉与苗各因山之所宜，占四时之候，以为种植，故所收多杂粮。沿边一带，人烟稠密，其节序寒燠，稍为适宜。"永绥毗邻黔渝东隅，地处云贵高原东向余脉的山区，是湘西苗族聚居县份。

湖北

湖北属北亚热带气候，平原与山区的气候有较大差异。明人袁中道于万历三十六年至四十五年（1608—1617 年）留居湖北江陵。他在江陵所记日记中记载的桃、杏、丁香、海棠等开花的日期，与今日武昌物候相比，要迟 7 至 10 天。① 这类史料对于自然史研究尤其有价值，使我们可以从植物的变化分析气候的变化。如果我们把某一地区在几千年中植物开花的情况全部记录下来，做一份坐标图，就可以清楚地显示出历史时期的气候波动。

鄂西南恩施一带属于山地湿润气候，与平原地区的气候很不相同。《道光施南府志》记载："施处万山中，其气多暖，入夏后蒸湿亦甚；冬雪易消，冰不能坚，独高山密菁，风气特紧，夏日不异寒冬。侵晨或起大雾，是日必大晴，四季不爽。"②

安徽

徐霞客到过安徽。他撰写了《游白岳山》。白岳山即今之齐云山。徐霞客于 1616 年游历此山。此山有 36 峰、72 崖。徐霞客对香炉峰、天门、石桥岩、龙涎泉、龙井等都有描绘。

徐霞客记载了气候，他在齐云山碰到大雪天气。"正月二十六日，至徽之休宁。……登山五里，借庙中灯，冒雪蹋冰，……入榔梅庵。……但闻树间冰响铮铮。入庵后，大霰雪珠作。""二十七日……起视满山冰花玉树，迷漫一色。""二十八日……梦中闻人言大雪，促奴起视，弥山漫谷矣。……览地天一色，虽阻游五井，更益奇观。""二十九日……大雪复至，飞积盈尺。""三十日……雪甚，兼雾浓，咫尺不辨。……阁在崖侧，冰柱垂垂，大者竟丈。"这是我们了解明代农历正月安徽齐云山冬季的宝贵资料。

---

① (明) 袁中道：《袁小修日记》(《中国文学珍本丛书》第一辑)。

② (清) 罗德昆编纂：《施南府志》卷十《风俗》，道光丁酉版。

徐霞客在《游黄山日记》中记载了下大雪的天气。初四日，"兀坐枯坐听雪溜竟日"。初五日，"云气甚恶。……山顶诸静室，径为雪封者两月。今早遣人送粮，山半雪没腰而返"。

明代成化以后，气候变得异常寒冷。弘治六年（1493 年）九月，淮河流域普降大雪，至次年二月才停止，降雪期长达半年，是当地从未有过的严寒气候。同一时期，江南也严寒频仍。正德八年（1513 年）冬天，洞庭湖、鄱阳湖和太湖都曾结冰。当时，湖面最为宽阔的洞庭湖竟成为"冰陆"，其冰厚不仅可行人，甚至可以通车。①

（三）南方沿海地区

江浙

江苏与浙江临海的地带受海洋气候影响大，山区与湖区之间的气候也有较大差异。从农作物的种植，可以判断一个地区的气候。如明代正德年间，长江三角洲种植柑橘，而柑橘是需要温湿气候的。如果天气突然变得寒冷，柑橘的种植就会受到影响。《正德松江府志》记载："有绿橘、金橘、蜜橘数种，皆出洞庭山。近岁大寒，槁死略尽。"太湖洞庭山一带有种橘的情况，一遇气候寒冷，柑橘就死掉了。《三言二拍》中也曾经记述有商人把太湖的柑橘拿到海外贩卖，赚了大钱。

《光绪青浦县志》记载：顺治十一年（1654 年），上海的黄浦江出现结冰，冰上可以行人。

《乾隆泗州志》卷十一记载：康熙九年（1670 年），冬季寒冷，淮水结冰。

《清稗类钞》卷一记载上海的气候变化，说："江南地暖，上海居海滨，东邻日出处，气候尤和，每岁雪时，大小皆以寸计。咸丰辛酉（1861 年）十二月二十七、二十八等日，大雪至三昼夜，深至四五尺，港断行舟，路绝人迹，老屋茅舍率多压倒。时粤寇分股取川南，歇浦以东皆为兵窟，为雪所阻，遂踞巢不出。于是难民乘机逃者数十万，其被掳者日服役，夜闭置楼上。时以雪地无声，可免伤损，皆从窗中跳遁，因而得脱者又不知凡几。"

---

① 王育民：《中国历史地理概论》（上），人民教育出版社 1985 年版，第 220 页。

广东

广东的北部与南部分别属于亚热带和热带季风气候，全境受季风和海洋暖温气流影响大。

明末清初的屈大均在《广东新语》卷一《天语》记载："广州风候，大抵三冬多暖，至春初乃有数日极寒，冬间寒不过二三日复暖。暖者岭南之常，寒乃其变，所以者阳气常舒，南风常盛。火不结于地下而无冰，水不凝于空中而无雪，无冰无雪故暖。"然而，广东的天气有变冷的趋势。"凡地之阳气，自南而北，阴气自北而南。比年岭表甚寒，虽无雪霜，而凛烈惨凄之气，在冬末春初殊甚。北人至止，多有衣重裘坐卧火炕者。盖地气随人而转，北人今多在南，故岭表因之生寒也。"

清人范端昂《粤中见闻》卷二《天部》记载："岭南阴少阳多，岁中温热过半，常多南风，以日在南，风自南来者。"

《乾隆始兴县志》卷三《气候》记载了广东北部的农时：农历二月，"田功既兴，惰窳者不敢康居，俗呼懒人傍社"，三月，春天"霖雨零疾，雷作催耕鸣"。

《清稗类钞》卷一记载广州气候："广州天气，寒燠不时，盖地近温带。冬令不见霜雪，严寒之日甚少，惟有时骤寒骤暖耳。十二月间，晨起仅可单衣，午后忽转北风，即骤凉矣。六月间，遇西江水涨，或阴雨连朝，则又骤凉矣。每见地方官迎春时，身衣裘，而乃汗出如浆。元旦贺年，竟有持扇者。山阴俞寿羽鹤龄有诗云：'昨宵炎热汗沾巾，今日风寒手欲皴。裘葛四时都在筐，无衣难作岭南人。'光绪壬辰（1892 年）十一月二十八日忽下雪，次日严寒，檐口亦有冰条，木棉树枯槁，数年始复活。闻道光间亦然。自壬辰以后，则屡有集霰之年，无复如咸、同间之和煦矣。"

广西

明《嘉靖钦州志·气候》记载："五岭以南，界在炎方，廉、钦又在极南之地，其地少寒多热，夏秋之交，烦暑尤盛。隆冬无雪，草木鲜凋，或时暄燠，人必挥扇。"

今人徐近之根据长江下游的地方志做了河湖结冰年代的统计和广东、广西近海平面降雪落霜年数的统计，两种统计一共用了 665 种地方志。从后一统计表中可以看出，1654—1656 年、1681—1684 年间，我国两广近海地区连续出现下雪降霜的严寒冬季。①

海南

海南的气候属于热带季风型，全年高温、日照长、大部分地区降水非常丰沛，拥有丰富的光、热、水资源。海南岛台风活动频繁；多暴雨，春旱秋涝。东南地区台风危害严重，西部地区干热，北部和西部内陆地区则属于半湿润地区。

嘉靖年间在海南岛任官的顾岕（苏州人）撰写了《海槎余录》，记载海南岛的气候与物产，说："海南地多燠少寒，木叶冬夏常青，然凋谢则寓于四时，不似中州之有秋冬也。"《海槎余录》还记载了海南岛的民事历法："儋耳孤悬海岛，历书家不能备。其黎村各一老习知节候，与吉凶避恶之略，与历不爽毫发。大率以六十年已往之迹征验将来，固亦有机巧不能测处。尝取其本熟视，字画讹谬不可识，询其名，则曰《历底记》。"

颜家安在《海南岛生态环境变迁研究》一书中认为，明清时期海南岛在17世纪才进入小冰期，明正德元年（1506年）冬天，万宁县出现"雨雪"，这是海南岛罕见的一场大雪。《万历琼州府志》载有明代王世亨的《万州雪歌》曰："昨夜家家人更寒，槟榔落尽山头枝，小儿向火围炉坐，百年此事真稀奇。"到了万历三十四年（1606年），海南开始出现大雪的记录，直到清光绪十八年（1892年）才减少了雪的记载。②

福建

福建地处中亚热带和南亚热带，东濒海洋，属亚热带海洋性季风气候。西北有武夷山，抵挡了冷空气的进入。

谢肇淛《五杂俎》卷一《天部》记载："闽中无雪，然间十余年，亦一有之，则稚子里儿，奔走狂喜，以为未始见也。余忆万历乙酉（1585年）二月初旬，天气陡寒，家中集诸弟妹，构火炙蛎房啖之，俄而雪花零落如絮，逾数刻，地下深几六七寸，童儿争聚为鸟兽，置盆中戏乐。故老云：'数十年未之见也。'"

徐霞客在《闽游日记》前篇记载福建农历三月有下雪的情况。"至杜源，

---

① 竺可桢：《中国近五千年来气候变迁的初步研究》，《考古学报》1972年第1期。
② 颜家安：《海南岛生态环境变迁研究》，科学出版社2008年版，第286页。

忽雪片如掌。"在将乐县境有高滩铺，"阴霾尽舒，碧空如濯，旭日耀芒，群峰积雪，有如环玉。闽中以雪为奇，得之春末为尤奇"。当时，"村氓市媪（老太婆），俱曝日提炉"，而徐霞客非常兴奋，"余赤足飞腾，良大快也！"

台湾

台湾的气候属热带与亚热带过渡型。由于地势高峻，气温垂直变化大。岛上多雨，河谷深邃。史书记载："台湾环海孤峙，极东南之奥。气候与漳、泉相似，热多于寒，故花则经年常开，叶则历年不落。春煖独先，夏热倍酷，秋多烈日，冬鲜凄风。四五月之交，梅雨连旬，多雷电，山溪水涨。自秋及春，则有风而无雨，多露少雾……此一郡之大概也。诸罗自半线以南，气候同于府治，半线以北，山愈深，土愈燥，水恶土瘠，烟瘴愈厉，易生病疾鲜至。鸡笼社孤悬海口，地高风烈，冬春之际，时有霜雪，此又一郡之中而南北异宜者矣。"[①]

台湾经常发生台风与飓风。康熙时的《台湾府志·风信》第一节中，就谈到台风与飓风的区别及各自出现规律。该书云："风大而烈者为飓，又甚者为台。飓常骤发，台则有渐。飓或瞬发倏止；台则常连日夜，或数日而止。大约正、二、三、四月发者为飓；五、六、七、八月发者为台。九月则北风初烈，或至连月，俗称'九降风'，间或有台，则骤至如春飓。……四月少飓日，七月寒暑初交，十月小阳春候，天气多晴顺也。最忌六月、九月，以六月多飓，九月多'九降'也。十月以后，北风常作，然台飓无定期，舟人视风隙以来往。五、六、七、八月应属南风，台将发则北风先至，转而东南，又转而南，又转而西南，始至。……五、六、七月间风雨俱至，即俗所谓'西北雨''风时雨'也。舟人视天边有点黑，则收帆严舵以待之，瞬息之间风雨骤至，随刻即止，若预待稍迟，则收帆不及而或至覆舟焉。"

清代王士禛《香祖笔记》卷二有类似的记载：

台湾风信与他海殊异……九月则北风初烈，或至连月，为九降。过洋以四、七、十月为稳，以四月少飓，七月寒暑初交，十月小春天气多晴暖故也。六月多台，九月多九降，最忌。台、飓俱多挟雨，九降多无雨而风。凡台将至，则天边有断虹，先见一片如船帆者曰破帆，稍及半天如鲎尾者曰屈鲎。土

① 黄叔璥：《台海使槎录》，商务印书馆1936年版，第12页。

番识风草，草生无节则一年无台，一节则台一次，多节则多次。

台湾虽然在中国南端，也曾经出现过寒冷天气。林豪纂《澎湖厅志》记载，光绪十八年（1892 年），"十一月，天大寒，内地金门、厦门大雪盈尺，为百年来所未有。澎虽无雪，奇寒略相等"。

三、气候引起的灾害

天气异常寒冷或特别炎热，对社会都会造成直接危害。

由于局部地区生态环境的持续恶化，加上地方志书与其他史籍的记载大多得以保存，明代统计的气象、气候灾害达到了前所未有的数量，水旱风霜雹雪灾害有近 600 次，每年平均约有 21 次气候灾害。[①] 学术研究已有的结论认为，如果地球表面的平均气温下降 3 度，大气中聚集的水分就减少百分之二十，必然形成旱灾。由于明清气候寒冷，所以旱灾频繁发生。

《明史·五行志》对明代气候引发的灾害作了记载：

景泰四年（1453 年）冬十一月戊辰至明年孟春，山东、河南、浙江、直隶、淮、徐大雪数尺，淮东之海冰四十余里，人畜冻死万计。五年正月，江南诸府大雪连四旬，苏、常冻饿死者无算。是春，罗山大寒，竹树鱼蚌皆死。衡州雨雪连绵，伤人甚多，牛畜冻死三万六千蹄。……正德元年（1506 年）四月，云南武定陨霜杀麦，寒如冬。万历五年（1577 年）六月，苏、松连雨，寒如冬，伤稼。四十六年（1618 年）四月辛亥，陕西大雨雪，羸橐驼冻死二千蹄。

以上可见，因寒冷而造成的灾害主要表现在冻死人、畜，冻坏了庄稼。

此外，气候导致旱涝，影响农业与社会安定。如永乐十四年（1416 年）夏，"南昌诸府江涨，坏民庐舍。七月，开封州县十四河决堤岸。永平滦、漆二河溢，坏民田禾。福宁、延平、邵武、广信、饶州、衢州、金华七府，俱溪水暴涨，坏城垣房舍，溺死人畜甚众。辽东辽河、代子河水溢，浸没城垣屯堡"[②]。成化十五年（1479 年），"京畿大旱，顺德、凤阳、徐州、济南、河南、湖广皆

---

① 邓云特：《中国救荒史》，上海书店 1984 年版，第 30、32 页。

②《明史·五行志一》。

旱"①。万历三十一年（1603 年）五月，"成安、永年、肥乡、安州、深泽，漳、滏、沙、燕河并溢，决堤横流。祁州、静海圮城垣、庐舍殆尽"②。

清代的旱水风霜雪雹灾害近 700 次，每年平均约有 26 次。③

史书记载清代气候灾害很多，如：顺治九年（1652 年）冬，"武清大雪，人民冻馁；遵化州大雪，人畜多冻死"④。"（康熙）三年（1664 年），晋州骤寒，人有冻死者；莱阳雨奇寒，花木多冻死。十二月朔，玉田、邢台大寒，人有冻死者；解州、芮城大寒，益都、寿光、昌乐、安丘、诸城大寒，人多冻死；大冶大雪四十余日，民多冻馁；莱州奇寒，树冻折殆尽；石埭大雪连绵，深积数尺，至次年正月方消；南陵大雪深数尺，民多冻馁……十六年九月，临淄大雪深数尺，树木冻死；武乡大雨雪，禾稼冻死；沙河大雪，平地深三尺，冻折树木无算。二十二年十一月，巫山大雪，树多冻死；太湖大雪严寒，人有冻死者。二十七年，郝昌大雪，寒异常，江水冻合"⑤。

光绪十八年（1892 年），江南沿海各省出现寒冷天气。

清代旱灾与霜雪灾害增多，说明当时局部地区生态环境的恶化较为严重，人口的增多、土地的大量开垦等直接造成了涵养水源的森林及其他原生植被面积的减少。森林的大量砍伐造成了蓄水条件降低，因此，干旱灾害频繁地出现。清代仍处于自明代开始进入的新寒冷期的持续期，故当时霜雪、奇寒灾害经常发生。

气候变化对农业经济发展有一定的影响。有人认为：1816 年发生了气候突变，此后进入气候寒冷阶段，中国农业收成普遍下降 10%—12%。这次打击结束了"乾隆盛世"。⑥

事实上，由于气候变化，明清时期游牧民族的生活环境发生变化，他们不得不向南移动，甚至东北的满族也向南移动，而黄河流域原来的民众生存状态

---

① 《明史·五行志三》。

② 《明史·五行志一》。

③ 邓云特：《中国救荒史》，上海书店 1984 年版，第 30、32 页。

④ 《清史稿·灾异志一》。

⑤ 《清史稿·灾异志四》。

⑥ 王铮等：《19 世纪上半叶的一次气候突变》，《自然科学进展》1995 年第 3 期。

发生波动，南方各地区也出现动荡，这些都与气候是有关联的。明代中晚期的社会矛盾、清代晚期的社会矛盾，都有必要从多角度研究，需要从气候的视角进行深度审视，从而了解气候直接或间接对社会的作用。这有利于我们对历史的真实性进行全面把握。

总体说来，明清时期的气候并不尽如人意。天气偏冷，异常气象时有发生。在明清环境史中，气候史仍然是要加强深入研究的领域，但这项研究远远难于灾害史之类的研究。究其原因，是气候史研究需要博通天文气象与历史的通识型人才，而我们现在的学者多是分科分得很早的所谓专才，这就为跨学科研究带来阻碍。相信这种尴尬的情况，以后会有改变。

第四章 明清的土壤与地貌

　　人类赖以生存的大地是环境的重要组成部分，也是环境最基本的承载体。本章本意是要介绍明清时期的地理环境。但是，考虑到学术界常用的地理概念很宽泛，于是多处采用了"地情"一词。中华先民主张上观天文，下察地理。先民所说的地理，指的是人们生活所依赖的土地。土地的范围、地势、地形、地貌、土质等信息，统称为地情。比起"地理"一词，"地情"是个相对模糊的概念。

　　环境史研究的重要内容就是地貌与土壤，还有土地的利用等。明清时期，人们更加关注土地，不断拓宽对土地的认识。富人权贵加快占有土地，穷人移民到山区、草原开垦，导致土壤流失、沙漠化、石漠化趋势加剧。

第一节　地理环境与土壤

一、对地理大环境的认识

　　明代统治者和学者都重视大地环境，因而有不少这方面的文献传世。如《大明一统志》等许多志书，无不有许多关于大地环境的资料。

（一）流行"三大龙说"

　　谢肇淛在《五杂俎》中对地理环境有许多论述，这些论述集中在该书的《地部》。谢肇淛描述天下大形胜说："今中国之势，惟河与海，环而抱之。河源出昆仑星宿海，盖极西南之方，其流北行，经洮州，又东北越乱山中，过宁夏，出塞外，始折而南，入中国，至砥柱，折而东，经中州至吕梁，奔而入淮，直抵海口。海则从辽东、朝鲜、极东北界迤逦而南经三吴、瓯、闽，折而西，直抵安南、暹罗、滇、洱之界，盖其西南尽头去星宿海亦当不远矣。西北想亦当有大海环于地外。但中国之人，耳目所未到也。"在这段描述中，谢肇淛没有说到草原文明，但说到了东北亚、南亚等地。古人的环境视野是模糊的，他们没有明确的国家地理界限，更谈不上科学的地理界限。

明代流行"三大龙说"，把中国地理大势比喻为龙脉。明人王士性在《五岳游草》卷十一介绍了"三大龙"："昆仑据地之中，四傍山麓，各入荒外。入中国者，一东南支也。其支又于塞外分三支：左支环鲁庭、阴山、贺兰，入山西起太行，数千里出为医巫闾，渡辽海而止，为北龙。中支循西蕃，入趋岷山，沿岷江左右，出江右者包叙州而止；江左者北去趋关中，脉系大散关，左渭右汉，中出终南、太华，下秦山，起嵩高，右转荆山，抱淮水，左落平原千里，起泰山入海为中龙。右支出吐蕃之西，下丽江，趋云南，绕霭益、贵竹、关岭而东去沅陵，分其一由武冈出湘江，西至武陵止。又分其一由桂林海阳山，过九嶷、衡山，出湘江，东趋匡庐。又分其一过庾岭，渡草坪，去黄山、天目、三吴止。过庾岭者，又分仙霞关至闽止。分衢为大盘山，右下括苍，左去为天台、四明，渡海止。总为南龙也。"

明末清初的学者顾炎武在《天下郡国利病书·地脉》中引用了王士性的论述，表示赞同。明人普遍认同这种观点，即中国境内的主要山脉体系有三条。北干为阿尔泰山、杭爱山、外兴安岭一线。南天山为北干的分支山脉。中干以昆仑山向东，经积石山、阿尼玛卿山分为三支：北支由此向东北经贺兰山、阴山、兴安岭、长白山；中支为秦岭、伏牛山；南支为大巴山。南干似自冈底斯山、巴颜喀拉山、横断山脉到南岭。①

清代学者仍然以"三大龙"的观点描述中国的地形地势。魏源在《葱岭三干考》（载《小方壶斋舆地丛钞》）沿袭了王士性的三大龙说。魏源谈到北部的山脉时，视野开阔，他说："葱岭即昆仑，其东出之山分为三大干，以北干为正。北干自天山起祖，自伊犁绕宰桑泊（斋桑泊）之北，而起阿尔泰山，东走杭爱山，起肯特岭，为外兴安岭，包外蒙古各部，绵亘而东，直抵混同入海，其北尽于俄罗斯阿尔泰山为正干。故引度长荒，东趋巴里坤哈密者乃其分支。分支短，尽乎安西州之布隆谷河。中干自于阗南山起祖，经青海，由三危积石，绕套外为贺兰山、阴山，历归化城宣府至独石口外之多伦湖而起内兴安岭，至内蒙各部而为辽东之长白山，以尽于朝鲜、日本。复分数支，其在大漠内黄河北者为北支；在黄河南、汉水北者为中支；汉水南、江水北者为南支。

---

① 赵荣、杨正泰：《中国地理学史》，商务印书馆 1998 年版，第 148 页。

南干自阿里之冈底斯山起祖，起阿里东为卫藏，入四川、云南，东趋两粤，起五岭，循八闽，以尽于台湾、琉球。"

明清学人对中国地势的看法，是大视野的地理观，是朴素的认识论。"三大龙说"有神秘色彩，用词欠准确。科学的解释是：我国西南部的青藏高原是第一级阶梯，我国的内蒙古高原、黄土高原、云贵高原和准噶尔盆地、塔里木盆地、四川盆地构成第二阶梯。其他的地区为第三阶梯，包括东北平原、华北平原、长江中下游平原和辽东丘陵、山东丘陵、江南丘陵。

（二）通过测绘、绘图、著述，扩大对世界环境的认识

明清学者的地理环境视野是比较开阔的。永乐年间的陈诚出使哈烈国（今阿富汗北境），对沿途的国家和地区作了记载。1536 年，黄衷著的《海语》，记录了东南亚史地与中国南洋交通情况。1565 年，胡宗宪编的《筹海图编》，记录了中日交通及海上环境。

万历十七年（1589 年），中国出现最早的完整世界地图《坤舆万国全图》。《坤舆万国全图》是意大利耶稣会的传教士利玛窦在中国传教时与李之藻合作刊刻的世界地图，该图于明万历三十年（1602 年）在北京付印后，刻本在国内已经失传。

南京博物院所藏的《坤舆万国全图》是明万历三十六年（1608 年）宫廷中的彩色摹绘本，是国内现存最早的也是唯一的一幅据刻本摹绘的世界地图。《坤舆万国全图》以当时的西方世界地图为蓝本，并改变了当时通行的将欧洲居于地图中央的格局，把子午线向左移动 170 度，从而将亚洲东部居于世界地图的中央，这样，中国就自然而然地位于该图的中心。此举开创了中国绘制世界地图的模式。地图上出现了美洲，使中国人对世界有了全新的印象。

《坤舆万国全图》高 2 米，宽 4 米，有 1114 个地名，印在书上，只能看清轮廓大概。当代学者进行高分辨扫描，并对其进行精细分析，发现《坤舆万国全图》采用了许多中国知识元素，如华里、二十四节气等，实为中国文化与西方文化结合的产物。香港生物科技研究院李兆良教授研究了《坤舆万国全图》，2012 年在联经出版社出版《坤舆万国全图——明代测绘世界》，提出许多新见解：全图上有一些中国的古地名，如永乐北征的地名（远安镇、清房镇、威房镇、土剌河、杀胡镇、翰难河）和消失的地址（榆木川）。图上的天文标识是中国古代的"金木水火土"五大行星概念等。

康熙时，曾组织人力对全国进行大地测量，经过三十余年的筹划、测绘工作，制成了《皇舆全览图》。其背景是 18 世纪初，西方已出现比较科学的测绘理论，但欧洲许多国家尚未以之进行本国大规模的实地测量，来华的传教士已经在中国部分地区开展了测量工作。早在 1643 年，意大利传教士卫匡国收集中国各地的经纬度，掌握了 1754 处，编成《中国新图志》。

当得知西方有先进的测量理论与方法，并有了些前期的成果，康熙皇帝果断地起用西方传教士，利用西方的测绘理论，对中国版图进行全方位测量。传教士白晋、雷孝思、杜德美等人实际上领导了这次测量。他们先后测量了长城、东北、山东、新疆、江苏、浙江、福建等地，测得 641 个经纬点，用六七年时间完成了中国乃至世界测绘史上的空前壮举，完成《皇舆全览图》。

据学者介绍，此图采用经纬图法，梯形投影，比例为 1：1400000。英国学者李约瑟称此图是亚洲当时所有地图中最好的一份，而且比当时的所有欧洲地图都更好更精确。在这份地图的绘制过程中，人们第一次在实践中证实了牛顿关于地球为椭圆形的理论。

《皇舆全览图》是中国第一次经过大规模实测，用科学方法绘制的地图，是世界环境史上的一件大事。

康熙十三年（1674 年），刊刻《坤舆全图》。作者比利时人南怀仁（1623—1688 年）运用"动静之义"，论证舆图的"地圆说"；用经纬理法标识出五大洲的南北东西讫点；对全球著名的山岳高度、河流长度等做了大量的数据统计；第一次提出"小西洋"的概念，即印度洋水系。

南怀仁解说此图，用汉语撰写《坤舆图说》二卷。上卷内容：地体之圆、地球南北两极、地震、山岳、海水之动、海之潮汐、江河、天下名河、气行、风、云雨。下卷内容：亚细亚洲及各国各岛、亚墨利加洲及各国各岛、墨瓦蜡尼加洲以及四海总说、海状、海族、海产、海舶等。下卷末附异物图，有动物（鸟、兽、鱼、虫等）23 种，以及七奇图，即世界古代七大奇迹等，共 32 幅图。《坤舆图说》相当于《坤舆全图》的说明书，普及了中国人对自然与世界的认识。

南怀仁在 1657 年就来到中国，精通中国文化。清代四库馆臣在《四库提要·坤舆图说》中认为《坤舆图说》与中国古代已有之知识相吻合，"案东方朔《神异经》曰'东南大荒之中，有朴父焉，夫妇并高千里，腹围自辅天初立时。使其夫妇导开百川，懒不用意，谪之，并立东南，不饮不食，不畏寒暑。须黄河清，当复使其夫妇导护百川'云云。此书所载有铜人跨海而立，巨舶往来出其胯下者，似影附此语而作……疑其东来以后，得见中国古书，因依仿而变幻其说，不必皆有实迹。然核以诸书所记，贾舶之所传闻，亦有历历不诬者。盖虽有所粉饰，而不尽虚构。存广异闻，固亦无不可也"。其实，《坤舆图说》与《神异经》《癸辛杂识》的知识体系根本就不在一个轨道上，馆臣之语是自作多情。

乾隆皇帝也重视环境测绘。考虑到康熙年间哈密以西地区未能实测，乾隆二十一年（1756 年）和二十四年（1759 年）两次派人前往测量。何国宗和努三负责天山以北，明安图负责天山以南，于二十五年（1760 年）测量完毕。传教士蒋友仁参考中西文献，在康熙地图的基础上订正补充，在乾隆三十五年（1770 年）绘制成《乾隆内府皇舆全图》。此图采用科学的经纬网、投影和比例尺，内容上订正了西藏部分的错误。其范围西到地中海，北至北冰洋，图幅和面积都超过康熙时的地图。

（三）加强了对地理环境的研究

清人重视环境与战争的关系。历史上，历代统治者都非常注重从环境的角度加强对地方的控制，清代亦如此。清代学者重视军事地理，从攻防的角度撰写了不少相关书籍。清初的顾祖禹痛心于明朝统治者不会利用山川形势险要的教训，于是研究山川险易、古今用兵、战守攻取之宜。他在《读史方舆纪要》中对各个地方的战略位置有独到见解，论述了州域形势、山川险隘、关塞攻守，引证史事，推论成败得失。每省每府均以疆域、山川险要、形势得失开端。顾祖禹认为，地利是行军之本。地形对于兵家之重要性，有如人为了生存需要饮食。因此，此书有军事地理学的性质。张之洞的《书目答问》将其列入兵家；梁启超认为此书"实为极有别裁之军事地理学"，"其著述本意，盖将以为民族光复之用"。[1] 1639 年，顾炎武开始编著《肇域志》《天下郡国利病书》。他写的书，有反清复明的思想倾向，意在从地理环境入手，为恢复汉族的政治统治做准备。

清人把社会置于环境之中，而不是把环境置于社会之中。清以前的学者习

---

① 梁启超：《中国近三百年学术史》，中华书局 1943 年版，第 318 页。

惯于从人为的区划谈论环境，如，从诸侯国或郡县解析环境，而清代有些学者的视角发生了变化，是从山川的天然布局审视区域环境。戴震（1724—1777年）就是这样的学者。戴震的弟子段玉裁在《戴东原年谱》历数以往的地理学家，认定戴震比他们的成就都要大，究其原因是"盖从来以郡国为主，而求其山川，先生则以山川为主，而求其郡县"。戴震的视野，首先是自然环境，然后才是人文社会。

清人留意行政区划与战略的关系。魏源在《圣武记》中说："合河南河北为一，而黄河之险失；合江南、江北为一，而长江之险失；合湖南、湖北为一，而洞庭之险失；合浙东、浙西为一，而钱塘之险失；淮东、淮西、汉南、汉北州县错隶，而淮、汉之险失。"统治阶层总是希望加强中央集权，时常担心地方上分裂割据，试图从地理区划上削弱地方的优势，从而强化中央对地方的掌控。

清人重视山川形胜。当时编修的地方志，非常重视从山川审视环境，如英启、邓琛修纂的《光绪黄州府志·凡例》记载："山以方向为主，水以源流为主。盖水曲折逶迤，东西不一。……黄属之水皆以江为归，而入江之水有经流支流之别。纪水者，先经流源出某处，流向何方，为某名。又流向何方，某水入焉，至某处入于江，其支水来会者。俟叙完经流之后，亦从源及委，如叙经流之法，方为脉络分明。以黄冈言之，巴水界其东，倒水界其西，举水贯其中，皆经流也。上巴河即巴水所经，其入江处为巴河口，亦曰巴口。"可见，方志记载山脉，以方向为主；记载水流，以源流为主。当时已有一套公认的成法，约定俗成。许多方志书中都列有"关隘"类，记载该地区的重要通道。

清人注重环境与人文的关系。清末产生了一批相关的论述，如李步青在《湖北学生界》1903 年第 1 期发表《中国地理与世界之关系》，佚名氏在《湖北学生界》1903 年第 3 期发表《地理与国民性格之关系》。这些成果表明清末学人的环境史思想有了新的视野。清末第一部大学地理学教科书《京师大学堂中国地理讲义》中就写道："社会之发生与否，厥有天有人。其土地之位置及形势气候、物产多寡，此天也；其体质强弱，性情善恶，此人也。治地理学者，当就此原因，以究国之兴废存亡。"[①] 这就明确要从环境的角度了解社会，

---

① 郭双林：《西潮激荡下的晚清地理学》，北京大学出版社 2000 年版，第 61 页。

不要孤立地看待社会的变化。不仅教科书有这种观点，一些学者也持有这种想法，如康有为、梁启超就有这方面的论述。

清人重视人文地理的比较研究。康有为年轻时写过一本《康子内外篇》，其中有一篇是《地势篇》，从地势的角度解释社会的演进。康有为认为，文化的传播与地势的走向有关，印度坐北向南，南海为襟带，海水向东流，佛教顺势到了中国。中国的山川坐西向东，使得儒教传入日本，而没有传到印度。在世界文化中，地中海水向东流泻，使西方的政教盛行于亚洲。康有为还认为，社会的聚散兴衰也与地势有关，"中国地域有截，故古今常一统，小分而旋合焉"。欧洲的地势分散，气不能聚，所以很难统一。他总结说："故二帝、三王、孔子之教不能出中国，而佛氏、耶稣、泰西能肆行于地球也。皆非圣人所能为也，地气为之也，天也。"① 康有为是在强调地理环境决定论，反映了他早年思想的幼稚。同时，从字里行间亦可见康有为认为环境对社会的形态与变化有重要影响。

梁启超也很重视环境与社会的关系，并写过不少文章，有颇多新见解。他在《中国地理大势论》中认为，中国的地理条件决定了中国政治上的大一统。"中国者，天然大一统之国也。人种一统，言语一统，文学一统，教义一统，风俗一统，而其精源莫不由于地势。中国所以逊于泰西者在此，中国所以优于泰西者亦在此。"② 他在《近代学风之地理的分布》的序文中又说："气候山川之特征，影响于住民之性质；性质累代之蓄积发挥，衍为遗传；此特征又影响于对外交通及其它一切物质上生活；物质上生活，还直接间接影响于习惯及思想。故同在一国，同在一时，而文化之度相去悬绝，或其度不甚相远，其质及其类不相蒙则环境之分限使然也。环境对于当时此地之支配力，其伟大乃不可思议。"③ 梁启超在《中国近三百年学术史·地理》认为清代的地理学可以分为三期："第一期为顺、康间，好言山川形势险塞，含有经世致用的精神。第二期为乾、嘉间，专攻郡县沿革，水道变迁等。……第三期为道、咸间，以考古的精神推及于边徼，寝及更推及于域外，则初期致用之精神渐次复合。"

---

① 康有为：《康子内外篇》，中华书局 1988 年版。

② 梁启超：《饮冰室合集·文集之十》，中华书局 1989 年版，第 77 页。

③ 梁启超：《饮冰室合集·文集之四十一》，中华书局 1989 年版，第 50 页。

正因为康、梁这样的大学者能够从环境的视野探讨社会、人文、民俗，所以他们的见解总是比其他人略高一筹。

二、对地貌与土壤的认识

（一）从地质角度的认识

明代学者认为，人有人脉，地有地脉。宋应星在《天工开物》中说："土脉历时代而异，种性随水土而分。"这是说，地理的内在结构因不同时间而有异。

《徐霞客游记》在地貌与土壤方面有不少论述，如：

《徐霞客游记》记载了652座山，357个洞穴，其中石灰岩洞288个，其亲自入洞306个。在他之前的地理书，《山海经》只记载了2个洞穴，《水经注》只记载了48个。1508年刊行的《大明一统志》记载了372个洞，有描述的131个，此书对徐霞客考察洞穴提供了资料。徐霞客对洞中的石形、石质、颜色、空间、水文、生物、气候都有记载，特别是对13个洞有独到见解。他对洞穴的用途，如用作民居、寺庙、仓库、牲舍做了说明。

《徐霞客游记》记载了地貌类型102种，而《禹贡》只记载了14种，《山海经》记载了16种，《汉书·地理志》记载了20种，《水经注》记载了31种。《游记》对地表岩溶地貌记载得非常详细，如石芽、石纹、落水洞、漏斗、竖井、洼地、盆地、天生桥梁。地理学界认为，徐霞客比欧洲最早描述和考察石灰岩地貌的爱士培尔早150年，比欧洲最早对石灰岩地貌进行系统分类的罗曼早200余年。

徐霞客考察了广西、贵州、云南等地的喀斯特地区的类型分布和差异，亲自探查了270多个洞穴，对其特征、类型、成因、方向、高度、宽度和深度，都有具体记载。徐霞客指出一些岩洞是水的机械侵蚀造成的，钟乳石是含钙质的水滴蒸发后逐渐凝聚而成的，等等。书中对西南地区岩溶的分布和作用有翔实的记载，是世界上岩溶考察的最早文献。地质学界把徐霞客作为中国和世界广泛考察喀斯特地貌的先驱。

徐霞客攀登了许多大山，诸如天台山、雁荡山、庐山、黄山、武夷山、泰山、盘山、恒山、五台山、嵩山、武当山、罗浮山、华山，均有日记。他游历黄山和庐山，指出莲花峰和汉阳峰分别为黄山和庐山的最高峰；黄山主峰是长江支流青弋江上流诸源的分水岭。这些问题在此之前，是没有人论及的。[①] 徐霞客还对火山进行了考察。他途经云南腾冲打鹰山时，登山观望火山遗状，见到"山顶之石，色赭赤而质轻浮，状如蜂房，为浮沫结成者，虽大至合抱，而两指可携，然其质仍坚，真劫灰之余也"[②]。徐霞客记录的正是17世纪初当地的一次火山爆发，可以与当地的方志作为互证的材料。

徐霞客对岩溶地貌也有考察，进行了"洞穴学"的研究，在世界地理科学史上具有开拓性的地位。徐霞客对我国西南地区石灰岩地貌有广泛、深入的考察，如他在桂林七星岩洞里，手擎火把，目测步量，将全山15个岩洞的分布规模、结构和特征一一做了详细的描述，这显然不是游山玩水。徐霞客调查了云南腾冲打鹰山的火山遗迹，记录并解释了火山喷发出来的红色浮石的质地及成因；对地热现象的详细描述在中国也是最早的。

徐霞客在《游太和山日记》中记载了秦岭南北的差异。在武当山土地岭的岭南是均州境。"自此连逾山岭，桃李缤纷，山花夹道，幽艳异常。山坞之中，居庐相望，沿流稻畦，高下鳞次，不似山、陕间矣。"在徐霞客看来，湖北境内的环境远胜于山西、陕西，满目尽是一遍参差错落的农耕景象，令人赏心悦目。

在《游太和山日记》中徐霞客把陕西的华山与湖北的武当山、河南的嵩山进行了比较，他说："华山四面皆石壁，故峰麓无乔枝异干；直至峰顶，则松柏多合三人围者；松悉五鬣，实大如莲，间有未堕者，采食之，鲜香殊绝。太和则四山环抱，百里内密树森罗，蔽日参天；至近山数十里内，则异杉老柏合三人抱者，连络山坞，盖国禁也。嵩、少之间，平麓上至绝顶，樵伐无遗，独三将军树巍然杰出耳。"徐霞客的结论，是实地调查所得，是亲身的感受。在他看来，华山的大树在峰顶，武当山的大树在四周，而嵩山由于砍伐过度，从山下到山上都没有太多的大树。

不同的土质，有不同的用途。明代宋应星在《天工开物》中记载土质与砖瓦的关系，说造砖必须掘地验土色、土质，以黏而不散、粉而不沙者为上。

---

① 《徐霞客游记》卷一（上）《游黄山日记》与《游庐山日记》。

② 《徐霞客游记》卷九（上）《滇游日记十》。

取土加水，踏成稠泥。砖有两种规格，一是眠砖，一是侧砖。"民居算计者，则一眠之上施侧砖一路，填土砾其中以实之。"《天工开物·白瓷》还谈到土质与陶瓷有关，高岭土为白土，优质的陶瓷需要有特殊的陶土。"凡白土曰垩土，为陶家精美器用。中国出惟五六处，北则真定定州（今属河北）、平凉华亭（今甘肃华亭）、太原平定（今山西平定）、开封禹州，南则泉郡德化（土出永定，窑在德化）、徽郡婺源、祁门（今分属江西、安徽）。德化窑惟以烧造瓷仙、精巧人物、玩器，不适实用；真、开等郡瓷窑所出，色或黄滞无宝光，合并数郡不敌江西饶郡产。浙省处州丽水、龙泉两邑，烧造过釉杯碗，青黑如漆，名曰处窑，宋、元时龙泉琉山下，有章氏造窑出款贵重，古董行所谓哥窑器者即此。若夫中华四裔驰名猎取者，皆饶郡浮梁景德镇之产也。此镇从古及今为烧器地，然不产白土。土出婺源、祁门两山：一名高梁山，出粳米土，其性坚硬；一名开化山，出糯米土，其性粢软。两土和合，瓷器方成。其土作成方块，小舟运至镇。"明代陆容《菽园杂记》卷十四也有类似的观点，他说："青瓷初出于刘田，去县六十里。次则有金村窑，与刘田相去五里余。外则白雁、梧桐、安仁、安福、绿绕等处皆有之。然泥油精细，模范端巧，俱不若刘田。泥则取于窑之近地，其他处皆不及。油则取诸山中，蓄木叶，烧炼成灰，并白石末澄取细者，合而为油。大率取泥贵细，合油贵精。"这些说明土质直接决定了瓷器的烧制。

清代学者关注地貌与土壤，并积累了一些新的知识。孙兰在《柳庭舆地隅说》卷上，提出了流水地貌发育的"变盈流谦"理论。他把地貌形成过程归纳为因时而变、因人而变和因变而变三种方式。"因时而变"是指外力侵蚀作用，如下大雨时，山川受暴雨冲刷，于是形成洪流下注、山石崩塌。"因变而变"是地貌形成的内力因素，指火山、地震等的作用。"因人而变"是指人类社会排干沼泽、开垦荒地、改变河流的方向，从而造成人工地貌形态。学术界认为，孙兰在17世纪就提出如此完整的地貌发育理论，是我国地理学发展史上的一项突出成就。它比19世纪末期台维斯（W. M. Davis）的"地理循环论"早二百年。

（二）从农业角度的认识

徐光启的《农政全书》多次谈论人力与土壤的关系，卷二十五《树艺》指出："若谓土地所宜，一定不变，此则必无之理，若果尽力树艺，无不宜者，'人定胜天'，何况地乎？"这里强调了人的主观能动性。徐光启注意到土性有宜与不宜，但他认为这不是完全绝对的，只要人力所致，也可以作一些改变。

谢肇淛《五杂俎》卷四《地部》对南方的土地进行了分析，认为各地对土地的认识不一："江南大贾强半无田，盖利息薄而赋役重也。江右荆楚、五岭之间，米贱田多，无人可耕，人亦不以田为贵，故其人虽无甚贫，亦无甚富，百物俱贱，无可化居，转徙故也。闽中田赋亦轻，而米价稍为适中，故仕宦富室，相竞畜田，贪官势族，有畛隰遍于邻境者。至于连疆之产，罗而取之，无主之业，嘱而丐之，寺观香火之奉，强而寇之，黄云遍野，玉粒盈艘，十九皆大姓之物，故富者日富，而贫者日贫矣。"他又说："北人不喜治第，而多畜田，然硗确寡入，视之江南，十不能及一也。山东濒海之地，一望卤泻，不可耕种，徒存田地之名耳。每见贫皂村氓，问其家，动曰有地十余顷，计其所入，尚不足以完官粗也。余尝谓：不毛之地，宜蠲以予贫民，而除其税可也。"他还从经济的角度比较了农业收成："吴、越之田，苦于赋役之困累；齐、晋之田，苦于水旱之薄收；可畜田者，惟闽、广耳。近来闽地殊亦凋耗，独有岭南物饶而人稀，田多而米贱，若非瘴蛊为患，真乐土也。"

王士性研究区域农业地理，谈论南北差异，有宏观视野，也有微观视野。他在《广志绎》卷四记载："江南泥土，江北沙土，南土湿，北土燥，南宜稻，北宜黍、粟、麦、菽，天造地设，开辟已然，不可强也。"王士性《广志绎》卷四还记载："田土惟南溪最踊贵，上田七八十金一亩者，次亦三四十，劣者亦十金。"

袁黄认识到土色不同，土质就不同，种的庄稼就应不同。他在《劝农书》说："黄白土宜禾，黑土宜麦，赤土宜菽，淤泉宜稻。"袁黄还总结了多种粪肥加工法。南方民间，除了广泛使用粪肥之外，骨粉、灶灰也开始用于增加土壤肥力。万历时曾任宝坻县知县的袁黄在《宝坻劝农书》中记载："大都用粪者，要使化土，不徒滋苗。"这些说明，明代在积肥施肥以保持地力方面，从理论到实践都有所进步。

马一龙撰的《农说》（1547年）记载："禾苗资土以生，土力乏则衰，沃之所以助土力之乏。"他以阴阳学说阐述农业生产，主张"畜阳""足气""固本"，重点讲述了水稻的精耕细耘、密植、育苗、移栽等种植经验。书中有一些朴素的哲学观点，如："合天时、地脉、物性之宜。而无所差失，则事半而功倍矣。知其不可先乎?""繁殖之道，惟欲阳合土中。运而不息；阴乘其外，谨毖而不出。"马一龙（1499—1571年），字负图，号孟河，溧阳（今江苏溧阳）人。正统至天顺年间（1436—1464年），溧阳地区有大量荒地。马一龙招募农民垦种，采用分成制，把田里收获的一半给佣工，马一龙亲自和佣工一起参加劳动，一年之后荒芜的土地得到开垦，取得了好收成。由此可知，《农说》是马一龙投身农业实践的产物。

因地制宜是发展农业的关键。明代中后期，农产品呈现粮食生产的分区。出于经济考量，江南、广东种植棉花、甘蔗，长江三角洲种植桑树、棉花，长江中游的湖北、江西、安徽种植谷物，南方与北方种植的谷物分别有稻、麦、粟、粱、黍、菽等，区域之间各有所丰所歉，市场自然调节。

明末清初的顾炎武认为土地有地气，地气有寒有热。他在《天下郡国利病书》卷五十八《陕西四·巩昌府志》指出，南北的环境不一样，经济状况也不一样，"盖南境气候既暖，物产复饶，有木棉粳稻之产，有蚕丝楮紵之业……北境则不然也，地寒凉，产瘠薄"。

清初，张履祥（1611—1674年）撰《补农书》。在此之前，湖州沈氏在崇祯年间以自己经营庄园的实践，撰成《农书》一卷，内容简略，述稻麦轮作、经济作物栽培、畜禽鱼养殖等事。张履祥据沈氏《农书》作"补遗"39则，是为《补农书》。所记太湖流域农业生产技术和运作方式颇为具体，其中不乏有关生态农业的描述："浙西之利，蚕丝为大，近河之田，积土可以成地，不三四年，而条桑可食矣；桑之未成，菽麦之利未尝无也。……池中淤泥每岁起之，以培桑竹，则桑竹茂而池益深矣"；水深则用以养鱼，池水又"足以灌禾"；有粮又更利于多养禽畜，"令羊专吃枯叶枯草"；"猪专吃糟麦"，则利用造酒的下脚料，又带来效益。

清代约有一百多部农书，以康熙、雍正两朝最为繁盛。有《钦定授时通考》《广群芳谱》《补农书》等著作。其中，大型综合性农书《钦定授时通考》，是1737年由乾隆帝弘历召集一班文人编纂的，各省都有复刻，流传很广。

乾隆时，张宗法撰的《三农记》是一部较重要的农学、土壤学名著。书中结合清代土壤类型与分布实际，对土壤进行了详细的分类。他认为：按土壤肥力高低，有良田、滋土、肥土、肥润土、肥熟土、膏腴土等；按土壤质地、结构，有黑垆土、涂泥等黏土类，有肥壤土、壤土、三沃之土、两合土等土壤类，有沙土、松浮土、墟疏土等沙土类；按土壤颜色，有黑坎、黄土、赤土、绛色土、青沙土、黄白软土、白沙土、黑沙土和黄壤沙土等；按地形和土壤水分，有山土、阜土、高田、高阳地、泽田、高土沙地、旱潦之地、原土、润土、下湿土、湿泽地、向阳地、旁阴地等。

清代，人们把田地分为不同的等级，以便管理。清人屈大均《广东新语》卷二《地语》记载："香山土田凡五等。一曰坑田，山谷间稍低润者，垦而种之，遇涝水流沙冲压，则岁用荒歉。二曰旱田，高硬之区，潮水不及，雨则耕，旱干则弃，谓之望天田。三曰洋田，沃野平原，以得水源之先者为上。四曰咸田，西南薄海之所，咸潮伤稼，则筑堤障之，俟山溪水至而耕，然堤圮，苗则槁矣。五曰潮田，潮漫汐干，汐干而禾苗乃见。"

晚清，黄辅辰撰《营田辑要》。黄辅辰（1798—1866年），贵州贵阳人。道光十五年（1835年）进士，曾任吏部主事。同治二年（1863年），陕西巡抚刘蓉筹备屯田，向黄辅辰请教方略。黄辅辰复函论述屯田"十二难"及其对策，著《营田辑要》一书，送呈刘蓉。全书4万余字，基本是辑录前人成说，并一一注明出处。卷首为屯田总论；卷一主要介绍历代营田工作经验；卷二专述营田水利经验；卷三专述历代营田工作中的弊端；卷四主要讲农业技术，细分为尺度、辟荒、制田、堤堰、沟洫、凿地、穿井、粪田、播种、种法、种蔬、杂植等12目，篇幅约占全书1/3，与综合性农书相类。《营田辑要》有同治三年（1864年）成都刻本，1984年农业出版社出版了马宗申的校释本。

三、农业生态环境的变化

随着人口增多与农业的发展，明清时期出现大规模圈地、围田、垦地的风潮，这是当时最突出的地情变化。

（一）圈地

明初，皇亲国戚大量圈占土地。明太祖、成祖曾将山场、湖陂拨赐给诸王府，作为庄田。成祖以降，皇亲国戚的圈地没有停止过。洪熙元年（1425

年），宣宗将长洲县田地山场 104 顷 20 亩赐给驸马西宁侯宋瑛。①《大明会典》卷三十六记载，嘉靖八年（1529 年）议准内有 "凡河泊所、税课局并山场、湖陂，除洪武、永乐以前钦赐不动外" 等语，这说明明朝统治者认可明初圈地的既成事实。

满人入关，统治者颁布圈地令，大规模圈占百姓土地，有的土地继续作为农耕，有的用为放牧。满族旗人 "以近畿垦荒余地斥为牧场，分亲王、郡王，以里计分；上三旗及正蓝旗以数十里计；余四旗以顷计，亦圈地也"②。满族贵族的土地广连阡陌，多至抛荒。由于众多的农民流离失所，统治者后来不得不改变国策，停止了圈地。

圈地，使得有些耕地被挪为他用，或者抛荒，导致农业歉收，经济萧条，生态环境失衡。

（二）围湖造田

围湖造田，又称垸田、圩田，就是以堤坝隔开外水，把湖区改成农田，开辟新的农作区。清代学者洪亮吉在《意言·生计》中指出：每人有四亩地，年收四石（在当时的生产力条件下每亩收一石），方可维持生存。许多县都存在土地紧缺的问题，迫使人们寻找新的土地资源。人多地少的矛盾，是围田的重要原因。

这种情况在明清时期的南方尤其突出。江汉平原的湖泊相继被填，如监利县农民大力筑垸围垦，增加水田近万亩。③ 孝感县 "近湖之田，先年原是湖地，夏秋皆水，冬春可行"④，这时却都成了垸田。江西的一些湖泊变成了农庄，如《光绪南昌县志》卷六记载南昌县的富有圩、大有圩，首尾相连约 30 里，义修圩南北径 20 里，围约 40 里，都成为庄舍。据民国十年《湖北通志·建置志·堤防》所统计的清末荆州府各县垸田数量，可知围湖造田的态势有增无减。

---

① 《明宣宗实录》卷七。

② 王庆云：《熙朝纪政》卷四《纪牧场》。

③ 《康熙监利县志》卷三。

④ 《康熙孝感县志》卷六。

除了人地紧张的情况，还有经济利益的诱惑，促使人们围湖造田。湖田肥沃，利于耕种。能够大规模围田的，一定是特权阶层。史书记载：明永乐四年（1406 年），隆平侯张信占夺丹阳练湖湖区 80 余里。① 正统十四年（1449 年），英宗将武强县退滩空地 50 余顷赐予真定大长公主。② 成化中，德王朱见㴐以奏讨获取山东白云湖、景阳湖、广平湖三湖地。③ 《明史·河渠志六》记载，成化十四年（1478 年）牟俸说："滨湖豪家，尽将淤滩栽苇为利。"弘治十三年（1500 年），孝宗赐给兴王朱祐杬湖广京山县近湖淤地 1350 顷。④ 万历时，张学颜奉命清理河湖，结果查出全国湖陂被占地达 80 万顷，超过当时全国耕地总面积的十分之一。⑤ 其中保定黑洋淀、黄河退滩故道、镇江与九江之间江畔的千里芦洲、湖广的沙洲淤地、苏州的太湖、杭州的西湖等，尤为孝宗以来众多权贵争夺之重点。⑥

围湖造田引起一系列恶果，主要是使生态失衡，"乐岁则谷米如冈陵，凶岁则田庐成泽国"⑦。明正统十一年（1446 年），应天巡抚周忱奏称："应天、镇江、太平、宁国诸府，旧有石臼等湖……其外平圩浅滩，听民牧放孳畜，采掘菱藕，不得耕种。是以每遇山溪泛涨，水有所泄，不为民患。近者富豪之家，筑成圩田，排遏湖水。每遇水涨，患即及民。"⑧ 弘治十八年（1505 年），浙江巡按车梁奏称："杭州西湖周围三十余里，专蓄水以溉濒湖千顷之田。近年豪右不思前贤凿引开浚之意，往往侵占以为园圃池荡……甚者塞而为田，筑而为居……水既湮塞，所仰溉之田，乃尽荒芜，其为害不小。"⑨

① 《明太宗实录》卷七十三。

② 《明英宗实录》卷一百八十。

③ 《明史·德王传》。

④ 《明孝宗实录》卷一百五十九。

⑤ 《明史·张学颜传》。

⑥ 《明孝宗实录》卷三、卷十、卷一百二，《明武宗实录》卷六。

⑦ 民国《益阳县志》卷二《堤垸》。

⑧ 《明英宗实录》卷一百四十五。

⑨ 《明武宗实录》卷六。

围湖造田导致湖区面积减少。石首县原有湖泽 65 个，清末只剩下 12 个。汉川县的泽湖、龙东湖、段庄湖、汪泗湖、台湖均在清末消失。江陵县的大军湖、永丰湖、台湖、打不动湖等也在这一时期消失。[①] 围田扩张，导致河湖埋塞，水面萎缩，原来平衡的蓄泄关系被破坏了。

围湖造田导致湖区容水量减少。洞庭湖每年洪水期承受湘、资、沅、澧四水的全部流量，还要容蓄长江从四口（松滋、太平、藕池、调弦）分泄入湖的水量。然而，洞庭湖逐渐淤积，加上盲目围垦，失去原有的三分之一功能。

围湖造田导致洪水泛滥时的堤防危机。清代，江陵县境内的江堤，西起万城，东南抵拖茅埠，长 220 里，俗称万城堤。万城堤在万历年间曾经溃决，乾隆五十三年（1788 年）又溃决，同治庚午（1870 年）又险些溃决。故筹荆江堤防者，莫不以万城为首要。

围湖造田，缩小了湖区的蓄纳吞吐能力，减低了承受水患的能力，导致农业生态环境恶化。乾隆十一年（1746 年）规定："官地民业，凡有关水道蓄泄者，一概不许报垦。倘有自恃己业，私将塘池陂泽改垦为田，有碍他处民田者，查处所惩。"[②] 道光年间，李祖陶指出长江流域在以前并无严重水患，近些年才频频告灾。原因在于沿江处处围地为田，使江面渐狭，江水不能畅流。人们之所以围地，原因在于人口多，"谋生之亟"[③]。

（三）开垦山区

先民种植粮食作物，主要是在平原丘陵地区。然而，到了明清时期，人们大规模向山区要地。山区之地多是无主之地，谁开垦，谁就占有其地。人们改造山坡，变成旱田，"绝壑穷颠，亦播种其上"[④]。

之所以能够出现大规模的开垦山区潮，与耐旱作物品种增多有关。明代，中国人的粮食品种有了较大变化，开始吃玉米、番薯等杂粮，于是到处栽种这些农作物。如南方西部主要为玉米集中产区，东南部主要为番薯集中产区。南

① 吴剑杰主编：《湖北咨议局文献资料汇编》，武汉大学出版社 1991 年版，第 34 页。

②《清会典事例》卷一百六十六。

③（清）李祖陶：《东南水患论》，载《皇朝经世文续编》卷九十六。

④《万历湖广总志》卷三十三。

方西部山地玉米集中产区主要分布于秦岭山区、大巴山区、巫山山区、武陵山区、雪峰山区及贵州高原。东南部番薯集中产区主要分布于东南沿海浙、闽、粤、湘、赣、鄂等丘陵地带。

伴随着玉米、甘薯的推广，南方诸省掀起了开垦山地的大规模风潮。所谓开山，就是砍树，把山坡变成田地。砍树费时费力，于是就放火烧，成片地烧树，让烧过的草木灰成为肥料。玉米、甘薯适应性强，能在山区大面积种植，这使得明代中叶之后长江流域及闽广地区刀耕火种的现象非常突出。自万历至明亡的数十年间，甘薯在广东的一些地区已成为主食。据顾炎武《天下郡国利病书》记载，当时南方的一些少数民族"刀耕火种，食尽一山则移一山"。大量人口已把玉米和甘薯当作主要粮食，赖以为生，"以当米谷"，这就必然使得山林遭殃。①

广东的南雄是一个典型的山区，南雄山脉蔓延东西两部，西边尤高大，万山重叠。中央及东南地势倾斜稍缓，亦岗陵起伏。很少平坦之地。倾斜之高山占十分之六七。倾斜略缓之丘陵地占十分之三四。耕种之地除中部间有千百亩平坦之田，其余均是长狭作级成田，山垄地为多。人们在山地开垦，聚族而居。嘉靖间黄佐《广东通志》卷二十《民物志一·风俗》记载粤北山区的农业：韶州府，"土旷民稀，流移杂处，俗重耕稼少商贾。……农不力耕，一岁再熟。闾阎小民取给衣食而已"，阳山、连山"高山有瑶，深峒有壮，移徙不常，尤为梗化"。

为了安定社会，清政府一度鼓励贫民开垦荒地，道光二十九年（1849年），陕西汉中"留、凤、宁、略、定、洋县均以苞谷杂粮为正庄稼"②。石泉县等地"遍山漫谷皆包谷矣"③。贵州兴义也是"包谷宜山，故种之者较稻谷为多"④。广西地区的包谷（玉米，也作"苞谷""苞米""包米"）有早晚二种，山峒尤多。《道光南雄直隶州志》卷三十四《编年》记载：乾隆五年（1740年），"谕零星土地听夷民垦种，免其升科，严禁豪强争夺"。

---

① （明）王象晋：《群芳谱》卷八。

② （清）严如熤：《三省边防备览》卷八。

③ 《道光石泉县志》卷四。

④ 《咸丰兴义府志》卷四十三。

　　清代，"凡山径险恶之处，土人不能上下者，皆棚民占居"①。"山谷崎岖之地，已无弃土，尽皆耕种矣。"② 荆襄山区、湘西山区、闽浙山区以及云贵川交界的山区，出现了大批的垦荒队伍。"流民之入山者……扶老携幼，千百为群，到处络绎不绝。不由大路，不下客寓，夜在沿途之祠庙、岩屋或者密林之中住宿，取石支锅，拾柴作饭，遇有乡贯便寄住，写地开垦，伐木支椽，上覆茅草，仅蔽风雨。借杂粮数石作种，数年有收，典当山地，方渐次筑土屋数板，否则仍徙他处。"③

　　《清圣祖实录》卷二百四十九记载康熙时期的开垦，"（以前）地方残坏，田亩抛荒不堪见闻。自平定以来，人民渐增，开垦无遗。或沙石堆积难于耕种者，亦间有之，而山谷崎岖之地已无弃土，尽皆耕种矣"。这种情况一直延续，直到嘉庆年间仍然有大批的开山者，《同治湖州府志》卷九十五《杂缀》记载一些温州籍的客民聚集到湖州西部山地开山种地。

　　开垦山区，严重破坏了生态环境，导致江河泛滥，水土流失。早在明代万历《湖广总志·水利志》就有记载："近年深山穷谷石陵沙阜，莫不芟辟耕耨。然地脉既疏，则沙砾易崩，故每雨则山谷泥沙入江流。而江身之浅涩，诸湖之湮平，职此故也。"道光年间，林则徐陈述："襄河河底从前深皆数丈。自陕省南山一带及楚北之郧阳上游深山老林尽行开垦，栽种苞谷，山土日掘日松，遇有发水，沙泥俱下，以致节年淤垫，自汉阳至襄阳愈上而河愈浅……是以道光元年（1821 年）至今，襄河竟无一年不报漫溃。"④

　　魏源写过一篇《湖北堤防议》，针对南方的水灾做了全面的论述。他指出："湖广无业之民多迁黔粤川陕交界，刀耕火种。虽蚕丛峻岭，老林邃谷，无土不垦，无门不辟。……浮沙壅泥，败叶陈根，历年拥积者，至是皆铲掘疏浮，随大雨倾泻而下。由山入溪，由溪达汉达江，由江汉达湖，水去沙不去，遂为洲渚。洲渚日高，湖底日浅。"又说："下游之湖面江面日狭一日，而上

---

① 《咸丰南浔镇志》。

② 《清圣祖实录》卷二四九。

③ （清）严如熤：《三省边防备览》卷十一《策略》。

④ （清）林则徐：《筹防襄河新旧堤工折疏》，见《林则徐集·奏稿》中册，中华
　书局 1965 年版，第 437 页。

游之沙涨日甚一日，夏涨安得不怒，堤垸安得不破，田亩安得不灾?"① 魏源看到了水灾的根本要害，即长江上游和支流的山林遭破坏，泥沙俱下，抬高了河湖床面，老百姓用圩田方式堵水，但自然界恶性循环，人力不胜天力，堤防挡不住洪水，必然殃及民生。

嘉庆、道光年间，地方官员不断公布告示，告诉棚民开山毁林会导致水土流失，禁止民众大批进入到山地。《清史稿·食货志一》记载："棚民之称，起于江西、浙江、福建三省。各山县内，向有民人搭棚居住，艺麻种箐，开炉煽铁，造纸制菇为业。而广东穷民入山搭寮，取香木春粉、析薪烧炭为业者，谓之寮民。……咸丰元年，浙江巡抚常大淳奏言：'浙江棚民开山过多，以致沙淤土壅，有碍水道田庐。请设法编查安插，分别去留。'如所议行。"但是，流民为了生存，不顾官员的劝阻，仍然开山不止，不断毁林。

（四）屯田

明初屯田始于洪武时期。太祖朱元璋"用宋讷所献守边策，立法分屯，布列边徼"②。朱元璋先后往家乡凤阳大批移民，洪武三年（1370年）移江南民14万户，九年（1376年）十月又徙山西及真定民无产业者于凤阳屯田。朱元璋还不时"发兵出塞给种屯田"③。洪武年间耕垦的土地，比元末增长了4倍多。④

明成祖朱棣继续推行屯田和垦荒政策，多次从南方移民到北方，垦殖开发。屯垦作为明朝的一项基本国策，一直延续了200余年。嘉靖、隆庆之际，朝廷还专设总理九边屯田御史，主持北方辽东、宣府、大同、延绥、宁夏、甘肃、蓟州、偏头、固原诸重镇的屯政。根据天顺七年（1463年）的统计，全国耕地有429万顷。⑤

明代的屯田与水利总是联系在一起，没有水利作为保障，屯田就不可能维持下去。此以宁夏为例：

---

①（清）魏源：《古微堂外集》卷六。

②《明经世文编》卷四百六十。

③《明太祖实录》卷二十四。

④ 翦伯赞：《中国史纲要》第三册，人民出版社1963年版，第172—173页。

⑤《明英宗实录》卷三百六十。

　　明代在宁夏大力开展水利建设屯田。明代有官员曾经称西北地区环境欠佳："旱则赤地千里，潦则洪流万顷。"① 对付这样的环境，就必须大兴水利，以保证农业灌溉。屯田与水利，实际是相互联系的生态链，互有促进。屯田有赖于水利，水利有利于屯田。特别是水利，有利于改善与恢复生态环境系统，从而推进农业的发展。《嘉靖宁夏新志》记载："一方之赋，尽出于屯；屯田之恒，藉水以利。"②

　　屯田与水利的功效，早在明初就已显现出来，洪武三年（1370 年），宁正兼领宁夏卫事，带领军民"修筑汉、唐旧渠，引河水溉田，开屯田数万顷，兵食饶给"③。这种情况，让明朝统治者看到了治边的希望与途径，于是加强了屯田与水利。洪武六年（1373 年），有官员建言，说宁夏土壤肥沃，宜召集流亡百姓进行耕种。于是，朝廷派邓愈、汤和等人屯田陕西，开宁夏屯田之先。④ 为了开发银川平原，明朝先后在宁夏设置了前卫、中卫、左屯卫、右屯卫等四卫，与宁夏卫合称五卫，五卫中宁夏卫及左、中、右三卫专职屯田，前卫则以六分屯田，四分戍守。永乐元年（1403 年），明成祖派何福总镇宁夏，兼理屯田。何福在任时招徕远人，置驿屯田积谷，颇有绩效。⑤ 成化三年（1467 年），右都御史张鏊巡视宁夏，导黄河之水，灌溉灵州屯田七百余顷。

　　到嘉靖年间，唐徕渠、汉延渠、汉伯渠、秦家渠都重新疏通，几条主干渠合起来有 1500 多里长，功能齐全，发挥了很好的作用。当时，在银川城西有良田渠，城西南有铁渠，城南有新渠、红花渠，城东有五道渠，城西北有满答刺渠，都有取水与灌溉的功能。说到宁夏的水渠，早在秦汉以来就在不断开凿，到了明代，主要是维护、疏通、改善其功能，其每年消耗的人力与物力，合计起来，绝不亚于新开之渠。清代乾隆年间的巡抚杨应琚曾经深有体会地说："按河渠为宁夏生民命脉，其事最要。然人知宁夏有渠之美，而不知宁夏

---

① 《明经世文编》卷三百九十八《徐尚宝集·西北水利议》。

② 详见《嘉靖宁夏新志》卷一《宁夏总镇》"创建碑"条。以下未能注出处的史料，均出自《嘉靖宁夏新志》，宁夏人民出版社 1982 年版。

③ 《明史·宁正传》。

④ 《明史·食货一》。

⑤ 《明史·何福传》。

办渠之难，何者？他处水利或凿渠，或筑堰，大抵劳费一时，而民享其利远者百年，近者亦数十年，然后议补苴修葺耳。今宁夏之渠岁需修浚，民间所输物料率数十万，工夫率数万。"① 可见，明代宁夏的经济发展是建立在对水利的维护基础上的。

唐徕渠和汉延渠是银川平原比较重要的人工渠。这两条渠在明代以前就已经存在，只是有所毁坏，明代加以整治，"汉渠自峡口之东凿引河流，绕城东逶迤而北，余波亦入于河，延袤二百五十里。其支流陡口大小三百六十九处。唐渠自汉渠口之西凿引河流，绕城西逶迤而北，余波亦入于河，延袤四百里，其支流陡口大小八百处"。为了维系水利，"每岁春三月，发军丁修治两坝，挑浚汉延、唐来、新渠、良田等渠"。这些水渠是起过作用的，庆王朱栴有《汉渠春涨诗》："神河浩浩来天际，别络分流号汉渠。万顷腴田凭灌溉，千家禾黍足耕锄。三春雪水桃花泛，二月和风柳眼舒。追忆前人疏凿后，于今利泽福吾居。"

明中期宁夏巡抚、都御史王珣是一位乐于兴修水渠的地方大员。弘治八年（1495 年），王珣上奏，请发卒于灵州金积山河口开渠屯田，调发军民进行耕种，得到孝宗的同意。②《嘉靖宁夏新志》卷三记载王珣主持开凿的金积渠："在州西南金积山口，汉伯渠之上。弘治十三年，都御史王珣奏浚。长一百二十里，役夫三万余名，费银六万余两。夫死者过半，遍地顽石，大皆十余丈，锤凿不能入，火醋不能裂，竟废之。今存此虚名耳。"王珣为人偏执，固执己见，在不经过科学论证的情况下，动用三万民力，历时五年，最终只是劳民伤财。但是，王珣开凿整治的水渠在一定时期还是发挥过作用的，并且也有成功的例子。如弘治十三年（1500 年），王珣上奏，请求整治长达三百里的"元昊废渠"（李元昊时期修建的李王渠），更其名为靖虏渠。靖虏渠，现为西干渠，

---

① 民国《朔方道志》卷七《水利志下·渠务格言》。转引自赵珍：《清代西北生态变迁研究》，人民出版社 2005 年版，第 287 页。该书提出了一个观点，即认为宁夏"在频繁的修浚开挖之中，也破坏了水文生态，过度的漫灌导致了水量减少，土壤盐碱化过重，反过来又给农业经济的发展造成障碍"（第 284 页）。这个观点具有辩证思维，值得我们进一步思考。

② 《明史·河渠志》。

仍在发挥作用。他认为治水是边防之根本，撰诗赞美水利工程说："滚滚河流势显哉，平分一派傍山来。经营本为防胡计，屯守兼因裕国裁。此日劳民非我愿，千年乐土为谁开。老臣喜得金汤固，幕府空闲卫霍才。"

宁夏的沟渠是屯田的生命线，地方官员一直注意维护，到了万历年间，各干渠的木闸都统一换成了石闸，因而更加坚固。宁夏屯田有很大的成绩，史书记载："天下屯田积谷，宁夏最多。"① 万历年间，宁夏镇的屯田有一万八千八百余顷，这与水利工程是分不开的。② 终明一代，宁夏一直是明朝的一个粮仓，为巩固边陲发挥了作用。

为了屯田，明代还在宁夏的一些要地建筑了城池，如铁柱泉城。《嘉靖宁夏新志》卷三记载了铁柱泉城的修筑经过，说的是铁柱泉周围几百里土地都没有水，唯有一口铁柱泉，铁柱泉"日饮数万骑弗之涸，幅员数百里又皆沃壤可耕之地"。守住了这口泉，就守住了大片土地。弘治十三年（1500 年），有官员想在此修城，未果。嘉靖十五年（1536 年），地方官员下定决心，围着泉水修城墙，民众踊跃相助，一个多月就建好了城墙。"尚书刘天和躬自相度，逾月而就，遂成巨防，兵农商旅，咸称其便。"铁柱泉城的开发是祸是福？后世有争议。有人认为由于当时地广人稀，耕作粗放，加上受气候和土壤条件的限制，樵采和放牧的过度，屯田又实行轮荒制，终于使这片美丽的大草原变成了一片荒漠。后来，铁柱泉城人去城空，城门城墙均被积沙所湮塞，就连当年"饮万骑弗涸"的铁柱泉也踪迹渺无，湮没于荒漠之中，使得"铁柱泉"之名再无人提起，代之以"河东沙区"的称号。③ 笔者认为，当时开发没有错，关键是后世对铁柱泉的维护缺乏科学性。

四、土地沙漠化

明代地貌与土壤的新情况主要表现为土地沙漠化。

---

① 《明史·食货志》。

② 陈育宁主编：《宁夏通史》，宁夏人民出版社 1993 年版，第 266 页。

③ 马雪芹：《明代西北地区农业经济开发的历史思考》，《中国经济史研究》2001年第 4 期。

明代，西北的土地因为农垦而沙漠化。河西走廊屯垦规模越来越大，几乎到了无土可辟的地步，导致了风沙肆虐，沙漠扩大。1475—1541 年重修长城时，长城的基址不得不内移。成化九年（1473 年）在陕北修长城，为保护屯田，又大修边墙。边墙成后，军民大增，垦田数急剧上升。同时，由于政治腐败，屯军多逃亡，垦田复又废弃，边墙周围便就地起沙；加之强劲的西北风的吹扬，至嘉靖年间，这里已是四望黄沙，不产五谷了。

陕甘宁长城沿线处于黄土高原与戈壁荒漠的过渡区域，年降水量仅 400 毫米左右，植被再生能力很差，沙漠化趋势加剧。当代有学者认为："汉、唐盛世时在西北、华北北部的一些垦区和古城，在明清时期基本上全被流沙侵吞。如中国古代的艺术明珠——敦煌石窟，被沙漠包围；闻名世界的古代贸易热线——丝绸之路，也湮灭在茫茫沙海之中；巴丹吉林沙漠、乌兰布和沙漠、毛乌素沙漠等，随着植被的破坏，不断扩展。"①

沙漠化最为典型的案例是毛乌素沙漠的南进。明代以前，毛乌素沙漠已逼近长城；到了明代嘉靖年间，它继续向南蚕食，湮没了陕西榆林附近的大片土地，其时人们看到的是这样一番情景："该镇东西延袤一千五百里，其间筑有边墙堪护耕作者仅十之三四……其镇城一望黄沙，弥漫无际，寸草不生。猝遇大风，即有一二可耕之地，曾不终朝，尽为沙碛，疆界茫然。"② 隆庆、万历之际，毛乌素沙漠竟穿越长城屏障，向南延伸；万历末年，新修的长城更是大段大段地被漫漫沙海吞没，以致朝臣边将多次提议扒除积沙。当时镇守榆林的延绥巡抚涂宗濬向朝廷呈奏《修复边垣扒除积沙疏》，详述其事，节录如下：

中路边墙三百余里，自隆庆末年创筑，楼橹相望，雉堞相连，屹然为一路险阻。万历二年以来，风壅沙积，日甚一日，高者至于埋没墩台，卑者亦如大堤长坂，一望黄沙，漫衍无际。筹边者屡议扒除，以工费浩大，竟尔中止。

中路原筑边墙二百四十余里，高建女墙二丈五七尺，今自万历三十八年间三月动工扒沙……共长二百四十六里。榆林等堡、芹河等处大沙比墙高一丈，埋没墩院者长二万三十八丈三尺；响水等堡、防湖等处比墙高七八尺、壅淤墩院者长八千四百六十八丈七尺；榆林威武等堡、樱桃梁等处比墙高五六尺、及

---

① 曲格平、李金昌：《中国人口与环境》，中国环境科学出版社 1992 年版，第 23 页。
②《明经世文编》卷三百五十九。

与墙平，阔厚不等，长四千四百二十六丈五尺，通共沙长三万二十九百三十三丈，俱已扒除到底，运送远处。[①]

毛乌素沙漠侵蚀的是无定河、青涧河、延河、洛河的上游地区。每逢降水，势必造成上述各黄河的支流含沙量急剧增加，浊水奔涌进入黄河。

嘉靖时，杨守谦在论及修复边墙时说："夫使边垣筑而可守也，奈何龙沙漠漠，亘千余里，筑之难成，大风扬沙，瞬息寻丈，成亦难久。"[②] 可见，明时沿鄂尔多斯南缘边墙一带已成流沙地，修边墙抵挡不住流沙。

沙漠威胁山西等地。大同在经过大规模屯田后，所属"沿边玉林、云川、威远、平虏各镇屯田之处，或变为卤碱，或没为沙碛，或荡为沟壑"[③]。延绥、太原、固原，这些黄土高原上的西北重镇是重灾区。史载明初"屯田遍天下，而西北为最"，在平川之地被垦尽以后，继而又向纵深发展，"所至皆高山峭壁，横亘数百里，土人耕牧，锄山为田，虽悬崖偏坡，天地不废"[④]。

沙漠威胁华北平原。洪武四年（1371 年），徐达率领军队北征，迁徙北平山后民 35800 余户散处诸府卫，充军的给衣粮，为民的给田土，"又以沙漠遗民三万二千八百六十户屯田北平府管内之地，凡置屯二百五十四，开田一千三百四十三顷"[⑤]。宪宗、孝宗朝以降，京师"黄尘四塞""风霾蔽天""土霾四塞""扬尘四塞"的风沙之灾，屡见不鲜。[⑥]

清代，沙漠威胁东北地区。在今内蒙古东北部和吉林西部出现了科尔沁沙地。这一带在 19 世纪以前本来有大片草地，但是，光绪三十三年（1907 年）封建王公为谋取经济利益，让人们大面积开垦，使表土层遭到严重破坏，草原迅速退化，形成了流动沙丘。

由于土地沙漠化，以及其他一些原因，使得明清时期的人均耕地缩小。历史上，汉代人均有耕地 10 余亩，盛唐时人均有耕地 30 亩左右，明代人均耕地

①《明经世文编》卷四百六十。

②《明经世文编》卷二百三十八。

③《明穆宗实录》卷十一。

④《明经世文编》卷三百五十九。

⑤《明太祖实录》卷六十六。

⑥ 李国祥、杨昶：《明实录类纂·自然灾异卷》，武汉出版社 1993 年版。

占有量仍有 10 余亩。清朝出现人均耕地缩小的趋势，人口膨胀，耕地不足。据有的学者统计：康熙、雍正时，人均田地在 8 亩以上；乾隆后期及嘉庆时，人均田地不足 3 亩。最严重的是南方，乾隆十年（1745 年），杭州府于潜县有 86 万人，耕地 553 顷，人均耕地仅 0.64 亩；嘉庆二十一年（1816 年），长沙府善化县有 54 万人，耕地 5900 顷，人均耕地仅 1.08 亩。[①]

沙漠威胁内蒙古等地。清代大臣锡奎奉诏组织人力考察了鄂尔多斯地区的生态环境，上奏说："陕北蒙地，远逊晋边，周围千里，大约明沙、巴拉、碱滩、柳勃（今称柳湾林）居十之七八，有草之地仅十之二三。明沙者，细沙飞流，往往横亘数十里；巴拉者沙滩陡起，忽高忽陷，累万累千，如阜如阮，绝不能垦……茫茫白沙无径可寻……此蒙地沙多土少，地瘠天寒，山穷水稀，夏月飞霜。"

光绪二十五年（1899 年），靖边县知县丁锡奎关注环境，对陕甘与内蒙古交界的生态进行了调查，他描述的情况是：土地贫瘠，明沙横亘数十里，沙滩陡起陡落；碱滩上不生草木，仅有的柳条细如人指，夏发冬枯。他认为这一带已经不适宜于从事农耕，"除中多明沙、扒拉、碱滩、柳勃，概不宜垦外，其草地仅有十之二三。再与蒙人游牧之地必留一二成，可垦者仅十分之一。兼以土高天寒，地瘠民稀，势不能垦"[②]。

---

① 王育民：《中国历史地理概论》下册，人民教育出版社 1988 年版，第 185 页。

② 光绪《靖边县志稿》卷四，赵珍：《清代西北生态变迁研究》，人民出版社 2005 年版，第 47 页。

第二节　北方的地情

一、东北地区与内蒙古

明代，东北地区开始零星的开发。《明史·蔡天佑传》记载：正德年间蔡天佑在辽阳主事，"辟滨海圩田数万顷，民名之曰蔡公田"。

内蒙古南部鄂尔多斯高原，即黄河的河套地区，明建国之初这里多为水草丰美的腴田沃土。《明史纪事本末》记述："河套周围三面阻黄河，土肥饶，可耕桑。密迩陕西榆林堡，东至山西偏头关，西至宁夏，东西可二千里，南至边墙，北至黄河，远者八九百里，近者二三百里。"境内山中长有柏林、松树、檀香树和各种茂盛的花草。

明代已经开始对蒙古草原的开发。嘉靖三十三年（1554年），汉人丘富等"招集亡命，居丰州，筑城自卫，构宫殿，垦水田，号曰板升"[1]。板升在今呼和浩特市附近。

到了明代中叶，大批人口迁入鄂尔多斯地区，他们焚林垦田，使植被减少，毛乌素沙漠乘机肆虐。一时间，"龙沙漠漠，亘千余里"[2]。学术界有一种观点，认为1949年前的250年中，沙漠向南扩展了60多公里，而据邓辉等学者研究，明代毛乌素沙地南缘并没有随着人类活动的增强而出现沙漠区显著向南扩张的现象，相反，受自然因素控制的具有地带性特征的流沙分布南界，基

---

[1]《明史·鞑靼传》。

[2]《明经世文编》卷二百三十八。

本上是保持稳定的。①

　　清兵入关以后，以东北为"龙兴之地"，禁止汉人自由迁入垦荒，但关内之民仍偷渡移民至关外，成为清代前中期一种较普遍的社会现象。由于这些移民都是在清政府封禁的条件下私自偷偷成行的，故称之为"闯关东"。史载，闯关东的移民最初大多流入长白山等地，采参捕珠，淘金伐木，而后才转向平原从事农业，垦土耕种。当时，"凡走山者，山东、西人居多，大率皆偷采者也。每岁三四月间趋之若鹜……岁不下万余人"②。据统计，"今东北三省地区，在清代前期的移民浪潮中，到 1776 年共接受关内移民（含后裔）180 万左右"③。直到光绪年间，人们才开始在东北大规模开展农田水利，种植水稻。

　　清代统治者看中了蒙古草原。康熙皇帝曾说："蒙古田土高而且腴，雨雪常调，无荒歉之年，更兼土洁泉甘，诚佳壤也。"④ 康熙三十六年（1697 年）对关外的开垦放得很宽。光绪年间增设绥远垦务局与农垦务大臣，督办蒙旗垦务。

　　康熙以后，实行"开放蒙荒""移民实边"政策，大举垦殖。光绪末年，清政府为了缓解内外交困的危机，对内蒙古地区实行"新政"，其中心内容仍然是"开放蒙荒""移民实边"，由此往后的 30 年间，鄂尔多斯地区开垦的土地在 4 万公顷以上。鄂尔多斯本属农牧交错带的大面积的宜牧地区被变为农田，有机土壤流失、变薄、裸露、沙化和水土流失。光绪二十四年（1898 年），黄思永、胡聘之奏请开垦伊克昭、乌兰察布二盟牧地，因伊盟盟长反对，清廷未准。

　　清代，一度出现了类似于"闯关东"的"走西口"风潮。所谓"西口"，是指今河北长城西段的张家口、独石口。清代进入蒙古地区的移民除了从东部的喜峰口、古北口等地出关外，都是经由西口北上蒙古高原。有人认为：当时

---

① 邓辉等：《明代以来毛乌素沙地流沙分布南界的变化》，《科学通报》2007 年第 21 期。

②《柳边纪略》卷一。

③ 葛剑雄、曹树基、吴松弟：《简明中国移民史》，福建人民出版社 1993 年版，第 454 页。

④《清圣祖实录》卷二百二十四。

"勇敢的汉族移民……一度在外蒙古一些河谷地带实行屯田,乾隆以后开始了移民开垦。嘉庆年间,仍有汉人潜入外蒙古地方开垦。尽管这一区域的移民人口不多,但汉人移民到达漠北冻土地带的事实意义已经超越了移民历史的本身,体现了一个民族争取生存空间的毅力和为之作出的努力"[①]。

清末发生了反放垦运动。发生在鄂尔多斯高原上有名的"独贵龙"运动,就是一场反垦荒的斗争。乌审旗、伊金霍洛旗、准格尔旗的反放垦运动此起彼伏,先后坚持斗争80多年。有识之士认为,只有保护草原生态,才可能维系游牧业,减少土地的沙漠化,防止生态恶化。

二、西北地区

明代重视对宁夏的开发,在当地大兴屯田,使宁夏成为西北的粮仓。与内地相比,在宁夏发展农业的条件并不太好。洪武三年(1370年),河州卫指挥使宁正兼领宁夏卫事,负责屯田。宁正带领军民"修筑汉、唐旧渠,引河水溉田,开屯田数万顷,兵食饶足"[②]。当时,宁夏等地有可耕之地。《明史·食货志》记载:洪武六年(1373年)四月,太仆寺丞梁野仙帖木儿建议:"宁夏境内及四川西南至船城,东北至塔滩,相去八百里,土膏沃,宜招集流亡屯田。"这说明当时确有一些荒地,而政府为了发展经济,组织民众迁移。明洪武二十四年(1391年),朱元璋封第十六子朱栴为庆王,封地在宁夏。洪熙元年(1425年),庆王说"宁夏卑湿,土碱水咸",向宣宗提出迁居韦州(今属同心县)。[③] 这里所说的宁夏,当为银川,说明当时不太适合人居住。朱栴历经洪武到正统六朝,喜欢韦州,死后葬在韦州蠡山之原。

明英宗在宁夏设水利提举司,负责水利事务。宁夏屯田有很大的成绩,史书记载:"天下屯田积谷,宁夏最多。"[④]

---

① 葛剑雄、曹树基、吴松弟:《简明中国移民史》,福建人民出版社1993年版,第455页。

②《明史·宁正传》。

③《明宣宗实录》卷十。

④《明史·食货志》。

　　明代在宁夏固原发展畜牧业。固原有较好的草场，为明朝军队提供马匹。草场的状况决定了畜牧业的状况，《明史·兵志》记载："其始盛终衰之故，大率由草场兴废。"

　　新疆的北部和东北部是西北—东南走向的阿尔泰山，古代名为金山；西南部是帕米尔高原，古代称为葱岭；南部是大致呈西北—东南走向的喀喇昆仑山和昆仑山。昆仑山古代曾称作南山或昆冈山。东南部是略呈西南—东北走向的阿尔金山；中部是东西走向的天山，古时又名白山或时罗漫山，属于天山山系的有婆罗科努山、哈尔克山和博格达山等高大山脉。这些山脉海拔高度一般多达 3000 米，有的甚至有 5000—6000 米。其中托木尔峰海拔 7435 米，为天山山脉最高峰。只有西北部的准噶尔西部山地，以相对的中低山为主，高度多在 1500—2000 米。长期以来，人们习惯把天山以北的地区称为北疆区，天山以南的地区称为南疆区，位于东部天山尾端的吐鲁番和哈密地区称作东疆区。

　　道光年间，林则徐贬官到南疆，从他的书信看，由于生态的恶化，南疆的商业很萧条。如南疆八城"距内地远，各地贸易之商民，如叶（尔羌）、喀（什噶尔）、阿（克苏）三城，为极盛之区，商民亦不满三五千名，其偏僻之乌（什）、和（阗）、英（吉沙尔）等处，不过千数名而已，率皆只身，从无携眷前往者"①。南疆的人民过着艰难的生活。林则徐描述说："南路八城回子生计多属艰难，沿途未见炊烟，仅以冷饼两三枚便度一日，遇有桑椹瓜果成熟，即取以充饥。其衣服蓝缕者多，无论寒暑，率皆赤足奔走。"② 林则徐会同喀喇沙尔办事大臣全庆，历时五个月，对库车、乌什、阿克苏、和阗、叶尔羌、喀什噶尔、喀喇沙尔、伊拉里克进行勘察，基本上了解了南疆荒地的大致情形。

　　林则徐在边陲做过许多有益的工作。当时，在惠远城东的阿齐乌苏有一片废地，是早先八旗兵屯因乏水而放弃的。林则徐建议开龙口，引哈什河水灌田，并且身体力行加以督办，果大见成效，"实垦得地三棵树、红柳湾三万三

---

① （清）林则徐：《正月初五日谦帅寄邓信南路开垦事》，载于《林则徐集·杂录》。

② （清）林则徐：《遵旨将与布彦泰详议新疆南路八城回民生计片》，载于《林则徐集·奏稿》。

千三百五十亩，阿勒卜斯十六万一千余亩"①。道光二十三年（1843 年）秋冬，林则徐协助伊犁将军布彦泰制定了《开垦地亩分安民户回屯核定章程》。（以下简称《章程》）《章程》规定："伊犁三棵树地方及红柳弯迤东新垦地三万三千三百五十亩，若以五十亩为一分，共计六百七十分，安设正户民人五百七十一户，量借籽种，纳粮每亩小麦八升，每年应征小麦二千六百六十八石……又阿勒卜斯地方，共垦得地十六万一千余亩，分设回庄五处，共安回子五百户及商伯克等，每户拨地二百亩，所余留为歇乏换种，每户征三色粮十六石，每石斛面三升，每年应征粮八千一百四十石。"② 这项章程根据实际情况，将垦地妥善地分给回民和民户耕种。

左宗棠在新疆时，积极倡导屯田，颇有建树。《清史稿》对他的评价是："初议西事，主兴屯田，闻者迂之。及观宗棠奏论关内外旧屯之弊，以谓挂名兵籍，不得更事农，宜划兵农为二，简精壮为兵，散愿弱使屯垦，然后人服其老谋。"③ 左宗棠对于西北边陲近十年的经营，对西北边陲的经济恢复和发展起到了重要的作用，1884 年，清政府鉴于新疆的重要地位，特批准在新疆建立行省。新疆建省后的第一任巡抚刘锦棠与其继任者都继续采取了许多恢复和发展生产的措施。他们都把发展屯田当作发展生产的首要任务，因此，新疆的屯垦业在这时期呈现出欣欣向荣的局面。

青海位于青藏高原的北部地带。这里海拔高度平均在 4000 米，其境内分布着著名的柴达木盆地和祁漫塔格山、布尔汗布达山、巴音山等众多高山。柴达木盆地面积约 20 万平方公里，是我国地势最高的内陆大盆地。青海是一个偏僻之地，除了草原，还有沙漠化的土地。《清稗类钞》卷一"青海漠市"条记载："青海巴颜山之北，大沙漠共三处，沙性各有不同。黄河岸之大沙滩，其质为湿沙，枯棘布满，风力不能簸扬。虎山北之戈壁，其质为沙粒，大如米，中含碎石，风吹之，飞扬不高。惟柴达木北部之大戈壁，东西横亘二三百里，南北亦百数十里，其质为最细之沙，中杂沙粒，与大漠同。漠中空气干燥，有小沙陀，略生水草，人畜入其中，茫然不辨南北，犹在大海风浪间，风

①《清史稿·布彦泰传》。

②《清宣宗实录》卷四百。

③《清史稿·左宗棠传》。

扬沙起，则陷沙不得出。"

清代，河西走廊地区兴修农田水利，形成一个四通八达的灌溉网络。河西四郡的张掖有黑河提供水资源，安西有疏勒河，酒泉有讨来、红水二河。

三、中原地区

中原是中华民族的发祥地，其生态的辉煌期在唐宋之后就逐渐结束了。明清时期，天气干燥，多灾多难。

陕西位于黄土高原，宜于发展旱作农业。"榆林、关中、汉中，以高山阻隔，各自成一单位。汉中为汉水上游，农田情形，东部似鄂西，西部似川北，悉系江域景色，与关中、榆林不同。关中、榆林俱系黄土地。关中为黄土高原，榆林为黄土丘陵地。关中主产麦，榆林主产粟。关中分为二区，以咸阳为界。咸阳以西的一区，地高，少水道；秋禾多高粱。咸阳以东的一区，地较低下，饶河流；秋禾多棉，殊少高粱。榆林亦可分为南北二区。南区地广人稀，清同治年间回民暴动，土著汉民多被杀死，农田半成荒地，迄今尚有待垦殖。北区为无定河流域，居民颇稠，绝少荒山废地，惟土质不如南区初垦地带肥沃。"①

王士性在他的《广志绎》谈游历所见，称关中地区"多高原横亘，大者跨数邑，小者亦数十里，是亦东南岗阜之类。但岗阜有起伏而原无起伏，惟是自高而下，牵连而来，倾跌而去，建瓴而落，拾级而登，葬以四五丈不及黄泉，井以数十丈方得水脉"②。

陕南位于川、鄂、豫、陕、甘五省交界地带。乾隆中期到嘉庆年间，陕南的山区涌入川楚移民，漫山遍野皆种包谷。嘉庆年间，有人论述秦岭一带的自然环境时说："乾隆以前，南山（秦岭）多深林密箐，溪水清澈，山下居民多

---

① 行政院农村复兴委员会编：《陕西省农村调查》，商务印书馆1934年版，第159页。

② （明）王士性著，吕景琳点校：《广志绎》，中华书局1981年版，第61页。

资其利。自开垦日众，尽成田畴，水潦一至，泥沙杂流下，下游渠堰易致壅塞。"[①] "南山老林弥望，乾嘉以还，深山穷谷，开凿靡遗，每逢暴雨，水挟砂石而下，漂没人畜田庐，平地俨成泽国。"[②]

河北葛沽塘一带，原来是斥卤之地，不能耕种。万历年间，汪应蛟就任地方官，他借用闽、浙等地改良土壤的经验，认为碱的原因是无水，土地得水则润，只要把渠水引来冲刷，就可以改变土壤的碱性。于是，汪应蛟带领民众在当地开渠修堤，治碱开荒，造就了 5000 亩地。[③]

京城以东的宝坻县，濒临海边，海潮的涨落导致土地变碱，且野草丛生。袁黄在宝坻做知县时，见到沿海的土地荒芜，认为非常可惜。他初步计算，如果能把宝坻以南的百余里盐碱地治好，就可以增加百万余石的税收，因此，有必要大量造田。于是，他到任后，遍阅四境，亲自规划。"卤薄不堪者，教令开沟引水，以泻其碱气。"通过三年的改造，大见成效。

天津有人工改造过的好地方。《清稗类钞》卷一"小江南"条记载："天津城南五里有水田二百余顷，号曰蓝田。田为康熙间总兵蓝理所开浚，河渠圩岸，周数十里。蓝尝召闽浙农人督课其间，土人称为小江南。"

山东是齐鲁之地，滨海的齐地与靠近中原的鲁地在"地气"上是有所不同的。五岳之首的泰山在山东，姚鼐《登泰山记》记载了乾隆三十九年（1774 年）十二月泰山的环境情况，"泰山之阳，汶水西流；其阴，济水东流。阳谷皆入汶，阴谷皆入济。当其南北分者，古长城也。最高日观峰，在长城南十五里。……山多石，少土，石苍黑色，多平方，少圜。少杂树，多松，生石罅，皆平顶。冰雪，无瀑水，无鸟兽音迹。至日观，数里内无树，而雪与人膝齐"[④]。

由于灾害时常发生，山东的农业收成不稳定。寿光县知县耿荫楼推广亲田法，他在《国脉民田·亲田》说："有田百亩者，将八十亩照常耕种外，拣出二十亩，比那八十亩件件偏他些，其耕种耙耢、上粪俱加倍数。"这种方法就

---

① （清）高廷法等修：《陕西咸宁县志》，嘉庆二十四年刊本。

② 杨虎城等修：《续修陕西通志稿》卷一百九十九，1934 年铅印本。

③ （明）徐光启：《农政全书》卷八《农事》。

④ 王彬主编：《古代散文鉴赏辞典》，农村读物出版社 1990 年版，第 1220 页。

是轮流精耕方法，使其中一部分土地加以改良，从而提高土地质量。①

山东沿海地区也有改良土壤的情况。吕坤在《实政录》卷二《民务》记载山东一些地区的土地虽为斥卤，但"一尺之下不碱"，"那卤碱之地，三二尺下不是碱土"。当地人用掘沟的方式，在沟底种树，沟中还可蓄水，从而发展农业生产。

河南是典型的农耕区。黄土地有利于农耕，盛产小麦、棉花、烟叶、油料作物等，还有生漆、桐油、药材、茶叶、瓜果等。但是，沿河之地不堪黄河泛滥之苦，家园经常被灾害毁坏。《清稗类钞》卷一记载："河南古称中原，东西南北相距各约千里，地势西北多山，东南平衍。黄河横贯北部，洛河入之。东南有沙河、汝河，皆入于淮。近省之地当黄河下流，屡有冲决，民多苦之。"

徐霞客《游嵩山日记》记载了河南的地理状况："余入自大梁，平衍广漠，古称'陆海'，地以得泉为难，泉以得石尤难。近嵩始睹蜿蜒众峰，于是北流有景、须诸溪，南流有颍水，然皆盘伏土碛中。独登封东南三十里为石淙，乃嵩山东谷之流，将下入于颍。一路陂陀屈曲，水皆行地中，到此忽逢怒石。石立崇冈山峡间，有当关扼险之势。水沁入胁下，从此水石融和，绮变万端。绕水之两崖，则为鹄立，为雁行：踞中央者，则为饮儿，为卧虎。低则屿，高则台，愈高，则石之去水也愈远，乃又空其中而为窟，为洞。揆崖之隔，以寻尺为计，竟水之过，以数丈计，水行其中，石崎于上，为态为色，为肤为骨，备极妍丽。不意黄茅白苇中，顿令人一洗尘目也！"

---

① 朱亚非等：《齐鲁文化通史·明清卷》，中华书局 2004 年版，第 386 页。

第三节　南方的地情

一、西南地区

四川本是天府之国，但出现过一段地旷人稀的时段。《清史稿》卷一百二十记载："四川经张献忠之乱，孑遗者百无一二，耕种皆三江、湖广流寓之人。雍正五年（1727 年），因逃荒而至者益众。谕令四川州县将人户逐一稽查姓名籍贯，果系无力穷民，即量人力多寡，给荒地五六十亩或三四十亩，令其开垦。"湖广一带的民众在麻城宋埠登记注册之后，蜂拥一般地迁往四川，形成了一股"湖广填四川"的风潮，许多人从此就落籍到了四川。现在的川音与颚音相近，不是偶然的。

乾隆之后，川民增多，开发加快，环境受到破坏。乾隆《酉阳州志·风俗》记载四川的山民"垦荒邱，刊深箐，附山依合，结茅庐，坚板屋"。《咸丰阆中县志》卷三《物产》说阆中"近日人烟益密，附近之山皆童，柴船之停泊江干者，大抵来自数百里外矣"。《汉南续修郡志》卷二十说大巴山地区"山民伐林开垦，阴翳肥沃，一二年内，杂粮必倍；至四五年后，土既挖松，山又陡峻，夏秋骤雨，冲洗水痕条条，只存石骨"。

贵州的大山多，交通不便。大山深处藏着美丽的自然风景。明清时期，贵州属于苗疆，对土地的开发较迟。按清代的开垦定例，水田不及一亩，旱田不及二亩，方免升科，较之滇粤为严。道光年间，有人描述说："贵州兴义等府一带苗疆，俱有流民溷迹。此种流民闻系湖广土著，因近岁水患，觅食维艰，始不过数十人，散入苗疆租种山田，自成熟后获利颇丰，遂结盖草房，搬运妻孳前往。上年秋天，由湖南至贵州，一路挟老携幼，肩挑背负者，不绝于道。"① 在人口迁移中，外地人到贵州寻求生存的空间，往往是先由男劳力去试耕荒地，站稳脚跟后，再把全家由原籍迁来定居。外籍人到达山区之后，吃苦耐劳，生存能力强，很快就把山区开发殆尽。

徐霞客《滇游日记》记载云南与广西地质结构有所不同，"粤西之山，有纯石者，有间石者，各自分行独挺，不相混杂。滇南之山，皆土峰缭绕，间有缀石，亦十不一二，故环洼为多。黔南之山，则界于二者之间，独以逼耸见奇，滇山惟多土，故多壅流成海，而流多浑浊。惟抚仙湖最清。粤山惟石，故多穿穴之流，而水悉澄清。而黔流亦界于二者之间"。

徐霞客《游太华山日记》记载了云南的碧鸡山。碧鸡山，又称华山，今俗称西山，因其山形酷似美人仰卧，又称睡美人山或睡佛山，为昆明市郊著名风景区。徐霞客对其山水之色、秀峰挺拔、寺庙建制、草木花香、溪流涧石都一一历数，并对其溪中特产金线鱼也有记载："出省城，西南二里下舟，两岸平畴夹水。十里田尽，萑苇满泽，舟行深绿间，不复知为滇池巨流，是为草海。草间舟道甚狭，遥望西山绕臂东出，削崖排空，则罗汉寺也，又西十五里抵高峣，乃舍舟登陆高峣者，西山中逊处也。南北山皆环而东出，中独西逊，水亦西逼之，有数百家倚山临水，为迤西大道。北上有傅园；园西上五里，为碧鸡关，即大道达安宁州者。由高峣南上，为杨太史祠，祠南至华亭、太华，尽于罗汉，即碧鸡山南突为重崖者。盖碧鸡山自西北亘东南，进耳诸峰由西南亘东北，两山相接，即西山中逊处，故大道从之，上置关，高峣实当水埠焉。"

徐霞客在《滇游日记》记载了碧鸡关地名的来源："山坳间有聚庐当尖，是为碧鸡关。盖进耳之山崎于北，罗汉之顶崎于南，此其中间度脊之处，南北又各起一峰夹崎，以在碧鸡山之北，故名碧鸡关，东西与金马即金马关遥对者也。关之东，向东南下为高峣，乃草海西岸山水交集处，渡海者从之；向西北下为赤家鼻，官道之由海堤者从之。"

徐霞客在《滇游日记》记载云南的农民实行轮耕制，"其地田亩，三年种禾一番。本年种禾，次年即种豆菜之类，第三年则停而不种。又次年，乃复种禾。其地土人皆为麽些（今纳西族），又作磨些、摩沙"。

————————

① （清）罗绕典：《黔南职方纪略》卷二。

西藏自治区位于我国西南边疆，是我国青藏高原的主体。藏北高原以南，冈底斯山与喜马拉雅山之间通称藏南谷地，是雅鲁藏布江及其支流的河谷，有一连串宽窄不一的河谷平原，海拔大都在 4000 米以下，西高东低，以拉萨河谷平原最宽广。藏东南谷地是西藏重要的农业区，山腰、山麓有良好牧场。谷地以南的错那、墨脱、察隅一带，有"西藏的江南"之称，是西藏较为富庶的地区。

二、长江中下游地区

明清时期的湖广地区位于秦岭以南、南岭以北，中间有两湖平原，这是一片肥沃的土地，堪称中国的粮仓。但是，由于受长江及众多河流的冲灌，这里的平原经常受到水淹，农业得不到充分的保障。

《徐霞客游记》中的《楚游日记》记载了湖南的山川，如："衡州之脉，南自回雁峰而北尽于石鼓，盖邵阳、常宁之间逶迤而来，东南界于湘，西北界于蒸，南岳岣嵝诸峰，乃其下流回环之脉，非同条共贯者。徐灵期谓南岳周回八百里，回雁为首，岳麓为足，遂以回雁为七十二峰之一，是盖未经孟公坳，不知衡山之起于双髻也。若岳麓诸峰磅礴处，其支委固远矣。""余乃得循之西行，且自天柱、华盖、观音、云雾至大坳，皆衡山来脉之脊，得一览无遗，实意中之事也。由南沟趋罗（汉）台亦迂，不若径登天台，然后南岳之胜乃尽。"

《游太和山日记》记载了武当山的山形地势，徐霞客讲述自己站在天柱峰上的感受："山顶众峰，皆如覆钟峙鼎，离离攒立；天柱中悬，独出众峰之表，四旁崭绝。峰顶平处，纵横止及寻丈。……天宇澄朗，下瞰诸峰，近者鹄天鹅峙，远者罗列，诚天真奥区也，实在是未受人世礼俗影响的中心腹地！"这种景观，至今仍然保存。

明清时期的湖广人，许多来自江西。历史上曾经有过一个"江西填湖广"的人口移动风潮。如果要查寻民间宗族的家谱，不难发现许多湖湘之人都把祖籍追溯到江西。枝江的《董氏族谱》记载："荆襄上游自元末为流寇巢穴，明至定鼎，以兵空之。厥后，流民麇集，至成化十二年，命御史原杰招抚之，听其附籍授田，赋则最轻。适逢当时催科甚急，逃赋者或窜入荆襄一带，原杰招抚，枝必与焉。此枝民所以多江西籍也。"

　　鄂西北的荆襄地区变化最大。在明初，这里本是荒无人烟之地，到明中叶，其地涌进了近200万人，流民纷纷开荒，"木拔道通，虽高岩峻岭皆成禾稼"①。山区种包谷，刚开始还可以维持生计，随着地力的下降，山民的生活仍然存在问题。同治四年（1865年）刊刻的《房县志》卷四记载："山地之凝结者，以草树蒙密，宿根蟠绕，则土坚石固。比年来开垦过多，山渐为童，一经霖雨，浮石冲动，划然下流，沙石交淤，溪溪填溢，水无所归，旁啮平田，土人竭力堤防，工未竣而水又至，熟田半没于河洲，而膏腴之壤，竟为石田。"

　　清代，大量的流民进入鄂西南的土家族地区开荒种植，从事农耕生产，地方志中有记载，如："地日加辟，人日加聚，从前弃为区脱者，今皆尽地垦种之，幽岩邃谷亦筑茅其下，绝壑穷巅亦播种其上，可谓地无遗利，人无遗力矣。"②

　　任何地方容纳人口的数量都是有限的。明清时期，湖广的地力有限，出现地少人多的紧张情况。乾隆二十八年（1763年），湖南巡抚曾向朝廷报告土地开垦已尽，称华容县"自康熙年间许民各就滩荒筑围垦田，数十年来，凡稍高之地，无不筑围成田，滨湖堤埝如鳞，弥望无际，已有与水争地之势"③。像醴陵、浏阳、桂东都出现土地缺乏问题，无地贫民必然向四周流散，而贵州和四川是主要流向。有关资料说川陕一带的土著之民十无一二，湖广客籍占一半。

　　湖南山区一度遭到移民开垦，破坏了植被。光绪十八年（1892年）刊刻的《攸县志》卷五十四记载："山既开挖，草根皆为锄松，遇雨浮土入田，田被沙压……甚至沙泥石块渐冲渐多，溪溪淤塞，水无来源，田多苦旱……小河既经淤塞，势将沙石冲入大河，节节成滩，处处浅阻，旧有陂塘或被冲坏，沿河田亩，或坍或压。"

　　江西景德镇因为高岭山的高岭土资源，成为全国的制瓷中心。高岭土是烧制瓷器的优质土，使景德镇有得天独厚的条件。

---

①《同治郧阳府志·舆地志》。

②（清）罗凌汉等纂修：《恩施县志》卷七《地情》，同治七年刻本。

③（清）孙炳煜等修：《华容县志》卷二《建置志》。

江西鄱阳湖一带出现围田造地的情况。有一些湖泊变成了农庄，如《光绪南昌县志》卷六记载南昌县的富有圩、大有圩，首尾相连约30里，义修圩南北径20里，围约40里，都成了庄舍。江西的南部有许多客家人，他们从中原迁到山区，开垦土地，建造新的家园。

在安徽，《农政全书》记载："江南宣、歙、池、饶等处山广土肥，先将地耕过，种芝麻一年。来岁正、二月气盛之时，截（杉树）嫩苗头一尺二三寸。先用橛春穴，插下一半，筑实。离四五尺成行，密则长，稀则大，勿杂他木。每年耘锄，至高三四尺则不必锄。"

安徽，"乾隆年间，安庆人携苞芦入境租山垦种，而土著愚民间亦效尤"，继而携种入浙西南，居民相率垦山为陇，广种济食。① 在皖南山区，"自棚民租种以来，凡峻嶒险峻之处，无不开垦，草皮去尽，则沙土不能停留，每一大雨，沙泥即随雨陡泄溪涧，渠塌渐次淤塞，农民蓄泄灌溉之法无所复施，以致频年歉收"②。

清人梅伯言的《柏枧山房文集》卷十载有《记棚民事》一文，此文是针对安徽巡抚董邦达让棚民开垦山地一事作的社会调查，采用对话形式，借老农之言，记叙、分析了对毁林开荒的批评。作者指出："未开之山，土坚石固，草木茂密，腐叶积数年可二三寸，每天雨，从树至叶，从叶至土石，历石罅滴沥成泉，其下水也缓，又水下而土不随其下；水缓，故低田受之不为灾，而半月不雨，高田犹受浸溉。""今以斤斧童其山，而以锄犁疏其土，一雨未毕，沙石随下，奔流注涧壑中，皆填淤不可注水，毕至洼田中乃止，乃洼田竭，而山田之水无继者。"③ "田土惟南溪最踊贵，上田七八十金一亩者，次亦三四十，劣者亦十金。"④ 作者认定植被对于水土保持有至关重要的作用。农耕的发展以牺牲林业为代价，每开垦一座山头，就使山上的树木被砍光，导致水土流失，又殃及山下的田地，造成恶性循环。

江苏，田地有不同的类型，用途也各不相同。《清稗类钞》卷一"丹徒沙

---

①《道光祁门县志》卷十二《水利志》。

②《道光徽州府志》卷四《营建志》。

③《柏枧山房文集》卷十《记棚民事》。

④（明）王士性：《广志绎》卷四。

田"条记载："江苏丹徒县境东北滨江，各地多为沙田，名曰洲圩，如顺江、御隆、大港、高资、永固、平昌、圌滨各市乡沿江一带，沙田有二十余万亩。十年一清丈，计坍塌若干，涨沙若干，招乡人缴价承领，此常例也。"在江苏兴化城东有十里莲塘，为古昭阳十二景之一。永乐举人熊翰在弘治六年（1493年）担任兴化知县，写有《十里莲塘》一诗："湖水迂回十里强，绕湖尽是种莲塘。"① 这说明当时的农民充分利用环境优势，大量发展水上经济。

　　江淮一带经常抽干湖水，改湖为田。这种风气，长江北岸平原湖泊地区盛行。洪武年间，陈琦在和州主政，放纵官民涸湖开田。永乐年间，张良兴筑堰成田，名曰麻湖圩，凡田 31 200 余亩。涸湖为田，使水利之蓄泄功能失宜，环境失去和谐性。明代，淮水下游里下河流域湖泊的快速淤填，逐渐淤成一些田地。有学者指出：黄、淮洪水屡屡倾泻苏北里下河②。水走沙停，里下河地区的河湖港汊日趋淤塞，并最终导致射阳湖的消失。里下河自然环境亦因此而完成了从泻湖到平畴的巨大变迁，而自然环境的变迁又进一步加剧了水灾的肆虐。水灾与自然环境变迁交相作用，将里下河引入赤贫的深渊。盐城县治西侧射阳湖东畔形成若干荡，且有湖泊淤成平陆者。《万历盐城县志》卷一记载，在距盐城县治西南、西北 20 里至 110 里不等的射阳湖畔，有 17 荡之多，它们是芦子荡、官荡、十顷荡、牛耳荡、鸭荡、观音荡、雁儿荡、鹤丝荡、仓基荡、罗汉荡、养鱼荡、尚家荡、白荡、吴家荡、使唤荡、缩头荡、马家荡。这些荡在清代仍存地名，但规模有所收缩，逐渐被围垦成田。大量荡地的出现，表明明清时期里下河地区的湖泊日益淤浅为滩地，长上芦苇，形成芦荡相连景观。泥沙的淤填，又使荡地水位抬升，荡水向四周低地流散，进而又使周围低地化为沼泽水荡。③

---

① 朱学纯等：《泰州诗选》，凤凰出版社 2007 年版，第 89 页。

② 江淮之间的运河曾称里运河，又称里河，而大体上与范公堤平行、位于范公堤东侧的串场河则被称之为下河，介于里河与下河之间的地区，遂被称为"里下河"，面积超过 1.3 万平方公里。

③ 彭安玉：《论明清时期苏北里下河自然环境的变迁》，《中国农史》2006 年第 1 期。

三、东南沿海地带

明洪武三年（1370 年），朝廷考虑到苏、松、嘉、湖、杭五郡的土地少而人口多，动员当地的人迁到临濠开垦，不仅给予牛与粮种，还减免三年的税收。这种调剂人口的做法，有利于社会经济的恢复，也是主观上协调人地生态关系。（详见王圻《续文献通考》）

明代宋应星在《天工开物·稻》记载："南方平原，田多两栽两获者，其再栽秧，俗名晚糯，非粳类也。六月刈初生，耕治老稿田，插再生秧。"南方地区除普遍实行轮作复种制外，还实行间作套种制，从而提高了土地的复种指数。

明代陆容对浙江的雁荡山非常欣赏，赞誉有加。《菽园杂记》卷十一记载："雁荡山之胜，著闻古今，然其地险远，至者绝少。弘治庚戌（1490 年）十月，按部乐清，尝一至焉。荡在山之绝顶，中多葭苇，每深秋鸿雁来集，故名。山僧亦不能到其处，闻之樵者云然耳。山下有东西二谷：东谷有剪刀峰、瀑布泉，颇奇，大龙湫在其上；西谷有常云峰，在马鞍岭之东，展旗、石屏、天柱、玉女、卓笔诸峰，皆奇峭耸直，高插天半，而不沾寸土。其北最高且大，横亘数十里，石理如涌浪，名平霞嶂。灵岩寺在诸峰巑岏中。于此独立四顾，心自惊悸，清气砭骨，似非人世，令人眷恋萦回，不忍舍去。回视西湖飞来等峰，便觉尘俗无余韵矣。平霞嶂西一洞，中有石，下垂泉，涓涓出二窍中，名象鼻泉。"

《菽园杂记》卷十二记载："新昌、嵊县有冷田，不宜早禾，夏至前后始插秧。秧已成科，更不用水，任烈日暴土拆裂，不恤也。至七月尽八月初得雨，则土苏烂而禾茂长，此时无雨，然后汲水灌之。若日暴未久，而得水太早，即稻科冷瘦，多不丛生。予初不知其故，偶见近水可汲之田如是，怪而问之农者云云，始知观风问俗，不可后也。山阴、会稽有田，灌盐卤，或壅盐草灰，不然不茂。宁波、台州近海处，田禾犯咸潮则死，故作砌堰以拒之。"这说明海水对农田有伤害，农田需要及时的雨水才宜从事稼穑。

《明书·禨祥志》记载："浙江山中有火烧地，及左右草木，皆披靡成一径。"浙西山区，棚民开垦，"拢松土脉，一经骤雨，砂石随水下注，壅塞溪流，渐至没田地、坏庐墓，国课民生交受其害"①。用刀耕火种的方式开垦山林，容易对植被造成毁灭性的灾害。

《菽园杂记》卷八记载了一条奇怪的材料："成化十三年（1477 年），福建长乐县平地长起一山，长三日而止。度之，高二丈余，横广八丈。"除非是地壳运动，不可能出现山体连续升高的情况。

福建"四境山多田少"，其民"垦丘陵，辟崔嵬，以艺稼穑"。② 在山区，福建人种玉米、甘薯，《五杂俎》记载："闽中自高山到平地，截土为田，远望如梯……水无涓滴不为用，山到崔嵬尽力耕，可谓无遗地矣。"

福建的府志记载汀州府的地形："南方称泽国，汀独在万山中，水四驰而下，有若迁溪，崇山峻岭，南通交广，北达淮右，瓯闽粤壤，在万山谷斗之地，西邻赣吉，南接潮梅，山重水迅，一川远汇三溪水，千障深围四面城。"③

四、岭南地区

两广地偏，广东在古代是流放之地。到了明清时期，人口逐渐增多，土地开垦更加普遍，农作物的种类增多。据《农政全书》记载：广东人赖甘薯"救饥"，"甘薯所在，居人便足半年之粮，民间渐次广种"。

明代，由于海南岛有瘴疠之气，因而到岛上去的人口有限，使岛上仍有大量的空旷之地。尽管如此，海南岛的土地还是得到一定程度的开发。嘉靖年间在海南岛任官的顾岕（苏州人）撰写了《海槎余录》，记载海南岛的土地情况，说："海南之田凡三等，有沿山而更得泉水，曰泉源田；有靠江而以竹桶装成天车，不用人力，日夜自车水灌之者，曰近江田，此二等为上，栽稻二熟。又一等不得泉不靠江，旱涝随时，曰远江田，止种一熟，为下等。其境大概土山多平坡，一望无际，咸不科税，杂植山萸、棉花，获利甚广，诚乐土也。"又说："儋耳境山百倍于田，土多石少，虽绝顶亦可耕植。黎俗四五月晴霁时，必集众斫山木，大小相错。更需五七日皓洌，则纵火自上而下，大小

①《光绪分水县志》卷一《疆域志》。

②《嘉靖邵武府志》卷六《水利》。

③《乾隆汀州府志》卷三《山川》，据清同治六年延楷刻本影印。

烧尽成灰，不但根干无遗，土下尺余亦且熟透矣。徐徐锄转，种棉花，又曰具花。又种旱稻，曰山禾，米粒大而香，可连收三四熟。地瘦弃置之，另择地所，用前法别治。大概地土产多而税少，无穷之利盖在此也。"

《广东新语》卷二《地语·沙田》记载："广东边海诸县，皆有沙田，主者贱其值以与佃人，佃人耕至三年田熟矣，又复荒之，而别佃他田以耕。盖以田荒至三年，其草长大……燔以粪田，田得火气益长苗……又复肥沃。"可见，广东海边的沙田很多，农民通过休耕，得以增加土地的肥力。

《广东新语》卷五《石语》探讨了土地中的石头，在"韶石"条记载："粤东之北之西北皆多石，其所为山皆石也。居人所见无非石，故皆不以为山而以为石。盖自梅岭以南，湟关以东南，千余里间，天一石也，而石外无余天，地一石也，而石外无余地。岩岩削出，望之不穷，其高而大者以千数，小者纷若乱云，亦无一不极其变。石多中空，或一峰为一洞，或数峰相连为一洞，此出彼入。四际穿漏，外视之皆无所有。色青蓝，间以白理，雨后若新染然。花木蒙茸其上，恍若锦屏，是皆绝奇石也。然尤以韶石为大宗。韶石在韶州北四十里，双峰对峙若天阙，相去里许，粤人常表为北门。旁有三十六石环之，一一瑰谲无端，互肖物象，各为本末，不相属联。"

整体而言，明清学人从学理上对土地有了更深的认识。社会上占田、开地现象突出。北方的沙漠化加剧，灾害增多，北人不断向南转移。南方各地区之间出现人口流动和开垦的浪潮，随着山区的土地被大量开垦，慢慢就出现了水土流失现象。

第五章

明清的水环境

　　水是人类社会不可缺少的环境资源。从某种意义上说，水环境的状况决定着社会的基本状况。本章主要介绍三方面问题，一是人们对水环境的认识及水环境状况，二是明清的水环境治理，三是有关海域、岛屿、海潮、滨海开垦的情况。

第一节　人们对水环境的认识及水环境状况

一、对水环境的认识

1. 明代的认识

　　明代谢肇淛《五杂俎》卷三《地部》从淮水的角度对中国的河流进行总体的论述："以中国之水论之，淮以北之水，河为大，而沘也，颍也，汴也，汶也，泗也，卫也，漳也，济也，潞也，滹沱也，梁也，沁也，洮也，渭也，皆附于河者也。淮以南，江为大，而吴也，越也，钱唐也，曹娥也，螺女也，章贡也，汉也，湘也，贺也，左蠡也，富良也，澜沧也，皆附于江者也。至其支流小派，北以河名，而南以江名者，尚不可胜计也。而淮界其中，导南北之流，而会之以入于海，故谓之淮。淮者，汇也。四渎之尊，淮居一焉，淮之视江、河、汉、大小悬绝，而与之并列者，以其界南北而别江、河也。"在谢肇淛看来，黄河与长江是中国最重要的水系，而淮水居中，在诸多水系中独具重要地位。

　　《五杂俎》卷三《地部》还强调了水的重要性，认为诸多物质和人的体质都取决于水质："易州、湖州之镜，阿井之胶，成都之锦，青州之白丸子，皆以水胜耳。至于妇人女子，尤关于水，盖天地之阴气所凝结也。燕赵、江汉之女，若耶、洛浦之姝，古称绝色，必配之以水。岂其性固亦有相宜？不闻山中之产佳丽也。吾闽建安一派溪源，自武夷九曲来，一泻千里，清可以鉴，而建阳士女莫不白皙轻盈，即舆抬下贱，无有蠢浊肥黑者，得非山水之故耶?"

徐霞客考察了我国两条最大的河流长江和黄河的发源、流域情况，他在《溯江纪源》中认定金沙江发源于昆仑山南麓，是长江的上源。他说："江、河（指长江、黄河）为南北二经流主要河流，以其特达于海也。而余邑正当大江入海之冲，邑以江名，亦以江之势至此而大且尽也。生长其地者，望洋击楫，知其大，不知其远；溯流穷源，知其远者，亦以为发源岷山而已。……按其发源，河自昆仑之北，江亦自昆仑之南，其远亦同也。……河源屡经寻讨，故始得其远；江源从无问津，故仅宗其近。其实岷之入江，与渭之入河，皆中国之支流，而岷江为舟楫所通，金沙江盘折蛮僚溪峒间，水陆俱莫能溯。……第见《禹贡》'岷山导江'之文，遂以江源归之，而不知禹之导，乃其为害于中国之始，非其滥觞发脉之始也。导河自积石，而河源不始于积石；导江自岷山，而江源亦不出于岷山。岷流入江，而未始为江源，正如渭流入河，而未始为河源也。不第此也，岷流之南，又有大渡河，西自吐蕃，经黎、雅与岷江合，在金沙江西北，其源亦长于岷而不及金沙，故推江源者，必当以金沙为首。……故不探江源，不知其大于河；不与河相提而论，不知其源之远。谈经流者，先南而次北可也。"这篇文字的原文今已失传，后人从江阴冯士仁所撰《崇祯江阴县志》中录出，非全文。

由此可知，徐霞客否定了自《尚书·禹贡》以来流行1000多年的"岷山导江"旧说。同籍乡人冯士仁说："谈江源者，久沿《禹贡》'岷山导江'之说。近邑人徐弘祖，字霞客。夙好远游，欲讨江源，崇祯丙子夏，辞家出流沙外，至庚辰秋归，计程十万，计日四年。其所纪核，从足与目互订而得之，直补桑《经》、郦《注》所未及。夫江邑为江之尾闾，适志山川，而霞客归，出《溯江纪源》，遂附刻之。"

《徐霞客游记》是一部旅游探险书籍，但不乏对水的见解。其中论述了河床坡度的大小与河流距海的远近有关；水流、山岗丘矶节点对河道或其他地貌有影响。徐霞客分析了盘江、左江、右江、龙川江、大盈江、澜沧江、潞江、元江、枯柯河等水道的源流，指出元江、澜沧江和潞江都独流入海；澜沧江未尝东入元江；潞江不是澜沧江的支流；枯柯河是潞江的支流而与澜沧江无关，这些观点纠正了《大明一统志》中的错误。①

王士性在《广志绎》中对水文非常关注，其中的《方舆崖略》对河流的流域面积、支流、雨量、土壤性质、气候有所论述。万历九年（1581 年），王士性担任礼科给事中，奔波于各条河流之间，行程千余里，对治理黄河、淮河、运河及漕运等提出了一些有创见的计划。王士性注意到黄河入海口较窄，长江入海口较阔。他分析了形成这一不同之处的原因，认为黄河流域气候干燥寒冷，地下水源较深，补给匮乏，支流较大的仅有汾水、渭水和洛水三支，其他支流都较小，再加上降雨量少，且集中在夏秋二季，多暴雨，雨后水流量大增，而其他月份则水量很少甚至断流，因而黄河入海口较窄。而长江流域地下水源较浅，水量丰富，又有大渡河等河水，洞庭湖、鄱阳湖、巢湖等湖水流入，再加上气候温暖湿润，多降雨，春季冰雪融化等，使长江水流迂缓，入海口宽阔呈喇叭状。王士性还探讨了黄河多次决口的原因，对黄河成为悬河做出解释，认为："江惟缓而阔，又江南泥土粘，故江不移；河惟迅而狭，又河北沙土竦，故河善决。"

李时珍在《本草纲目·水部》论述了水土与人的关系："人乃地产，资禀与山川之气相为流通，而美恶寿夭，亦相关涉。金石草木，尚随水土之性，而况万物之灵者乎。贪淫有泉，仙寿有井，载在往牒，必不我欺。《淮南子》云：土地各以类生人。是故山气多男，泽气多女，水气多喑，风气多聋，林气多癃，木气多伛，岸下气多尰，石气多力，险阻气多瘿，暑气多夭，寒气多寿，谷气多痹，丘气多狂，广气多仁，陵气多贪。坚土人刚，弱土人脆，垆土人大，沙土人细，息土人美，耗土人丑，轻土多利，重土多迟。清水音小，浊水音大，湍水人轻，迟水人重。皆应其类也。……人赖水土以养生，可不慎所择乎。"他还特别强调了饮用地下水应当注意卫生，说："凡井水有远从地脉来者为上，自从近处江湖渗来者次之，其城市近沟渠污水杂入者成碱，用须煎滚，停一时，碱澄乃用之，否则气味俱恶，不堪入药、食茶、酒也。"

明代姚文灏编《浙西水利书》，收录前人议论太湖水利的文章，其中宋文20 篇，元文 15 篇，明文 12 篇，共 47 篇，是一部系统而完善的太湖水利史料汇编。姚文灏，字秀夫，江西贵溪人，明成化进士，曾以工部主事提督浙西水

---

① 《徐霞客游记》卷十（下）。

利。农业出版社 1984 年出版汪家伦校注本《浙西水利书》。类似的书还有伍余福的《三吴水利论》、薛尚质的《常熟水论》等。

徐贞明在《潞水客谈》中论述了兴修畿辅水利的理由和条件，提出综合治理海河流域的措施，即上游开辟沟渠溉田，下游疏浚支河分洪，洼地淀泊留作泄洪之所，地势较高处筑圩垦田，滨海筑塘造田。万历年间，这一方案曾试点实施，取得良好成效。

晚明徐光启《农政全书》的《水利》详细记载了各种水源的利用和凿井、挖塘、修水库之法。内有《泰西水法》一篇，率先介绍了外国对水的管理与利用。他还研究治水，主张在上游多修水库，沿着水库多修水渠，蓄水以待来用。他提出："大雨时行，百川灌河，此田间用水之日也。今举山陵原隰之水，尽驱而之于川，川又尽并之于渎，时遇霖潦，安得无溢且决哉？……苟有水焉，无高不可用也。今欲治田以治河，则于上源水多之处，访古遗迹，度今形势，大者为湖，小者为塘泺，奠者为陂，引者为渠，以为储。而其上下四周，多通沟洫，灌溉田亩，更立斗门闸堰，以时蓄泄，达于川焉。"[①]

2. 清代的认识

清代有许多学者热衷于研究水。

顾祖禹的《读史方舆纪要》重视水环境的变迁，书中用了两卷篇幅（《川渎》卷一二五、一二六）对黄河的发源、流经、变迁、河患等详加叙述。汉代长安西南的昆明池本是模拟昆明国洱海（在今云南大理）的形状开凿的，但自从晋代臣瓒在《汉书音义》中误把今昆明市的滇池当作洱海以来，迷惑学者达 1300 年之久。顾祖禹在《读史方舆纪要》纠正了这一错误，把汉代长安的昆明池和昆明国的关系弄清楚。[②]

顾祖禹的《读史方舆纪要》有一些不完备之处，许鸿磐（1750—1837 年）有心为顾祖禹《读史方舆纪要》作修订，补所未备，正其舛误。他详细考证疆域沿革，如山脉河流、河运、都邑等，用了 40 多年时间编纂成精详于前的

---

① （明）徐光启：《漕河议》，载《明经世文编》卷四百九十一。

② （清）顾祖禹：《读史方舆纪要》卷一百一十三，中华书局 2005 年版，第六册，第 5052 页。

《方舆考证》100 卷，洋洋 380 万言。许鸿磐，山东济宁人，历任安徽同知、泗州知州。

齐召南（1703—1768 年）撰《水道提纲》28 卷。全书记载范围很广，从东北的鄂霍次克海往南，从渤海、东海直到南海，包括沿岸的城镇、关隘、河流入海口、岛屿等。各卷主要内容有：海，盛京诸水，京畿诸水，运河及山东诸水，黄河及青海、甘肃不入河诸水，入河巨川，淮河及入淮巨川，南运河，长江，入江巨川，江南运河及太湖入海港浦，浙江、浙东入海诸水，闽江及西南至广东潮州府水，粤江（珠江流域）及西南至合浦入海诸水，云南诸水，西藏诸水，漠北阿尔泰山以南诸水，黑龙江，入黑龙江巨川，海自黑龙江口以南诸水及朝鲜国诸水，塞北各蒙古诸水，西域诸水。此书记述全国河流有 8600 多条（有一种说法：齐召南《水道提纲》以自然水系为线索，记载河流 5980 条），远远超出北魏郦道元《水经注》所记的 2 倍多，是中国古人记述河流水系最全面、最系统的一部书。《水道提纲》不乏新见解，如把经纬度知识运用于水道地理，使河流海岸的地理位置更加准确；书中准确记述了 18 世纪中叶全国范围内水道的源流分合，肯定了长江的正源是金沙江，而不是岷江。

清代的四库馆臣对《水道提纲》评价很高。《四库总目提要·水道提纲》记载："召南官翰林时，预修《大清一统志》，外藩蒙古诸部，是所分校。故于西北地形，多能考验。且天下舆图备于书局，又得以博考旁稽。乃参以耳目见闻，互相钩校，以成是编。首以海，次为盛京至京东诸水，次为直沽所汇诸水，次为北运河，次为河及入河诸水，次为淮及入淮诸水，次为及入江诸水，次为南河及太湖入海港浦，次为浙江、闽江、粤江，次云南诸水，次为西藏诸水，次西北阿尔泰以南水及黑龙江、松花诸江，次东北海朝鲜诸水，次塞北漠南诸水，而终以西域诸水。大抵通津所注，往往袤延数千里，不可限以疆域。召南所叙，不以郡邑为分，惟以巨川为纲，而以所会众流为目，故曰提纲。其源流分合，方隅曲折，则统以今日水道为主，不屑附会于古义，而沿革同异，亦即互见于其间。其自序讥古来记地理者志在《艺文》，情侈观览。或于神仙荒怪，遥续《山海》；或于洞天梵宇，揄扬仙佛；或于游踪偶及，逞异炫奇。形容文饰，祇以供词赋之用。故所叙录，颇为详核，与《水经注》之模山范水，其命意固殊矣。"

清代研究《水经注》形成一个热点，全祖望有《七校水经注》，赵一清有《水经注释》，戴震有《水经注校注》，陈澧有《水经注提纲》《水经注西南诸水考》，汪士铎有《水经注疏证》，王先谦有《水经注合笺》。此外，黄宗羲有《今水经》，孙彤有《关中水道记》，李诚有《云南水道考》，蒋子潇有《江西水道考》。杨守敬、熊会贞合著《水经注》，杨守敬编绘《水经注图》。徐松有《西域水道记》五卷，记载甘肃、新疆的内流河水系。[①]

清人考察了长江的源头。康熙末期，人们已对以金沙江作为长江正源有了比较清楚的认识，改变了长期以来以岷江为源的观念。此外，对长江另一条源流雅砻江也有了较多了解；对金沙江上源（通天河以上）地区的基本河系也有了较系统的了解。不过，还没注意到沱沱河才是江源所在（沱沱河为几条河中最长）。康熙五十七年（1718年），杨椿看到新测的《皇舆图》后，即指出：江源有三，在番界，黄河西巴颜哈拉岭七七勒哈纳者，番名岷捏撮，岷江之源也。在乳牛山者，番名鸟捏乌苏，金沙江之源也。在呼胡诺尔哈木界马儿杂儿柰山者，鸦龙江（雅砻江）之源也。又指出：金沙江之源至叙州府（今四川宜宾市）六千九百余里；鸦龙江之源至红卜苴三千四百里，又一千六百里至叙州府；而岷江之源至叙州府只一千六百里耳。由此得出结论："言江源自当以金沙为主。"当时人李绂也根据地图等资料指出："以源之远论，当主金沙江；以源之大论，当主鸦砻江。然不如金沙为确，盖金沙较鸦砻又远千九百里，源远则流无不盛者，若岷江则断断不得指为江源也。"齐召南亦有同样结论，他在《江道编》中指出："金沙江即古丽水，亦曰绳水，亦曰犁牛河，蕃名木鲁乌苏……出西藏卫地之巴萨通拉木山（即当拉岭，今唐古拉山）东麓。山形高大，类乳牛，即古犁石山也。"[②]

清代对水环境的关注，突出的表现是治水实践。

清朝中期名臣朱轼（1665—1736年）认为水对于人来说有利有害，水的利害是由人来掌握的。"夫水为民之害，亦为民之利。"[③] 他又说："夫水，聚之则为害，而散之则为利；用之则为利，而弃之则为害。"[④] 朱轼曾经做过帝王师，写过许多著作，他的水环境思想在当时有一定的影响。

[①] 杨文衡：《地学志》，上海人民出版社1998年版。

[②] 赵荣、杨正泰：《中国地理学史》，商务印书馆1998年版，第153页。

[③]《震川先生文集》卷二《水利论》。

[④]（清）朱轼：《畿南请设营田疏》，《清朝经世文编·工政·直隶水利》。

二、北方地区的水环境

（一）东北与内蒙古

东北有黑龙江、松花江、嫩江、辽河等水系。《清稗类钞》卷一记载黑龙江的名称来源："黑龙江水波澄澈，视辽河之浑浊者迥别，而独以黑名，未知其义安属，顾名称已古，历千数百年矣。《唐书》东夷之靺鞨，分黑水、粟末两部，粟末为松花江松字之转音，黑水则音训相沿，尚仍其旧。满语本称为哈萨连乌拉，哈萨连云黑，乌拉云大水也。古今名称直不稍差，特不知中间忽加附一龙字缘何起义，且明以前地理志亦未见有此。自康熙以还，朝旨及奏章始悉书是名，渐且数典忘祖矣。"

《清稗类钞》卷一记载洮南的河流："洮南在科尔沁右翼前旗，东部介于奉、吉、黑三省之间，去长春、齐齐哈尔均不过五百里，至奉天乃近千里，地势平衍。北部有洮儿、交流两河，至城东北五里许合流，仍名洮儿河，岸高水清，泥底面窄，发源于索伦山，东流二百余里由月亮泡入松花江。泡类湖泊，水势漫衍，淤泥堆积，致流不能畅，时泛溢为灾。城方五里，衢市严正。"

关于内蒙古的水环境，当代学者罗凯、安介生研究了清代鄂尔多斯地区水文系统，理出大小河流（除黄河外）50 条、湖泊 32 个、井泉 24 泓，并将其中的外流区以湖归纳成一条主干、两大系统及三个支系，较为客观地复原了清代鄂尔多斯地区的水环境。他们认为，清代至今二三百年间，鄂尔多斯地区水系结构的变化并非很大，内流区与外流区仍交错存在。最大的变化是无定河上游，清中前期的文献记载，无定河的主源是今芦河，而 19 世纪中叶，今红柳河源头（把都河等）与金河（锡喇乌苏河）之间贯通，遂成为今无定河的正源。[1]

清代，内蒙古地区时常有大雨水，甚至形成水灾。据乾隆三十七年（1772年）陕西巡抚报告，当年的五月下旬，归化、绥远一带降大雨，大青山之水

---

[1] 罗凯、安介生：《清代鄂尔多斯地区水文系统初探》，载于侯甬坚主编：《鄂尔多斯高原及其邻区历史地理研究》，三秦出版社 2008 年版。

自北而下，直注黑河、浑津。黑河下游的地势低，民房多被淹没，粮食亦漂失。

康熙三十六年（1697 年），清政府禁止汉人进入河套地区开垦，以保持游牧生态。但是，仍有一些民众到河套谋求生存，乾隆年间其风日盛。道光八年（1828 年），废除了康熙时的禁令，人们纷纷进入到河套地区开垦。道光三十年（1850 年），黄河南支北岸冲刷出一条塔布河，沿边自然就发展起农耕。现在后套的塔布渠就是那时形成的。当时形成了一股开挖渠道的风气，以便增加农耕的空间，如永济渠、刚目渠、丰济渠、沙河渠、义和渠、通济渠、长胜渠与塔布渠合称后套八渠，如同水网，解决了五千多顷土地的灌溉。

（二）西北

水是中国西北最关键的环境要素。笔者到西北进行田野考察，注意到历史上军队把守的关隘都是因为有水才有关。西北的高昌古城、交河古城都是因得水而兴，因失水而亡。然而，西北各地的水环境不尽相同，而地面上与地底下的水状况也不相同。

新疆

新疆"三山夹两盆"，高山之间是盆地，盆地地形呈环状结构，盆地山区形成一条条内陆河流。由于盆地深处内陆，周围高山环绕，海洋水汽不易到达，长期干旱少雨，但雪山上的溶水给新疆带来源源不断的水资源。在塔里木盆地，主要的内流河有发源于天山山脉中部的孔雀河与伊犁河。孔雀河河道由西向东，全长 1000 多公里，是塔里木盆地的第二大内流河。伊犁河河道由东向西，穿行于伊犁谷地，是新疆水量最大的内流河，向西出国境后注入巴尔喀什湖，全长约 1500 公里，新疆境内约占一半。北疆区的额尔齐斯河，发源于阿尔泰山南坡，是新疆仅有的一条外流河；外流区也只有额尔齐斯河流域。额尔齐斯河汇各支流出国境入斋桑泊，为鄂毕河上源之一，是我国属北冰洋水系的唯一河流。全长近 3000 公里，我国新疆境内有 440 多公里。

北疆区的玛纳斯湖，是新疆主要的咸水湖之一。它是玛纳斯河的尾闾，早期面积约为 500 平方公里。现在由于对玛纳斯河的截流灌溉，湖面已逐渐缩小。

南疆天山山间盆地中的博斯腾湖，是新疆中部开都河的汇注宿端，又是南疆塔里木盆地北部边缘孔雀河的水源地，古称敦薨之渚，面积 980 平方公里，是新疆最大的淡水湖。

新疆的湖泊一般多位于河流的终点处，随河流水源的增减而发生变化。这里的湖泊多为咸水湖，其中以罗布泊最为著名，湖水浅，湖面变化极大。罗布泊是孔雀河和塔里木河部分流水的汇注处，古代称为渤泽、盐泽和蒲昌海，较盛时面积有 2500 多平方公里。由于长期以来，尤其是近现代时期孔雀河和塔里木河水被截流灌溉，下游已断流，故罗布泊已经成为沼泽并最终干涸。

清代徐松在《西域水道记》以湖泊划分新疆地区水系，包括：罗布淖尔（罗布泊）、哈喇淖尔（哈拉湖）、巴尔库勒淖尔（巴里坤湖）、额彬格逊淖尔（玛纳斯湖）、喀喇塔拉额西柯淖尔（艾比湖）、巴勒喀什淖尔（巴尔喀什湖）、赛喇木淖尔（赛里木湖）、特穆尔图淖尔（伊塞克湖）、阿拉克图古勒淖尔（阿拉湖）、噶勒扎尔巴什淖尔（布伦托海）、宰桑淖尔（斋桑泊）等 11 个湖区。

有些专家认为，新疆的水源变迁不是呈直线升降的，新疆在辽金元时期的水量不及清代的水量，而现在的水量又不及清代。如，南疆的塔里木河，在历史上曾经有一些河流注入，如开都河、孔雀河、渭干河等，使得塔里木河的水量较多，超过现在，清代曾经设想在河里通航运粮。《阅微草堂笔记》卷八记载了伊犁凿井事，说的是："伊犁城中无井，皆出汲于河。一佐领曰：'戈壁皆积沙无水，故草木不生。今城中多老树，苟其下无水，树安得活？'乃拔木就根下凿井，果皆得泉，特汲须修缏耳。知古称雍州土厚水深，灼然不谬。"

天山博格达峰北侧有天池，古称"瑶池"。"天池"一词来自乾隆四十八年（1783 年）乌鲁木齐都统明亮题写的《灵山天池统凿水渠碑记》。天池海拔 1981 米，是一个天然的高山湖泊，有"天山明珠"之誉。

清代，新疆的生态环境得到一定的保护与开发。新疆的农田灌溉主要依赖于雪水，因此，对地下水的管理与利用尤其重要。嘉庆年间，伊犁将军松筠在伊犁河北岸修竣大堤数十里，使生态环境得以改善。道光年间，林则徐与全庆在南疆兴办水利，他们一方面保护原有的坎儿井，另一方面充分利用水资源，修建渠道，保证了农业用水。林则徐还在吐鲁番推广坎井，每隔丈余挖一井，连环导引井水，有的渠道用毡子垫底，不使水浸入沙，使荒滩变成良田，新疆人民称坎井为林公井。光绪初年，左宗棠率师入疆，兴办水利与屯垦。1882年，新疆建省，当时新疆全境有九百余条干渠，用于百姓的生活用水与农田灌溉。

吐鲁番有 30 多万亩沙地，干旱少雨，夏季酷热，可在"沙窝里煮鸡蛋，石板上烙饼"，被认为是全国最热的地方。吐鲁番盆地高温干燥，水蒸发很快。但是，地下水却很丰富，这是因为天山和喀拉乌成山终年积雪，雪水渗入到地下，成为取之不竭的源泉。为了防止地下浸失，也为了把地下水引到农业区，当地人修建了暗渠，称为坎儿井。每隔二三十米挖一口竖井，井与井之间有暗渠连接。吐鲁番地区就有 1000 条左右的坎儿井，每条长约三四公里，每年为耕地和生活提供 5 亿立方米水。水质纯净清凉，源源不断。吐鲁番盆地中的艾丁湖是我国海拔最低的湖泊。位处新疆中部天山山脉中的天池，则是高山湖泊。

20 世纪初，瑞典探险家斯文赫定等人穿行塔克拉玛干大沙漠时，无意中发现了楼兰古城。1980 年，中国考古工作者进行了大规模考察，搞清楚了该城的墓地、街道、官署、居民区、驿站、佛寺的位置和规模。为什么楼兰城会消失？因为缺水。汉代时，楼兰以北有塔里木河注入罗布泊，湖水孕育了楼兰城。后来，塔里木河改道，罗布泊缩小和北移，楼兰失去了生命之源——水，导致人走城亡。

甘肃

陆容《菽园杂记》卷一记载："庆阳西北行二百五十里为（甘肃）环县，县之城北枕山麓，周围三里许，编民余四百户，而城居者仅数十家。戍兵傍屋，闾巷不能容，至假学宫居之。其土沙瘠，其水味苦，乍饮之，病脾泄出。赵大夫沟者，味甘，然去城十余里。岁祀先师，则取酿酒，不可以给日用也。"土质影响水质，水质直接影响到人的体质。

在河西走廊，古代流经武威地区的石羊河下游曾有一休屠泽，西汉时在这里设有武威郡，下辖姑臧、武威、休屠等 10 县。随着陇东南与祁连山地区森林的严重破坏和石羊河中游不断地垦荒开发，到了清朝，休屠泽渐趋干涸，汉、唐、明代修建的古代城垣随之被流沙吞噬，成为沙漠中的古城遗迹。

《清稗类钞》卷一"甘肃少水"条记载："甘肃少水，水甚珍，有至皋兰者，每宿旅舍，有一盂水送客盥面，盥毕，不可泼去，澄而清之，又供用矣。凡内地诸水不通河者，谓之死水，久则色变，臭秽不可食。甘省独不然，土井土窖，绝不通河流，但得水即藏入，虽臭秽不顾也，久之，水得土气，则清澈可食矣。甘省各处，以得雨为利，惟宁夏不惟不望雨，且惧雨，缘地多碱气，雨过日蒸，则碱气上升，弥望如雪，植物皆萎，故终岁不雨绝不为意。然宁夏稻田最多，专恃黄河水灌注，水浊而肥，所至禾苗蔬果无不滋发，不必粪田也。田水稍清则放之，又引浊水。"

在西北干旱的地区，往往有地下水，偶尔可以发现水眼。嘉峪关外就有这样的地方。清代纪昀在《阅微草堂笔记》卷八《天生墩》记载："嘉峪关外有戈壁，径一百二十里，皆积沙无寸土。惟居中一巨阜，名天生墩，戍卒守之。冬积冰，夏储水，以供驿使之往来。初，威信公岳公钟琪西征时，疑此墩本一土山，为飞沙所没，仅露其顶。既有山，必有水。发卒凿之，穿至数十丈，忽持锸者皆堕下。在穴上者俯听之，闻风声如雷吼，乃辍役。穴今已圮。余出塞时，仿佛尚见其遗迹。"

甘肃缺水，人们从事农耕需要水，于是地区之间为争夺水源，时常发生矛盾。清代的方志中往往列有"水案"之类的文字，记载民众为水引发的斗殴或官司。在雍正、乾隆、嘉庆时期，甘肃人口迅速增加，水资源不能满足当地生产和生态的需求。《乾隆五凉全志》记载："河西讼案之大者，莫过于水利一起，争端连年不解，或截坝填河，或聚众毒打，如武威之吴牛、高头坝，其往事可鉴已。"

宁夏

宁夏虽然在西北，但因其紧临黄河，不愁水源。

银川平原资源充足，土地平整。《嘉靖宁夏新志》记载："黄河，自兰会来，经中卫，入峡口，经镇城东北而去，引渠溉田数万顷。"银川城有护城河，"池阔十丈，水四时不竭，产鱼鲜菰蒲"。城东有黑水河，城东15里有高台寺湖，20里有沙湖；城东南35里有巽湖；城南15里有长湖；城西北80里有暖泉，西北93里有观音湖；城北35里有月湖；城东北30里有三塔湖。在银川城内外，藩王与权臣修建的园林可与江南园林比美，如在清和门（东门）外建有丽景园，园中有林芳宫、芳意轩、清署轩、拟舫轩、凝翠轩、望春楼、望春亭、水月亭、清漪事、涵碧亭、湖光一览亭、群芳馆、月榭、桃蹊、杏坞、杏庄、鸳鸯地、鹅鸭池、碧沼、凫渚、菊井、鹤汀、八角亭、永春园、赏芳园、寓乐园、凝和园等。在丽景园青阳门外，有一处漂亮的金波湖。"金波湖，在丽景园青阳门外，垂柳沿岸，青阴蔽日。"湖之南有宜秋楼，是庆靖王所建，"园池之景物，于春为盛……四五月间，麦秋至，登楼眺远，黄云万顷，弥满四野"。湖中有荷菱与画舫，湖西有临湖亭，湖北有鸳鸯亭，湖南有宜秋楼。在丽景园南，建小春园，内有佳赏轩、眺远台、清趣斋等。银川的这些园林对于美化城市、优化环境、调节人们生活情趣是有意义的。

《清史稿·地理志》记载了宁夏府的水渠情况："黄河，西南自灵州入，东北至昌润渠口入平罗。河入中国，宁夏独食其利，支渠酾分，灌溉府境。惠农渠，雍正四年浚；汉延渠，雍正九年重修，皆南自宁朔入。唐渠，雍正九年重修，西自宁朔入。皆东北入平罗。东：高台寺湖。北：月湖。东北：金波湖、三塔湖。"清初，在宁夏新开三大干渠，分别是清渠、惠农渠、昌润渠，计470余里，新增灌溉土地4393顷，超过了明代。[①]

银川城外的水环境也比较和谐。地方官员注意改造城周边的环境，如城南"地势就卑，每夏秋之交，加以流潦激湍，与路旁明水湖混为巨汇"。

青海

我国最大的内陆湖泊和咸水湖——青海湖在青藏高原。湖泊四面环山，山与湖之间有美丽的大草原。

《清稗类钞》卷一"青海"条记载："青海，古曰西海……全海之形如鳊鱼，口向西北，四岸群峰环绕。……沿岸沙石草湖约宽十余里，有水涨痕，畜牧不至其地，平时人迹稀绝，惟野兽奔突而已。……环青海多高峰……海岸洼地小湖泊密如蜂房，草湖结草如球，履之而渡，失足则陷，海水涨时，浑而为一。……四面河流潴于海者，大小数十道，以布喀河为最巨。布喀河上源有数处，中曰英额池，池分河道二，东流者为哈拉西纳河，东南流者为布喀河。右曰沙尔池，分流为河，东下百里与布喀河合。左曰西尔哈河、罗色河，两水径南流，合吉尔玛尔台河与布喀河，会合于胡胡色尔格岭吉尔玛勒台山两山之中。至此，数支合为一干，东南流七十里入于海。河流宽而味咸，产鱼最佳，世所称青海无鳞鱼者是也。"

（三）中原

陕西

陕西受黄河、延河之惠，文化底蕴深厚。然而，明清时期，陕西水资源明显减少。据朱志诚执笔的《陕西省森林简史》，陕北的靖边县原有海则滩，榆林县原有金鸡滩，神木县原有大保当，这些湖泊在宋代以后逐渐枯竭。据道光

---

① 陈育宁主编：《宁夏通史》，宁夏人民出版社1993年版，第303页。

年间的《榆林府志》可知，榆溪河红石峡段，明代时有垂柳、小舟，到清代时，已经干涸。

《清稗类钞》卷一记载了黄河的几条支流——伊河、洛河、瀍河、涧河，说："伊、洛、缠、涧四河为夏禹治水所开。伊河之水，发源于西南，经过龙门，斜入洛河，离南门七八里。洛河水由西至东，瀍河水由北至南，两河皆逼近城垣。涧河水由西而湾南，此河离城七里。伊、洛、瀍、涧四水，皆达黄河。伊、洛水深河宽，有船往来。瀍、涧则不及伊、洛，河道隘狭，非在发水时，直同涧流，故难以舟楫。"《清稗类钞》卷一"黄河水信"条记载黄河的水文是有周期的，"黄河水信，清明后二十日曰桃汛，春杪曰菜花水。伏汛以入伏始。四月曰麦黄水，五月曰瓜蔓水，六月远山消冻，水带矾腥，曰矾山水。秋汛始立秋，讫霜降。七月曰豆花水，八月曰荻花水，九月曰登高水。冬曰凌汛。十月曰伏槽水，十一月、十二月曰蹙凌水。河上老兵能言之"。

澄城县中部一带井水深 26 丈至 30 余丈不等，故各村用窖储雨水以资饮食，夏日天旱之时，地下水位下降，井水不足，池窖中积蓄的降水用完，居民往往远走 10 余里之外取水。[①]

山西

山西的河流，据翟旺执笔的《山西省森林简史》，汾河在明初时，中游段已不能行船。襄汾县以下可通木船。由于植被破坏，发洪时则泛滥成灾。山西境内的汾河、桑干河、涑水河流域有一些湖泊泉眼，由于水土流失，地下水下降，后来逐渐消失。如汾河中游原有很大的湖泊昭余祁，方圆数百里。明代时，淤积干涸，仅有其名而已。大同附近原有镇子海，方圆四五十里，产鲤鱼重数十斤，到明代时湖水全部干涸，现仅余镇子堡这个村名。水河流域有董泽（或称董池），人们修有董池神庙，泽中有鱼有菱，后来干涸，现在仅剩一个地名"湖村"。

万泉县"以万泉名，虽因东谷多泉，实志水少也，城故无井，率积雨雪为蓄水计，以罂、瓶、盎、桶，取汲他所，往返动数十里，担负载盛之难，百倍厥力"。万泉县由于土厚水深穿井艰难，全县只有数眼水井，居民多取汲涧水，远乡井少又不能与泉水相近的村庄，则只能凿陂池储集雨雪之水，或者远

[①]民国《澄城县附志》卷 3《水利》。

汲他处，动逾一二十里。县中水井深者八九十丈，浅者也达五六十丈，而且穿凿一眼水井所费不赀，所以井少而人苦。①

徐霞客《游五台山记》记载五台山的溪水。"今天旱无瀑，瀑痕犹在削坳间。离涧二三尺，泉从坳间细孔泛滥出，下遂成流。……岭下有水从西南来，初随之北行，已而溪从东峡中去。复逾一小岭，则大溪从西北来，其势甚壮，亦从东南峡中去，当即与西南之溪合流出阜平北者。余初过阜平，舍大溪而西，以为西溪即龙泉之水也，不谓西溪乃出鞍子岭坳壁，逾岭而复与大溪之上流遇，大溪则出自龙泉者。溪有石梁曰万年，过之，溯流望西北高峰而趋。……已而东北峰下，溪流溢出，与龙泉大溪会，土人构石梁于上，非龙关道所经。"

山西的太行山区缺水。壶关县"据太行巅，地高亢，土峭刚，独阙井泉利，民会有力者掘井，深九仞始及泉，虽水脉津津，汲挹曾弗满瓶。其劳于远井，直抵州境，洎他聚落，乃至积雪窖、凿水塈，给旦夕用，以故其民不免有饥渴之害者"②。

乾隆八年（1743年），陕西监察御史胡定提出在山、陕溪涧修建堤坝以淤地，以便保持水土，达到治理黄河的目的。乾隆三十年（1765年），河南陕州黄河万锦滩、巩县洛河口等地设水志，开始详细记载黄河水位并上报。

清人朱彝尊《游晋祠记》（载《曝书亭集》卷六十七）记载他在丙午年（1666年）的所见所闻，"自云中历太原，七百里而遥，黄沙从风，眼眯不辨川谷。桑干、滹沱乱水如沸汤，无浮桥舟楫可渡，马行深淖，左右不相顾。雁门、勾注、坡陀扼隘，向之所谓山水之胜者，适足以增其忧愁怫郁、悲愤无聊之思已焉"。这说明从大同到太原之间的一段路上，朱彝尊所见到的环境（风沙大，河流失治）令他失望而扫兴。然而，太原晋祠一带的生态令他很高兴，晋祠有水涌出，"合流分注于沟浍之下，溉田千顷"，"土人遇岁旱，有祷辄

---

① 乔宇：《万泉县凿井记》，民国《万泉县志》卷6《艺文》。

② 杜学：《新筑南池记》，道光《壶关县志》卷九《艺文上》。

应"①。晋祠不仅是纪念唐叔虞的祠，实是祭水之祠。

山西的太行山土薄石厚，难以打井取水。"太行绵亘中原千里，地势最高……于井道固难……汲挽溪涧不井饮者，自古至于今矣，前人有作，阙地数十仞而不及泉者。"②

由于山西有解池盐矿，因而西南部的闻喜、夏县、安邑、猗氏各县水味多咸。平阳城内"水咸涩不可食，自前朝即城外渠水穴城入淡潴汲之用，遇旱或致枯竭，民远汲于汾，颇劳费"③。

河北

河北省地处海河、滦河流域，河床密布，有许多水洼，人们称之为"河北九十九淀"。明中叶以后，太行山森林遭到破坏引起水土流失加剧，众多淀泊逐渐被填实。

河北的河流与湖泊，时而干涸，时而满溢。历史上，白洋淀承接潴龙、唐、清水、府、漕、瀑、萍等河水，俗称"九河下梢"。在明弘治前，白洋淀曾经淤涸。由于地壳升降变化，嘉靖三十年（1551 年），白洋淀又逐渐恢复了水量，地跨任丘、新安、高阳三县境，周回 60 里，可以行船。白洋淀水溢的原因是附近的地表径流汇集于这片较低的地势之中。

河北平原最主要的水系是海河，海河由北运河、永定河、大清河、子牙河、南运河会合而成，从天津入海。邹逸麟认为："海河水系在历史时期变迁之大，仅次于黄河。因含沙量高，进入平原后，河床摆动不定。……明清以后全面修堤，河道方始固定，又渐为悬河。"④

潮白河属海河水系，在北京市北部、东部，经过通州区、顺义区，长 458 公里。潮河、白河的河道在历史上曾多次改道。明嘉靖三十四年（1555 年），为利用潮白河通漕，经人工治理，潮河、白河始于密云县西南 18 里之河漕村合流。二水合流增加了河流水势，漕船可以直行到密云城下。

---

① 谭其骧主编：《清人文集地理类汇编》第六册，浙江人民出版社 1990 年版，第 807 页。

②（清）胡聘之：《山右石刻丛编》卷三十六《创凿龙井记》。

③（清）王锡纶：《怡青堂文集》卷六《李公甘井记》。

④ 邹逸麟：《中国历史地理概述》，福建人民出版社 1993 年版，第 53 页。

永定河在元代时，含沙量增多，人们称之为浑河。到明代时，人们称永定河为无定河，意为无宁日之河。《清稗类钞》卷一"无定河"条记载："在直隶固安县西北十里，国朝改为永定河，非陕西之无定河也。河水东奔，潮汐无定，故有是称。"于希贤统计永定河泛滥，辽代平均94年一次，金代22年一次，明代13年一次，清代3.5年一次。[①]

明朝注重改造都城的水环境，把元代太液池的湖面向南扩大，形成了三个大的水面，即今天的北海、中海、南海。清朝多次整治都城中的北海、中海、南海。顺治八年（1651年），在万岁山上修建藏式白塔和寺庙。

北京地区的西北有山峦，高地的水流到京郊形成昆明湖、玉渊潭、龙潭湖等。后来，湖泊面积逐渐缩小，大湖变小湖或析为几个小湖。据《光绪昌平州志》，昌平县西南有百泉庄，泉眼多，泉水足，说明地下水充足。龚自珍在《说昌平州》讲述都城之外昌平州的自然环境，说："昌平州，京师之枕也，隶北路厅。"昌平的泉水较多，"州南门之外有泉焉，曰龙王泉。泉上有龙王祠。泉东南流。西南又有泉焉，出大觉寺。又西，有村焉，村有多泉，村人自名曰百泉。百泉之泉，与大觉之泉，皆东南流，以入于沙河"[②]。

河南

河南与黄河的命运捆绑在一起。按张企曾等执笔的《河南省森林简史》归纳，河南森林破坏，大体是先平原后山区。洛河流域的森林破坏之后，洛水就变混浊了。其后，伊河亦复其辙。河南的圃田泽，至迟在明代已淤积为平地。

黄河大堤成了华北平原上的分水岭，在豫东北一带将中原水系隔绝成南北两半。黄河以北之水入卫河，以南之水入淮河。原有河流和湖泊如汴河、蔡河、五丈河、孟诸泽、圃田泽（今郑州、中牟间）等水体淤塞，湮没了千万顷农田，留下了无数沙丘和大面积盐碱荒地。淮河中下游水系也由此受到破坏，使豫南及苏皖一带变成低洼积水的内涝地区，农业生产陷入困境。嘉靖间，周用出任总理河道，曾向朝廷陈述："河南府州县，密迩黄河地方，历年

① 于希贤：《森林破坏与永定河的变迁》，《光明日报》1982年4月2日。

②《定庵续集》卷一，谭其骧主编：《清人文集地理类汇编》第二册，浙江人民出版社1986年版，第185页。

亲被冲决之患，民间田地决裂破坏，不成丘亩。"①

黄河的河床普遍高于周围的一些城市，这些城市只好高筑围墙以防水，并取得了一定的成效。明代的治河专家潘季驯统计说："滨河州县，河高于地者，在南直隶，则有徐、邳、泗三州，宿迁、桃源、清河三县；在山东，则有曹、单、金乡、城武四县；在河南，则虞城、夏邑、永城三县；而河南省城，则河高于地丈余矣。惟宿迁一县，已于万历七年改迁山麓，其余州县，则全恃护城一堤，以为保障，各处久已相安，并无他说。"② 如《嘉靖归德志》卷一《舆地志》记载归德县的堤防："护城堤，州城四外环围，嘉靖二十年创筑。"

《明会要》卷七十《祥异三》记载：洪武五年（1372 年），河南黄河竭，行人可涉。这种情况是极其少见的，说明黄河也有严重缺水的时候。

徐霞客在《游嵩山日记》记载了伊水的状况，"西南行五十里，山冈忽断，即伊阙也，伊水南来经其下，深可浮数石舟。伊阙连冈，东西横亘，水上编木桥之。渡而西，崖更危耸。一山皆劈为崖，满崖镌佛其上。大洞数十，高皆数十丈。大洞外峭崖直入山顶，顶俱刊小洞，洞俱刊佛其内。虽尺寸之肤，无不满者，望之不可数计此所记叙，即著名龙门石窟。洞左，泉自山流下，汇为方池，余泻入伊川。山高不及百丈，而清流淙淙不绝，为此地所难少见之景"。

河南最高处与最低处相差 2390 米，境内较大河流大都发源于西部地区。河南省内有四大水系：黄河、淮河、海河、汉水。另有 200 条小河由西向东流动。黄河有 700 公里的长度在河南境内。黄河在两千年中决口一千五百多次，而在河南决口就达九百次之多。黄河孕育了灿烂的中原文化，也给中原的农耕带来无穷的水患。水患、治水、逃荒成了河南历来的一个主题。③ 淮河发源于桐柏山，在河南境内长 300 公里。明清时期，由于黄河夺淮入海，破坏了淮水生态。1855 年，黄河在兰阳铜瓦厢决口北流，夺大清河入海，淮河又恢复了独自的水系。河南的信阳在伏牛山、汉水之阳，按水系应归为长江流域，而行

---

①《明经世文编》卷一百四十六。

② 见潘季驯《河防一览》卷十二《河上易惑浮言书》，万历二十年（1592 年）潘季驯奏言。

③ 鲁枢元、陈先德：《黄河史》，河南人民出版社 2001 年版，第 284 页。

政区划却归河南省。

河南的几个大城市都在黄河边，《清史稿·地理一》记载开封府："河水自元至元中始，尽历府境，自中牟缘封丘界，迳黑冈、柳园口入，东入陈留。……睢水亦自陈留入，迳高阳城，合桃河为横河，实古浍水，并东南入睢。"

山东

山东在黄河下游，滨海。谢肇淛《五杂俎》卷一《天部》记载："齐地东至于海，西至于河，每盛夏狂雨，云自西而兴者，其雨甘，苗皆润泽；自东来者，雨黑而苦，亦不能滋草木，盖龙自海中出也。"

山东境内本有大泽，如巨野泽。宋代有梁山泊，到了清代，地方官员组织民众在梁山泊周围屯田，缩小了梁山泊的范围，昔日的湖泽变成了密布的村落。

山东济南，俗称泉城，因其泉多水清而得名，济南是一座在丘陵和平原的交接处发展起来的历史名城，它在济水之南。济水与黄河、淮水、长江并称四渎，是古代重要的水道。济南的北部是平原，西边有泰山。济南的名胜有千佛山、大明湖、趵突泉。济南城中栽有很多树木，清末刘鹗在《老残游记》第二回说："到了济南府，进得城来，家家泉水，户户垂杨，比那江南风景，觉得更为有趣。"王士禛《池北偶谈》卷二十《趵突泉异》记载："济南趵突泉，地中涌出三尺许，余则方塘漫流，清鉴毛发。康熙庚戌，藩臬置酒，邀提督杨宫保（捷），忽大雷雨，龙首入户，泉涌起丈余，水大上。诸公急呼骑，水顷刻及马腹，踣坠而死者数人。从来未有之异也。"

《清稗类钞》卷一称赞"济南山水天下无"，"山东济南形势，南起泰山之麓，蜿蜒北来，而龙洞，而玉函，而历山，陡然跌落平地，而为省城，东西山岭回环，以黄河为门户，以鹊华为关锁，海岱间一大都会也。……其池，则自南关黑虎泉涌出一脉，劈分两派，东会珍珠泉，西会趵突泉，沵水相抱而为护城河，虽久旱，色不浊，量不竭。城西北隅有大明湖，会合十数名泉，汪汪而为巨浸，远山倒影，清流见底，舟穿荷柳，游鱼可数。古人云：'济南山水天下无。'又云：'济南潇洒似江南。信不诬也。'"

三、南方地区的水环境

（一）西南

西南青藏高原高山上终年积雪，冰川分布很广。冰川融水是许多河水、湖水的来源。青藏高原是许多大河的发源地。从这里的水系看，我国最长的河流长江等东流的水系流经高原的东南部；西流的有印度河上源；南流的有澜沧江、怒江、雅鲁藏布江等。高原上的水系分布，在藏东南部为外流区，在藏北高原主要是内流区。西藏的外流河以雅鲁藏布江最重要，它发源于喜马拉雅山的杰马央宗冰川，上游称马泉河，下游在世界罕见的最大峡谷雅鲁藏布大峡谷中段，形成著名的"大拐弯"，且过喜马拉雅山地，入印度后称布拉马普特拉河。其他外流河还有怒江、澜沧江、金沙江等。这些河道均坡陡流急，水力资源丰富。在藏北高原，水系多为短小的内流河，水源主要是高山冰雪融水，下游多消失在荒漠中，或在低地潴水成湖。青藏高原是世界上海拔最高的高原湖区。藏北高原是我国湖泊最多的地区之一。这里湖泊众多，在广袤的高原上，或江河源头，到处都可看到蔚蓝色的湖泊，其总数有 1000 多个，面积近 3 万平方公里。著名的有纳木错，蒙古语名腾格里海，蒙古语与藏名都是天湖的意思。青藏高原的湖泊，绝大多数属内流湖。

西藏

位于西南青藏高原的水系有四支，一支是太平洋水系，是长江的干支流；一支是印度洋水系，雅鲁藏布江、怒江等；另一支是高原北流水系，在藏北；还有一支是高原南部内流水系。雅鲁藏布江是世界最高的河流。藏民崇拜湖泊，冈仁波齐峰下的玛旁雍错湖、拉萨东南的拉摩南措湖、藏北的纳木湖和色林湖，都被称为神湖。人们认为湖水可以治百病。

清代齐召南的《水道提纲》是了解清代水环境的重要书籍。如，青海省果洛藏族自治州的玛多县和玉树藏族自治州的曲麻莱县境内有札陵湖和鄂陵湖。札陵湖居西，鄂陵湖居东。长期生息在湖区的藏族人民，根据两湖的水色和形状，称札陵湖为"错加朗"，意为白色的长湖；称鄂陵湖为"错鄂朗"，意为青蓝色的长湖。《水道提纲》称札陵湖为查灵海，称鄂陵湖为鄂灵海，明确指出札陵湖的位置在鄂陵湖以西，并对两湖作了详尽的描述。其书对查灵海注释云："泽周三百余里，东西长，南北狭，（黄）河亘其中而流，土人呼白为查，形长为灵，以其水色白也。"对鄂灵海注释云："鄂灵海在查灵海东五十余里，周三百余里，形如匏瓜，西南广而东北狭。蒙古以青为鄂，言水色青也。"现代学者认为，由于齐召南不懂少数民族语言，误把藏语当作蒙语，致使注释中出现了小小错讹。然而，这一错讹在后人所编写的《清史稿》中做了改正。

《清稗类钞》卷一"腾吉里湖"条记载："腾吉里湖为西藏第一大湖，在拉萨西北，高于海面四千六百四十米突，东西长而南北狭，四周约七十七里。湖水极净，与雪峰相映，最为奇观，水含多量盐分，带苦味。以气候寒冷，湖水易冰，际严冬则湖面如镜，土人常往来于冰上。每年五月始裂，声闻于四远。"

云南

云南有长江源，有盘江、澜沧江、怒江等水系。

明代徐霞客对云南的水环境有全方位记载。

《滇游日记》记载了滇东、滇中、滇西的湖泊，如滇东的曲靖的交水海子、寻甸的南海子，滇中的昆明的滇池、江川的星云湖，滇西的祥云的青海子、丽江的中海、洱海的洱源海等。徐霞客在《滇游日记》记载："海子大可千亩，中皆芜草青青。下乃草土浮结而成者，亦有溪流贯其间，第但不可耕艺，以其土不贮水。行者以足撼之，数丈内俱动，牛马之就水草者，只可在涯涘水边间，当其中央，驻久辄陷不能起，故居庐亦俱濒其四围，只垦坡布麦，而竟无就水为稻畦者。其东南有峡，乃两山环凑而成，水从此泄，路亦从此达玛瑙山，然不能径海中央而渡，必由西南沿坡湾而去。于是倚西崖南行一里余，有澄池一圆，在西崖下芜海中，其大径丈余，而圆如镜，澄莹甚深，亦谓之龙潭。"

《滇游日记》记载有些村庄以泉水作为灌溉的水源，"里仁村当坞中北山下，半里抵村之东，见流泉交道，山崖间树木丛荫，上有神宇，盖龙泉出其下也，东坞以无泉，故皆成旱地；西坞以有泉，故广辟良畴。由村西盘山而北，西坞甚深，其坞自北峡而出，直南而抵海口村焉。村西所循之山，其上多蹲突之石，下多嵁岈之崖，有一窍二门西向而出者"。

《滇游日记》记载姚安坝子一带的海子多，"由坞转而西，始见西坞大开，西南有海子颇大，其南有塔倚西山下。是即所谓白塔也。乃西南下坡，二里，有村在坡下，曰破寺屯。于是从岐直西小路，一里，渡溪。稍西南半里，有一屯当溪中，山绕其北，其前有止水。由其西坡上南行一里，是为海子北堤。由堤西小路行半里，抵西坡下，是为海口村。转南，随西山东麓行，名息夷村海子。三里，海子西南尽……白塔尚在寺东南后支冈上。冈东有白塔海子，其南西山下，又有阳片海子，其东又有子鸠海子，府城南又有大坝双海子，与息夷村共五海子"。

《滇游日记》记载环境的变化，鸡足山悉檀寺前的黑龙潭变成了干涸之地，"余先皆不知之，见东峡有龙潭坊，遂从之。盘磴数十折而上，觉深宵险峻，然不见所谓龙潭也。逾一板桥，见坞北有寺，询之，知其内为悉檀，前即龙潭，今为壑矣"。

《滇游日记》记载云南有许多温泉，谈到了 24 处温泉。如：靖卫屯军之界的一处温泉，"村后越坡西下，则温泉在望矣。坞中蒸气氤氲，随流东下，田畦间郁然四起也。半里，入围垣之户，则一泓中贮，有亭覆其上，两旁复砖甃两池夹之。北有榭三楹，水从其下来，中开一孔，方径尺，可掬而盥也。遂解衣就池中浴。初下，其热烁肤，较之前浴时觉甚烈。既而温调适体，殊胜弥勒之太凉，而清冽亦过之。浴罢，由垣后东向半里，出大道"。

《滇游日记》记载永昌郡一带的水环境，"永昌，故郡也……循冈盘垅，甃石引槽，分九隆池之水，南环坡畔，以润东坞之畦。路随槽堤而北（是堤隆庆二年筑，置孔四十一以通水，编号以次而及，名为'号塘'，费八百余金）。遇有峡东出处，则甃石架空渡水，人与水俱行桥上，而桥下之峡反涸也。自是竹树扶疏，果坞联络，又三里抵龙泉门，乃城之西南隅也。城外山环寺出，有澄塘汇其下，是为九隆池。由东堤行，见山城围绕间，一泓清涵，空人心目。池北有亭阁临波，迎岚掬翠，滟潋生辉。有坐堤垂钓者，得细鱼如指；亦有就荫卖浆者"。

《滇游日记》记载罗平与宗师之间仅一山之别，但晴雨不一。说罗平下了半个月的雨，而山的另一边却无雨。"盖与师宗隔一山，而山之西今始雨，山之东雨已久甚。乃此地之常，非偶然也。"

《滇游日记》记载了对大盈江的考察，"大盈江过河上屯合缅箐之水，南入南甸为小梁河；经南牙山，又称为南牙江；西南入干崖云笼山下，名云笼江；沿至干崖北，为安乐河；折而西一百五十里，为槟榔江，至比苏蛮界即傈僳族地区，注金沙江入于缅。（一曰合于太公城，此城乃缅甸界。）按缅甸金沙江，不注源流，《志》但称其阔五里，然言孟养之界者，东至金沙江，南至缅甸，北至干崖，则其江在干崖南、缅甸北、孟养东矣。又按芒市长官司西南有青石山，《志》言金沙江源出之，而流入大盈江，又言大车江自腾冲流经青石山下。岂大盈经青石之北，金沙经青石之南耶？其言源出者，当亦流经而非发轫最初之发源地，若发轫，岂能即此大耶？又按芒市西有麓川江，源出峨昌蛮地，流过缅地，合大盈江；南甸东南一百七十里有孟乃河，源出龙川江。而龙川江在腾越东，实出峨昌蛮地，南流至缅太公城，合大盈江。是麓川江与龙川江，同出峨昌，同流南甸南干崖西，同入缅地，同合大盈。然二地实无二水，岂麓川即龙川，龙川即金沙，一江而三名耶？盖麓川又名陇川，'龙'与'陇'实相近，必即其一无疑；盖峨昌蛮之水，流至腾越东为龙川江，至芒市西为麓川江，以与麓川为界也，其在司境，实出青石山下，以其下流为金沙江，遂指为金沙之源，而非源于山下可知。又至干崖西南、缅甸之北，大盈江自北来合，同而南流，其势始阔，于是独名金沙江，而至太公城。孟养之界，实当其南流之西，故指以为界，非孟养之东，又有一金沙南流，干崖之西，又有一金沙出青石山西流；亦非大盈江既合金沙而入缅，龙川江又入缅而合大盈。大盈所入之金沙，即龙川下流，龙川所合之大盈，即其名金沙者也。分而岐之，名愈紊，会而贯之，脉自见矣。此其二水所经也。于是益知高黎贡之脉，南下芒市、木邦而尽于海，潞江之独下海西可知矣"。

《滇游日记》考察了腊彝一带的河流，提出了独到的见解："腊彝者，即石甸北松子山北曲之脉，其脊度大石头而北接天生桥，其东垂之岭，与枯柯山东西相夹。永昌之水，出洞而南流，其中开坞，南北长四十里，此其西界之岭头也。有大小二腊彝寨，大腊彝在北岭，小腊彝在南岭，相去五里，皆枯柯之属。自大石头分岭为界，东为顺宁，西为永昌，至此已入顺宁界八里矣。然余忆《永昌旧志》，枯柯阿思郎皆二十八寨之属，今询土人，业虽永昌之产，而地实隶顺宁，岂顺宁设流后界之耶？又忆《一统志》《永昌志》二者，皆谓永昌之水东入峡口，出枯柯而东下澜沧。余按《姚关图说》，已疑之。至是询之土人，揽其形势，而后知此水入峡口山，透天生桥，即东出阿思郎，遂南经枯柯桥，渐西南，共四十里而下哈思坳，即南流上湾甸，合姚关水，又南流下湾甸，会猛多罗即勐波罗河，而潞江之水北折而迎之，合流南去，此说余遍访而得之腊彝主人杨姓者，与目之所睹，《姚关图》所云，皆合，乃知《统志》与《郡志》之所误不浅也。其流即西南合潞江，则枯柯一川，皆首尾环向永昌，其地北至都鲁坳南窝，南至哈思坳，皆属永为是，其界不当以大石头岭分，当以枯柯岭分也。"

徐霞客对盘江进行了考证，有《盘江考》一文，其文："南北两盘江，余于粤西已睹其下流，其发源俱在云南东境。余过贵州亦资孔驿，辄穷之。驿西十里，过火烧铺。又西南五里，抵小洞岭。岭北二十里有黑山，高峻为众山冠，此岭乃其南下脊。岭东水即东向行，经火烧铺、亦资孔，乃西北入黑山东峡，北出合于北盘江；岭西水自北峡南流，经明月所西坞，东南出亦佐县，南下南盘江。小洞一岭，遂为南北盘分水脊。《一统志》谓，南北二盘俱发源沾益州东南二百里，北流者为北盘，南流者为南盘，皆指此黑山南小洞岭，一东出火烧铺，一西出明月所二流也。后西至交水城东，中平开巨坞，北自沾益州炎方驿，南逾此经曲靖郡，坞亘南北，不下百里，中皆平畴，三流纵横其间，汇为海子。有船南通越州，州在曲靖东南四十里。舟行至州，水西南入石峡中，悬绝不能上下，乃登陆。十五里，复下舟，南达陆凉州。越州东一水，又自白石崖龙潭来，与交水海子合出石峡，乃滇东第一巨溪也，为南盘上流云。"

有些水是不能随意亵渎、玷污的，《滇游日记》记载："八里稍下，有泉一缕，出路左石穴中。其石高四尺，形如虎头，下层若舌之吐，而上有一孔如喉，水从喉中溢出，垂石端而下坠。喉孔圆而平，仅容一拳，尽臂探之，大小如一，亦石穴之最奇者。余时右足为污泥所染，以足向舌下就下坠水濯之。行未几，右足忽痛不止。余思其故而不得，曰：'此灵泉而以濯足，山灵罪我矣。请以佛氏忏法解之。如果神之所为，祈十步内痛止。'及十步而痛忽止。余行山中，不喜语怪，此事余所亲验而识之者，不敢自讳以没山灵也。"

云南山水相依，梯级流水灌溉农田。清代陈宏谋在乾隆元年（1736年）曾经描述说："滇南四面环山，沃壤绝少，田号雷鸣，形如梯磴。其水多由山出，势若建瓴。论其有益于民田之处，则以其水高田低，自上而下，一泉之水可以贯注数十里之田，盘旋曲折，惟视沟通。"①

贵州

贵州处于长江与珠江两大水系的分水岭地带，苗岭以北为长江水系，有牛栏江、乌江、赤水河、沅江等。苗岭以南为珠江水系，有北盘江、南盘江、都

---

① （清）陈宏谋：《请通查兴修水利状》，魏源等编《清经世文编》卷一〇六。

柳江、红水河等。这些河流是贵州与外界交往的重要通道。贵州的大山丛中还分布一些瀑布、喀斯特湖、深潭，受到人们的关注。

洪亮吉（1746—1809 年）从乾隆五十七年（1792 年）开始，在贵州担任学政，其间研究了贵州的河流，撰写了《贵州水道考》。他考订了 7 条经流（直接流入江海的水道）、8 条大水（汇集了中水于贵州境外并流入经流）、181 条中水、152 条小水。他自称既不信今，也不泥古，证以昔闻，加之目验，使考证令人信服。

四川

四川四面环山，河流众多。明代宋濂在《送陈庭学序》说："西南山水，惟川蜀最奇。然去中州万里，陆有剑阁栈道之险，水有瞿塘、滟滪之虞。跨马行，则篁竹间山高者，累旬日不见其颠际；临上而俯视，绝壑万仞，杳莫测其所穷，肝胆为之掉栗。水行，则江石悍利，波恶涡诡，舟一失势尺寸，辄糜碎土沉，下饱鱼鳖。"①

四川还有不少温泉。《清稗类钞》卷一"温泉"条记载："四川关外温泉，处处有之，其水自岩隙流出，就地贮池，以供人浴。外建屋宇数椽，为官厅寝室厨房诸所，且置役看守，并司洒扫，故凡宴会者，祖饯者，多假坐于此。然屋宇之宏敞清洁，以炉城为最，里塘次之，巴塘又次之，余则仅一池耳。泉有硫质，初浴多晕者，再浴即安。水中有微虫，由皮肤吸人血，吸饱即去，土人云此吸人毒也。凡有疮疥，一浴立愈，故关外汉、蛮两族人，鲜有疮疥者。泉最温暖，仅能浴一二十分钟，纵身体健全者，亦不得过三十分钟，久则汗涔涔，令人难耐，故有寒疾者一浴亦愈。或浴已酣睡，亦妙。泉能消食，必食而后浴，否则初浴即饥矣，故此泉又名消食泉。泉可饮牛，牛饮之，力倍增，故蛮民往往率数十百牛饮焉。泉水散漫，凝结如白雪，蛮民扫之，用以熬茶磋面，或糊墙壁，如内地之用石炭石碱也。"

（二）长江中下游

湖湘

关于湖湘的水环境，明代湖广左布政使徐学谟纂修了《万历湖广总志》

---

① 陈振鹏、章培恒主编：《古文鉴赏辞典》，上海辞书出版社 1997 年版，第 1570 页。

九十八卷，有万历十九年（1591年）刻本。这是了解明代水文与水利的重要文献。湖南有湘江，湘江干流约850公里，是长江的七大支流之一。湘江发源于广西，在湖南注入洞庭湖，再汇入长江。湘江的重要功能是沟通长江与珠江，自秦代开通了灵渠之后，中原人士通过洞庭湖进入湘江，在零陵进入广西，由灵渠入漓江，顺流到番禺（广州）。沿着湘江，长沙是湘地的政治中心，也是商贾云集之地。淮商载盐而来，载米而去。岭南的商人也到长沙做生意，以之作为南方农副产品的商贸中心。

徐霞客《楚游日记》记载了湖湘的一些水系，如："蒸水者，由湘之西岸入，其发源于邵阳县耶姜山，东北流经衡阳北界，会唐夫、衡西三洞诸水，又东流抵望日坳为黄沙湾，出青草桥而合于石鼓东。一名草江，（以青草桥故。）一名沙江，（以黄沙湾故。）谓之蒸者，以水气加蒸也。舟由青草桥入，百里而达水福，又八十里而抵长乐。""耒水者，由湘之东岸入，其源发于郴州之耒山，西北流经永兴、耒阳界。又有郴江发源于郴之黄岑山，白豹水发源于永兴之白豹山，资兴水发源于钴鉧泉，俱与耒水会。又西抵湖东寺，至耒口而合于回雁塔之南。舟向郴州、宜章者，俱由此入，过岭，下武水，入广之浈江。"

《楚游日记》还记载了衡州城周围水系的人文环境。"来雁塔者，衡州下流第二重水口山也。石鼓从州城东北特起垂江，为第一重；雁塔又峙于蒸水之东、耒水之北，为第二重。其来脉自峋嵝转大海岭，度青山坳，下望日坳，东南为桃花冲，即绿竹、华严诸庵所附丽高下者。又南濒江，即为雁塔，与石鼓夹峙蒸江之左右焉。"

《楚游日记》还记载了水口，如："过白坊驿，聚落在江之西岸，至此已入常宁县界矣。又西南三十里，为常宁水口，其水从东岸入湘，亦如桂阳之口，而其水较小，盖常宁县治犹在江之东南也。"徐霞客注意到山水相依的现象，在向祁阳去的路上，"江左右复有山，如连冈接阜。江曲而左，直抵左山，而右为旋坡；江曲而右，且抵右山，而左为回陇，若更相交代者然"。

《乾隆湖南通志》卷二十一《堤堰》记载了农田水利："沟渠者，农之大利。楚南，山水奥区。高地，恒患土坎；卑田，又频忧水溢。长、岳、常、澧四府州，利在筑堤垸以卫田；永、辰、沅以上，利在建塘堰以蓄水。资水固为利，而防水之害亦水利也。我国家勤恤民隐，凡修建堤堰，并发帑为民筑垸，助其夫力。于是，有官垸、民垸之分。其已筑者，岁修必不可或怠，而滨湖已无余地多筑新围。益无余地以处水，水将壅而为害矣。近今酌定章程，乖为令甲：已筑者，督理有专官，岁修有程限，且多种柳以固堤，培土牛以备用。未筑者，不许增筑。立法至详且周矣。有守土之责者，惟在不愆不忘，恪遵旧章，斯民田于以永赖尔。"

《乾隆岳州府志》记载了水上生活的渔民："（华容县）多以舟为居，随水上下。渔舟为业者，十之四五。"同属岳州府之巴陵县，"水居之民多以网罟为业，编号完课。有钓艇，有篷船，娶妻生子，俱不上岸"。

明代，长江在湖湘地区的一个重要变化就是荆江河段（从枝江到城陵矶）的变迁。邹逸麟在《中国历史地理概述》中已经作了概括性的描述："嘉靖年间，内江流量超过外江不断增大，终于在今江口附近冲断百里洲，东南与外江相会，使江沱会合点上移至今松滋新闸附近，百里洲被分割为上下二个里里洲，原来的主泓道在外江，由于沙洲密布，水流壅塞，逐渐演变为大江的汊流。"①

明代以前，长江的荆江段和汉水下游有不少分流口，俗称"穴口"，传说荆江"九穴十三口"、汉江"九口"。长江、汉水在汛期依靠这些汊流、湖泊、穴口分泄洪水。由于嘉靖、隆庆、万历三朝围湖造田，许多穴口被堵绝，造成了江汉众多汊流的消失，主河床淤垫抬升。自明末起，长江荆江段、汉江下游已成为洪水灾害的多发区。

张修桂认为，明代后期是长江流域的一个大洪水期，它对于开阔河段心滩出水成洲起着积极推动作用，但在狭窄河段它只能使流速加大，不但不利于沙洲形成，反而会使原有沙洲荡没。鹦鹉洲和刘公洲就是在这种情况下消失的，具体时间在明末崇祯年间（1628—1644年）。今汉阳城南的鹦鹉洲是清乾隆年间逐渐形成的新沙洲，初名补课洲，嘉庆年间为存古迹，始复鹦鹉洲旧名。②谈到清代的长江环境状况，张桂修特别推崇同治年间马徵麟的《长江图说》。《长江图说》是20世纪以前内容最丰富、绘制最精确、比例尺最大的一幅长江中下游的河势专门地图。此图对于了解清末长江河床演变提供了重要

① 邹逸麟：《中国历史地理概述》，福建人民出版社1993年版，第35页。

② 张修桂：《中国历史地貌与古地图研究》，社会科学文献出版社2006年版，第70页。

资料。①

　　云梦泽在历史时期不断发生变化。据学者们考证，云梦泽在先秦时期是大面积的湖泊、沼泽，秦汉时开始被沙洲分割成许多小湖，到唐宋时已淤填成平陆。唐宋时洞庭湖逐渐扩大，周围 800 里。明代，洞庭湖继续扩大，《嘉靖常德府志》记载："洞庭湖每岁夏秋之交，湖水泛滥，方八九百里，龙阳、沅江则西南一隅耳。"清朝道光年间，洞庭湖面积达到全盛，可能有 6000 平方公里，《道光洞庭湖志》记载："洞庭湖东北属巴陵，西北跨华容、石首、安乡，西连武陵、龙阳、沅江，南带益阳而寰湘阴，凡四府一州九邑，横亘八九百里，日月皆出没其中。"其后，洞庭湖逐渐萎缩，现今不足 3000 平方公里。张修桂认为，明清时期，江汉平原湖沼演变中，最可注目的是太白湖的淤填消失和洪湖的形成与扩展。太白湖在清末已因泥沙而变成低洼的沼泽区，1949 年后辟为汉江分洪区。因江汉平原排水不畅，光绪年间开成了浩渺的洪湖。②

　　汉水是湖北境内仅次于长江的一条大河。汉水，又名沔水，中下游部分河段又称襄河。明清时期汉水最重要的环境变迁就是汉水入口改道。《明史·地理志》记载："大别山在城东北，一名翼际山，又名鲁际山，又名鲁山。汉水自汉川县流入，旧经山南襄河口入江。成化初，于县郭师口之上决而东，从山北注于大江，即今之汉口也。"龟山北麓本来就有一条汉水故道，汉水放弃了原来的主河道，全由龟山以北的故道入江，即《万历湖广总志·水利志》所载："今考汉江图，西自汉中流至汉阳大别山出汉口与江水合，即汉水故道也。"成化年间以前，汉水的主要水流是走的另外一条通道，明代《堤防考》专门有一段文字记述这个变化，清代顾祖禹在《读史方舆纪要》卷七十六《汉阳府》专门引用了其文："汉口北岸十里许有襄河口。旧时汉水从黄金口入排沙口，东北折抱牯牛洲到鹅公口，又西南转北，到郭师口。对岸曰襄河口，长四十里，然后下汉口。成化初，忽于排沙口下、郭师口上，直通一道，约长十里，汉水竟从此下，而古道遂淤。"关于汉水改道，张修桂认为，襄河

---

① 张修桂：《中国历史地貌与古地图研究》，社会科学文献出版社 2006 年版，第 589 页。

② 张修桂：《中国历史地貌与古地图研究》，社会科学文献出版社 2006 年版，第 138 页。

是因汉水从襄阳来，故汉水中下游又有襄河之称。可见此襄河口是成化年间汉水裁弯之后才出现的，它与早已存在的沙口根本没有任何关系。由于自然裁弯取直，河床主流轴线发生重大改变，汉水河口段也必然随之发生相应变动。郭师口以上的裁弯遗弃河段，逐渐淤废为断续的牛轭湖，龟山西南的故道则淤为月湖港。[①] 据笔者所知，直到 20 世纪 60 年代，郭师口（又称郭茨口）一带仍是沼泽低洼地，史书上的地名黄金口，现称为黄金堂。

汉水沿线的状况也有一些变化。《万历湖广总志》卷三三《汉江堤防考略》云："（汉）水多泥沙，自古迁徙不常。但均阳以上，山阜夹岸，江身甚狭，不能溢。襄樊以下，景陵以上，原隰平旷，故多迁徙。潜沔之间，大半汇为湖渚，复合流至干驿镇，中分：一由张池口出汉川，一由竹筒河出刘家隔，以故先年承襄一带虽迁徙而无大患者，由湖渚为之壑，三流为之泻也。正德以来，潜沔湖渚渐淤为平陆，上流日以壅滞。……下流又日以涩阻，故迩来水患多在荆襄承天潜沔间也。"《同治宜城县志》卷一《方舆志》对汉江也有记载："光、均而上，两岸夹山，无甚改移；谷、襄一带，虽或不无变迁，而间夹山阜，中峙城镇，大段不致纷更；更惟宜属地方东西山崖悬隔，沿滨多平原旷野，而东洋之古城堤与县垣之护城堤阔别不扼汉冲，泛涨崩淤，不数年而沧桑易处。"

鲁西奇对汉水的河道变迁有专门的研究。他根据史料，认为汉水上游（光化、均州以上）受到河谷地貌的制约，河道狭窄但不能泛溢；谷城至襄阳间河谷已较为宽阔，但间有山丘夹峙，又受到两岸城镇的影响，河道虽有小规模的变化，但"大段不致纷更"；至于襄樊至钟祥段，则已属"原隰平旷"，故河道"多有迁徙"；特别是明中期以后因下游潜江、沔阳间的湖渚"渐淤为平陆"，水流壅滞，故襄阳—钟祥间的水患愈益增加。由于历史时期汉水中游河道的摆动幅度不大，向来少有人注意，故对于其摆动的具体情形，多不能详知。但汉水中游河道的频繁摆动，实是此段堤防之所以兴起的地理背景与直接原因；且堤防之兴废，亦与河道之变迁有着密切关系；而考察历史时期此段河道的变迁情形，对于认识其特性与变化规律，总结其治理经验与教训，均有着

---

① 张修桂：《中国历史地貌与古地图研究》，社会科学文献出版社 2006 年版，第 125 页。

重要意义。①

汉水在汉口进入长江。在明代，汉水是清还是浊？有的学者提出了这个问题，依据是《嘉靖沔阳州志》卷八《河防》记载："盖汉最浊"，"惟江清不易淤"。明人陈仕元的《水利论》一文也记载："汉水之泥不啻是。盖汉最浊，易淤汇，疏涤之，则散漫矣。"尹玲玲推断："时至清代前期雍正年间，江水含沙量虽有所升高，但仍较汉水为清。在这之后才发生逆转，一变而为江水浊而汉水清。"②

一般情况下，汉江都是黄泥色的水。每当长江季节性地涨水之时，汉江流速就变缓，汉江口的水流就变得清澈起来。长江一直都是黄泥色的水，但自从三峡大坝修建之后，长江流速减缓，大坝附近一片碧波绿水，如同一片大湖。可见，水之清浊，主要视当时水的流速而定。由此推断，雍正年间以前，汉水的清与浊是根据长江水情而定的。

《同治汉川县志》记载，江汉间民众，"土瘠民贫，秋成，即携妻子泛渔艇转徙于河之南、江之东，采菱拾蚌以给食。春时，仍事南亩，习以为常"。《光绪孝感县志》记载当地的马溪河，"在北泾东十里，其地夏秋皆水，居人去之；冬春水涸，复聚"。

武当山在宫殿的修建过程中，发现泉水。《敕建大岳太和志》卷四"泉"条记载了东灵石泉和西灵石泉，传闻是在宣德三年（1428 年）重整岩宇时，"岩东陇石穴下，泉水忽然流出。既后，岩西路傍石根下，泉水亦复流出。于是用工凿砌，池成水溢，清冽泠泠，无异于凤门泉也"③。

《道光安陆县志》卷六叙述了鄂北地区的一条重要水系——涢水。涢水源自大洪山，流淌中汇合了石水、义井水、淅河水、守溪水、浪水、中界河、章水等小河流，这些水系有的已不可考。方志对这些小河有记载，如果我们结合这些记载，采用田野考察方法，实地作一番对照研究，应当可以清楚地发现清代以来涢水水系的变化。除了实地考察，还可以做一些文献校勘。如康熙年

---

① 鲁西奇、潘晟：《汉水中下游河道变迁与堤防》，武汉大学出版社 2004 年版。

② 尹玲玲：《明清两湖平原的环境变迁与社会应对》，上海人民出版社 2008 年版，第 98 页。

③ 杨立志点校：《明代武当山志二种》，湖北人民出版社 1999 年版，第 100 页。

间，沈荼庵修纂《安陆县志》，未能完稿。《道光安陆县志》的编者蒋氏认为沈本有一些错误，指出："按，沈志于水道多讹，如以辽水由马坪港注涢，则未明于应山之水道也。辽水即随水出石龙山，山在应山县之东北四十里，其水合灈注涢，不由马坪港也。又称河自坪港以下又东南流迳蜂子山而右，会富水……则但袭《水经注》旧文而未明于今京山与应城之水道也。"蒋氏认为沈志不应当抄袭过去的文献，而应当以实地为准，这种态度应当是严谨的。据笔者所知，20世纪上半期，涢水有很大的流量，可以行船。到了21世纪，涢水的水量减少，有时可以卷起裤子蹚过河。

江西

江西的北部临江，有鄱阳湖。湖口县是江湖交汇处，也是重要的自然景观区。江西全境有大小河流2400余条，赣江、抚河、信江、修河和饶河为江西五大河流，流入鄱阳湖。施和金介绍："明清时期鄱阳湖演变的最大特点是汊湖的形成和发展，特别是南部地区尤为显著。在进贤北境，宋时仅有一个小日月湖，经元明两代，随着南部地区继续下沉，日月湖泄入鄱阳湖的水道扩展成巨大的军山湖，遂使日月、军山两湖成为进贤境内最大的湖泊。至明末清初，原流经进贤西北的清溪、南阳、洞阳三水中的中游地带，也因下沉而扩展成仅次于军山的大汊湖——青岚湖。"[1]

历史上，江西的水灾相对较少。许怀林等人对鄱阳湖流域生态环境进行了历史考察，对诸如社会生态与移民、水土流失与综合治进、灾荒与社会控制等问题进行了研究。这是对单个湖区进行综合研究的学术成果，对每一个具体的问题都有较深入的探析。如果研究环境史要对湖区进行研究，可以借鉴。[2]

安徽

安徽在长江两岸，水网密布。《光绪宿州志》记载，清朝凤阳府宿州境内流经的河流有北股河、南股河、砂礓河、瞿沟、月河、西流河、郤浚河、甾河、奎河、白渎水、泽湖水、八丈沟、五丈陂、岳河、潼河、缋水、泡水、蕲水、浍水、漴水、解河、沱河、沲河、清沟河等。

明代陈洪谟《治世余闻》卷一记载："丁未岁，凤阳、亳州并淮安等处，

---

[1] 施和金编著：《中国历史地理》，南京出版社1993年版，第104页。

[2] 许怀林等：《鄱阳湖流域生态环境的历史考察》，江西科学技术出版社2003年版。

皆报黄河清一月。"

江苏

西方传教士利马窦对苏州城的环境多有赞誉，认为水环境特别好。他说："这里人们在陆地上和水上来来往往，像威尼斯人那样。但是，这里的水是淡水，清沏透明，不像威尼斯那样又咸又涩。街市和桥都支撑在深深插入水中的独木柱子上，像欧洲的式样。……从陆路进城只有一个入口，但从水路进城则有好几个入口。城内到处是桥，虽很古老，但建筑美丽，横跨狭窄运河上面的桥，都是简单的拱形。"①

明代文林《琅琊漫钞》对淮水的变化进行记载："弘治元年（1488 年），淮水清，舟人曰：'昔黄河自戈河入，今戈水塞矣，故清。'三年（1490 年）春，至清河，其流浑，与昔淮水同。而淮水反清。此亦天地河源之一变也。不知有何灾祥，漫识之。"

张瀚《松窗梦语》卷二《北游纪》对苏北水情进行记载："自淮入河，为桃源、宿迁、邳州。嘉靖初年，黄河之水澎湃横流，尚畏深险。数年后，河道顿异，流沙涌塞，仅存支派，浮舟甚难，行人抠衣可涉。时方命疏浚，殊劳民伤财，竟不能挽黄河之故道也。惟五月以后，河流冲突，从旁决开，行民间田野中，荡为江湖，舟人亦称曰湖中。但水势散漫多浅，沿河堤岸皆为潆没，舟行近逼民居，无牵缆之路。至马湖口、沂河口，水涌急流，度缆而过，行者苦之。迨冬水涸，尤为难行。旋复流渐，河冰渐合，益不敢入湖。湖中留滞之舟，不可胜计。自房村渡吕梁、徐州二洪为彭城，由此溯流而上，逾耿山，至沛县，皆直隶界矣。夫二洪之间，犹可鼓枻而前，耿山以上，大水漫漫，浩荡无涯，皆自溜沟来，不从浮桥出。村落仅存高阜之十一，余皆巨浸波涛，舟航无岸可傍，停于水中。官民舍宇，尽皆没溺，一望渺然，惟数峰巅而已。田野之间，民船取捷，四散飞挽，莫辨所之。舟人以铁锚前系，然后牵挽而行。过沽头等闸，皆弥漫汪洋，渺不知闸之所在矣。"

《清稗类钞》卷一记载了扬子江的名称由来与江水的情况。"扬子江之名由来久矣。盖江苏扬州府城南十五里有扬子津，隋以前津尚临江，不与瓜洲

① ［意］利马窦等著，何高济等译：《利马窦中国札记》，中华书局 2010 年版，第338 页。

接，故江面阔至四十里，北人南渡者悉集此津，而江亦以是名焉。及唐时，江滨积沙至二十有五里，瓜洲遂与扬子津相连，江面乃隘至十八里，于是渡江者，南岸则济自京口之蒜山渡，北岸则济自瓜洲，扬子津之名由是不著，而江竟千古矣。"又说江中有沙洲，有"瓜洲故城"的变迁："瓜洲旧在江中，形如瓜字，故名。唐时始与陆路相连，宋乾德间，因以筑城其上，遂恃为滨江一重镇焉。年代湮远，地势变迁，至道光时，则故城复陷落江心，瓜洲乃名存而实亡矣。惟每当风日晴和，渡江之客，犹时于波光澄清中见堞垣痕影也。"

江苏的泗州城在洪泽湖以南，海拔8—9米，而淮河的河床高于泗州城。洪泽湖的水长期浸泡泗州城，多次灌入城中。民众不断加高城池，终是抵不过自然之力，最终放弃了城池，康熙十九年（1680年），湖水淹掉了城池，现在仅是淤泥而已。

乾隆年间，江苏常熟的昭文县，有陈祖范进言："琴川古迹，湮久难复，昭文县境有渠纵贯其中，东西水道皆属焉。民居日稠，旁占下湮，上架板为阁，道通往来，宅券相授受，忘其为官河也……夫川渠者，人身之血脉，血脉不流，则生疾，川渠壅竭，邑乃贫。"[1]

江苏的泰州位于江淮之间。长江是中国最长的河，淮水是中国南北分界线，这两条水系都与泰州古城相连。长江流域的通南水系和淮河流域的里下河水系在此交汇，境内的老通扬运河属于长江水系，与之相连的是"上河"。境内的新通扬运河属淮水水系，与之相连的是"下河"。这两条上下河都流会于泰州城河。泰州周边水网密布，特别是下河地区有众多的湖泊与沼泽。城内以今扬州路、东进西路、东进东路、南通路为界，北部属淮河流域下游地势低洼的里下河地区，河道属里下河水系；里下河地区通过市区北部向西与江都枢纽、向南经泰州引江河与高港枢纽相连，为苏北、苏东引排水咽喉要道。南部属长江下游的通南平原区，河道属通南水系。泰州上下河平均水位落差在0.8米至1.2米之间。在城北的迎江桥上，可以看到宽阔的通扬河，纵向的一端通扬州，另一端通盐城。横向的一端通兴化，到里下河。另一端进泰州，有稻河与草河夹峙。沿着稻河与草河有商业古老街。泰州市城内主要航道南北方向有南官河、引江河、卤汀河、泰东河。东西方向有新通扬运河、老通扬运河、周

---

① 陈祖范：《司业文集》卷二《昭文县浚河记》，齐鲁书社1995年版，第161页。

山河。在市区，通南水系主要有周山河、翻身河、王庄河、老通扬运河、城河、中市河、西市河、东市河、玉带河、刘西河、扬子港、五圩河、城南河、凤凰河、东谢河、前进河、南官河、景庄河。里下河水系主要有引江河、新通扬运河、卤汀河、稻河、草河、老东河、盐河、五叉河、庆丰河、九里沟、七里河、东风河、九里河等。城外水绕城，城内水穿城。城内有绕城一周的东西市河，贯穿南北的中市河、横贯东西的玉带河，呈"田"字形布局。这"双水绕城"的格局及呈"田"字形纵横交错的市河，构成了历史上泰州水乡城市特有的风貌。

彭安玉在《论明清时期苏北里下河自然环境的变迁》（《中国农史》2006年第1期）指出：里下河是一大块洼地。明清时期，黄、淮洪水屡屡倾泻苏北里下河。水走沙停，里下河地区的河湖港汊日趋淤塞，并最终导致射阳湖的消失。里下河自然环境亦因此而完成了从泻湖到平畴的巨大变迁。他举了一些实际的例子：第一，清代高邮州治东北新增五荡，且相互连通成片。《万历扬州府志》卷六记载：高邮州治东北 15 里有羊马儿荡，东北 45 里有沙母荡。此外，附近还有井子荡、南阳荡，各不连属。而《嘉庆扬州府志》卷八记载：高邮州治东北除原有羊马儿荡、沙母荡外，新增草荡、时家荡、秦家荡、张家荡、鱼池纲荡 5 荡，且与万历即已存在的羊马儿荡、沙母荡相连属，而明代见载的井子荡、南阳荡则不见于清代方志记载。第二，兴化境新增两荡。据《万历扬州府志》卷六，泰兴有 4 荡，高邮有 8 荡，而在兴化下，载有市河、车路河等 32 条，得胜、大纵等湖 7 个，却不见一荡。而查阅清代《咸丰重修兴化县志》卷二，则在兴化城东有旗杆荡，又名盘荡；在城北有乌巾荡，"广阔三里"。第三，盐城县治西侧射阳湖东畔形成若干荡，且有湖泊淤成平陆者。《万历盐城县志》卷一记载，在距盐城县治西南、西北 20 里至 110 里不等的射阳湖畔，有 17 荡之多，它们是芦子荡、官荡、十顷荡、牛耳荡、鸭荡、观音荡、雁儿荡、鹤丝荡、仓基荡、罗汉荡、养鱼荡、尚家荡、白荡、吴家荡、使唤荡、缩头荡、马家荡。这些荡在清代仍存地名，但规模有所收缩，逐渐被围垦成田。另外，《万历盐城县志》卷一还记载盐城县治西城外有小海，"东西两滩生蒲草而中通盐舟……春冬滩出，水为盐河，西北入东塘河过射阳而达于海"。但在《乾隆盐城县志》卷六记载中已完全淤成滩地。大量荡地的出现，表明明清时期里下河地区的湖泊日益淤浅为滩地，长上芦苇，形成芦荡相连景观。泥沙的淤填，又使荡地水位抬升，荡水向四周低地流散，进而又使周围低地化为沼泽水荡。

(三) 沿海其他地区

浙江

浙江临江滨海，湖泊众多。《王阳明全集·悟真录之四》有《浚河记》，记载："越人以舟楫为舆马，滨河而廛者，皆巨室也。……舟楫通利，行旅欢呼络绎。是秋大旱，江河龟坼，越之人收获输载如常。明年大水，民居免于垫溺。远近称怪，又从而歌之曰：'相彼舟人矣，昔揭以曳矣，今歌以楫矣。旱之熇也，微南侯兮，吾其燋矣。霪其弥月矣，微南侯兮，吾其鱼鳖矣。我输我获矣，我游我息矣，长渠之活矣，维南侯之流泽矣。'"

《松窗梦语》卷二《东游纪》记载浙江的源头与钱塘江，说："浙江之源出婺源浙岭，其山高峻难行，缘山取道，凡十八曲折而上，故曰'浙'也。昔渡钱塘，值大风陡作，雪浪滔天，江空无西渡者。逾日早发，至中流，风雨大至，舟屡倾侧，几至颠覆。舟中之人相顾骇愕，呼天吁神，众相扰乱。余戒舟人稳坐，喻以生死有命，如命当绝，即葬于鱼腹中耳，何忧惧为！幸数浪拍岸，同舟者得以共济。后继至一舟，竟溺于江。已而登岸，见沙尘蔽天，道傍拔木无算，始知异常之风波也。"

《松窗梦语》卷二《南游纪》还记载了其他河流："自桐江而上百余里间，两山苍郁，一气澄清，秋行如在画图中。严州以南，溪流差缓，水皆縠纹，无烦摇曳中流，自在而行。将至兰溪，山开水淳，势逆而聚，风气顿异，城郭修整，人民富庶。离浙而南，诸郡邑不是过也。龙游、衢州沙滩高，溪流浅，舟不易达。至常山，逾岭则浙之南界矣。"

徐霞客在《游天台山记》（后篇）记载对天台溪水源的考察，他说："天台之溪，余所见者：正东为水母溪；察岭东北，华顶之南，有分水岭，不甚高；西流为石梁，东流过天封，绕摘星岭而东，出松门岭，由宁海而注于海；正南为寒风阙之溪，下至国清寺，会寺东佛陇之水，由城西而入大溪者也。国清之东为螺溪，发源于仙人鞋，下坠为螺蛳潭，出与幽溪会，由城东而入大溪者也；又东有楢溪诸水，余屡未经。国清之西，其大者为瀑布水，水从龙王堂西流，过桐柏为女梭溪，前经三潭，坠为瀑布，则清溪之源也；又西为琼台、双阙之水，其源当发于万年寺东南，东过罗汉岭，下深坑而汇为百丈崖之龙潭，绕琼台而出，会于青溪者也；又西为桃源之水，其上流有重瀑，东西交注，其源当出通元左右，未能穷也；又西为秀溪之水，其源出万年寺之岭，西下为龙潭瀑布，西流为九里坑，出秀溪东南而去。诸溪自青溪以西，俱东南流入大溪。又正西有关岭、王渡诸溪，余屐亦未经；从此再北有会墅岭诸流，亦正西之水，西北注于新昌；再北有福溪、罗木溪，皆出天台阴即天台山北面，而西为新昌大溪，亦余屐未经者矣。"

福建

徐霞客《闽游日记》（前篇）记载了福建的地势落差决定水的流速。"宁洋之溪，悬溜迅急，十倍建溪。盖浦城至闽安入海，八百余里，宁洋至海澄入海，止三百余里，程愈迫则流愈急。况梨岭下至延平，不及五百里，而延平上至马岭，不及四百而峻，是二岭之高伯仲也。其高既均，而入海则减，雷轰入地之险，宜咏于此。"《闽游日记》考察了福建宁洋溪（今九龙江）和建溪，根据两溪的源头和流程的对比，做出了河流的流速与流程成反比的科学分析，他正确指出河岸弯曲或岩岸进逼水流之处冲刷侵蚀厉害，河床坡度与侵蚀力的大小成正比等问题。

《闽游日记》记载由于福建山陡水急，有些溪河难以渡过。"抵华封，北溪至此皆从石脊悬泻，舟楫不能过，遂舍舟逾岭。"徐霞客感叹地说："凡水惟滥觞发源之始，不能浮槎（竹筏），若既通，而下流反阻者，止黄河之三门集津，舟不能上下。然汉、唐挽漕水道，缆迹犹存；未若华封，自古及今，竟无问津之时。拟沿流穷其险处，而居人惟知逾岭，无能为导。"

徐霞客到过九鲤湖，九鲤湖在福建仙游县东北约13公里处。相传汉武帝时，有何氏九仙在此骑鲤升天，故名。湖在万山之巅，有九级瀑布飞泻而下。闽方言中称瀑布为"漈"。徐霞客撰写的《游九鲤湖日记》仅有近2000字，先是记载了游历的道路，"始过江山之青湖。山渐合，东支多危峰峭嶂，西伏不起。悬望东支尽处，其南一峰特耸，摩云插天，势欲飞动。问之，即江郎山也。望而趋，二十里，过石门街。渐趋渐近，忽裂而为二，转而为三；已复半岐其首，根直剖下；迫之，则又上锐下敛，若断而复连者，移步换形，与云同幻矣！"其中说到了道路的改造，"九漈去鲤湖且数里，三漈而下，久已道绝。数月前，莆田祭酒尧俞，令陆善开复鸟道，直通九漈，出莒溪"。《游九鲤湖日记》记录了九鲤湖一带的九处瀑布，也即"九漈"。每个地方都有独特性，"六漈之五星，七漈之飞凤，八漈之棋盘石，九漈之将军岩，皆次第得名矣"。

《乾隆汀州府志》卷三《山川》记载："南方称泽国，汀独在万山中，水四驰而下，幽岩迂溪。"卷四《形胜》记载："崇山峻岭，南通较交广，北达淮右，瓯闽粤壤，在万山谷斗之地，西邻赣吉，南接潮梅，山重水迅，一川远汇三溪水，千障深围四面城。"汀州在闽西，闽西地势不一，随水势之高下，引以灌田，水力设施极为脆弱，抗洪防旱能力几乎等于零。当春夏之交，山水暴至，易于为灾，明崇祯甲申、清康熙癸巳、道光壬寅，汀州滨溪田庐淹没无算，城中女墙可以行舟，无家不覆，无墙不圮。

罗志华在《生态环境、生计模式与明清时期闽西社会动乱》（《龙岩学院学报》2005 年第 5 期）一文中指出，闽西的地势走向很特别，西南高东南低，因有"天下之水皆东，汀水独南"之说。汀江经过长汀、上杭、永定三县至广东与梅江汇合为韩江。在古代陆路交通相对不发达的情况下，水路运输是相对繁荣的，因此汀江构造了三省边区的贸易网，潮盐运往闽赣，而赣米则运往闽粤，闽西的木材纸也通过汀江和韩江运往东南亚各地。但水运极不安全：一是滩险多，"长汀县三百里至上杭，滩势湍急，宁化县六十里至清流，中有七弧龙，逶迤七曲，舟师惮之，上杭县十里至大弧头，以下滩势愈峻，舟师必易舟以行"[1]。

广东

广东在岭南，紧邻海洋，接五岭之水。广东最重要的水系是珠江。珠江三角水系在明清时期初步形成了现代水网的雏形。

明末清初的屈大均《广东新语》卷四《水语》记载广东河流，他介绍"西江"说："西有三江，其一为漓，一为左，一为右。右江至浔而汇左为一，而右江之名隐。左江至梧而汇漓为一，而左江之名亦隐。惟曰西江。西江在西粤为三，在东粤为一，一名郁水。……西江发自夜郎，尽纳滇、黔、交、桂诸水而东，长几万里。然趋海之道，苦为羊峡所束，咽喉隘小，广不数武。霪雨时至，则狂波兽立，往往淹没田庐人畜，民居城上，南门且筑三版。"

《广东新语》卷四《水语》记载了水质，在"南江"条说："南江，古泷水，一名晋康水。其源出西宁大水云卓之山，会云河松抱坎底上乌之水至大湾，又会东水至德庆南岸入于西江。……西江之源最长，北江次之，东江又次之，南江最短。然其水清于西江，西江岁五六月必暴涨，瘴气随之而东而南，

----

① 民国《上杭县志》卷一《大事卷》。

饮者腹胀。惟北江绝清，潮之力仅至中宿，故禺峡之水，甘冽不减中泠。"

《广东新语》卷四《水语》记载了温泉，"电白县西三十里，有冷水池。池中有温泉喷出，缕缕如贯珠，至溪则怒流澎湃，触石生烟，热乃愈甚，一二里犹炎蒸，郁郁不散。其余山谷，亦有温泉四涌，遥见火云蓬勃……行者莫不汗流浃体。泉微作硫黄气，其热可以汤鸡瀹卵，而寅、午、酉三时尤灼，他时则稍杀"。

《广东新语》卷四《水语》记载水井，说："乐昌治东南百步，石上有涌泉数穴，味甘冽，名曰官井，亦曰玉井。井水流入水溪，潺潺有声，上有古榕数株，垂阴茂密，人家列居其旁，不用绠井而水无不至满而溢焉。则溪分两道以流之，溪之水为其所夺，浊而使清，轻而使重，溪盖有厚幸焉。凡井水从地脉远来者为上，近为江湖所渗出者次之。玉井伏流山谷间，至此趵突而出，乃天然美泉，非井也。古之为井者，底以黑铅，镇以丹砂，使长得纯阳之气，饮而无疾，凡以补泉之不足也。泉而天然，则金膏玉髓之所凝，所谓神仙美禄，名曰官井，以在官道之傍，人不得私，亦并受其福之意也。"

《广东新语》卷四《水语》记载肇庆有七井，人民受惠。"包孝肃为端州守，尝穿七井。城以内五，城以外二，以象七星。其在西门外者，曰龙鼎冈井，民居环抱，清源滑甘，为七井之最。此郡城来脉，山川之秀所发也。大丹幽溪邃涧之水，饮之消人肌体，非佳泉。佳泉多在通都大路之侧，土肉和平，而巽风疏洁，乃为万灶所需，食之无疾。孝肃此举，端之人至今受福，大矣哉。"屈大均认为环境是可以改造的，不要拘泥于风水之说，他接着说："君子为政，能养斯民于千载，用之不穷。不过一井之为功，亦何所惮而不为乎。《易》曰君子以劳民劝相，言凿井之不可缓也。江城妇女，冒风雨出汲，在在皆然。"惠州城中亦无井，民皆汲东江以饮，堪舆家谓惠称鹅城，乃飞鹅之地，不可穿井以伤鹅背，致人民不安，此甚妄也。"

海南岛

海南岛地形是中间高四周低。所以其河流是从中间向四周散射出去的，组成辐射状水系。全岛独流入海的河流共 154 条，其中集水面积超过 100 平方公里的有 38 条。南渡江、昌化江、万泉河为海南岛三大河流，三条大河的流域面积占全岛面积的 47%。南渡江发源于白沙县南峰山，斜贯岛北部，至海口市一带入海，全长 311 公里；昌化江发源于琼中县空示岭，横贯海南岛西部，至昌化港入海，全长 230 公里；万泉河上游分南北两支，分别发源于琼中五指山和风门岭，两支流到琼海市龙江合口咀合流，至博鳌港入海，主流全长 163 公里。

海南岛年降雨量大，降雨集中于夏季，故夏季为汛期。海南岛植被覆盖广，河流含沙量小；地处热带，无结冰期。

屈大均《广东新语》卷二《地语》记载："地至广南而尽，尽者，尽之于海也。然琼在海中三千余里，号称大洲，又曰南溟奇甸。……皆广南之余地在海中者也，则地亦不尽于海矣。地不尽于海，凡海中之山，若大若小，其根蒂或与地连，或否，是皆地矣。虽天气自北而南，于此而终，然地气自南而北，于此而始。始于南，复始于极南，愈穷而愈发育，故其人才之美有不生，生则必为天下之文明。"从这段话不难看出，清人意识到海南岛是大陆延伸之地。

广西

广西属于西南地区，但也可以与广东划归岭南地区。

广西的水资源丰富。徐霞客在《粤西游记》中记载了广西的水环境复杂，江水的源流与名称不清晰。如："都泥江者，乃北盘之水，发源曲靖东山之北，经七星关抵普安之盘山，由泗城而下迁江，历宾州、来宾而出于此。溯流之舟，抵迁江而止。盖上流即土司蛮峒，人不敢入；而水多悬流穿穴，不由地中，故人鲜谙熟悉其源流者。又按庆远忻城有乌泥江，由县西六里北合龙江。询之土人，咸谓忻城无与龙江北合水口，疑即都泥南下迁江者。盖迁江、忻城南北接壤，'乌泥''都泥'声音相合，恐非二水。若乌泥果北出龙江，必亦贵州之流，惜未至忻城一勘其迹耳。若此江，则的为北盘之委，《西事珥》指为乌泥，似以二水为混，未详核之也。"

广西的城市都有水环护。《粤西游日记》记载了柳州城，"柳郡三面距江，故曰壶城。江自北来，复折而北去，南环而宽，北夹而束，有壶之形焉，子厚所谓'江流曲似九回肠'也。……自柳州府西北，两岸山土石间出，土山迤逦间，忽石峰数十，挺立成队，峭削森罗，或隐或现。所异于阳朔、桂林者，彼则四顾皆石峰，无一土山相杂；此则如锥处囊中，犹觉有脱颖之异耳。柳江西北上，两涯多森削之石，虽石不当关，滩不倒壑，而芙蓉倩水之态，不若阳朔江中俱回崖突壑壁，亦不若洛容江中俱悬滩荒碛也。此处余所历者，其江有三，俱不若建溪之险。阳朔之漓水，虽流有多滩，而中无一石，两旁时时轰崖缀壁，扼掣江流，而群峰逶迤夹之，此江行之最胜者；洛容之洛青，滩悬波涌，岸无凌波之石，山皆连茅之坡，此江行之最下者；柳城之柳江，滩既平流，涯多森石，危峦倒岫，时与土山相为出没，此界于阳朔、洛容之间，而为江行之中者也"。

广西的河流有分有合。《粤西游日记》记载了左右江，"柳城县在江东岸，孤城寥寂，有石崖在城南，西突瞰江，此地濒流峭壁，所见惟此。城西江道分而为二。自西来者，庆远江也，自北来者，怀远江也，二江合而为柳江，所谓黔江也。下流经柳州府，历象州，而与郁江合于浔。今分浔州、南宁、太平三府为左江道，以郁江为左也；分柳州、庆远、思恩为右江道，以黔江为右也。然郁江上流又有左、右二江，则以富州之南盘为右，广源之丽江为左也，二江合于南宁西之合江镇，古之左右二江指此，而今则以黔、郁分耳"。

第二节　治水

一、明清的水利

水利是农业的命脉，治水关系国计民生。水利灌溉工程的修建与农业生产的紧密结合是中国传统农业的重要特点。清人修纂的《明史·河渠志》记载明代276年间的水利，其中包括黄河、运河、淮水、卫河、漳河、沁河、桑干河等。《清史稿·河渠志》记载的河流范围与《明史》大致相同。

1. 明代的水利

明代，从总体上而言，国家是重视治理水利的。统治者深知，只有兴修水利才能保证农业丰收，保证社会安定，保证统治的稳定。据统计，明代新建水利工程达2270处。

明初，太祖朱元璋组织大批"国子监生及人材分诸天下郡县督吏民修治水利"，规定"皆宜因其地势修治之"。① 这次全国性的兴修水利运动，取得了显著的成就。洪武二十八年（1395年），全国府县开塘堰四万九百八十七处，河四千一百六十二条，陂渠堤岸五千零四十八处。②

明代有管理水利的机构。中央机构设有主管水利事务的都水清吏司，简称都水司，为工部的"四清吏司"之一。其长官为郎中，佐官为员外郎及主事。其实，早在朱元璋尚未称帝时，就设立了营田司，负责修筑堤防，掌管水利。康茂才担任都水营田使，分巡各地，督修水利。洪武二十七年（1394年），朱

---

① 《明太祖实录》卷二百三十四。

② 《明史·河渠志》。

元璋命令工部注意兴修水利，"陂塘湖堰，可蓄泄以备旱潦者，皆因其地势修治之"①。在朱元璋看来，修水利是大事，关系到防灾与耕种，是长治久安的国策。

明代将农田水利或江河施工维修管理交给各省或流域机构负责。各省按察司设有掌管屯田水利的副使或佥事；有重要农田水利工程的地方，则设府州级官吏或县级官吏管理。黄河、运河等大流域则专设管理机构。黄河事务由总河（全称为总理河道或总督河道）统领，其地位相当于各省督抚。总河之下，分级分段管理官员除郎中、主事外，另有监察御史、锦衣卫千户；官职名称有管河道主事、管洪主事、管泉主事、巡河御史、管河御史等。流域所在省份，于按察司置一副使专管河道；所属府州县各有河道通判、州判、县丞、主簿，专司境内河段事务。运河漕运由总漕（全称为总理漕运或总督漕运）掌理。

明代有管理水利的条例。在《大明律》中，有保护水利资源及设施的条文，例如："凡盗决河防者，杖一百。盗决圩岸、陂塘者，杖八十。若毁害人家及漂失财物，淹没田禾，计物价重者，坐赃论……若故决河防者，杖一百，徒三年。故决圩岸、陂塘，减二等，漂失赃重者，准窃盗论，免刺。"②"凡不修河防及修而失时者，提调官吏各笞五十……若不修圩岸及修而失时者，笞三十。因而淹没田禾者，笞五十。"③"河南等处地方盗决及故决堤防，毁坏人家，漂失财物，淹没田禾，犯该徒罪以上，为首者，若系旗舍余丁、民人，俱发附近充军；系军，调发边卫。"④

由于南方扩大圩田，破坏了湖泊的调节功能，明朝曾发布禁圩田令。正统十一年（1446年），直隶巡抚周忱奏：应天等府"富豪筑圩田，遏湖水，每遇泛溢，害即及民，宜悉禁革"⑤。周忱是一位能体恤民情的官员，清代朱轼的《广惠编》记载："明周忱巡抚南直隶，苏松二郡大水，秋禾不登，饿莩载道。忱随一二小苍头，棹小舟一叶，亲行各乡里，咨询疾苦。间遇村中老叟。呼至

①《明史·河渠志》。

②《大明会典·律例十三·盗决河防》。

③《大明会典·律例十三·失时不修堤防》。

④《大明会典·律例十三·盗决河防》。

⑤《明史·河渠志》。

舟，命卧榻下与谈，竟夕不倦。见郡县牧令坐官衙不出者，责之曰：流民载道，忍安坐乎？"明英宗从其议，诏令禁止扩大圩田。弘治三年（1490年），鉴于四川灌县都江堰"为居民所侵占，日以湮塞"的状况，明孝宗敕令四川按察司官员刘杲：提督地方官吏，"将都江堰以时疏浚修筑；严加禁约势要官校、旗军人等，不许似前侵占阻塞……敢有不遵约束，沮坏水利之人，拿问如律；应参奏者，奏请处治"[①]。

明代还有保护城市供水的法规。成化元年（1465年），陕西巡抚项忠下令立"新开通济渠记碑"，碑阴镌刻着《水规》十一则，以保障西安的城市用水。其主要内容包括：渠道所生菱、藕、茭、蒲之利，归地方公用；以金取老人（夫头）、人夫负责巡视、修缮事务；不准在渠水中沤蓝靛，洗衣物，以免造成污染；依据水量消长开关闸门，调节供水；植树渠傍，保护堤岸；分水溉田和工业用水也有相应限制；等等。《水规》在制度上保障了城市长期拥有充足而洁净的供水，体现了当时城市管理水平的一个侧面。

明代，各地在水利方面均有不同的成就。

明代徐贞明在谈到西北水利的兴修时说："西北之地，旱则赤地千里，潦则洪流万顷。惟雨时若，庶乐岁无饥，此可常恃哉！惟水利兴，而后旱潦有备。利一。中人治生，以有常稔之田，以国家之全盛，独待哺于东南，岂计之得哉！水利兴则余粮栖亩，皆仓庾之积。利二。东南转输，其费数倍，若西北有一石之入，则东南省数石之输。久则蠲租之诏可下，东南民力庶几稍苏。利三。西北无沟洫，故河水横流，而民居多没。修复水利，则可分河流，杀水患。利四。"[②]

《万历扬州府志》卷五记载："广陵地高阜……诸汊涧泉潦之水越十四塘注于高宝三十六湖，东北趋射阳、盐城入海，东南入江，水顺流径直易泄。……以塘储水，以坝止水，以沃归水，以堰平水，以涵泄水，以闸时其纵闭，使水深广可容舟，有余则用浸灌。"这条材料说明，明代广陵一带的水环境在一定程度上由人控制，实行了科学管理。

《松窗梦语》卷一记载地方官员从事水利工作，措施得力，造福一方。

①《明孝宗实录》卷三十六。

②《明史·徐贞明传》。

"庐阳地本膏腴，但农惰不尽力耳。年丰，粒米狼戾，斗米不及三分，人多浪费，家无储蓄。旱则担负子女，就食他方，为缓急无所资也。余行阡陌间，相度地形，低洼处令开塘，高阜处令筑堤。遇雨堤可留止，满则泄于塘，塘中蓄潴，可以备旱。富者独力，贫者并力，委官督之，两年开浚甚多。余行日，父老叩谢于道，曰：'开塘筑堤，不惟灌溉有收，且鱼虾不可胜食，子孙世世受遗惠矣。'"

陆容《菽园杂记》卷一记载："陕西城中旧无水道，井亦不多，居民日汲水西门外。参政余公子俊知西安府时，以为关中险要之地，使城闭数日，民何以生？始凿渠城中，引灞、浐水从东入西出，环甃其下以通水，其上仍为平地，迤逦作井口使民得以就汲。此永世之利也。"西安城中有了源源不断的井水，市民取用方便，惠泽后世。

《菽园杂记》卷十记载治水艰难，主事的官员往往受到非议。"徐州百步洪、吕梁上下二洪，皆石角巉岩，水势湍急，最为险恶。正统间，漕运参将汤节建议于洪旁造闸积水，以避其险。闸成而不能行，遂废。成化六年，工部主事郭升凿百步外洪，翻船石三百余块，又凿洪中河道，累石修砌外洪堤岸一百三十余丈，高一丈。八年，主事谢敬修砌吕梁上洪堤岸三十六丈，阔九尺，高五尺；下洪堤岸长三十五丈，阔一丈四尺，高五尺。二十一年，主事费瑄修砌吕梁上下牵缆路若干丈，皆便民美迹。而三人皆遭谤议，遂至坎坷。盖志于功名者，多不避小嫌；无所建立者，辄生妒忌，当道者不能察，则辄信不疑，而废弃及之。知巧者遂有所惩，而因循岁月，虽有当为之事，一切逊避，以免谤议矣。呜呼，仕道之难如此夫！"

明代泰州人凌儒曾经担任屯田都御史，告老还乡，热心地方水利事业。他考虑到泰州城外的下河地势低洼，力请开丁溪、白驹二港，排除水患。他在《上张道尊治水书》中说："州形地势，南北高下顿殊，坝以南谓之河，则上乡也；坝以北谓之下河，则下乡也……下乡虽沃而水深，心愿耕而力薄，俗谓之板荒，久废其田，盖不知几千百顷矣。……野之农惟指地坐观，临流浩叹。"他又谈到近期发生的水灾，说："不意七月廿三四日，颠风疾雨卷地倾盆，一昼夜间，水深三尺，将些须待割粳稻，塌倒飘荡，埋之水底。且拔树毁屋，倒坝溃围，百里之间，天翻地覆，田塍场圃，弥漫成湖。"① 在泰州这样的地区，水利是最重要的事情。如果不修筑排水工程，农田就会被淹，农民就无法生存。特别是地势较低之地，周边的水都流淌积聚，如有大雨，庄稼颗粒无收。

此类治水事例尚多，如，明洪武年间工部委派地方官员修筑了宝庆府邵阳县之代陂，万历年间沅州府麻阳县知县蔡心一督导民众修筑堤堰百余处，这些水利工程对于社会经济发展起了积极作用。

2. 清代的水利

清代重视兴建水利，各项工程 3503 处。乾隆年间，仅黄河流域中游地区的 47 个州，修建的灌溉渠道即有 1171 条，灌溉面积达 64 万亩。汉唐有过大规模的农田水利建设，比起明清来，其水利工程的建设数量未免有点相形见绌。

清代皇帝重视水利，多次下诏兴修河湖堤防。《清史稿·河渠志》记载，顺治十一年（1654 年）的诏书云："东南财赋之地，素称沃壤。近年水旱为灾，民生重困，皆因水利失修，致误农工。该督抚责成地方官悉心讲求，疏通水道，修筑堤防，以时蓄泄，俾水旱无虞，民安乐利。"康熙十七年（1678年）的诏书云："运河按里设兵，分驻运堤，自清口至邵伯镇南，每兵管两岸各九十丈，责以栽柳蓄草，密种菱荷蒲苇，以为永远护岸之策。" 这个按人承包的责任制很具体，使运河两岸的植被有了确实的保障。雍正帝对畿辅一带的水利尤为重视，先后派怡亲王允祥、大学士朱轼巡视地方，提出水利计划。雍正四年设水利营田府。

地方官员兴办水利的劲头较大。乾隆年间，先后上奏提出在地方修渠、筑坝、凿井的官员有两广总督、陕西巡抚、川陕总督、河南巡抚、江苏巡抚等。有些建议很有价值，如《清史稿》卷一二九记载，湖广总督鄂弥达对长江流域的开发提出："治水之法，有不可与水争地者，有不能弃地就水者。三楚之水，百派千条，其江边湖岸未开之隙地，须严禁私筑小垸，俾水有所汇，以缓其流，所谓不可争者也。其倚江傍湖已辟之沃壤，须加谨防护堤塍，俾民有所

---

① 常康等：《泰州文选》，江苏文艺出版社 2007 年版，第 63 页。

依以资其生，所谓不能弃者也。其各属迎溜顶冲处，长堤连接，责令每岁增高培厚，寓疏浚于壅筑之中。"对长江沿线不宜滥筑堤堰，应当留出一些缓冲地带，以备洪水。人不可盲目地与水争，顺其自然，因势利导，才可以达到人、水和谐。

清代地方上重视农田水利，兴修渠堰。《乾隆湖南通志》卷二十一《堤堰》记载："沟渠者，农之大利。楚南，山水奥区。高地，恒患土坟；卑田，又频忧水溢。长、岳、常、澧四府州，利在筑堤垸以卫田；永、辰、沅以上，利在建塘堰以蓄水。资水固为利，而防水之害亦水利也。我国家勤恤民隐，凡修建堤堰，并发帑为民筑垸，助其夫力。于是，有官垸、民垸之分。其已筑者，岁修必不可或怠，而滨湖已无余地多筑新围。益无余地以处水，水将壅而为害矣。近今酌定章程，乖为令甲：已筑者，督理有专官，岁修有程限，且多种柳以固堤，培土牛以备用。未筑者，不许增筑。立法至详且周矣。有守土之责者，惟在不愆不忘，恪遵旧章，斯民田于以永赖尔。"

清雍正年间，长沙府益阳县知县王璋带领民众修筑朱家垸等 16 处堤垸。

阮元在湖北担任地方官期间，注意民生，尤其关心水利。乾隆五十三年（1788 年），荆州万城大堤溃决，洪水入城。大学士阿文成到荆州相度水势，认为是江中的沙洲（俗名窖金洲）阻遏了江流，于是在堤外筑杨林嘴石矶，以攻窖金洲之沙，时间长达 30 年。阮元前往考察，发现"造矶后保护北岸诚为有力，但不能攻窖金之沙，且沙倍多于三十年前"。阮元考证了《水经注》《宋书》，发现早在南北朝时，文献就记载江陵县南门外的大江之中就有窖金洲，这是历史形成的，有自然的原因。阮元提出："此洲自古有之，人力所不能攻也。岂近今所生，可攻而去之者耶？"人造石矶不可能去掉窖金洲，"惟坚峻两岸堤防而已"。[①]

广东的地方官员也重视水利。[②] 嘉庆年间，罗含章在南雄时，亲身踏勘，因地制宜，根据地形、地势、水源、水文的不同修建水利工程，主持修建或者修复了数十宗水利设施，罗含章在《兴修水利诸自序》中记载他所做的政绩："水利大兴，数月之间，凡新开之陂十一，修复之陂十，官开之塘四，民开之

---

① 阮元：《研经室集》，中华书局 2006 年版，第 553 页。

② 吴建新：《明清时期粤北南雄山区的农业与环境》，《古今农业》2006 年第 4 期。

塘九十有三，民塘不暇详矣。"① 罗含章任上开发的陂塘灌田大至 4000 亩，小至 10 亩。如雄州城外有田数百亩，农民作高车以灌之，然车之所遏，沙土壅淤，而上流低田汇为巨壑，即由于高田上使用水车，而淤积沙土，阻遏流水，低田受涝，引起低田农民的诉讼。罗含章建议高田的农民废除高筒水车，另外在凌江的东岸建陂，挖长 1800 余丈、宽 4 尺的沟渠灌田，这就是同丰陂。在东岸建同丰陂，建成之后，解决了高田与低田的用水问题。

在一些历史教材中，总是揭露统治者的暴虐，似乎他们从来不关心国计民生。其实，稍加阅读历史文献，我们就会在史识方面发生转变，即：朝廷不是不重视水利，统治者不是完全不顾民生，他们确实是做过一些有益于民生的事情的。如，据《光绪宿州志·水利志》记载，清朝拨款，在宿州境内兴修或维护水利设施，各级政府对堤堰、闸坝、湖陂很关注。堤堰主要有护城堤、隋堤、陴湖堤、睢河堤、北股河堤、南股河堤、项公堤、斜河堤。闸坝主要有北运、粮沟、西流、黄疃、彭沟、沙沟、逃沟、唐沟、柏山、栏杆等闸坝。湖陂，州东南有紫庐湖、车家湖，州东有莲花湖、杜家湖，州东北有刘家湖、郭家湖、傅家湖，州西北有郑陂湖、旱庄湖、蔡里湖，州西南有赤湖、白云湖、横堤湖、赤底湖、运斗湖、蔡庄湖、边家湖，州南有黄鸭湖、马家湖，州正北有龙涴潭、堌台泉、龙泉、珍珠泉、上元泉。此外，还有大量的沟洫。

清代出现了一批专门研究水的书籍，如清初黄宗羲的《今水经》，陈登龙（乾隆时人）的《蜀水考》等。

雍正年间，傅泽洪主持修撰《行水金鉴》175 卷，雍正三年（1725 年）成书，征引文献 370 余种，分别记述了黄河、淮河、汉水、江水、济水、运河的治水情况。

道光年间，黎世序等主持修撰《续行水金鉴》156 卷。

道光年间，王凤生著《楚北江汉宣防备览》二卷，记载楚北江水的来源，江汉堤工现状及积弊、修防事宜。

魏源的《古微堂外集》有《湖广水利论》《湖北堤防议》。

徐松撰《西域水道记》。徐松，字星伯，浙江上虞人。他长于历史地理，著有《元史西北地理考》等书。他为官期间在新疆有一段生活经历，行程万

---

① 《道光南雄直隶州志·艺文》。

里，考察了新疆的山川形胜，于道光元年（1821年）完成《西域水道记》五卷，以全疆的11处湖泊受水为纲，分为11篇，叙述了当时所见所闻的新疆环境。

光绪二年（1876年），倪文蔚利用他在荆州担任官职的便利，撰写了《荆州万城堤志》，这是一部专门写堤防的志书。

齐召南（1703—1768年）撰《水道提纲》。齐召南，字次风，号一乾，晚号息园，浙江天台人。乾隆丙辰（1736年）召试博学鸿词，授翰林院编修，官至礼部侍郎。齐召南曾主持蕺山、敷文、万松等书院，从事撰著，编写过《温州府志》《天台山方外志要》。《大清一统志》中的江南、山东、江苏、安徽、福建、云南等省及外藩、属国部分，以及《明鉴纲目》中的前纪二卷和神宗、光宗、熹宗三朝内容，都是齐召南撰辑。《水道提纲》28卷，全书记载范围很广，从东北的鄂霍次克海往南，从渤海、东海直到南海，包括沿岸的城镇、关隘、河流入海口、岛屿等。

二、治理黄河

黄河是中国文化的母亲河，它发源于青海省巴颜喀拉山北麓，全长5464公里。从发源地到内蒙古托克托县河口镇是黄河上游，从河口镇到河南孟津是黄河中游，从孟津以下是黄河下游。由于我国地势是西北高，东南低，故西北黄土高原常年干旱，水土流失严重。

黄河含沙量居世界河流之首，素有"泥河""浊河"之称，具有水少沙多、水沙输送不平衡的特点。下游流经地势低平、广土众民的黄淮海平原，以"善淤、善决和善徙"而著称于世。自上古到南宋建炎二年（1128年），黄河主要经行于今河道以北，流入渤海。从1128年到清代咸丰五年（1855年），黄河经行今河道以南，与淮河一道汇入黄海，史称黄河夺淮时期，至今在河南还有"废黄河"痕迹。

1. 明代治黄

明初，朱元璋下诏全国大修水利，洪武八年（1375年）派人在关中引泾灌渠，疏通渠道洞闸。洪武二十四年（1391年），黄河决原武黑洋山北冲运河，会通河淤断。是年发军民三十万重开。此后漕运每年四百万石，走京杭运河。明永乐九年（1411 年），工部尚书宋礼等重开会通河，用白英计划建南旺分水。

弘治七年（1494 年），黄河发生了第五次重大改道。这时，明王朝为确保漕运通畅，曾多次治理黄河，故有白昂奉命"筑阳武长堤"，刘大夏筑太行内外两道护堤，外堤自胙城抵虞城，内堤自祥符抵小宋集"凡百六十里"①。

因为治理黄河，明清时期引发出许多治黄的观点，并涌现出许多治黄专家，如：

明代治河方案，以"顺河势"为主。初期实行"分流"，中期实行白昂、刘大夏主张的"北堤南分"，明末潘季驯主张"束堤治河"。明代治河实行分流，黄河分流主要借道淮北支流，淮北支流一般河道狭窄，往往难以承受突如其来的黄河泛水。黄河南泛的西界是颍河，颍河一带受到侵袭。鲁西南、淮北平原上颍河及颍河以东的沿河一线都受到黄河泛水的影响。

谢肇淛《五杂俎》卷三《地部》建议治理黄河之水，说："若引之以灌田，广开沟洫，以杀其势，而其末流通之运道，以济、汶、泗之渴，使之散漫，纡回从容，达淮入海，不但漕运有裨，而陵寝亦无虞矣。"

正德、嘉靖之际的朝臣周用在《理河事宜疏》提出："治河垦田，事实相因。水不治则田不可治，田治则水当益治，事相表里。若欲为之，莫如古人所谓沟洫者尔。夫以数千里之黄河，挟五、六月之霖潦，建瓴而下，乃仅以河南开封府兰阳县以南之涡河，与直隶徐州沛县百数里之间，拘而委之于淮，其不至于横流溃决者，实侥万一之幸也。且黄河所以有徙决之变者，无他，特以未入于海之时，霖潦无所容之也。沟洫之为用……则曰备旱潦而已；其用以备旱潦……则曰容水而已。夫天下之水，莫大于河。天下有沟洫，天下皆容水之地，黄河何所不容？天下皆修沟洫，天下皆治水之人，黄河何所不治？"② 周用注意到治水与治田的关系，重视修治沟洫。

刘天和撰有治理黄河的著述《问水集》，《四库全书总目提要》卷七十五记载此书的情况："嘉靖初，黄河南徙，天和以右副都御史总理河道。乃疏汴河，自朱仙镇至沛县飞云桥；又疏山东七十二泉，自凫、尼诸山达南旺河。役

①《明史·河渠志》。

②《明经世文编》卷一百四十六。

夫二万，不三月讫工……此书盖据其案视所至形势利害，及处置事宜详述之，以示后人。"刘天和主张沿袭传统的疏浚或修堤堵口方法，开辟水源，引入山东泉水济运。他提倡沿河多植树，提出了"植柳六法"。

潘季驯（1521—1595年）长期担任河道总督，于嘉靖、万历间，凡四奉治河之命，在事长达27年，积累了丰富的治河经验。他在《治水筌蹄》提出治黄与治淮并举，主张筑堤防溢，建坝减水，以堤束水，以水攻沙。他主持编写了《河防一览》十四卷。卷一记载了安徽、河南、山东、河北等地的河防情况；卷二是《河议辩惑》，阐述了"以河治河，以水攻沙"的治河主张；卷三《河防险要》指出了黄、淮、运各河的要害部位、主要问题；卷四《修守事宜》，规定了堤、闸、坝等工程的修筑技术和堤防岁修、防守的严格制度；卷五《河源河决考》汇编了前人研究黄河源头和历史上黄河决口记载资料的收集整理，是研究河道演变的重要资料；卷七至卷十二是潘季驯主持治河过程中解决一些重大问题的原始记录；十三、十四两卷是其他人有关水利的文献资料。《河防一览》全面总结了前人治河的教训与成就，系统概括了治河的经验，对治河提供了指导性的文本，是研究明代环境的重要文献。

隆庆末，万恭担任河道总督，他提出："欲河不为累，莫若令河长而深。欲河长而深，莫若束水激而骤。束水急而骤，使由地中，舍堤别无策。"[1] 通过局部试验，取得成效。《治水筌蹄》是黄河防洪的重要文献，对后世治水有一定的影响。

晚明的徐贞明认为："河之无患，沟洫其本也周定王以后，沟洫渐废，而河患种种矣。今河自关中以入中原，合泾、渭、漆、沮、汾、泌、伊、洛、涧及丹、沁诸川，数千里之水，当夏秋霖潦之时，诸川所经，无一沟一浍可以停注，旷野洪流尽入诸川。其势既盛，而诸川又会入于河流，则河流安得不盛？流盛则其性自悍急，性悍则迁徙自不常，固势所必至也。今诚自沿河诸郡邑，访求古人故渠废堰，师其意不泥其迹，疏为沟浍，引纳支流，使霖潦不致泛溢于诸川，则并河居民，得利水成田，而河流渐杀，河患可弥矣。"[2]

---

① （明）万恭著，朱更翎整理：《治水筌蹄》，水利电力出版社1985年版。
② （明）徐贞明：《西北水利议》，载《明经世文编》卷三百九十八。

2. 清代治黄

康熙年间，官方组织调查黄河源头，这对于根治黄河、了解河水泛滥规律有积极作用。《清史稿》卷一百二十六记载："有清首重治河，探河源以穷水患。圣祖初，命侍卫拉锡往穷河源，至鄂敦塔拉，即星宿海。高宗复遣侍卫阿弥达往，西逾星宿更三百里，乃得之阿勒坦噶达苏老山。自古穷河源，无如是之详且确者。"

乾隆年间，官方考察了黄河上源的河流水文特征，判断出河流的正源为卡日曲。乾隆四十七年（1782年）七月十四日，内阁奉上谕，派遣大学士阿桂之子乾清门侍卫阿弥达，前往青海，务穷黄河源头。阿弥达到达河源地区后，考察了阿勒坦郭勒，认定此即河源也。阿勒坦郭勒，即今卡日曲。卡日曲流经第三纪红色地层，河水常为金黄色。[①] 在此之前，明洪武十五年（1382年），僧宗泐往返西域，途经河源，在其《望河源》诗中自记说："河源出自抹必力赤巴山……其山西南所出之水则流入牦牛河，东北所出之水是为河源。"藏语抹必力赤巴山即巴颜喀拉山，巴颜喀拉山北麓卡日曲即是河源。

清代前期特别重视治理黄河，并且最有成效。顺治年间，黄河年年决口。康熙帝即位前15年间有69次黄河水患。康熙帝亲自研究治河方法，派人到黄河上游考察水患原因。康熙十六年（1677年），始以靳辅为河道总督，靳辅用幕友陈潢规划，提出治河方略，主要根据潘季驯的理论，堵决口、筑堤。靳辅提出以堤防治河，即"束堤治河"的方针："筑堤束水，以水攻沙，水不奔溢于两旁，则必直刷乎河底。一定之理，必然之势。"[②] 清朝采取开河、浚淤、分洪、堵口、筑堤、疏通海口等措施治理黄河、淮河、运河，黄河的河床被掘深，入海口被拓宽，使河水能够畅流，不至于漫灌。所筑陂塘堰渠达万余处，使许多"斥卤变为膏腴"。[③] 二十二年黄河复故道，维持了几十年的小康局面。史家认为，康乾时期的君臣颇知水利之要，"争求节水疏流，以成永利……涝则导畎之水达于川，旱则引川之水注于畎……今南人沟洫之制虽不如古，然

---

① 赵荣、杨正泰：《中国地理学史》，商务印书馆1998年版，第152页。

②《河防一览》卷二《河议辨惑》。

③《清圣祖实录》卷二百五十六。

陂、堰、池、塘为旱潦备者，无所不至"①。

与靳辅一同治黄的同僚陈潢（1637—1688 年）也是治河名臣。陈潢年轻时攻读农田水利书籍，并到宁夏、河套等地实地考察，精研治理黄河之学。清顺治十六年（1659 年）至康熙十六年（1677）间，黄河、淮河、运河连年溃决，海口淤塞，运河断航，漕运受阻，大片良田沦为泽国。康熙十六年，河道总督靳辅过邯郸时看到陈潢的题壁诗，发现陈潢才学过人，遂礼之入幕，协助治水。陈潢为制定治河工程计划，跋涉险阻，上下数百里，一一审度。他主张把"分流"和"合流"结合起来，把"分流杀势"作为河水暴涨时的应急措施，而以"合流攻沙"作为长远安排。在具体做法上，采用了建筑减水坝和开挖引河的方法。为了使正河保持一定的流速流量，发明了"测水法"，把"束水攻沙"的理论置于更加科学的基础上。由于陈潢等人指导有方，在他负责治河期间黄河安然无患。

康熙二十六年（1687 年），经靳辅保奏，授陈潢佥事道衔。此后，为了根除黄、淮两河水患，陈潢又打破自古以来"防河保运"的传统方法，提出了"彻首彻尾"治理黄河、淮河的意见，即在黄河、淮河上、中、下游进行"统行规划、源流并治"，未为朝廷采纳。二十七年，靳辅、陈潢被人以"屯田扰民"的罪名参劾而遭撤职。不久，病死于北京。他著有《河防述言》《河防摘要》，附载于靳辅《治河方略》。

康熙三十一年（1692 年），靳辅病逝，于成龙接任河道总督。于成龙次年正月履任后，遍历两河，查看险情，每天谋划补偏救敝方法。先是加筑高家堰堤岸，新旧堤顶合宽五丈。大堤坚固后，周家桥安然无恙，裴家场水出如驶。又在清江口出水处加帮大墩，逼使洪泽湖水大量流入黄河，只有少量湖水入运河抬高水位，使清江运河清水深至丈余，利于漕运。于成龙之所以如此重视水利，是因为他知道水灾的危害，有爱民之心。传闻：早在康熙七年（1668 年），于成龙担任乐亭县知县。六月，全县水灾，百姓田庐损毁严重。于成龙向上级申请免除赋税放赈救民，永平府知府却不同意这样做。回县城后，于成龙对周围的人慷慨流泪说：作为地方官，有如此奇涝却不让皇帝知道，这做的什么官？倘若因为请示得罪，做不了这个官又有何妨？当即写了报告将灾情遍

---

① 《营田四局工程序》，见《清朝经世文编·工政·直隶水利》。

告省中大吏。巡抚甘文焜勘察后认为属实，奏报朝廷，康熙帝命户部主事带银八千余两赈灾，当年田赋免除十分之三，灾情严重的百姓应缴钱粮全部免除。

有远见之明的人主张治河要治本，如清末民初的刘廷凤就主张治理河流的上游，涵养水源。他说："治潴者欲澹沉灾，必先讲求树艺，使草木畅茂，涵蓄水源，则积沙之来源渐绝，夫然后疏沦决排，可次第举也。"[①]

封建官员治河，有不少昏庸糊涂的例子。1841年黄河冲开大堤，朝廷派遣的河督大臣文冲派人堵决口，河南张家湾一处的决口本可以六月廿二日堵合，但文冲选吉日，以廿四日为吉，拖延了两日，不料洪水再次泛滥，在廿三日淹死数万民众，堤防全线崩溃。

三、治理其他的水环境

（一）治理北方其他的水环境

河西走廊是干旱型灌溉农业区，农牧业靠祁连山冰雪融水形成的内流河灌溉补偿。这里有武威——永昌、张掖——酒泉、敦煌——安西三大平原，由南向北分别有石羊河水系、黑河水系、疏勒河水系。

石羊河古称谷水，明清时称盖藏河，发源于祁连山南麓。上游山水河集祁连山区的降水和冰雪融水北流入武威——民勤盆地，经山前洪积扇，河道分叉，水流渗入地下、河水断流，地下潜流北出洪积扇前缘汇集成泉水河入民勤。北经红崖山过民勤绿洲，注入古潴野泽（今民勤青土湖）。在明代276年间，石羊河流域水利的建设已形成了完备的渠、坝、沟、畦系统，并且使原来的上下游山泉灌区连成一片，水资源的利用由于渠系的控制得到了很大的提高。

黑河（下游金塔县以后称弱水）系我国第二大内流河，发源于祁连山北的托勒南山与河西走廊南山之间，上游流经青海省，以甘肃境内的莺落峡与正义峡为上中游分界，下游汇入今内蒙古额济纳旗的居延海。

疏勒河，古南极端水，一曰布隆吉河，发源于祁连山西段的托南南山和疏

---

① 民国《潜山县志》卷首，《中国地方志集成·安徽府县志辑》第 2 页。

勒南山之间，自昌马峡流出后经玉门和安西、敦煌等县，最后注入哈拉湖。①

清代，武威已形成了完备的"武邑六渠"灌溉系统，黑河流域此时修复和兴建的水利工程在历史上也是空前的。

《读书方舆纪要》记载：甘肃镇（张掖县）境内有千渠（在镇南三百三十里），阳化渠（在镇南六十里），阳化西渠（在镇南十里），黎园黑渠。清代大力修复明代已建成的水利工程，使大小渠道达170条之多，灌田1.4万余顷。

清康熙三十七年（1698年），修筑永定河卢沟桥以下堤防。这段堤防，元代已有，长至百余里，但残缺不全，河道常改移。本年创筑系统堤防，固定河道。两岸堤防后长至二百里，下接东淀。

清康熙四十七年（1708年），宁夏水利同知王全臣开大清渠，在唐徕、汉延二渠之间，长七十五里，溉田1223顷。

黄盛璋认为，坎儿井在新疆文献中最早记载的是在嘉庆二十五年（1820年)②，新疆降水以雪为主，春季积雪融化渗入地下，通过开发井渠引取地下水，至下游涌出地面引进农田，可以减少渠水蒸发损失，提高引水利用率。坎儿井的暗渠，最长可达14公里，最短也有3公里。坎儿井是新疆著名的水利工程。

西北的社会安定取决于水利。《乾隆五凉全志》记载："河西讼案之大者，莫过于水利一起，争端连年不解，或截坝填河，或聚众毒打，如武威之吴牛、高头坝，其往事可鉴已。"

（二）治理运河

我国的诸多水系都是从西往东流动，缺少纵贯南北的水系，这就必然影响北方和南方的经济文化交流，影响文明的均衡发展。于是，先民一方面修建了众多的驿站，另一方面沟通水系。元代为了加强南北联系，开通了从京城到杭州的大运河，大运河把全国重要的五大水系连贯起来，又通过沿岸的重要城市码头，实行水陆联运，促进了全国经济、文化的全面发展。

据有关资料，运河各段都有名称，自杭州开始的江南段为江南运河，扬州

---

① 敦煌市志编纂委员会：《敦煌市志》，新华出版社1994年版，第173页。
② 黄盛璋：《新疆水利技术的传播和发展》，《农业考古》1984年第1期。

以上的称里运河，济宁以上的称会通河，自临清以上的为南运河，自天津以上的为北运河。① 明代习惯上称运河为"漕渠"，如：江南运河称"浙漕"；淮扬运河因多串联湖泊而成，称"湖漕"；过清口，直至徐州以黄河为运道，这一段称"河漕"；山东段运河地势较高，济宁附近的南旺有运河屋脊之称，在"屋脊"两侧节制闸坝数量较多，故称闸漕；临清至天津直沽段的运河，多为卫河下游河道，称卫漕；直沽至通州，为古白河的下游河段，称白漕。

永乐年间，政治中心移到了北方，这就要求运河畅通，确保江南粮食运到京城。永乐九年（1411 年）二月，朱棣命令工部尚书宋礼、侍郎金纯等整治会通河，动员了 30 万人参与治水，历时十旬，置闸十五。在此之前，元代的会通河岸狭水浅，不能承载大船。永乐的会通河宽三丈二尺，深一丈三尺，大船畅通无阻。工部受命解决漕运的水源问题，听取了白英等民间人士的建议，把汶河、泗河的水引入到运河，取得了成功。在汶河上戴村截流，把水引到运河地势最高的南旺，再从南旺分水，从而增加了运河的水量。② 今北京至通州间的人工运河，元明为通惠河或大通河。明代改引玉泉山诸泉为源，但因水源不足，屡次疏浚通惠河而未能奏效。卫河在引沁、漳为源问题上，不引漳"则细缓不能卷沙泥，病涸而患在运"；引漳则又因漳河多变，怕危及卫河。③

永乐十三年（1415 年）五月，朱棣又命令平江伯等修治淮安附近的清江浦，引管家湖湖水入淮，增加水量。当时开清江浦故沙河，建清江 4 闸、淮安 5 坝，增运河闸自淮至临清为 47 座。这些水利工程大大改善了运河的运输能力，保证了国家的用度，维护了国家稳定。

环境优势，决定城市发展。明清时期，运河沿线的城市发展超过了其他江河沿线的发展，这主要是因为运河是中央王朝的生命线，南方的粮食需要从这条通道运往京城。在运河沿线的一些地区，很容易形成城镇。如，嘉靖年间编纂的《维扬志》卷八记载：元末动荡，扬州城的人都跑了，明初时，土著仅有 18 户。然而，由于扬州独特的地理位置，滨运河，临长江，靠东海，扬州

---

① 安作璋：《中国运河文化史》，山东教育出版社 2006 年版，第 1411 页。

② 朱亚非等：《齐鲁文化通史·明清卷》，中华书局 2004 年版，第 406 页。

③《明史·河渠志五》。

迅速发展起来，明末时，扬州人口达 80 万之多。[①] 又如，明代，在山东西北兴起了一座临清城。临清处于卫河与会通河的交汇处，是粮食转运的枢纽。为了确保运河畅通，朝廷注意运河沿线的维护，在临清会通河以北的高敞之地修筑了砖城，用以储存官粮。许多商人云集到临清，做粮食、棉花生意。

明代有管理运河的法规，并且大力开掘运河。明代前期有《漕河禁例》，所禁事项刻成碑文，立于河畔，使人人知禁。而有些内容还附录于明朝法律中，如："凡故决、盗决山东南旺湖，沛县昭阳湖、属山湖，安山积水湖，扬州高宝湖，淮安高家堰、柳浦湾，及徐、邳上下滨河一带各堤岸，并阻绝山东泰山等处泉源，有干《漕河禁例》，为首之人，发附近卫所，系军调发边卫，各充军。"[②]

清代重视运河的维护。运河沿途需要不断的水量才能维持航运，康熙年间靳辅在《治河方略》卷四《漕运考》介绍了清初运河水量补给的情况，"全漕运道，自浙江迄张家湾（在北京通县南），凡三千七百余里。由浙至苏，则资天目、苕、霅诸溪之水；常州则资宜、溧诸山之水；至丹阳而山水绝，则资京口所入江潮之水，水之盈缩视潮之大小，故里河每患浅涩；自瓜、仪至淮安则南资高、宝诸湖之水，西资清口所入淮河之水，俱由瓜、仪出江，故里河之深浅，亦视两河之盈缩焉。……自临清至天津，则资卫河之水，由直沽入海。而自天津至张家湾，则资潞河、白河、浑、榆诸水矣。通州以上，则资大通之水，以达京师"。

光绪二十八年（1902 年），停止南北运河漕运，从此运河开始萧条。

（三）治理南方之水

我国南方地势低，水域集中。第一大淡水湖鄱阳湖、第二大淡水湖洞庭湖、第三大淡水湖太湖都在长江流域。

明永乐元年至二年（1403—1404 年）户部尚书夏原吉用华亭人叶宗行计划，发夫 10 余万人修治太湖水患，开黄浦江、白茆、刘家港等入海水道及各塘浦。

---

① 韩大成：《明代城市研究》，中国人民大学出版社 1991 年版，第 92 页。

②《大明会典·律例十三·盗决河防》。

永乐十年至宣德八年（1412—1433 年），平江伯陈瑄督丁夫 40 万修扬州海门至盐城海堤 18 000 丈，后以兵 20 万筑长 10 里、高 20 丈宝山为航海标志。

明代注意堤防建设，永乐二年至四年（1404—1406 年）在长江中游的黄梅与广济之间修了黄广大堤。明代还在汉口修建长江堤防，明初修了汉阳鹦鹉堤，崇祯年间在汉口修江堤。

太湖泄水是治理水灾的重要环节。清代为了保证农业与财赋，修治太湖的水利有 2000 余次，仅浚刘河多达 19 次。同治十年（1871 年），江苏巡抚张之万甚至主张水利局，综合治理太湖，可见对太湖的重视。

清初，靖江、泰兴、如皋经常因为水利发生纠纷，原因是北边泄水要从靖江入江，影响农民生计。为了根本解决这一问题，靖江知县郑里报请朝廷批准，出面组织协调，动员三县民力，在靖江开了五条通江大河，导水入江，三县皆得其利。

康熙五十九年（1720 年），浙江巡抚朱轼于海宁创建十八层鱼鳞大石塘，以防潮水顶冲险段，后陆续推广。[1]

清代的官员与学者提出不要与水争地，对已经围湖造成的耕地应当加强堤防。《清史稿·河渠志四》记载乾隆年间有人建议："治水之法，有不可与水争地者，有不能弃地就水者。三楚之水，百派千条，其江湖岸未开之隙地，须严禁私筑小垸，俾水有所汇，以缓其流，所谓不可争者也。其依江傍湖已辟之沃壤，须加紧防护堤塍，俾民有所依以资其生，所谓不能弃者也。"这种观点比较务实，一方面"严禁私筑小垸"，另一方面考虑民生，加强堤防。

同治四年（1865 年）湖北汉口海关设置长江水位站。

---

[1] 鲁西奇、潘晟：《汉水中下游河道变迁与堤防》，武汉大学出版社 2004 年版。

第三节　海域与岛屿

大海对中华民族的发展是有影响的：大海给人类提供了无穷的资源，使人们能够依海而生。大海给人类提供了便利的交通，使人们能够从事贸易，并培养出冒险精神。大海无比辽阔，使滨海居住的人们心胸宽广，也生发出许多幻想、遐想。大海边容易形成大气象的文化，使人增加灵活的思想。我国的辽宁、河北、山东、江苏、浙江、福建、广东、广西等省都是滨海省份，都有海洋文化的特征，在明清以来一直具有开放性。

海洋表面积占地球表面积的十分之七，海洋与大陆的生态环境息息相关，而环境史学家一直在忽略海洋。J·唐纳德·休斯在《什么是环境史》说："尽管海洋提供了如此广阔的研究机会，而环境史家们并没有为它花费更多的笔墨，这是令人失望的。"①

一、对海洋的认识

有些人认为，我国在历史上一直缺乏强劲的海洋文化。中国人向来缺乏海洋意识，先民的眼光主要是向内盯，而不是向外盯。到了明代，人们注意得最多的仍然是海潮、海边的土地等。

为什么我国在历史上缺乏强劲的海洋文化？有三点原因：第一，我国滨海之外太辽阔，沿海省份的民众不容易与海外交往，大陆与海外缺乏相呼应的"生态场"。第二，古代的农耕文化比较发达，所以沿海的文化是内敛的，从属于农耕文化。第三，中央集权的专制统治忽略或限制海洋文化的发展。统治

---

① ［美］J·唐纳德·休斯著，梅雪芹译：《什么是环境史》，北京大学出版社 2008
年版，第 128 页。

者长期注意对游牧部族的防范。德国哲学家黑格尔在比较了中西文化之后，认为中国有海洋，但"没有分享海洋所赋予的文明"，海洋也没有影响中国的文化。[①] 先民对海洋的认识在明代有过一段伟大的探索历程，那就是郑和下西洋。郑和是一个与海洋结下不解之缘的传奇人物。郑和自幼受过良好教育，他多次向皇帝介绍南洋的情况，说："欲国家富强，不可置海洋于不顾。财富取之于海，危险亦来自海……一旦他国之君夺得南洋，华夏危矣。我国船队战无不胜，可用之扩大经商，制服异域，使其不敢觊觎南洋也。"[②] 1405—1431 年郑和率大型远洋船队到达西洋 30 余国；从 1405 年到 1433 年，郑和七次航海，访问亚非 30 多个国家和地区，最远到达红海沿岸和非洲东海岸地区。

郑和下西洋确立了中国明朝在东南亚海洋上的地位和影响。经过郑和下西洋，有 16—17 个国家多次遣使来华，其中有些国家首次与中国交往，中国在中世纪海洋上的外交史达到了顶峰。当时对明朝称藩朝贡的国家中有这些地区：占城、真腊、暹罗、榜葛剌、苏门答腊、古里等，相当于今天的越南、泰国、马来西亚、印度尼西亚、印度等，说明这时期中国人扩大了环境视野。郑和船队很好地利用了海上季风与洋流的作用，一次又一次完成了航海的往返任务，这说明当时的这一批航海家们对海洋环境已经有所了解。

1425 年，郑和的随行人员编绘完成《郑和航海图》。此图原名《自宝船厂开船从龙江关出水直抵外国诸番图》，后人多简称为《郑和航海图》，全图以南京为起点，最远至非洲东岸的慢八撒（今肯尼亚蒙巴萨）。《郑和航海图》绘有中国的 532 个岛屿，外国的 314 个岛屿，对马来半岛、印度半岛、阿拉伯半岛的山形地势、风土人情都有了较详细的记载。这部文献说明中国人的环境视野已经扩大到大陆以外的岛屿，在环境史方面占有重要的地位。

马欢曾随郑和三次下西洋，担任通事（即翻译），他撰写的《瀛涯胜览》很细致，是了解亚非诸国的宝贵资料。费信在永乐与宣德年间，随郑和四下西洋，到过占城国、童龙国、灵山、昆仑山、交栏山、暹罗国等 22 个国家和地区，回国后撰写了《星槎胜览》。其中记载了 40 余国的位置、港口、山川地

[①] ［德］黑格尔：《历史哲学》，三联书店 1956 年版，第 146 页。

[②] ［法］弗朗索瓦·德勃雷著，赵喜鹏译：《海外华人》，新华出版社 1982 年版，第 6 页。

理、气候、物产、动植物等。明宣德六年（1431年）至宣德八年（1433年），巩珍参加了郑和第七次远航的船队，先后访问了占城、爪哇、旧港、满刺加、苏门答腊、锡兰、古里及忽鲁漠斯等20余个国家。回国后撰写了《西洋番国志》，内容涉及海洋航行，其《自序》中提到的指南针——水罗盘的航海应用："皆斫木为盘，书刻干支之字，浮针于水，指向行舟。"

明正德庚辰（1520年）前后，黄省曾撰写了一本西洋地理环境的著作《西洋朝贡典录》，全书分上、中、下三卷，记载了西洋23个国家和地区的方域、山川、道里、土风、物产、朝贡等情况。每国（或地区）后面都附有"论"。此书对于了解域外各地路程远近、方向、海上的风云气候、洋流、潮汐涨退、各地方的沙线水道、礁岩隐现、停泊处所的水的深浅以及海底情况都有价值。由于《西洋朝贡典录》所采用的多是第二或第三手资料，未必准确，但作者的学术眼光却为人称道。

二、对海潮与海岛的认识

先民对地理的边缘"海边"一直很关注，他们认识到沿海的岛屿也是大陆的延伸。

明代王士性在《广志绎》中记载了海市蜃楼的景象。书中描述：在山东登州及与之相连的沙门、龟机、牵牛、大竹、小竹五岛之上，"春夏间，蛟蜃吐气幻为海市，常在五岛之上现，则皆楼台城郭，亦有人马往来，近看则无，止是霞光，远看乃有，真成市肆，此宇宙最幻境界，秋霜冬雪肃杀时不现"。

谢肇淛《五杂俎》卷四《地部》记载了海潮："天下海潮之来，皆以渐次。余家海滨，每乘潮汐，渡马江，舟中初不觉也。监官潮来，则稍拍岸，激石成声，与长溪松山下潮相似。惟钱唐则不然，初望之一片青气，稍近则茫茫白色，其声如雷，其势如山吼挪；狂奔一瞬，至岸，如崩山倒屋之状，三跃而定，则横江千里，水天一色矣。近岸一带人居，潮至浪花直喷屋上，檐溜倒倾，若骤雨然，初观之，亦令人心悸，其景界甚似扁舟犯怒涨下黯淡滩时也。"《地部》又记载："潮汐之说，诚不可穷诘，然但近岸浅浦，见其有消长耳，大海之体固毫无增减也。以此推之，不过海之一呼一吸，如人之鼻息，何必究其归泄之所？人生而有气息，即睡梦中形神不属，何以能吸？天地间只是一气耳。至于应月者，月为阴类，水之主也。月望而蚌蛤盈，月蚀而鱼脑减，各从其类也。然齐、浙、闽、粤，潮信各不同，时来之有远近也。"

《五杂俎·地部二》记载了海上的情况：

海中波浪，人所稀见，即和风安澜时，其倾侧簸荡，尤胜洞庭、扬子怒涛十倍也。封琉球之舟，大如五间屋，重底牢固。其桅皆合抱坚木，上下铁箍，一试海上，半日，板裂箍断，虽水居善没之人，未习过海者，入舟辄晕眩，呕哕狼藉。使者所居，皆悬床，任其倾侧，而床体常平，然犹晕悸不能饮食。盖其旷荡无际，无日不风，无时不浪也。观海者难为水，讵不信然？

浙之宁、绍、温、台，闽之漳、泉，广之惠、潮，其人皆习于海，造小舟仅一圭窦，人以次入其中，暝黑不能外视一物，任其所之，达岸乃出之。不习水者，附其舟，晕眩几死；至三日后，长年以篙头水饮之始定。盖自姑苏一带，沿海行，至闽、广，风便不须三五日也。

海上操舟者，初不过取捷径，往来贸易耳；久之，渐习，遂之夷国。东则朝鲜，东南则琉球、吕宋，南则安南、占城，西南则满剌迦、暹罗，彼此互市，若比邻然。又久之，遂至日本矣。夏去秋来，率以为常；所得不赀，什九起家。于是射利愚民，辐辏竞趋，以为奇货，而榷采之中使，利其往来税课，以便渔猎。……贩海之舟，所以无覆溺之虞者，不与风争也。大凡舟覆，多因斗风。此辈，海外诸国既熟，随风所向，挂帆从之，故保其经岁无事也。余见海盐、钱唐，见捕鱼者，为疏竹筏，半浮半沉水上，任从风潮波浪，舟皆戒心，而筏永无恙者，不与水争也。

《明史·五行志》多次记载海潮，如洪武年间，"六年（1373年）二月，崇明县为潮所没。……十一年（1378年）七月，苏、松、扬、台四府海溢，人多溺死。……十三年（1380年）十一月，崇明潮决沙岸，人畜多溺死"。

明人唐顺之《武编》前集卷六说到舟人占验风雨海浪的谚语，涉及一种海上异常声响"海唑"："山抬风潮来，海唑风雨多。"又解释说："'抬'，谓海中素迷望之山，忽皆在目。'唑'，读如礛，万嚎声也。"

屈大均《广东新语》卷四《水语》记载琼潮，说："琼州潮，每月不潮不汐二三日，冬不潮不汐三四日，八九月潮势独大。夏至大于昼，冬至大于夜，二十五六潮涨，至朔而盛。初三大盛，后渐杀。十一二又长，至望而盛，十八大盛，后又渐杀。大抵视月之盈虚为候，以为随长短星者，妄也。以为半月东流，半月西流，亦非也。盖地形西北高，东南下，琼、雷两岸相夹，见水长而上，则以为西流。见水消而下，则以为东流耳。"

清代雍正年间多次发生大潮灾，雍正十年（1732 年）农历七月十六的强台风袭击了江苏沿海，冲毁了范公堤，淹没了各盐场，屋宇人畜被冲走，"流尸无算"，人们都称之为千古以来第一大灾。1905 年，华东发生海啸，造成24000 余人死亡。[①] 道光年间之后，青浦县的章练塘镇一带，海潮之势日强，每逢潮汛，潮沙积滞，使港汊几成陆地。因潮水上涌，导致沿海河港淤阻。

明代郑和下西洋时，中国人就到过许多海岛，并了解了岛上的环境与文化。到了清代，沿海居民与海岛的关系更加密切了。《清稗类钞》卷一"鸡鸣岛"条记载："鸡鸣岛，属山东登州府荣成县，孤悬大海中，明代曾置卫所，大兵入关，农夫野老不愿剃发者类往居之，岛田腴甚，且税吏绝迹，俨然一海外桃源。"

康熙末年，黄叔璥（1666—1742 年）巡视台湾，根据亲自考察，撰《台海使槎录》。该书对台湾的山水风土、险隘、海道风信，记载颇为详细。《四库全书提要》摘录该书对台湾自然环境的描述："台湾在福建之东南，地隔重洋，形势延袤。……远望皆大山叠嶂，莫知纪极。府治南北，千有余里，越港即水师安平镇，又有七鲲身，沙浅潮平，可通安平港内，为水师战舰、商民舟楫止宿之地，港名鹿耳门，出入仅容三舟，左右皆沙石浅淤焉。此台湾之门户也，衡渡到澎湖，岛屿错落，有名号者三十六岛。澎湖沟底，皆老古石，参差港泊，有南风北风，二者殊澳，此台湾之外门户也。……澎湖为台湾之门户，鹿耳为台湾之咽喉，大鸡笼（基隆）为北路之险隘，沙马矶为南路之砥柱。"[②]

三、对滨海的开垦与保护

明清时期，为生活所迫，人们向海要地。海岸线不断延伸，泥沙沉积，形成新的荡地，逐渐也变成了田地。明代，"沙滩渐长，内地渐垦，于是同一荡也，有西熟、有稍熟、有长荡、有沙头之异，西熟、稍熟可植五谷，几与下田等，既而长荡亦半堪树艺，惟沙头为芦苇之所"[③]。清代，由于洪水与泥沙，

[①] 冯贤亮：《太湖平原的环境刻画与城乡变迁（1368—1912）》，上海人民出版社2008 年版，第 246、259 页。

[②]《四库全书·台海使槎录提要》，文渊阁影印本卷五百九十二。

[③]（清）叶梦珠：《阅世编》卷一。

在滨海处的海岸线外移，形成滨海平原。连云港一带在清代向大海推进的速度很快。据吴恒宣《云台山志》，乾隆六年（1741 年）由板浦到中正登云台时，需要行船十余里，而到了 18 世纪中后期，由于海水后退，平沙覆盖，人们可以骑马到达云台了。

广东沿海的沙田，明代中叶以前，多是在自然淤积的滩涂上围垦出来的，此后则大多由人工造成。[①] 明清两代珠江三角洲通过围垦滩涂，增加耕地面积数万顷。冼剑民、王丽娃在《明清珠江三角洲的围海造田与生态环境的变迁》（《学术论坛》2005 年第 1 期）一文中认为明清时期珠江三角洲的围海造田给后代留下了种种隐患。从明代到清代，沙田围垦使得珠江的出海口越来越窄，由于海水与淡水的交换不能缓慢地进行，从而改变了江水生态，影响了鱼虾蟹的栖息环境。《嘉庆东莞县志》载："近日沙田涨淤，江流渐浅，咸潮渐低，兼以输船往来，搅使惊窜，滋生卵育栖托无由，不惟海错日稀，即江鱼亦鲜少矣，此亦可以观世变也。"

沿着海岸线，人们开垦出大片农田，增加了农业收入。清代从乾隆十八年至嘉庆二十三年（1753—1818 年），共开垦了 5300 余顷，咸丰、同治年间，又新开垦了 8000 顷。[②] 广东沿海也有开垦之田，并有护田之举。屈大均《广东新语》卷二《地语》记载："故修筑海岸，最为雷阳先务。修之之法，分顷计方，每田一方，大约种稻百石，一石出夫一人。夫至百人，则领以岸长。秋成后，官督岸长，岸长督夫，以修所分得之岸。修之不已，约十年，积成丘阜，斯风潮之患永绝矣。"《广东新语》卷二《地语》又记载："广东边海诸县，皆有沙田，主者贱其值以与佃人，佃人耕至三年田熟矣，又复荒之，而别佃他田以耕。盖以田荒至三年，其草长大……燔以粪田，田得火气益长苗……又复肥沃。"

不过，如何利用滨海之地，北人与南人有不同的对待。《五杂俎》卷四记载："北人不喜治第而畜田，然硗确寡入，视之江南，十不能及一也。山东濒海之地，一望卤泻，不可耕种，徒有田地之名耳。"

东部沿海地区，本有许多荡地，是提供柴薪的空地。明代中叶以后，"草

---

① (明末清初) 屈大均：《广东新语》卷二。

② 谭棣华：《清代珠江三角洲的沙田》，广东人民出版社 1993 年版，第 25 页。

荡多被势豪侵占，开垦为田"①。明代，人们通过抛石、种草实行人工促淤，加快了沙田的淤涨。广东地区利用濒临海洋的自然环境，围海造田。在明代276年中，河岸堤围总长达220399丈，约共181条，耕地面积在万顷以上。

然而，明清时期沿海经常发生海灾。如《罪惟录》卷三记载："（永乐）十五年（1417年）壬戌八月，高州府海啸，坏城郭。"《明史·五行志》记载："（万历）十七年（1589年）六月，浙江海沸，杭、嘉、宁、绍、台属县廨宇多圮，碎官民船及战舸，压溺者二百余人。""崇祯元年（1628年）七月壬午，杭、嘉、绍三府海啸，坏民居数万间，溺数万人，海宁、萧山尤甚。"清代的沿海经常发生海灾，清政府注重海防建设。《清史稿·河渠志三》记载："康熙三年（1664年），浙江海宁海溢，溃塘二千三百余丈。总督赵廷臣、巡抚朱昌祚请发帑修筑，并修尖山石堤五千余丈。"《清史稿·德宗纪二》记载：光绪二十一年（1895年）四月，"己酉，天津海溢，王文韶自请罢斥，不许"，上谕说："非常灾异，我君臣惟当修省惕厉，以弭天灾。"

海滩之地深受海灾影响，人们难以控制农业的丰歉。屈大均《广东新语》卷二《地语》记载雷州海岸，说："雷郭外，洋田万顷，是曰万顷洋。其土深而润，用力少而所入多，岁登则粒米狼戾，公私充足，否则一郡告饥。然洋田中洼而海势高，其丰歉每视海岸之修否。岁飓风作，涛激岸崩，咸潮泛滥无际。咸潮既消，则卤气复发，往往田苗伤败，至于三四年然后可耕。以故洋田价贱，耕者稀少。"

为了保证沿海的农田，人们于是修筑堤防，挡海护田。海塘可以抵挡海潮对土地的侵蚀，保证人民的生命财产安全，使水土减少流失。明代，在浙江西部，修筑海塘50余次，有些重要的地段平均不到十年就修筑一次。这是因为浙西地势太低，海潮涌入就会淹没大片的地方。明代王士性在《广志绎》卷四说："嘉禾滨海地洼，海潮入则没之。故平湖、海盐诸处旧有捍塘之筑。"洪武年间，在南起嘉定县，北至刘家河之间修筑了一条海塘，用于防止海水漫浸。永乐年间也修筑海堤。《明史·陈瑄传》记载：永乐九年（1411年），"海溢堤圮，自海门至盐城凡百三十里。命（陈）瑄以四十万卒筑治之，为捍潮堤万八千余丈"。万历年间又不断增修，用银以万计。但是，当大的海潮来

---

① （明）朱廷立：《盐政志》卷七。

临，仍无济于事。如万历三年（1575年），钱塘江口的海水涌进内地，溺死三千余人，淡水河变成了咸水，塘堰尽崩。

清代改土塘为石塘，改民修为官修。福建沿海的民众利用"堰而土之"的方法，将海滩"疏筑成田"。[1]朱轼任浙江巡抚时，首创用"水柜法"修筑海塘，为治理沿海水患功垂后世。所谓"水柜法"就是用松树、杉树等耐水木材，做成长丈余、高四尺的水柜，内塞碎石，横贴堤基，使其坚固，再用大石高筑堤身，附提别筑坦坡，高度大约为堤身的一半，仍然用木柜为主干，外面砌巨石二三层，用来保护堤脚。道光皇帝重视海塘，在道光十三年（1833年）拨巨款修塘，安排高官督办，扩大了海塘的范围，巩固了海塘。

浙江商人吴锦堂（1855—1926年）是宁波市慈溪市东山头乡西房村人，其先辈明初从江西迁来杭州湾南岸，开垦新涨涂地为生。吴锦堂少时随父耕作，及壮东渡日本，经商致富。1905年，吴锦堂回到家乡，见到水利工程年久失修，于是决定义务在家乡修建杜湖、白洋湖水利工程。该工程由四大核心项目构成：重建西界漾塘，遇汛期可借以截姚北平原东注的洪水；加固两湖大堤，以增加蓄水量；增设减水坝，用于控制水位；疏浚通海大浦，增设大小桥闸，以完善排灌系统。全工程用了五年多时间，耗费大量金钱才得以完成，使20万亩农田旱涝保收，10万百姓的生计得到保证。这类事情还有不少，如光绪丙申（1896年），浙江台州商人出资造新闸，浚支河，围涂造田，得田万亩，以之发展水稻与养殖业。[2]

此外，明清还重视对海洋的管控。明代嘉靖年间，朝廷撤销了仅有的三个市舶司。嘉靖四年规定进行私人海外贸易俱发戍边。嘉靖二十六年（1547年），朱纨任浙江巡抚时，不仅禁止一切海外贸易，而且禁止下海捕鱼，断绝一切海上活动，海禁颇严。乾隆三十二年（1767年），关闭了江、浙、闽三地的通商口岸，仅限广州一地准与外国通商，并且限定了商人范围。这样的控制，主观上虽然是为了本国本民族利益，客观上却不利于海外贸易，阻碍了中外文化交流。19世纪70年代中期，洋务派开始筹划海防，提出十年内建成三

---

[1]《光绪漳州府志》卷四十五。

[2] 王春霞等：《近代浙商与慈善公益事业研究》，中国社会科学出版社2009年版，第34页。

支海军的计划。1885 年成立海军衙门，由李鸿章掌控海军指挥权。1894 年，建成北洋水师、南洋水师和福建水师。在中日甲午战争中，北洋舰队全军覆没，持续 30 年的洋务运动宣告失败。

第六章

明清的植被环境

植物是环境的重要元素。本章介绍明清时期有关植物与植被的著述及认识、经济类植物的栽种、各地的植物与植被状况、植被的破坏与环境保护。

植物与植被是两个有联系又有区别的概念。植被是指覆盖在某一个地区地面上、具有一定密度的许多植物的总和。因此，本章以"植物"为主题词。

第一节　对植物的认识、种植的风气及种植的种类

一、基本的资料与基本的认识

(一) 基本的资料

中华民族一向重视植物。古代的各种书籍，如类书、典志体书均有植物与植被方面的资料。

明清时期出现了一些专门讲述植物的书籍。

明代俞宗本撰《种树书》（1376 年）。俞宗本，生平事迹不详。传闻唐代有位擅长种树的高人郭橐驼，于是，俞宗本托名于郭橐驼。书中记载了古代不少粮食作物、蔬菜、药材、花卉等栽培技术，特别是多种树木的嫁接方法，如桃、李、杏的近缘嫁接和桑、梨的远缘嫁接等。此书有《格致丛书》版本、中国农业出版社 1962 年版。

朱橚撰《救荒本草》（1406 年），收集 414 种可供食用的野生植物资料，载明产地、形态、性味及其可食部分和食法，并绘有精细图谱。朱橚（1361—1425 年），明太祖朱元璋第五子，明成祖朱棣的胞弟。他还撰有《保生余录》《袖珍方》和《普济方》。

王世懋撰《学圃杂疏》（1587 年）。王世懋，自号损斋道人，苏州太仓人，王世贞之弟。他喜爱种花草蔬果，注意搜集相关信息。全书分花、果、蔬、瓜、豆、竹等六疏，内容颇多经验之谈，简要而切实。

王象晋撰《群芳谱》。王象晋，山东新城（今桓台县）人，万历三十二年（1604 年）进士。全书 28 卷 40 万字，分为元、亨、利、贞四部分，有天、岁、谷、蔬、果、茶竹、桑麻葛苎、药、木、花、卉、鹤鱼 12 谱，谱下有目，共 275 种植物。其中记载了农作物、花草、果木的栽培技术，记载了甘薯的栽培管理、果树的嫁接。书中还仿照类书搜集了相关的艺文。

赵崡撰《植品》（1617 年）。赵崡，崡或作蛹、嵋，陕西鄠屋（今周至）人。全书以花木为主，共载 70 余种，附记果品、蔬菜等类。以关中所产及本人所种为重点。书中所记万历年间西方传教士引入向日葵和西蕃柿，是关于这两种植物引进的最早记载。

清吴其浚撰《植物名实图考》。吴其浚（1789—1847 年），河南固始人，28 岁时中进士。1821—1829 年，吴其浚丁忧在家，买田河东，自盖一座植物园，名之曰"东墅"。他在园中栽种了各种植物，亲自观察和记录。道光二十六年（1846 年），完成《植物名实图考》一书，分 12 大类，共计 1714 种植物，配有插图，所载植物遍及全国 19 个省，云南、贵州等边远地区的植物资源也被调查记录下来。此书在中国历史文献中首次以"植物"二字命名。吴其浚与李时珍一样，注重实地调查，登山涉水，实地采集标本，认真辨别植物差异，对植物的地域性差别有独到见解。如，他论云："南芥辛多甘少，北芥甘多辛少。南芥色青，北芥色白；南芥色淡绿，北芥色深碧，此其异也。"① 吴其浚还著有《植物名实图考长编》《滇南矿厂图略》和《滇行纪程集》等书。

明清时期的农书、医书也有不少关于植物的资料，如《农政全书》有林业思想和林业生产技术的资料，《本草纲目》有对植物用途的记载。

明清的许多笔记小说中有植物方面的资料，如明代的《徐霞客游记》《北野抱瓮录》等，清人撰写的《阅微草堂笔记》《闲情偶寄》《香祖笔记》《清稗类钞》《镜花缘》等书中有不少关于植物的资料。

明清时期的植物与植被，最重要的资料，或者说最有待进一步发掘的资料是方志。方志是研究明代生态环境的渊海，研究植被尤其如此，这是任何正史、野史所不及的。修志的学人对自然环境非常关注，往往有乡土情怀，因而

---

① 吴其浚：《植物名实图考》，中华书局 1957 年版，第 70 页。

很在意写乡土的植被。如，《嘉靖庆阳府志》卷三《物产》中记载："昔吾乡合抱参天之大木，林麓连亘于五百里之外，虎豹獐鹿之属得以接迹于山薮。虽去旧志才五十余年尔，今椽椽不具，且出薪于六七百里之远，虽狐兔之甚少，徒无所栖矣。此又不可概耶。嗟夫！尽皆天时人事渐致哉。"

这些书籍说明明清时期的人对植物与植被越来越关注，知识面越来越广。顺治十三年（1656 年），波兰传教士卜弥格在维也纳出版了《中国植物志》拉丁文译本，这是西方最早翻译我国本草学的文献。由此说明，我国先民的植物资料很丰富，因而受到外国人关注，并在世界上有一定的影响。上海图书馆收藏有这本《中国植物志》，书中对于每种植物都介绍了其名称、生长区域、用途等，并绘图。如番石榴定名为"臭果"，指出："不习惯的人会觉得它散发出臭虫的臭味，事实上这是一种强烈的香味，后来对其趋之若鹜的正是原先那些觉得它臭的人。"桂皮树，欧洲商人将其译作"又香又甜的中国的树"。

（二）基本的认识

前面介绍了一些书名，这些书是从哪些方面关注植物的？有什么见解？

农耕民族的生活资源主要是植物，除了谷、粟之类的口粮之外，人们不断探讨其他可资生存的植物。这是生活使然。朱橚撰《救荒本草》二卷，其中记载了历代本草植物，并有新的描述，还增补了有关植物的材料。朱氏注意探讨植物的生态环境，书中对水生植物、湿生植物、陆生植物都有观察记录。描述不同地理分布或地貌影响着植物生长，其生理活动、遗传特性和形态结构均有区别。如花椒"江淮及北土皆有之，茎实皆相类，但不及蜀中者皮肉厚，腹里白，气味浓烈耳。又云出金州西城者佳，味辛性温，大热有小毒"。六门冬"其生高地根短味甜气香者上。其生水侧下地者，叶似细蕴而微黄，根长而味多苦气臭者下"。瑞典人林奈以花的性状为基础来划分植物纲目的"双名法"，被学术界视为分类学上的重要突破，而《救荒本草》早在 14 世纪、15世纪之交时就揭示了花器官在鉴定植物种类上的作用。朱氏还研究植物的加工和食用，在书中提出加"净土"共煮除毒之法。此法利用净土的吸附作用分离毒素，尽管简略，却开植物化学领域中吸附分离法之先河。

植被分布在不同的空间、不同的地区，植物生长的状况就不同。明末清初的屈大均对南岭大庾岭两侧的植物分布作了描述，他在《广东新语》卷二十五《木语》中记载："（榕树）性畏寒，逾梅岭则不生。故红梅驿有数榕，为炎塞之界，又封川西三十里分界村，二广同日植一榕，相去三丈许，而东大西小，东荣西瘁，东榕又不落叶。咫尺间，地之冷暖已分如此。自韶州西北行，榕多直出，不甚高，与广州榕婆娑偃蹇者异。"

对植物观察的时间不同，认识的结论可能有异。清初顾炎武《天下郡国利病书》卷五十五记载皋兰山"童无草木"。之所以有如此大的差别，原因在于：皋兰山的植被确实在受到破坏，另外，如果在不同的季节观察山的植被，印象可能就不一样。

植物的质性或味道与特定的环境有关。明初刘基《苦斋记》中说："苦"性的植物往往生长在很特别的地点。龙泉县（今属浙江）西南二百里有一座匡山，山四面峭壁拔起，风从北来，"大率不能甘而善苦，故植物中之，其味皆苦，而物性之苦者亦乐生焉。于是鲜支、黄檗、苦楝、侧柏之木，黄连、苦杕、亭历、苦参、钩夭之草，地黄、游冬、葳、芑之菜，槠、栎、草斗之实，楛竹之笋，莫不族布而罗生焉。野蜂巢其间，采花髓作蜜，味亦苦，山中方言谓之黄杜，初食颇苦难，久则弥觉其甘，能已积热，除烦渴之疾。其槚茶亦苦于常茶"。这些植物虽苦，但苦中甜，是有益的良药。①

要重视植物标本的研究。徐霞客在《徐霞客游记》中记述了很多植物的生态品种，明确提出了地形、气温、风速对植物分布和开花早晚的各种影响。他在武当山等地采集了榔梅，在尚山采集了当地一种形似菊花的特产——金莲花，在五台山采集了天茶花等珍稀名贵植物，在玛瑙山上采集了"石树"，在蝴蝶泉边采集了花树的枝叶。

南方与北方各有适合其环境的植物，但是随着人们的探索，南北植物是可以跨地区种植的。明代陆容《菽园杂记》卷六记载了一些实际的例子："菘菜，北方种之。初年半为芜菁，二年菘种都绝。芜菁，南方种之亦然。盖菘之不生北土，犹橘之变于淮北也。此说见《苏州志》。按：菘菜即白菜，今京师每秋末，比屋腌藏以御冬。其名箭干者，不亚苏州所产。闻之老者云：永乐间，南方花木蔬菜，种之皆不发生，发生者亦不盛。近来南方蔬菜，无一不

---

① 《苦斋记》是刘基为友人章溢的书斋"苦斋"所做的一篇文章，载于《诚意伯文集》。陈振鹏、章培恒主编：《古文鉴赏辞典》，上海辞书出版社 1997 年版，第 1593 页。

有，非复昔时矣。橘不逾淮，貉不逾汶，雒鸲不逾济，此成说也。今吴菼之盛生于燕，不复变而为芜菁，岂在昔未得种艺之法，而今得之邪？抑亦气运之变，物类随之而美邪？将非橘柚之可比邪？"王世懋在《学圃杂疏》中说："牡丹本出中州，江阴人能以芍药根接之，今遂繁滋，百种幻出。余圃中绝盛，遂冠一州，其中如绿蝴蝶、大红狮头、舞青霓、尺素最难得开，南都牡丹让江阴，独西瓜瓤为绝品，余亦致之矣，后当于中州购得黄楼子，一生便无余憾。人言牡丹性瘦不喜粪，又言夏时宜频浇水，亦殊不然，余圃中亦用粪乃佳，又中州土燥，故宜浇水，吾地湿，安可频浇，大都此物宜于沙土耳。南都人言分牡丹种时，须直其根，屈之则死，深其坑以竹虚插，培土后拔去之，此种法宜知。"

各地栽种植物的风俗有所不同，大多与人们的经济观念有关。陆容《菽园杂记》卷十三记载长江下游有些地区的人们非常务实，不栽仅供欣赏的花木。陆容说："江南名郡，苏、杭并称，然苏城及各县富家，多有亭馆花木之胜，今杭城无之。是杭俗之俭朴，愈于苏也。湖州人家绝不种牡丹，以花时有事蚕桑，亲朋不相往来，无暇及此也。严州及于潜等县，民多种桐、漆、桑、柏、麻、苎，绍兴多种桑、茶、苎，台州地多种桑、柏，其俗勤俭，又皆愈于杭矣。苏人隙地多榆、柳、槐、樗、楝、穀等木，浙江诸郡惟山中有之，余地绝无。苏之洞庭山，人以种橘为业，亦不留意恶木，此可以观民俗矣。"明清学者注意到植物分布的区别，实际上是植物地理学知识的萌芽。

种植有技巧，要善于总结经验。陆容《菽园杂记》卷十一记载："河南、湖广之俗，树衰将死，以沸汤灌之，令浃洽，即复茂盛，名曰灸树。种竹成林者，时车水灌之，故其竹不衰。"《菽园杂记》卷十四还记载："'种竹无时，雨过便移，多留旧土，记取南枝。'此种竹诀也。知此，则乡俗以五月十三日为移竹之候者，误人多矣。又云：'十人移竹，一年得竹；一人种竹，十年得竹。'盖十人移者，言其根柢之大，即多留旧土之谓也。《癸辛杂识》有种竹法，又以新竹成竿后移为佳。尝闻圃人云：'花木在晴日栽移者茂盛，阴雨栽移者多衰。今人种艺，率乘阴雨，以其润泽耳。'然圃人之说，盖有验者，不可不知。"

观察的位置不同，结论也可能有异。事实上，观察植被时，人所处的远近高低位置，都影响到观感。有些树林，远看稀稀拉拉，走近看却是密林盘环。有些山脉的植被状况只能因山体段落而论。《民乐县志》记载："祁连山逼近红水，森林很多，峰峦突出，松林葱蔚。"然而，祁连山向东延伸的昌林山、屈吴山、寿鹿山在清代被砍伐得很厉害，植被很差。此外，山的南边与北边，高处与低处，有人或无人居住之处，植被状况都不一样。

树木的纹路有异常现象，其实是正常的自然现象。清代王士禛《池北偶谈》卷二十一《银杏树观音像》中记载："辛丑、壬寅间，京口檄造战舰。江都刘氏园中有银杏一株，百余年物也，亦被伐及。工人施刀锯，则木之文理有观音大士像二，妙鬘天然，众共骇异，乃施之城南福缘庵中。时苏州瑞光寺有观音像，亦大木中文理自然结成之。"

地理高程不同，植物即不同。清末胡薇元记录了峨眉山的植被垂直分布现象，他在《峨眉山行记》记载："登解脱坡……蹵蹬仰跂，积叶在足……上白岩，四里逾白龙洞金龙寺，浓翠蔽岭，松杉夹道……放光崖……灌木层累，使人不见其险……五里上峰顶大乘殿……地高风利……六里，上罗汉三坡，荒岭曼延，古木连蜷……山后荒漠蔓草。"①

谈到植物与植被，有必要谈谈对史料的分析方法问题。

首先是不能以偏概全。例如，从某一方志，可以找到某县明清时期植被的记载，但这些记载可能是局部地区的，或者是记载一个山头，不能代表全县。

有些材料看起来荒诞，但其中有可以玩味之处。如《明史·五行志》记载的植物情况："弘治八年（1495年）二月，枯竹开花，实如麦米。苦荬开莲花。……崇祯四年（1631年）、五年，河南草生人马形，如被甲持矛驰驱战斗者然。十三年（1640年），徐州田中白豆，多作人面，眉目宛然。""弘治八年（1495年），长沙枫生李实，黄莲生黄瓜。九年（1496年）三月，长宁楠生莲花，李生豆荚。嘉靖三十七年（1558年）十月戊辰，泗水沙中涌出大杉木，围丈五尺，长六丈余。""弘治十六年（1503年）九月，安陆桃李华。正德元年（1506年）九月，宛平枣林庄李花盛开。其冬，永嘉花尽放。六年（1511年）八月，霸州桃李华。"这说明古人对植物的观察很细致，特别注意季节与植物的关系，对植物的异常现象很感兴趣，具有物候学的知识。

时间不同，结论可能有异。如，当观览者在春夏时见到山林，因而笔下描述的植被景观是绿色的，显示的信息是植被状态良好。反之，冬季就是一片童

---

① 赵荣、杨正泰：《中国地理学史》，商务印书馆1998年版。

秃的景观。文献中记载植被，往往有矛盾的情况。同样一座山，有人记载有树林，有人记载没有树林。如兰州南边的皋兰山，明末《万历临兆府志》载丁显《皋兰山色》"皋兰秀色郁葱葱"，而清初顾炎武《天下郡国利病书》卷五十五记载皋兰山"童无草木"。之所以有如此大的差别，原因在于：皋兰山的植被确实被破坏了，另外，如果在不同的季节观察山的植被，印象可能也不一样。

任何地方的植被状况，一般都有一种不可移易的趋势，即向好的或向坏的方向发展。但是，也有特殊性。如，某一地区，在某几年风调雨顺，或者人口因战争等原因减少，其植被会迅速恢复原生态。

二、种植的风气

明清植物沿袭了宋元的情况，植被分布呈现出多样性。在不同的经度、纬度、海拔高度，植被的情况就不一样。中南、东南的许多山区，尤其是长江中游、闽江流域与台湾、海南岛上的山区，至清代时期仍有大量的呈片状或块状、带状的森林分布。当时就形成重视经济植物的种植风气。

明清时期，人们普遍重视与经济生活密切相关的植物。只要自然条件允许，人们就把外地的经济植物移植到本地。李渔在《闲情偶寄》"梨"条记载："予播迁四方，所止之地，惟荔枝、龙眼、佛手诸卉，为吴越诸邦不产者，未经种植，其余一切花果竹木，无一不经葺理。"就李渔的阅历，当时的植物栽培已经有了普遍性。

大江南北流行种植与经济生活密切相关的作物。清代马国翰在《对钟方伯济南风土利弊问》中谈到山东历城县的民生时，说当地人喜欢种经济植物，改善了生活状况。"近岁诸乡，多以沙田种落花生，亦曰长生果；又喜种芋，一名蹲鸱，俗谓之红薯，又谓之地瓜。二者虽非作甘之正，鬻于市，颇获厚利。"[1]

---

[1] 马国翰：《对钟方伯济南风土利弊问》，谭其骧主编：《清人文集地理类汇编》第二册，浙江人民出版社 1986 年版，第 194 页。

关中地区洛南等县培植的桑林，得到恢复与发展。①

河南林县山区广栽花椒、核桃、柿树，"每至秋冬以后，驮运日夜不绝"②。

湖湘山区的竹木种植业兴于彼时，杉木、楠竹逐渐成为大宗商品。《清一统志》记载了湖北的茶叶、橘、橙、棉花、茅、竹等，湘西辰、沅、永、靖等地区普遍种植油桐、油茶等。

徽商遍布各地。木材业是徽州茶、盐、典、木四大商业资本之一，《五石脂》称："徽郡商业，盐、茶、木、质铺四者为大宗。茶叶六县皆产，木则婺源为盛。"③《歙事闲谭》亦谓："徽多木商，贩自川广，集于江宁之上河，资本非巨万不可。"④徽州木商，或"置买山场，做造牌筏，得利无算"，或"开设木行"。⑤

江浙地区的经济林木发展最为迅速。江苏"出现了不少茶叶专业种植区"⑥。湖州府当时已是"桑麻万顷"⑦。《广志绎》记载，浙江衢州黄橘种植面积大增，"橘林傍河十数里不绝，树下芰如抹，花香橘黄，每岁两度堪赏。舟楫过者乐之，如过丹阳樱桃林"。陆容在《菽园杂记》叙述经济林木在江浙的分布："严州及於潜等县，民多种桐漆桑柏麻苎，绍兴多种桑茶等，台州多种桑柏。苏人隙地多榆柳槐樗楝等木，浙江诸郡惟山中有之，余地皆无。苏之洞庭山，人以种橘为业，亦不留恶木。"徐光启《农政全书》记载江浙盛产乌桕，"两省之人，既食其利，凡高山大道、溪边宅畔无不种之"。

徐霞客在《浙游日记》记载衢州山村的经济作物。"轻帆溯流，十五里至衢州，将及午矣。……过花椒山，两岸橘绿枫丹，令人应接不暇。又十里，转

---

① (清）王志沂：《陕西志辑要》卷五。

②《林县志》卷五。

③ 张海鹏等主编：《明清徽商资料选编》，黄山书社1985年版，第109页。

④ 张海鹏等主编：《明清徽商资料选编》，黄山书社1985年版，第109页。

⑤ 张海鹏等主编：《明清徽商资料选编》，黄山书社1985年版，第189页。

⑥ 陈登林、马建章：《中国自然保护史纲》，东北林业大学出版社1991年版，第147页。

⑦《湖州府志》卷二十九。

而北行。又五里，为黄埠街。橘奴千树，筐筐满家，市橘之舟鳞次河下。"由此可见，明代浙江有些山村的橘树很多，两岸尽是橘树，每当橘子丰收时，运输橘子的船舶络绎不绝。这种情况，在今湖北与湖南之间还可以见到。

闽西地处闽粤赣三省交界地，是山地和丘陵地带。据罗志华《生态环境、生计模式与明清时期闽西社会动乱》（《龙岩学院学报》2005 年第 5 期）一文介绍，明中叶起，汀江流域带有商品性经济作物的种植日益推广，林业和烟草是汀州的两大出口产品，林木集中在长汀、上杭两县，主要运售潮汕佛广等地。

福建长汀、宁化和邵武等县流行种植杉林。《康熙宁化县志》记载"吾土杉植最盛"。这里的人工杉林品种优良，成材期短，质地甚佳，明代已远销江浙、潮汕地区和海外，被世人誉为"福杉"。明末，浙江巡抚张延登上疏朝廷，请申海禁时指出："福建延、汀、邵、建四府出产杉木，其地木商，将木沿溪放至洪塘、南台、宁波等处发卖，外载杉木，内装丝绵，驾海出洋……其取利不赀。"① 可见其采伐运销的杉木数量非常大，所获利润无法计算。

广东人依赖经济作物作为生计。屈大均《广东新语》卷二《地语》记载："岭南香国，以茶园为大。茶园者，东莞之会，其地若石涌、牛眠石、马蹄冈、金钗脑、金桔岭诸乡，人多以种香为业。富者千树，贫者亦数百树。香之子，香之萌蘖，高曾所贻，数世益享其利。石龙亦邑之一会，其地千树荔，千亩潮蔗，橘、柚、蕉、柑如之。篁村、河田甘薯，白、紫二蔗，动连千顷，随其土宜以为货，多致末富。故曰：'岭南之俗，食香衣果。'"

王士禛《香祖笔记》记载海南当地树木及特性："香树生海南黎峒，叶如冬青。凡叶黄则香结，香或在根株，或在枝干。最上者为黄沉，亦曰铁骨沉，从土中取出，带泥而黑，坚而沉水，其价三倍。或在树腹，如松脂液，有白木间之，曰生沉，投之水亦沉。投之水半沉半浮，曰飞沉。皆为上品。有曰速香者，不俟凝结而速取之也，不沉而香特异。曰花铲者，香与木杂，铲木而存香也。有曰土伽楠，与沉香并生，沉香性坚，伽楠性软，其气上升，故老人佩之，少便溺。"

---

① (清) 计六奇：《明季北略》卷五。

三、种植的主要种类

明清时期，民间流行广种植物，除农作物之外，种植的种类还有：

1. 竹子

李时珍《本草纲目》记载竹子的各个部位都可入药。如"淡竹根煮汁服，除烦热、解丹石发热渴。苦竹根主治心肺五脏热毒气。甘竹根，安胎，止产后烦热"。

王世懋在《学谱杂疏》中介绍了各地的竹子，说："竹其名而种绝不类者，曰棕竹，曰桃丝竹，产于交广。质美色斑，可为扇管者，曰麋绿竹，曰湘妃竹，产于沅湘间。名高而实不称，色亚二竹者，曰云根竹，产于西蜀。杂篁丛生，而笋味绝美可上供者，曰笋尖竹，产于武当山。大可为椽为器者，曰猫竹；小而心实，可编篱者，曰篱竹；最小而美，可为箭者，曰箭竹；皆产于诸山，吾地海滨无山，种不可致。"

《君子堂日询手镜》以比较的方法记载了广西的竹子，说："予见彼中竹有数十种，与吴浙不同。衮竹节疏，干大体厚，截之可作汲桶。笋生七八月间，味微苦，土人夸之，余以为不逮湖州栖贤猫竹笋与杭之杜园远甚，惜彼中莫知其味，不可与语。钓丝竹亦疏节干，视衮竹差小，枝稍细而长，叶繁，可织为器。笋亦可餐。一名蒲竹，人取裁为屋瓦并编屋壁，最坚美。又有笏竹，大如钓丝，自根至梢密节，节有刺，长寸许。山野间，每数十家成一村，共植此竹环之，以为屏翰，则蛇鼠不能入，足可为备御计。闻谣贼亦皆恃此为金汤，官军亦无可奈何。后见《续竹谱》，云南人呼刺为箣，音勒，邕州旧以为城。蛮蜓来侵，不能入。今郁林州种此城外，呼为护城。《桂海虞衡》则书以笏，不知孰是。又有斑竹，甚佳，即吴地称湘妃竹者，其斑如泪痕，杭产者不如。亦有二种，出古辣者佳，出陶虚山中者次之，土人裁为箸，甚妙。予携数竿回，乃陶虚者，故不甚佳，吴人甚珍重，以之为扇材及文房中秘阁之类，丈许值钱二三百文。山间野竹种类甚多。"

2. 桑树

中国古代种桑的历史悠久，明代仍流行种桑。明代宋应星《天工开物·

叶料》记载："凡桑叶无土不生。嘉、湖用枝条垂压，今年视桑树傍生条，用竹钩挂卧，逐渐近地面，至冬月则抛土压之，来春每节生根，则剪开他栽。其树精华皆聚叶上，不复生葚与开花矣。"

明代黄省曾撰有《蚕经》（载《农圃四书》中），其中介绍了栽种桑树应当注意的事项。他说："桑之下，可以艺蔬。其艺桑之园，不可以艺杨，艺之多杨甲之虫，是食桑皮而子化其中焉。二月而接也，有插接，有劈接，有压接，有搭接，有换接。谷而接桑也，其叶肥大；桑而接梨也，则脆美；桑而接杨梅也，则不酸。勿用鸡脚之桑，其叶薄，是薄茧而少丝。"

3. 甘蔗

有人认为甘蔗原产地在新几内亚或印度，后来传播到南洋群岛。10 世纪到 13 世纪（宋代），中国江南各省普遍种植甘蔗。又有人认为，大约在周朝周宣王时，甘蔗就传入中国南方。先秦时代的"柘"就是甘蔗，到了汉代才出现"蔗"字。明代，福建与两广流行种甘蔗，宋应星《天工开物·蔗种》记载："凡甘蔗有二种，产繁闽、广间，他方合并得其什一而已。"

4. 荔枝

荔枝，东汉前写作"离支"，主要栽培于广东、福建、广西。17 世纪末从中国传入缅甸和其他国家。

明人何乔远著的《闽书》，介绍了荔枝广为引种的情况："荔枝子生岭南及巴中。今泉、福、漳、嘉、蜀、渝、涪州，兴化军及二广州郡皆有之，其品闽中第一，蜀川次之，岭南为下。"明人顾岕《海槎余录》介绍："荔枝凡几种，产于琼山。徐闻者有曰：进奉子核小而肉厚，味甚嘉。土人摘食，必以淡盐汤浸一宿则脂不粘手。野生及他种，味带酸，且核大而肉薄，稍不及也。"《清稗类钞·植物类》"荔枝"条记载："荔枝为常绿乔木，产于闽、粤，四川亦有之，干高三四丈，叶为羽状复叶，有透明之小点。……闽中荔枝，惟四郡有之，而兴化尤奇。树高数丈，大至合抱，形团圞如帷盖，四时荣茂不凋。……粤中荔枝，自挂绿外，当以水晶为第一。"

明末邓道协撰《荔枝谱》。在此之前，宋代的蔡襄，明代的宋珏、曹蕃都撰有《荔枝谱》。邓道协在书中不仅介绍了荔枝的栽培，还介绍了民间对荔枝的保存。①

5. 槟榔

槟榔原产于马来西亚。《海槎余录》中记载："槟榔产于海南，惟万、崖、琼山、会同、乐会诸州县为多，他处则少。每亲朋会合，互相擎送以为礼。"《君子堂日询手镜》记载："岭南好食槟榔，横人尤甚，宾至不设茶，但呼槟榔，于聘物尤所重。士夫生儒，衣冠俨然，谒见上官长者，亦不辍咀嚼。舆台、皂隶、囚徒、厮养，伺候于官府之前者皆然。余尝见东坡诗有云'红潮登颊醉槟榔'，并俗传有蛮人口吐血之语，心窃疑焉。余初至其地，见人食甚甘，余亦试嚼一口，良久耳热面赤，头眩目花，几于颠仆，久之方苏，遂更不复食，始知其为真能醉人。又见人嚼久，吐津水甚红，乃信口吐血之说。余按《本草》所载，槟榔性不甚益人。《丹溪》云：槟榔善坠，惟瘴气者可服，否则病真气，有开门延盗之患。彼人非中瘴，食如谷栗，诚为可笑。"据说，乾隆皇帝、嘉庆皇帝都喜好槟榔，中国第一历史档案馆保存着嘉庆皇帝在折子上的御批"朕常服食槟榔，汝可随时具进"。

6. 罂粟

罂粟是一年生草本植物，是制取鸦片的主要原料。罂粟的原产地是西亚地区，早在南北朝时，即已传入中国，并有种植。托名于郭橐驼的《种树书》中指出："莺粟九月九日及中秋夜种之，花必大，子必满。"王世懋在《学圃杂疏》说："莺粟，花最繁华，其物能变，加意灌植，研好千态，曾有作黄色、绿色者，远视佳甚，近颇不堪，闻其粟可为腐，涩精物也。又有一种小者曰虞美人，又名满园春，千叶者佳。"徐霞客在贵州省贵定白云山下看到罂粟花，在《徐霞客游记》中写道："莺粟花殷红，千叶簇，朵甚巨而密，丰艳不减丹药。"李时珍在《本草纲目》写道："阿芙蓉（即鸦片）前代罕闻，近方有用者。云是罂粟花之津液也。罂粟结青苞时，午后以大针刺其外面青皮，勿损里面硬皮，或三五处，次晨津出，以竹刀刮，收入瓷器，阴干用之。"《清稗类钞·植物类》"罂粟"条记载："道光甲午广东乡试第三场之策题，第四

---

① 彭世奖校注：《历代荔枝谱校注》，中国农业出版社 2008 年出版。

问民食一道中一条云：'沃土之地，往往植烟草以为利息，甚至取其种之大害于人者而广播之，民不知其敝精力，耗财用，大半溺于所嗜，视其为用与菽粟等，而且胜之，将何以严其禁而革其俗？'此盖言内地自种之罂粟花也。"

7. 芭蕉

《海槎余录》中记载芭蕉："常年开花结实，有二种，一曰板蕉，大而味淡；一曰佛手蕉，小而甜，俗呼为蕉子，作常品，不似吾江南茂而不花，花而不实也。"王世懋在《学谱杂疏》说："芭蕉，惟福州美人蕉最可爱，历冬春不凋，常吐朱莲如簇，吾地种之能生，然不花，无益也。又有一种名金莲宝相，不知所从来，叶尖小如美人蕉，种之三四岁或七八岁始一花，南都户部、五显庙各有一株，同时作花，观者云集，其花作黄红色，而瓣大于莲，故以名，至有图之者，然余童时见伯父山园有此种，不甚异也，此却可种，以待开时赏之。若甘露则无种，蕉之老者辄生，在泉漳间则为蕉实耳。"

8. 椰子

有关椰子，《海槎余录》中介绍："椰子树初栽时，用盐一二斗先置根下则易发。其俗家之周遭必植之，木干最长，至斗大方结实。当摘食，将在五六月之交，去外皮则壳实圆而黑润，肉至白，水至清且甜，饮之可祛暑气，今行商悬带椰瓢，是其壳也。又有一种小者端圆，堪作酒盏，出于文昌、琼山之境，他处则无也。"李时珍在《本草纲目》中记述：椰子肉"甘，平，无毒"。椰子水"甘，温，无毒"。椰壳"能治梅毒筋骨痛"。

9. 其他

各种香料——《海槎余录》记载："（海南）又产各种香，黎人不解取，必外人机警而在内行商久惯者解取之。尝询其法于此辈，曰当七八月晴霁，遍山寻视，见大小木千百皆凋悴，其中必有香凝结。乘更月扬辉探视之，则香透林而起，用草系记取之。大率林木凋悴，以香气触之故耳。"

各种果树——《君子堂日询手镜》记载广西横州一带"果蓏之属，大率不逮吴浙远甚。以余所见，惟莲房、西瓜、甘蔗、栗四品与吴地仿佛，虽有桃、李、梅、梨数品，然皆不候时熟即入市。……杨梅大者如豆。如吴地所无者，荔枝、龙眼、蕉实三品，甚佳。又有名九层皮者，脱至九层方见肉，熟而食之，味类栗。又一种名黄皮果，状如楝子，味酸又有余甘，子如小青李，味酸涩，余味颇甘，亦不甚美。橄榄、乌榄二者甚多，俱野生，有力恣意可取，市中十钱可得一大担，土人炒以进饭。复有人面果、冬桃、山栗子、木馒头、山核桃、阳桃、逃军粮等野果，种类更多。然西瓜虽美，四月即可食，至五月已无。桃、李、枇杷，二三月间即食，四月俱已摘尽。惟栗与甘蔗用乃久耳"。

明代王世懋《学谱杂疏》记载了许多果实可以吃的果树，并讲述了栽种情况，如："百果中樱桃最先熟，即古所谓含桃也。吾地有尖圆大小二种，俗呼小而尖者为樱珠，既吾土所宜，又万颗丹的，掩映绿叶可玩，澹圃中首当多植。梅种殊多，既花之后青而如豆可食者，曰消梅、脆梅、绿萼梅。消梅最佳，以其入口即消也。熟而可食者曰鹤顶梅，且霜梅梅酱，梅供一岁之咀嚼，园林中不可少。杏花，江南虽多，实味大不如北，其树易成，实易给，林中摘食可佳。枇杷，出东洞庭大，自种者小，然却有风味，独核者佳，盖他果须接乃生，独此果直种之亦能生也。杨梅，须山土，吾地沙土非宜，种之亦能生，但小耳。树极婆娑可爱，今当种澹圃高冈上，与山矾相覆荫。李，种亦殊多，北土盘山麝香红妙甚，江南绝无，然亦有一种极大而红者，味可亚之，亦有王黄、青翠、嘉庆子俱称佳品，吾圃中仅有粉李一种，余当致之。桃，有金桃、银桃、水蜜桃、灰桃、匾桃，澹圃中已备金、蜜二种，皆佳品也。梨，如哀家梨、金华紫花梨不可见也，今北之秋白梨，南之宣州梨，皆吾地所不能及也，闻西洞庭有一种佳者，将熟时以箬就树包之，味不下宣州，当觅此种植之，亦一快也。"

从王世懋《学谱杂疏》一书可知，当时餐桌上经常食用的蔬菜有蘽、芥、葵、芹、萝卜、胡萝卜、葱、蒜、韭、薯蓣、马齿苋、荠菜、枸杞苗、菊苗、藜蒿、菱、香芋、荸荠、藕、蒲笋、芦笋、匏子、扁豆、蚕豆、刀豆、草决明、西番麦、薏苡仁、丝瓜等。如："莴苣，绝盛于京口，咸食脆美，即旋摘烹之亦佳。""菠菜，北名赤根，菜之凡品，然可与豆腐并烹，故园中不废。若君蓬菜，俗名甜菜者，菜斯为下矣。"

四、引进的植物

明代有许多蕃国，从海路与陆路经常进贡域外的各种植物。明人把长城以外的地区称为域外。乾嘉时期的纪昀曾在新疆有过两年半的谪戍生活，熟悉当地的水果，他在《阅微草堂笔记》卷十五《西域之果》中记载：

> 西域之果，蒲桃莫盛于土鲁番，瓜莫盛于哈密。蒲桃京师贵绿者，取其色耳。实则绿色乃微熟，不能甚甘；渐熟则黄，再熟则红，熟十分则紫，甘亦十分矣。……瓜则充贡品者，真出哈密。馈赠之瓜，皆金塔寺产。然贡品亦只熟至六分有奇，途间封闭包束，瓜气自相郁蒸，至京可熟至八分。如以熟八九分者贮运，则蒸而霉烂矣。余尝问哈密国王苏来满（额敏和卓之子）："京师园户，以瓜子种殖者，一年形味并存；二年味已改，惟形粗近；三年则形味俱变尽。岂地气不同欤？"苏来满曰："此地上暖泉甘而无雨，故瓜味浓厚。种于内地，固应少减，然亦养子不得法。如以今年瓜子，明年种之，虽此地味亦不美，得气薄也。其法当以灰培瓜子，贮于不湿不燥之空仓，三五年后乃可用。年愈久则愈佳，得气足也。若培至十四五年者，国王之圃乃有之，民间不能待，亦不能久而不坏也。"其语似为近理。然其灰培之法，必有节度，亦必有宜忌，恐中国以意为之，亦未必能如所说耳。

此处所述蒲桃当为葡萄，与今天东南亚原产的果树蒲桃不是一种水果。此处所述瓜，当为哈密瓜。王世懋在《学谱杂疏》中说："葡萄，虽称凉州，江南种亦自佳，有紫水晶二种，宜于水边设架，一年可生，累垂可玩，不但以供饾钉也。"

明清时期，由于世界逐渐由分散走向整体，亚洲之外的经济作物，如玉米、土豆、花生、烟草等，也传到了中国，这对明清时期的栽培有重要影响。当代学者曹玲撰有《明清美洲粮食作物传入中国研究综述》一文，该文记载了玉米、番薯、马铃薯三种植物传到中国的时间与途径，指出学术界根据不同的文献，或对古代文字的不同理解，形成了各种观点，有西南陆路传入说，有东南海路传入说，还有西北陆路传入说。[①]

1. 玉米

玉米，又名苞谷、苞米棒子、玉蜀黍、珍珠米等。玉米原产于中美洲和南美洲，是世界重要的粮食作物。明代有文献记载了玉米，如田艺衡的《留青日札》（1573 年）、嘉靖三十七年（1558 年）河南《襄城县志》、嘉靖三十九

---

① 曹玲：《明清美洲粮食作物传入中国研究综述》，《古今农业》2004 年第 2 期。

年（1560 年）甘肃《平凉府志》。《平凉府志》详细地描述了玉米的植物形态学特征，这是已经确认的最早关于玉米的记载，说明至迟在 16 世纪中期玉米已经传入我国。大约在 16 世纪 50 年代到 70 年代间，从《云南通志》记载可知，云南许多地方已经种植玉米。有人据此推断玉米很可能是从印度、缅甸传入云南的，但也有人认为是从中亚传入中国的。《本草纲目》记载："玉蜀黍种出西土，甘平无毒，能调中开胃。"这说明，中医已经认识到玉米的药性。

玉米又称为西番麦、包谷，这类称呼在清代就已经出现，如康熙三十三年（1694 年）编《山阳县志》记载："玉蜀黍，一名番麦，一名玉米。"乾隆年间编的《洵阳县志》记载："江楚民……熙熙攘攘，皆为包谷而来。"

2. 花生

花生，俗称落花生。花生的种植源头，一般认为是秘鲁和巴西。在公元前 500 年的秘鲁沿海废墟中发现大量花生，在美洲最早的古籍之一《巴西志》有明确记录。哥伦布航海，把花生带到了所到之地。

我国明代的多部方志记载了"落花生"，如嘉靖年间的《常熟县志》、万历年间的《嘉定县志》《崇明县志》《仙居县志》等。四川 18 世纪到 19 世纪前期流行栽培花生。清代赵学敏的《本草纲目拾遗》记载了花生仁"味甘气香，能健脾胃，饮食难消运者宜之"。

然而，考古发现，我国也有可能是花生原产地之一。1958 年的浙江吴兴钱山洋原始社会遗址发掘出炭化花生种子，测定灶坑年代距今 4700±100 年。1961 年在江西修水县山背地区原始社会遗址中再次发掘出炭化花生种子。在距今 2100 年前汉代的汉阳陵发现 20 多粒花生，出土时和其他粮食的炭化物混合在一起，但依然保留了清晰的外形。现在有些问题还不清楚：为什么汉朝到明初中国人不种花生？为什么史书对花生鲜有记载？……

3. 番薯

番薯，别称甘薯、红山药、红薯、红苕等。番薯原产于南美洲及大、小安的列斯群岛，传入中国的时间，大约是明代万历年间，从东南亚的安南（今越南）、吕宋（今菲律宾）传到广东、福建。一说是明万历年间广东吴川林怀兰从越南传入，有清道光年间的《吴川县志》及"番薯林公庙"为证。还有一说是明万历年间广东东莞陈益从越南传入，有清宣统年间的《东莞县志·

物产·薯》所引《凤冈陈氏族谱》为证。

还有更流行的一说是福建长乐人陈振龙在吕宋（即菲律宾）做生意，见当地种植一种叫"甘薯"的块根作物，块根"大如拳，皮色朱红，心脆多汁，生熟皆可食，产量又高，广种耐瘠"。于是，带回到福建。陈振龙的后人在乾隆年间编有《金薯传习录》。《金薯传习录》分为上、下两卷。上卷摘录史籍志书中关于甘薯的各种记载，汇集了明清时期推广种植甘薯的禀帖和官方文告，还有海内外甘薯种植、管理、储存和食用的经验方法等。下卷汇集了有关甘薯的诗词歌赋，包括赋、颂、五言古体、五言排律、五言律诗、七言古体、七言律诗等，凡75首（篇）。此书卷一收录了明万历二十一年（1593年）六月《元五世祖先献薯藤种法后献番薯禀帖》、乾隆三十三年（1768年）《青豫等省栽种番薯始末实录》等文献，记述了福建华侨陈振龙将甘薯种从海外传入国内的经过，说陈振龙是在明万历二十一年（1593年）五月中旬携带甘薯种回国，在船上漂泊7天后抵达厦门的。甘薯，明人徐光启的《农政全书》、谈迁的《枣林杂俎》等书有记载。

李时珍《本草纲目》记载："番薯具有补虚乏、益气力、健脾胃、强肾阳之功效。"清代，官方提倡栽种番薯，在南方种植范围广泛，番薯很快成为仅次于稻米、麦子和玉米的第四大粮食作物。曹树基先生认为清代玉米、番薯的集中产区主要分布在南方，玉米集中产区北端以秦岭山脉为界，番薯集中产区主要分布在杭州湾以南的东南各省。[①] 番薯，有的学者认为中国古代就已经有了，有的学者认为我国古代的薯不是番薯。

4. 马铃薯

马铃薯，因酷似马铃铛而得名，此称呼最早见于康熙年间的《松溪县志·食货》。马铃薯又称洋芋或土豆等。马铃薯原产于南美洲安第斯山区，人工栽培历史最早可追溯到大约公元前8000年到公元前5000年的秘鲁南部地区。

马铃薯大约在17世纪的前期传入我国，在云南、贵州开始种植马铃薯。《植物名实图考》记载："洋芋，滇黔有之。"成书于19世纪末的四川《奉节

---

① 曹树基：《清代玉米、番薯分布的地理特征》，《历史地理研究》第2辑，复旦大学出版社1990年版。

县志》记载："嘉乾以来渐产此物（玉米、番薯、马铃薯）……今则栽种遍野，农民之食全恃此矣。"这说明在清代的乾隆、嘉庆年间，这些粮食逐渐成为山区民众的主食，仅次于小麦、稻谷。

5. 烟草

烟草原产于南美洲。考古学家在南美洲发现了 3500 年前的烟草种子，美洲土著民将烟草视为"万灵药"。16 世纪初，烟草传到欧洲，16 世纪中后期到 17 世纪前期传入我国。烟草从菲律宾、越南、朝鲜分别传到闽广等沿海地区和东北。

一说中国古代就有烟草，少数民族在元代就有吸烟草的风俗。如元朝大德七年（1303 年），李京《云南志略》记载：金齿百夷（即今天云南德宏傣族、景颇族）有"嚼烟草的习俗和嗜好"。中国本土产的烟草，可能与外来烟草有所不同。

明代兰茂《滇南本草》第二卷记载"野烟"："一名烟草、小烟草。味辛、麻，性温。有大毒。治若毒疗疮，痈搭背，无名肿毒，一切热毒恶疮；或吃牛、马、驴、骡死肉中此恶毒，惟用此药可救。"明天启四年（1624 年），医药学家倪朱谟在《本草汇言》中记载："烟草，通利九窍之药也，能御霜露风雨之寒，辟山盅鬼邪之气。小儿食此能杀疟疾，妇人食此能消症痞，如气滞、食滞、痰滞、饮滞，一切寒凝不通之病，吸此即通。"

明末清初，民间流行吸烟，叶梦珠《阅世编》卷七记载："烟叶，其初亦出闽中。予幼闻诸先大父云：福建有烟，吸之可以醉人，号曰干酒，然而此地绝无也。崇祯之季，邑城有彭姓者，不知其从何所得种，种之于本地，采其叶，阴干之，遂有工其事者，细切为丝，为远客贩去，土人犹未敢尝也。后奉上台颁示严禁，谓流寇食之，用辟寒湿，民间不许种植，商贾不得贩卖；违者与通番等罪，彭遂为首告，几致不测，种烟遂绝。顺治初，军中莫不用烟，一时贩者辐辏，种者复广，获利亦倍，初价每斤一两二三钱，其后已渐减。今价每斤不过一钱二三分，或仅钱许，此地种者鲜矣。"

吸烟对身体有一定的刺激作用，中医以之作为药物。清朝汪昂的《本草备要》和吴仪洛的《本草从新》记载："烟，辛温有毒，宣阳气，行经络，治风寒湿痹，滞气停痰，山岚瘴雾，辟秽杀虫。闽产者最佳。"

清代王士祯《香祖笔记》卷三记载："今世公卿士大夫下逮舆隶妇女，无不嗜烟草者，田家种之连畛，颇获厚利。考之《本草》《尔雅》，皆不载。姚旅《露书》云，吕宋国有草名淡巴菰，一名曰金丝。醮烟气从管中入喉，能令人醉，亦辟瘴气。捣汁可毒头虱。初漳州人自海外携来，莆田亦种之，反多于吕宋。今处处有之，不独闽矣。"

可见，烟草引入我国后。种烟之利，数倍于稻。福建等地的农民改种烟草，种烟妨碍了谷食生产。

五、茶叶的种植

《明实录》卷二五一"洪武三十年三月癸亥"条记载："秦蜀之茶，自碉门、黎、雅抵朵甘、乌思、藏五千余里皆用之，其地之人，不可一日无此。"

明太祖朱元璋爱惜民力，减少制茶环节，要求民间以茶芽交易或进贡，于是明代人开始直接饮用原生态的茶叶，《万历野获补遗》记载："取初萌之精者，汲泉置鼎，一瀹便啜，遂开千古茗饮之宗，乃不知我太祖实首辟此法。"晚清俞樾在《茶香室续钞》卷二三根据这段文字，认定今人饮茶方法（沸水冲泡）的改进，实起于明初。清人叶梦珠《阅世编》卷七记载："茶之为物，种亦不一。其至精者曰芥片，旧价纹银二、三两一斤。顺治四、五年间，犹卖二两。至九、十年后，渐减至一两二钱一斤。……徽茶之托名松萝者，于诸茶中犹称佳品。顺治初，每斤价一两，后减至八钱，五、六钱，今上好者不过二、三钱。"表明茶树种植面积扩大，导致茶叶价格下降。

明代学者在《五杂俎》卷十一对茶叶的制作成品有过考察，沈德符《野获编·补遗》卷一有一段文字，说的是宋人制茶，制成一个个团陀形，"茶加香物，捣为细饼，已失真味"。

明清时期，人们用植物来保护植物。茶农栽一种名叫"蝇树"的乔木来培植优质茶园。据屈大均《广东新语·木语》记述："西樵多种茶，茶畦有蝇树，叶如细豆，叶落畦上则茶不生蟊。旱则蝇树降水以滋茶。潦则蝇树升水以趁茶。故茶无旱潦之患。又夏秋时，蝇皆集于蝇树不集茶。故茶不生蟊而味芳好。盖蝇树者，茶之所赖以为洁者也。"这种在茶园栽种蝇树的方法，巧妙地运用了植物相生的关系，既能保证茶园水分的均衡供应，又能驱虫诱蝇，从而生产出优质茶叶。可以说，这是明人在植物群落学和生物防治技术领域里，取得的突出进展。

《清稗类钞·植物类》"茶树"条记载："碧萝春，茶名，产于苏州之洞庭山碧萝峰石壁。……己卯，圣祖驾幸太湖，改名曰碧萝春。……龙井茶叶，产于浙江杭州西湖风篁岭下之龙井。状其叶之细，曰旗枪，有雨前、明前、本山诸名，然所产不多。井之附近所产者亦佳。……岕茶，茶名，产于浙江长兴县境，在两山之间，而为罗氏所居，故名岕茶，亦名罗岕，为长兴茶之最佳者。……蒙顶，茶名。蒙山在四川名山县西十五里，有五峰，最高者曰上清峰，其巅一石大如数间屋，有茶七株，生石上，无缝罅，相传为甘露大师所手植。产生甚少，明时，贡京师，岁仅一钱有奇。环石别有数十株，曰陪茶，则供藩府诸司，今尚有之。……普洱茶产于云南普洱府之普洱山，性温味厚，坝夷所种。蒸制后，以竹箬成团裹之。亦有方者，如砖。……台北产茶，有名乌龙者，略如红茶，粤人多嗜之，尤为输出外洋土货之大宗。……山茶花，南方各省皆有之，云南尤著，以在会城之归化寺者为第一。"

湖北是产茶的主要地点之一。清代，鄂东南从通山到崇阳盛产茶叶，有英国商人、日本商人住在这里收购。茶叶贸易一直能牟取很大的利润，所以有许多商人从事茶叶运输。明代张瀚在《松窗梦语》卷四说："茶盐之利尤巨，非巨商贾不能任。……武林贾氏，用鬻茶成富。"鄂东南的赤壁市与湖南临湘市的交界处有个明清古街"新店"，这条街道长700多米，街上以青石板铺路，石板上留有一寸多深手推车车轮辙。街两旁都是几百年的老房子，开设了小饭馆、小杂货店。新店紧临着一条小河，河那边是湖南，这边是湖北。小河沟通着湖泊，辗转进入长江。这条运茶通道紧贴着巍峨的群山，山那边是江西的修水，山间有路，民间一直进行密切的经济文化交往。

1840年，鄂南羊楼洞古镇有红茶庄号40多家，这一带年制红茶10万箱，每箱25公斤。汉口辟为租界之后，湖北、湖南、安徽、江西的茶叶都在汉口进行交易，1888年出口总量为4.3万吨。同光年间，羊楼洞茶业经济进入鼎盛时期，有山西帮、广东帮和本地茶庄200多家，一时间成为湘鄂赣三省交界州县著名的茶叶集散和加工中心。茶叶从汉口集散，砖茶沿汉水运到青海、内蒙古及国境外的俄国。1915年之后，由于印度大量栽种红茶，使鄂南红茶出口受到影响，转而生产砖茶，年制砖茶30万箱，每箱40—60公斤不等。

山西学者张正明考证了鄂茶到蒙古的路线，他认为19世纪50年代初受太平天国起义的影响，山西茶商乐于采运两湖茶，而湖茶很适合俄蒙人的胃口。湖北羊楼洞的茶，加工后先集中于汉口，由汉水至襄樊，转唐河北上至河南社旗镇。社旗有客店专营运输兼保镖。茶叶驮运由此北上，经洛阳，过黄河，入太行山，经晋城、长治、出祁县子洪口，然后在鲁村换畜力大车北上，经太原、大同至张家口或归化，再换骆驼至库伦、恰克图。每驼可驮 200 公斤，从张家口到恰克图约 1500 公里，40 天可达。

六、药性植物

植物不仅可以使人填饱肚子，还可以防病、治病、养生。从上古的《神农本草经》以降，中华先民不乏植物药性的记载。

在中国传统的医药学中，土豆、烟草等无不被列入药物之中。明清时几乎所有的中医大夫都要致力于药草的研究，许多行医者都有药材笔记，有的还撰成了书稿，这些表明当时的植物药物学是十分发达的。这里，选择性地介绍李时珍等医家的记载。

李时珍的《本草纲目》是一部植物药性的集大成文献，内容极为丰富，系统地总结了中国 16 世纪以前的药物学知识与经验，是中国药物学、植物学等的宝贵遗产，并对中国药物学的发展起着重大作用。其分类方法与现代植物分类有诸多相似之处。（如《谷部·稷粟》类多是禾本科植物、《菽豆》类多为豆科植物、《菜部·水菜》类多是藻类植物、《芝䓴》类多是真菌。）这种生物分类方式是当时世界上最先进的，对后世的生态科学也有深远影响。达尔文的著作，就引用过《本草纲目》的资料。据马元俊研究，李时珍在植物学方面所创造的人为分类方法，是一种按照实用与形态等相似的植物，将其归之于各类，并按层次逐级分类。他不仅提示了植物之间的亲缘关系，而且还统一了许多植物的命名方法。

李时珍对草类观察最细，草部又细分为山草、芳草、隰草、毒草、蔓草、水草、石草、苔草、杂草；木类分为香木、乔木、灌木、寓木、苞木、杂木等。许多植物都是李时珍在野外见到过的，如蕲春的蕲艾、蕲竹等。李时珍认为植物对人的身体特别有益，他在《菜部》论述大蒜可以治吐泻，百合可以治神志不清，生姜可以治寒热胀满，菠菜可以止渴润燥，蒲公英可以散肿解结，竹笋可以化热消痰，冬瓜可以治痔疮肿痛，南瓜可以补中益气，黄瓜可以治咽喉疼痛，苦瓜可以清心明目，木耳可以治脱肛泻血。

许多植物都有药性，王世懋在《学谱杂疏》记载："栀子，佛经名薝卜，单瓣者六出，其子可入药、入染，重瓣者花大而白，差可观，香气殊不雅，以佛所重，存之。"《清稗类钞·植物类》记载"总管木"可入药："总管木，琼州黎峒所产，红紫色，中有黑斑，可避恶兽诸毒，故名。黎人若中兽毒，研末敷之，即消，蛇若与之接触，骨即断，闻其香，即颤伏不能动。"

纪昀《阅微草堂笔记》卷三记载："塞外有雪莲，生崇山积雪中，状如今之洋菊，名以莲耳。其生必双，雄者差大，雌者小。然不并生，亦不同根，相去必一两丈。见其一，再觅其一，无不得者。盖如兔丝茯苓，一气所化，气相属也。凡望见此花，默往探之则获。如指以相告，则缩入雪中，杳无痕迹，即雪求之，亦不获。草木有知，理不可解。土人曰：山神惜之。其或然欤？此花生极寒之地，而性极热。盖二气有偏胜，无偏绝，积阴外凝，则纯阳内结。坎卦以一阳陷二阴之中，剥复二卦，以一阳居五阴之上下，是其爻象也。然浸酒为补剂，多血热妄行。或用合媚药，其祸尤烈。"这是从阴阳学说对植物的药性进行了解读，认知还停留在经验的层面。

七、园林植物

明清是中国古代园艺发展的高峰，由于农耕民族重视园林艺术，所以园林植物知识非常丰富。从明代的《园冶》一书可见，先民把园林植物分成观叶、观花、观果三类观赏植物，有花坛、绿篱、防护、地被、庇荫等形式。植物配植有孤植、列植、丛植、群植。植物处理艺术讲究对比和衬托、动势和均衡、起伏和韵律、层次和背景、色彩和季相。植物已被中国人赋予文化内涵。如梅花清标韵高、竹子节格刚直、兰花幽谷品逸、菊花操介清逸，人称"四君子"。牡丹象征富贵，紫薇象征和睦。玉兰、海棠、牡丹、桂称"玉堂富贵"。松竹梅称"岁寒三友"。荷花象征出污泥而不染的高洁品德。

园林种植花木，需得精湛的匠艺。精心护养一年，难得赏花十日。花木位置的疏密、配备都很讲究。或一望成林，或孤枝独秀，都有情趣。明代成书的《长物志》卷三对花木有专论，反映了500多年前的匠师已对园林植物有了丰富的见识。明代张瀚《松窗梦语》卷五《花木纪》记载："初春水仙开，金心玉质，俗呼金盏银台，翠带飘拂，幽香袭人。时梅花同放，红者色如杏，白者色如李，心微黄者曰玉蝶，蒂色青者曰绿萼，有蜜色者曰蜡梅，种种皆佳。次瑞香，枝叶扶苏，花朵茂密，表紫里白，香芬比麝尤清。次幽兰二种，皆出土产，一茎一花曰兰，一茎数花曰蕙。若闽种，一茎四五花，多至八九花，且叶长色青，优于土产，其香清远，出诸花上。时蔷薇满架，如红妆艳质，浓淡相间。""杜鹃出闽中，近四明亦有之，俗名万岩，色若丹砂，树小花繁。松亦有花，色黄如粉，调蜜为饵，香鲜适口。蕡卜白质黄心，香亦透露，但千叶不结实耳。""蜀葵花草干高挺，而花舒向日，有赤茎、白茎，有深红，有浅红，紫者深如墨，白者微蜜色，而丹心则一，故恒比于忠赤。""更有茉莉，馨香无比，花朵繁茂，妇女争摘取之，簪插盈头，渐次舒放，可供四五旬之赏。种出岭南，今赣亦渐多。"

清人李汝珍对园林的花卉颇有研究，他在《镜花缘》中提出要以花为师友，他说："所谓师者，即如牡丹、兰花、梅花、菊花、桂花、莲花、芍药、海棠、水仙、腊梅、杜鹃、玉兰之类，或古香自异，或国色无双，此十二种，品列上等。当其开时，虽亦玩赏，然对此态浓意远，骨重香严，每觉肃然起敬，不啻事之如师，因而叫作'十二师'。他如珠兰、茉莉、瑞香、紫薇、山茶、碧桃、玫瑰、丁香、桃花、杏花、石榴、月季之类，或风流自赏，或清芬宜人，此十二种，品列中等。当其开时，凭栏拈韵，相顾把杯，不独蔼然可亲，真可把袂共话，亚似投契良朋，因此呼之为友。"李汝珍之所以认为这些花卉可以称为老师，是因为这些花有的古香自异，有的国色无双。这些花是姿态浓丽、意境悠远、骨骼庄重、芳香雅正的花卉，令人肃然起敬，观赏这些花不异于侍从老师，因此称它们为"十二师"。另一些花，像珠兰、茉莉等，有的或风流自赏，有的清芬宜人。当它们开花时，靠着栏杆写诗作文，觉得花蔼然可亲，可以称为"朋友"。

清代，在京城有许多人乐于种花。史书记载右安门外南十里之草桥，"居人遂花为业，都人卖花担，每晨千百，散入都门"。人们种的花，四季都有，如："入春而梅，而山茶，而水仙，而探春；中春而桃李，而海棠，而丁香；春老而牡丹，而芍药，而李枝；入夏，榴花外，皆草花。"[①]

王士禛《香祖笔记》卷一记载："京师粥花者，以丰台芍药为最，南中所产，惟梅桂、建兰、茉莉、栀子之属。近日亦有佛桑、榕树。榕在闽广，其大有荫一亩者，今乃小株，仅供盆盎之玩。佛桑重台者，永昌名花上花。"《香

①《帝京景物略》卷三《草桥》。

祖笔记》卷七还记载："北方有无核枣，岭南无核荔支，有大如鸡卵者，其肪莹白如水精。"

纪昀撰《阅微草堂笔记》谈到京师花木："京师花木最古者，首给孤寺吕氏藤花，次则余家之青桐，皆数百年物也。桐身横径尺五寸，耸峙高秀，夏月庭院皆碧色。惜虫蚀一孔，雨渍其内，久而中朽至根，竟以枯槁。吕氏宅后售与高太守兆煌，又转售程主事振甲。藤今犹在，其架用梁栋之材，始能支拄。其阴覆厅事一院，其蔓旁引，又覆西偏书室一院。花时如紫云垂地，香气袭衣。"

《清稗类钞·植物类》"丰台芍药"条记载："顺天丰台为养花之地，竹篱茅舍，三三两两，辘轳之声不断。其地本以芍药著，春时车马往来，游人如蚁。园丁贪利，繁苞未放，即剪入担头唤卖，故所见略无红紫，惟余绿叶青枝而已。""唐花"条记载："京师气候寒，花事较南中为迟，然有所谓唐花者，非时之品，十二月即有之，诚足以夺造化而通仙灵。盖皆贮于暖室，烘以火，使之早放，腊尾年头，烂熳如锦，牡丹、芍药、探春、梅、桃诸花，悉已上市矣。唐，一作堂。至光绪时，则上海亦有之。"

中国明清时期的园林艺术对草坪不太重视，西方园林一般都有大片草坪。究其原因，长江流域土地少、人口多，所以很难拿出大片土地建草坪。

第二节　北方的植物

中国古代的植被状况，很难以量化的方法加以说明。即使描述明清的植被，也很难找到合适的切入点。人们可以从河流，也可以从山脉等不同角度叙述植被。但是，为了今天的读者阅读方便，笔者大致按现在行政省划分，简要介绍各地的植被情况。先说北方各省，再述南方各省。

一、东北地区与内蒙古

1. 东北三省

我国东北三省的森林面积辽阔。

明代，对东北是开发，还是保护，政策有所变化。据佟新夫执笔的《东北地区的人类历史时期森林变迁》，① 明代取代元朝之后，在东北设立 188 个卫所，对东北森林实行休养生息的政策。

明代末期，以努尔哈赤为首的满人在河拉、赫图阿拉、萨尔浒等地建有城堡，其宫殿和陵墓消耗了大量木材。顺治六年（1649 年），颁布招民开垦政策，关内民众迁入东北，改变了生态环境。康熙皇帝一反顺治时的国策，在 1668 年开始"四禁制度"，在林区与草原禁止采伐森林，禁止农垦，禁止渔猎，禁止采矿。其后的 100 年间，东北的森林得到较好的保护。

清代有几个地区的植被是受到严格保护的。其一是关外，关外是满族发祥

---

① 载董智勇主编的《中国森林史资料汇编》，未刊稿，此书组织了一批专家执笔，分别记述各省森林史。本书凡"某某省森林简史"，均出自此书。某些方志的材料，也转引自此书，特作说明。

地，不许随便开垦的。其二是蒙古地区，保存大片的草原，以确保游牧业的发展。其三是五岳与名山大川，这些地方具有神性的内涵。

东北植被总的情况是从大小兴安岭至长白山、鸭绿江一线的东北原野，明清时期仍是以森林分布为主体。林木茂密。清代王士禛《池北偶谈》记载康熙十六年（1677 年），内大臣觉罗武等遵旨考察长白山，六月至八月间，创辟路径，行于不见日色的森林之内。至额赫讷阴地方，"因前进无路，一望林木"，于是命令当地人"前行伐木开路"。"至长白山脚下。见一处周围林密，中央平坦而圆，有草无木，前面有水，其林离住札处半里方尽。自林尽处，有白桦木宛如栽植，香木丛生，黄花灿烂。臣等随移于彼处住札，步出林外远望，云雾迷山，毫无所见。"

《清稗类钞·植物类》"东三省森林"条记载："东三省多森林，而吉林为尤多。惟其方言，于平地多树者曰林，于山间多树者曰兀集，万木参天，槎丫突兀，排比联络，间不及尺，绵绵亘亘，纵横数十百里，不知纪极，伐山通道，始漏一线天光。秋冬霜雪凝结，不着马蹄，春夏高泞泥淖，低汇波滔。旅行兀集中数日，不得尽其极，蚊虻攒啮，鸣鸟咿哑，鼯鼬狸鼠之属，旋绕不畏人，微风震撼，则飔飔扬扬，骇人心目，故昼焚青草聚烟以驱虻，夜据木石燎火以防兽。近年逐渐砍伐，春暖冰融，排木蔽江而下，爇火代薪者，均栋梁材也。"

清人吴振臣撰写《宁古塔纪略》，记载了康熙年间今黑龙江宁安周围的植被情况。"南门临鸭绿江，江发源自长白山。西门外三里许，有石壁临江，长十五里，高数千仞，名鸡林哈答。古木苍松，横生倒插。白梨红杏，参差掩映。端午左右，石崖下芍药遍开。至秋深，枫叶万树，红映满江。"

何秋涛撰的《朔方备乘》也记载了东北"数千百里，绝少蹊径，较之长城巨防，尤为险阻"的状况。何秋涛（1824—1862 年），字巨源，号愿船，福建人。

据施荫森、姜孟霞执笔的《黑龙江省森林简史》，清初，为开辟齐齐哈尔到海拉尔驿道，对沿线的森林稍有破坏。但是，黑龙江在清代以前 90% 以上的森林，基本上是以原生林的形态被保存下来，林木高大茂密，有不少古木。大兴安岭的植被以落叶松为主，还有桦、榆等树种。清政府为了保护满族的发祥地，禁止人们到长白山及东北的林区开垦、狩猎。到了 19 世纪，大量汉人迁进东北，使黑龙江、牡丹江、绥芬河、穆棱河等地的森林被开辟为农田。20

世纪初，俄国沙皇以修建中东铁路为名，砍伐了从满洲里到绥芬河的中东路两侧近百公里范围的天然林。

据佟新夫执笔的《吉林省森林简史》，清代乾隆五十六年（1791 年），吉林省范围仅有 15 万人，到光绪二十四年（1898 年），人口增至 78 万人，到宣统三年（1911 年），人口增至 554 万。随着人口增多，务农者向森林要地，必然毁林开荒。清代，吉林有不少林场。1877 年，沙俄把珲春河上游密江流域与图们江流域的木材运往海参崴。1902 年，沙俄在通化成立远东林业公司，砍伐鸭绿江流域的林材。

据王建民《辽宁省森林简史》记载，1768—1774 年，清朝从朝阳地区砍伐了 36 万棵合抱大树，运到河北承德离宫，用于修建宫殿庙宇，使辽西及热河一带的原始森林开始成片被毁。乾隆年间，将山海关古长城以外的大片林地划为屯兵牧马用地，破坏了森林。嘉庆十三年（1808 年），清朝在辽东开办伐木山场 22 处。1829 年，清朝又从河北、山东、河南、安徽等省的灾区移民 80 多万，安排到朝阳一带，灾民砍林辟田，改变了原来的森林面貌。咸丰年间，1851 年以后，废除了"秋弥"和禁区，民众对林木的砍伐加剧。

2. 内蒙古

明代罗洪先的《广舆图》卷二《朔漠图》记载："自庆州西南至开平，地皆松，号曰千里松林。"清代汪灏在《随銮纪恩》记载他在康熙四十二年（1703 年）随玄烨到大兴安岭狩猎，见到的情况是"落叶松万株成林，望之仅如一线"。

据穆天民执笔的《内蒙古森林简史》，明代，内蒙古归化（今呼和浩特市）取用的木材主要来源于大青山。经过多年开采，大青山原始森林在局部地区已经残破，但仍有大面积植被。大兴安岭南部，在明代，从庆州西南（察汗木伦河源一带）到开平（正蓝旗以东的闪电河岸）还有千里松林。[①]

据文焕然《历史时期内蒙古的森林变迁》（《历史时期中国森林地理分布与变迁》，山东科学技术出版社 2019 年版）记载，历史上内蒙古天然森林比现在要密集，分布的情况是从东向西逐渐减少。在内蒙古的大兴安岭北部分布

---

① 详见明代罗洪先编绘的《广舆图》卷二《朔漠图》。

着寒温带森林，是西伯利亚大森林在我国境内的延伸。

乾隆年间，呼和浩特一带有许多寺庙，寺庙的建筑材料主要取自阴山上的数百年古树。从呼和浩特到大青山一带的植被较好，撰于咸丰十一年（1861年）的《归绥识略》卷五《山川·阴山》记载大青山在归化城北 20 里，"广三百余里，袤百余里，内产松、柏林木，远近望之，岚光翠霭，一带青葱，如画屏森列"。到了晚清，大青山的森林受到加速破坏，逐渐退化为森林草原。《归绥识略》相当于呼和浩特地区的地方志书，作者张曾，字小袁，山西崞县（今山西原平市）人。道光十七年（1837 年），其乡试中举人，此后 10 余年间，到山西及呼和浩特等地区做幕僚。

大兴安岭南部，在明代，从庆州西南（察汗木伦河源一带）到开平（正蓝旗以东的闪电河岸）还有千里松林。[①]

二、西北地区

在中国的各大区域之中，西北的植被相对较差。然而，西北地域辽阔，不乏植物种类，在一些小环境之中，依然保存有厚实的植被。在明清时期，由于西北远离中原政治中心，又远离经济发达的沿海，因而西北开发最晚，植被的破坏也较晚。

1. 新疆

清光绪三十二年（1906 年），王树枏到新疆担任布政使，他组织人员编成《新疆图志》116 卷，200 余万字，分建置、国界、天章、藩部、山脉、土壤、水道、沟渠、道路等志。其中记载了新疆的自然环境，植被材料较为详细。

新疆面积约三分之一是天山。天山呈东西走向，绵延中国境内 1760 千米，占地 57 万多平方千米。天山山脉把新疆大致分成两部分：南边是塔里木盆地，北边是准噶尔盆地。天山天然区是新疆森林的主要区域。由于新疆南北的生态环境有很大差别，因而植被也有不同。19 世纪末，清人萧雄《西疆杂述诗》卷四《草木》自注："天山以岭脊分，南面寸草不生，北面山顶则遍生松树。"

---

① 详见《广舆图》卷二《朔漠图》。

天山的北面多树，南面少树，气候使然。在中国，一般情况下，山南的植被要优于山北的植被，因为向阳的一面宜于植物生长。但是，由于山南宜于人类生存，人类也乐于在山南活动，所以，山南的植被往往比山北的植被更容易受到破坏。在新疆，天山南北的植被多少，不是人为的原因，是气候的原因，与内地有别。

不过，清代萧雄的见识不完全准确。事实上，辽阔的天山南坡仍有较多土层，山顶上有雪水向下浸润。（此部分参考了严赓雪执笔的《新疆自治区森林简史》未刊稿。）天山南坡有成片树林，库车境内山区有茂密的原始森林，库车河两岸有河谷林地，松、柳、桦、山杨之类的杂树遍布。天山北坡，各段的植被不一样。北坡中段，位于从乌鲁木齐板城山隘以东，到哈密的哈尔力克山之间，有大片的落叶松。清人洪亮吉、史善长的诗句都有关于松林的描述。

天山西部有伊犁林区，清人松筠在《新疆识略》记载当地的山川、河流、道路，说山谷中林木茂密。伊犁林区的果子沟有层叠的树林，其中有二三人才能合抱的大树。

新疆有一种杨树，人称胡杨，是速生乔木，能阻挡风沙，改良气候。在天山北路与塔里木盆地多有分布。明清时期，行走在新疆大地，可以经常看到胡桐杂树，古木成林。徐松《西域水道记》记载：19 世纪初"玉河（今叶尔羌河）两岸皆胡桐夹道数百里，无虑亿万计"。《清稗类钞·植物类》"新疆胡桐泪"条记载："胡桐产新疆，于阗河两岸尤多，形曲，性寒。其树沫下流者，谓之胡桐泪，内地手民制为胶汁，以黏金银饰物，极坚固。"新疆的罗布泊有湖水，也有植物。19 世纪末，萧雄在光绪十年（1884 年）见到有人在湖里打鱼，湖边有胡杨，还有成片的树林。[1]

2. 青海

青海的天然森林分布在不同的地区：青海东北部有温带草原，在黄河上游的下段有多处天然林；湟水流域的山地分布有广泛树林，明代修建塔尔寺，所用木材主要取自这一带。青海温带荒漠中的天然森林，主要分布在祁连山。其山顶四时积雪，山上草木繁茂，有野兽。在柴达木盆地也有树林。青藏高原高

---

[1] 科学出版社 1985 年出版的《神秘的罗布泊》一书值得参考。

寒植被区也有森林。青海东部是农牧交错区，农垦发达。

据张昌兴、魏振铎执笔的《青海省森林简史》，明代西宁附近还有天然林。万历十九年（1591 年），经略西宁的郑洛在《奏收复番族疏》描述当时"山林通道，樵牧往来"。

乾隆十二年（1747 年），西宁道台杨应琚在《西宁府新志》描述湟中诸山，类皆童阜。清代地方官员提倡植树。宣统二年（1910 年）成书的《丹噶尔厅志》记载湟源一带人工栽种柳树，"或缘水堤，或夹道旁，或依傍田园，……皆能成活……大小新旧合计四十五万株"。

3. 甘肃

据于慎言、张靖涛执笔的《甘肃省森林简史》，甘肃在历史上不乏森林。森林主要在有山有水的地方。明代嘉靖《秦州直隶新志》记载麦积山、金门山、石门山、燕子山都有成片的树林。

明代，甘南、会宁等地流行修建板屋，耗费了一些林木。子午岭林区，明代时有绵亘的松林，到清代中叶开垦为农田。六盘山在清初还有森林，清中期以后，砍伐严重，清末成了秃山。明代中叶以后，流民进入到陇南山地，砍树造田，破坏了当地的植被。清代嘉庆、道光年间，有人见到六盘山"数日来童山如秃，求一木不可得"[1]。还有史书记载："固郡自迭遭兵灾以来，元气未复，官树砍伐馨尽，山则童山，野则旷野。"[2]

甘肃可以分为三个区域，陇东、陇中为干旱与半干旱地区，陇南为湿润区，河西为绿洲灌溉区。由于降水量少，使得甘肃的植被较为脆弱。明代以降，有大量人群进入甘肃，并在甘肃实行军屯，这就使得甘肃树木被砍，水土流失。[3] 民国《重修定西县志》记载甘肃境内的植被变化。"本县清代以前，森林极盛，乾隆以后，东南两区砍伐殆尽；西北两区犹多大树，地方建筑实利

---

① （清）祁韵士：《万里行程记》，中华书局 1985 年版，第 11 页。

② 《宣统固原州志》卷八《艺文志·王学伊·劝种树示》。

③ 陈英、赵晓东：《论明清时期甘肃的生态环境》，《甘肃林业科技》2001 年第 1 期。

赖焉。咸丰以后，西区一带仅存毛林。"[1]

河西走廊的山地有林木覆盖。乾隆八年（1743 年）编修的《清一统志》卷一六四《凉州府·山川》记载古浪县东南的柏林山"上多柏"。古浪县地处河西走廊东端，东靠景泰，南依天祝，西北与武威接壤，东北与内蒙古阿拉善左旗相邻，为古丝绸之路要冲。

清代方志（如乾隆时期的《成县志》《两当县志》）记载，鹿首山、太祖山、泥功山、石盘山都有树林。此外，武威的莲花山、张掖的平顶山、民乐的松山都有大树。白龙江上游原有大面积原始森林，清代李殿图在《番行杂咏》记载他所见到的高山大林，桧柏松杉，挺直无曲。不过，白龙河中游、洮河中游的植被破坏较快，原因是明代就在此屯军垦田，发展农业。

4. 宁夏

银川平原与阿拉善高平原之间有南北走向的贺兰山，山的东坡属宁夏回族自治区，西坡属内蒙古自治区。贺兰山一度有较茂密的天然林。由于环境变迁，植被逐渐减少。西坡的人类活动较少，因而山西坡的植被比东坡要好。

由于西夏营建兴庆府（今银川市）需大量采伐林木，到 17 世纪初，贺兰山东坡已经没有了森林，仅在高海拔地带有一些树木，森林已受到严重损耗。

明代的宁夏，人口增多，人口数量与使用林木的数量、毁坏林木的数量是成正比例的；为了抵御游牧民族的内扰，明统治者大兴土木，修筑城墙和坞堡。从黄土高原延伸到荒漠草原，明长城盘垣在毛乌素沙漠南缘。长城以内，略见植物；长城以外，尽是荒凉。

《嘉靖宁夏新志》记载了生物资源，银川一带有丰富的物产，树木类有松、柏、桦、椿、白杨、榆、柳、柽、梧；果类有杏、桃、李、花红、白沙、桑葚子、林檎等，说明植物有多样性。在银川城内外，藩王与权臣修建了一处处园林。有些园林的树木较多，如："金波湖，在丽景园青阳门外，垂柳沿岸，青阴蔽日。"湖中有荷菱与画舫。

---

[1] 政协定西市安定区委员会校注：《重修定西县志校注》，甘肃文化出版社 2011 年版，第 127 页。

三、中原地区

1. 陕西

陕西的关中平原一直是中国古代旱作农耕区，秦岭山区原有茂密的树林，明清时期受到破坏。据朱志诚执笔的《陕西省森林简史》，明代，陕北高原的林木有松、柏、栎、桦。如，黄陵县桥山有古柏密布，至今如此。但是，由于气候逐渐干燥，阔叶树如栎、桦的分布位置向南退缩。松、柏之类的树较多，但其分布从西向东退缩。陕北的西部，如安寨、吴旗等地，直到清末，还有茂密的森林。由于区位的原因，秦岭北坡的森林一直处于开采之中。《三省边防备览》记载从周至县到洋县，常有数万人砍伐树林。

明代中叶以后，中原黄河中游地区的森林受到了严重的破坏。史念海研究认为黄河中游的森林覆盖率在东周以前约为65%，明清时则迅速下降到15%左右，清末以后这里的森林破坏更加严重，绝大部分地区都是荒山秃岭，其森林覆盖率为3%左右。[1] 这一时期，陕西、甘肃、宁夏、山西的森林覆盖率分别为3.12%、2.28%、1%和0.6%。[2] 曲格平、李金昌的《中国人口与环境》一书认为，渭河中上游的森林、陕北横山的森林、内蒙古鄂尔多斯高原及阴山的森林、秦岭北坡的森林，也多是从明代开始遭到毁灭性破坏的。

张瀚《松窗梦语》卷二《西游纪》记载植物：“长安……中有秦府，扁曰天下第一藩封。每谒秦王，殿中公宴毕，必私宴于书堂，得纵观台池鱼鸟之盛。书堂后引渠投饵食之，争食有声。池后叠土垒石为山，约亭台十余座。中设几席，陈图史及珍奇玩好，烂然夺目。石砌遍插奇花异木。方春，海棠舒红，梨花吐白，嫩蕊芳菲，老桧青翠。最者千条柏一本，千枝团栾丛郁，尤为可爱。后园植牡丹数亩，红紫粉白，国色相间，天香袭人。中畜孔雀数十，飞走呼鸣其间，投以黍食，咸自牡丹中飞起竞逐，尤为佳丽。……气候寒于东南，惟西风而雨，独长安为有稻一种名线米，粒长而大，胜于江南诸稻，每岁

① 史念海：《河山集》，人民出版社1988年版，第63页。

② 凌大燮：《我国森林资源的变迁》，《中国农史》1983年第2期。

入贡天储。民俗质鲁少文，而风气刚劲，好斗轻生，自昔然已。南门有雁塔寺，塔高三十丈……乔松古柏之下，遍地皆芝，麋鹿数十为群，呦鸣寝处，萧然自适，真仙境也。西门琉璃局台榭迤逦，花木繁茂，而渠水曲折，来自终南，由局入城，长流不竭。"

明代，陕西关中秦岭等地的植被受到严重破坏，京城需要的木材已经难以从黄河中游取得。清代，每年都有棚民拥到秦岭山区，伐木，种玉米，陇山、云盘山的森林被毁。叶世倬《重修连亭记》说他目睹紫关岭一带森林变迁的情况。《留坝厅志·足徵录·文徵》记载："紫关岭……予自乾隆丙午入蜀，道经此岭时，则槎桠葰茂，阴翳蔽天，此树杂错众木中，前有亭立碣以表之。今嘉庆戊辰，自关中之兴安复经此岭，二十三年间，地无不辟，树无不刊。"

清初，陕南山区有原始森林，乾隆二十五年（1760 年）卓秉恬奏报朝廷说："由陕西之略阳、凤县迤俪而东经宝鸡、郿县、盩厔、洋县、宁陕、孝义、镇安、山阳、洵阳至湖北之郧西，中间高山深谷，千枝万派，统谓之南山老林；由陕西之宁羌、褒城，迤俪而东，经四川之南江……陕西之紫阳、安康、平利至湖北之竹山……中间高山深谷，千峦万壑，统谓之巴山老林。"[1]

《清稗类钞·植物类》"潼关西之柳"条记载："自潼关而西，柳阴夹道，皆左文襄公宗棠西征时所手植也。柳皆成材，纹赤质坚，可作器具，与皖、豫蒲柳不同。"

《清稗类钞》卷一"邠州"条记载：陕西之邠州，距西安三百二十里，即周太王所居地，皇涧在东门外，过涧在西门外，皆为驿路所必经。州境梨枣弥繁，绿荫数十里不断，盖陕省之上腴也。

王元林研究了明清时期陇东、陕北的植被，认为明清泾洛下游一带，山地多为灌草和次生林，平原川谷多为农田栽培植被。又说，明清民国时期是泾洛流域森林植被彻底破坏的时期。明初屯垦、边镇军堡附近垦殖，清乾隆人口增多，使近山和山地一带林线退至深山中，清代中叶开垦程度尤深。[2]

---

① （清）严如熤：《严如熤集》，岳麓书社 2013 年版，第 1159 页。

② 王元林：《泾洛流域自然环境变迁研究》，中华书局 2005 年版，第 270、289 页。

2. 山西

明初，山西西北的芦芽山、云中山的植被完好。

《徐霞客游记·游恒山日记》记载：山西有些地方"村居颇盛，皆植梅杏，成林蔽麓"。《游恒山日记》还记载：山西繁峙一带的同一山脉，植被大不一样。"策杖登岳，面东而上，土冈浅阜，无攀跻劳。……一临北面，则峰峰陡削，悉现岩岩本色。一里转北，山皆煤炭，不深凿即可得。又一里，则土石皆赤，有虬松离立道旁，亭曰望仙。又三里，则崖石渐起，松影筛阴，是名虎风口。……过岳殿东，望两崖断处，中垂草莽者千尺，为登顶间道，遂解衣攀蹑而登。二里，出危崖上，仰眺绝顶，犹杰然天半，而满山短树蒙密，槎丫枝柯歧出枯竹，但能钩衣刺领，攀践辄断折，用力虽勤，若堕洪涛，汩汩不能出。余益鼓勇上，久之棘尽，始登其顶。时日色澄丽，俯瞰山北，崩崖乱坠，杂树密翳。是山土山无树，石山则有；北向俱石，故树皆在北。浑源州城一方，即在山麓，北瞰隔山一重，苍茫无际；南惟龙泉，西惟五台，青青与此作伍；近则龙山西亘，支峰东连，若比肩连袂，下扼沙漠者。既而下西峰，寻前入峡危崖，俯瞰茫茫，不敢下。忽回首东顾，有一人飘摇于上，因复上其处问之，指东南松柏间。望而趋，乃上时寝宫后危崖顶。未几，果得径，南经松柏林。先从顶上望，松柏葱青，如蒜叶草茎，至此则合抱参天，虎风口之松柏，不啻百倍之也。"这段话记载了山西的一个奇怪现象："土山无树，石山则有；北向俱石，故树皆在北。"一般说来，北边的阴气重，石坡上难以有植被，而徐霞客则说北边的树比南边土山的树还多。

山西五台山的林木在明代受到前所未有的洗劫。永乐之后，入山伐木者"千百成群，蔽山罗野，斧斤为雨，喊声震山"，"川木既尽，又入谷中"，致使五台山林木也被"砍伐殆尽，所存百之一耳"。[①] 到万历年间，五台山已是一片秃山光岭了。

明代中期，阎绳芳在《镇河楼记》一文中[②]，通过将山西祁县森林植被由

---

① 释镇澄：《清凉山志》卷五《侍郎高胡二君禁砍伐传》，山西人民出版社 1989 年版，第 99—100 页。

② 《光绪山西通志》卷六十六《水利略》。

繁茂转尽竭的变迁及其造成的后果进行对比，寻究森林植被与水土保持的内在联系。阎氏描述道：祁县在正德朝之前，"树木丛茂，民寡薪采；山之诸泉，汇而为盘陀水，流而为昌源河，长波澎湃"，即使每年六七月大雨骤降，但凭借森林所蕴蓄，汾河水总是沿固定的河床而下，不改其道，未曾干涸。然而，至于嘉靖朝之初，"元民竞为屋室，南山之木，采无虚岁，而土人且利山之濯濯，垦以为田，寻株尺砍，必铲削无遗。天若暴雨，水无所得，朝落于南山，而夕即达于平壤，延涨冲决，流无定所，屡徙于贾令岭南北，而祁之丰富减于前之什七矣"。

明嘉靖年间，总理九边屯田御史庞尚鹏在《清理山西三关屯田疏》中说："顷入宁武关，见有锄山为田……今前项屯田俱错列万山之中，岗阜相连。"[1]可见，山西三关成片的森林被开成了坡耕田土。嘉靖以前"山西沿边一带树木最多，大者合抱干云，小者密如栉"[2]。明代中叶后，因军民屯垦，森林被破坏。

山西各地的森林面积锐减。黄土高原的吕梁山中北段，自宁武关以西，南至离石，原在岢岚、河曲、保德、五寨、偏关等地（均属山西）曾有成片森林，多毁于明代屯田。据翟旺等人的研究表明，明清时期山西平地的树木已经少见。山区在明初还有一些森林，如芦芽山及内长城勾注山一线、太岳山、昔阳的奇峰山、太行山北段有森林，覆盖率约30%，明末时下降为10%。清代与民国年间继续毁林，到1949年，覆盖率降为2%。[3]

《清稗类钞》卷一"河套"条记载："河套夹岸，沃壤千里，冈阜衔接，旷无居人，舟行数百里，始一逢村落。是地沙土杂糅，投种可获，岸旁衰草长二三尺，红柳短柏，随处丛生。红柳高四五尺，春晚始萌芽，叶碧似柳，枝干皆赤色，柳条柔韧，居人取织筐筥，色泽妍丽可爱。"足见当时河套地区植被比较好。

---

① 《明经世文编》卷三百五十九。

② 《明经世文编》卷四百十六。

③ 翟旺、米文精：《山西森林与生态史》，中国林业出版社 2009 年版，第 279 页。

3. 河北

明清的都城在今河北境内，河北的植被与京城有直接关系。

从总体而言，河北在局部地区有良好的植被。据陈子龙等《明经世文编·书直隶三关图后》，燕山山区，西段隆庆（今延庆）、永宁（今属延庆）等地，松林数百里，林深树茂，车骑不便。成化年间，恒山、太行山北段以至燕山山脉，仍有广厚的植被。明弘治中，兵部尚书马文升在《为禁伐边山林木以资保障事疏》记载："自偏头、雁门、紫荆，历居庸、潮河川、喜峰口，直至山海关一带，延袤数千余里，山势高险，林木茂密，人马不通。"[①] 丘濬的《守边议》亦云："浑、蔚等州，高山峻岭，蹊径狭隘，林木茂密。"[②]

树大招风，林大招伐，明代北京周边的植被受到破坏。其主要原因有以下几点。

京城建设的需要。明初的都城在长江下游的南京，明成祖移都北方，北京成为明朝的新都城，于是修建宫殿，大兴土木。由于是京城，驻防的部队增多，加上北边还要布列用于抵御游牧民族的大量军队，这些军队在生活中必然消耗树木。《乾隆热河志》记载，明建国之初，北京西山尚存大片森林，"近边诸地，经明嘉靖时胡守中斩伐，辽元以来古树略尽"。到隆庆时，冀北燕山的原始森林已大量被毁。长城沿边的森林被砍伐的情况严重。

京城生活之需要。京城的居民众多，日用需要大量木材。明仁宗即位后，"以京师人众，而荛薪往往取给千数百里外，命工部弛西山樵采之禁"[③]。西山的植被开始受到人为破坏。由于京城的贵族多，生活有奢侈之风气，人们用木浪费，明兵部尚书马文升曾经痛陈其弊："自成化年来，在京风俗奢侈，官民之家，争起第宅，木植价贵。所以大同、宣府规利之徒、官员之家，专贩伐木。往往雇觅彼处军民，纠众入山，将应禁树木任意砍伐。中间镇守、分守等官，或徼福而起盖淫祠，或贻后而修私宅，或修盖不急衙门，或馈送亲戚势要。动辄私役官军，入山砍木，牛拖人拽，艰苦万状。其本处取用者不知几

---

① 《明经世文编》卷六十三。

② 《明经世文编》卷七十三。

③ 《明仁宗实录》卷三。

何，贩运来京者，一年之间岂止百十余万。且大木一株，必数十年方可长成。今以数十年生成之木供官私砍伐之用，即今伐之十去其六七，再待数十年，山林必为之一空矣。"[①] 显然，都城造成了京畿地区空前的植被浩劫，这是势所难免的情况。皇亲国戚、贵族豪门，他们有的是权力与钱财，既可以挥金如土，又可以挥"木"如土。京城周边的植被难免灭顶之灾。

内廷柴炭之需要。明代朝廷机构庞大，人员众多，内廷的用柴量大。北方天气寒冷，取暖之物主要是薪柴。因此，朝廷不断派人在北京附近山区砍伐。据《明会典》卷二〇五记载：天顺八年（1464 年）岁办柴炭 430 余万斤，成化元年（1465 年）650 余万斤，三年增至 1740 余万斤。成化三年（1467 年）的岁办数额，等于天顺八年的 4 倍。此后岁办数额虽无系统记载，但总趋势有增无减是肯定的。如成化二十年（1484 年）时，惜薪司柴炭岁例 2400 万斤，光禄寺 1300 余万斤，合计达到了 3700 万斤。据研究，易州山厂每年上解木炭需用木材 10 万—12 万立方米，消耗森林 1300—1600 公顷。[②] 自永乐迁都北京至明亡的 223 年中，仅宫中总计要烧掉 2200 万—2700 万立方米木材，消耗森林 29 万—36 万公顷。根据刘洪升研究，北京西山以南，紫荆关左近之易州（今易县）、涞水、满城等地山区，紫荆关以外的广昌（今涞源县）与灵丘，谷幽邃，林木茂密。这里是明代工部柴炭山厂的厂地，当时的砍伐是严重的。

冶铁的需要。明代，在森林资源丰富的山区设有铁厂，冶炼对于木材的消耗是巨大的。如遵化铁冶厂始建于永乐元年（1403 年），停于万历九年（1581 年），共存在 178 年。遵化铁冶厂冶炼各种生熟钢铁，全部以柴炭为燃料，以正德年计算，铁厂生产的生熟钢铁岁共出 75 万余斤，耗费的柴炭燃料则有数百万斤，使得蓟州、遵化、丰润、玉田、滦州、迁安等州、县的山厂林木几乎告罄。

税收的需要。庞大的朝廷需要经费支撑，经费的主要部分来自税收。凡有利可图、有税可收的事情，哪怕以牺牲环境为代价，朝廷也会去做。明代，在东真定府（今正定县），朝廷设有竹木税课厂，专门抽分木材交易的商税。砍

---

①《明经世文编》卷六十三。

②《河北省志·林业志》，河北人民出版社 1998 年版，第 16 页。

伐木材成为合法的事情，砍伐者与朝廷都大为获利，而牺牲的是环境。

由于过度的采伐，以致太行山林木日稀。至清代，宫廷所用炭材不得不取之口外地区了。海河流域山区森林日渐枯竭。研究表明，隋唐时期，太行山森林覆盖率在50%；元明之际已降至15%以下；清代由15%降至5%左右，民国再降至5%以下。[1] 刘洪升在《明清滥伐森林对海河流域生态环境的影响》（《河北学刊》2005年第5期）一文中指出，历史上的海河流域山区曾有着草木畅茂、禽兽繁殖、水源丰沛、气候调匀的生态环境。明中叶以后，北京城的营建、烧炭、冶炼、战争破坏、滥建寺庙塔观及毁林开荒等，致使这里的森林资源遭到毁灭性破坏，造成了河川水文状况恶化、水旱灾害频仍、淀泊淤塞等严重的生态问题。

据顾祖禹《读史方舆纪要》卷十四《直隶五》记载：太行山南段，井陉县的苍岩山"峰峦叠翠，高出云表"，百华山"林壑深邃，石磴崎岖"；赞皇县的十八盘岭"山势嵯峨，林木郁茂"。明代，太行山北段采伐过度，荒山累累，仅有一些杂木林。清初，燕山有些地区的植被尚好。

龚自珍（1792—1841年）曾经到达北京昌平西北部的长城要口——居庸关，写了《说居庸关》。文中描述了道光十六年（1836年）居庸关外树木："居庸关者……出昌平州，山东西远相望，俄然而相辏相赴，以至相蹙，居庸置其间，如因两山以为之门。……八达岭者，古隰余水之源也。自入南口，木多文杏、苹婆、棠梨，皆怒华。"[2] 隰余水是古水名，即今榆河，又名湿余河，自居庸关南流，经过昌平。文杏即杏树，苹婆即凤眼果，棠梨即杜梨，这些树怒绽开放，景色宜人。

《清稗类钞·植物类》"直隶森林"条记载："直隶北部之森林，种类极繁，有菩提树、栎、榛、白杨、松、柏、椎、桦之属，遍地皆是。而枫叶之美丽，尤令人睹之而心旷神怡。夹道皆凤尾草，杂以野花，河滨柳丝下垂，石上青藤蟠结，林中各种禽鸟，无不具备，盖沙漠中之腴地也。其最重者为河流，曰滦河，曰白河，直隶北部之田，赖以灌溉。其不至患水灾者，盖以树木茂盛，能吸收水分，使缓流入大河耳。"

---

① 翟旺：《太行山系森林与生态简史》，山西高校联合出版社1994年版，第60页。
② 龚自珍著，王佩诤校：《龚自珍全集》，上海古籍出版社1999年版，第136页。

《清稗类钞·植物类》"京城多古树"条记载："京城多古树，每一坊巷，必有古而且大之树，约每距离不十丈，必有一株，外人常赞赏之，以其适合都市卫生之法也。且观其种植痕迹，似经古人有心为之者。如太学桧，吏部藤花，卧佛寺娑罗树，慈仁寺松，万寿寺及昌运宫白松，封氏园松，工部营缮司槐及城南龙爪槐，皆极参差蜿蜒之致。宣统时，工部之槐树心已空，而枝叶犹茂，余则根株尽拔矣。"显然，清代的北京有许多古老的大树，名宅大院以大树闻名。

4. 山东

随着人口增多而引起森林被破坏。人们为了发展经济，栽种经济类树木。东昌、峄县、滕县、肥城、泰安等地有梨树、枣树。山东蒙阴县，山多地少，人们栽种桑、枣。但是，自然条件恶化，遇雨则冲决，遇旱则扬尘。

光绪二十三年（1897年），德国人在崂山设青岛山林场，造林育林4万余亩，并引入了刺槐、黑松等树种。这是西方人在中国实施科学造林的率先实践。

5. 河南

据张企曾等执笔的《河南省森林简史》，明代时在太行山地的淇县、辉县都有大片树林。明末清初林县仅有两万人，自然环境保持了较好的原生态。清代以降，林县人口增多，人类的垦殖使林业破坏很快。

伏牛山有古柏，邙山、鲁山葱郁。嵩山被尊为中岳，得到较好的保护。《徐霞客游记·游嵩山日记》记载嵩山有大树，"东行五里，抵嵩阳宫废址。惟三将军柏郁然如山，汉所封也；大者围七人，中者五，小者三"。"过密县，抵天仙院。院祀天仙，黄帝之三女也。白松在祠后中庭，相传三女蜕骨其下。松大四人抱，一本三干，鼎耸霄汉，肤如凝脂，洁逾傅粉，蟠枝虬曲，绿鬣舞风，昂然玉立半空，洵实在是奇观也！"

《游嵩山日记》还记载了真武庙的稀有之花卉，"寺有金莲花，为特产，他处所无"。又记载初祖庵，"中殿六祖手植柏，大已三人围，碑言自广东置钵中携至者"。直到21世纪，嵩山仍然保存着许多苍劲的大树，应当是徐霞客当年见过的大树。

第三节　南方的植物

中国的秦岭、淮水以南，土地肥沃，气候温和，植物的种类与植被的覆盖超过北方。

一、西南地区

中国的西南地区山大林密，交通不便，明清时期的植被状况基本保持原生态面貌。

1. 西藏

在青藏高原，雅鲁藏布江中下游、山南地区和东部峡谷区都分布有茂密的原始森林。这里自古就是我国重要的天然林区之一。主要树种是高大的云杉、冷杉、红松、白桦、槲树及核桃、油松等，有些河谷区还有樟、楠、桂、栲、栎等。历史上，由于高山阻隔，交通极不方便，这里的森林在20世纪中期以前，大致一直保持在相对原始的状态。

据李文华主编的《西藏森林》可知，西藏的森林分布不均匀，主要分布在西藏南部和东部的喜马拉雅山、横断山脉、雅鲁布江大峡谷以南的山地。

西藏有特别的物产。食物有青稞、小麦、玉米。林木有云杉、冷杉、华山松。果树有苹果、核桃。植物还有贝母、虫草、天麻。

藏药中有许多关于西藏植物的记载。成书于1835年的《晶珠本草》[①] 把药物分成13大类，植物类记载了一些树名，这是我们了解青藏高原植物的宝贵资料。

[①] 帝玛尔·丹增彭措著，毛继祖等译：《晶珠本草》，上海科学技术出版社1986年版。

2. 云南

明清时期，云南的森林植被覆盖率很高。徐霞客在云南进行了长时期考察，他在《滇游日记》记载了许多树木与花卉。如：

《滇游日记》记载田野村落有大片的桃树，格外妖娆，"其内桃树万株，被陇连壑，想其蒸霞焕彩时，令人笑武陵、天台为爝火小火把。西一里，过桃林，则西坞大开，始见田畴交塍，溪流霍霍，村落西悬北山之下，知其即为里仁村矣"。

《滇游日记》记载神奇的菩提树，"过土主庙，入其中观菩提树。树在正殿陛庭间甬道之西，其大四五抱，干上耸而枝盘覆，叶长二三寸，似枇杷而光。土人言，其花亦白而带淡黄色，瓣如莲，长亦二三寸，每朵十二瓣，遇闰岁则添一瓣。以一花之微，而按天行之数，不但泉之能应刻，州勾漏泉，刻百沸。而物之能测象如此，亦奇矣。土人每以社日祭神之日，群至树下，灼艾代灸，言灸树即同灸身，病应灸而解。此固诞妄，而树肤为之瘢靥即斑痕凹陷无余焉"。其中说到"遇闰岁则添一瓣"，这就是物候。

《滇游日记》记载元谋县"县境木棉树最多，此更为大"。又说某村"有木棉树，大合五六抱"。

《滇游日记》记载了古老的茶树，"楼前茶树，盘荫数亩，高与楼齐。其本径尺者三四株丛起，四旁萎蕤枝叶茂盛下垂，下覆甚密，不能中窥。其花尚未全舒，止数十朵，高缀丛叶中，虽大而不能近觑观看。且花少叶盛，未见灿烂之妙，若待月终，便成火树霞林，借因为此间地寒，花较迟也。把事言，此树植与老把事年相似，屈指六十余。余初疑为数百年物，而岂知气机发旺，其妙如此"。

《滇游日记》记载了硕大的漆树，"有一树立冈头，大合抱，其本挺植，其枝盘绕，有胶淋漓于本上，是为紫梗树，其胶即紫梗也即紫胶，可制漆，初出小孔中，亦桃胶之类，而虫蚁附集于外，故多秽杂云"。

《滇游日记》记载了奇特的菊花，"庭中有西番菊两株，其花大如盘，簇瓣无心，赤光灿烂，黄菊为之夺艳，乃子种而非根分，此其异于诸菊者。前楼亦幽迥，庭前有桂花一树，幽香飘泛，远袭山谷。余前隔峡盘岭，即闻而异之，以为天香遥坠，而不意乃敷萼开花所成也"。文中说到"西番"，意思是说这种花是从域外传入的。

《滇游日记》记载游禾木亭时见到的兰花，"亭当坡间，林峦环映，东对峡隙，滇池一杯，浮白于前，境甚疏宕深远，有云林笔意，亭以茅覆，窗棂洁净。中有兰二本二丛或二株，各大丛合抱，一为春兰，止透二挺；一为冬兰，花发十穗，穗长二尺，一穗二十余花。花大如萱，乃赭斑之色，而形则与兰无异。叶比建兰阔而柔，磅礴四垂。穗长出叶上，而花大枝重，亦交垂于旁。其香盈满亭中，开亭而入，如到众香国中也"。

《滇游日记》记载了花中花，"乘雨折庭中花上花，插木球腰孔间辄活，蕊亦吐花。花上花者，叶与枝似吾地木槿，而花正红，似闽中扶桑，但扶桑六七朵并攒为一花，此花则一朵四瓣，从心中又抽出叠其上，殷红而开久，自春至秋犹开。虽插地辄活，如榴然，然植庭左则活，右则槁，亦甚奇也。又以杜鹃、鱼子兰、兰如真珠兰而无蔓，茎短叶圆，有光，抽穗，细黄，子丛其上如鱼子，不开而落，幽韵同兰。小山茶分植其孔，无不活者"。

《滇游日记》记载了罕见的植物颠茄，"见壁崖上悬金丸累累，如弹贯丛枝，一坠数百，攀视之，即广右所见颠茄也。《志》云：'枝中有白浆，毒甚，土人炼为弩药，著物立毙。'"颠茄至今仍是一种中草药。

到了清代，中国西南的森林覆盖仍然厚密。直到 20 世纪中叶，云南的森林覆盖率仍在 50% 左右。[①] 云南的植物种数也特别多，素有植物王国之称。清代赵翼撰《树海歌》，大致反映了清代云南森林的情况。其诗：

洪荒距今几万载，人间尚有草昧在。我行远到交趾边，放眼忽惊看树海。山深谷邃无田畴，人烟断绝林木稠。禹刊益焚所不到，剩作丛箐森遐陬。托根石罅瘠且钝，十年犹难长一寸。径皆盈丈高百寻，此功岂可岁月论。始知生自盘古初，汉柏秦松犹觉嫩。支离夭矫非一形，《尔雅》笺疏无其名。肩排枝不得旁出，株株挤作长身撑。大都瘦硬干如铁，斧劈不入其声铿。苍髯猬磔烈霜杀，老鳞虬蜕雄雷轰。五层之楼七层塔，但得半截堪为楹。惜哉路险运难出，仅与社栎同全生。亦有年深自枯死，白骨僵立将成精。文梓为牛枫变叟，空山白昼百怪惊。绿荫连天密无缝，那辨乔峰与深洞。但见高低千百层，并作一片碧云冻。有时风撼万叶翻，恍惚诸山爪甲动。我行万里半天下，中原尺土皆耕稼。到此奇观得未曾，榆塞邓林讵足亚。

---

① 蓝勇：《历史时期西南经济开发与生态变迁》，云南教育出版社 1992 年版，第 53 页。

由这首诗可见当时的植被情况："人烟断绝林木稠"，说明人口不多，树木呈原生态。"汉柏秦松犹觉嫩"，说明当地有许多古老的大树，均在原始森林中。"大都瘦硬干如铁，斧劈不入其声铿"，说明树的质地坚硬，是特殊的材料。"绿荫连天密无缝，那辨乔峰与深洞。但见高低千百层，并作一片碧云冻"，说明森林密集，层次错落，形成树的汪洋大海。

云南是最早引种橡胶的区域，清光绪三十年（1904 年），云南德宏干崖（今盈江县）傣族土司刀安仁从新加坡引种胶苗 8000 株试种在其家乡新城凤凰山上，这是中国大陆首批栽培种植的人工胶林，但由于地理位置偏北（或偏温）等原因，当时仅成活了 400 余株。① 经济林木的出现，对原始森林产生了一定的威胁。

由于云南是矿业大省，有金银铜锡盐，因而在植被方面付出的代价尤大。个旧的锡业发达，在蒙自山区砍伐森林，用于冶炼。由于采矿都是土法上马，燃料主要是木柴，所以树木被滥砍，加速了植被的破坏。② 由于植被厚实，人们不觉得要珍惜。于是随意砍伐，农民为了种粮食，甚至放火烧山，导致一个个山坡被烧为秃地。

今人朱惠荣撰《1638~1640：徐霞客赞美的云南生态环境》一文，把《滇游日记》与当下的云南环境进行比较，得出的结论是：今日的云南，森林覆盖率缩小了；在传统花卉的优势之外，新增了鲜花的种类优势；野生动物的栖息地缩小了，有些动物已经绝迹；腾冲的水鹿过去很有名，现在只能在人工养鹿场才能见到；交水海子、中涎泽、嘉利泽、矣邦池等颇具规模的高原湖泊几乎消失殆尽，滇池湖岸线逐步收缩。③

3. 贵州

贵州省是内陆开发最迟的省份，由于大山密布，因而植被原始而厚实。在《贵州通志》《续黔书》《遵义府志》均有记载。据贺廷显《贵州省森林简史》

---

① 张箭：《试论中国橡胶（树）史和橡胶文化》，《古今农业》2015 年第 4 期。

② 此节参考了刘德隅《云南省森林简史》未刊稿。

③ 载于中国地质学会徐霞客研究分会编《徐霞客研究》第 17 辑，地质出版社 2008 年版，第 43 页。

知，明清时期，黔东南方圆数百里森林茂密，由于人烟稀少，所以尚需伐木开道。

贵州有许多经济植物。洪武二十一年（1388 年），在播州设茶仓，储藏茶叶。习水的茶叶年产千担，远销西南边陲。当时已有农民乐于种树，以增加经济收入。《黎平府志》记载，黎平山多载土，树宜杉，种杉之地，必预种麦及玉米一二年，以松土性，善其易植也。树三年即成林，二十年便斧柯矣。这说明农民已经注意到种植树木与种植庄稼之间的关系，并从种树中看到了经济效益。人们种漆树、桑树、桐油、乌柏、白蜡、茶叶，其经济收入不亚于种植粮食。加上地方官员提倡，因而，民间有种经济林木的风气。

道光十八年（1838 年）编修的《遵义府志》对遵义的锦屏山、湘山、聚秀山、水牛山、三台山等山区的植被有详细描述，总体情况是古木参天、林峦深秀。黔西南有大面积阔叶林，黔中有大片森林。

贵州是明清采办皇木的重点地区，清水江流域锦屏、茅坪有材质很好的树木，成为木材集散地。《明神宗实录》四四三卷记载：万历三十六年（1608年）二月乙丑，贵州巡抚郭子章上言："坐派贵州采办楠杉大板枋一万二千二百九十八根。"仅此一项记载，足以说明当时在贵州采木之多。

4. 四川

四川植被一直保存较好。据管中天、林鸿荣执笔的《四川省森林史》知，历史时期，四川植被覆盖率高达 80%。到 1949 年时，全川植被覆盖率仅 20%，且分布不匀。

明代正统年间的进士张瓒巡抚四川，主持平定西番战事。他撰写了《东征纪行录》，对西南地区的植被有描述：宿播川驿，见到"树荫交合，竟山不见天色"。宿永安驿，见到："中道两山相峙，树木翁郁，曲迳百折，望之殊觉无路，而迤逦七十余里皆能容八人肩舆，亦可爱也。……道上有言：两山对峙树交加，一迳潜通百路赊。翁郁不知天色暝，马蹄薄驿日西斜。"宿湄潭驿，"其日甚寒，高树雪片冻合不解，望之真琼林一树。而行次深箐，高山草莽蔽日，茫若无路。弟睨山次，灶烟如云。询之，则土地肥饶，地利甚厚，人乐居之，且无讼无盗，盖过于播中诸处远矣"。宿岑黄驿，"其日过茅山坎，其山蜿蛇自北而南，嵯峨不可名。循山趾行廿里为茅坪铺。从次口东进，深谷幽箐，竹树蒙密，路在翠微绝顶，上下两难，如此者又廿余里始出坎"。

川南的山区，在明代中期之前盛产楠木、楠竹。永乐年间，朝廷派人到屏山县神木山采办巨楠与大杉。当时从川南与贵州遵义一带采办20余次，运出树木5万余根。

四川盆地的交通线两侧，如梓潼、阆中、剑阁古道栽种了许多柏树。据说是明代正德年间，剑州知州李壁提倡种树，留下了绿荫。四川阆中桑植尤盛，与浙江湖州并为全国两大蚕桑区域。宜宾的茶林，嘉定和乐山的白蜡林，川东南的柑橘林远近驰名。据《南川县志》载："邑东山地颇产桐、蒲、漆、蜡。"《万县志》记载本县"多山，故民多种桐，取其子为油，盛行荆鄂"。

明代成都平原有些地区还生长着大片树林，何宇度在《益部谈资》中谈道："桤木笼竹，惟成都最多，江干村畔，蓊蔚可曼。"曹学佺的《双流》诗中，形容成都平原有"竹柏密他树，水云平过村"①。

明末清初，由于战争的原因，四川人口一度直线下降，大片土地荒芜，使得生态出现了缓和休整期，植被得到恢复。然而，随着域外人口入川，树木又受到破坏。

清代，四川西北的人口逐渐增多。打箭炉（今康定）本是森林环绕的小城，由于人口增多，到清末已经把周围的树木都砍光了，人们不得不到城外20余里的地方樵采。"大邑县在清末时森林尚多，近年已斩伐殆尽，因是柴价高涨。民初，每斤只十余文，今则达二百文矣。"② 川南的民众有"焚林求雨"的民俗，又有烧木炭的民俗，因而树林被毁坏。光绪年间的商人到汶川的白龙池森林，从事大规模商业性质的砍伐，到民国年间此地林木殆尽。

二、长江中下游地区

长江中下游的湖区多、平原多。在人口密集的乡村或镇子，由于人们以木柴为主要燃料，使得周围的树木被大量砍伐。长江中下游虽然有一些山区，由于流民进山开垦，种植海外引进的杂粮，使得这里的植被破坏得很快。

---

① 《蜀中名胜记》卷五《双流县》。

② 吕平登编著：《四川农村经济》，商务印书馆1936年版，第582页。

1. 湖南

据何业恒、吴惠芳撰的《湖南省森林史》知，湖南是明代皇木采办的重点区域，与四川、贵州、湖北一样承受了巨树被砍伐的现实。

湘西有雪峰山、武陵山，山高林大，有楠、槠、梓等树种。

湘中的宝庆府邵阳县有用木板盖房的习俗，耗费了木材。

湘北有洞庭湖及湖盆周围山地，产竹、漆、桐油，人们乐于从事此类经济活动。岳州常德、澧州等地的山区林木葱秀，树木种类多。光绪十八年（1892年）编修的《桃源县志》记载，其境内有楠木山、樟木山，木类有30多种。同治十三年（1874年）编修的《直隶澧州志》卷六《食货志》对境内的植物及用途记载得特别详细，如："澧凤多松，故隋名松州，近少植者，其植十年后枝可薪，二十年后干可用，三十年后则栋梁材矣。"

湘南有零陵、郴州、衡阳等地，从各地的县志看，森林遍布，天然林以常绿阔叶林为主。有松、杉、桐、樟等各种树木。

《徐霞客游记·楚游日记》记载湖南的树木分布广，种类多。如道州道县城南"大道两旁俱分植乔松，如南岳道中，而此更绵密。自州至永明，松之夹道者七十里。栽者之功，亦不啻甘棠矣"。

《楚游日记》还记载衡山县的植物。"衡山县。江流在县东城下。……越桐木岭，始有大松立路侧。又二里，石陂桥，始夹路有松。……始见祝融北峤，然夹路之松，至师姑桥而尽矣。桥下之水东南去。又五里入山，复得松。又五里，路北有子抱母松。""此岭乃蓝山、宁远分界……又上一岭，山花红紫斗色，自鳌头山始见山鹃蓝花。至是又有紫花二种，一种大，花如山茶；一种小，花如山鹃，而艳色可爱。又枯树间蕈黄白色，厚大如盘。余摘袖中，夜至三分石，以箐穿而烘之，香正如香蕈。山木干霄。此中山木甚大，有独木最贵，而楠木次之。又有寿木，叶扁如侧柏，亦柏之类也。巨者围四五人，高数十丈。潇源水侧渡河处倒横一楠，大齐人眉，长三十步不止。闻二十年前，有采木之命，此岂其遗材耶！"

《楚游日记》记载了不同的植物。在楚地吃到了蕨芽、葵菜，这都是吴地所没有的。"尝念此二物，可与薄丝一种草本植物共成三绝，而余乡俱无……及至衡，尝葵于天母殿，尝蕨于此，风味殊胜。盖葵松而脆，蕨滑而柔，各擅一胜也。"

《楚游日记》记载了奇异的花卉。"瞻岳门，越草桥，过绿竹园。桃花历乱，柳色依然，不觉有去住之感。入看瑞光不值，与其徒入桂花园，则宝珠盛开，花大如盘，殷红密瓣，万朵浮团翠之上，真一大观。徜徉久之，不复知身在患难中也。望隔溪坞内，桃花竹色，相为映带。"

清代王士禛的《池北偶谈》"松顶生兰"条记载："予门生翰林汤西崖（右曾），尝于湖南永州道中，见古松数万株，是宋刺史柳开所植，亘数百里。有兰寄生，长松杈丫间，可径丈，葳蕤四垂，时正作花，香闻远近。其地曰'奇兰铺'，草木寄生，理固有不可解者。"

地方官员教民种桑、麻、棕、桐，民获其利，亦有通过林木而发财的现象。清同治十一年（1872 年）编修的《衡阳县志·货殖》记载，康熙时，有个叫刘重伟的人买下大片山林，他"刊木通道"，伐木为生，"为万金之家"，"至嘉庆时，子孙田至万亩，其余诸山，异木名材，犹不可胜用"。

人口的增长就会形成植被破坏的情况。光绪二十二（1896 年）编修的《慈利县志·食货》记载："嘉道以往，县饶材薪炭。自顷，民多耕山，山日童。"

2. 湖北

据刘永耀等执笔的《湖北省森林简史》知，距今 1 万年以来的全新世，湖北境内总的气候以亚热带气候为主，地势西高东低。西部山区以针叶林或针阔混交林为主，东部低山丘陵以常绿、落叶阔叶混交林为主。明清时期，湖北的天然林面积明显减少。鄂西的房县、兴山、巴东仍然密布着老林，主要树种有马尾松、桦、槐、樟等。鄂西南山地有樟、楠、杉等。《利川县志》《宣恩县志》记载该县有大量楠木。荆山山地多有次生林，钟祥、当阳、京山、安陆等地的山上仍有古木。

在武当山不断发现新的植物群落。《敕建大岳太和志》卷十三"骞林应祥"记载："世传武当山骞林叶能愈诸疾。自昔以来，人皆敬重，未始有得之者。永乐十年秋，朝廷命隆平侯张信、驸马都尉沐昕敕建武当宫观。明年春气始动，草木将苏。先是天柱峰有骞林树一株，萌芽菡秀，细叶纷披，瑶光玉彩，依岩扑石，清香芬散，异于群卉。于是护以雕栏，禁毋亵慢。不旬日间，忽见玉虚、南岩、紫霄及五龙等处，忽有骞林数百余株，悉皆敷荣于祥云丽日之下，畅茂于和风甘雨之间，连荫积翠，蔽覆山谷，居民见者莫不惊异嗟叹，以为常所未有。"据道教的《洞玄灵宝度人经大梵隐语疏义》，骞林是月中之树，"骞林应覆东华之宫，骞林之叶有大洞之章，紫书玉字，焕乎上清"①。

《游太和山日记》记载了武当山一带的植被。徐霞客记载武当山一带的植被仍然是原生态，"百里内密树森罗，蔽日参天"。从遇真宫向西行数里，即为玉虚道，人回龙观望岳顶，只见"青紫插天"，"满山乔木夹道，密布上下，如行绿幕中"。武当山南岩一带有成片的大树："造南岩之南天门，趋谒正殿，右转入殿后，崇崖嵌空，如悬廊复道，蜿蜒山半，下临无际，是名南岩，亦名紫霄岩，为三十六岩之最，天柱峰正当其面。自岩还至殿左，历级坞中，数抱松杉，连荫挺秀。"由太子岩历不二庵，过白云、仙龟诸岩，抵五龙宫，在凌虚岩一带。"岩倚重峦，临绝壑，面对桃源洞诸山，嘉木尤深密，紫翠之色互映如图画。"

徐霞客特别记载了武当山的异品植物——榔梅，他对榔梅情有独钟，用较多的文字描述榔梅，并讲述了索取榔梅果实的故事："过南岩之南天门。舍之西，度岭，谒榔仙祠。祠与南岩对峙，前有榔树特大，无寸肤，赤干耸立，纤芽未发。旁多榔梅树，亦高耸，花色深浅如桃杏，蒂垂丝作海棠状。梅与榔本山中两种，相传玄帝插梅寄榔将梅嫁接于榔，成此异种云。"徐霞客对榔树的颜色与形状描写得很细致，但是，在徐霞客看来，这些榔树不仅仅是自然的树木，而且有文化含义：它是玄武大帝所栽，意义很大。

据徐霞客介绍，这些榔梅的果实被神化，称为不能随便摘取之物，否则有不祥之灾。然而，徐霞客偏不信邪，他坚持摘取了几枚榔梅果实。他记载说："余求榔梅实，观中道士噤不敢答。既而曰：'此系禁物。前有人携出三四枚，道流株连破家者数人。'余不信，求之益力，出数枚畀余，皆已黝烂，且订无令人知。"当徐霞客远离道观之后，道士又追了上来，担心游人取走榔梅而导致不祥，请求徐霞客少拿几枚。徐霞客记载："左越蜡烛峰，去南岩应较近。忽后有追呼者，则中琼台小黄冠以师命促余返。主观握手曰：'公渴求珍植，幸得两枚，少慰公怀。但一泄于人，罪立至矣。'出而视之，形侔金橘，漉以蜂液，金相玉质，非凡品也。"道士既讲迷信，又有人情味。为了不让徐霞客失望，允许他只带两枚离山，以满足徐霞客的好奇心。徐霞客反复观赏榔梅

---

① 杨立志点校：《明代武当山志二种》，湖北人民出版社1999年版，第180页。

果，只见其形状如同黄澄澄的橘子，流出的液汁如蜂蜜一般，甚是可爱，绝不是一般水果之类的物品。

据笔者所知，武当山的榔仙祠已经不复存在，榔树群也见不到了。武当山已经是世界文化遗产，湖北省在当代构建生态文化的过程中，应当利用《徐霞客游记·游太和山日记》的记载，恢复榔梅树群，形成旅游文化的新资源。

从网上获取的资料可知，1998 年，丹江口市将武当山榔梅研究列入科研项目，并先后在榔梅产地武当山及周边地区实地考察。在武当山发现了孑遗古榔梅一株，并大胆从安徽齐云山引植榔梅幼树 2 株，在丹江口市找到了同类树种——黄蛋树。在均县镇黄家槽村发现了相关的种群，有树 30 余株，且有从清初至今不间断的 200 多年种植史。因果实颜色嫩黄，形如鸭蛋，均县镇人称其为黄蛋，其形体和味道接近杏子。其树形、花色、果实的各种特征都与古籍中所描述的"色敷红白""金相玉质""桃核杏形，味酸而甜"完全吻合。由于榔梅在明代地位很高，在皇室是贡果，在武当是禁果，常人很难见到实物。

明初，秦巴山区的森林资源极为丰富。由于这里是荒无人烟之地，因而成为砍伐的重灾区。《明史·师奎传》记载："永乐四年（1406 年），建北京宫殿，分遣大臣出采木，奎往湖湘。以十万众入山辟道。"可见，砍伐木材的规模很大。到明中叶，荆襄地区涌进了近 200 万人，流民纷纷开荒，"木拔道通，虽高岩峻岭皆成禾稼"[1]。到明末清初，荆襄的人口有所减少。但是，康熙以后，流民再次向这一地区迁移，乾隆末年，"广、黔、楚、川、陕之无业者，侨寓其中，以数百万计"[2]。这种情况一直延续到清末，《同治房县志》卷四记载："比年来开垦过多，山渐为童。"

明代初年杨士奇撰《游东山记》，记载了洪武乙亥年（1395 年），武昌洪山一带的环境。"过洪山寺二里许，折北，穿小径可十里，度松林，涉涧。涧水澄澈，深处可浮小舟。傍有盘石，容坐十数人。松柏竹树之阴，森布蒙密。时风日和畅，草木之葩烂然，香气拂拂袭衣，禽鸟之声不一类。……东行数十步，过小冈，田畴不衍弥望，有茅屋十数家，遂造焉。"文中所述洪山寺当指

---

[1]《同治郧阳志·舆地志》。

[2]（清）严如熤：《三省边防备览》卷十七。

宝通禅寺，当年位于城外的山野之中，周围尽是原生态的树林。①

明清时期对湖北山林的开垦加剧，流民为躲避赋税徭役，进山开荒，使森林面积缩小。加上，这时期湖北的气候有时寒冷，树木冻死的情况也时有发生。

尽管如此，鄂西北大山中仍然是森林密布。据《同治竹溪县志》卷二《山川》记载："水口有古松苍翠盘郁，亦数百年物也。""覆船山多茂林修竹。"磁瓦关一带"深林密箐，最为险要"。卷十五《物产》记载了竹溪的资源，"木之属有松、柏、杉、棕、桐、椿、楸、槐，有榆、柳，有铁梨，有花梨，不堪为器用，止宜炊灶。有白杨，有黄桑、乌桑，可为器用"。

顾彩的《容美游记》中有一篇《发宜沙》，记载清初岳州巨镇街后面的大山上有"古银树一株，大百围，腹空可容十许人，行旅就宿其中"。这说明乡间还偶尔存在巨树。

鄂南有桂花、楠竹、茶叶。桂花本是常见的树种，在咸宁地区的桂花品质最佳，《同治咸宁县志》中载有"康熙戊申三月，学宫桂结子盈树，其大如穗，士民多采藏之"②。咸宁管辖的各县市的地方志中也有桂花的记载，如《同治崇阳县志》记载有"桂有黄白丹三色，又有四季开者"③。咸宁至今还保存着成片的古桂花林。仅桂花镇桂花村葛藤坪背后山一处就集中有明清古桂树72株，其中有存世600多年的"金桂王"。

3. 江西

江西山多，植被丰厚。

明代江西的制瓷业、造纸业发达，需要木柴，砍伐了大量的木材。更为严重的是，明代中期出现开垦山区的人潮，来自江西中部、福建、广东的大批移民来到赣南山区，砍林造田。

雍正元年（1723年），万载县一次性将三万棚民编为保甲，如此多的人口在山中要生存，就得开垦山地，其对林业的毁坏难以估计。这还只是一个县，

---

①（明）杨士奇著，刘伯涵、朱海点校：《东里文集》，中华书局1998年版，第1页。

②《同治咸宁县志》，江苏古籍出版社2001年版，第265页。

③《同治崇阳县志》，江苏古籍出版社2001年版，第172页。

扩大到江西的山区，数字惊人。①

到了清朝中期，封山护林的呼声越来越高，各地为了防止沙石冲泻，为了保护风水，实施了一些护林措施。光绪《江西通志》记载各县仍有较多的树木，总体说来，植被较好。

4. 安徽

《明会典》记载："洪武二十五年（1392 年）令凤阳、滁州、庐州、和州每户种桑二百株、枣二百、柿二百株。"皖南山区外出经商的富户，在家乡修建豪宅，采用银杏、樟树、红楠、槠树，均是名贵木材。

明代，大别山区"自六安以西皆深山大林，或穷日行无人迹。至于英霍山益深，材木之多，不可胜计。山人不能斧以畀估客，至作伐数岁不一遇"②。

到了清光绪年间，情况就大不如从前。《光绪霍山县志》卷二《地理志·物产》记载："道、咸之劫，人无孑遗，而山于此时少复元气，故中兴以来，得享其利者四十年。近以生息益蕃，食用不足，则又相率开垦，山童而树亦渐尽。无主之山则又往往放火延焚，多成焦土。"并警告道："使不早为之警劝补救，不出三纪，昔时景象（即乾隆志所说的地竭山空之患）又将再见。"

张崇旺认为，清代中叶以后，伴随人口增长与耕地不足之间的矛盾日渐突出，江淮地区平原、丘陵地带之农于是频频涸湖废塘为田，而山地客民则纷纷涌入山区进行滥垦滥伐，田尽而与水争地，地尽而向山要地，山越垦越高，林愈伐愈深，生态系统平衡也越来越脆弱。物产枯竭、地力下降、水土流失、渔业受阻、河道变迁、水患加剧，无一不源于过度垦殖而形成的江淮地区脆弱的农业生态环境。

5. 江苏

江苏的平原与湖区多，树林相对较少。

---

① 刘白扬：《棚民的土地利用及对生态环境的影响——以明清江西为考察中心》，《江西教育学院学报》2007 年第 1 期。

② （明）杨循吉：《庐阳客记·物产》，《四库全书存目丛书》（史 247），第 669—670 页。

洪武初年，为了造船，在京城（今南京）朝阳门外的紫金山南坡建了三个林场，栽种油桐、棕榈、漆树。这是朝廷与经济活动相关的林场。

明代《初刻拍案惊奇》卷一《转运汉遇巧洞庭红》记载："太湖中有一洞庭山，地暖土肥，与闽广无异，所以广橘福橘，播名天下。洞庭有一样橘树绝与他相似，颜色正同，香气亦同。止是初出时，味略少酸，后来熟了，却也甜美。比福橘之价十分之一，名曰'洞庭红'。"

光绪二年（1876年）秋八月，张裕钊撰写了《游狼山记》一文，其中描述了江苏南通狼山一带的树林环境，其文云："山多古松桂，桧柏数百株，倚山为寺，寺错树间。……隔江昭文常熟诸山，青出林际蔚然。"①

1908年，宜兴成立了阳羡垦牧树艺公司，经营林木，栽种松、竹、茶、桑。

三、东南沿海地带

1. 浙江

浙江有平原，有山区。山区的林木一直茂密。

明代重视经济作物，义乌农民在女贞树放养白蜡。

成化年间进士文林（1445—1499年），长洲（今属江苏）人，曾任温州知府。他在官时，治理水患，保一方平安。他为人耿直，当听说有一大片梨树是专门作为贡品而栽种，于是砍掉梨树，不使滋长献媚之风气。文林有《琅玡漫钞》传世。

明代宋濂在《桃花涧修禊诗·序》描述："浦江县北行二十六里，有峰耸然而葱蒨者，玄麓山也。山之西，桃花涧水出焉。……夹岸皆桃花，山寒，花开迟，及是始繁。傍多髯松，入天如青云。"②

徐霞客在《游天台山日记》记载了植被，"过筋竹岭。岭旁多短松，老干屈曲，根叶苍秀，俱吾闾门盆中物也"。"过昙花，入上方广寺。……寺前后

---

① 王彬主编：《古代散文鉴赏辞典》，农村读物出版社1990年版，第1318页。

② 陈振鹏、章培恒主编：《古文鉴赏辞典》，上海辞书出版社1997年版，第1563页。

多古杉，悉三人围，鹤巢于上，传声嘹呖声音响亮而清远，亦山中一清响也。""循溪行山下，一带峭壁巉崖，草木盘垂其上，内多海棠紫荆，映荫溪色，香风来处，玉兰芳草，处处不绝。"

　　清代，人们普遍都有种植桑树的自觉性。由于蚕丝业是重要的经济来源，而养蚕需要桑叶，所以农民尽可能栽种桑树。在湖州的乌程县，人们都知道桑叶宜蚕，于是以种桑树为恒产，傍水之地，无一旷土。村庄之中，无尺地之不桑，无匹妇之不蚕。① 湖州是清代生产蚕丝最重要的地区，湖州商人主要是依靠蚕丝业发迹的，著名的南浔商人把南浔镇办成了全国蚕丝的交易重镇。

2. 福建

　　据《八闽通志》载，福建山区林木多，有柑、柏、桧、杉、樟、楠等。建宁府建安郡（今建瓯）马鞍山，人工栽种大片松树。

　　《徐霞客游记·闽游日记》前篇记叙了 1628 年徐霞客由丹枫岭入闽，中途游金斗山，对其乔松艳草、水色山光颇为流连。"循溪左登金斗山。石磴修整，乔松艳草，幽袭人裾。"《闽游日记》后篇记载福建的一些地方有森林，特别的青翠。徐霞客到达龙游，抵青湖。"隙缀茂树，石色青碧，森森有芙蓉出水态。"

　　福州流行种茶花。王世懋曾任福建提学，他在《学谱杂疏》说："吾地山茶重宝珠，有一种花大而心繁者以蜀茶称，然其色类殷红，尝闻人言滇中绝胜。余官莆中，见士大夫家皆种蜀茶，花数千朵，色鲜红，作密瓣，其大如盆，云种自林中丞蜀中得来，性特畏寒，又不喜盆栽。余得一株，长七八尺，舁归植澹圃中，作屋幂于隆冬，春时拆去，蕊多辄摘却，仅留二三，花更大，绝为余兄所赏，后当过枝广传其种，亦花中宝也。"

　　由于人口增多，明代中叶以降，福建的森林砍伐严重，树木日趋减少。

---

①《乾隆湖州府志》卷四〇。

四、岭南地区

1. 广东

屈大均《广东新语》卷三《山语》记载：广东的梅岭有大树，"从大庾县而南者，望关门两峰相夹，一口哆悬，行者屈曲穿空，如出天井。从保昌而北者，一路风阜绵亘，岩磴倾斜，梅与松石相亚涧林间，或蔽或见，偃松大皆合抱"。

广东流行种香料植物。随着人们生活的改善，特别是达官贵人对香料的喜欢，香料作为奢侈品，需求日益增大，因而人们就追逐利润，纷纷种香。《广东新语》卷二《地语·茶园》记载岭南东莞的农村普遍种香，"富者千树，贫者亦数百树"。一亩地可种三百余株，每年都可通过售香而获得收益。

1673 年修的《广州府志》记载，番禺到从化，皆深山老林。粤北山区森林茂密。从珠江三角洲，到西江谷地，到处是树木。

2. 广西

据莫新礼《广西自治区森林简史》知，明清时期，桂北地区仍然保存有大面积完好的天然森林，树种有樟、楠、枫、栗、栎、杉、松等。桂中的大部分地区有茂密的森林，树种除常见的外，还有木棉、榕、槟榔。桂东、桂西地区山高林密。崇山峻岭，人烟稀少，使树木能保存原生态。

广西桂林、平乐、柳州、河池盛产柳木。"梧州为木板木干帆樯之大输出地，年约四百万元。而拱把之材，取为柴炭之用者，皆来自龙州百色、贵肢、怀集、柳江、邕宁、崇善，除供本省消费外，每年出口约一百七十万元。近年政府注意造林，积极提倡，公私之造林者，已占极大面积，约有百余万亩。公营者有柳江、邕宁、桂林、龙州、百色等五县林垦署，所占面积约百分之七十。"①

徐霞客到过广西，对当地植被有介绍。《徐霞客游记·粤西游日记》记

---

① 行政院农村复兴委员会编：《广西省农村调查》，商务印书馆 1935 年版。

载："上一里至绝顶。丛密中无由四望，登树践枝，终不畅目。已而望竹浪中出一人石如台，乃梯跻其上，则群山历历。遂取饭，与静闻就裹巾中以丛竹枝拨而餐之。既而导者益从林中采笋，而静闻采得竹菰（即竹菌）数枚，玉菌一颗，黄白俱可爱，余亦采菌数枚。"徐霞客行走在密集的丛林中，难以见到外面，只有登上一个悬出的石台，才看到历历群山。林中有丰富的竹笋，可以食用。桂林有许多大榕树。"穿榕树门。其门北向，大树正跨其巅，巨本盘耸而上，虬根分跨而下，昔为唐、宋南门，元时拓城于外，其门久塞，嘉靖乙卯，总阃负责带兵守门的官员周于德抉壅闭而通焉。由门南出，前即有水汇为大池。后即门顶，以巨石叠级分东西上，亦有两大榕南向，东西夹之。"

明代王济，浙江乌程人，曾在广西横州担任通判，有文才，撰写的书籍，都是所见所闻的事情。王济在《君子堂日询手镜》中记载在广西任上所见到的植被，州治以北"径路萦纡，松柏樟榕诸木，翁郁可爱"，"有大榕木夹道离立"。《君子堂日询手镜》还记载："其地多山，产美材，铁栗木居多，有力者任意取之，故人家治屋，咸以铁栗、臭楠等良材为之，方坚且久。若用杂木，多生蛀虫，大如吴蚕，日夜啮梁柱中，碌碌有声，不五年间皆空中，遂至倾倒。其铁栗有参天径丈余者，广州人多来采，制椅、棹、食榼等器，鬻于吴浙间，可得善价者。吴浙最贵此木。又有铎木，甚坚，色赤，岁贡于京，为神枪中用。又有一木，亦坚重，其色淡黄，有黑班，如虎文，故称为虎班木，可作小器，甚佳，亦有用药煮作纯黑色，伪为乌木，以射利。其棕竹极广，弥山亘谷皆是，吾地有得种盆盎中者，数竿可值一二金。有采往南京卖作扇材者，或为柱杖，亦佳。其地更多，不能名状。"（笔者按："班"通"斑"，"柱"通"拄"。）

《君子堂日询手镜》还记载了铁树，说："吴浙间尝有俗谚，云见事难成，则云须铁树花开。余于横之驯象卫殷指挥贯家园中，见一树，高可三四尺，干叶皆紫黑色，叶小类石楠，质理细厚。余问之，殷云：'此铁树也，每遇丁卯年乃花。吾父丁卯生，其年花果开，移置堂上，置酒欢饮，作诗称庆。其花四瓣，紫白色，如瑞香瓣，较少团。一开累月不凋，嗅之乃有草气。'余因忆'铁树花开'之说，且谓不到此地，又焉知真有是物耶！"

《君子堂日询手镜》记载：广西横州城"其土多奇花异卉，有不可名状者，于牡丹、芍药则无。仕宦携归，虽活不花。人呼佛桑为牡丹，更可笑。佛桑有深红、深紫、浅红、淡红数种，剪插于土即活。茉莉甚广，有以之编篱者，四时常花。又有似茉莉而大，瓣微尖，其香清绝过于茉莉，土人呼为狗牙。余病其卉佳而名不雅，故改为雪瓣，时渐有人以雪瓣呼之矣。又一花名指甲，五六月开花，细而正黄，颇类木犀，中多须荄，香亦绝似。其叶可染指甲，其红过于凤仙，故名。甚可爱，彼中亦贵之。后阅稽舍《南方草木状》云：胡人自大秦国移植南海。又尝见山间水边与丛楚篱落间，红紫黄白，千态万状，四时不绝。余爱甚，每见必税驾延伫者久之。若同吴浙所有者，亦为不少，不可备述矣"。

《君子堂日询手镜》记载广西人栽种兰花："横人好植兰，至蓄百十余本者。其品不一，紫梗青花者为上，青梗青花次之，紫梗紫花又次之，余不入品。大率种时亦自有法，将山土水和匀，抟成茶瓯大，以猛火煅，令红，取出锤碎，杂以皮屑纳盆缶中，二八月间分种，时而溉之，则一茎著三十余花。以火煅土者，盖其根甚甘，恐蚯蚓蝼蚁伤之耳。花时列数盆室中，芳馥可爱，门外数百步皆知其有兰矣。世传闽兰最胜，若此横之兰品，亦未必居下。"

广西种肉桂。《清稗类钞·植物类》"肉桂"条记载："肉桂为常绿乔木，古称牡桂，亦名菌桂，吾国药品所用，以来自安南者为多，然广西浔州府之桂平县亦产之，产于猺山者尤良。树高二三丈，叶为长椭圆形，质厚，有大脉三条，夏时开淡黄色小花，皮多脂，气味辛烈。"

明清时期，广西的植被也受到破坏。乾隆二十二年（1757 年）修《富川县志》卷一《水利》记载："近被山主招工刀耕火种，烈泽焚林。雨水荡然流去，雨止即干，无渗入土，以致土燥石枯，水源短促。"郑维宽指出："明清时期随着外省移民大量迁入广西，广西的开发进程大为加快，特别是明末清初玉米、番薯等高产旱地作物的引入，更是有力地促进了广西山地的开发。在制度层面上，清代雍正年间以后，改土归流在广西逐渐成功推行，实现了少数民族聚居地区的制度变迁，这也为广西民族地区的经济开发创造了有利的政治条件。……从广西历史发展的进程看，森林植被的变迁主要表现为森林植被的破坏，这种破坏所带来的副作用是多方面的。"乾隆年间是广西开发的高潮时期，特别是山地垦殖对森林植被的破坏尤其巨大，清代谢庭瑜在《论全州水利上临川公》中说："迩来愚民规利目前，伐木为炭，山无乔材，此一端也。其害大者，五方杂氓，散处山谷，居无恒产，惟伐山种烟草为利，纵其斧斤，继以焚烧，延数十里，老干新枝，嘉植丛卉，悉化灰烬，而山始童矣。庇荫既失，虽有深溪，夏日炎威，涸可宜待。"①

3. 海南

海南岛树大林密。有奇树，如紫荆木，质坚如铁。

明代顾岕撰《海槎余录》记载了海南岛的林木："榕树最大，其荫最密，干及三人围抱者则枝上生根，绵绵垂地，得土力，又生枝，如此数四，其干有阔至三四丈者。特中通不圆实，阴覆重重，六月不知暑，木理粗恶，不堪器用。""花梨木、鸡翅木、土苏木皆产于黎山中，取之必由黎人，外人不识路径，不能寻取，黎众亦不相容耳。"书中还记载了花草："茉莉花最繁，不但妇人簪之，童竖俱以绵穿成钏，缚髻上，香气袭人。""佛桑花，枝叶类江南槿树，花类中州芍药而轻柔过之。开时二三月，五色婀娜可爱。"

海南岛种波罗蜜。《海槎余录》记载海南岛的"波罗蜜，树类冬青而黑润倍之。干至斗大方结实，多者十数，少者五六伙，皆生于根干之上，状似冬瓜，外结厚皮，若栗蓬，多棘刺，方熟时可重五六斤，去外壳，内肉层迭如橘囊，以其甘如蜜，故云"。

海南产沉香。《海槎余录》记载："产各种香，黎人不解取，必外人机警而在内行商久惯者解取之。尝询其法于此辈，曰当七八月晴霁，遍山寻视，见大小木千百皆凋悴，其中必有香凝结。乘更月扬辉探视之，则香透林而起，用草系记取之。大率林木凋悴，以香气触之故耳。其香美恶种数甚多，一由原木质理粗细，非香自为之种别也。"文中所述的各种香，多为沉香。

据佟新夫的《海南省森林简史》知，海南岛在地质历史时期曾经与广东相连，直到 100 万年前才与大陆分离。明清时期，海南岛有船舶修造厂，就地砍取所需木材。在发展农业的过程中，人们往往焚山而耕，使植被受到破坏。但是，岛上植被一直密布，如琼山、儋州、崖州仍有林海。"沿海地区原始林基本上被次生林和栽培作物所取代，荒地和草原面积大增，局部地区出现环境质量下降，生态平衡被破坏，农业生产受到不同程度的损害，五指山区森林成

---

① 乾隆三十年刊本《全州志》卷十二《艺文下》，转引自郑维宽：《试论明清时期广西经济开发与森林植被的变迁》，《广西地方志》2007 年第 1 期。

为采伐的主要对象。到清末山区内部出现大面积次生林、灌丛和草原。"①

4. 台湾

明清时期，台湾人口较少。明初，台湾到处都有天然森林。天启年间（1621—1627 年），由于农业的发展，树林受到砍伐，但岛上仍然有厚密的森林，特别是山区更是保留有原始森林。陈伟明、戴云撰的《生态环境与明清时期台湾少数民族的农业开发》指出：台湾地处亚热带地区，气候湿热，山高林密，西部地区分布着广大的热带森林草丛。台湾居民开垦山林，生态发生变化，清人竹枝词有谓："年年捕鹿丘陵上，今年得鹿实无几。鹿场半被流民开，执麻之余兼执黍。番丁自昔亦躬织，铁锄掘土仅寸许。百锄不及一犁深，那得盈宁畜妻子。"② 1895 年，日本占领台湾，开始大规模砍伐森林。

---

① 董智勇主编：《中国森林史资料汇编》，未刊稿，第 519 页。
② 陈伟明、戴云：《生态环境与明清时期台湾少数民族的农业开发》，《黑龙江民族丛刊》2002 年第 3 期。

第四节　植树与毁树

一、保护树木

（一）民间护树植树

明清学者有许多关于护树、植树的言论，如：明初思想家谢应芳在武进县芳茂山隐居，勤读写作，老而不倦。他针对伐树毁林的行径，上书督府长官，主张保护林木。他在《龟巢稿》卷十二说："军民樵采或不知禁。更乞上陈督府，旁及郡县，请给榜文，严加禁约。"

计成《园说》提倡植树，主张宅园的规划应当是"梧荫匝地，槐荫当庭，插柳沿堤，栽梅绕屋。"

徐光启的《农政全书》记载了植树方法："江南宣、歙、池、饶等处山广土肥，先将地耕过，种芝麻一年。来岁正、二月气盛之时，截（杉树）嫩苗头一尺二三寸。先用橛舂穴，插下一半，筑实。离四五尺成行，密则长，稀则大，勿杂他木。每年耘锄，至高三四尺则不必锄。"

刘侗、于奕正在《帝京景物略》中记载京城的环境，颇为详细。卷五《西城外·海淀》记载今北京海淀一带种有许多竹类、花草、乔木。潭柘寺有潭水、翠竹。竹子一般喜欢避风向阳、水源充足之地。

清代，李渔在《闲情偶寄》中提出要善待草木："草木之受诛锄，犹禽兽之被宰杀，其苦其痛，俱有不忍言者。人能以待紫薇者待一切草木，待一切草木者待禽兽与人，则斩伐不敢妄施，而有疾痛相关之义矣。"在李渔看来，草木受到砍伐和锄刈，就像禽兽被人屠杀一样，它的痛苦，都是不忍心来说明的。人能够按照对待紫薇的方法来对待一切草木，按照对待一切草木的方法来对待禽兽和人，那么就不敢随意地进行宰杀、屠戮了，并且有疾病痛苦与自己相关联的感觉。《闲情偶寄》还认为草木有蓄有放，"草木之春，泄尽无遗而不坏者，以三时皆蓄，而止候泄于一春，过此一春，又皆蓄精养神之候矣"。又说："物生有候，葭动以时，苟非其时，虽十尧不能冬生一穗。"

当时的人已经认识到植树的好处很多，不仅可供民用，还有利于护堤和美化环境，于是大力植树。清人洪肇懋《宝坻县志》卷十六说："筑堤以捍水，尤须栽树以护堤。诚使树植茂盛，则根柢日益蟠深，堤岸亦日益坚固……数年以来，夹岸成林，四围如荫，不独护堤，且壮观焉。"

人们种树，还因受经济利益的驱动。① 据吴建新的研究，大致在清中叶，南雄普遍兴起林木栽培业。种竹之家，常雇工人专任之。如拔除荆棘，疏通道路，添植竹子于空地，预防火灾。竹山有大年小年。大年出竹纸颇多，山主靠此获利，工值按比例分之。次年出笋少，制纸不多，全供看山人之需。故山主必两年始有一次收益。油茶：山民每家均种，多选山之表土色泽黑润而有碎石者种之，谓其发育繁盛而树龄长。茶林每年除草一次以防白蚁发生。油桐、竹、油茶均为人工林。杉树林虽然没有人工栽培，但农民用间伐的方法保护天然林资源。大都于斩伐成材的杉树之后，选其根上较强壮之幼枝而留存，略加人工，疏其横枝，以便天然林继续成长。比较重要的林木栽培还有梅树，林区栽植的林木还有白果、栗子等。清中叶起，林区农民专门以林木与土产为生，粮食则靠外调入，如保昌的百顺司，田亩无几，岁入有限，所恃茶油竹木，为利颇厚。始兴东南的清化，盛产杉木，生息皆赖森林，田少食众，虽值丰年仍需翁源米接济，恃以无恐。林区的植被比垦作区保护得好，南雄的林区中有树之山多，无树之山少。林深茂密的森林虽不多见，但不毛之童山亦都全无。南雄衣食得以无缺者，全赖山中材料足以弥补。

人们认识到植树与家族兴旺有关。明清时期，以家族为单位开展种树，成为风气。福建瓯县西有一片"万木林"，面积为110公顷，是明初建安龙津里（今建瓯市房道镇）富户杨福兴的私有林。杨福兴在荒歉之年以工代赈，凡为他植树一株者，酬以斗粟，遂造成此林地。后来杨氏宗族作为风水林加以保护。胡恕的《福建林业史料》记载：建文元年（1399 年），建瓯县杨荣得中全省第一名举人。族人认为是杨氏先人杨福兴种树赈灾之德荫，遂将福兴所留

---

① 吴建新：《明清时期粤北南雄山区的农业与环境》，《古今农业》2006 年第 4 期。

存林木视为风水林，加以封禁和保护，并订立封林文契，载入族谱。契约规定林权属杨氏宗族所有，但"只有保护之责，没有利用之权"。浙江楠溪江中游地区的花坦村朱氏宗族宗谱记载其所居住环境是："陵阜夹川，陂陀下弛，衍为原隰。林麓藏荫，水田环绕，居民耕植其中，熙熙如也……是盖乾坤清淑之气所钟聚融结，必有玮瑰俊秀杰出乎其间。"①

（二）政府提倡种树

明清统治者，从总体而言，爱护树木，倡导植树。

明太祖朱元璋一向重视植树，他在建国之初就曾下令：凡农民有田五亩至十亩者，必须栽种桑、麻、木棉各半亩，十亩以上的按比例加倍；不种桑者罚绢一匹，由地方官监督实行；对江南部分州县，令每亩种桑、棉、枣各二百株，由官府供给种子，若扩大种植者，永不收税，以利推广。洪武元年（1368年），又将此法推广到全国，并规定种桑者四年以后有成再行征租。② 洪武五年（1372年），诏令中书省：凡官吏考核，必有"农桑之绩，始以最闻，违者降罚"③。洪武二十四年（1391年），令五军都督府：凡天下卫所屯军士兵，每人"树桑枣百株，柿、栗、胡桃之类，随地所宜植之"。二十五年，令"凤阳、滁州、庐州、和州，每户种桑二百株、枣二百株、柿二百株"。二十七年，令"天下百姓，务要多栽桑枣"，每一里种二亩秧，每一户初年种二百株，次年四百株，三年六百株，年终将栽种数目造册上报，违令者将其全家发遣云南金齿充军。为了进一步鼓励农户营造经济林木，还规定农桑征税以洪武十八年为定数，以后"听从种植，不必起科"。后又规定，凡二十六年以后所有新植桑枣等果树一律免征赋税。④ 他还曾要求每百户设置一个苗圃，即"每里百户种秧二亩"，对于缺乏树种的地区，政府帮助调剂。如"湖广辰、永、

---

① 永嘉《珍川朱氏合族副谱》之《珍川十咏序》。见关传友：《论明清时期宗谱家法中植树护林的行为》，《中国历史地理论丛》2002年第4期。

② 《大明会典·农桑》。

③ 《明通鉴》卷四。

④ 《大明会典·农桑》。

宝、衡地宜桑而种少者，命取淮、徐桑种给之"①。杨碣《豳风广义》称："明
洪武取淮、徐桑子二十石，命种辰、永、宝、衡之间，数年之间，民获大
利。"洪武二十八年（1395 年），湖广布政司报告，其所属州县已种果木总数
为八千四百三十九万株。②

　　明代法律条文中有涉及森林资源保护的内容，对毁伐树木、烧毁山林的行
为都施以严厉制裁。例如："毁伐树木稼穑者，计赃，准窃盗论。"③ "凡盗园
陵内树木者，皆杖一百，徒三年。若盗他人坟茔内树木者，杖八十。"④ "若于
山陵兆域内失火……延烧林木者，杖一百，流二千里。"⑤ 这些条文对于禁止
盗伐林木、防止山林火灾是有益的。

　　统治者从风水观念出发，重视皇陵树木。《大明会典》记载：正统二年
（1437 年），英宗"谕天寿山祖宗陵寝所在，敢有翦伐树木者，治以重罪，家
属发边远充军，仍令锦衣卫官校巡视"。嘉靖二十七年（1548 年），世宗"令
天寿山前后龙脉相关所，大书'禁地'界石。有违禁偷砍树木者，照例问拟
役、斩、绞等罪"。两年后，世宗又诏令将禁地扩大至五处，重申极刑重治违
禁者的处罚条例，并附录于国家法律中，"凡凤阳皇陵、泗州祖陵、南京孝
陵、天寿山列圣陵寝、承天府显陵，山前山后各有禁限。若有盗砍树株者，验
实真正桩楂，比照盗大祀神御物律，斩罪，奏请定夺。为从者，发边卫充军。
取土取石、开窑烧造、放火烧山者，俱照前拟断"⑥。这些禁令客观上有利于
森林植被的保护。明朝对破坏陵园植被的人员处以重刑。正德元年（1506
年），太监李兴擅伐皇陵，被处以极刑。⑦

　　朝廷对边防林木的保护也曾予以重视。天顺初，英宗下令："易州一带山

①《续文献通考》卷二。

②《明太祖实录》卷二百四十三。

③《大明会典·户律一》。

④《大明会典·刑律一》。

⑤《大明会典·刑律三》。

⑥《大明会典·律例九》。

⑦《明史·赵佑传》。

场系关隘，人马经行去处，不许采取柴炭。"① 明中后期，砍伐、贩卖边木的情况日益严重，孝宗便于弘治年间颁诏，命法司册定条例，题准敕令："大同、山西、宣府、延绥、宁夏、辽东、蓟州、紫荆、密云等处分守、守备、备御，并府州县官员：禁约该管官旗军民人等，不许擅将应禁林木砍伐贩卖，违者问发南方烟瘴卫所充军；若前项官员有犯，军职俱降二级，发回原卫所都司终身带俸差操，文职降边远叙用，镇守并副参官有犯，指实参奏；其经过关隘河道，守把官军容情纵放者，究问治罪。"②

嘉靖年间，湖南攸县县令裴行恕鉴于本县"东乡多山，重岩复岭，延衰百余里，闽粤之民，利其土美，结庐其上，垦种几遍"的状况，提出"已开者不复禁止，未开者即多种杂树，断不可再令开垦。如此渐次挽救，设法保护，庶几合县之山，尚可十留二三"。③ 嘉靖十四年（1535 年），刘天和出任总理河道，在他的主持下，四个月内沿河堤栽树 280 万株。④ 他在总结前人经验的基础上，系统地提出营造堤岸林的"治河六柳"措施⑤，即卧柳、低柳、编柳、深柳、漫柳、高柳等六种护堤柳的栽植方法。具体做法是根据河床高下、流势缓急、水位深浅，在冬去春来之时植柳，层层密密，构成固堤护岸的多道防线。柳树极易成活，根系发达，拦泥留沙效果好；"六柳"所固堤岸，能抵御洪峰浊浪而不致崩塌流失。

明朝君臣们为防御蒙古族的侵袭，对种植和保护边林颇为关注。丘濬在《驭外蕃、守边固圉之略上》一文中认为"以樵薪之故而翦其蒙翳，以营造之故而伐其障蔽，以游畋之故而废其险隘"等破坏边界森林做法，极为有害。善于审时度势的他接着指出："今京师近边塞所恃以为险固者，内而太行山西来一带重冈连阜，外而浑蔚等州高山峻岭蹊径狭隘，林木茂密，以限骑突。"但是"不知何人始于何时，乃以薪炭之故，营缮之用，伐木取材，折枝为薪，烧柴为炭，致使木植日稀，蹊径日通，险隘日夷"。这种情况颇令人担忧，一

---

① 《大明会典·柴炭》。

② 《大明会典·户律一》。

③ 《同治攸县志》。

④ 古开弼：《我国古代人工防护林探源》，《农业考古》1986 年 2 期。

⑤ 《明经世文编》卷一百五十七。

旦发生战事时，将无以扼拒敌人的骑兵。从树木生长和输出平衡的角度出发，他认识到："木生山林，岁岁取之无有已时，苟生之者不继，则取之者尽矣。"为解决当时存在的严重问题，他提出："请于边关一带，东起山海以次而西，于其近边内地，随其地之广狭险易，沿山种树。一以备柴炭之用。一以为边塞之蔽，于以限敌人之驰骑，于以为官军之伏地。每山阜之侧，平衍之地，随其地势高下，曲折种植榆柳，或三五十里，或七八十里。"① 丘濬还详细地考虑了植树的劳力来源。认为可让犯人种树赎罪；还可官府出价，让百姓承包，保种保活。为了保护植树成果，还要有关部门经常巡视、守卫，严惩破坏者。此外，为保护林木，他还提倡在京师推广以煤代柴，减轻对木柴需求的压力。②

清朝皇帝倡议多栽树。

据《清史稿·河渠一》记载，康熙在三十一年（1692 年）下令："于黄河两岸植柳种草，多设涵洞。"乾隆在三十七年（1772 年）下令："俟冬春闲旷，培筑土坝，密栽柳株，俾数年后沟漕平，可永固堤根。"雍正皇帝重视保护自然，也主张多植树。

《清实录》记载，雍正帝特别注意绿化京城，把种树承包到人。凡栽树者，必须保证树木存活三年，否则要补栽。雍正二年（1724 年），皇帝下诏："舍旁四畔，以及荒山旷野，量度土宜，种植树木。桑柘可以饲蚕，枣栗可以佐食，柏桐可以资用，即榛梧杂木，亦足以供炊爨。其令有司督率指画，课令种植，仍严禁非时之斧斤，牛羊之践踏，奸徒之盗窃。"③《清会典事例》记载雍正二年规定在京城"自西直门、德胜门至畅春园，沿途皆著种柳，岔道亦著栽种，动用钱粮，栽完树木，令人看守"。

近代启蒙思想家宋恕在 1892 年提出变法维新纲领，在《六字课斋卑议》中写了《水旱章》，主张以植树的方式保护生态环境，他说："大小诸川，时常泛滥；高原燥区，又苦屡旱；迭相为虐，循环不休；哀鸿满地，良堪恻隐！夫水旱之降，世以为天；然人事未修，岂宜委数。夫种树以润空气，理著于西书，凿井以引源泉，效彰于东国，并防旱之至术，化硗之良方。至如境内有

① (明) 丘濬：《大学衍文补遗》卷一百五十。

② 罗桂环等主编：《中国环境保护史稿》，中国环境科学出版社 1995 年版，第 155 页。

③《清世宗实录》卷一六。

浸，因而善用，则干流支陂，但能为益，而淹之灾，两可无虞。"① 宋恕主张学习"西书"，效仿"东国"，栽树和凿井，改变环境，减少灾害。这是中国人向外国人学习保护环境的较早倡议。

宋恕在书中还主张加强绿化，把绿化作为地方官员的一项职责，并加以考核：西国最讲种植，以其益甚大也。今宜加道员职名三字，曰"某道劝植使"，以劝植为正责而兼及其余。变通之始，各道先令属县议院会议应多植何树，复饬各县立办。道员以变通后五年为始，每年亲巡属县一次，沿官路点核树株，每十里以一千株为至少之限，不满者，知县及农曹长均革职。尚有风折、水漂、盗烧或伐事情，须议院报上。其有一望蔚然、林木尤盛者，知县及农曹长均议叙。倘道员不勤不公，许议员经达督抚查劾。② 宋恕把植树作为维新措施之一，建议以之奖惩官员，这是独特的见识。

晚清洋务大臣左宗棠在光绪元年（1875 年）担任钦差大臣，督办新疆军务，率军本息分裂叛乱。在进军过程中，他下令从泾川以西至五门关，夹道种柳。经过将士努力，使得沿路柳树连绵，绿如帷幄，在长武到会宁的驿道上就栽种了 26400 多株树，行列整齐，密如木城。光绪五年（1879 年），杨昌到甘肃帮办军务，欣然作诗云："上相筹边未肯还，湖湘子弟满天山。新栽杨柳三千里，引得春风度玉关。"③

二、破坏植被

明清时期，随着人口增多，城乡发展，社会动荡，各地植被破坏逐渐加剧。

（一）民间滥砍

明代中期，山西祁县有一个镇河楼，是为镇煞昌源河"河灾"而修建的

---

① 胡珠生编：《宋恕集》，中华书局 1993 年版，第 3 页。

② 胡珠生编：《宋恕集》，中华书局 1993 年版，第 23 页。

③ 程兆生：《兰州谈古》，甘肃人民出版社 1992 年版，第 157 页。

一座建筑物。阎绳芳撰《镇河楼记》,[①] 记载了当地生态植被变化,说明正德
(1506—1521 年) 前"树木丛茂,民寡薪采,山之诸泉,汇而盘沱水……虽六
七月大雨时行,为木石户斤蕴,放流故道。……成浚支渠,溉田数千顷。祁以
此丰富。嘉靖初元,民风渐侈,竞为居室,南山之木采无虚岁,而土人且利,
山之濯濯,垦以为田",以致"天若暴雨,水为所碍,朝落于南山,而夕即达
于平壤,延涨冲决,流无定所,屡徙于贾令 (镇) 南北,坏民田者不知其几
千顷,淹庐舍者不知其几百区。沿河诸乡甚苦之。是以有秋者常少,而祁人之
丰富减于前之什七矣"。《镇河楼记》剖析了滥伐林木造成灾害和贫穷恶果的
实例,表达了对森林植被保护水土作用的关注,强调了自然环境的生态效益,
提醒人们重视水土保持,防止开荒毁林,阐明了人类对大自然无节制地索取必
将遭到大自然无情报复的道理。

人口增多,人必然向环境要粮食。玉米等经济作物容易种植,耐旱耐寒,
不择地而生长,特别适宜于山地,这为大量流民进入山区开垦提供了可能性,
相应就出现了砍伐山林的情况。凡是流民涌向的地方,植被就必然有灭顶之
灾。大致的情况是,人进树退,人退树生。

明清开垦由交通便利的地区到边远山区,植被逐渐遭到破坏。最突出的是
向山区要田,明代改造山坡,将其变成旱田。"绝壑穷颠,亦播种其上。"[②]
"凡山径险恶之处,土人不能上下者,皆棚民占居。"[③] "山谷崎岖之地,已无
弃土,尽皆耕种矣。"[④] 显然,番薯、玉米、马铃薯这些作物引入到山区后,
对森林产生了毁灭性的破坏。天然植物被栽培的植物所代替,导致水土流失、
洪涝灾害、土壤沙化、湖泊堙废、河道变迁。

此外,火灾也是植被遭损坏的重要原因。《滇游日记》说打鹰山有原始森
林,后来因火灾而毁林。"三十年前,其上皆大木巨竹,蒙蔽无隙。"[⑤]

---

① 《光绪山西通志》卷六十六《水利略》。

② 《同治恩施县志》卷七《风俗》。

③ 《光绪乌程县志》卷三四《杂识》。

④ 《清圣祖实录》卷二百四十九。

⑤ 《徐霞客游记》,上海古籍出版社 1982 年版,第 977 页。

（二）朝廷采办

明代，官方组织采办皇宫、皇陵、藩王府、皇家寺庙的建筑用木，史称"皇木采办"。此次采办是中国历史上大规模毁坏名木大树的事情，严重毁坏了原始植被生态。

明初，朱元璋定都南京，并且在凤阳修建宫殿，架势拉得很大，就开始了皇木采办。但最大规模的皇木采办是从永乐年间开始的，明成祖大兴土木，营建北京与皇室家庙——武当山。官方采伐巨木的重点便移往长江流域：四川督采"儒溪之木、播州之木、建昌天全之木、镇雄乌蒙之木"，湖广督采"容美之木、施州之木、永顺卯峒之木、靖州之木"，贵州督采"赤水、猴峒、思南、潮底、永宁、顺崖"之木。[①]"江西地区，明代兴建北京宫殿，多自本地区采伐大木。"[②]

除了成祖之外，其他皇帝在位期间也没有停止皇木采办。《明史·食货》记载："采造之事，累朝侈俭不同。大约靡于英宗，继以宪、武，至世宗、神宗而极。其事目繁琐，征索纷纭。最巨且难者，曰采木。"

长江中上游森林资源遭受劫难，以成祖、武宗、世宗、神宗数朝为烈。其时朝廷频繁派遣大臣前往督办，采伐数量相当惊人。《明神宗实录》卷四四三记载：万历三十六年（1608年），"坐派贵州采办楠杉大木板枋一万二千二百九十八根"。这一万多棵巨大的树木，毁掉了多么大一片树林。有些研究者对此已作考述：

仅就四川一省即可见其一斑：永乐间工部尚书宋礼凡五入蜀督木，其后监察御史顾佐、少监谢安凡二十年乃还。大臣入川督木，终明世不绝。……每次遣大臣督木，其采伐量之大，均很惊人。如在四川，嘉靖三十六年（1557年），"以三殿共木枋一万五千七百一十二根块"，万历三十五年（1607年）采木"二万四千六百一根块"。在贵州，万历三十六年"采木楠杉大柏枋一万二千二百九十八根"。在两湖，永乐四年遣师逶往湖湘采木，"以十万众入山

---

① （明）归有光：《震川先生集》卷二十五《通议大夫都察院左副都御使李公行状》。

② 陈登林、马建章：《中国自然保护史纲》，东北林业大学出版社1991年版，第134页。

辟道路"。万历四十三年（1615 年），从长江流域运往京师的圆木在水运中被洪水漂走和被淮抚李三才盗用去的即达八万五千余根。但以上数字并非实际的采伐量，因皇木要求极为严格，巨木大材，采之深山老林，远离水次，采运甚难，"至于磕撞之处，岂无伤痕？官责谓不合式，依然重伐，每木一根，官价虽云千两，比来都下，费不止万金"。其中，"参错不齐外直而中空者十之八，毁折而遗弃者十之九，侥幸苟且，百才一二"。① 王士性的《广志绎》卷三记载："长安宫殿惟秦汉最盛，想当时，秦、陇大木多取用不尽。若今嘉靖间午门、三殿灾，万历间慈宁、乾清灾，动费四五百万金……一木之费辄至千金，川、贵山中存者亦罕，千溪万壑，出水为难，即欲效秦汉，百一未能也。"该书卷四还描述了当时采办皇木的艰辛："此等巨材世所罕见，即或间有一二，亦在夷方瘴疠之乡、深山穷谷之内。寻求甚苦，伐运甚难"；"一路羊肠鸟道，峭壁悬崖，空行之人亦难若登天。如拽重物必须多人，一遇曲折狭径深涧断壑，必架厢填砌方可"；而楠木一类名贵巨材"皆在深岭人迹不到之处，至于砍伐，非比平地木植，可以随用斧斤。高箐之中必须找厢搭架，多用人夫缆索，方可修巅去顶"；伐运巨楠一株，往往"须人夫百千方能拽动去，而山路险窄亦难立足，山势曲折不能并走，势必开山填砌，找厢搭架，所用人夫非比泛常，拽运工程难以日计"；"上下山阪，大涧深坑，根株既长，转动不易；遇坑坎处，必假他木搭鹰架，使与山平，然而可出；一木下山，常损数命，直至水滨，方了山中之事"。

明朝采办皇木，毁坏森林资源。当时对皇木要求极为严格。尤其是"不肖官役，将不中式之木，借名多采，唤集民夫，或自山中运至城边，或自乡村运至水次，或造器以入官，或造船以充献，所谓假公行私"②。采伐此等巨材，必深入到深山数百里之内，开道架厢，本身就要毁坏大面积森林，所以切不可拘于此等采伐数字来认识实际的采伐数量。③

---

① 暴鸿昌、胡凡：《明清时期长江中上游森林植被破坏的历史考察》，《湖北大学学报》（哲学社会科学版）1991 年第 1 期。

②《明经世文编》卷二百二十一、卷九十五。

③ 暴鸿昌、胡凡：《明清时期长江中上游森林植被破坏的历史考察》，《湖北大学学报》（哲学社会科学版）1991 年第 1 期。

《敕建大岳太和志》卷十三"神留巨木"条记载："国朝敕命隆平侯张信、驸马都尉沐昕敕建武当宫观，材木采买十万有奇，悉自汉口江岸直抵均阳，置堡协运。永乐十年十一月初十日，工部侍郎郭进同吏部郎中诸葛平等，督运木植，经过武昌，见有大木一根，立于黄鹤楼前江水中，上露尺许，若石柱焉。奔流巨浪，昼夜冲激，不假人为而屹然不动。随复探视水深五丈五尺，而木止长四丈，下又虚悬。众皆奇异。缆系于舰，亦不劳力而随至岸下，岂非神留以需大用？遂令护运至山，沿江军民见者莫不咨嗟起敬，以为灵异。"① 按：这段材料说明，当时的武昌是木材中转站。江中发现的大木，有可能是从上游冲下来的，在五丈深的水中，四丈的大木"虚悬"而不下淌，当为回水之地。明代的官员神化这件事情，是为了宣扬灵瑞感应而已。

《同治竹溪县志》卷二《古迹》记载距县城约六十里的慈孝沟"昔年多大木，前明修宫殿，曾采皇木于此。壁间镌诗三章"。诗文："采采皇木，入此幽谷，求之未得，于焉踯躅。采采皇木，入此幽谷，求之既得，奉之如玉。木既得矣，材既美矣，皇堂成矣，皇图巩矣。"显然，竹溪县是明初获取皇木的地方之一。皇室派人到深山老林中采办皇木，是要付出极大代价的。

王士禛《池北偶谈》"伐木条"记载："江南造战舰，下令郡县伐木。洞庭民家孀妪止一女，县吏至其家伐木，复令具舟送木至郡。既至郡，候县府、道院查验，动淹旬月。妪计无所出，乃粥女以偿诸费。……康熙二十一年（1682年），以太和殿大工，凡楚、蜀、闽、粤产木之地，皆差部员往采，明旨严禁骚扰。姚给事濮阳（祖项）疏请禁伐祠庙冢墓间树，得旨允行。"

植被遭破坏的情况与经济开发的程度成正比例。矿业、手工业、交通发达的地区，植被遭破坏得早。开发得早的地区，森林演替的次数多，植被情况复杂。开发得晚的地区，植被演替次数少。经济开发与人口的多少、人群的迁移有直接关系。在山区，农民为了开荒，或为了防止野兽潜藏，经常采取烧林的方式。政府对边远地区不可能实行有效的管理。农民为了生存，只会考虑自己的眼前利益，不可能想到长远的后果。清末，孙中山曾经指出广东中山县的情况，"试观吾邑东南一带之山，秃然不毛，本可植果以收利，蓄木以为薪，而

---

① 杨立志点校：《明代武当山志二种》，湖北人民出版社1999年版，第181页。

无人兴之。农民只知斩伐，而不知种植，此安得其不胜耶"①。

如何评价明清植被的总体情况？对明代中国植被状况的评价，不能过于简单化。从史书，特别是方志看，各地的森林仍然有很多，树木茂密。由于当时还是农耕社会，工业与交通都不太发达，因而，环境资源的破坏是有限的。

凌大燮对历史上森林变迁进行了研究，认为历史上森林的总体趋势是减少。太古时期有森林 47600 万公顷，到清初时，森林只有 29130 万公顷，森林覆盖率由 49%，减少到 26%。我们认为，这个统计的结论是相对的，因为太古时期的森林覆盖状况不太容易搞清楚。②

有的学者认为：清中期百余年间，中国的生态环境受到前所未有的破坏。其破坏的方式经由下面几个步骤。第一，清初残留下来一些森林，除了边陲地区，在短短的时期内消失殆尽。第二，到处留下一片片的荒山秃岭，在没有植被保护之下，一遭雨水冲刷，便泥沙俱下。第三，严重的水土流失使得下游河川淤塞不畅，水灾的频率因而增加。第四，大量泥沙被雨水冲到平原上的良田里，使平原上的耕地缓慢沙化，生产力下降。③ 清初，中国大约有 40 亿亩的森林，覆盖率大约在 28%。现在，中国大约有 17.3 亿亩森林，覆盖率大约在 12%。显然，森林是在急剧减少。④

从版图而言，清朝政府被迫和列强签订了一系列不平等条约，割让土地，使中国森林资源遭受到严重损失。人所共知的情况是：1858 年和 1860 年与沙俄签订的《中俄瑷珲条约》和《中俄北京条约》使中国东北地区的大片土地被掠夺，其中包括森林面积 5471 万公顷；1895 年与日本签订的《马关条约》又使台湾全岛以及澎湖列岛和辽东半岛遭割让，其中森林面积约 215 万公顷。1858 年签订的《中法天津条约》和 1896 年签订的《中俄密约》，允许法国在云南南部，沙俄在大、小兴安岭修筑铁路，也使两侧森林受到极大破坏。1904 年日俄战争后，日本夺取沙俄在东北的特权，独占了

---

① 广东省社会科学院历史研究所等合编：《孙中山全集》第一卷，中华书局 1981 年版，第 2 页。

② 凌大燮：《我国森林资源的变迁》，《中国农史》1983 年第 2 期。

③ 赵冈：《中国历史上生态环境之变迁》，中国环境科学出版社 1996 年版，第 61 页。

④ 赵冈：《中国历史上生态环境之变迁》，中国环境科学出版社 1996 年版，第 66 页。

鸭绿江右岸的森林资源。

以上对明清时期的植物与植被作了简要叙述，然而，这个问题不是几万字所能讲清楚的。明清时期对森林的开采超过了以往任何时候，有关植物的知识与信息也超过了以往任何时候。虽然明清时期还没有进入工业社会，但已经出现人类对自然的征服与掠取，环境恶化已从植被的破坏中见到端倪。

第七章

明清的动物环境

　　本章介绍明清时期有关动物的文献、动物的基本情况、各地的动物、对动物的伤害与保护。所述动物，是人之外的一切动物，不论是家养动物，还是野生动物。

第一节　有关动物的文献与认识

　　明清是我国古代动物学发展的重要时期，与以前时期相比，人们的知识兴趣越来越广，对动物更加关注。作为农耕民族，随着多元经济的发展，动物在经济生活方面占有越来越重要的地位：人们可以食用动物，也可以交易动物，还可以将其用作休闲宠物。随着城镇的发展，人们养的动物与日俱增，有关动物的信息逐渐增加。

一、有关动物的著述

　　明清时期，由于科举制度不考动物知识，因此，动物知识对于读书人而言，可有可无。然而，也有一些科举失意，或对动物有雅兴的人，注意搜集资料，编写一些有关动物的书。查阅历史文献，不难发现明清有关动物的书籍增多，有关动物的知识增多。

　　明代有一些笼统讲动物的书，如张瀚《松窗梦语》有《鸟兽纪》。明末清初人屈大均在《广东新语》卷二十一《兽语》中记载了老虎等动物的习性。

　　李时珍《本草纲目》记载动物药 444 种，把这些动物药分成虫、鳞、介、禽、兽和人这几部。其分类原则是"由微至巨，从贱至贵"，即从小小的昆虫到巨大的兽类。显然，李时珍在动物学的分类方面已经具有了生物进化的思想。现代生物学分类的级别有七级，从低到高依次为种、属、科、目、纲、门、界，越高的级别，包含的生物种类就越多，越低的级别，则生物彼此间的相似性也就越高。李时珍对每一类动物都有论述，如："虫乃生物之微者，其类甚繁……然有羽、毛、鳞、介、倮之形，胎、卵、风、湿、化生之异，蠢动含灵，各具性气……于是集小虫之有功、有害者为虫部，凡一百零六种，分为三类：曰卵生，曰化生，曰湿生。"同样是虫，因环境不同而性质也不同，如虫之湿生，指长期生长在湿润、阴潮的环境中，故湿生虫类药物多具有"寒""凉"的特征，如蟾蜍，"辛、凉、微毒"；白颈蚯蚓，"咸、寒、无毒"；蜗牛，"咸、寒、有小毒"；蛔虫，"大寒"。湿生虫类药物包括蛤蟆、蛙、田父、蜈蚣、马陆、蚯蚓、蛞蝓、蛔虫、风驴肚内虫、蛊虫、金蚕、梗鸡等 30 种动物药。

明代出现了一些动物专书。如：

1608 年，喻仁、喻杰合著《元亨疗马集》，兽医学著作，内容包括对马、牛和骆驼的治疗经验，现今仍有实用价值。

明代张谦德撰《朱砂鱼谱》，万历二十四年（1596 年）写成。张谦德（1577—1643 年），昆山人。全书只有 2600 字左右，叙述了金鱼的形态、品种、饲养等。我国是金鱼的故乡，是世界上饲养金鱼最早的国家。此书是研究鱼类史的宝贵资料。

明代屠本畯撰《闽中海错疏》，万历年间成书。屠本畯，浙江鄞县（今宁波）人，曾任福建同知。全书三卷，这是我国现存最早的海洋生物专著，记载了沿海一带以海生无脊椎动物和鱼类为主的 200 多种水族生物的形态和生活习性等，其中鳞部海产 167 种，介部海产 90 种，是了解海滨地区生物的宝贵资料。此书说明，人们有了初步的分类常识，对区域环境与海洋环境的动物加强了关注。

明代正德年间黄省曾撰《鱼经》。这是一部关于养鱼的专书，总结了养鱼的知识与经验。全书共分三个部分，"一之种"介绍了几种鱼类的繁殖方法。"二之法"介绍了养鱼的方法，着重于在凿池和喂食两个方面。"三之江海诸品"介绍了江河湖海中 19 种主要的鱼类，且多属鱼中珍品，有鲟、鳇、鲈（松江四鳃）、鳜、鲳、石首、白鱼、鳊（鲂鱼）、银鱼、鲥鱼、鲙、鲦（刀鱼）、子、鳜、鲫（鲋鱼）、虾虎、土附之鱼、鳝鱼、针口之鱼、河豚（斑鱼）等。书中介绍河豚有毒，并介绍了解毒的办法："河豚之鱼，出于江海，有大毒，能杀人，无颊无鳞，与口目能开阖，能作声，是鳞中之毒品也。凡烹调也，腹之子、目之精、脊之血，必尽弃之。泊二皮、肉、肝之有斑，眼之赤，肝之独包，钳之一异，俱不可食。凡洗宜极净，煮宜极熟，治之不中度，不熟，则毒于人。中其毒者，水调槐花末，或龙脑水，或至宝丹，或橄榄子，皆可解也。"书中有生态链接视野，"池之傍树以芭蕉，则露滴而可以解泛；树棟木，则落子池中可以饱鱼；树葡萄，架子于上可以免鸟粪；种芙蓉，岸周可以辟水獭。鱼食杨花则病，亦以粪解之。食蟋蟀与嫩草，食稗子。池不宜太深，深则水寒而难长。池之正：北浚宜特深，鱼必聚焉。则三面有日而易长，饲之草亦宜"。黄省曾主张凿鱼池必须要有两个，这样做有益于蓄水，卖鱼的时候可以去大而存小。池中应设置洲岛，让鱼环绕运转，使鱼生长迅速。喂鱼要一日两次，定时定量。

黄省曾还撰有《兽经》一卷，其中搜集了古代辞书、神话传说、博物志、史书等文献中有关动物的名称、掌故等项内容，涉及动物的分类、生态习性、药用价值、肉用价值等方面，是一本动物学书籍。黄省曾认为天底下有各种各样的动物，各有特性。"万物之生而各异类，蚕食而不饮，蝉饮而不食，蜉蝣不饮不食，介鳞者夏而冬蛰，啮吞者八窍而卵生，嚼咽者九窍而胎生，鸟鱼皆生于阴，阴属于阳，故鸟鱼皆卵生。鱼游于水，鸟飞于云，故立冬燕雀入海，化为蛤。四足者无羽翼，戴角者无上齿，无角者膏而无前，有角者指而无后，昼生者类父，夜生者似母，至阴生牝，至阳生牡。""肉食者捍，草食者愚。草食者多力而愚，如牛马之属；食肉者勇敢而悍，如虎狼之属。""猫之睛，午则竖而暮则圆。""驴父马母曰骡，驴为牡，马为牝，则生骡。"

黄省曾还著有农学著作《稻品》（又称《理生玉镜稻品》）一卷、《蚕经》（又称《养蚕经》）一卷、《鱼经》（又称《杨鱼经》）一卷、《菊谱》一卷，此四书合称为《农圃四书》。

明末浙江嘉兴人谭贞默（1590—1665 年）撰《谭子雕虫》，是以昆虫为研究对象的学术著作，引用《列子》《搜神记》《尔雅》等古书，记述了 62 种"虫"。其记述蜘蛛："相蜘蛛兮罗织，俨经纬兮若思。邈结绳兮上古，作网罟兮是规。身自缲而自织，足为杼而为机。"记蚕："及夫细雨晨梭，明月夜幅，绤绤来凉，布帛思暖，仿佛稠音鼓吹，相属唧唧，砌除蛩蛩，垣曲愁丝，枭与麻缕，空二东之杼轴，策懒妇之号寒，比催耕于布谷，游芳草之王孙。"此书说明，人们对"微观"的动物有了细致的认识，但文字描述过于抽象。《谭子雕虫》是有寄托而作。《四库全书总目》说："因即虫喻人，分为三十七段，每段自为之注，亦和香方《禽兽决录》之支流也。"

明末，山东人张万钟撰《鸽经》，全书 7200 字，分六部分：论鸽、花色、飞放、翻跳、典故、赋诗，记载了鸽子的产地、生活习俗、鸽子的鉴别、饲养卫生和鸽病防治。如："文鸽飞不离庭轩，此种六翮刚颈，直入云霄，鹰鹯不能搏击，故可千里传书。"

明代缺乏大部头的动物书籍，人们对动物没有系统的理论，更谈不上科学的动物认识。有些书，其实不足一万字，是一篇文章而已。

清光绪年间，睦州人方旭撰《虫荟》，"虫荟"就是把各种动物的名称汇集编撰在一起，以备查阅。光绪十六年（1890年）刊本，全书五卷，分别记载羽虫、毛虫、昆虫、鳞虫、介虫。每类下再分细目，共著录1039种不同名目之虫，如："又一种似莎鸡而翼短，不能蔽身者，俗名叫哥哥。人亦畜之，并以翼鸣。"方旭对每一种虫子加以按语，引用古籍有360多种，内容包括产地、形态、特征、用途和异名等。方旭（1857—1921年），原名承鼎，字调卿，又字晓卿，浙江建德县人。此书的全称是《听钟轩虫荟》，听钟轩为方旭的室名。他博览群书，潜心研究博物，还著有《蠹存》二卷。

《阅微草堂笔记》卷二十四《滦阳续录》有一篇《异虫生于冰火中》值得注意，说的是在寒冰之中也生存有生命的现象：是乾隆癸酉（1753年）年间，常君青戍守西域，筑帐南山之下。他发现："山半有飞瀑二丈余，其泉甚甘。会冬月冰结，取水于河，其水湍悍而性冷，食之病人。不得已，仍凿瀑泉之冰。水窍甫通，即有无数冰丸随而涌出，形皆如橄榄。破之，中有白虫如蚕，其口与足则深红，殆所谓冰蚕者欤？"

清代，人们更加注重综合性的动物知识记载。波兰在华传教士卜弥格1656年译出的《中国植物志》，书名为植物志，但里面也有关于动物的介绍，有野鸡、松鼠、绿毛龟、海马等。

《清稗类钞》"动物类"记载动物界之分类：其一，脊椎动物，为哺乳类、鸟类、爬虫类、两栖类、鱼类。其二，节足动物，为昆虫类、蜘蛛类、多足类、甲壳类。其三，软体动物，为头足类、腹足类、瓣鳃类。其四，蠕形动物，为环虫类、圆虫类、扁虫类。其五，棘皮动物，为海胆类、海星类、沙噀类、海百合类。其六，腔肠动物，为珊瑚类、水母类。其七，海绵动物，为石灰海绵类、非石灰海绵类。其八，原生动物，为肉质虫类、微水虫类、孢子虫类。这种分类，大致反映了清末人们对动物的认识。在此之前，先民曾将所有的动物分作毛虫、羽虫、倮虫、介虫、鳞虫这五类。属木的叫毛虫，凡是长毛的动物就叫毛虫，狮子、豺狼虎豹，都是毛虫。属火的叫羽虫，一切鸟类都是羽虫，可以飞翔，包括昆虫在内。属土的叫裸虫，就是不长毛的虫，人就是裸虫。属金的叫介虫，长盔甲的，如乌龟、甲鱼、鳄鱼等。属水的叫鳞虫，就是长鳞甲的，如鱼、虾这一类。《清稗类钞》"动物类"的划分，更靠近了近代动物学分类。

二、方志中的动物信息

明清方志中对动物记载得很详细。兹以湖北方志为例，[①] 湖北的每部方志对野生动物都有所记述，如1933年版《当阳县志》卷二《方舆志下》记载："水之族若鲤、鲂、鲫、鳜、鰕、鳖、螺之属，羽之属有百舌、画眉、苍鹰、锦鸡。毛之属有虎、豹、鹿、兔、豺、獭，其种不一。"

以下，按类别介绍湖北若干部方志中提供的动物信息：

毛族，就是兽类，也就是野生哺乳动物。同治版的《巴东县志》卷六《食货志·物产》记载："毛族：马、麋鹿、兔、豺、虎、野猪、熊，其掌作珍左更胜。山羊做脯，与鹿同美，筋次之。果狸味甚美。独猿形似犬，而尾大足短，其跃如飞，土人称之猴王。"同治五年版的《房县志》卷十一《物产》记载："毛类：马、羊、虎、豹、熊、鹿、獐、麋、猿、狐、山羊、豪猪、果狸、松鼠、刺猬、獭。"同治十年版《黄陂县志》卷二《物产》记载："兽类：狐，性多疑而形似狗。狸，形如猫，其毛纹连钱又如虎。鹿，一名班龙，牡有角，牝无角。虎，郭璞云虎食物值耳。狼，形似狗，牙如锥，性至狰狞。豹，尾至贵，胎至美。"《光绪黄州府志》卷三《物产》记载："毛之属：马、牛、骡、驴、羊、豕、狗、猫、虎、狼、鹿、獐、麋、猴、狐（牡者为狐，牝者为狸，一名毛狗）、獾（猪、狗二种）、兔、狼鼠（土名黄鼠狼）、野猫、鼠。"《光绪蕲水县志》卷二《物产》记载："兽之属：有马、有牛、有骡、有驴、有羊、多豕、多狗、多猫、有虎、有狐、有獾、有兔、有豺、有黄鼠狼、有野猫、有鼠。"《光绪黄安县志》地理卷一《物产》记载："兽之类：牛、马、羊、眠羊、水牛、驴、骡、豕、犬、猫、鼠、松鼠、狐、兔、狸、虎、豹、狼、鹿、獐、麋、麝、豺、猴、獾、獭、黄鼠狼、野猪、野猫、果子狸。"

---

① 湖北方志中的野生动物情况，乐锐锋、李利军、唐成飞等研究生提供了资料，特作说明。

《恩施县志》卷六《食货志·物产》（1937 年版）记载："毛族：虎、熊、豹、麝鹿、野猪、豪猪、松鼠、竹鼠、貂、野牛、羚羊。"民国版的《罗田县志》卷二《物产》记载："毛类：马、羊、豺、狼、獐、兔、獭、狐、猴、野猪。"从县志的记载可以看到，现今已经灭绝的华南虎，在鄂西南是存在的。《黄陂县志》不仅记载了野生动物的存在，而且还记载了它们的样貌、习性、功用，这是与其他志书不同的地方。

羽族，就是鸟类。《恩施县志》卷六《食货志·物产》记载："羽族：白雕、锦鸡、雉、野鸭、山莺。"《巴东县志》卷六《食货志·物产》也记载："羽族：鸠、鸭、鹰、锦鸡。布谷即鸣鸠，䴓即啄木鸟，绿翠一名翠鸟。"恩施有白雕出没，值得注意。《房县志》卷十一《物产》记载："羽类：秧鸡、锦鸡、雉、鸳鸯、鹤、啄木、画眉、鹊、雕、鹰、鹞、金翅、猫头儿、杜鹃。"《黄陂县志》卷二《物产》记载："鸟类：啄木，口如锥，长数寸，啄木食虫。黄鹂、鹌鹑，无常居，有常匹，性笨。"《黄州府志》卷之三《物产》记载："羽之属：鹅、鸭、鸡、鹤、鹰、鹞、鸦（俗称乌鸦，腹下白）、鹊（俗闻其声以为喜）、慈乌（即乌，纯黑，反哺）、白项鸟（即大嘴鸟）、鸠、鸽、鹏鸭、黄雀（俗称麻雀）、鷾鹚、桑扈（俗名蜡觜）、白头翁、竹鸡、白鹇、山喜鹊、画眉、蠖子（水鸟，飞最高，雄鸣雌应则雨）、老鹳（白、黑二种）、鸵鹳（高等于人，翅大如车，毛可为裘）、杜鹃（即子规）、鸿鹅、翠鸟（即鹬，有山、水二种）、燕、雁、白鹭、凫（俗名野鸭）、雉、百舌、鷾鸪、啄木、鸳鸯、鹄鹰、鹈鸰（俗名雪姑）、鸜鸪（俗名八哥，畜之，能学人语）。"《蕲水县志》卷二《物产》记载："羽之属：多鸡、多鸭、有鹅、多鸦、多鹊、有鹞、有鹰、有雉、有慈乌、大嘴鸟、有鸠、有鸽、多麻鹊、有鷾鹚、多山鹊（红嘴长尾）、多瞿鸿、有画眉、有驾犁、有杜鹃、有黄鹂、有竹鸡、有百舌、有燕、有翠、有雁、有凫、多白鹭、有鹳、有驾、有晏、有鷾鸪、与啄木、有贝（一名伯劳）、有鹈鸰、有秧鸡、有谷鸡。"《黄安县志》地理卷一《物产》记载："禽之类：鸡、鹅、鸭、鸽、鸠、燕、布谷、子规、雉、黄鹂、啄木、鲁醇、鹊、雀、鹰、白头鸟、乌鸦、凫、鸳鸯、红鹅、鸥、青獐、鸬鹚、谜鱼子、水鸦鹊、顿鸡、叫天、黄豆眼、鸢、铜嘴雀、鸱枭、鹈鸰、鸡、鹭、画眉、羊雀、鷾鹚、鷾鸪、鹗殚、孝尾、竹鸡、麻雀、蒿雀、麦啄。"《罗田县志》卷二《物产》记载："羽类：鹌鹑、喜鹊、布谷、竹鸡、杜鹃、啄木鸟、画眉。"

鳞族，就是鱼类。《恩施县志》卷六《食货志·物产》记载："鳞族：鳜鱼、金线鱼、铜钱鱼、重唇鱼、花春鱼。雄黄鱼，腋下有赤文。"《巴东县志》卷六《食货志·物产》里也记载："鲟鱼、鳜鱼、桃花鱼、鳇鱼。"《房县志》卷十一《物产》又载："鳞类：鲈、洋鱼、泉鱼、露鱼、桃花、白霸、石扁头。"《黄陂县志》卷二《物产》记载："鱼类：鳜，头促鳞细身有黑斑。赤眼、乌鱼，即七星鱼也。"《光绪黄州府志》卷之三《物产》记载："鳞之属：鲤（俗名金鲤）、鲂（即鳊鱼）、兴（一名鲢鱼）、鳜（一名诓鱼，巨口细鳞）、黄鱼（本名鳣）、乌鲤、鲇、阳墧（俗名白鱼）、鳡鱼（即鳏鱼，好食鱼，群鱼畏之，常独行）、鲫（古名咐鱼）、鳟（俗名金眼劳）、油筒（似鳟，鱼色稍黄，味美）、踠鱼（俗名草鱼）、时鱼（四月出）、兹鱼（俗名聚刀鱼，形薄似刀）、宗鱼、庸鱼（俗名胖头）、鳑鲳、啼（头如鲇，四足有，声如儿啼，无食之者）、青鱼、黄尝（俗名黄颡）、白小（似银鱼，暴而枯之以入市）、邵阳鱼（尾有刺，最毒）、河豚、单、黄固（大者不过五六寸）、泥猷、鳗、江豚、白奇。"《蕲水县志》卷二《物产》记载："鳞之属：有鲤、有方、多与（一名鲢）、多庸（一名鳑头）、有鳜、有鲇、有白（即杨鱼）、有青、有鳡、有鳟、有完（一名草鱼）、有兹（土名聚刀鱼）、有宗、多鲫、多乌鲤、有鳑比、有鳝、有鲟、有圊、有时、有白小、有黄固、有婵、多泥鳅、有鳗、有江豚。"《黄安县志》地理卷一《物产》记载："鳞之类：龙、蛟、鲤、鲢、鲫、鲇、鳜、金鲤、草鱼、乌鱼、杨桥、沙口、黄鲇、赤眼、虾、火烧鬲、黄鸭丁、石贬头、鳅、刀、田骨嫩、黄爽、宗、鳡、鬲。"

在方志书籍之中，时间越到后来，人们的生物知识越丰富。如乾隆年和光绪年武昌县的疆域没有较大变化，但方志中所记载的动物却不一样，后者比前者要多。以羽属为例：乾隆年间的武昌志书记载的羽属有鹅、鸭、鸡、水鸭、�、雁、鹳、乌鸦、喜鹊、布谷、燕、莺、啄木鸟、鹁鸽、麻雀、鹰、鹤、斑鸠、鹡鸰、雉、鸥、鹭。光绪年间武昌志书记载的羽属有鸡、鸭（乡人有成群饲之者，曰放排鸭，夜宿竹棚中）、鹅、莺、鹈鹕、青鹝（冬天独立水田，不好飞啄）、凫（即野鸭）、鹳、鸬鹚（渔舟蓄之以取鱼，名水老鸭）、秧鸡（分秧时有之，黑色如家鸡）、雉、竹鸡、鸽鹑、鸽、麻雀、黄脰雀（质小而健斗）、燕（常以秋去而春来巢）、雁、蝙蝠（山洞中尤多）、子规、斑鸠（或置笼中饲之）、布谷（常呼割麦插禾，终日夜不住声）、画眉、鸲鹆（俗名老鸦）、鹊（俗名喜鹊）、鹰、鹞、麦啄（相传此鸟嗜食）、鸮（俗名猫儿头）。

显然，光绪年间的羽属类比乾隆年间的要多。光绪年增加了鹈鹕、青鹎、凫、鸬鹚、秧鸡、竹鸡、鸽鹑、鸽、黄脰雀、蝙蝠、子规、画眉、鸲鸰、鹢、麦啄、鹨。而在乾隆年有的水鸭、莺、乌鸦、啄木鸟、鹁鸽、鹤、鹁鸽、鸥、鹭，在光绪年间却没有记载。究其原因，是当时的修志者对记载哪些物种没有明确的规定，对材料的搜集有随意性。

明清时代的禽、兽、鳞类物种要比我们现存的物种丰富。但从空间上分析，各地的情况不尽相同。如，蕲水县（今浠水县）地方志记载的"羽之属"有36种，"兽之属"有16种，"鳞之属"有26种；黄安县（今红安县）地方志记载"禽之类"有47种，"兽之类"有31种，"鳞之类"有25种。浠水县和红安县这种动物物种记载数量的差别原因主要是由生态环境决定的，浠水县境内的水系较多，有长江浠水段、浠水河、巴水河，还有策湖、望天湖等众多湖泊，鳞类物种非常丰富；而红安县依靠大别山麓，禽、兽类物种比较丰富。

清代杨延烈等修《同治房县志》在卷十一物产类把动物分成羽、毛、介、鳞四类，毛类记载了牛、马、驴、骡、虎、豹、獐、猿、熊等三十余种动物，这些动物与平原地区县志中记载的动物是有差异的。在卷十二杂记类中记载了一些动物的故事，说："房陵有猎人善矢，无虚发。一日，遇猿，凡七十余发，皆不能中，猿乃举手长揖而去。因弃弓矢，不复猎。"又记载："乾隆时，房城数里林麓平旷多猛兽"；有虎与牛相斗，牛把虎打跑了；又，西北乡有狐经常扰民家。这些记载是了解当地动物的一手材料。

以方志中的熊猫材料为例，明嘉靖三十年（1551年）编《巴东县志》、明万历三十一年（1603年）编《归州志》、清乾隆五十年（1785年）与同治四年（1865年）编《竹山县志》、同治五年（1866年）编《长阳县志》，其《物产》分别记载了许多动物，有貘、猿、猴、鹿、獐、果狸、野猪，其中的貘，就是熊猫。此外，乾隆三十九年（1774年）编《酉阳州志》等方志中的《物产》也记载了貘，这些说明在湖北的竹山、巴东、秭归、长阳、湖南大庸、四川酉阳等地，直到18—19世纪还有大熊猫分布。大山有丰富的箭竹，为熊猫提供了食物。如果有人持之以恒地从方志中搜集资料，还可以统计出更加详细的动物分布情况。①

中国古代一直没有专门的动物学，人们没有相关的系统知识，所以对许多动物都不认识，这是完全可以理解的。

---

① 何业恒在这方面卓有成绩，先后著有《中国虎与中国熊的历史变迁》（湖南师范大学出版社 1993 年版）和《中国珍稀兽类的历史变迁》（湖南科学技术出版社 1993 年版）。

第二节　动物的种类

人类共居一个地球，但由于环境相隔，各大洲都有各自的动物，动物不尽相同。当代学者文焕然、何业恒在《中国珍稀动物历史变迁的初步研究》说：我国的土地面积占世界陆地总面积的 6.5%，有鸟类 1200 种，占世界鸟类总数的 14%；兽类 420 种，占世界兽类种数的 12%。① 我国的野生动物中有一些是世界稀有的，如鸟类中的朱鹮、丹顶鹤；兽类的大熊猫、金丝猴、东北虎、亚洲象、麋鹿；爬行类中的扬子鳄。明代，这些珍稀野生动物仍有较多。我国东北、西北、西南的森林、草原和江河湖泊地区生存着大量的飞禽走兽，野生动物资源仍很丰富，但另外一些地区的情景却不乐观。

学术界对动物有多种分类法，如分为哺乳动物、鱼类、鸟类、两栖动物、昆虫。限于篇幅与知识结构，此节只介绍飞行动物与走兽。

一、飞行类动物

明清社会，普遍饲养鸡鸭鹅等家禽，甚至将其作为宠物。张瀚在《松窗梦语·鸟兽纪》记载："关中有斗鸡，仅如两月雏，团鹠无尾，小喙短颈，羽青如翠，足红如朱，雄鸡有高大一二尺者，遇之喙嗛而下之，遂辟易去。鸟中最警敏者，土人呼为聒聒鸡，以其声之尖利也。"

---

① 这种比例说明，中国这块土地是适宜各种动物生存的，对动物的多样性发展是有贡献的。这应归之于旧大陆的演进，欧亚旧大陆在长期的交往中，使每个地区的动物不断丰富起来。

1. 候鸟

徐霞客在《滇游日记》记载：洱源县南部是候鸟迁徙的路线，"凤羽，一名鸟吊山，每岁九月，鸟千万为群，来集坪间，皆此地所无者，土人举火，鸟辄投之"。

《松窗梦语·鸟兽纪》记载："鸿雁岁半居南中，而恒自北来。大曰鸿，小曰雁。……夜宿沙洲芦荻蓼苇中，失群哀鸣，飞必成序。失雏不偶，有夫妇之义，故婚礼亲迎必奠雁。"又记载："燕有二种：越燕小，黑而紫，多呢喃语，巢于门楣；胡燕比越差大，羽多斑点，声亦较大，巢屋两楹间，古称玄鸟。以春分至、秋分归，云避社日。岂社主土，燕入水为蜃，亦水类，土能克水，故避之耶？"

李时珍在《本草纲目》记载了许多候鸟。如燕子"春社来，秋社去。其来也，衔泥巢与屋宇之下；其去也，伏气蛰与窟穴之中"（《禽部》燕条）。又如杜鹃"春暮即啼，夜啼达旦，鸣必向北，至夏尤甚，昼夜不止，其声哀切。田家候之，以兴农事。惟食虫蠹，不能为巢，居他巢生子，冬月则藏蛰"（《禽部》杜鹃条）。李时珍所描述的杜鹃在我国境内分布较广，而且比较常见，在大部分地区均是夏候鸟，春末夏初三四月间由热带地区，向北迁徙到我国境内的亚热带乃至温带地区进行繁殖。当它鸣叫之时，就预示着天气将要转暖，农家也要开始下田做农活了。

2. 有奇异特征的鸟

民间时常发现怪鸟，纪昀撰《阅微草堂笔记》记载了一只"巨鸟"："海淀人捕得一巨鸟，状类苍鹅，而长喙利吻，目睛突出，眈眈可畏。非鸹非鹳，非鸨非鸬鹚，莫能名之，无敢买者。"

王士禛的《池北偶谈》记载："邑东北耿氏墓林中，有鸦一只，碧色，饮啄自异，不与群鸦为伍，亦不见其蕃育，人往往见之。""康熙庚戌（1670年），六合县民王振家庭树产白乌二，督府麻勒吉表进于朝。"

王士禛的《池北偶谈》还记载群鸟突然死去。"益都县颜神镇，康熙辛亥冬，凫雁鸳鹅之属以千万计，飞过城中，皆堕地死，远近四山皆满。"

《松窗梦语·鸟兽纪》记载："东海产鹤，古称：华亭鹤唳，一起十里。乃禽中之仙。常以夜半鸣，声闻数里，雌者声差下。"又记载鹤"性好阴恶阳，正与雁反"。"鹳似鸿而大，喜巢大树，含水畜鱼巢中以哺子，性好旋，飞必以风雨。鹳感于阴，故能先知，人探其子，必为舍去。"

3. 漂亮的鸟

徐霞客在《滇游日记二》记载了飞禽"广西府鹦鹉最多，皆三乡县所出，然止翠毛丹喙嘴，无五色之异"。

《松窗梦语·鸟兽纪》记载："陇州鹦鹉，千百为群。"又记载了鹦鹉的语言："（鹦鹉）惟红嘴能言，黑嘴不能言。近南中有大红者，毛羽光艳，亦不能言。其足趾前后各二，异于群鸟，舌小而圆，故能委曲其声，以像人言。江南鹦鹉亦能言，第形小色乌，不能及耳。""闽中白鹇，红嘴绿首，赤足文身，尾长二尺许，飞鸣如雉，而文彩胜之。""南海生孔雀，鸾凤之亚也。尾生五年后成，长六七尺许，展如车轮，金翠烨然。初春始生，秋月渐凋，与花萼同荣悴。尤自珍爱，遇芳时美景，闻弦歌鼓吹，必舒翼张尾，昒睐而舞。雌者尾短，略无文彩，以声影相接而孕。"

4. 蜂与蝶

王士禛的《池北偶谈》记载义蜂冢：江苏金山有义蜂冢。镇江府廨有蜂一筒逸出，其王毙，群蜂相揉藉，争死之，不下万余。嘉靖中，镇江严同知者为立义蜂冢，徐尚书养斋（问）作《蜂冢歌》纪事云："群蜂势方屯，主蜂自残折，意气许与成君臣，义心欲奋秋阳烈。摧躯抉股同死君，田横门客多如云。后人重死不重义，奉头鼠窜何纷纷。微虫感恩乃至尔，吁嗟万灵不如此！金山山高江水寒，孤冢苍茫为谁起？"

李时珍《本草纲目》虫部开篇记载的蜜蜂家族"有君臣之礼"，说蜜蜂有家蜂、野蜂、石蜜三种，它们群居生活，各有蜂王，从体型上看，"王大于众蜂，而色青苍"；整个蜂群以蜂王为核心，蜂群在营造居住的巢窠时，"必造一台，大如桃李。王居台上，生子于中，王之子尽复为王……拥其王而去"；蜂王不仅有专属的住台，而且是蜂群必不可缺的主心骨，"王之所在，蜂不敢螫，若失其王，则众溃而死"；由于蜂王的特殊地位，所以蜂王本身不带有毒性。李时珍总结说："王之无毒，似君德也；营巢如台，似建国也；子复为王，似分定也；拥王而行，似卫主也；王所不螫，似遵法也；王失则溃，守节义也。"

《滇游日记》记载："其西山麓有蛱蝶，蝴蝶中之一类……泉上大树，当四月初即发花如蛱蝶，须翅栩然形态生动，其状酷肖，与生蝶真正的蛱蝶无异。又有真蝶千万，连须钩足，自树巅倒悬而下，及于泉面，缤纷络绎，五色焕然。游人俱从此月，群而观之，过五月乃已。……询土人，或言蛱蝶即其花所变，或言以花形相似，故引类而来，未知孰是。"

此外，清计六奇的《明季北略》记载蜻蜓：万历四十四年（1616 年）"六月二十三日，蜻蜓自东南来，环飞蔽天，高者极青冥，卑及檐楹而止，仿佛如北方大风扬尘沙，莫能名其多也"。天启三年（1623 年），"陕西凤县山村，有能飞大鼠食五谷，状若捕鸡。黑色，自首至尾约长一尺八寸，横阔一尺，两旁肉翅，腹下无足；足在肉翅之四角，前爪止有四，后爪趾有五。毛乃细软深长，若鹿之黄黑色。尾甚丰大。人逐之，其去甚速。若觉能飞，特不甚高。破其腹，黍粟谷豆饱满几有一升，重三斤"。

二、行走类动物

1. 野生动物

老虎

明代徐霞客在《徐霞客游记》多次记载老虎。如：

《游嵩山日记》记载嵩山的老虎："从南寨东北转，下土山，忽见虎迹，虎的足印大如升。"既然有老虎，必然有老虎的食物生物链，其他动物定当不少。

《楚游日记》记载老虎害人，"云嵝山者，在茶陵东五十里沙江之上，其山深峭。神庙初，孤舟大师开山建刹，遂成丛林。今孤舟物故，两年前虎从寺侧攫抓取一僧去，于是僧徒星散，豺虎昼行，山田尽芜，佛宇空寂，人无入者。每从人问津，俱戒通诚莫入"。《楚游日记》还记载衡南香炉山"山下虎声咆哮，未暮而去来屏迹"。

《游太和山日记》记载，徐霞客在从河南进入楚地时，注意到鄂北均州一带有大树和老虎，风景独秀。"岭南则均州境。自此连逾山岭，桃李缤纷，山花夹道，幽艳异常。山坞之中，居庐相望，沿流稻畦，高下鳞次，不似山、陕间矣。但途中蹊径狭，行人稀，且闻虎暴叫，日方下舂，竟止坞中曹家店。"

《游天台山日记》记载了浙江山区的老虎，"癸丑（1613年）之三月晦，自宁海出西门。云散日朗，人意山光，俱有喜态。三十里，至梁隍山。闻此於菟即老虎夹道，月伤数十人，遂止宿。……上下高岭，深山荒寂，恐藏虎，故草木俱焚去"。

《嘉靖九江府志》卷一《祥异》记载，弘治十五年（1502年）"虎入市，是年庐山东林寺至圆通寺伤百余人"。虎患多，说明人与虎争夺活动空间，老虎无处觅食，面临生存的危机。

王士禛《香祖笔记》卷五记载动物之间的相互制约关系，说百兽之王的老虎被许多动物制约：

> 虎为西方猛兽，毛族皆畏之，然观传记所载，能制虎者，不一而足。如狮子铜头铁色，能食虎豹；驳如马、一角，食虎豹；兹白出义渠国，食虎豹；酋耳似虎，遇虎则杀之；豺犬能飞，食虎豹；黄腰形似鼠狼，取虎豹心肝而食；竹牛能伏虎，生子竹中，虎行过即慑伏；又猲能制虎。《诺皋记》：狒胃食虎；猾无骨，入虎腹，自内啮虎。汉武帝时，西域贡兽如狸，以付上林，虎见之，闭目不敢视，或曰猛獉也。五色狮子，食虎于巨木之岫。近见南海子象与虎斗，往往杀虎。则虎之威，亦仅仅耳。

清顺治十八年（1661年）"汉阳旱，有虎灾"。在荆楚之地，在接近平原之地，明清还有老虎活动，情况罕见。[1]

关于老虎，南昌大学黄志繁撰写的《"山兽之君"、虎患与道德教化——侧重于明清南方地区》一文载录了许多关于老虎的资料，其中把老虎看成一种文化现象，认为："直到近代，时人对老虎的认识仍相当模糊，甚至非常荒唐。"[2]

狮子

明代，从域外传来一些新的飞禽走兽，扩大了人们的视野。

明代张瀚《松窗梦语·鸟兽纪》记载："西回回贡狮子，状如小驴，面似虎，身如狼，尾如猫，爪亦如虎。其色纯黄，毛较诸兽为长，而旋转不若图绘

---

[1]《乾隆汉阳府志》。

[2] 载于李文海、夏明方主编：《天有凶年：清代灾荒与中国社会》，生活·读书·新知三联书店2007年版，第447页。

中形。回回啖以羊肉，与之相狎，置肉于面，狮遂扑面取之。以铁索系桩于地，行则携之而去。望见犬羊，即毛竖作威。犬羊远见，即跳跃奔腾，辟易数里。此中国所无，而人所罕见者也。彼自西域入贡，将达京，道出关中。余时辖关中，故得亲睹云。"

陈洪谟在《治世余闻》卷一记载狮子："己酉，西番贡狮子。其性劲险，一番人长与之相守，不暂离，夜则同宿于木笼中，欲其驯率故也。少相离则兽眼异变，始作威矣。一人因近视之，其舌略黏，则面皮已去其半。又畜二小兽，名曰吼，形类兔，两耳尖，长仅尺余。狮作威时，即牵吼视之，狮畏伏不敢动。盖吼作溺著其体，肉即腐烂。吼猖獗，又畏雄鸿。鸿引吭高鸣，吼亦畏伏。物类相制有如此。"

《清稗类钞》"朝贡类"记载西洋贡狮："康熙乙卯秋，西洋遣使入贡，品物中有神狮一头，乃系之后苑铁栅。未数日，逸去，其行如奔雷快电。未几，嘉峪关守臣飞奏入廷，谓于某日午刻，有狮越关而出。狮身如犬，作淡黄色，尾如虎，稍长，面圆，发及耳际。其由外国来时，系船首将军柱上，旁一豕饲之，豕在岸犹号，及入船，即噤如无力。解缆时，狮忽吼，其声如数十铜钲，一时并击，某家厩马十余骑同时伏枥，几无生气。"

熊

《明史·五行志》"毛虫之孽"条记载："弘治九年（1496年）八月，有黑熊自都城莲池缘城上西直门，官军逐之下，不能获。啮死一人，伤一人。十一年（1498年）六月，有熊自西直门入城。"

《同治六安州志·祥异》记载了一些人们不认识的动物。如康熙十七年（1678年），"南山忽有异兽，土人称为马熊，行迅如风，为百姓害，往来山谷者必纠伴持械，州守王所善牒祭山神，患除"。

狼

《乾隆汉阳府志》记载："（嘉靖）三十五年（1556年）孝感……多狼，食人。"

象

象分布在南方。《松窗梦语·鸟兽纪》记载："象产南越，兽之最大者。其身数倍于牛，而目深如豕。鼻长五六尺，状如悬臂，食饮恃之。惟雄者有牙，长三四尺，岁周一易。能别道途虚实，稍虚辄止。故夷人难获，以陷阱不能试也。驯习者能起伏舞蹈，鼻作箫声，足作鼓声。人欲乘者，悬足送之而上。象奴以铁钩制耳，以铁索系足，遂悉从人意。"

清代在北京设有驯象所，在大型的祀仪活动中，以大象为导引，作为仪式的一部分。象是皇室的宠物，受到特殊的护养。

鹿

两湖地区散见麋鹿。《松窗梦语》卷五《鸟兽纪》记载："荆楚多麋鹿，为阳兽，性淫而游山。夏至得阴气，角解，从阴退之象。又曰：麋，鹿之大者。岂小阳而大阴耶？今海陵至多，千百为群，多牝少牡。兔视月孕，以月有顾兔，其目甚。今人卜兔多寡，以八月之望。是夜，深山茂林百十为群，延首林月。月时明则一岁兔多，晦则少。是禀顾兔之气而孕也。生子从口吐出。性狡善走，猎者攻之，常自穴中跃出，乃顾循其背，复入穴中，猎者反以是得之。"《古今图书集成·方舆汇编·职方典》卷一一五〇《襄阳府物产考》引《府志》说有麋鹿。《同治续修永定县志·物产》也记载了麋鹿，而永定治今张家界市。20 世纪初，麋鹿在中国消失，后来从英国引进，在长江中游的潜江设立专门的养殖场所。

《松窗梦语·鸟兽纪》记载："东粤产麝，状如小麋，冬月香满脐中，入春急痛，以爪剔之，落处草木焦黄。其性畏人，昼处丛林，夜窥人室。余昔在粤，命童子厨中取茗，偶一遇之，不觉春满衫袖矣。"

徐霞客《游雁宕山日记》（后篇）记载山上有成群的鹿，由于平时很少有人上到山顶，所以鹿见到人之后，非常惊慌。"余从东巅跻西顶，倏蹀躅声大起，则骇鹿数十头也。"

山东有麋鹿，《康熙诸城县志》卷九记载明正德九年（1514 年），"县东北境多麋，人捕食之"。

2. 家养动物

明清时期，民家养牛、马、驴、猪等动物，文人们记载了一些相关的信息。

牛

牛是农民普遍饲养的牲口。牛可以用于耕种，亦可以用作运输、产奶、食用。

王济《君子堂日询手镜》记载广西有养牛的传统："横州虽为殊方僻邑、华夷杂处之地……其地人家多畜牛，巨家有数百头，有至千头者，虽数口之家，亦不下十数。时出野外一望，弥漫坡岭问如蚁。故市中牛肉，四时不辍，一革百余斤，银五六钱。”

王士禛《池北偶谈》卷二十一记载：“予在礼部，见荷兰所进西洋小牛，异之。”

狗

《池北偶谈》卷二十一又记载：“尝于慈仁寺市见一波斯犬，高不盈尺，毛质如紫貂，耸耳尖喙短胫，以哆啰尼覆其背，云通晓百戏，索价至五十金。”这说明外国的狗至迟在明代已引入到中国。

马

马主要用于运输，战争中尤其有用。

《明史·食货志四》记载：“唐宋以来，行以茶易马法，用制羌戎。”表明朝廷与民间掌握一定马匹。《明史·五行志》“马异”条记载：“弘治元年（1488 年）二月，景宁屏风山有异物成群，大如羊，状如白马，数以万计。首尾相衔，逶迤腾空而去。嘉靖四十二年（1563 年）四月，海盐有海马万数，岸行二十余里。其一最巨，高如楼。”

王士禛《池北偶谈》记载了异马异牛：“癸亥在京师，见一马，索值千二百金，通身毛如新鹅儿黄，无一茎异，惟尾鬣独黑。又一马索值五百金，通身如雪，上作桃花文，红鲜可爱。”

今人王建革研究马政，透视人地关系。指出：华北平原在明代成化年间之前养了许多军马，表明人地关系比较宽松，成化年间之后，由于土地稍紧张，不可以再养许多马。①

驴

李时珍《本草纲目·兽部》记载：“女直（真）辽东出野驴，似驴而色驳，鬃尾长，骨骼大，食之功与驴同。”②

---

① 王建革：《马政与明代华北平原的人地关系》，《中国农史》1998 年第 1 期。

② 按地区，历史上我国曾有东北虎（黑龙江、吉林、辽宁等地）、西北虎（新疆）、华北虎（内蒙古、山西、陕西、河北、河南、甘肃等地）、华南虎（秦岭淮河以南地区）、云南虎（滇西南地区）、孟加拉虎（西藏的一些地区）。现在，新疆的西北虎、黄河流域的华北虎已不见踪影。

《同治六安州志·祥异》记载：同治五年（1866 年），"英山有兽，类驴，俗驴头狼，食人，民无敢外出"。

猪

猪主要用于食用。

王济《君子堂日询手镜》记载：广西有养猪的传统，"其地猪甚肥而美，足短头小，腹大垂地，虽新生十余日，即肥圆如瓠，重六七斤，可烹，味极甘腴，人甚珍重，延客鼎俎间无此不为敬。予初不甚信，乡士夫烹以见饷，食之果然。吴浙人爱食犬，呼为地羊，小猪之味又过地羊远甚"。

《明史·五行志》"豕祸"条记载："万历二十三年（1595 年）春，三河民家生八豕，一类人形，手足俱备，额上一目。三十八年（1610 年）四月，燕河路营生豕，一身二头，六蹄二尾。六月，大同后卫生豕，两头四眼四耳。四十七年（1619 年）六月，黄县生豕，双头四耳，一身八足。七月，宁远生豕，身白无毛，长鼻象嘴。"动物的畸形胎，今人不以为奇，先民却惴惴不安。动物是不断变异的，新物种正是这样产生的。

第三节　北方的动物

一、东北地区

东北地区的小兴安岭、长白山森林茂密，有鹿、虎、野猪、貂等许多野生动物。

清人吴振臣撰写《宁古塔纪略》，记载了康熙二十年（1681年）今黑龙江省宁安一带的动物情况。人们四季经常出猎打围。有朝出暮归者，有两三日而归者，谓之打小围。秋天打野鸡围，仲冬打大围，按八旗排阵而行。成围时无令不得擅射，二十余日乃归。所得有虎、豹、猪、熊、獐、狐、鹿、兔、野鸡、雕羽等物。猎犬最猛，有能捉虎豹者。虎豹颇畏人。惟熊极猛，力能拔树掷人。野鸡最肥，油厚寸许。

王士禛的《池北偶谈》记载：康熙十六年（1677年），内大臣觉罗武等遵旨考察长白山，在长白山"闻鹤鸣……因向鹤鸣处寻路而行……有鹿一群，他鹿皆奔，独有七鹿如人推状"。东北寒冷，多是适应低温的野生动物。东北三大宝：人参、貂皮、乌拉草。貂就是耐寒动物。由于东北开发较晚，动物呈原生态。

《清稗类钞》卷一记载："自吉林北出……沿途多村落，村之四围绕以树木，风景绝佳。……柳官屯，户数四百余，蒙古大村落也。有大牧场，牧马三千余头，马市盛焉。"文中所记牧民与牧场，说明当时游牧经济还占很重要的地位。

《清稗类钞》"朝贡类"记载：东北以动物为贡物，如吉林所贡方物，岁有数次。进鹿皮、虎皮、狐皮、猞猁皮、水獭皮、海豹皮、豹皮、鼠皮、鹿羔皮等。黑龙江贡貂："貂产索伦东北。捕貂以犬，非犬则不得貂。虞人往还，尝自减其食以饲犬。犬前驱，停嗅深草间，即貂穴也。伏伺噬之，或惊窜树末，则人犬皆屏息以待。犬惜其毛，不伤以齿，貂亦不复动，纳于囊，徐俟其死。"黑龙江还贡鹰，以海青、秋黄二种为最。贡无定数，多不逾二十。对于鹰，《清稗类钞·动物类》"鹰"条记载："辽东皆产鹰，而宁古塔尤多，以俗名海东青者为最贵，纯白者上，白而杂他毛者次之，灰者又次之。神俊猛鸷，能见云霄中物，善以小制大，尤善捕天鹅。陇人呼为海青者，实即海东青，以产地殊，故异其名。产于西域霍罕汗者，则曰白海青。"此外，黑龙江还贡柳叶鱼，柳叶鱼出黑龙江，将军尝令人捕取，以献天厨。《清稗类钞·动物类》"鹿茸"条记载："鹿茸本为我国特产，东三省最著名，所谓关东鹿茸是也。鹿潜居深林幽谷间，猎者捕之，割其茸。"

二、西北地区

1. 甘肃、宁夏、青海

陇州有鹦鹉，千百为群。

宁夏有黄羊，1875 年由俄罗斯博物学家普热瓦尔斯基在中国内蒙古鄂尔多斯草原上发现并命名。此外，宁夏还有秋沙鸭、金雕、白尾海雕百、金钱豹、胡兀鹫、黑鹳等。

《清稗类钞·技勇类》"青海头目跑马"条记载："青海产良马，头人所乘，尤极上选。最良者之速率日可行千里，性质干仗毛色筋力足程数者，无一不全，珍爱倍至，千金不易。富者鞍鞯鞭镫以赤金缕之，次则以银。……会盟典礼，蒙、番原名跑马大会，藉此习练马足，尽马力之所及兼程而至。事后又会集于海岸，择旷野纵辔绝驰，以角胜负。惟不赌彩，胜者，众以红布覆马首为别。"

《清稗类钞·动物类》"骆驼"条记载："驼以青海之柴达木所产为首选，土人云，柴达木种，肉峰高而负重多，胃囊大而耐渴久。中途遇有狂飙，他驼行背风，此独逆风而前。旋风骤至，卷沙成柱，他驼或为卷倒，此独植立不动。其躯干重，筋力强，能御风沙也如此。"

《清稗类钞·动物类》"斑鹿"条记载："青海产斑鹿，皮毛美丽，见水即照影自顾。不遇急，不轻涉河。山中皆有之。猎者每伏于山麓河滨，以俟其至。"

2. 新疆

纪昀撰《阅微草堂笔记》卷十二记载：乌鲁木齐有许多野生动物：

乌鲁木齐多野牛，似常牛而高大，千百为群，角利如矛矟；其行以强壮者居前，弱小者居后。自前击之，则驰突奋触，铳炮不能御，虽百炼健卒，不能成列合围也；自后掠之，则绝不反顾。中推一最巨者，如蜂之有王，随之行止。尝有一为首者，失足落深涧，群牛俱随之投入，重叠殪焉。

又有野骡野马，亦作队行，而不似野牛之悍暴，见人辄奔。其状真骡真马也，惟被以鞍勒，则伏不能起。然时有背带鞍花者（鞍所磨伤之处，创愈则毛作白色，谓之鞍花）又有蹄嵌踏铁者，或曰山神之所乘，莫测其故。久而知为家畜骡马逸入山中，久而化野物，与之同群耳。骡肉肥脆可食，马则未见食之者。

又有野羊，《汉书·西域传》所谓羱羊也，食之与常羊无异。

又有野猪，猛鸷亚于野牛，毛革至坚，枪矢弗能入，其牙铦于利刃，马足触之皆中断。吉木萨山中有老猪，其巨如牛，人近之辄被伤；常率其族数百，夜出暴禾稼。参领额尔赫图牵七犬入山猎，猝与遇，七犬立为所啖，复厉齿向人。鞭马狂奔，乃免。余拟植木为栅，伏巨炮其中，伺其出击之。或曰："倘击不中，则其牙拔栅如拉朽，栅中人危矣。"余乃止。

又有野驼，止一峰，脔之极肥美。杜甫《丽人行》所谓"紫驼之峰出翠釜"，当即指此。今人以双峰之驼为八珍之一，失其实矣。

《清稗类钞·技勇类》"金魁殪熊"记载：新疆有熊。"湘人金魁躯伟有力，光绪丁丑，从左文襄公宗棠平伊犁。伊犁多熊，一日会餐，文襄语诸将曰：'取熊心为羹，美甚，得其大者当更佳。'金曰：'某当往猎之。'遂率四十骑入山。薄暮，一大鹿驰马前，发枪歼之。俄有一巨熊自远至，乃分骑伏深林，自隐于石后以觇之。熊见鹿，人立而啖，金突持枪刃刺之，刃反却，大惊，欲返奔，则左臂已为熊所握，不得脱，惧甚。方伸右手取腰间手枪，熊适反顾，亟发一枪，中其喉，仆地，连击之遂殪，众为金出其臂，舁熊以归。"

《清稗类钞》卷一记载：归化城一带有许多骆驼、马、驴。"驼马如林，间以驴骡"。

由此可知，新疆的野生动物多，都是以原生态的方式存在于野外。其中说到"家畜骡马逸入山中，久而化野物"，由家畜变为野生，应在野外动物中只占极少一部分。

三、中原地区

1. 陕西

陕西关中民俗一直流行斗鸡，雄鸡高达一二尺，土人称之为聒聒鸡。

汉中的动物种类多，有老虎、豹子，还有数不尽的鹦鹉。《松窗梦语》卷二《西游纪》记载："入关西界，即为汉中之宁羌。……金牛、青阳路皆平坦，仅过小山。至沔县，有百丈坡。襃城乔木夹道，中多虎豹，所登山渐高险，所谓鸡头关也。……经陇州、凤翔之间，见鹦鹉飞鸣蔽空，如江南鸟雀之多。"

据朱志诚执笔的《陕西省森林简史》可知，由于森林消失，明清时，陕北的虎、熊、猴、鹿逐渐消失。陕南秦巴山区，清初仍有虎患。西乡县有老虎出没，康熙五十一年（1712 年），知县王穆悬赏重金，募虎匠数十人，入山林扑杀，三年之间，即杀虎 64 只，虎患才息。① 镇安县，康乾时期，虎患严重，乾隆年间镇安县宰聂寿曾记："乾隆十五年（1750 年），秦岭多虎，奉文拔宜君营兵捕杀，卒以无所获。时在省晋遏制台尹公，蒙示以防范之法，即于省城制备短枪火药，捐散四乡，一时打获数虎。"② 乾嘉以来，老虎的数量锐减。到光绪朝，老虎已是罕见。《光绪镇安县乡土志》云："昔年地广人稀，山深林密，时有虎患。乾嘉以后客民日多，随地垦种，虎难藏身，不过偶一见之。"③

清计六奇《明季北略》卷二记载：天启三年（1623 年），"陕西凤县山村，有能飞大鼠食五谷，状若捕鸡。黑色，自首至尾约长一尺八寸，横阔一尺，两旁肉翅，腹下无足；足在肉翅之四角，前爪止有四，后爪趾有五。毛乃细软深长，若鹿之黄黑色。尾甚丰大。人逐之，其去甚速。若觉能飞，特不甚

---

① 王穆：《射虎亭记》，载道光八年《西乡县志》，第 35—36 页。

② 乾隆十八年《镇安县志》卷七《物产》，第 10 页。

③ 光绪三十四年《镇安县乡土志》卷下《物产》，第 63 页。

高。破其腹，黍粟谷豆饱满几有一升，重三斤”。

2. 山西

山西有黄鼠，能拱而立，擅于钻穴。陆容《菽园杂记》卷四记载："宣府、大同之墟产黄鼠，秋高时肥美，土人以为珍馔。守臣岁以贡献，及馈送朝贵，则下令军中捕之。价腾贵，一鼠可值银一钱，颇为地方贻害。凡捕鼠者，必畜松尾鼠数只，名夜猴儿，能嗅黄鼠穴，知其有无，有则入啮其鼻而出。盖物各有所制，如蜀人养乌鬼以捕鱼也。"

据翟旺执笔的《山西森林与生态史》可知，雍正年间的《山西通志》记载吉州有熊，但乾隆年间的《潞安府志》却记载"熊不恒有"。明代，山西一些县志记载了虎、鹿，到清后期的县志中已不提及虎，说明虎逐渐消失。猴，在明代的《定襄县志》、清中叶的《平延州志》有记载，后来，猴由北向南逐渐消失，在中条山东段的深山幸存少量猴子。

清代王士祯的《池北偶谈》卷二十《义虎》记载汾州发现了有情感的老虎："汾州孝义县狐岐山多虎。明嘉靖中，一樵入朝行，失足堕虎穴，见两虎子卧穴内，深数丈，不得出，彷徨待死。日将晡，虎来，衔一生麇，饲其子既，复以予樵，樵惧甚，自度必不免。迨昧爽，虎跃去，暮归饲子，复以与樵。如是月余，渐与虎狎。一日，虎负子出，樵夫号曰：'大王救我！'须臾，虎复入，俯首就樵，樵遂骑而腾上，置丛箐中。樵复跪告曰：'蒙大王活我，今相失，惧不免他患，幸导我通衢，死不忘报。'虎又引之前至大道旁。樵泣拜曰：'蒙大王厚恩无以报，归当畜一豚县西郭外邮亭下，以候大王，某日日中当至，无忘也。'虎颔之。至日，虎先期至，不见樵，遂入郭，居民噪逐，生致之，告县。樵闻之，奔诣县厅，抱虎痛哭曰：'大王以赴约来耶？'虎点头。樵曰：'我为大王请命，不得，愿以死从大王。'语罢，虎泪下如雨。观者数千人，莫不叹息。知县，莱阳人某也，急趣释之，驱至亭下，投以豚，大嚼，顾樵再三而去。因名其亭曰'义虎亭'。宋荔裳（琬）作《义虎行》、王于一（猷定）作《义虎传》纪其事。"此事甚奇，姑且存疑。

《清稗类钞·技勇类》"王某搏虎"条记载："山西兴县之至太原为程四百余里，山路崎岖，素多虎患。有王某者，膂力过人，尝偕数人持鸟枪入山中，猝与虎遇，前数人遥见之，亟走旁径而免。王不知也，贸贸然前，虎骤起扑之，两扑俱不中，而左右衣襟皆为所裂。最后以两前足据其肩，张口欲噬，王以鸟枪尽力支其上腭，口不得交，并落其一齿，而王臂亦为虎所伤。相持既久，俯见地有乱石，乃拾其最巨者反手向上猛击之，虎痛甚，舍之去。王归，至家养旬余，臂伤始愈。"

3. 河北

河北是金、元、明、清以来的政治中心，是京畿所在。这个特点，决定了河北的动物状况。

康熙年间在热河（今河北承德）设木兰围场，周环 650 公里，天然就是一个大型动物园，其中有许多动物，如虎、狼、狍、野猪、黄羊，只有皇帝才可以捕杀。

清朝在北京城南永定门外设有南苑，这是方圆百余里的围场，其中养有黄羊、獐、狐、老虎、麋鹿、獐、雉、兔，供皇族习武时用。八国联军入侵北京，南海子麋鹿遭到劫掠和屠杀，自此在中国绝迹，其中有一部分被掠到英格兰，得以幸存。1985 年，英国塔维斯托克侯爵将 38 头麋鹿赠还中国，我国随即就在北京大兴区南海子麋鹿苑建立了麋鹿生态实验中心（称为博物馆）。此地曾为元、明、清三代皇家苑囿南海子的一部分，苑内还有白唇鹿、马鹿、梅花鹿、狍子等其他鹿科动物和普氏野马等，另有灰椋鸟、大斑啄木鸟等鸟类。

清代纪昀撰《阅微草堂笔记》卷十四记载野生动物狼的生存地，"沧州一带海滨煮盐之地，谓之灶泡。衮延数百里，并斥卤不可耕种，荒草粘天，略如塞外，故狼多窟穴于其中。捕之者掘地为阱，深数尺，广三四尺，以板覆其上，中凿圆孔如盂大，略如枷状。人蹲阱中，携犬子或豚子，击使嗥叫。狼闻声而至，必以足探孔中攫之"。

4. 山东

明清时期，沂蒙山区有许多动物，从方志中应当可以查到资料。凡是有山之地，特别是有密林的山区，就会有野生动物，这是由生态链决定的。因此，任何时候，我们寻求动物的生存空间，首先就要到密林中找。在平地是难以有野生动物生存的，而沼泽地只有适合沼泽地的动物。

明清时期，山东曲阜、邹县一带曾有麋鹿、獐等野生动物。明代邑人王悦在《威海赋》描述威海一带"茂树修林、獐狍麋鹿",① 有武夫猎士搜索于山林,以猎获为乐。《康熙诸城县志》卷九记载:明正德九年(1514年),"县东北境多麋,人捕食之"。

5. 河南

据张企曾等执笔的《河南省森林简史》可知,大别山、桐柏山人烟稀少,交通不便,森林破坏的时间晚。信阳、光山一带的密林中还有老虎。《光绪光山县志》记载康熙年间"群虎据其湾搏人,集乡勇搏杀至二十余,患始息"。老虎在虎湾村伤人,村民杀掉20多只老虎,虎患才平息。老虎之所以如此之多,当然是因为有生存的自然条件,说明当地的植被与食物链足以养活成群的老虎。

王士禛的《池北偶谈》记载"周府驯虎":"先祖方伯公为河南按察使时,周王府有驯虎,日惟啖豆腐数斤。猛虎如此,何异驺虞。"

计六奇的《明季北略》卷二记载:天启二年(1622年)十月初九日午时,"开封府禹州紫金里有大隗山,离城四十里,有大鸟高六、七尺,浑身绿毛,头上竖毛一撮,集于山,即有大小群鸟不计其数俱来相随。四面旅绕,东西占三里长,南北一山遍集。十二日申时飞去。各鸟仍随之,人俱指是凤皇"。

---

① 载于《威海市志》,山东人民出版社1986年版。

第四节　南方的动物

一、西南地区

1. 四川

张瀚的《松窗梦语》卷五《鸟兽纪》详细记载了老虎："西蜀山深，丛林多虎豹，每夜遇之。遥望林中目光如电，必列炬鸣锣以进。性至猛烈，虽遭驱逐，犹徘徊顾步。其伤重者咆哮作声，听其声之多少为远近，率鸣一声为一里。靠岩而坐，倚木而死，终不僵仆。其搏物不过三跃，不中则舍之。有黑白黄三种，或曰黄者幼、黑者壮、白者老。虎啸风生，风生万籁皆作；虎伏风止，风止万籁皆息；故止乐用虎。豹亦有赤玄黑白数种。俗传虎生三子，中有一豹。豹似虎而微，毛多圈文，尤胜于虎。"

《松窗梦语》卷五《鸟兽纪》记载了猿猴："猴状似愁胡，其声嗝嗝若咳。今蜀中至千百为群，凡过山峡，目猿上下，遇行人不避。余时于蜀道中遇之，舆人却步，俟其行尽，方敢前进。猿亦相类，色多黄黑。又曰雄者黑、雌者黄。雌者善啼，故巴人谚曰：巴东三峡巫峡长，哀猿三声断人肠。"

《松窗梦语》卷二《西游纪》记载了蜀地的鱼产，"自淑泛舟而东，沿江一路多鱼。南溪大鲤，重至百斤，小者亦二三十斤。诸鱼皆肥美可食，此会城所不及也"。

王士禛的《香祖笔记》卷三记载了一些大型动物："山水豹遍身作山水纹，故名。万历乙卯，上高县人得一虎，身文皆作飞鸟走兽之状。峨嵋瓦屋山出貔狲，常诵佛号，予《陇蜀余闻》载之。雅州傅良选进士云，其乡蔡山多貔狲，状如黄牛犊，性食虎豹，而驯于人，常至僧舍索食。"

历史上的孔雀遍布长江流域，后来移到云南。《隆庆潮阳县志》卷七《物产》记载当地"间出孔雀"。《明一统志》卷八一《高州府·土产》也记载了孔雀。《百粤风土记》说："孔雀产蛮洞中，甚多。"

2. 贵州

贵州山大林密，容易隐藏和生存动物，是野生动物的储存地带。《万历贵州通志》记载威清、永宁、清平等地记有"虎灾"，《黔记》记载镇远等县也频发"虎灾"。

乾隆初年，山东历城人陈玉璧到贵州遵义任知府，发现当地有柞树，而没有柞蚕。于是，陈玉璧从山东引进柞蚕，经过几年试验，使柞蚕在遵义成功放养。以后，柞蚕又传到了云南。①

3. 云南

我国现存亚洲象的活动空间主要限于云南的思茅、景洪等地，也就是在滇西南西双版纳等地的热带雨林中。野象的南移，生动地说明我国生态环境的变迁，气候与植被从北向南发生变化，使得野象的活动范围转移。

云南有丰富的动物种类，徐霞客在《滇游日记》崇祯十二年（1639年）二月十日记载："鹤庆以北多牦牛，顺宁以南多象。"徐霞客注意到不同区域之间的动物分布，北边是牦牛，南边是大象。

《滇游日记》记载人们对神秘潭水之中的鱼不敢食用，"余既至甸头村，即随东麓南行。一里，有二潭潴东涯下，南北相并，中止有岸尺许横隔之，岸中开一隙，水由北潭注南潭间，潭大不及二丈，而深不可测，东倚石崖，西濒大道，而潭南则祀龙神庙在焉。潭中大鱼三四尺，泛泛其中。潭小而鱼大，且不敢捕，以为神物也"。

《滇游日记》记载：洱海附近有个油鱼洞，"盖其下亦有细穴潜通洱海，但无大鱼，不过如指者耳。油鱼洞在庙崖曲之间，水石交薄，崖内逊向内凹而抱水，东向如玦，崖下插水中，崆峒透漏。每年八月十五，有小鱼出其中，大亦如指，而周身俱油，为此中第一味，过十月，复乌有矣"。

---

① 罗桂环、汪子春主编：《中国科学技术史·生物学卷》，科学出版社2005年版，第318页。本章有些内容引自此书。

《滇游日记》记载了有时间性的鱼，"按永昌重时鱼。具鱼似鲭鱼状而甚肥，出此江，亦出此时。谓之时者，惟三月尽四月初一时耳，然是时江涨后已不能得"。

明代张瓒《东征纪行录》记载西南的动物情况：渡乌江，"至绝顶处，回首延伫，万山皆下，而猿猱之声叫号呜呜，闻之殊为凄楚"。"大抵播为古夜郎地，去蜀二千余里，人情风俗与蜀颇同。而夭坝、六洞诸地则三苗种落，去播又千里，王化不覃，实封豕长蛇之区。其地险而深坳，其人悍而贪残。蛇蛊鸩毒，家以为常，拂之必中，中之必死。"

二、长江中下游地区

1. 湖湘

湖湘多样的地貌和温暖湿润的气候决定了野生动物的多样性特点。两湖地区有麋鹿，深山茂林百十为群。

《松窗梦语》卷五《鸟兽纪》记载：长江边的沙洲芦荻蓼苇中，有许多大雁，还有鹳。

《菽园杂记》卷四记载："湖广长阳县龙门洞有鸟，四足如狐，两翼蝙蝠，毳毛黄紫，缘崖而上，乃翥而下，名曰飞生。有怪鸥，狸首肉角，断箬使方而衔之，呱呱而鸣，名曰负版，遇之则凶。"

嘉靖年间，孝感多狼，甚至还食人。《乾隆汉阳府志》记载："（嘉靖）三十五年（1556 年）孝感……多狼，食人。"狼多得吃人，这种情况现在不敢设想。

据何业恒、吴惠芳撰的《湖南省森林史》可知，明代湘北的石门山有成片的森林。万历四十年（1612 年）修《华容县志》记载"夜虎嘶林"，"晓鹿舞岭"，"兽皆异状"。《隆庆岳州府·食货志》记载岳州府每年贡"活鹿四只"，说明在今岳阳一带，明代的生态环境能够使鹿群生存。《徐霞客游记·楚游日记》记载湖南的云嵝山有虎，衡南香炉山也有虎。

《同治竹溪县志》卷十五《物产》记载：竹溪的动物，"兽之属有牛马，有骡驴，有猪羊，有猫狗，有虎豹，有豺鹿，有麂獐，有野猪，有山牛、山羊，有羚羊，有熊，有猿，有猴，有兔"。这说明在清代，竹山县还有虎、熊等动物。在神农架林区，一直有金钱豹、野猪、野羊、狗熊、猴子。特别是有白熊、白獐、白龟、白金丝猴、白蛇等白色动物，"白色动物群"引起了生物学家关注。

《清一统志》记载湖北土贡有鲤、山鸡、驼牛、羚羊、鹿等动物。明清时期，湖北多处地方有老虎活动。

徐霞客在从河南进入楚地时，注意到鄂北均州一带有大树和老虎。明代，在今宜昌一带的黄陵庙有老虎。今长江边的黄陵庙有石碑，其上有文云："永乐壬寅冬十月，金事张思安按抚部夷陵，有言黄陵石滩群虎为害，民苦弗宁。有司设阱……不旬日，虎投于阱者十有三焉。"[1] 其实，早在宋代，陆游在《入蜀记》就曾经记载此地"庙后山中多虎，闻鼓则出"，这说明，直到明代，临近三峡的大山中还有老虎。

崇祯十五年（1642年），汉阳府大旱，有虎。

清初，鄂西南恩施的环境处于原生态状况。当地有绅士田舜年招贤纳士，梁溪人顾彩因此前往游览，把沿途所见所闻记录下来，撰有《容美游记》，后来收录在《小方壶丛书》。在今人编的《容美土司史料汇编》第三部分《艺文》亦载有《容美游记》。容美，鹤峰土司别名。其中的《峡内人家》一文记载了山里面的悠闲生活，人与动物和谐相处，甚至对老虎也不太害怕。"虎不伤人堪作友，猿能解语代呼重。"另一首《山家乐》记载："种桑百余树，种竹数千亩。结庐停丘壑，开门问花郎。……山中虽有虎，不致伤鸡狗。"《山行入松滋界》有"丛箐九秋藏虎豹，奇峰千仞碍鸟鸢"。《发薛家坪》有"分明虎豹山前过，祇作寻常鹿豕看"。这些诗文说明，乡民经常见到老虎，并不觉得惊奇。之所以不惧老虎，是因为人们有对付老虎的办法，如《南山坡》一文说："夜半有虎从对山过，从人皆见，目如巨灯，所乘马惧，人立而嘶。急撤亭前废材，尽以篝火，张伞五六把向之，虎徐步去。"

为什么有如此多的虎？虎靠什么生存？这是因为有较好的生态食物链，虎经常吃其他野生动物，得以维持生命。《和玩月》一文记载"十五日，晴。时有虎食一驴于屋后圃"，就是该书作者亲自见到的事情。

---

[1] 宜昌县黄陵庙文物管理处编：《黄陵庙诗文录》，湖北人民出版社1986年版，第14页。

然而，由于人口增长过快，必然挤占动物的生存空间。《嘉庆建始县志》记载："地阻则纳污，峦奇多育秀，山邑草木鸟兽之族之所以纷错不齐也。然而俯仰陈迹，今昔各殊。旧志载：虎豹暨诸猛毒物，数十年山荒道通绝蹄迹矣，多材大木，欲如昔日之取携而已不可得，盖人烟多而寻斧斤者众也。"

2. 江西

明代，江西有老虎频繁活动，方志中记载颇多。如《同治高安县志》卷二十八《祥异》记载：洪武三十年（1397 年）冬"虎从北山来入城隍庙"。又记载：天启六年（1626 年）初春，"四乡多虎，每出以十数，能上舟登阁开门破壁，伤人甚重"。

清计六奇《明季北略》卷十九《志异》记载：崇祯十六年（1643 年），南昌城出现猛虎："南昌府西门外抚州街，长亘十里，百货汇集。癸未几月中，一人闻厅中有声，启视，见一虎蹲于台下，以尾击台，台为之裂。其人大惊，急掩门而出，呼众执械围聚，将后屏门敲击叫喊，虎跃于屋，众号呼唤闹，声沸如雷。虎于屋上东西徐步，殊不畏人。口惟哈哈有声，无敢犯者。有一健卒前，撄臂被介而堕，更有一人私计，须用铅弹充打，时无此具，其人杂于俦众中，虎忽从屋巅跃下，嚙其人于旷野，咬为两截。众因虎在地，各逞枝棍，遂立毙焉。"

《同治玉山县志》卷一《物产》记载：赣东北的玉山县"树木丛杂，竹箐蒙密，有麋鹿成群卧游道旁，雉兔遍山，取之应手，石鼓溪边鸳鸯时翔，人物相狎，习而不察也。然野猪、田鼠、猪熊、狗熊及不认识之野物往往为害。近年竹树扩清，人烟稠密，物不待驱而自远矣"。这说明清末时由于人口增多，动物减少。

3. 安徽

皖南地区及江淮丘陵多喜养鹅。有明一代，庐州府的合肥县、舒城县，无为州、六安州，凤阳府的凤阳县、天长县、滁州、寿州，都流行养鹅。这一带所产的白鹅个头大，羽毛白、适应性强、肉质嫩、味香美，一直是贡品，故有"贡鹅"之称。

安徽靠近大别山六安州的野生动物呈现山区特色。①《同治六安州志·物产》禽类记载了天鹅、淘河、鸿雁、黄鸭、白鹭、仓庚、野凫、鸬鹚、鸥鹊、鸳鸯、翡翠、雉、鹡鸰、鹌鹑、贺鸡、竹鸡、鴩、戴胜、鹳、乌鸦、鹋鸽、鹊、啄木、鹛、燕、鸽、麻雀、黄雀、拖白练、桐嘴、画眉、青丝、百舌。其《物产》兽类又记载了虎、獐、鹿、麂、麞、兔、玉面狸、猿、猴、熊、狼、山牛、獾、狐、野豕、豪猪。这些大致反映了清末大别山东侧一带的动物分布情况。

大别山东部地区曾经有虎的存在。《同治六安州志·祥异》记载：明嘉靖十一年（1532 年）秋，虎入英山，城民捕获之。《嘉庆舒城县志》记载："虎，旧西南诸山有之，近日开垦几遍，无藏薮，不常见。"

《光绪霍山县志·物产》记载：兽类有虎、鹿、猿猴，说明以前林莽未开，所在皆有，自人蕃地辟，其种遂绝。光绪年间仍有文豹、獐（亦名麝牝，獐为麂）、麂、獾、兔、黄鼠狼、竹鼠、松鼠、蝙蝠、猾、玉面狸、獭、狼、狐（二者自同治后始有之，旧志所载山狐俗名毛狗）。该志又说：鹿、獐、麂三物五七年前邑中可供常馔，故文庙春秋祭用鹿，取之甚易，自雍正初改用太牢，鹿逐渐少，今乃渺不可得。

4. 江苏

明初，孝陵陵园养有鹿群，不许盗猎。

江苏的平原地区多有黄牛、马、驴，淡水湖中鱼类丰富，沿海有海洋资源。

三、沿海地带

1. 浙江

明代陆容《菽园杂记》卷十三记载："石首鱼，四五月有之。浙东温、

---

① 赵本亮同学在笔者开设的环境史课堂查阅了安徽的方志，笔者据之进行了分析。特作说明。

台、宁波近海之民，岁驾船出海，直抵金山、太仓近处网之，盖此处太湖淡水东注，鱼皆聚之。它如健跳千户所等处，固有之，不如此之多也。金山、太仓近海之民，仅取以供时新耳。温、台、宁波之民，取以为鲞，又取其胶，用广而利博。予尝谓涉海以鱼盐为利，使一切禁之，诚非所便。但今日之利，皆势力之家专之，贫民不过得其受雇之直耳。其船出海，得鱼而还则已，否则，遇有鱼之船，势可夺，则尽杀其人而夺之，此又不可不禁者也。若私通外番，以启边患，如闽、广之弊则无之。其采取淡菜、龟脚、鹿角菜之类，非至日本相近山岛则不可得，或有启患之理。此固职巡徼者所当知也。"

2. 福建

福建有虎。由于大部分山区天然森林被毁损，动物的种类和数量均大幅度减少，致使深山的猛虎被迫闯进农耕地区觅食。因此，明代当地老虎咬伤人畜的记载增多。闽东安溪县，"正德十六年（1521 年）春，猛虎群出，多伤畜类，民难往来"。崇祯年间，冯梦龙任寿宁县令，在编撰《寿宁县志》时称："余莅任日，闻西门虎暴，伤人且百余矣。城门久废，虎夜入咬猪犬去。"[1]

3. 广东

广东属于岭南地区。[2] 随着北方人口的南迁，广东的动物也逐渐增多，加上滨海的特点，所以动物种类多。广东人饮食习惯是无所不吃，于是对动物的种类与营养甚为关注。不同的环境，有不同的动物。

明人方以智在《闽部疏》记载："广地多蛇，北地多貉。"

广东多鸟。万历年间，王士性著《广志绎》，曾对广东的一些珍禽异兽作过描述："广南所产多珍奇之物。鸟则有翡翠、孔雀、鹦鹉、鹧鸪、潮鸡、鸩。"又记载："孔雀、鹧鸪、白鹇、翠鸟多出东、西粤，但养之不甚驯，亦

---

[1] 陈登林、马建章：《中国自然保护史纲》，东北林业大学出版社 1991 年版，第152—153 页。

[2] 岭南即五岭以南，陆地由大陆与岛屿两部分构成，包括今广东、广西及海南三省。这一地区地跨亚热带和热带地区，气候湿润，降水充沛，山地丘陵多。这种自然与地理特点为野生动物的栖息生存提供了良好的环境。

不能久存。"

广东有象。历史上的亚洲象从黄河流域退到长江流域，又退到岭南。广东的热带、亚热带丛林，经过宋、元、明几代的开发，野象群失去了良好的生息场所，数量锐减。粤北地区虽有野象踪迹，但已为数不多了。广东的象主要活动于靠近广西的附近，洪武二十二年（1389 年）正月戊寅，"广东雷州卫进象一百三十二"①。

明清时期，广东人开垦山地，使得野生动物不得安身，于是老虎扰民之事时有发生。② 明代有虎患，《乾隆顺德县志》卷十六《祥异》记载：天顺八年（1464 年），"虎害，时有虎在伦教村伤人"。正德三年（1508 年），"虎害，时小湾堡有虎伤人"。隆庆五年（1571 年），"虎害，是年龙山堡有虎为害，乡人聚众击于黄村刺杀之"。天启七年（1627 年）二月，"小湾有虎伤人"。饶宗颐编纂《潮州志·丛谈志·南澳虎》记载，明正德十四年（1519 年）有虎"由（南）澳渡海入饶平东界之长美村，经所城入山，害人畜甚众，上里人以火攻毙之"。地方官员为了维系社会治安与人民生命财产安全，到庙中作祷文，或者带领百姓灭虎。明末屈大均在《广东新语》卷二十一《兽语》记载了广东的老虎等动物。

广东在清代仍有虎患。《雍正揭阳县志》卷四《祥异》记载，顺治十六年（1659 年），"乡村患虎，九都之虎无处无之。……山村日未夕即闭门，每多至十余只，白额白面长面不一"。同卷《物产》记载："昔揭（阳）山中多虎患。"《乾隆高州府志》记载，雍正二年（1724 年），"夏，虎暴。六月，茂名铁炉山多虎，伤往来行人及牛羊，知县吴睿英亲往驱之，虎益横，一月内，杀附近居民男女三十七口，至八月，乡民极力捕之，始息"。粤北的南雄山区，《道光南雄直隶州志》卷三十三《杂志》记载，乾隆十四年（1749 年）大黄虎入城，乾隆五十九年（1794 年）"北山虎乱"，嘉庆二十年（1815 年）乙宾北山有虎患。虎患说明当地有虎的生存，老虎逼近了人们的生活区。北山原是

---

① 《明太祖实录》卷一百九十五，洪武二十一年（1388）三月壬戌。雷州卫是军事卫所，治所在今雷州半岛。

② 专家们认为，虎天性谨慎多疑，一般只有在找不到野食的情况下，才会迫不得已冒险去接近居民生活区，盗食家畜乃至袭击人。

南雄原始次生林分布的地区，虎乱说明深山里的植被开始减少。清人范端昂《粤中见闻》卷三十三《物部》说："高、雷、廉三郡亦多虎，商贾遇之辄骂为大虫，以夺其气。"

清人范端昂《粤中见闻》卷三十三《物部》记载：对有些动物说不清楚，如："粤无豺狼。高要县西七十五里腾豺岭有兽似猴……疑亦人熊也。"

明代陆容《菽园杂记》卷四记载："闻都御史朱公英云：'广东海鲨变虎，近海处人多掘岸为坡，候其生前二足缘坡而上，则袭取食之；若四足俱上坡，则能食人而不可制矣。'又闻按察使孔公镛云：'广西蚺蛇，其大者，皮甲鳞皴，杂生苔藓，与山石无辨。獐鹿误从摩痒，则掉尾绞而吞之。土人取其胆，则转腹令取，略不伤啮；后复遇人取胆，仍转腹以瘢示之。人知其然，亦不复害也。'"

4. 广西

广西有华南虎、豹、熊、象、孔雀。

广西也有虎患。据《雍正广西通志》卷三《祥异》记载：嘉靖六年（1527年）在南宁府"虎入武缘县城"；嘉靖十一年（1532年）"虎入梧州府城，伏预备仓，寻捕杀之"；嘉靖十五年（1536年）秋八月，郁林州"兴业县有虎患，民祷于城隍，七虎俱毙"；隆庆五年（1571年）六月，"桂林龙隐山白昼获虎"；万历元年（1573年），柳州府的"融县，虎为害"，万历二年（1574年）"怀远县虎为害"。清人赵翼《簷曝杂记》卷三《镇安多虎》介绍了广西镇安府"多虎患……其俗屋后皆菜园，甫出门至园，而虎已衔去矣……人家禾仓多在门外，以多虎故无窃者"。

广西有象。象是人们运输的工具之一，有时作为表演礼制的工具，以显示万象更新、天下太平的意思。明代在岭南的廉州设驯象卫。《明太祖实录》记载："驯象卫进象。先是诏思明、太平、田州、龙州诸土官领兵会驯象卫官军往钦、廉、藤、蒿、澳等山捕象，絷养驯押，至是以进。"①

广西有象患。当时，岭南象群时常出没害稼，"洪武十八年（1385年），

---

①《明太祖实录》卷二百二十六。

十万山象出害稼，命南通侯率兵二万驱捕，立驯象卫于郡"①，并"遣行人往广西思明府，访其山象往来水草之处，凡旁近山溪与'蛮'洞相接者，悉具图以闻"②。万历十五年（1587年）秋，横州仍"有象出北乡，害稼"③。《雍正钦州志》卷一记载：清代钦州亦多象群"践踏田禾，触害百姓"。乾隆年间，广西灵山那暮山一带之象，"每秋熟，辄成群出食，民甚苦之"④。道光十三年（1833年），"大廉山群象践民稼，逐之不去"⑤。这一地区的大象至19世纪20年代以后已渐趋稀少。

明王济在《君子堂日询手镜》中记载他在广西任官时见到的动物：

山中产蚺蛇，大者长十余丈，能逐鹿食之。土人捕法，采葛藤塞蛇穴，徐入以杖，蛇嗅之即靡，乃发穴出蛇，系于葛绳，脔而烹之，极腴。售其胆，获价甚厚。其脂着人骨辄软，及能萎阳，终身不举。

有物状如蝙蝠，大如鸦，遇夜则飞，好食龙眼。将熟时，架木为台于园。至昏黄，则人持一竹，破其中，击以作声骇之，彻晓而止，夜复然。彼人呼为飞仓。余偶阅《蛮溪丛笑》，中载麻阳山有肉翅而赤者，形如蝙蝠，大如野狸，妇人就蓐，藉其皮则易产，名飞生。予谓即飞仓也。横人谓生为仓，盖声相近云。

当地有人说见到通臂猿，为了考察清楚，王济下令不惜砍树，抓来一只猿，辨析之。其文："摄州事时，一日总镇王太监移文下州，差人捕猿入贡。余因检故事，凡打捕例皆南乡人，遂召南乡村老诸人告之，众唯而去。旬日余，村老一人来告云：'承捕猿之命，已号召得三百余夫，合围得一小黑猿于独岭上，二日夜矣。乞批帖督邻村，益大二百，尽伐岭木，则猿可获。'余遂如其请，三数日昇一猿至，予验其形似，皆如诸简册所云，但无通臂之说，恐别有种，复询诸土人，云：'惟长臂者为猿，其类虽非一，皆短臂苍毛者，乌得为之猿，何尝更有臂长逾于此者。'余深然之。著书之人，何谬误如此。又

①《嘉庆广西通志》卷九十三《舆地略·物产·太平府》。

②《明太祖实录》卷一百七十九。

③《乾隆横州志》卷二。

④《古今图书集成·方舆汇编·职方典》卷一千三百六十一《廉州府部山川考》。

⑤《乾隆廉州府志》卷五《物产》。

有人云，猿初生皆黑，而雄至老毛色转黑为黄，溃去其势与囊，即转雄为雌，遂与黑者交而孕。余未深信，后遇总镇府一人，云府中尝畜一黑猿，数年忽转黑为黄，其势与囊渐皆溃去，遂与黑者交，以为异事，后知雄化为雌，乃固然者，方释其疑。此又诸简册所不载。猿善攀拔跳跃，迅捷如飞，又必众夥围守，伐木以断去路，乃能致之，无惑乎五百人以旬日之劳，仅得其一也。"

清代王士祯的《池北偶谈》"黑猿图"记载：康熙戊申岁，在京师见明宣宗御画《黑猿图》，上方有御笔云："宣德壬子之夏，广西守臣都督山云以猿来进。朕既一览而足，间因几务之暇，偶绘为图，以资宴玩。"

王济《君子堂日询手镜》记载：广西"横地多产珍异之鸟，吴浙所有者不录。若乌凤、山凤、秦吉了、珊瑚、倒挂之属，皆有。孔雀，龙州山中最多，横亦时或有之。其乌凤，状类绘家画凤，色黑如鸦，翎腹皆淡红，长颈红冠，喙脚俱赤，有距。山凤，状如乌凤，色具五彩，若今绘者，但尾稍短，其声甚恶，好食蛇。二者以其类凤，故以凤呼。……倒挂，小巧可爱，形色皆如绿鹦鹉而小，略大于瓦雀，好香，故名收香倒挂。东坡有'倒挂绿毛么凤'之句，即此。珊瑚鸟，此画眉差大，彼皆写珊瑚二字，不知何义。余谓以其珍贵故耳。或别有名，考诸《埤雅》《尔雅》，皆不见录。然此鸟好斗，彼人多畜以赌胜负，甚至以鞍马为注者，如吾地斗促织然。秦吉了，俗呼为了歌，教之能人言，状如鸲鹆而大，嘴爪俱黄，眼上有黄肉。鸲鹆甚多，如小牝鸡，虞人捕卖市中，五钱可得一只，甚肥美。又有绿鸠，捕得亦可食。询山间人，异鸟甚多，不可一一名状"。

王济《君子堂日询手镜》记载：广西有养牛马的传统，"横州虽为殊方僻邑、华夷杂处之地……马亦多产，绝无大而骏者，上产一匹价不满五金。又有海马，云雷廉所产，大如小驴，银七八钱可得一匹。亦有力载负，不灭常马，家畜一匹或数匹。汉厩中有果下骡，高三尺，即此。至如驴骡，地素不产，人皆不识。……又所畜羊皆黑色，若苍色者人亦异之。余尝于坐中谈及吾地白羊，人以为骇，若吾地异黑羊也"。

王济《君子堂日询手镜》记载：广西有吃竹鼠的习惯。"予初至横之郊，尚舍许，名谢村，闻挽夫哗然。顷之，一夫持一兽来献，名竹鼠，云极肥美，岭南所珍，其状绝类松鼠，大如兔，重可二三斤。"

道光十五年（1835年）《廉州府志·物产》记载：广西廉州有虎、象、鹿、狐狸等各种动物。

《清稗类钞·动物类》"博白多凤凰"条记载："博白有绿含村，其山多凤凰，有高三尺者，备五采，冠似金杯，常栖高树颠。又有大如鹅者，尾甚长，动其羽，声如转轮，名大头凤。或为瑶僮所射，缉毛为裘，涅而不淄。"

5. 海南岛

海南岛的热带森林里一直有许多热带动物，如坡鹿、水鹿、黄猄、山猪、果子狸、猕猴、长臂猿等。颜家安在《海南岛生态环境变迁研究》一书中认为，明清时期海南黑长臂猿、云豹分布广泛，鳄鱼在清末民初时期已经灭绝。在海南的琼山、安定、乐会、万州、陵水、崖州、儋州等州县的深山老林中，有豹子存在。明代正德六年（1511 年）成书的《琼台志》卷九记载："豹，有曰土曰金钱曰艾叶数种，出儋、崖、万深山中。"①

明顾岕撰《海槎余录》记载了陆地上的动物："蚺蛇产于山中，其皮中州市为缦乐器之用，其胆为外科治疮痍之珍药，然亦肝内小者为佳。""此地兼产山马，其状如鹿，特大而能作声，尾更板阔，与鹿稍异。""马产于海南者极小，当少剪综时，极骏可爱。然骑驶则无长力，上等价可四两，寻常不出二两。"

《海槎余录》还记载了海南岛的海产："鹦鹉杯，即海螺，产于文昌海面，头淡青色，身白色，周遭间赤色，数棱。好事者用金厢饰，凡头胫足翅俱备。""江鱼状如松江之鲈，身赤色，亦间有白色者，产于咸淡水交会之中。土人家以其肉细腻，初为脍烹之，极有味，皮厚如钱，此品不但胜绝海乡，虽江左鲥、鲈、鳜之味，亦无以尚也。""玳瑁产于海洋深处，其大者不可得，小者时时有之。其地新官到任，渔人必携二三来献，皆小者耳。此物状如龟鳖，背负十二叶，有文藻，即玳瑁也。取用必倒悬其身，用器盛滚醋泼下，逐片应手而下，但不老大，则皮薄不堪用耳。"

《海槎余录》还记载了大型海洋鱼——翻车鱼。"海槎秋晚巡行昌化属邑，俄海洋烟水腾沸，竞往观之，有二大鱼游戏水面，各头下尾上，决起烟波中，约长数丈余，离而复合者数四，每一跳跃，声震里许。余怪而询于土人，曰：'此番车鱼也，间岁一至。此亦交感生育之意耳。'今中州药肆悬大鱼骨如杵臼者，乃其脊骨也。"

---

① 颜家安：《海南岛生态环境变迁研究》，科学出版社 2008 年版，第 256、273 页。

第五节　动物分布的变动

明顾岕撰的《海槎余录》，记载了海南岛传来域外飞禽："昌海面当五月有失风飘至船只，不知何国人，内载有金丝鹦鹉、墨女、金条等件，地方分金坑女，止将鹦鹉送县申呈。镇、巡衙门公文驳行镇守府仍差人督责，原地方畏避，相率欲飘海，主其事者莫之为谋。余适抵郡，群咸来问计，余随请原文读之，将飘来船作覆来船改申，一塞而止，众咸称快。"

明代陆容《菽园杂记》卷四记载："近日满刺加国贡火鸡，躯大于鹤，毛羽杂生，好食燃炭。驾部员外郎张汝弼亲见之。甘肃之西有饕羊，取脂复生。闻之高阳伯李文及彼处奏事人云。然犀之食棘刺，则予所亲见也。"《清稗类钞》"朝贡类"也记载西人贡火鸡："康熙辛亥，西洋人有以火鸡入贡者。舟进苏州阊关，出鸡于船头，令市人聚观之。赤色，与鸡同，饲以火炭，如啄米粒也。"

王士禛的《香祖笔记》卷四记载："康熙四十年（1701 年），驾临塞外，喇里达番头人进彩鹖一架、青翅蝴蝶一双于行在。问之，对曰：'鹖能擒虎，蝶能捕鸟。'又哈密献麟草一方，云：'草生鸣鹿山，必俟千月乃成，自利用元年至今，止结数枚。'"

王士禛的《池北偶谈》记载了动物的许多异闻，如六足龟："暹罗国进贡，有六足龟十枚，比至京师，止存其三。其足前二后四，趺趾相连。"《池北偶谈》"神鱼井"条记载："何腾蛟，字云从，明末以都御史抚楚。其先山阴人，戍贵州黎平卫，遂为黎平人。所居有神鱼井，素无鱼，腾蛟生，鱼忽满井，五色巨鳞，大者至尺余，居人异之。后腾蛟尽节死，井忽无鱼。"清人对神奇的传闻津津乐道，反映了他们的好奇心。

法国传教士韩德（1836—1902 年）来华，在上海徐家汇创立博物馆，他著有《南京地区河产贝类志》。

据上可知：明代野生动物分布出现了空间上与数量上的变化。① 根据生存的需要，向东南西三个方向移动或缩小活动范围，形成了生物链的新动态。如：

向南移动，这是主要的情况。由于气候的原因，动物不适应寒冷与干燥，出现纬度的转移。如，亚洲象从黄河以北移到了云南，犀牛从长江流域逐渐转移到岭南地区，鹦鹉退缩到长江流域。向南移，表明纬度偏北的地区已经不太适应一些动物的生存。正如中华先民从魏晋之后出现了人口与文化南迁一样，动物也在南迁。

有的向东移动。如扬子鳄。

有的向西移动。如野骆驼、野马、野驴过去的分布比现在更靠东。大熊猫由长江流域的湖北、湖南、贵州等地退缩到四川、陕南和甘肃省少数地区。

有的活动范围减少。如清末时的老虎活动地点大大缩小。随着城镇增多，土地开垦，候鸟的栖息地减少。

有的绝迹。如遍布全国的麋鹿，到清末已经见不到踪影，后来从欧洲引回。方志中记载的一些动物，现在我们已经见不到，或者说灭绝了。当然，有些名称是同物异名，但不排除有物种消灭的情况。

有的中断了生态链。动物的生存是环环相扣的，食草动物减少了，食肉动物必然减少。

---

① 蓝勇编著的教科书《中国历史地理学》（高等教育出版社 2002 年版）根据文焕然、何业恒等人的著作，进行了很好的归纳，本章作了参考。

第六节　动物的饲养及对动物的伤害、保护

一、饲养动物

明代有皇家动物园，养有孔雀、金钱鸡、白鹤、海豹。陈洪谟的《治世余闻》卷一记载："内监虫蚁房，蓄养四方所贡各色鸟兽甚多。弘治改元，首议放省，以减浪费。所司白虎豹之属，放即害物，欲杀恐非谅暗新政。左右以为疑，上曰：'但绝其食，令自毙可也。'"

明代甚至有了私人动物园，《松窗梦语》卷五《鸟兽纪》记载了他养的各种各样的动物，并专门写了自己的观察所得，如："余家居不畜鸟兽，然亦间有所畜。如鹤舞庭阴，鹿鸣芳砌，锦鸡之辉艳，白鹇之缟素，鹦鹉能言，黄鼠有礼，亦尝畜之。静观飞走饮啄，亦可以畅适幽情，非徒玩物已也。"

明代有了动物的饲养户。人们养鸟或斗鸡，作为消遣。

《松窗梦语》卷五《鸟兽纪》记载："今京师驯象所畜三十余，皆如鼠色，无一白者。常朝列奉天门外，大朝饰锦载宝以状朝仪。"

云南人驯服象的能力也很强，在战争中以象为工具，《明史·云南土司传·景东》记载云南景东一带"以象战"。《明太祖实录》卷一百八十九记载洪武二十一年（1388年）三月，"时思伦发悉举其众，号三十万，象百余只……其酋长、把事、招纲之属，皆乘象，象披甲……象死者过半"。

李时珍的《本草纲目》中多次论述动物的驯化与养殖。他主张利用动物的自身习性加以驯化，水獭"今川、沔渔舟，往往驯畜。使之捕鱼甚捷"。他介绍了绿毛龟的饲养技术，"养鬶者取自溪涧，畜水缸中，饲以鱼虾，冬则除水"。他还介绍了狮子的驯养："西域畜之，七日内取其未开目者调习之，若稍长，则难驯矣。"

二、对动物的伤害

明清时期经常发生鼠患，鼠伤五谷。《明季北略》记载："（万历）四十五年（1617 年）丁巳，江南鼠异，自五月下旬起，千万成群，衔尾渡江而南，穴处食苗。"张瀚《松窗梦语》卷五《鸟兽纪》记载："河东黄鼠能拱而立，所谓相鼠有礼，象人之威仪也。两目甚炯，善窥伺。人稍远，疾趋至地，以两足分土为穴，顷刻深入，急以水灌乃出。"

明代宋应星《天工开物·裘》记载：人们为了享受，不惜杀害珍稀动物。"凡取兽皮制服统名曰裘。贵至貂、狐，贱至羊、麂，值分百等。貂产辽东外徼建州地及朝鲜国。其鼠好食松子，夷人夜伺树下，屏息悄声而射取之。一貂之皮方不盈尺，积六十余貂仅成一裘。服貂裘者立风雪中，更暖于宇下。眯入目中，拭之即出，所以贵也。色有三种，一白者曰银貂，一纯黑，一黯黄。凡狐、貂亦产燕、齐、辽、汴诸道。纯白狐腋裘价与貂相仿，黄褐狐裘值貂五分之一，御寒温体功用次于貂。凡关外狐取毛见底青黑，中国者吹开见白色以此分优劣。"

民间一直有打猎的行为，特别是在边远山区。如，顾岕撰的《海槎余录》记载海南岛的猎俗："黎俗二月、十月则出猎……猎时，土舍峒首为主，聚会千余兵，携网百数番，带犬数百只，遇一高大山岭，随遣人周遭伐木开道，遇野兽通行熟路，施之以网，更参置弓箭熟闲之人与犬共守之。摆列既成，人犬齐奋叫闹，山谷应声，兽惊布，向深岭藏伏。俟其定时，持铁炮一二百，犬几百只，密向大岭，举炮发喊，纵犬搜捕，山岳震动，兽惊走下山，无不着网中箭，肉则归于众，皮则归土官，上者为麋，次者为鹿皮，再次者为山马皮，山猪食肉而已，文豹则间得之也。"

万历年间，赣西的袁州府萍乡县有许多动物。知县陆世勋写过一首《武功山射虎行》，描述了打猎的场面："环邑总高山，武功尤嵬垒。嵯峨三万丈，盘纡八百里。嵚崟栈道齐，莽荡终南比。猿啼老树巅，豹隐丛林里。幽涧舞潜蛟，悬岩走狂兕。古屋行人稀，深坞逃屋圮。牧子充熊肠，樵夫挂虎齿。田畴遍蒿莱，场圃皆荆杞。遗钹纷纵横，暴骸怜填委。为民父母心，伤哉痛欲死。袒袖呼甲兵，旧鬐持弓矢。有马难操缰，舍车而乘骡。攀条若贯鱼，守岩如附蚁。危度井径师，险涉阴平垒。死去眉睫间，云雾芒溪底。剑戟日光寒，金鼓雷声起。攘背恼冯妇，裂眦怒任鄙。箭洞邛邛胸，刃截猩猩趾。徒手搏虎彪，赤脚蹴封豕。豹狼喘余息，犀象俯双耳。股慓慑猰貐，角摧横獐麂。割鳞血染轮，鲜兽肉如市。获多士气雄，害除居民喜。鸟号飞入橐，千将跃归鞞。榛披道路清，林焚邱壑紫。山谷布牛羊，塍畦复未秅。夜眠枕席安，昼飨藜藿旨。嗟哉萍乡民，乐事今方始。"①

明代有杀虎的"唐姓"世家，其家人身怀绝技，一直到清代都颇有名气。清代纪昀撰《阅微草堂笔记》卷十一《槐西杂志·老翁杀虎》记载：安徽南部的旌德县有老虎为害，不仅伤害普通民众，还伤害了多名猎人，对社会治安有很坏的影响，幸亏唐姓猎户，以高超的手段解除了虎患。其文：

族兄中涵知旌德县时，近城有虎暴，伤猎户数人，不能捕。邑人请曰："非聘徽州唐打猎，不能除此患也。"（休宁戴东原曰："明代有唐某，甫新婚而戕于虎。其妇后生一子，祝之曰：'尔不能杀虎，非我子也。后世子孙如不能杀虎，亦皆非我子孙也。'故唐氏世世能捕虎。"）乃遣吏持币往。归报唐氏选艺至精者二人，行且至。至则一老翁，须发皓然，时咯咯作嗽；一童子十六七耳。大失望，姑命具食。老翁察中涵意不满，半跪启曰："闻此虎距城不五里，先往捕之，赐食未晚也。"遂命役导往。役至谷口，不敢行。老翁哂曰："我在，尔尚畏耶？"入谷将半，老翁顾童子曰："此畜似尚睡，汝呼之醒。"童子作虎啸声。果自林中出，径搏老翁。老翁手持一柄短斧，纵八九寸，横半之，奋臂屹立。虎扑至，侧首让之。虎自顶上跃过，已血流扑地。视之，自颔下至尾闾，皆触斧裂矣。乃厚赠遣之。老翁自言炼臂十年，炼目十年。其目以毛帚扫之不瞬，其臂使壮夫攀之，悬身下缒不能动。

清代仍有滥杀动物的现象。《清稗类钞·技勇类》"圣祖射获诸兽"条记载："圣祖晚年尝于行间幄次谕近御侍卫诸臣曰：'朕自幼至老，凡用鸟枪、弓矢获虎一百三十五，熊二十，豹二十五，猞猁狲十，麋鹿十四，狼九十六，野猪一百三十二，哨获之鹿凡数百，其余射获诸兽不胜记矣。又于一日内射兔三百一十八。'"又记载："圣祖西巡，去台怀数十里，突有虎隐见丛薄间，亲御弧矢壹发殪之。父老皆欢呼曰：'是为害久矣。銮舆远临，猛兽用殄，殆天之除民害也。'因号为射虎川。"

---

① 民国《昭萍志略》卷十二《艺文·诗》。

《清稗类钞》卷一记载清代皇族的打猎之地。其一是木兰地，"木兰，在热河东北四百里，本蒙古地，康熙中近边诸蒙古所献，以供圣祖秋狝。后每岁行围，大约至巴颜沟即转而南，不复北往木兰矣"。二是伊绵谷，"乾隆戊寅，高宗巡幸木兰，举秋狝礼，布鲁特使臣来朝于布固图昂阿。先是乙亥，平准夷噶尔藏多尔济等；丁丑，哈萨克使臣根札尔噶喇等，皆来朝于此，爰赐名其谷曰伊绵。伊绵者，满语言会极归极也"。

《光绪霍山县志·物产》记载野豕，俗名野猪，同治初邑境遍山皆有，践食禾稼，不堪其忧，数年后，忽瘟死殆尽。

人为伤害动物，导致物种减少。《光绪霍山县志·物产》记载：鹭鹚与翟鸡往岁最多，光绪二十年（1894 年）后，外洋购买得老鹭，顶丝一两可货数十金，土人善枪铳者群相寻弋，数年鹭几无遗种，翟鸡则生剥其皮羽，货之枚值数百，今亦渐少。

动物的减少，与人的食用有关。如，果子狸是珍贵的野生动物，其味道鲜美，于是遭到捕杀。《嘉庆舒城县志》记载："文狸，俗名果子狸，西南诸山出，每冬深雪上人取之，其味甘美，可冠百珍。"《光绪霍山县志》也记载："玉面狸，俗名果子狸，鲜嫩无匹，为山珍佳品，枚值千余钱。"俗语云：树大遭风。借用此语可说：动物味美则遭杀。不过，动物遭杀，罪不在动物，在于人的贪婪。

明清时期，我们的先民从平原向四周扩散，从平原向山区进发，从有人区向无人区拓展，把动物逼上了绝路。人们随意猎捕，杀害了无数的动物。过去的解释是：象牙、熊掌、虎骨、犀角对人的诱惑实在太大，所以人类才会去伤害动物。现在，这个解释应当"拨乱反正"：是人类的贪婪导致了动物的灭绝。人类的拓展，不是动物的福音，而是动物的祸端。人类没有意识到野生动物是我们的朋友，失去了这些朋友，人类终将失去自己。

三、对动物的保护

明代方孝孺写过一篇很有名的《蚊对》，其中借童子之口，发表了对生物生命的观点："夫覆载之间，二气絪缊，赋形受质，人物是分。大之为犀象，怪之为蛟龙，暴之为虎豹，驯之为麋鹿与庸狨，羽毛而为禽为兽，裸身而为人为虫，莫不皆有所养。虽巨细修短之不同，然寓形于其中则一也。自我而观之，则人贵而物贱，自天地而观之，果孰贵而孰贱耶？今人乃自贵其贵，号为长雄。水陆之物，有生之类，莫不高罗而卑网，山贡而海供，蛙鼋莫逃其命，鸿雁莫匿其踪，其食乎物者，可谓泰矣，而物独不可食于人耶？兹夕，蚊一举喙，即号天而诉之；使物为人所食者，亦皆呼号告于天，则天之罚人，又当何如耶？"[1] 意为：任何动物都是自然产生的，都有活着的权利，人类唯我独尊，只顾自己，从不考虑其他动物的感受。其他动物没有办法倾诉自己的愤恨，只有通过天来惩治人类。

纪昀《阅微草堂笔记》卷四记载了人为伤害动物必有报应的事。"闽中某夫人喜食猫，得猫则先贮石灰于罂，投猫于内，而灌以沸汤。猫以灰气所蚀，毛尽脱落，不烦博治；血尽归于脏腑，肉白莹如玉，云味胜鸡雏十倍也。日日张网设机，所捕杀无算。后夫人病危，呦呦作猫声，越十余日乃死。卢观察吉尝与邻居，吉子荫文，余婿也，尝为余言之。因言景州一宦家子，好取猫犬之类，拗折其足，掖之向后，观其孑孑跳号以为戏，所杀亦多。后生子女，皆足踵反向前。又余家奴子王发，善鸟铳，所击无不中，日恒杀鸟数十。惟一子，名济宁州，其往济宁州时所生也。年已十一二，忽遍体生疮如火烙痕，每一疮内有一铁子，竟不知何由而入。百药不痊，竟以绝嗣。杀业至重，信夫！"《阅微草堂笔记》还有类似的记载："里有古氏，业屠牛，所杀不可缕数。后古叟目双瞽。古妪临殁时，肌肤溃烈，痛苦万状，自言冥司仿屠牛之法宰割我。呼号月余乃终。侍姬之母沈媪，亲睹其事。杀业至重，牛有功于稼穑，杀之业尤重。"

明清时期的统治者对动物的保护采取过一些举措，归纳如下：

1. 颁布命令

《大明会典》记载：太祖朱元璋于洪武二十六年（1393 年）颁诏："春夏孕字之时不采。"《清史稿·圣祖纪二》记载，康熙四十年，八月，"上幸索岳尔济山。诏曰：'此山形势崇隆，允称名胜。嗣后此处禁断行围。'"这类诏令有利于飞禽走兽的生殖繁衍。

---

[1] 陈振鹏、章培恒主编：《古文鉴赏辞典》，上海辞书出版社 1997 年版，第 1609 页。

2. 喂养

南京明孝陵内饲养着几千头鹿，均颈悬银牌，偷猎者将处以极刑。北京禁城的太液池北，养有海豹、貂鼠、孔雀、金钱鸡、白鹤、文雉等珍异动物。西内虎城则豢养着虎豹猛兽，旁边的牲口房亦喂养有多种禽兽。①

3. 设置动物特区

永乐十四年（1416年），明成祖颁诏："东至北河，西至西山，南至武清，北至居庸关，西南至浑河。"② 并禁围猎。还规定处罚条例，《天府广记》载之甚详："一应人不许于内围猎，有犯禁者，每人罚马九匹、鞍九副、鹰九连、狗九只、银一百两、钞一万贯，仍治罪；虽亲王勋戚，犯者亦同。"在保护区，野生动物曾繁盛一时。湖泊潭淀栖息着众多鸳鸯、鹭、鸥等野禽，郊外山林草原，虎、豹、熊、貂、野猪、野驴、麋鹿、银鼠等出没其间。然而由于人口急剧增长，森林草原被耕垦及偷猎滥捕，野生动物或死或逃，数量递减。

明代实行设置动物封禁地的政策。京城永定门外原有元朝所辟皇帝专用猎苑——南海子，又称"放飞泊"。入明后此御苑被多次修葺，扩大为"周垣百二十里"的禁猎区。苑内置"海户"，给地耕种，令其守护。③《广志绎》记载：明代"南海子……中、大、小三海，水四时不竭，禽鹿獐兔、果蔬草木之属皆禁物也"。

清朝在狩猎区也禁止任意围猎。《清仁宗实录》记载，嘉庆七年八月，"谕内阁、围场之内，应严加管辖……鹿只甚少，看来系平日擅放闲人，偷捕野兽，砍伐树林所致"。

4. 停止进贡

《明史·食货志》记载：洪熙朝光禄卿井泉奏请依岁例遣正官往南京采办

---

① （清）于敏中：《日下旧闻考》卷四十二。

② 《明史·职官志》。

③ （清）于敏中：《日下旧闻考》卷七十四。

玉面狸（果子狸），仁宗严加斥责，指出这类满足口福之欲的小事属于诏罢的"不急之务"。后来景泰帝曾"从于谦言，罢真定、河间采野味"。《明孝宗实录》记载：弘治十六年（1503 年），孝宗谕令："停止福州采贡鹧鸪、竹鸡、白鹇等禽鸟。"这类停罢采贡的诏谕，延缓了野生动物减少或灭绝的进程。

明统治集团的某些成员能从巩固政权的需要出发，来认识罢停采贡，使一些动物得以生存。洪熙元年（1425 年）闰七月，驻守居庸关都督金事沈清遣人进献黄鼠，宣宗大为不快，指责道："清受命守关，当练士卒，利器械，固封疆，朝廷岂利其贡献耶？"随即下诏禁献黄鼠。① 据《名山藏·典谟记》记载，成化年间，大学士商辂等议论政事说："广东、云贵等处有贡珍禽奇兽，此物非出所贡之人，必取诸民，取民不足，又取之土官人家，一物之进，其值十倍，暴横生灵，激变边民，莫此为甚，乞内外臣自后皆毋进。"宪宗欣然接受，敕令停寝。弘治中，甘肃巡抚罗明言："镇守、分守内外官竞尚贡献，各遣使属边卫搜方物，名曰采办，实扣军士月粮马价，或巧取番人犬马奇珍。"请求加以废止，得到了孝宗的批准。②

明代有的皇帝禁令附属国进献珍稀动物，或将它们放归自然。明世宗即位之初，便"纵内苑禽兽，令天下毋得进献"③。明穆宗于隆庆元年（1567 年），发布命令："禁属国毋献珍禽异兽。"④

清朝为减少滥杀大象，停止进贡象牙。《清世祖实录》记载，雍正十二年四月，下诏："从前广东曾进象牙席……取材甚多，倍费人工，开奢靡之端矣。著传谕广东督抚，若广东工匠为此，则禁毋得再制。若从海洋而来，从此屏弃勿买。则制造之风自然止息矣。"

古代的天人观念认为滥杀无辜的动物，就会遭到天的报应。清代有保护鸟类的人，受到社会舆论的好评，并最终得到好报。清人曾七如《小豆棚》一书中有《义鸟亭》，记载："宜兴陆某，善士也。宅多树木，百鸟咸集。亭午，

---

① 《明宣宗实录》卷六。

② 《明史·食货志》。

③ 《明史·世宗纪一》。

④ 《明史·穆宗纪》。

夕阳之顷，观其投林如归市焉。更不许人弹射，遇雨严冬，取米谷散布林中饲之。"①

　　明清统治者认识到进献之风气劳民伤财，不可提倡。因此，对贡物加以限制，是十分有意义的。

---

① (清) 曾七如著，南山点校：《小豆棚》，荆楚书社 1989 年版，第 288 页。

第八章

明清的矿物分布与利用

明清时期，西方已经进入工业时代，中国的工商经济加速发展。在这种背景下，人们更加关注矿藏，各地也在发展矿业，矿业与环境的问题日益突出。本章介绍明清各地矿藏和矿产的分布，归纳了人们对矿产的认识与争论，论述了矿产与环境之间的关系。

第一节　对矿物的记载与其分布

一、对矿物的记载

（一）明朝的记载

明朝，矿冶、纺织、陶瓷、造船、造纸等行业发展较快，民营手工业勃兴，逐步取代了官营，在手工业市场占有主要位置。

1521 年，四川嘉州（今乐山）凿成深达数百米的石油竖井。

1596 年，陈泳修编的《唐县志》记载了以火爆法的采矿技术。明人陆容在《菽园杂记》中描述了这种方法："先用大片柴，不计段数，装叠有矿之地，发火烧一夜，令矿脉柔脆。次日火气稍歇，作匠方可入身，动锤尖采打……旧取矿携尖铁及铁锤，竭力击之，凡数十下仅得一片。今不用锤尖，惟烧爆得矿。"

1596 年，李时珍在《本草纲目》中记载了 276 种无机药物的化学性质以及蒸馏、蒸发、升华、重结晶、沉淀、烧灼等技术。《金石部》161 种药物的分类和排列与现代矿物学的分类有许多的相似之处。如李时珍在金类下的分类包括金、银、铜、铅、锡、铁、钢等，而这些在现代矿物学分类中都属于自然金属元素，仍同属一类。现代矿物学分类中的自然非金属元素及其化合物金刚石、石墨、玉、水晶、玛瑙等，在《本草纲目》中也被归为一类，即玉类下属的玉、玛瑙、宝石、水晶等。在卤石类下，包括的食盐、戎盐、卤碱等，而这些仍属现代矿物学分类中的卤化物。

宋应星的《天工开物》有丰富的采矿信息，堪称古代采矿教科书。其中记述冶炼技术时，把铅、铜、汞、硫等许多化学元素看作基本的物质，而把与它们有关的反应所产生的物质看作派生的物质，从而产生化学元素概念的萌芽。其中还记载了中国古代冶金技术的许多成就，如冶炼生铁和熟铁（低碳钢）的连续生产工艺，退火、正火、淬火、化学热处理等钢铁热处理工艺和固体渗碳工艺等。

方以智在《物理小识》卷七中记载了炼焦炭的方法："煤则各处产之。臭者，烧熔而闭之。成石，再凿而入炉，曰礁。"我国明代以前就已采用土窑炼焦，并用焦炭冶铁。欧洲到 1771 年才开始炼焦。

（二）清朝的记载

清代的史书对矿藏与环境有一些记载，主要集中在几部书中。

晚清，李榕在 1876 年撰《自流井记》，记载清代四川地区工人已初步掌握了地下岩层的分布规律，并找到了绿豆岩和黄姜岩两个标准层，表明我国已建立起最早的地下地质学。

采矿是个系统工程，涉及面极广。清代云南巡抚吴其濬撰《滇南矿厂图略》，插图为云南东川知府徐金生绘辑。全书有上下两卷，全面介绍了滇南地区金属矿厂的生产情况。上卷题《云南矿厂工器图略》，分为引、硐、硐之器、矿、炉、炉之器、罩、用、丁、役、规、禁、患、语忌、物异、祭等 16 篇，记述了康熙、雍正、乾隆、嘉庆四朝云南南部开采的铜、锡、金、银、铁、铅等金属的矿产分布、矿冶技术、管理制度等。下卷题《滇南矿厂舆程图略》，分为：铜厂，银厂，金、锡、铅、铁厂，帑，惠，考，运，程，舟，耗，节，铸，采等 13 篇。此书附录有王崧的《矿厂采炼篇》、倪慎枢的《采铜炼铜记》、王昶的《铜政全书·咨询各厂对》、王大岳的《论铜政利病状》。

倪慎枢的《采铜炼铜记》对矿石品位、找矿方法、矿体产状和采矿技术等均有论述，提出采矿要善于观察环境。如："谛观山崖石穴之间，有碧色如缕如带状，即知其为苗……大抵矿砂结果聚处，必有石甲包藏之，破甲而入……得此即去矿不远矣。"①

林则徐也论述过采矿,他说:"如今之觅矿,先求山形丰厚,地脉坚结,草皮旺盛,引苗透露,乃可冀其成矿。滇中谚云:一山有矿,千山有引,引之初见者,曰闩,渐而得有正闩,乃可进山获矿。矿形成片者,谓之刷,曹洞宽广者,谓之堂,由成刷而成堂,始为旺厂。若土石夹杂,则谓之松荒,旋开旋废,易亏工本。"②

可以说,明清时期的人们在历史经验的积淀之下,初步具有了一整套寻找矿藏与环境之间关系的朴素知识。

清末,一些有识之士把海外的矿学知识传入到中国。华蘅芳等译赖尔的《地质学纲要》,傅兰雅等译《开煤要法》《井矿工程》《求矿指南》,丰富了中国人的矿学知识。

二、矿物的分布

清末,对于我国的矿藏分布情况,《清稗类钞·矿物类》有一个总体上的记述:

我国地质,多构成于石炭纪层,故矿物无所不备,而煤、铁尤多。

煤田之面积,约越数万方里,跨于直隶、奉天、山东、山西、河南、四川、云南、贵州、湖南、江西诸省,惟以采掘未盛,且工商二业亦未进步,所蕴藏于地者不可胜数。

铜则盛产于云南及安徽、福建、山西、四川、两广,云南尤推上品。

黄金则盛产于西藏及四川、吉林、黑龙江、蒙古。

锡则盛产于广西之贵县、奉天之义州及湖南、福建、广东、云南等省。

铅则盛产于山西之大同,锰则盛产于湖北之兴国,铁则盛产于湖南、湖北及广东,银则盛产于广东、广西、贵州、河南及奉天之铁岭,丹砂、水银、硫黄、琥珀、水晶,南岭以南盛产之。

---

① 韩汝玢、柯俊主编:《中国科学技术史·矿冶卷》,科学出版社 2007 年版,第165 页。

② (清) 林则徐:《查勘矿厂情形试行开采疏》,载《皇朝经世文续编》卷二十六。

若乃于阗之玉，嫩江之珂，医巫闾之珣玗琪，云南大理府之点苍石，江西之陶土，四川、云南之井盐，天山之岩盐，阿拉善旗及解州之池盐，皆特产也。

四川、陕西、甘肃、新疆、奉天有石油矿，而不知制炼法，则以化学之未发达耳。

这段资料说明，清末民初的学人对我国煤、铁、铜、黄金、锡、铅、锰、银、盐的分布有了初步的掌握，信息是较为准确的。他们认为，采掘业不盛，工商业就不发达。随着工业的发展，矿业在我国加快了崛起的步伐。

（一）北方的矿物

东北与内蒙古

东北地域辽阔，矿物种类繁多。由于历史上的地壳运动，生成了金、铁、铜、铅、锌等各种金属矿。《清稗类钞·矿物类》"延吉为黄金世界"条记载："延吉多五金各矿，故外人有黄金世界之目。计金矿三十二处，银矿三处，铜矿七处，铅矿十三处，煤矿二十三处，水晶矿二处，石棉矿一处，石油矿二处。""黑龙江产金"条记载："黑龙江为有名产金之地，其沿岸如漠河、观都、库玛尔河、余庆沟、奇干河等十余处金矿，均为人所审知者也。"《清稗类钞》卷一"察哈延山"条记载："黑龙江之西有山曰察哈延，其穴窍中白昼吐焰，晚则出火，经年不熄。近嗅之，气味如煤，其灰烬黄白色，如牛马矢，捻之即碎。"

内蒙古有大面积草原，但地下宝藏很多。《清稗类钞·矿物类》"内蒙矿产"条记载："蒙古二字，译以汉文，则为银。而内蒙之地，悉为兴安岭山脉所蜿蜒，其矿产，凡一百四十七区，计金矿七，银矿十二，铜矿六，锡矿十三，铅矿五，煤矿六十九，铁矿二十三，阳石矿九，宝石矿三。"

西北

宁夏有盐矿，其他矿藏也很多，物产有特色。《乾隆宁夏府志》卷四《地理志》记载宁夏的物产："中卫、灵州、平罗地近边，畜牧之利尤广。其物产最著者：夏、朔之稻，灵之盐，宁安之枸杞，香山之羊皮，中卫近又以酒称。"

青海偏居一隅，但人们仍然了解其矿藏资源。《清稗类钞·矿物类》"青海矿产"条记载："青海矿产之富，最多者为煤，次为铁，环海之地，几于无处不有。又次为金，为银，为铜。金产于海南贡尔勒盖及哈尔吉岭、佛山沟、玛沁雪山等处，银产于海南噶顺山、隆冲河等处，红铜产于海北木勒哈拉。其它矿苗发露之处，则更不胜举，若南境之崇山峻岭探采未遍者尤多，兹姑就其大者言之耳。柴达木矿产稍亚之，然南之乌兰代克山一带，北之玛尼岭一带，煤、铁、铅数种，其铅质之良，实为世所艳称。余如玛尼图及鄂果图尔之麸金，则又岁有增加也。"

新疆面积广大，矿物极其丰富。《清稗类钞·矿物类》"新疆矿产"条记载："我国矿产，皆导源于葱岭，新疆面积四百四十余万方里，实居葱岭之麓，菁英蟠结，为天下奥区。如叶城之密尔岱山，和阗呢蟒依山之玉河，洛浦之大小胡麻地，于阗之阗子玉山，皆产玉区也。昌吉之罗克伦河，迪化之金岭，镇西之乌兔水，宁远之沁水，塔城之喀图山，阿尔秦山，于阗之苏拉瓦克宰列克，焉耆之额布图恪克圆古尔班，产金区也。迪化之齐克达巴罕，产银区也。拜城之却尔噶山，库车之苏巴什，迪化之柴俄山，惠远之哈尔罕图，塔城之塔瓦克池，产铜区也。孚远之水西沟，拜城之明布拉克，惠远之索尔果岭，伊犁之特穆尔图淖尔，产铁区也。焉耆之察罕通古，乌什之库鲁克，镇西之羊圈湾，产锡产铅区也。苏海图山之青石峡，库尔喀喇乌苏之独山子，库车铜山之麓，疏附之库斯浑山，产石油区也。西湖将军沟、旗杆沟，产石蜡区也。鄯善之柯柯雅，绥来之塔西沟，迪化之通古斯巴什，镇西之大小港，阜康之大小黄山，哈密猩猩峡，产煤区也。鄯善之乔尔塔什，产水晶区也。新疆宝藏之富若此，而公私凋敝，古窳贫瘠，至为全国最者。盖已开之矿，如于阗岁产金五六千两，而官吏侵渔朘夺，转为民病。未开之矿，以铁道未通，转运不易，决然弃之，可惜也。"

清代的另一部游记《西域闻见录》卷二《新疆纪略·库车》记载："布古尔之西三百里，有回城，曰库车，古龟兹国也。方城四门，依山冈为基，周九里余，皆柳条沙土密筑而成，望之巍然如金汤之巩固……幅员宽广，地扼冲衢，为西入回疆之门户。南数十里即戈壁，马行三日，山场丰美，多野牲，无人烟，益南则沮洳，近星宿海矣。土产搭连布、铜、硝、磺、硇砂。出硇砂之山在城北，山多石洞，春夏秋洞中皆火，夜望如万点灯火，人不可近。冬日极寒时，大雪火息，土人往取砂，赤身而入，砂产洞中，如钟乳形，故为难得也。"

（二）中原的矿物

山东是齐鲁之地，明代山东的矿业主要集中在峄县、淄博、莱芜等地，青州人孙廷铨撰写了《颜山杂记》，其中对勘察、采煤作了论述，提出先要观察沉积岩石，才可能知道是否有煤炭。[1] 乾隆九年（1744 年）五月初九日，山东巡抚喀尔吉奏：山东临淄、即墨、平阴、泰安、沂、费、滕、峄等县山场，皆有铜、铅、银、铁等矿，可以开采。[2]

河北分布着煤、金、银、铅、铁、锡、锰、硫黄等矿产资源。作为生活燃料，煤炭得到政府与民间的大规模开发，其余金属矿产开发规模大小不一。

河南位居中原，黄土层深厚，但仍然不乏矿藏。乾隆十年（1745 年）正月二十八日，河南巡抚硕色上奏，谈到河南的矿藏，说："河南南阳陕州、汝州等属，近山多有煤窑，现在开采，然尚有未开之处。……巩县、宜阳、登封、新安、渑池、孟津等六县，有产煤之区，均系民业，现俱开采。至银铅等矿，惟嵩县有金洞一处、银洞二处，登封、新安各有铅一处，历来封闭。……南阳、汝阳、邓州、新野、舞阳、叶县、镇平、内乡八州县，俱不产煤。"[3]

（三）南方的矿物

我国南方矿藏丰富，并且有其地理的独特性，如水银就主要产自南方，《清稗类钞·矿物类》"水银"条记载："吾国产地，以广东、湖南、四川、山东、浙江等处为多。"

清代官员对地方上的矿物及开采情况，大致是清楚的。如乾隆五年（1740年）十二月初八日，两江总督杨超曾上奏陈述说："江南十府八州，幅员数千里，山林川泽之饶，取不匮而用不竭，产煤之处甚少，民间亦不借此以举炊。如上江所属之安庆、徽州、太平、颍州、六安、泗州等处，下江所属之苏州、松江、常州、镇江、淮安、扬州、徐州、太仓、通州、海州等处，俱已查明，素不产煤，无凭开采。惟宁国府之宣城，池州府之贵池县，凤阳府之宿州、凤台县，并和州广德境内，虽俱有产煤之处，以有碍地方风水，历来封禁。又宁国府之宁国县，有煤井十四处，庐州府之巢县，有山场二处，凤阳府之怀远县，有上窑处窑二处，俱系民间纳粮之地，产煤无多，时开时止。又江宁府之

---

[1] 朱亚非等：《齐鲁文化通史·明清卷》，中华书局 2004 年版，第 393 页。

[2] 中国人民大学清史研究所、档案系中国政治制度史教研室合编：《清代的矿业》，中华书局 1983 年版，第 305 页。以下《清代的矿业》均出自此版本。

[3]《清代的矿业》，第 13 页。

上元县城外，亦有煤井数十处，数十年来屡议开采，以密迩省城，攸关地脉，未经准备行。此江南各州有无产煤及现在或开或禁之大概情形也。"①

云南是矿业大省，人称"有色金属王国"。云南有金银铜铁铅矿，银矿居全国之最。《清稗类钞·矿物类》"云南土司属地矿产"条记载："云南边地五金矿产，所在皆是。如镇边之募乃银厂，腾冲之明光银厂，昔皆以畅旺著。且尚有镇边、西盟之金，上改心之铁，顺宁、耿马之银、铁，永昌、湾甸附近之铁，腾冲、南甸之煤，界头之铅。"清代乾隆、嘉庆年间云南的冶炼达到高峰。云南普洱产盐，供应给周围的各省。

四川是天府之国，矿藏很多。自贡井盐生产有两千多年的历史，世界第一口超千米深井东源井，开采时间长达200余年；每一口井就有一架天车，最高的一架"达德井"天车高达113米。

湖北的江汉平原有石膏、盐矿、石油，山区有铜有铁。如大冶的铁矿、应城的石膏矿都是闻名天下的。乾隆九年（1744年），地方官员上奏说："竹山县枫垭地方，铜线甚旺，可采。又房县郧西县地方亦产铜矿，均可开试。"②清朝末年，大冶铁矿在张之洞关注之下，又出现了春秋战国时期有过的开采高潮，近代工业在鄂东地区形成了一个重要基地。

徐霞客的《楚游日记》对湖南的矿藏多有记载，如："有山在江之南，岭上多翻砂转石，是为出锡之所。山下有市，煎炼成块，以发客焉。其地已属耒阳，盖永兴、耒阳两邑之中道也。"

江西矿藏丰富。《清稗类钞·矿物类》记载江西矿产："江西位于安徽之西，面积约六万八千方里，东西南三方多山，北方则为扬子江之平地与鄱阳湖，凡河流悉汇归之，故水利极便。全省矿产，实驾安徽、浙江、福建而上之。盖湖南界有铁石炭，福建、浙江界有金、银、铜、铅，其它如萍乡附近及九江附近之铁山、铜山皆其著称者也。金矿，奉新、鄱阳、高安、临川、上饶、萍乡、大安岑、金沙沟、叶线坑、七宝山、大安里、棚家坊、雩都、宁都、瑞金皆有之。银矿，鄱阳、德兴、上高、临川、金溪场、金溪、玉山、弋阳、南城、会昌、雩都、瑞金皆有之。铜矿，彭泽、洪州、德兴、临川、上

---

①《清代的矿业》，第11页。

②《皇朝经世文编》卷五十三《户政》。

饶、宜春、新喻、上犹、赣山皆有之。"

明清以降，盛极一时的铁铜两业渐趋衰退，而非金属矿采冶业却有较大发展。南京、镇江一带的煤矿普遍得到开发利用。《乾隆江南通志》记载，徐州府"石炭郡邑（领铜山、肖、沛、丰、砀山、宿迁、睢宁七县及邳州）遍产"。乾隆初年，江宁府上元县有煤井数十处。此外，南京及六合的玛瑙石、常熟县苑山的砚石、苏州的花岗岩、东海县的水晶和云母、六合县的型砂、宿迁县的石英砂岩及镇江市丹徒区、句容县境内的大理石等非金属矿产先后被开采利用。同治二年（1863年）开始，外国传教士或地质学者不断到宁镇地区、太湖流域进行地质矿产调查。光绪至宣统年间，徐州贾汪煤矿，铜山铁铜矿，宿迁的玻璃砂矿，南京、句容、江宁县境内的煤矿、铁矿等均曾聘请外国矿师做过调查。宜兴陶土矿已成鼎盛陶瓷业，曾取得"陶都"的称誉，成为全国日用陶器的重要产地。

浙江的非金属矿藏较多。遂昌有金矿，有老矿区，经过废矿治理，如今已变身为国家矿山公园。现在建有黄金博物馆，展示明清以来遂昌金矿的开发史。

福建有煤炭、石灰石、金矿，还有高岭土。

清人范端昂《粤中见闻》卷二十一《粤中物》记载广东的物产，如金、银、铜、铁等。"粤中产铁之山，必有黄水渗流。掘之，得大铁矿一枚，其状如牛，是铁牛也。循其脉络掘之，即得铁也。……岭南隆冬不落木，惟产铁之山落叶，金克木也。"

广西的大山多，山中有宝藏。清代的地方官员调查过广西矿藏的分布。乾隆三年（1738年）九月初五日，广西巡抚上奏说："粤西一省，田少山多，乃有一等不毛之山，顽石荦确，绵延数十百里，既以农力之难施，复苦财产之有限，独其下出有矿砂，分金、银、铜、铁、铅、锡数种，实为天地自然之利。即如桂林府属临桂县之涝江、大小江源、义宁县之牛路山、大玉山等处，平乐府属恭城县之莲花石，贺县之蕉木山、癞头岭等处，以及庆远府之南丹州厂，俱出产矿砂，其精美者，间可得银。"[1]

---

[1]《清代的矿业》，第283页。

第二节　各种矿物

一、金属类

1. 金

金是财富的象征，中国人历来重视金矿的开采与冶炼。

金有不同的类别。李时珍注意到各地的矿藏与资源不一样，他在《本草纲目》的《金石部》说："金有山金、沙金二种。其色七青、八黄、九紫、十赤，以赤为足色。和银者性柔，试石则色青；和铜者性硬，试石则有声。《宝货辨疑》云：马蹄金象马蹄，难得。橄榄金出荆湖岭南。胯子金象带胯，出湖南北。瓜子金大如瓜子，麸金如麸片，出湖南等地。沙金细如沙屑，出蜀中。叶子金出云南。"

宋应星《天工开物·五金·黄金》记载："凡中国产金之区，大约百余处，难以枚举。……金多出西南，取者穴山至十余丈见伴金石，即可见金。其石褐色，一头如火烧黑状。水金多者出云南金沙江，此水源出吐蕃，绕流丽江府，至于北胜州，回环五百余里，出金者有数截。又川北潼川等州邑与湖广沅陵、溆浦等，皆于江沙水中淘沃取金。千百中间有获狗头金一块者，名曰金母，其余皆麸麦形。入冶煎炼，初出色浅黄，再炼而后转赤也。儋、崖有金田，金杂沙土之中，不必深求而得，取太频则不复产，经年淘炼，若有则限。然岭南夷獠洞穴中金，初出如黑铁落，深挖数丈得之黑焦石下。初得时咬之柔软，夫匠有吞窃腹中者亦不伤人。河南蔡、矾等州邑，江西乐平、新建等邑，皆平地掘深井取细沙淘炼成，但酬答人功所获亦无几耳。大抵赤县之内隔千里而一生。《岭南录》云居民有从鹅鸭屎中淘出片屑者，或日得一两，或空无所获。此恐妄记也。"

云南是产金地点之一。《清稗类钞·矿物类》"云南金厂"条记载："云南金厂，大盛于乾、嘉间，岁课之额甚裕。实以兵燹辍办，非洞老山空，如丽江之大里也。其老山、新山金厂，及他郎之坤勇金厂，凤仪之双马槽金厂，中甸之麻康等处金厂，文山之蓙姑底泥等处金厂，永平之玉皇阁金厂，镇边之石牛金厂，腾冲之马牙金厂，永北金沙江沿岸金厂，鹤庆之马耳山等处金厂，维西之奔子栏等处金厂，蒙自之老么多金厂，皆久为人所称道者也。"

俄人柯乐德筹建"蒙古金矿公司"，陆续开采库伦以北十五处金矿。

2. 银

云南的银矿产量居全国之首。宋应星在《天工开物·五金·银》说："然合八省所生，不敌云南之半。"

《天工开物·五金·银》记载："凡银中国所出，浙江、福建旧有坑场，国初或采或闭。江西饶、信、瑞三郡有坑从未开。湖广则出辰州，贵州则出铜仁，河南则宜阳赵保山、永宁秋树坡、卢氏高嘴儿、嵩县马槽山，与四川会川密勒山、甘肃大黄山等，皆称美矿。……凡云南银矿，楚雄、永昌、大理为最盛，曲靖、姚安次之，镇沅又次之。"

李时珍在《本草纲目·金石部·银》记载："闽、浙、荆、湖、饶、信、广、滇、贵州诸处，山中皆产银。"在这些产地也存在着两种冶炼方式："有矿中炼出者，有沙土中炼出者。"

明代全国银课产量为 260 万—300 万两。[1] 白银在明中期以后已成为普遍流通的货币，"虽穷乡亦有银秤"[2]。万历年间给事中郝敬说："自大江南北，强半用银。即北地，惟民间贸易，而官帑出纳仍用银，则钱之所行无几耳。"[3]

魏源《圣武纪》有关于古代采、选、冶银技术的记录。古代银的生产技术主要为：选矿、富集、烧结、铅驼、灰吹，共五个步骤。

清顺治时，清政府每年总收入为 1480 多万两银。[4]

---

① 田长浒：《中国金属技术史》，四川科学技术出版社 1988 年版，第 279 页。

②《天下郡国利病书》卷九十三《福建三》。

③（清）孙承泽：《春明梦余录》卷四十七《钱法议》。

④ 田长浒：《中国金属技术史》，四川科学技术出版社 1988 年版，第 280 页。

3. 铜

中国在商周出现青铜文化高峰之后，采铜业不再辉煌。但是，铜器仍是重要的物资，人们仍然喜欢铜器。

《天工开物·五金·铜》记载："凡铜坑所在有之。……今中国供用者，西自四川、贵州为最盛。东南间自海舶来，湖广武昌、江西广信皆饶铜穴。其衡、瑞等郡，出最下品曰蒙山铜者，或入冶铸混入，不堪升炼成坚质也。"

李时珍在《本草纲目·金石部·赤铜》将铜分为赤铜、白铜与青铜三类，三种铜矿的产地也不尽相同：铜有赤铜、白铜、青铜。"赤铜出川、广、云、贵诸处山中，土人穴山采矿炼取之。白铜出云南，青铜出南番，唯赤铜为用最多，且可入药。"

杨伟兵认为，清代中前期是云贵矿业开发鼎盛时期，云南铜矿从1736年到1811年年均产量基本维持在1039.35万斤水平，居全国首位。清后期，云南铜矿业开始衰败，以滇东北的铜矿衰败最甚。原因是资源发掘太快，导致矿少质劣，而附近的炭山砍伐殆尽。[①]

4. 铁

铁是最实用的金属，用途最普遍，代表了生产力发展的水平。《天工开物·铁》记载："西北甘肃，东南泉郡，皆锭铁之薮也。燕京、遵化与山西平阳，则皆砂铁之薮也。"明清时期，开采铁矿与冶铁，规模日大，对经济与环境的影响日益加强。

李时珍在《本草纲目·金石部·铁》叙述了铁的产地："铁皆取矿土炒成。秦、晋、淮、楚、湖南、闽、广诸山中皆产铁，以广铁为良。甘肃土锭铁，色黑性坚，宜作刀剑。西番出宾铁，尤胜。"李时珍还借用《宝藏论》介绍不同产地铁的性能优劣对比："荆铁出当阳，色紫而坚利；上饶铁次之；宾铁出波斯，坚利可切金玉；太原、蜀山之铁顽滞；刚铁生西南瘴海中山石上，状如紫石英，水火不能坏，穿珠切玉如土也。"李时珍也阐述了自己对于不同

---

① 杨伟兵：《云贵高原的土地利用与生态变迁（1695—1912）》，上海人民出版社2008年版，第106页。

产地铁矿优劣的认识，认为"广铁为良。甘肃土锭铁，色黑性坚，宜作刀剑"，并指出与国内所产的铁相比，从西域传入的镔铁质量更胜一筹。

冶铁技术提高，规模扩大，炼铁用焦炭和使用装料机械是传统钢铁技术向现代钢铁技术转变趋势的两个重要标志。[1] 宋应星在《天工开物·五金》指出："（炼铁）或用硬木柴，或用煤炭，或用木炭，南北各从利便。"

有些地方以煤制焦炭，以焦炭冶铁。明末方以智曾说："煤则各处产之，臭者烧熔而闭之成石，再凿而入炉曰礁，可五日不灭火，煎矿煮石，殊为省力。"[2] 明代自称戒庵老人的李诩在《戒庵老人漫笔》说："北京诸山多石炭，俗称水和炭，可和水而烧之也。"

以煤制焦炭用于冶铁已相当普遍，随着炼铁炉的增高加大，冶铁中已开始使用装料机械。据《大明会典》卷一百九十四《工部》等记载，河北遵化、武安，陕西汉中与广东佛山等地的炼铁炉多数高度在 6 米以上，其炉膛直径也在 3 米以上。[3] 其装料多用机械。

冶炼有了一定的规模。明代初年全国官铁的总产量岁为 1800 余万斤。[4] 清代开采铁矿大，炼铁炉高，大的厂矿常聚集数千到上万名工人，甚至"佣工者不下数万人"[5]。佛山、芜湖、湘潭等地多有铸铁、炒铁炉或钢坊数十至百余座，"昼夜烹炼，火光烛天"，佛山铁锅不仅畅销海内，而且"每年出洋之铁锅为数甚多"[6]。

灌钢技术到宋明发展为苏钢，继而又出现了生铁淋口技术。所谓苏钢，是

---

① 华觉明：《中国古代钢铁技术的特色及其形成》，载于《科技史文献》第 3 辑，上海科学技术出版社 1980 年版。

②（明）方以智：《物理小识》卷七。

③ 田长浒：《中国金属技术史》，四川科学技术出版社 1988 年版，第 156 页。又见北京钢铁学院《中国古代冶金》编写组：《中国古代冶金》，文物出版社 1978 年版，第 66 页。

④《大明会典》卷一百九十四《冶课》。

⑤《皇朝经世文编》卷五十二《鄂弥达·请开矿采铸疏》。

⑥《清世宗实录》卷一百十三。

苏州一带的一种土法炼钢，它继承灌钢的工艺，只是把炉温进一步提高，用熟铁片代替屈盘的"柔铁"，从而增加生铁、熟铁接触面积，在高温环境下加速碳的均匀扩散和渣、铁分离，从而制成质地较优的钢。明代唐顺之的《武编·前编》中对"苏钢"技术等有较详细的记载。这种制钢技术，自明清直至20世纪30年代前后，在我国南方仍流行甚广，其产品也远销东北、西北等地。所谓"生铁淋口"技术，实际上是使刀、剪等利器的锋刃钢化。它是以生铁液作为熟铁的渗碳剂，使熟铁制成的刀、剪等刃口上覆盖一定厚度的生铁渗碳层。①

冶铁一般都在矿区附近。《清稗类钞·矿物类》"铁"条记载："山之产铁者曰铁山，最著者在湖北大冶县北六十里，唐、宋时即于此置炉炼金铁。光绪朝，开采极盛，有小铁路通石灰窑，距黄石港十四里，专运矿铁，汉阳铁厂之铁，多取给于此。"

广东佛山镇因铁锅而闻名遐迩，远播海内外。如"雍正七、八、九年（1729—1731年），夷船出口，每船所买铁锅，少者自一百连、二三百连不等，多者至五百连，并有至一千连者"②。计算每年出洋之铁约一两万斤。

5. 锡

锡的用途不多，但作为装饰品却是重要材料。

《天工开物·五金·锡》记载："凡锡，中国偏出西南郡邑，东北寡生。古书名锡为'贺'者，以临贺郡产锡最盛而得名也。今衣被天下者，独广西南丹、河池二州居其十八，衡、永则次之。大理、楚雄即产锡甚盛，道远难致也。凡锡有山锡、水锡两种。……水锡衡、永出溪中，广西则出南丹州河内，其质黑色，粉碎如重罗面。南丹河出者，居民旬前从南淘至北，旬后又从北淘至南。愈经淘取，其砂日长，百年不竭。"

《徐霞客游记》中的《楚游日记》记载："有山在江之南，岭上多翻砂转石，是为出锡之所。山下有市，煎炼成块，以发客焉。其地已属末阳，盖永兴、末阳两邑之中道也。"《徐霞客游记》中的"楚"主要是今湖南的范围。

---

① 宋应星曾作了较具体的记载，详见《天工开物》卷十《锤锻》。

② 《清世宗实录》卷一百十三。

王同轨在《耳谈》中说："衡之常宁、耒阳产锡，其地人语予云：'凡锡产处不宜生植，故人必贫而移徙。'天地精华，此聚彼耗。物无两大，事不双美。"① 明代的衡州管辖常宁、耒阳，这一带的湘水流域出产铁、锡等。当地的人已经注意到这样的矿产之地，不宜从事农耕，贫则必迁。同时，任何矿藏都是环境的一部分，其对人类社会是有影响的。土壤中含有微量元素锌、钼、硒、氟等，这些元素影响人的健康。

二、土石类

1. 盐

明代学者邱浚在《盐法考略》（载《学海类编·集余二事功》）中说："考盐名，始于禹，然以为贡，非为利也。"明代的盐以海盐、池盐、井盐为主。

李时珍注意到区域不同，盐资源就不同，获取的方法亦不同。他在《本草纲目》的《金石部》说：盐品甚多：海盐取海卤煎炼而成，今辽冀、山东、两淮、闽浙、广南所出是也。井盐取井卤煎炼而成，今四川、云南所出是也。池盐出河东安邑、西夏灵州，今惟解州种之。疏卤地为畦陇，而堑围之。引清水注入，久则色赤。待夏秋南风大起，则一夜结成，谓之盐南风。如南风不起，则盐失利。亦忌浊水淤淀盐脉也。海丰、深州者，亦引海水入池晒成。并州、河北所出，皆碱盐也，刮取碱土，煎炼而成。阶、成、凤州所出，皆崖盐也，生于土崖之间，状如白矾，亦名生盐。此五种皆食盐也，上供国课，下济民用。海盐、井盐、碱盐三者出于人，池盐、崖盐二者出于天。李时珍对五种食盐的产地和制作都做了说明，这无疑是对经济地理的一个重要贡献。

宋应星在《天工开物》中将《尚书·洪范》中的"润下作咸"作为制盐之始。他在书中对盐有许多论述。

《天工开物·作咸·盐产》介绍了盐产地："凡盐产最不一，海、池、井、土、崖、砂石，略分六种，而东夷树叶，西戎光明不与焉。赤县之内，海卤居

---

① 王同轨著，孙顺霖校注：《耳谈》，中州古籍出版社 1990 年版，第 189 页。

十之八，而其二为井、池、土碱。或假人力，或由天造。" 《天工开物·作咸·海水盐》介绍了海盐的主要产地，"凡盐淮扬场者，质重而黑。其他质轻而白。以量较之。淮场者一升重十两，则广、浙、长芦者只重六七两"。该篇又记载："凡池盐，宇内有二，一出宁夏，供食边镇；一出山西解池，供晋、豫诸郡县。解池界安邑、猗氏、临晋之间，其池外有城堞，周遭禁御。池水深聚处，其色绿沉。土人种盐者池傍耕地为畦陇，引清水入所耕畦中，忌浊水，参入即淤淀盐脉。"

《天工开物》又分别介绍了各地的盐产，《井盐》记载："凡滇、蜀两省远离海滨，舟车艰通，形势高上，其咸脉即韫藏地中。凡蜀中石山去河不远者，多可造井取盐。盐井周围不过数寸，其上口一小盂覆之有余，深必十丈以外乃得卤性，故造井功费甚难。"《崖盐》记载："凡西省阶、凤等州邑，海井交穷。其岩穴自生盐，色如红土，恣人刮取，不假煎炼。"

《松窗梦语》卷二《西游纪》记载蜀地的盐矿："内江、富顺之交，有盐井曰自流、新开，原非人工所凿，而水自流出，汲之可以煎盐。流甚大，利颇饶，多为势家所擅。"该篇又记载了山西盐矿："过解州不数里，入西禁门，出东禁门，中凡三十里，皆盐池。池中所产为形盐，以其成形；又曰解盐，以地名也。不俟人工煎煮，惟夜遇西南风，即水面如冰涌，土人捞起池岸，盛以筐袋，驱驴骡载之，远供数省之用，实天地自然之利。"

徐霞客在《滇游日记》记载安宁城有盐井。"有庙门东向，额曰'灵泉'，余以为三潮圣水也，入之。有巨井在门左，其上累木横架为梁，栏上置辘轳以汲取水，乃盐井也。其水咸苦而浑浊殊甚，有监者，一日两汲而煎焉。安宁一州，每日夜煎盐千五百斤。城内盐井四，城外盐井二十四。每井大者煎六十斤，小者煎四十斤，皆以桶担汲而煎于家。"

《菽园杂记》卷一记载西北产盐的情况："环、庆之墟有盐池，产盐皆方块如骰子，色莹然明彻，盖即所谓水晶盐也。池底又有盐根如石，土人取之，规为盘盂。凡煮肉贮其中抄匀，皆有盐味；用之年久，则日渐销薄。甘肃灵夏之地，又有青、黄、红盐三种，皆生池中。"

《嘉靖宁夏新志》记载了宁夏的矿藏资源，其卷三《所属各地》记盐池城"北至石沟驿七十里，南至隰宁堡四十五里"。盐池城设有盐池驿、盐池递运所。盐池城周围的盐池大小不等，有的归官府严格管理，有的任百姓取用。怀远城的"城北三十余里有一池，城南三十余里有一池，不审古为何。然所产不多，官不设禁。河东边墙外有三池，曰花马池、红柳池、锅底池，俱以境外弃之。今盐池之在三山儿者曰大盐池，在故盐池城之西北者曰小盐池。其余若花马池、享罗池、狗池、硝池、石沟池、石沟儿池，皆分隶大盐池。其盐不劳人力，水泽之中雨少，因风则自然而生矣"。宁夏的盐池供应宁夏全境及陕甘宁地区，地方官员通过发放"盐引"（贩盐许可证），增加地方财政收入。

盐是一些地区的经济支柱，明末清初的叶梦珠《阅世编》卷七记载："薪樵而爨，比户必需。吾乡无山陵林麓，惟藉水滨萑苇与田中种植落实所取之材，而煮海为盐，亦全赖此。故吾郡之薪较贵于邻郡，大约百斤之担，值新米一斗，准银六、七、八分或一钱内外不等。"清代，河东盐池经常受到水灾的影响。由于盐池地处低洼，积水难以浇晒，生产成本加大，盐价提高。①

云南普洱产盐，供应给周围的各省。云南边陲的黑井小镇在明朝以前只有开掘的两三口盐井。到了明洪武时期，中央政府在黑井设正五品的盐课提举司，从应天迁来64名灶丁，于是盐业迅速发达起来。交通闭塞的小镇一时间成为富甲一方的小镇。由于有盐业，这里就有了学校、庙宇、旅馆。到民国年间，由于海盐畅行，黑井小镇逐渐衰落。②

《清稗类钞·矿物类》"盐"条记载了各地的盐资源："盐，我国久有之利源也，产处分海、池、井三类。海盐乘潮而取，沿海随处皆有。池盐多在内陆，如解县盐池、罗布泊、青海、吉兰太池等处，凝结俱厚。井盐在地层中，如南岭西端、西康山汇及天山斜面皆有。惟天山地层常因雨水冲出，余皆须凿井而取。平原则岷、沱间最多，面积约一万数千方里，凿井易而所获丰也。海滩产盐之地，则直隶之永平、遵化、天津，山东之武定、青州、莱州，江苏之海州、淮安、扬州、通州、海门，浙江之嘉兴、绍兴、宁波、台州、温州，福建之福宁、福州、兴化、泉州、漳州，广东之潮州、惠州、广州、高州、琼州为最盛。"

《香祖笔记》卷七记载了山海盐："盐煮于海，惟河东、宁夏有盐池、红盐池，滇、蜀有黑、白盐井，河间盐山县以地产盐故名，非有山也。独元人《西使记》言过扫儿城，遍山皆盐如水精状，此则真盐山耳。"

---

① 《中国盐业史》，人民出版社1997年版，第808页。

② 段兆顺：《黑井小镇》，载《寻根》2009年第1期。

清人范端昂的《粤中见闻》卷六《地部》记载广东有盐田："粤中盐田，俱于沙坦背风之港。"此卷还记载盐分为生盐与熟盐，盐田的布置以高地为上，盐丁最为辛苦。

2. 石膏

石膏的用途很多，在建筑行业必不可少。《清稗类钞·矿物类》"石膏"条记载："鄂之应城，为古蒲骚地，其为邑也，东西广九十里，南北袤一百三里，与省会相距陆路二百六十里，水路三百四十里，所产之石膏，名著中外。明季因崖崩而见。咸丰初，邑西潘家集有居民熬售获利，于是效用益广。品分四种，甲等为白提块，乙等为黄提块，丙等为黄白薄块，丁等为色杂细薄块。销路以江、浙一带及赣、皖等处，用作肥料者等尤盛。约计之，岁在三十万抬以上，几占全额之半。湘、闽漆货虽亦藉石膏为补助，然亦仅七八万抬而已。由上海出洋可销十万抬，以贩往日本制造牙粉之数为最。此外散布于襄河中路、长江上游者，其数亦在十万抬上下。"

3. 硫黄与硝

硫黄与硝是特殊的物质材料，《天工开物·燔石·硫黄》记载："中国有温泉处必有硫黄，今东海、广南产硫黄处又无温泉，此因温泉水气似硫黄，故意度言之也。……硫黄不产北狄，或产而不知炼取亦不可知。至奇炮出于西洋与红夷，则东徂西数万里，皆产硫黄之地也。其琉球土硫黄、广南水硫黄，皆误纪也。"

《天工开物·佳兵硝石》记载："凡硝，华夷皆生，中国则专产西北。若东南贩者不给官引，则以为私货而罪之。硝质与盐同母，大地之下潮气蒸成，现于地面。近水而土薄者成盐，近山而土厚者成硝。以其入水即硝熔，故名曰'硝'。长淮以北，节过中秋，即居室之中，隔日扫地，可取少许以供煎炼。凡硝三所最多：出蜀中者曰川硝，生山西者俗呼盐硝，生山东者俗呼土硝。"

4. 玉与各种石材

玉

石类最大的一宗是玉。李时珍记载了玉的类别、产地、贵贱，他在《本草纲目》的《金石部》说：产玉之处亦多矣，而今不出者，地方恐为害也，故独以于阗玉为贵焉。玉有山产、水产二种。各地之玉多在山，于阗之玉则在河也。其石似玉者，珷玞、琨、珉、璁、璎也。北方有罐子玉，雪白有气眼，乃药烧成者，不可不辨，然皆无温润。

《天工开物》记载了许多关于玉的信息，《天工开物·宝》记载："凡宝石皆出井中，西番诸域最盛，中国惟出云南金齿卫与丽江两处。凡宝石自大至小，皆有石床包其外，如玉之有璞。……时人伪造者，唯琥珀易假。高者煮化硫黄，低者以殷红汁料煮入牛羊明角，映照红赤隐然，今亦最易辨认。（琥珀磨之有浆。）至引灯草，原惑人之说，凡物借人气能引拾轻芥也。自来《本草》陋妄，删去毋使灾木。"《天工开物·玉》记载："凡玉入中国，贵重用者尽出于阗、葱岭。所谓蓝田，即葱岭出玉别地名，而后世误以为西安之蓝田也。其岭水发源名阿耨山，至葱岭分界两河，一曰白玉河，一曰绿玉河。后晋人高居海作《于阗国行程记》载有乌玉河，此节则妄也。"《天工开物·玛瑙》记载："凡玛瑙非石非玉，中国产处颇多，种类以十余计。……上品者产宁夏外徼羌地砂碛中，然中国即广有，商贩者亦不远涉也。今京师货者多是大同、蔚州九空山、宣府四角山所产，有夹胎玛瑙、截子玛瑙、锦红玛瑙，是不一类。……今南方用者多福建漳浦产（山名铜山），北方用者多宣府黄尖山产，中土用者多河南信阳州（黑色者最美）与湖广兴国州（潘家山）产，黑色者产北不产南。其他山穴本有之而采识未到，与已经采识而官司厉禁封闭（如广信惧中官开采之类）者尚多也。"

李时珍著《本草纲目》，其中，第八卷是《金石部》，第九卷至十一卷是《石部》，涉及玉石。李时珍的观点为"石者……其精为金为玉"，"金石虽若顽物，而造化无穷焉"。金玉与石头本是同体，只有精良之石才可称为"金石"，二者入药功用有很多大不相同，但都同属于矿物类药物，故李时珍将其收录到一起。李时珍在《金石部》还说："产玉之处亦多矣，而今不出者，地方恐为害也，故独以于阗玉为贵焉。"在"玉"一条，李时珍在引百家言论的基础上，对玉在何处发现、产出、出土做了比较分析考证，"按《太平御览》云：交州出白玉，夫余出赤玉，挹娄出青玉，大秦出菜玉，西蜀出黑玉。蓝田出美玉，色如蓝，故曰蓝田。《淮南子》云：钟山之玉，饮以炉炭，三日三夜，而色泽不变，得天地之精也。观此诸说，则产玉之处亦多矣，而今不出者，地方恐为害也"。

石材

徐霞客《滇游日记五》记载云南有些奇特的石材，"其坡突石，皆金沙烨烨闪闪发光，如云母堆叠，而黄映有光。时日色渐开，蹑其上，如身在祥云金粟中也"。这类石材，当属矿藏之类的物质。

大理石——《五杂俎》卷三《地部》记载："滇中大理石，白黑分明，大者七八尺，作屏风，价有值百余金者。然大理之贵亦以其处遐荒，至中原甚费力耳。彭城山上有花斑石，纹如竹叶，甚佳，而土人不知贵，若取以为几，殊不俗也。"《清稗类钞·矿物类》"大理石"条记载："大理石，以产于云南之大理县得名，一名点苍石，为石灰岩之变性，有白色、杂色二种。……云南所产，即杂色大理石也。其以人工制造之者，曰人造大理石。"

太湖石——《五杂俎》卷三《地部》记载："洞庭西山出太湖石，黑质白理，高逾寻丈，峰峦窟穴，剩有天然之致，不胫而走四方，其价佳者百金，劣亦不下十数金，园池中必不可无此物。而吾闽中尤艰得之，盖阻于山岭，非海运不能致耳。昆山石类刻玉，然不过二三尺，而止案头物也。灵璧石，扣之有声，而佳者愈不可得。"

英石——《五杂俎》卷三《地部》记载："岭南英石出英德县，峰峦耸秀，岩窦分明，无斧凿痕，有金石声，置之斋中，亦一奇品，但高大者不可易致。"

海石与浮石——《五杂俎》卷三《地部》记载："岭南有海石如羊肚，大者七八尺，然无色泽，不足贵。闽有浮石，亦类羊肚，内败絮其中，置之水中则浮。以语它乡人，未必信也。"

砒霜——《天工开物·砒石》记载："凡烧砒霜，质料似土而坚，似石而碎，穴土数尺而取之。江西信郡、河南信阳州皆有砒井，故名信石。近则出产独盛衡阳，一厂有造至万钧者。"

明代，江南玉器业发达，有知名的制玉工匠，如苏州陆子刚仿古有名。社会流行仿生风气，民间的仿古玉器发达，重视装饰与工艺。宫殿建筑采用汉白玉为部件，有石栏、石兽等。

清代重视开发玉石资源。清人黎谦亭在《素轩集》记载："于阗贡大者三，大者重二万三千余斤。"新疆的软玉已从昆仑山北麓和田诸地源源不断地输向内地，尤其是密尔岱所产的软玉块度较大，常有上万斤者。清时在乌沙克塔克台地区有密尔岱产的弃玉三块，大者万斤，次者八千斤，又次者重达三千斤。故宫博物院珍宝馆珍藏的"大禹治水玉山"原重一万零七百多斤，这一迄今为止的最大玉件，即产自密尔岱。[①]

晚清，陈原心的《玉纪》对玉有详细叙述。苏州、扬州、北京成为中国三大玉雕中心。玉工姚宗仁擅长仿古，还会染玉。清代流行痕都斯坦风格的玉器。痕都斯坦在今巴基斯坦北部、阿富汗东部，盛产玉石，并且其地玉雕技艺高超。玉器被欧风美雨卷到西方，外国人开始收藏中国玉器。

三、能源类

1. 煤炭

徐霞客在《游恒山日记》中记载：山西繁峙有煤，"一里转北，山皆煤炭，不深凿即可得"。

宋应星在《天工开物·燔石》中记载："凡取煤经历久者，从土面能辨有无之色，然后掘挖。深至五丈许，方始得煤。初见煤端时，毒气灼人。有将巨竹凿去中节，尖锐其末，插入炭中，其毒烟从竹中透上，人从其下施镢拾取者。"文中生动地描述了煤矿采掘作业时用竹筒作为通风管道排除瓦斯气的全过程，从广义上来认识，不失为一项环境保护的先进工艺技术。宋应星在《燔石》还记载采煤作业时以竹筒通风排除瓦斯，在《天工开物·五金》记载炼银时用防护墙阻挡高热辐射对工匠的炙烤。

宋应星《天工开物·燔石》记载了矿藏与环境的关系，"凡煤炭，普天皆生，以供锻炼金石之用。南方秃山无草木者，下即有煤。北方勿论。煤有三种：有明煤、碎煤、末煤。明煤，大块如斗许，燕、齐、秦、晋生之。不用风箱鼓扇，以木炭少许引燃，煓炽达昼夜。其傍夹带碎屑，则用洁净黄土调水作饼而烧之。碎煤有两种，多生吴、楚。……臭煤，燕京房山、固安、湖广荆州等处间有之。凡煤炭经焚而后，质随火神化去，总无灰滓"。在宋应星掌握的信息中，煤矿主要是在童山之下，因为山下有煤，所以难以生长草木。

《天工开物》卷七还记载了用煤的情况："凡烧砖有柴薪窑，有煤炭窑

---

① 罗宗真、秦浩主编：《中华文物鉴赏》，江苏教育出版社1990年版。

……若煤炭窑视柴窑深欲倍之，其上圆鞠渐小，并不封顶。其内以煤造成尺五径烧饼，每煤一层，隔砖一层，苇薪垫地发火。"明代的人们已经用烧制的砖块盖房，这就需要大量开采煤矿。

清代，开采煤炭已经非常普遍，并且形成较大规模。《清稗类钞·矿物类》"石炭"条记载了各地煤的储藏情况与煤的质量："黑煤亦称黑炭，又曰烟煤，吾国产地甚多，近顷之著称者，为直隶之开平、滦州，江西之萍乡，其色黑，有光泽，坚如石，此石炭之所以得名也。燃之，发黑烟，有异臭，可制为煤气及工厂汽机之燃料，需用甚繁。西人又谓我国产煤之区，无省无之，惟以此较彼，则有多寡之殊。北方如直隶、山东、河南、山西，产煤皆极盛，而尤以山西为多，内蒙、东三省略次之，西北一带又次之。然甘肃、新疆之煤源，亦所在皆是。扬子江流域与东南沿海之地，其状与西北同，盖限于地而觅煤维艰也。惟湖南、江西，则不可以概论，湖南尤为南方之山西。要而论之，西方与西南各省产煤之地，亦如恒河沙数，惟煤力极薄，煤源亦不巨耳。沥青煤与无烟煤，皆产于我国，而以无烟煤为尤贵，山西、湖南皆无烟煤源最富之区域。国人多用无烟煤，以燃烧之际，不用烟囱故也。而沥清煤亦极为世所称重。盖煤地所出，皆以沥清为极多。吾人今试以山西、湖南之无烟，直隶、山东、江西之沥清，以与五洲最良之煤相较，伯仲之间，亦岂易轩轾耶！"

2. 井火（附石油）

井火是一种能源。《天工开物·作咸·井盐》记载："西川有火井，事奇甚。其井居然冷水，绝无火气，但以长竹剖开去节合缝漆布，一头插入井底，其上曲接，以口紧对釜脐，注卤水釜中。只见火意烘烘，水即滚沸。启竹而视之，绝无半点焦炎意。未见火形而用火神，此世间大奇事也，凡川、滇盐井逃课掩盖至易，不可穷诘。"

《五杂俎》卷四《地部》记载："蜀有火井，其泉如油，热之则然。有盐井，深百余尺，以物投之，良久皆化为盐，惟人发不化。又有不灰木，烧之则然，良久而火灭，依然木也。此皆奇物，可广异闻。"文中所述有油之井，当为石油。

《松窗梦语》卷二《西游纪》记载蜀地的能源："内江、富顺之交……有油井，井水如油，仅可燃灯，不堪食。有火井，土人用竹筒引火气煎盐，一井可供十余锅，筒不焦，而所通盐水辍沸，此理之难解者。盐井在在有之，油井犍为县有三处，火井在潼川西，地名云台，仅一处耳。"这段记述比《五杂俎》要详细，说明人们很关注能源并巧妙运用其。

关于我国石油发现、开采、使用的历史，李时珍《金石部》有着重要的记载：石脑油即石油。以前名石漆、猛火油、雄黄油、硫黄油。而关于石油的产地，也有详细记载："石油所出不一，出陕之肃州、鄜州、延州、延长，云南之缅甸，广之南雄者，自石岩流出，与泉水相杂。"《本草纲目·金石部》还有关于石油开采的情况："国朝正德末年，嘉州开盐井，偶得油水，可以照夜，其光加倍。沃之以水则焰弥甚，扑之以灰则灭。作雄硫气，土人呼为雄黄油，亦曰硫磺油。近复开出数井，官司主之。此亦石油，但出于井尔。"石油在明正德年间已由官府主持采用，这对研究我国石油的开采历史有着重要的参考价值，同时也是环境地理研究的一种体现。

清代的学人留意地下的能源。《清稗类钞·矿物类》"火井盐井"条记载："蜀中火井、盐井，所在悉有，俱用土法穿凿，有穿至数百丈始得者。……火井所出之火，乃阴火也，色纯白无焰，以竹筒引之，衔接数里，分装铁管，供灯爨，岁收其值。铁管可随时启闭，用时启管，燃以火，则赫然熏灼，不用则闭之，熄矣。煎盐、制糖，皆赖此火。"

《清稗类钞·矿物类》"石油"条记载："吾国之山西潞安府、陕西延安府、四川叙州府等处皆产之，惟开采未盛，岁由俄、美输入者，为数甚巨。"

四、其他类

明代注意到水中的物质材料。《天工开物·珠玉》记载："凡珍珠必产蚌腹，映月成胎，经年最久，乃为至宝。其云蛇蝮、龙颌、鲛皮有珠者，妄也。凡中国珠必产雷、廉二池。……凡廉州池自乌泥、独揽沙至于青鸾，可百八十里。雷州池自对乐岛斜望石城界，可百五十里。"

明代已经在建筑业广泛应用钙质材料。《天工开物·燔石·蛎灰》记载："凡海滨石山傍水处，咸浪积压，生出蛎房，闽中曰蚝房。……凡燔蛎灰者，执椎与凿，濡足取来，（药铺所货牡蛎，即此碎块。）叠煤架火燔成，与前石灰共法。粘砌成墙、桥梁，调和桐油造舟，功皆相同。有误以蚬灰（即蛤粉）为蛎灰者，不格物之故也。"

对一些原材料的加工，已经具有了化学的程序。《菽园杂记》卷十四记载："韶粉，元出韶州，故名。龙泉得其制造之法，以铅熔成水，用铁盘一面，以铁杓取铅水入盘，成薄片子，用木作长柜，柜中仍置缸三只，于柜下掘土，作小火日夜用慢火熏蒸。缸内各盛醋，醋面上用木柜，叠铅饼，仍用竹笠盖之。缸外四畔用稻糠封闭，恐其气泄也。旬日一次开视，其铅面成花，即取出敲落；未成花者，依旧入缸添醋，如前法。其敲落花，入水浸数日，用绢袋滤过其滓，取细者别入一桶，再用水浸，每桶入盐泡水并焰硝泡汤，候粉坠归桶底，即去清水，凡如此者三。然后用砖结成焙，焙上用木匣盛粉，焙下用慢火熏炙。约旬日后即干，擘开，细腻光滑者为上。其绢袋内所留粗滓，即以酸醋入焰硝白矾泥矾盐等，炒成黄丹。"

在中国古代，经常有其他国家和地区前来进贡，带来一些稀奇古怪的物品。对于进贡的物品，有识之士认为未必都是珍贵的。谢肇淛《五杂俎》卷四《地部》记载外国贡物的质量令人担忧："今诸夷进贡方物，仅有其名耳，大都草率不堪。如西域所进祖母禄、血竭、鸦鹘石之类，其真伪好恶皆不可辨识，而朝廷所赐缯、帛、靴、帽之属尤极不堪，一着即破碎矣。"

第三节　矿产与环境

一、矿产与环境污染

李时珍多次论述矿产业与人的关系，指出矿产对社会的污染与危害。他在《本草纲目·石部·石炭》说："石炭，南北诸山产处亦多，昔人不用，故识之者少。今则人以代薪炊爨，锻炼铁石，大为民利。土人皆凿山为穴，横入十余丈取之。有大块如石而光者，有疏散如炭末者，俱作硫黄气，以酒喷之则解。"这段话讲述了含硫煤炭对人体的危害以及用酒喷洒解毒的方法，而"人有中煤气毒者，昏瞀至死"，则是一氧化碳中毒死亡较早的记载。

李时珍记述了烧砒霜造成的环境污染，他在《石部·砒石》说："初烧霜时，人在上风十余丈外立，下风所近，草木皆死。又以和饭毒鼠。"炼砒导致寸草不生，炼砒时需要辨别风向，人站在上风就可免遭毒气伤害。李时珍还说："铅气有毒，工人必食肥猪犬肉、饮酒及铁浆以厌之。枵腹中其毒，辄病至死。长幼为毒熏蒸，多痿黄瘫挛而毙。"

《菽园杂记》记载浙江处州铜矿凿岩的"火爆法"，有损于生态环境："采铜法，先用大片柴，不计段数，装叠有矿之地，发火烧一夜，令矿脉柔脆。"

开矿对资源的消耗是很严重的。《天工开物》卷十记载："凡炉中炽铁用炭，煤炭居十七，木炭居十三。凡山林无煤之处，锻工先择坚硬条木，烧成火墨，其炎更烈于煤。"

开矿导致资源减少。《清诗铎》载有王太岳的《铜山吟》，讲了开矿情况，说有些地方的矿藏越来越少，"矿路日邃远，开凿愁坚岷，曩时一朝获，今且须浃旬。材木又益诎，山岭童然髡，始悔旦旦伐，何以供灶薪……阴阳有翕辟，息息相绵匀，尽取不知节，力足疲乾坤"。

开矿影响了水源。清末沈日霖的《粤西琐记》记载："开山设厂，洗炼矿砂之水流入河中，凝而不散，腻如脂，毒如鸩，红黄如丹漆，车以粪田，禾苗立杀。"可见，矿区对周围的河水与农田已经造成了恶劣影响。

开矿导致空气污染。清代，局部地区出现空气污染。清代学者已注意到工矿业污染空气并影响气候变暖。《南越笔记》卷五记述明代佛山铁厂的生产情况："下铁矿时，与坚炭相杂，率以机车从山上飞掷以入炉，其焰烛天，黑浊之气，数十里不散。"可见煤烟污染空气之严重。

《乾隆东川府志》卷二《气候附》记载："自雍正十年建城后，设局鼓铸，四方负贩者络绎不绝，城市居民渐积，气候亦渐和暖云。"乾隆年间，北京门头沟有煤矿近百座，而房山、宛平等地也有煤矿。采煤必然污染和破坏空气环境。清代，宁夏中卫县有一煤矿，破坏环境，污染空气。

《道光中卫县志》记载："在邑之西南，近河山产石炭。城堡几万家朝爨暮炊，障日笼雾。至冬春则数里外不见城郭，所烧炭皆取给于此山。近西一带有火历年不息，不知燃自何时，等见日吐霏，至夜则光焰炳然，烧云绚霞，照水烛空，俗呼为火焰山。其燃处气蒸凝结，土人取以熬矾，较用他处。"

开矿甚至引发地质运动。明清时期人们注意到开矿导致的严重后果。宋起凤撰《矿害论》，他说："迨其后数十年，矿洞空虚，山灵消歇，地气春秋每一腾伏，则岁必大震，震则雷碾车毂声，民舍城垣，屡为摧毁，其间人文阻丧，三四十年间无一杰发。邑之凋残困苦，至今犹指遗矿诸山为怨薮云。"开矿导致地下空洞，每逢地质环境冷热膨胀，引发地震，破坏建筑，并使得文化相应地毁坏了。[1]

开矿有利也有弊。清代有些地方官员论述了开矿的利益与危害，有人指出："粤地多宝山，然识之极难，虽老于此事者亦不甚辨，然识之极难，虽老于此事者亦不甚辨。……粤西共有数十厂，惟南丹为最旺，采获无算，直与康熙年间之石灰窑埒。……开矿之役，其利有三，其害亦有三。上而裕国，下而利民，中而惠商，此三利也。然而开山设厂，每不顾田园庐墓之碍，而且洗炼矿砂之信水，流入河中，凝而不散，腻如脂，毒如鸩，红黄如丹漆，车以粪田，禾苗立杀，其害一。又开矿之役，非多人不足给事，凿者、挖者、捶者、洗者、炼者、奔走而挑运者、董事者、帮闲者，每一厂不下百余人，合数十

---

① 《乾隆大同府志》卷二十六《艺文》。

厂，则分布数千万游手无籍之人于荒岩穷丛中，奸宄因而托迹，么麼得以乘机，祸且有不可知者，其害二。又开矿者，每在山腰及足，上实下虚，势必崩塌。昔年回头山穿穴太甚，其山隆然而倒，数百人窆瘞其中，长平之坑，不加其酷。况乎砂非正引，土性松浮，随掘随塌，更属可危，则矿而冢也，匠而鬼也，利薮而祸坑也，不亦大可哀乎？其害三。"① 这一段议论可以说是对开矿利弊进行的客观评价，但如何化弊为利，清人没有展开议论。

在传统社会，人们笃信风水，认为风水是不允许破坏的，否则会导致国亡家衰。因此，古人常以风水的名义保持环境，制止开矿。乾隆二十一年（1756年），浙江驼峰山曾经出现禁止开凿的事情。史载："形家者言，驼峰为郡治后障，越城之捍门水口，此与下马禹山并为沿海要区，如一开凿，则全郡脉伤，而海潮亦无所抵。雍正十二年（1734年），海宁塘工方兴，奸民觊觎伐石，诡称是山为蜓蚰山，石坚可用。制府嵇公悉其奸状，下令永禁。"② 针对开矿破坏风水说，洪仁轩在《资政新篇》曾经指出："名山利薮，多有金银铜铁锡煤等宝，大有利于民生国用。今乃动言风煞，致珍宝埋没，不能现用。请各思之，风水益人乎，抑珍宝益人乎？数千年之疑团牢而莫破，可不异惜哉！"洪仁玕在《资政新编》提出了一些崭新的改革思想，如奖励科技文明，保护专利权，鼓励开矿，发展交通和通讯。这是一套超前的治国大纲，是现代化的号角，可惜这些建议没有人重视，在当时也不可能实现。

二、对开矿的争议

明代，从朱元璋到朱棣，都不太重视开矿，其原因不是从环境角度考虑的，而是认为开矿不利于社会安定。

据《明史·食货五》可知：洪武年间，有臣子请开银场，朱元璋说："银场之弊，利于官者少，损于民者多，不可开。"其后，又有"请开陕州银矿者"，受到朱元璋的训斥："土地所产，有时而穷。岁课成额，征银无已。言利之臣，皆戕民之贼也。""临淄丞乞发山海之藏以通宝路，帝黜之。成祖斥

---

① 沈日霖：《粤西琐记》卷二四《矿说》。
② 《嘉庆山阴县志》卷三《土地志·驼峰山禁开凿事略》。

河池民言采矿者。仁、宣仍世禁止，填番禺坑洞，罢嵩县白泥沟发矿。"

明中期，国库告急。朝廷为了收税，开矿情况增多。万历年间，"开采之端启，废弁白望献矿峒者日至，于是无地不开，中使四出"。

由于开矿，导致民众聚集，容易生事，并经常发生官民之间的纠纷，朝廷为平息动荡，颇伤脑筋。地方官员上奏，反对聚集开矿。

山西巡抚魏允贞上言："方今水旱告灾，天鸣地震，星流气射，四方日报。中外军兴，百姓困敝。而嗜利小人，借开采以肆饕餮。倘衅由中作，则矿夫冗役为祸尤烈。至是而后，求投珠抵璧之说用之晚矣。"

河南巡按姚思仁亦言："开采之弊，大可虑者有八。矿盗哨聚，易于召乱，一也。矿头累极，势成土崩，二也。矿夫残害，逼迫流亡，三也。雇民粮缺，饥饿噪呼，四也。矿洞遍开，无益浪费，五也。矿砂银少，强科民买，六也。民皆开矿，农桑失业，七也。奏官强横，淫刑激变，八也。今矿头以赔累死，平民以逼买死，矿夫以倾压死，以争斗死。及今不止，虽倾府库之藏，竭天下之力，亦无济于存亡矣。"（以上均见于《明史·食货五》）

除此之外，统治者还认为开矿破坏了环境，担心带来不可预测的后果。正统初年，朝廷认为在皇城西北烧窑有碍风水，下令"京城西北俱不得掘土，其东南许出城外五里，天地、山川坛许去垣外三里"[1]。

反对开采的声音，在明代从未中断。如《明神宗实录》卷三一一记载：万历二十五年（1597年）六月辛酉，户科给事中程绍以"矿变多端，火光示异，请罢开采"。朝廷没有理睬。

但是，明代也有主张开矿的声音。成化进士宋端仪《立斋闲录》卷一记载明代处士高巍上时事："开铁冶。臣闻地不爱宝。夫宝者何？鱼盐、金银、铜锡、铁是也。今我国家鱼盐之利既兴，不可复有议也。惟金银、铜锡、黑铁，所谓山泽之利，未尽出也。曰金银虽宝，不过富贵之家为妇女之首饰，铜锡为器皿妆点耳。惟黑铁一物，军民利器不可一日而无者也。天下山泽之利，臣不知其余，且以臣邻境所有言之。今在河南之北，北平之南，山西之东，山东之西，旧有八冶：曰临水，曰彭城，曰固镇，曰崔炉，曰祁阳，曰山唝儿，曰沙窝，曰渡口。询之故老，言说在胡元时设立总司提督，搧取日万贯，例禁

---

[1]《明英宗实录》卷二十三。

民间，不敢私贩，此胡元之旧弊。今三布政司地面，农民多缺利器，欲自搧取，许纳课程，犹且不敢。以臣愚见，以产铁去处行移文榜，如有丁力之家，或二户，或三户，或五户，相合起炉一座，矿炭随便所取。国家月课收钞贯，止征铁数，易换粟帛，许民兴贩。如此，上济国用，下便农器，庶不弃山泽自然之利也。臣昔经过矿炭之场，见料炭之例，而兴贩之，实军国所用之大利也。"高巍的这番议论是在调查基础上形成的，他认为农民需要铁器，铁器有利于农业生产。他主张放开冶炼业，政府抽取税收，从而一举几得。

清代，乾隆年间曾有一场关于开矿的争议。大学士兼礼部尚书赵国麟上奏，请求允许各地开煤矿，"凡产煤之处，无关城池龙脉及古昔帝王圣贤陵墓，并无碍堤岸通衢处所，悉听民间自行开采，以供炊爨。照例完税"①。针对赵国麟的奏文，乾隆五年（1740 年）十二月初八日，两江总督杨超曾上奏，提出："民生日用之需，固必取资于地利，而南北风土各异，尤当顺适乎物情……江省人户稠密，界址毗连，庐舍坟茔所在皆有，若令产煤之处听民自行开采，徒滋纷争告讦之端，究无裨于民生日用之务。"②

雍正二年（1724 年）九月初八日，谕两广总督孔毓（王旬）："昔年粤省开矿聚集多人，督抚奏称四五万人，其实不下一二十万，遂至盗贼渐起，邻郡戒严，是以永行封闭。夫养民之道，惟在劝农务本，若皆舍本逐末，争趋目前之利，不肯尽力畎亩，殊非经常之道。且各省游手无赖之徒望风而至，岂能辨其奸良而去留之？势必至于众聚难容。况矿砂乃天地自然之利，非人力种植可得，焉保其生生不息？今日有利，聚之甚易，他日利绝，则散之甚难，曷可不彻始终而计其利害耶？"③ 此材料可见，雍正皇帝预见到矿藏资源是有限的，唯有务农，最能安顿百姓。

由于燃料困难，地方政府请求采煤。乾隆二年（1737 年）二月初三，湖南巡抚高其倬奏："湘乡、安化百姓纷纷呈请，以湘乡、安化之山因有煤矿之气上蒸，皆不畅生草木，所生之微丛稀草，数年以来采取殆尽，目下民间日用

---

①《清高宗实录》卷一百一十。

②《清代的矿业》，第 11—12 页。

③《清代的矿业》，第 24 页。

之柴薪，不但价值腾贵，而且采取维艰，恳求容其采煤，以济日用。"①

当时有些开明的地方官员主张开矿。乾隆十四年（1749 年）十二月十二日，闽浙总督喀尔吉善、署理浙江巡抚永贵奏："天地自然之利，原不禁民之取携，而地方兴革之宜，尤贵因时以通变。且与其禁而私采，致阳奉而阴违，何如立法官开，可以惠民而不费。应请将浙省各属产铁砂坑，除近海者仍行封禁外，其温、处二府属之云和、松阳、遂昌、青田、永嘉、平阳、泰顺七县，俱去海尚远，准其开采。"②

据《清高宗实录》卷二百九十七，乾隆年间，朝廷一度鼓动开矿，但在少数民族地区仍然实行谨慎的态度。广西发生过一例关于开矿的争议。起初，署理广西巡抚印务臣鄂昌在乾隆十二年（1747 年）七月八日上奏："臣留心差人四处查访，数月以来，得有桂林府属义宁县龙胜以内之独车地方，与湖南绥宁县连界，该处有耙冲岭，坐落楚地，露有铜矿，铜矿甚旺，应行开采。"乾隆皇帝阅读奏文之后，认为苗地容易闹事，应当谨慎其事，把朱批转给了湖南巡抚杨锡绂，杨锡绂顺应乾隆的旨意，上奏表示不宜在苗地开矿，杨锡绂上奏说："此地粮田数千亩，全仗溪水灌溉，若开采，必在溪内淘洗矿砂，有碍灌田。再，每逢天雨，水从厂上流下，俱有铜锈气汁，禾苗被伤，更兼聚集外来多人……应请仍旧封禁为便。"③ 这是从环境的角度，认为开矿破坏农业生产，建议封禁为宜。

《清朝文献通考》卷三十《征榷》记载：康熙十四年（1675 年）不定期开采铜铅之例，"大抵官税其十分之二，其四分则发价官收，其四分则听其流通贩运；或以一成抽课，其余尽数官买；或以三成抽课，其余听商自卖；或有官发工本招商承办，又有竟归官办者。额有增减，价有重轻，要皆随时以为损益云"。由此条材料可见，清朝开矿，有不同的管理形式，或民办，或官办，或官商合办，最终都是朝廷得利。

晚清，由于朝廷需要开支，加上工业的发展，形成了大规模开矿的局面。但是，清朝政府对开矿持戒备心理，这倒不是因为开矿破坏了环境，主要是担

---

①《清代的矿业》，第 465 页。

②《清代的矿业》，第 68 页。

③《清通鉴》卷一〇四。

心矿工聚集，容易闹事。民间一听说有矿开采，就四方云集，人数达几万或几十万，如有人造反，官军很难到山区镇压。

　　整体而言，明清时期人们的矿藏知识更加丰富了，开矿的情况也增多了，矿业造成的环境污染与破坏成为人们关注的问题了。但是，由于工业还没有发展起来，矿业与环境的矛盾还不是社会的主要问题。

第九章

明清的环境观念与环境管理

　　明清时期，人们的眼光越来越多地注视到环境问题上。人们的环境观念日益加强，对人与天、人与气、人与水的关系有不少论述，在伦理上有坚守；对环境保护也越来越重视，有环境管理的机制与各方面的具体举措。

第一节　环境观念

一、环境情结

　　明清时期人们对环境的关注与热爱，超过了以往任何时候，有许多文献可以为证。

　　明代徐霞客是极具环境情结的代表人物。他把一生都投入到大自然的旅行中，了解自然，探究自然，记载并研究自然，撰写了不朽的《徐霞客游记》，成了一名卓越的环境学家。

　　为什么徐霞客有如此深的环境情结呢？

　　从时代与社会背景来看，明代是中国人注重环境的时期。徐霞客出生在江苏，江苏灵秀的山水孕育了人们的山水情结。

　　从徐霞客的家庭背景来看，他出生在一个殷实的世家，其家族是非常讲究环境的。徐霞客故居原名崇礼堂，坐落在江苏江阴市马镇的一个小村庄，原有十三进，每进九间，这样的规制是符合中国环境观念的。① 据说，徐霞客的墓地也是由他亲自选定的，墓朝东方，墓前有潺潺流水，是很好的环境格局。

　　从徐霞客的学识看，他阅读过许多历史地理书，如《禹贡》《山海经》《大明一统志》，还有各地的方志。从《徐霞客游记》中可见，他每次出外考察，都要作一番准备，随身携带各种书籍，或借，或买，或抄，必欲得之而后

---

① 郑祖安等主编：《徐霞客与山水文化》，上海文化出版社 1994 年版，第 3 页。

罢。他每到一地，总是尽可能地借一些当地的书，以之与实践中的见闻进行比较研究。他还注意实地考察碑刻文献，如他到宁远县，"蓝山大道南行十五里至城。共四里过宝林寺，读寺前《护龙桥碑》，始知宝林山脉由北柱来"。徐霞客是行万里路、读万卷书的典范。

徐霞客的环境情结主要体现在人生价值取向方面，有四点精神：

淡泊名利的精神。每个人如何处理好入世与出世的关系？儒家与道家各有所执，但都有偏颇。徐霞客放弃科举，无官，无职，无俸禄，走上了一条探究大自然的道路。他的事迹告诉我们：人生要想做出真学问，就要淡泊。人生不应只追求功名，而应追求真知。

敢于冒险的精神。徐霞客不怕吃苦，不怕牺牲，专走复杂崎岖之路，专攀艰难险阻之山，专钻险象环生之洞。历史上有张骞、法显、僧一行等都是敢于冒险的先贤，徐霞客与他们相比，侧重在自然的探索上。他绝不是一个单纯的游客或冒险家，而是冒着生命危险去揭示环境真面目的学者。

大胆质疑的精神。徐霞客走出了书斋，开拓了一个新领域。他敢于质疑，一直想破解长江源头问题，提出了"何江源短而河源长"？他对《禹贡》"岷山导江"说提出不同的看法，用排除法分析江源，认为金沙江从其他的山区流不出去，只能向东，成为长江的源头。他之所以多次到西南探险，是想从实地了解第一手信息。

坚持科学的精神。徐霞客反对迷信，他到湖南探险上清潭与麻叶洞时，当地民众称此"俱神龙蛰处，非惟难入，也不敢入也"，"此中有神龙"，"此中有精怪。非有法术者，不敢摄服"。① 徐霞客丝毫不受这些观念的约束，体现了唯物主义的科学观。

除了徐霞客，李时珍也是一个特别热爱环境的代表。李时珍出生在生态具有多样性的蕲州。蕲州城三面环水，附近有起伏的山岗，周围尽是花草虫木，珍禽异兽。蕲州城一直是长江中游的著名药市，南来北往、东来西去的药商把各地的信息带到了蕲州城。在这样的一块土地上孕育出李时珍，不是偶然的。李时珍从小热爱自然，注重实践。他成年后经常深入到药材资源产地，足迹遍

---

① （明）徐弘祖撰，朱惠荣校注：《徐霞客游记校注》，云南人民出版社 1985 年版，第 209、210 页。

及湖北、湖南、河南、安徽、江西、江苏、浙江、福建、广东等省。他在深山峡谷、河边溪畔采集标本、摹绘图像，到过鄂北的太和山，江西的庐山，南京的摄山、茅山、牛首山，历时长达 15 年之久。李时珍像蜜蜂采花一样，在大自然中获取了知识与智慧，其写出《本草纲目》，实乃得江山之助。

李时珍主张尊重自然规律，顺应天时，按照春夏秋冬四季的变化而养生。他在《本草纲目·序例上》说："经云：必先岁气，毋伐天和。又曰：升降浮沉则顺之，寒热温凉则逆之。故春月宜加辛温之药，薄荷、荆芥之类，以顺春升之气；夏月宜加辛热之药，香薷、生姜之类，以顺夏浮之气；长夏宜加甘苦辛温之药，人参、白术、苍术、黄檗之类，以顺化成之气；秋月宜加酸温之药，芍药、乌梅之类，以顺秋降之气；冬月宜加苦寒之药，黄芩、知母之类，以顺冬沉之气，所谓顺时气而养天和也。经又云：春省酸增甘以养脾气，夏省苦增辛以养肺气，长夏省甘增咸以养肾气，秋省辛增酸以养肝气，冬省咸增苦以养心气。此则既不伐天和而引防其太过，所以体天地之大德也。昧者舍本从标，春用辛凉以伐木，夏用咸寒以抑火，秋用苦温以泄金，冬用辛热以涸水谓之时药。殊背素问逆顺之理，以夏月伏阴，冬月伏阳，推之可知矣。虽然月有四时，日有四时，或春得秋病，夏得冬病，神而明之，机而行之，变通权宜，又不可泥一也。"这实际上是提出了生态养生学的一套观点。

清代统治者对环境的情结，有一个转换的过程。起初，他们住在关外，辽阔的原野，自由奔驰，放荡不羁。当他们进关，住进紫禁城，颇不习惯，如同身囚牢笼。顺治七年（1650 年）七月，摄政王谕："京城建都年久，地污水咸。春秋冬三季，犹可居止，至于夏月，溽暑难堪。"[①] 于是，清代帝王修建颐和园、承德避暑山庄，增加自己的活动空间，与大自然亲近。园林式的行宫是他们非常喜欢的自然，乾隆皇帝写过不少诗词，表达对自然景观的喜爱。

清人在环境中陶冶情操、抒发胸怀。刘献廷《广阳杂记》卷二云："昔人五岳之游，于以开扩其胸襟眼界，以增其识力，实与读书、学道、交友、历事相为表里。"今人张舜徽在《清人笔记条辨》对刘献廷这段话很欣赏，又引顾炎武语："必有体国经野之心，而后可以登山临水；必有济世安之职，而后可以考古证今。"张舜徽感慨地说："亭林以南士羁旅于北，往来秦晋冀豫鲁之

---

① 《清世祖实录》卷四十九。

间，继庄以北人而徙家于南，遍历吴楚湘鄂之域，其行事甚相类，而其志固不在游览山水也。"①

清人把对环境的情操转换为对环境的观察，出现了不少细心观察环境的人物。王士禛就是其中之一。他撰有《香祖笔记》，有不少对环境观察所得，如《香祖笔记》卷五记载："菌毒往往至杀人，而世人不察，或以性命殉之。予门人吴江叶进士元礼（舒崇）之父叔，少同读书山中，一日得佳菌，烹而食之，皆死。予常与人言以为戒。"这说明时人对于菌种的毒性有了一定的认识。同卷记载物质各有用途："椰杯见毒则裂，岭南人多制为食器以辟蛊。永安产烛竹，文信公驻军时，燃此竹以代炬。海蜘蛛生粤海岛中，巨若车轮，文具五色，丝如绲组。虎豹触之，不得脱，毙乃食之。"

王士禛有一位布衣画家朋友戴本孝，他送给王士禛一幅画，题诗云："丛薄何蓊秽，乔木无余阴。斧斤向天地，悲风摧我心。不知时荣者，何以答高深？"又云："草木自争荣，攀援与依附。凌霄桑寄生，滋蔓尚可惧。惜哉不防微，良材化枯树。"王士禛在《池北偶谈》中记载了此事，表露出山水画家对自然环境的眷恋之情与环保思想。

清人在观察天文、物候、山川河流之时，留心其变化。纪昀在《阅微草堂笔记》卷十五《古今异尚》中记载："盖物之轻重，各以其时之好尚，无定准也。记余幼时，人参、珊瑚、青金石，价皆不贵，今则日昂。绿松石、碧鸦犀，价皆至贵，今则日减。云南翡翠玉，当时不以玉视之，不过如蓝田乾黄，强名以玉耳；今则以为珍玩，价远出真玉上矣。又灰鼠旧贵白，今贵黑。貂旧贵长毳，故曰丰貂，今贵短毳。银鼠旧比灰鼠价略贵，远不及天马，今则贵几如貂。珊瑚旧贵鲜红如榴花，今则贵淡红如樱桃，且有以白类车渠为至贵者。盖相距五六十年，物价不同已如此，况隔越数百年乎！"这说明，随着时间的推移，人们观察的视野、认识的评价体系都在相应地变化。

清人在观察环境变化之时，感叹人生。方苞在《游潭柘记》中说到游览山川时说："昔庄周自述所学，谓与天地精神往来。余困于尘劳，忽睹兹山之与吾神者善也，殆恍然于周所云者。余生山水之乡，昔之日谁为羁绁者，乃自

---

① 张舜徽：《清人笔记条辨》，中华书局 1986 年版，第 23 页。

牵于俗以桎梏其身心，而负此时物，悔岂可追邪！"①

清人在欣赏环境美的同时，间接看到人的美丽。李渔在《闲情偶寄》把菊花与牡丹、芍药相比，认为人们在栽种菊花的过程中，付出的劳动代价最大，菊花之美，美在人的栽培。他在其中的《种植部·草本·菊》说："菊花者，秋季之牡丹、芍药也。……人皆谓三种奇葩，可以齐观等视，而予独判为两截，谓有天工人力之分。何也？牡丹、芍药之美，全仗天工，非由人力。……菊花之美，则全仗人力，微假天工。……此皆花事未成之日，竭尽人力以俟天工者也。即花之既开，亦有防雨避霜之患，缚枝系蕊之勤，置盎引水之烦，染色变容之苦，又皆以人力之有余，补天工之不足者也。为此一花，自春徂秋，自朝迄暮，总无一刻之暇。必如是，其为花也，始能丰丽而美观，否则同于婆婆野菊，仅堪点缀疏篱而已。若是，则菊花之美，非天美之，人美之也。……使能以种菊之无逸者砺其身心，则焉往而不为圣贤？使能以种菊之有恒者攻吾举业，则何虑其不掇青紫？"美丽的环境是人们用审美眼光发现的，用辛勤劳动换来的，人与环境共同创造了美。

李渔在《闲情偶寄》的"种植部"从木槿花的开谢，说到人的生与死："木槿朝开而暮落，其为生也良苦。与其易落，何如弗开？造物生此，亦可谓不惮烦矣。有人曰：不然。木槿者，花之现身说法以儆愚蒙者也。花之一日，犹人之百年。人视人之百年，则自觉其久，视花之一日，则谓极少而极暂矣。不知人之视人，犹花之视花，人以百年为久，花岂不以一日为久乎？无一日不落之花，则无百年不死之人可知矣。……花之落也必焉，人之死也忽焉。使人亦知木槿之为生，至暮必落，则生前死后之事，皆可自为政矣，无如其不能也。"

中华民族一向以尊重和顺从自然为重要内容。近人梁启超在《孔子》一文中曾经评论说：孔子终是崇信自然法太过，觉得天行力绝对不可抗，所以总教人顺应自然，不甚教人矫正自然，驾驭自然，征服自然。原来人类对于自然界，一面应该顺应它，一面应该驾驭它。非顺应不能自存，非驾驭不能创造，中国受了知命主义的感化，顺应的本领极发达。所以数千年来，经许多灾害，

---

① 《望溪先生文集》卷十四，载谭其骧主编：《清人文集地理类汇编》第六册，浙江人民出版社1990年版，第134页。

民族依然保存，文明依然不坠，这是善于顺从的好处。但过于重视天行，不敢反抗，创造力自然衰弱，所以虽能保存，却不能向上，这是中华民族的一种大缺点。[①]

可见，明清时期人们的环境情结是丰富的，有很强的思想性。

二、环境哲理

明清学者的环境观念具有哲理性，例如顾祖禹在《读史方舆纪要》的《序》中认为，环境是固定的，不变的，而人的思想是灵活的，人应当以变通的思想看待环境，"且夫地利亦何常之有哉？……是故九折之坂、羊肠之径，不在邛崃之道、太行之山；无景之溪、千寻之壑，不在岷江之峡、洞庭之津。及肩之墙，有时百仞之城不能过也。……城郭山川，千秋不易也。起于西北者，可以并东南；而起于东南者，又未尝不可以并西北。故曰：不变之体，而为至变之用；一定之形，而为无定之准。阴阳无常位，寒暑无常时，险易无常处。知此义者，而后可与论方舆。使铢铢而度之，寸寸而比之，所尖必多矣"。他又说："西北多山，而未尝无沮洳之地；东南多水，而未尝无险仄之乡。"他还举例说明了人与环境的变通关系："函关、剑阁，天下之险也。秦人用函关却六国而有余；迨其末也，拒群盗而不足。"最后，他总结说："阴阳无常位，寒暑无常时，险易无常处。"

以下从人与天、人与气、人与水三个方面作介绍。

（一）人与天

中华先哲一直注意探讨天人关系，积淀了无比丰富的天人思想。明清时期的哲人也有许多相关的论述，使中华天人思想达到新的层面。

刘基在《松风阁记》谈到山林之乐："雨、风、露、雷，皆出乎天。雨露有形，物待以滋。雷无形而有声，惟风亦然。风不能自为声，附于物而有声，非若雷之怒号，訇磕于虚无之中也。惟其附于物而为声，故其声一随于物：大小清浊，可喜可愕，悉随其物之形而生焉。土石峞岋，虽附之不能为声；谷虚

[①] 梁启超：《饮冰室合集·专集之三十六》，中华书局 1989 年版，第 25 页。

而大，其声雄以厉；水荡而柔，其声沟以隘。皆不得其中和，使人骇胆而惊心。故独以草木为宜。而草木之中，叶之大者，其声窒；叶之槁者，其声悲；叶之弱者，其声懦而不扬。是故宜于风者莫如松。盖松之为物，干挺而枝樛，叶细而条长，离奇而龙偃，潇洒而扶疏，鬖髿而玲珑。故风之过之，不壅不激，疏通畅达，有自然之音；故听之可以解烦黩，涤昏秽，旷神怡情，恬淡寂寥，逍遥太空，与造化游。宜乎适意山林之士乐之而不能违也。"①

这段话中，有不少精湛的生态思想，如"雨露有形，物待以滋"，讲明了万物对水的依赖。"风不能自为声，附于物而有声"，自然现象往往是以"他物"的存在而存在。刘基推崇松树，从松树在自然界中的状态，体会到人也应当"潇洒而扶疏"。

刘基还撰有《郁离子》，书的字数不多，但精彩之处不少，其中对天人关系发表了一些独到的看法。郁，有文采的样子；离，八卦之一，代表火；郁离，就是文明的意思。郁离，寓意有自然哲学的思想。刘基在《郁离子》中认为万物都是天的奉献、天创造出来的一部分，他说："夫天下之物，动者、植者、足者、翼者、毛者、倮者……出出而不穷，连连而不绝，莫非天之生也，则天之好生亦尽其力矣。"这就是说，不论是动物，还是植物，尽管层出不穷，但都是自然的一部分，都是环境的产物。

刘基是一个政治思想家，怎么会关注起环境呢？这，与明初残酷的政治斗争有关，也与刘基的智慧有关。明太祖朱元璋生性多疑，对那些与他一道打天下的功臣总是放心不下，必欲置之死地而后快。杨宪、胡惟庸、蓝玉等人无不罹难。刘基在文臣中是仅次于李善长的有功之臣，智慧超人，难免被朱元璋猜忌。于是，刘基明哲保身，多次辞去官职，要求回归山林。他写一些与自然相关的诗文，表明自己的兴趣发生了转移。在体味自然的过程中，他也悟出了人世间的一些道理。

明代王士性在《广志绎》中记录了彗星，否认了天星与人际之间的关系。他说："丁丑年，长星之变昏则舒芒数丈，拍拍有声，经月不止。说者谓是拖练尾指东南，当有兵。"王士性提出了二者并无关联的正确观点："说者又谓当有大兵方应，然今已二十年，即有眚灾，当远矣。"

---

① 刘基著，林家骊点校：《刘基集》，浙江古籍出版社 1999 年版，第 108 页。

王阳明在《传习录》中提出天人一体的观念，他说："盖天地万物，与人原是一体，其发窍之最精处，是人心一点灵明。风、雨、露、雷、日、月、星、辰、禽、兽、草、木、山、川、土、石与人原只一体，故五谷禽兽之类，皆可以养人；药石之类，皆可以疗疾；只为同此一气，故能相通耳。"

谢肇淛相信天人感应，认为人事大的变动与天象有关，天象反映政事。《五杂俎》卷一《天部》记载："正德初，彗星扫文昌。文昌者，馆阁之应也。未几，逆瑾出首，逐内阁刘健、谢迁，而后九卿台谏无不被祸。万历丁丑（1577 年）十月，异星见西南方，光芒亘天，时余十余岁，在长沙官邸，亦竟见之。无何，而张居正以夺情事杖，赵用贤、吴中行、艾穆、邹元标等，编管远方；逐王锡爵、张位等。朝中正人为之一空。变不虚生，自由然矣。"

清初思想家王夫之对宋代张载的《西铭》有很高的评价，他在《张子正蒙注》卷九中说："张子此篇，补天人相继之理，以孝道尽穷神知化之致，使学者不舍闺庭之爱敬，而尽致中和以位天地，育万物之大用，诚本理之至一者以立言，而辟佛、老之邪迷，挽人心之横流，真孟子以后所未有也。"

王夫之在《读通鉴论》卷十二提出："上以奉天而不违，下以尽己而不失。"意为对上要侍奉上天并且不违背上天的意志（自然规律），对下要尽到自己的力量并且不疏忽。王夫之在《尚书引义》卷一认为，人要尊重自然，但仍要发挥人的主观能动性，他说："所谓肖子者，安能父步亦步，父趋亦趋哉！父与子异形离质，而所继者惟志。天与人异形而离质，而所继者惟道也。天之聪明则无极矣，天之明威则无常矣。从其无极而步趋之，是夸父之逐日，徒劳而速敝也。从其无常而步趋之，是刻舷之求剑，愗不知其已移也。"意为：平常所说的孝子，怎么能跟着父亲亦步亦趋？父和子不同的身体，独立为两个个体，因而所能继承的只有志向。自然与人，不同体也不同质，因而人所能继承的只有不变的天道。大自然的变化是没有限制的，大自然的表象和威力则是没有规律的。跟随大自然没有限制的变化，就像夸父追日那样，是白费劳力而容易疲敝的。跟随它的没有常规，这就像刻舟求剑，昏头昏脑不知道船已经移动了。

康熙皇帝曾经提出了"民胞物与"的重要观点，他说："仁者以万物为一体。恻隐之心，触处发现。故极其量，则民胞物与，无所不周。而语其心，则慈祥恺悌，随感而应。凡有利于人老，则为之；凡有不利于人者则去之。事无大小，心自无穷，尽我心力，随分各得也。"① 意为：仁爱的人应把万物看作一体。同情心随处都可以发现。所以最大限度地说，他把百姓当作同胞兄弟，把万物视为同类，仁爱之心遍及天下万物。说到他的内心，则是慈祥和乐，随着感觉而相应地发生。凡是有利于他人和长辈的事情，就去做；凡是不利于他人的事，就放弃它。无论事情的大小，仁爱之心是无穷无尽的，只要尽心尽力去做，照样会有快乐的收获。

（二）人与气

从总体而言，明代的人们对环境的观察还是传统的，不是近代的，思想框架与思维模式还停留在旧式的层面。从哲学角度而言，人们仍然用朴素的"气说"解释万事万物。"气说"是明清哲人看待问题的出发点与评价标准。

明代刘基在《郁离子·神仙》中说："天以其气分而为物，人其一物也。天下之物异形，则所受殊矣。修短厚薄，各从其形，生则定矣。"这段话把天地间的一切现象都理解为气，各种物体都不过是气的形式。

明初丘濬在《南溟奇甸赋》中，从"气"的角度论述海南岛与大陆的一体关系："天地盛大流行之气，始于北而行于南。始也，黄帝北都涿鹿，中而尧舜渐南而都于河东，其后成周之盛，乃自丰镐又南而宅于洛中，盖自北而渐南，非独天地之气为然，而帝王之治亦循是以为始终。盖水生天一，而坎位于北，而艮之为山，又介乎东北之间。自北而来，折归于南，其气之所以融结而流行者，非止乎一水一山。山之余而为岭，水之委而为海，而是甸居乎岭海之外，收其散而一之，透其余而出之。所以通其郁而解其结，其域最远，其势最下。其脉最细。是以开辟以来，天地盛大流行之气独其后至，至迟而发。迟固其理也，亦其势焉。"

缪希雍在《葬经翼》中说："凡山紫气如盖，苍烟若浮，云蒸霭霭，四时弥留，皮无崩蚀，色泽油油，草木繁茂，流泉干洌，土香而腻，石润而明，如是者，气方钟而未休。云气不腾，色泽暗淡崩摧破裂，石枯土燥，草木零落，水泉干涸，如是者，非山冈之断绝于掘凿，则生气之行乎他方。"山川是大地的脊梁，山以气凝，气因山著。人们从"气"的状况可以推断环境的好坏，

---

① （清）康熙：《庭训格言》，中州古籍出版社 2010 年版。

认为山上的草木土石反映了生态的基本面貌。

李时珍在《本草纲目》中对"气"有许多论述，他赞同"天地一气"的观点，说："是故天地之造化无穷，人物之变化亦无穷。贾谊所谓'天地为炉兮造化为工，阴阳为炭兮万物为铜。合散消息兮安有常则，千变万化兮未始有极。忽然为人兮何足控抟，化为异物兮又何足患'。此亦言变化皆由于一气也。"

李时珍注意到天气、地气、人气的关系，气之不同，病就不同。他在《本草纲目》中认为："天之六气，风、寒、暑、湿、燥、火，发病多在上；地之六气，雾、露、雨、雪、水、泥，发病多在乎下；人之六味，酸、苦、甘、辛、咸、淡，发病多在乎中。发病者三，出病者亦三。风寒之邪，结搏于皮肤之间，滞于经络之内，留而不去，或发痛注麻痹，肿痒拘挛，皆可汗而出之。痰饮宿食在胸膈为诸病，皆可涌而出之。寒湿固冷火热客下焦发为诸病，皆可泄而出之。吐中有汗，下中有补。"

李时珍在《本草纲目》中还论述石与气的关系。他把石头当作一种气的存在，很重视石头与人的关系，强调有些石头就是药物。他说："石者，气之核，土之骨也。大则为岩岩，细则为砂尘。其精为金为玉，其毒为礜为砒。气之凝也，则结而为丹青；气之化也，则液而为矾汞。其变也；或自柔而刚，乳卤成石是也；或自动而静，草木成石是也；飞走含灵之为石，自有情而之无情也；雷震星陨之为石，自无形而成有形也。大块资生，源钧炉韛，金石虽若顽物，而造化无穷焉。身家攸赖，财剂卫养，金石虽曰死瑶，而利用无穷焉。"

明末清初思想家黄宗羲在《宋元学案·濂溪学案》中说："通天地、亘古今，无非一气而已。气本一也，而有往来、阖辟、升降之殊。"指出气是构成事物的本质。

宋应星在《论气·气声》中对声音的产生和传播做出了合乎科学的解释，认为声音是由于物体振动或急速运动冲击空气而产生的，并通过空气传播，同水波相类似。

天与人之间有"气"，人与气有密切的关系。王夫之在《张子正蒙注》《周易外传》《读通鉴论》《宋论》等著作中反复强调宇宙是物质所构成的物质实体，提出"理在气中""无其器则无其道"的观点。他在《思问录·外篇》中提出了关于生物体新陈代谢的观念，他说："质日代而形如一……肌肉之日生而旧者消也，人所未知也。人见形之不变而不知其质之已迁。"

（三）人与水

明代学者还从水的角度探讨了环境与人的关系，不乏见解。

对于环境与人的关系，李时珍《本草纲目》有非常深入的观察与研究。他在《水部》中对水有不同角度的论述，如：

水在环境中有不同的状况与作用。"水者……上则为雨露霜雪，下则为海河泉井。流止寒温，气之所钟既异；甘淡咸苦，味之所入不同。是以昔人分别九州水土，以辨人之美恶寿夭。盖水为万化之源，土为万物之母。饮资于水，食资于土。饮食者，人之命脉也，而营卫赖之。""流水者，大而江河，小而溪涧，皆流水也。其外动而性静，其质柔而气刚，与湖泽陂塘之止水不问。然江河之水浊，而溪涧之水清，复有不同焉。现浊水流水之鱼，与清水止水之鱼，性色迥别；淬剑染帛，各色不同；煮粥烹茶，味亦有异。则其入药，岂可无辨乎。"

地气不同，则水质不同。"凡井以黑铅为底，能清水散结，人饮之无疾；入丹砂镇之，令人多寿。……性从地变，质与物迁，未尝同也。故蜀江濯锦则鲜，济源烹楮则晶。南阳之潭渐于菊，其人多寿；辽东之涧通于参，其人多发。晋之山产矾石，泉可愈疽；戎之麓伏硫黄，汤可浴疠。扬子宜荈，淮菜宜醪；沧卤能盐，阿井能胶。澡垢以污，茂田以苦。瘿消于藻带之波，痰破于半夏之洳。冰水咽而霍乱息，流水饮而癃闭通。雪水洗目而赤退，咸水濯肌而疮乾。"

井泉的水质各有不同。"井水因来源不同，可能分为几类：远从地下泉来的，水质最好；从近处江湖渗进来的，属于次等；有城市沟渠污水混入的，含碱味涩，水质最差。"这种分析，显然注意到水与大环境之间的相互影响。

注意饮水卫生，饮水不当，就有可能生疾。"沙河中水，饮之令人喑。两山夹水，其人多瘿。流水有声，其人多瘿。花瓶水，饮之杀人，腊梅尤甚。炊汤洗面，令人无颜色；洗体，令人成癣；洗脚，令人疼痛生疮。铜器上汗入食中，令人生疽，发恶疮。冷水沐头，热泔沐头，并成头风，女人尤忌之。水经宿，面上有五色者，有毒，不可洗手。时病后浴冷水，损心胞。盛暑浴冷水，成伤寒。汗后入冷水，成骨痹。顾闵远行，汗后渡水，遂成骨痹痿蹶，数年而死也。产后洗浴，成痉风，多死。酒中饮冷水，成手颤。酒后饮茶水，成酒癖。饮水便睡，成水癖。小儿就瓢及瓶饮水，令语讷。夏月远行，勿以冷水濯足。冬月远行，勿以热汤濯足。"

不同的月令，有不同的饮水方法，一年二十四节气，一节主半月，水之气味，随之变迁，此乃天地之气候相感，又非疆域之限也。李时珍引用《月令通纂》说：正月初一至十二日止，一日主一月。每旦以瓦瓶秤水，视其轻重，重则雨多，轻则雨小。观此，虽一日之内，尚且不同，况一月乎。立春、清明二节贮水，谓之神水。此外，他又对寒露、冬至、小寒、大寒、立秋、小满、芒种、白露时的用水与治病提出了个人的看法。

以上可见，李时珍从医家角度对水的论述是非常明智与深刻的，值得今人注意。像李时珍这样的学人学识，明代不乏其人，如徐霞客在《徐霞客游记》中多次论述水与人，《楚游日记》记载："抵祁阳东市……为甘泉寺。泉一方，当寺前坡下，池方丈余，水溢其中，深仅尺许，味极淡冽，极似惠泉水。城东山陇缭绕，自北而南，两层成峡，泉出其中。"他在这里是要说明土质、水质对人的健康是有影响的。

水与人的关系，还体现在文化上。长江中游平原的人们喜欢观水，并仿照水生物创造文化。如，明末清初在湖北咸宁产生了鱼门拳，鱼门拳是仿水中之鱼而形成的拳。传说有武林六义士（戈、韩、董、赵、蒋、钟）隐于咸宁龙泽山（或说泉山），经常到金凤峡的一个湖边，观水中游鱼，得渔人撒网用力之巧，创鱼门拳（又称儒门六艺家、六字门）。鱼门拳如太极图之阴阳鱼，或鲲鹏图之意，表示其鱼龙变化、变化无穷、包罗万象之意。拳架活如车轮，轻如猫行，穿缠手法多，以柔匀人体周身为辅的动作来培补人的真元，是使人延年益寿的一种拳术。鱼门拳观字诀：碧眼无事观鱼游，游来游去最迅速，行动如同风摆柳，车转好似龙回头，捕食最毒恶心意，要学此艺观鱼游。

三、环保伦理

中华民族向来具有居安思危的忧患意识与保护环境的伦理观念。明清时期有许多关于环境保护的论述，大多是用人伦的观点对待自然环境，强调人要有仁慈心，有爱物心，有无私心，有宽容的气度。

在明初的哲人中，刘基经常发表环境保护的言论。他在《郁离子》中对人们破坏环境的行为大加鞭挞。

《郁离子·天道》载："人夺物之所自卫者为己用，又戕其生而弗之恤，甚矣！而曰：天生物以养人。人何厚、物何薄也？人能财成天地之道，辅相天地之宜，以育天下之物，则其夺诸物以自用也，亦弗过；不能财成天地之道，辅相天地之宜，蚩蚩焉与物同行，而曰天地之生物以养我也，则其获罪于天地也大矣。"这段话讲出了人类的罪恶感。人类无止境地掠夺大自然，对大自然没有一点同情心，反过来还要说"天生物以养人"，似乎人就是应当剥夺自然资源的，丝毫不感到惭愧或有罪。人类不能顺应自然，不与自然和谐相处，而是以骄傲自大的样子对待其他物类，这事实上是对自然环境犯了很大的罪。

《郁离子·天地之盗》载："人，天地之盗也。天地善生，盗之者无禁。……执其权，用其力，攘其功，而归诸己，非徒发其藏，取其物而已也。庶人不知焉，不能执其权，用其力而遏其机，逆其气，暴夭其生息，使天地无所施其功，则其出也匮，而盗斯穷矣。……而各以其所欲取之，则物尽而藏竭，天地亦无如之何矣。是故天地之盗息，而人之盗起，不极不止也。然则，何以制之？曰：'遏其人盗，而通其为天地之盗，斯可矣。'"这段以"盗"命题，指出：什么是人类？人类是环境的大盗。生态环境不断地在奉献，而人类却在无止境地盗取。人类用尽了全部的力量，阻挡了环境的良性发展。人类应当节制自己，而让自然也得到应有的获取，让自然享受它们的创造。写到这里，笔者想到了20世纪英国学者汤因比在《人类与大地母亲》的一些话语。汤因比对于人类无止境糟蹋自然非常厌恶，甚至认为是一种罪恶。他说："人类是迄今最强大的物种，但也只有人类是罪恶的。因为只有人类能够知道自己在做什么，并能作出审慎的选择，所以也只有人类才有作恶的能力。"①

宋应星主张爱惜资源，不要竭泽而渔。他在《天工开物·珠玉》说："采珠太频，则其生不继。经数十年不采，则蚌乃安其身，繁其子孙而广孕宝质。"意为不要无止境地掠取资源，应让资源有一个恢复的时间。

丘濬认为人口增多、生态破坏，导致了人伦的危机。他在《大学衍义补·严武备·总论威武之道上》中说："当夫国初民少之际，有地足以容其居，有田足以供其食，以故彼此相安，上下皆足，安土而重迁，惜身而保类。驯至承平之后，生齿日繁，种类日多，地狭而不足以耕，衣食不给，于是起而

---

① ［英］汤因比著，徐波等译：《人类与大地母亲》，上海人民出版社2001年版，第11页。

相争相夺，而有不虞度之事矣。"

王守仁写有《大学问》，书中所谓的大学，即大人之学。所谓大人，即以天地万物为一体之人。王守仁认为，大人之所以为大人，"亦惟去其私欲之蔽，以自明其明德，复其天地万物一体之本然而已耳"。大人无自私的贪欲，大人尊重万物的自然特性。大人明德，"君臣也，夫妇也，朋友也，以至于山川鬼神鸟兽草木也，莫不实有以亲之，以达吾一体之仁"。王守仁主张以仁厚之心对待鸟兽草木瓦石，"是故见孺子之入井，而必有怵惕恻隐之心焉，是其仁之与孺子而为一体也；孺子犹同类者也，见鸟兽之哀鸣觳觫而必有不忍之心焉，是其仁之与鸟兽而为一体也；鸟兽犹有知觉者也，见草木之摧折而必有悯恤之心焉，是其仁之与草木而为一体也；草木犹有生意者也，见瓦石之毁坏而必有顾惜之心焉，是其仁之瓦石而为一体也"。这就是说，大人、孺子、鸟兽、草木都有同一性，共生共荣，以仁厚之心达成和谐。

清代的有识之士主张保护生态环境，建议不要开山造田。汪元方上书，认为山上无树，山土就会被大雨冲刷，变得有石而无泥。山上的泥沙浸积溪湖，良田变成沙地，亩产减少，灾害频繁。棚民只图一时利益，一旦山地的泥土流尽，他们又举家迁到其他地方开山，从不考虑开山的危害。①

清代学者注意到人口增多与环境容量之间的矛盾，史地学家汪士铎（1802—1889 年），江苏江宁（今南京）人，对古代地理有研究，对清代社会环境也有独到见解。他认为社会动乱的原因是人口太多，人多为患。他提倡节制生育，节制人口。汪士铎在《汪梅翁乙丙日记》卷三中说："山顶已殖黍稷，江中已有洲田，川中已辟老林，苗洞已开深箐，犹不足养，天地之力穷矣。种植之法既精，犹不足养，人事之权殚矣。"② 这段话体现了强烈的忧患意识，表明在局部地区已经出现了人口密集而资源有限的矛盾。

农耕民族非常重视家庭伦理，伦理是维系古代社会的凝结剂。这种伦理也渗透到人与环境的关系上，乡村之中有不少乡规民约。有人对在徽州找到的明清时期的 27 份乡村环保碑刻资料，进行了分析，注意到这些资料在乡村保护

①（清）汪元方：《请禁棚民开山阻水以杜后患疏》，《皇朝经世文编续》卷三九。
② 汪士铎：《汪梅翁乙丙日记》，文海出版社 1969 年，第 148—149 页。

树木、维护生态方面是有重要作用的。① 正是有民间广泛的环境伦理思想基础，才有了明清学人的精湛见解，而明清学人的见解反过来又提升了人们认识的高度，为后世留下了宝贵思想财富。

四、环境世俗观念

世俗的环境观念多是迷信的观念。迷信是特定历史条件下人们盲目而愚昧的信念。人类文化的发展是分阶段的，人们的认识总是由无知到有知。迷信是时代局限性的产物，无可厚非。

谢肇淛《五杂俎》卷一《天部》记载了北方的环境迷信习俗，"燕、齐之地，四五月间，尝苦不雨，土人谓有魃鬼在地中，必掘出，鞭而焚之，方雨。魃既不可得，而人家有小儿新死者，辄指为魃，率众发掘，其家人极力拒敌，常有丛毁至死者。时时形之讼牒间，真可笑也！"民间以鞭打死人的方式求雨，实在是愚昧。

明代从事民俗祭祀时，用特定的纸，需要浪费许多竹木。宋应星在《天工开物》中说："荆楚近俗，有一焚侈至千斤者。此纸十七供冥烧，十三供日用。其最粗而厚者，名曰包裹纸，则竹麻和宿田晚稻稿所为也。若铅山诸邑所造柬纸，则全用细竹料厚质荡成，以射重价。最上者曰官柬，富贵之家通刺用之。其纸敦厚而无筋膜，梁红为吉柬，则先以白矾水染过，后上红花汁云。"

徐霞客《楚游日记》记载了环境与民俗迷信的事情。楚地有麻叶洞。"洞口南向，大仅如斗，在石隙中转折数级而下。初觅炬倩导，亦俱以炬应，而无敢导者。曰：此中有神龙。或曰：此中有精怪。非有法术者，不能摄服。"《楚游日记》记载了避邪之物。《楚游日记》记载：在永州参观明神宗庶七子——桂端王朱常瀛的桂王府有石狮，"遂入城，桂府前。府在城之中，圆亘城半，朱垣碧瓦，新丽殊甚。前坊标曰'夹辅亲潢'，正门曰'端礼'。前峙二狮，其色纯白，云来自耒河内百里。其地初无此石，建府时忽开得二石笋，俱高丈五，莹白如一，遂以为狮云"。在宜章县，徐霞客见到了风水塔，并做了记载："其东南山上，有塔五层，修而未竟。过隘口，循塔山之北垂，觅小径

① 卞利：《明清时期徽州森林保护碑刻初探》，《中国农史》2003 年第 2 期。

转入山坳，是为艮岩。"

满人的祖先在 15 至 16 世纪上半期尚保留了较多原始愚昧的观念。作为以游牧渔猎为主要生产方式的民族，文化相对滞后。他们信奉萨满教，萨满即巫师。萨满教形成于原始社会后期，相信万物有灵和灵魂不灭，努尔哈赤在位时推行萨满教。萨满教的残余一直影响着清朝帝王及皇室贵族。

清朝统治者相信五行生克学说，认为天地之间有一种东西在左右着社会。正如本书的第一章所述，清朝的名称得自于阴阳五行学说，术士认为明属于五行之火，火能克金，而"清"旁有水，水能灭火，因此由金更名为清。

清朝用环境变异的情况做"政治文章"，这是中国人的一个传统。史载，康熙六十年（1721 年），朝臣请为康熙登基六十年举行大典，康熙反对，理由是"值暮春清明时，正风霾黄沙之候，或遇有地震日晦，幸而灾乐祸者将借此为言，煽惑人心，故而不举行庆贺仪"[①]。这件事说明康熙是一位考虑问题很周密、很务实的人。

清代统治者相信自然的变异与人事是有关系的，因而非常重视祭祀。清代祭祀，在地点与形式上有所变化。以祭北海为例，历代祭祀都要祭祀北海，有的祀于洛州，有的祀于孟州。清代从关外入主中原，考虑到盛京是发祥重地，土厚水深，长白山水并乌龙、鸭绿诸江，亦尽朝宗于海，则北海之祭不宜仍在长城以内，改在混同江边望祭。

1877 年大旱灾中，曾国荃巡抚山西，徒步求雨，两天不饮食以求雨，还带领百官祈祷。《清稗类钞·迷信类》记载：

光绪丁丑春，曾忠襄公国荃抚山西，时大旱，八月至二月不雨。前督某惧生变，称疾引去。忠襄之官，徒步祈雨，逾月不应。麦枯，豆不可种，民饿死者百万计，忠襄忧甚。三月乙丑，下令城中，官自知县以上，绅自廪生以上，皆集玉皇阁祈雨。旦日众至，则阖门积薪草火药于庭，忠襄为文告天曰："天地生人，使其立极，无人则天地亦虚。今山西之民将尽，而天不赦，诚吏不良，所由致谴，更三日不雨，事无可为，请皆自焚，以塞殃咎，庶回天怒此残黎。"祝已，与众跪薪上，两日夜不食饮。戊辰旦初，日将出，油云敷舒，众方瞻候，见云际神龙蜿蜒，鳞隐现，灼若电光，龙尾黑云如带。方共惊愕，云

---

①《清圣祖实录》卷二百九十一。

渐合，日渐暗，雷隐远空，须臾，大雨滂沱，至巳乃止。民大欢，焚香鼓吹，迎忠襄归。

《乾隆汉阳府志》卷四十七有明代汉阳府地方官员王叔英的《祷雨文》，其文："天不施需泽于兹土殆三越月矣。……叔英今谨待罪于埠之次，自今日至于三日不雨，至四日则自减一食，到五日不雨则减二食，六日不雨则当绝食，饮水以俟神之显戮。诚不忍见斯民失种至饥以死。惟神其鉴之，惟神其哀之。"这样的公文，写得很感人，能够表达民众的心声，得到民众的赞许。

古代城乡到处建庙宇，思想动机与环境灾害有关。五花八门的神祇，形成根深蒂固的民俗信仰。① 《道光安陆县志》卷十二《坛庙》记载安陆县有许多庙宇，如社稷坛、神祇坛、先农坛、城隍庙、淮渎庙、龙王庙等。其中，社稷坛，祭土稷。水土五谷，民资以生，于是祭之，并祭风云雨雷山川。神祇坛，其祭台上的摆设是"中位风云雷雨，左山川，右城隍，神牌以木不用石"。先农坛，"祭先农炎帝神龙氏、后稷之神，以祈谷"。清代地方官员到任，首先到城隍庙，念谒曰："风雨时，五谷熟，神其于我德安民作福，以波及我守土。"这种情况现在看来是迷信，在当时却表达了一种良好的愿望，有利于笼络人心。

中国古代，天文学就是占星术，古人进行了持续而认真的天文观测，做了大量的天文星象之记录，形成了今天所谓天文学的全部内容。但是，也有人用天文探测社会变化，虽无科学道理，但对社会影响很大。如，晚清，民间常用天象学说进行预测。清末的天畯著《变异录》，他在其凡例中云："天象变于上则人事应于下，天人之间隐相感召者，偶志数言于下，以见治乱祸福如循环，然实非无因而至也。"此将他所举事例按时间顺序排列，试析几条：

（道光）二十二年（1842年），春，地震。四月，天矢星见于西南。是时，英人叠犯浙江舟山、镇海、乍浦，陷之。至五月又击毁江南太仓州，之吴淞炮台，突入黄浦，踞上海，盖与星变相应也。

按：把英人侵犯中国，归结为星变，似乎是一种天意，中国人难逃此劫。如果把星变理解为时势尚可，随着西方资本主义的发展，列强必然要把势力伸

---

① 王振忠：《历史自然灾害与民间信仰——以近600年来福州瘟神"五帝"信仰为例》，《复旦学报》（社会科学版）1996年第2期。

向中国。但如果以为自然界的星变可以影响人世间的政治和外务，这是没有根据的。

（咸丰）三年（1853 年）三月辛亥，江苏、浙江地大震，至四日乃止。五月，江苏上海北门外地复出血。八月，乙酉夜，月明如画，空中有磨砻声。或曰天鼓鸣，或曰城愁，未几，刘丽川起义于上海，青浦县之周烈春应之，踞城逐官，欲与洪杨军相连络。年余，乃解散。

按：把刘丽川起义、太平天国起义与天空中的雷声扯为一谈，没有科学依据。农民受压迫而揭竿，根本就没有老天授意。何况，雷声年年有，而农民起义却是好多年才一次。

（咸丰）十一年（1861 年），五月，癸丑，彗星复出西北，长数十丈，犯紫微垣及四辅，月余而灭。时见者谓其芒焰熊熊，几及帝座一星，于咸丰帝必不利，至七月癸卯，乃崩于避暑山庄。

按：两千多年来，古代的文人总是把帝王的生死与天象附会。天上的帝星受扰，必然伤及人间的君主。这是一种君权神授观念，美化君主，借以让人民俯首帖耳地受天子奴役。历史上彗星犯帝座的记载很多，但并不是一定会有帝王死亡，两者没有必然联系。人类文化的发展是分为阶段的，人们的认识总是由无知到有知。迷信是时代局限性的产物，是文化发展中的正常现象，未可厚非。

陈幌在《浙江潮》第 2 期发表《续无鬼论》，分析当时的国情说："亚洲之东，有待亡之老大帝国焉，亦一信鬼神之国也，各行省中，庙宇不知其几千万家，香火不知其几千万种。今岁甲地之神兴大会，明岁乙地之神兴小会，某日某神诞也、某所某鬼现矣。漫淫谤滗，忘反流连，故风俗如中国，实可称为纯粹信鬼神之国。"陈幌揭露了当时流行的鬼魂、妖怪、偶像、符咒、谶纬、城隍等现象。

第二节　环境管理

国家的管理离不开对环境的管理，古今中外，概莫能外。然而，古代的环境管理与当代的管理还是有区别的，至少没有达到工业时代的重视程度。尽管如此，还是有必要梳理明清时期的环境管理，或许对当代还有某些启示。

一、管理机制

中国古代从周代就有关于一整套保护环境的机制，到了明清时期更加完善。

明朝取代元朝，很多制度回到汉人习惯的传统上，在中央和南京各设置吏、户、礼、工、刑、兵六部。其中，户部主管财政、土地和人口，工部主管公共建设，与环境的关系密切一些。

明朝中央废除了中书省，地方上改设十三个承宣布政使司。明朝改州为府，有青州府、扬州府、广州府等。由于环境尚未受到应有的重视，明朝的政府机构没有专门负责环境的单位，但相关的事务还是有人管理的。《明史·职官志》记载："职方掌舆图、军制、城隍、镇戍、简练、征讨之事。凡天下地理险易远近，边腹疆界，俱有图本，三岁一报，与官军车骑之数偕上。"

明朝中央由工部掌天下山泽之政令。工部以下设置有若干官署机构及官吏，具体管理与环境生态相关的事宜。如，工部虞衡清吏司（简称虞衡司）的重要职责就是环境保护，具体工作由郎中、员外郎、主事分掌。"凡鸟兽之肉、皮革、骨角、羽毛，可以供祭祀、宾客、膳羞之需，礼器、军实之用，岁下诸司采捕。水课禽十八、兽十二，陆课兽十八、禽十二，皆以其时。"[①] 又

---

① 《明史·职官志》。

如，工部所属的营缮清吏司和屯田清吏司，其执掌的职事也与环境相关，分管城郭、宫殿、陵寝的营建，木材物料的储备，窑厂、琉璃厂的制作，耕垦屯种，伐薪烧炭，规办营造、木植、城砖，等等。当时制定了有关渔猎、樵牧、营造的一系列制度，这些制度是对以前历朝历代的延续。作为一个农耕文明发达的古老国度，制定这些制度，严格保护环境是其传统，这对于维系大一统的国家是必须的，也是有益的。

明朝的御用苑囿是环境保护的特区，由上林苑监负责管理。洪武年间，朝廷曾"议开上林院，度地城南"，未成；"永乐五年（1407年），始置上林苑监"，下设良牧、林衡、川衡等十属署；至宣德年间定制为良牧、蕃育、林衡、嘉蔬四署。① 上林苑监长官为监正，下设监丞、典署、署丞、录事等吏员。由上林苑监管辖的苑地是禁猎区，"东至白河，西至西山，南至武清，北至居庸关，西南至浑河"的大片区域都成为野生禽兽良好的生息场所。

除了设置官吏机构，明朝以法律作为管理手段。嘉靖年间，明世宗重申城市环境保护的法规："京城内外，势豪军民之家侵占官街，填塞沟渠者，听各巡视街道官员勘实究治。"《大明律·工律二》记载："凡侵占街巷道路而起盖房屋及为园圃者，杖六十，各令复旧。其穿墙而出秽污之物于街巷者，笞四十。"明朝的《问刑条例》卷三百八十记载："京城内外街道，若有作践，掘成坑坎，淤塞沟渠，盖房侵占；或傍城使车，撒放牲口，损坏城脚及大明门前御道棋盘，并护门栅栏，正阳门外，御桥南北，本门月城、将军楼、观音堂、关王庙等处作践损坏者，俱问罪，枷号一个月发落。"由于都城人口较密，而许多房屋是木材的，所以防火是都城的大事。朝廷要求京城居民每家都要设置水缸，负责治安及报时的更铺要置办水桶、钩索等消防的器具。如有火警，各城兵马司要率兵赴救。

清朝，中央机构在六部之外，还有钦天监、太医院、理藩院等，与环境有一定的关系。

清朝对那些保护环境有功的人给予表彰。王士禛《香祖笔记》卷一记载：康熙年间，有浙江巡抚上疏，说："明绍兴府知府汤绍恩，于三江海口筑塘建闸，旱涝无害。逮我朝定鼎，泄水驱沙，灵异尤著；御灾捍患，利益弘多。伏

---

① 《明史·职官志》。

祈敕赐褒封祀典。"皇帝要求礼部讨论，官员们同意敕赐褒封祀典。

《道光安陆县志》卷二十二《名宦》对那些爱护民生的官员立传。如清代官员马见龙在安陆任知县，乾隆辛巳年（1761 年）夏大雨，安陆"西乡一带滨河居民乘屋脊、攀树杪、立高阜，颠沛流离，不堪入目，见龙乘马先驱往来河干觅舟，载面饼往救，竭两昼夜力，全活无算"。另一个乾隆年间的官员罗暹春为德安太守，在郡七年，修龙头石堤，人称罗公堤。"甲午岁大旱，虔心祷雨，请赈……民赖全活。"民间保存着"罗公堤铭"，篆文，形如流水，其文："南流定，万家宵，洲平衍，衣食兴，永久弗忘其心。"可见，地方官员不是置民众生死于不顾，民众对这样的官员感恩戴德。

嘉庆年间，浙江开化县龙山底乡青联村村民立碑封山，规定凡滥砍柴草的，罚钱千文。可见，民间一直流行环境习惯法，它是民间自发生成的精神财富。[①]

《赣州府志》记载，同治二年（1863 年），"赣南林业管理归道、县二级直属第二科，县以下堡、乡、甲订保护山林乡规民约，若有违犯，轻者由堡、乡、甲长按规定解决，重者交县直属第二科处理"。乡规民约主要是约束农民不得随意进山开采，特别是防止偷盗行为。

在本书之中，曾经论及康熙皇帝关注环境，组织测量中华大地。其在环境管理方面也是有实绩的。

二、山水管理

（一）管山

明朝建国之初就颁布了有关山林管理的规定，其内容有："冬春之交，不施川泽；春夏之交，毒药不施原野。苗盛禁蹂躏，谷登禁焚燎。若害兽，听为陷阱获之，赏有差。凡诸陵山麓，不得入斧斤、开窑冶、置坟墓。凡帝王、圣贤、忠义、名山、岳镇、陵墓、祠庙有功德于民者，禁樵。凡山场、园林之

---

① 李可：《论环境习惯法》，《环境资源法论丛》2006 年。

利，听民取而薄征之。"①

明朝对于有文化意义的山林场所，更是格外加以保护，朝廷不断有规定颁布，反复强调。《大明会典》记载，洪武二十六年（1393 年），明太祖朱元璋下令："凡历代帝王、忠臣烈士、先圣先贤、名山岳镇神祇，凡有德泽于民者，皆建庙立祠，因时致祭，各有禁约，设官掌管，时常点视，不许军民入内作践亵渎。"洪武三十年（1397 年），明朝编定了《大明律》，颁行天下，一些礼法约束被正式列为法律条文。《礼律一》记载："凡历代帝王陵寝，及忠臣烈士、先圣先贤坟墓，不许于上樵采耕种及牧放牛羊等畜。违者，杖八十。"《刑律一》记载："凡盗园陵内树木者，皆杖一百，徒三年。若盗他人坟茔内树木者，杖八十。"《刑律九》记载："若于山陵兆域内失火者，杖八十，徒二年；延烧林木者，杖一百，流二千里。"

武当山是道教圣地，明成祖视之为皇室家庙所在。因此，明朝特别注重对武当山环境的维修与保护。据学者研究，每年都有 5000 余人参加到"修山"的队伍之中，历时 200 多年没有间断过。朝廷对"修山"的人分 50 亩地，免收赋税，农忙时节种地，农闲时就"修山"，使用的石料超过 1 亿立方米。此举在当时起到了很积极的作用，有力地治理了武当山地区的水土流失，促进了生态环境保护，保证了武当山古建筑群的安全。武当文化研究会会长杨立志先生到丹江口市官山镇考察，在武当山西南麓的官山镇田畈村至武当山特区的豆腐沟村，发现数以千计的"修山"遗迹。在深谷、坡地和山崖等处，都有砌得很整齐的石埂，或阻拦山体滑坡，或防止水土流失。据杨立志介绍，像这样的生态保护遗迹，在生态保护史上实属罕见。

《大清律》有多项条款涉及自然环境保护。《户律田宅》卷九记载："凡部内有水旱霜雹及蝗蝻为害，一应灾伤，有司官吏应准告而不即受理申报检踏及本官上司不与委官复踏者，各杖八十。""凡有蝗蝻之处，文武大小官员率领多人会同及时捕捉，务期全净。""凡毁伐树木稼穑者计赃准盗论。若毁人坟茔内碑碣石兽者杖八十。"《贼盗》卷二十四记载："凡盗园陵内树木者，皆杖一百徒三年，若盗他人坟茔内树木者，杖八十。"

屈大均《广东新语》卷二《地语》记载了清代广东山区环境保护的实际

----

① 《明史·职官志》。

例子。当时，广州以东有石砺山，在虎门之上，高数十丈，广袤数百顷。其势自大庾而来，一路崇冈叠嶂以千数，如子母瓜瓞，累累相连。沿山有许多村落。明朝末年，"比者奸徒盗石，群千数人于其中，日夜锤凿不息。下至三泉，中訇千穴，地脉为之中绝，山气为之不流。一峰之肌肤已剥，一洞之骨髓复穷，土衰火死，水泉渐焦，无以兴云吐雨、滋润万物而发育人民。此愚公之徙太行而山神震惧，秦皇之穿马鞍而山鬼号哭者也。崇祯间，尝勤有司之禁，所以为天南培植形势，其意良厚。今宜复行封禁，毋使山崩川竭，祸生灾沴，是吾桑梓之大幸也"。

清代，民间自发地修订乡规民约，使农民不得随意进山开采，防止偷盗行为，以保护生态环境。咸丰六年（1856 年），福建南平后坪村立了一块"合乡公禁"护林碑，碑文云："王政无斧之纵，不过因时而取材。此虽天地自然之利，先王曾不少爱惜而樽节焉。吾乡深处高林，田亩无多。惟此茂林修竹，造纸焙笋，以通商贾之利，裕财之源耳。迄今数年以来，斫砍不时，几致童山之慨，保养无法，难同淇水之歌。"① 碑文对砍伐树木作了详细规定，要求乡人一概遵行。

湖北麻城《鲍氏宗谱》规定山前山后各有禁限，乱砍树木者，杖二百。江苏昆山《李氏族谱》规定有乱砍本族及外姓竹木、松梓、茶柳等树及田野草者，在祠堂重责 30 板，并验价赔还。

（二）管水

明代社会经常有水污染的情况。《明史·五行志》记载崇祯十年（1637年），"河南汝水变色，深黑而味恶，饮者多病"。这说明水污染的情况时有发生。因此，加强对水的管理是必要的。

当时还有滥捕鱼虾的行为，福建德化县有人向上反映："自来天地有好生之德，帝王以育物为心。是以宾祭必用，圣人钓而不网。数罟入池，三代悬为厉禁。近世人心不古，鱼网之设，细密非常，已失古人目必四寸之意，犹仍贪得无厌。于是有养鸬鹚以啄取者，有造鱼巢以诱取者，有作石梁以遮取者，种种设施，水族几无生理。更有一种取法，浓煎毒药，倾入溪涧，一二十里，大

---

① 陈浦如等：《南平发现保护森林的碑刻》，《农业考古》1984 年第 2 期。

小鱼虾，无有遗类。大伤天地好生之德，显悖帝王育物之心。其流之弊，必将有因毒物而至于害人者……恳祈示禁四十社：无论溪涧池塘，俱不准施毒巧取，如敢故遗，依律惩治。此法果行，不特德邑一年之中令百万水族之命，且可免食鱼者因受毒而生疾病。"①

毛奇龄《湘湖私筑跨水横塘补议》记载康熙二十八年（1689 年）八月，湖民孙氏是当地的"势家大族"，他私筑一堤，横跨湖面，以截湖水。毛奇龄认为"是举有四害，有五不可"，请地方政府赶快制止。②

我国的资本主义萌芽在东南最先发生，苏州、杭州、南京的纺织印染发展较快，工业排污对河流湖塘的水质有很坏的影响。由于手工业染坊污染了名胜之地虎丘一带的水源，民间有识之士向政府申诉，政府于乾隆二年（1737 年）在虎丘山门口立了一块《苏州府永禁虎丘开设染坊污染河道碑》。③ 碑文 1480 多个字，勒令"将置备染作等物，迁移他处开张"，"如敢故违，定行提究"。有人查考，英国最早提出的"水质污染控制法"在 1833 年，美国最早提出的"河川港湾法"在 1899 年。如此，"虎丘碑"所反映出的河流水质保护法，比英国早 96 年，比美国早 162 年。

清代在洪泽湖旁建筑停船的地方，"洪泽湖本汉富陵郡，唐为洪泽浦，宋始开渠，以达于淮，渐成巨浸。……水面汪洋，茫无港汊，一遇大风，怒涛山涌，除湖口武家墩、湖南蒋家坝旧设二坞可泊外，余俱无从屯避，商旅患之"。于是，有人想方设法改变了这种情况，"勘得老子山东面有沙路一条，环接山根，可收束为门户，加上碎石，御水二丈，并于西面抛砌石坝一道，以作坞门。……在老子山高处立天灯，以示夜行，各船商民称便"。④

清代李拔在《凿石平江记》中说瞿塘峡江中的怪石当道，影响船只行使，"舟行触之，无不立碎覆辙"，李拔到当地任官，"亲临履勘，设法筹划，去危石，开官漕，除急漩，修纤路，凡施工二十余处"，使江中通道得到改善。李

---

① 民国《德化县志》卷十七。

② 谭其骧主编：《清人文集地理类汇编》第五册，浙江人民出版社 1988 年版，第 157 页。

③《明清苏州工商业碑刻集》，江苏人民出版社 1981 年版，第 71 页。

④ 麟庆：《鸿雪因缘图记·湖心建坞》，北京古籍出版社 1984 年版。

拔认为："长江积石，迤逦纵横，虽已去其太甚，而盘踞绵亘不可磨灭者，何可胜数。自今以后，倘能裒集众力，每届冬令，即凿去一分，则民受一分之赐。历年既久，积石可去，其有功于舟行，岂小补哉！"此文目前尚保存在黄陵庙内的石碑上。

云南丽江古城注重环保，清代丽江知府吴大勋在《滇南见闻录》上卷说："郡城西关外，有集场一所（即四方街），宽五六亩，四面皆店铺。每日巳刻，男妇贸易者云集，薄暮始散。因逼近象山水流渐入市，然后东注于溪湖。市廛之民，向以泥泞受困。余思另辟一沟，使水从市外行非不便，民俱于街市风水不利，因计谕街旁从铺各就门面铺砌石街，于进水之口筑一小闸，晨则下闸阻水，不得入街，暮则启闸放水涤场使净，俾入市者既免于泞泥，又免于尘埃，而水仍由市流行，当无所碍，各铺家所费无几，而便宜无穷，城乡之民无不感惠焉。"① 用自然之水冲洗城市中心的街道，巧夺自然之功，充满智慧，这种经验值得借鉴。

清初屈大均《广东新语》卷四《水语》主张改造水环境，以便改进城市交通。他在"移肇庆水窦"条说："肇庆江干多石矶，苦无泊舟之所。或谓东门外三里许有跃龙桥，其下水窦两重，为崧台石室一带山水之所从出，如徙此窦，深入三四里许，潴水成湾。可泊大小船数百，免风涛不测之患，且于本城下关甚利。窦旁居人稀少，田畴不多，官买之筑堤，费约数千金而已，此似可行。"他在"开浚河头小河"条又说："新兴河头，有渠形在林阜中，可以疏凿，使水南行三十里许，直接阳春黄泥湾，以通高、雷、廉三郡舟楫，免车牛挽运之苦，谷米各货往来既便，则东粤全省之利也，此宜亟行。"作为一位文人，屈大均能够精心考虑城市布局，说明他是一位有社会责任心的人。

清代石成金在《传家宝》中反复讲到环境卫生，并介绍他的居住习惯："予之小斋，向南窗下设有静几，每于清晨时拂拭洁净，兼之笔砚精良，静坐对赏，娱我之心性眼目，快之极矣。"

政府加强对水资源管理。清政府重视河西水利渠系的兴修和整治，而且也很注意水利的管理和利用，形成了完整的水利管理机构和制度。当时水利多由当地的行政长官兼管，并不设河渠方面的管理组织，有农官、渠长、水佬、水

---

① 瞿健文：《没有城墙的古城——丽江》，三秦出版社 2003 年版，第 103 页。

利把总等专司水利。农村基层行政组织头目，如乡约、总甲、牌头等，也负有具体水管制任务。清代瓜州设水利把总一员，并派夫役以供驱使，靖逆西渠，也设开守闸，坝夫四名，巡渠夫十名，安家窝铺设看守夫十名，巡察及看守夫四十名。光绪年间，河西各县均设水利通判，专司排浚、防护、修筑之事。①

三、其他

这里，仅从三个方面作论述。

(一) 版图管理

明清时期的环境管理，有旧式的表象，有趋新的内涵。统治者重视疆域的管理，强化中央集权的地理基础。

前述康熙、乾隆注重环境测量，实际上是对版图的管理，是为了维护国家的统一。

康熙皇帝重视新方法、新知识。为了管理好天下，康熙皇帝读过《水经注》《洛阳伽蓝记》《徐霞客游记》等书籍，丰富了环境方面的知识。他主动学习西方的环境知识，曾先后请传教士南怀仁、白晋等进宫讲授几何、天文、解剖等知识。南怀仁进宫不久，就与另一个传教士合写了《西方要纪》，又绘制了世界地图《坤舆全图》，向康熙皇帝介绍西方地理知识，引起了他的兴趣。

康熙皇帝还在实践中学习，在南巡时对治黄工程进行考察，又利用亲征噶尔丹到宁夏之机，在横城口乘船顺黄河而下，体验黄河的汹涌激荡。他派人勘察长江、黄河、黑龙江、金沙江、澜沧江等。康熙四十三年（1704年），他派侍卫拉锡等人考察黄河之源，指出："黄河之源，虽名古尔班索罗谟，其实发源之处，从来无人过。尔等务须直穷其源，明白察视其河流至何处入雪山边内。凡经流等处宜详阅之。"（《康熙政要》，中州古籍出版社2012年版）

康熙皇帝关注环境的原因在于政治，希望祖国的版图得到科学的论证。

---

① 《酒泉市水利志》编纂委员会：《酒泉市水利志》，甘肃文化出版社2016年版，第127—136页。

《清圣祖实录》记载：康熙五十九年十一月辛巳，康熙给朝廷大臣下的谕旨说："朕于地理，从幼留心。凡古今山川名号，无论边徼遐荒，必详考图籍，广询方言，务得其正，故遣使臣至昆仑西番诸处，凡大江、黄河、黑水、金沙、澜沧江诸水发源之地，皆目击详求，载入版图。"

明清时期，统治者加强戍边，本质上是加强疆域版图的管理。

（二）农业管理

农耕文明的国家，最重视的莫过于农业环境的管理。统治者虽然不亲自种田，但对于农业的时令、农业的水利等环境问题仍是十分关心的。这涉及税收，涉及国家的经济实力与稳定，不得不关心环境。

清朝为了发展农业经济，减轻农民负担，自康熙五十年（1711年）以后，清朝实行地丁合一的"摊丁入亩"，把土地税和丁口税合在一起。

清朝的《大清律》对农业注重保护，条款特别细致，如《户律田宅》卷九记载："凡部内有水旱霜雹及蝗蝻为害，一应灾伤，有司官吏应准告而不即受理申报检踏及本官上司不与委官复踏者，各杖八十。""凡有蝗蝻之处，文武大小官员率领多人会同及时捕捉，务期全净。""凡毁伐树木稼穑者计赃准盗论。若毁人坟茔内碑碣石兽者杖八十。"清朝的县官每个月都要向朝廷汇报农业情况，如雨水、粮价，这些档案一直保存在故宫。

乾隆皇帝在位时大力推广白薯种植方法，使耐旱的农作物提高产量。

（三）卫生管理

"卫生"一词，典出《庄子·庚桑楚》，古汉语中是"维护生命"或"保护身体"的意思。中医古籍中有许多关于卫生习惯的论述。近代意义的"卫生"一词主要指公共卫生。中国古代有许多村落与城镇，人们群居，必然要求有良好的公共卫生观念。到了明清时期，公共卫生管理日益提到人们关注的层面。[①]

明清的法律中有关于卫生的条款。如，明朝的《明律》规定："凡侵占街

---

① 本节参考了余新忠《清代江南的瘟疫与社会：一项医疗社会史的研究》，中国人民大学出版社2003年版。余新忠：《清代江南的卫生观念与行为及其近代变迁初探——以环境和用水卫生为中心》，《清史研究》2006年第2期。

巷道路而起盖房屋，及为园圃者杖六十，各令复旧。其穿墙而出秽污之物于街巷者，笞四十；出水者勿论。"清朝的《钦定大清会典则例》记载："清理街道。顺治元年差工部汉司官一人清理街道，修浚沟渠仍令五城司坊官分理。康熙二年，覆准内城令满汉御史街道厅、步军翼尉协尉管理，外城令街道厅司坊官分理。十四年覆准内城街道沟渠交步军统领管理，外城交街道厅管理。"①《皇朝通典》规定："凡洁除之制，大清门、天安门、端门并以步军司洒扫，遇朝会之期，拨步军于午门外御道左右扫除。其大城内各街道，恭遇车驾出入，令八旗步军修垫扫除。大城外街道为京营所辖，令步军及巡捕营兵修垫扫除，乘舆经由内外城，均由步军统领率所属官兵先时清道，设帐衢巷，以跸行人。"②

明清的地方上，不断有官员或文人发表议论，谈论生活空间中的卫生。如：

在杭州——康熙时期，人们谈到杭州城的管理，说如果水源污染了，人们的身体健康就得不到保证。裴炳泓在《请开城河晷》谈道："今者城内河道日就淤塞……以致省城之中，遇旱魃则污秽不堪，逢雨雪则街道成河，使穷民感蒸湿，成疫痢。若河道开通，万民乐业，利赖无穷矣。"③

在苏州——苏商总会曾经拟订治理城市卫生简章，条款非常细致。④ 咸丰二年（1852 年）在城中"浚凿义井四五十处……是夏适亢旱，居民赖以得水获利者无算"⑤。

在宁波——光绪十四年（1888 年），时任宁绍台道的薛福成组织人力疏浚

① 《钦定大清会典则例》卷一百五十《都察院六》，《文渊阁四库全书》，台湾商务印书馆 1986 年版。

② 《皇朝通典》卷六十九《兵二·八旗兵制下》，《文渊阁四库全书》，台湾商务印书馆 1986 年版。

③ 雍正《浙江通志》卷五十二《水利》，上海古籍出版社 1988 年版。

④ 华中师范大学历史研究所、苏州市档案馆合编：《苏州商会档案丛编（一九〇五年——一九一一年）》（第一辑），华中师范大学出版社 1991 年版，第 689 页。

⑤ （清）潘曾沂、潘仪凤：《小浮山人年谱》，咸丰二年刊本。

城河，原因是"夏秋之交，郡城（宁波）大疫，询之父老，咸以水流不洁为病"。浚河之后"源益浚，流益畅，新雨之后，河清如镜，饮汲不污，沴气潜消，民无劳费，坐得美利，佥谓自来浚河所未有也"。①

在上海——咸丰年间，医家王士雄到上海，注意到城内"室庐稠密，秽气愈盛，附郭之河，藏垢纳污，水皆恶浊不堪"，主张解决城市卫生的关键是水源。他建议："必湖池广而水清，井泉多而甘冽，可藉以消弭几分，否则必成燎原之势。故为民上及有心有力之人，平日即宜留意，或疏浚河道，毋须积污，或广凿井泉，毋须饮浊。直可登民寿域，不仅默消疫疠也。"②清末，上海率先采用自来水。同治八年（1869年），上海租界开始修建自来水设施，国人看到了自来水的便利与卫生。当时的《申报》经常有介绍自来水的文章，对于普及水卫生知识，起了很好的作用。③

在汉口——宋炜臣于1906年创建既济水电公司宗关水厂，市民开始使用自来水。"既济"一词出自《易经》"水在火上，既济，君子以思患而预防之"。兴建水厂的本意是为了增强人民健康，防止市民生病，方便人民的生活。

环境管理还涉及城市管理、交通管理、历法时令管理、水利管理、田地管理、林木管理等许多方面，值得今后广泛而深入地研究。

---

① （清）薛福成：《庸庵文别集》卷六《重浚宁波城河记》，上海古籍出版社1985年，第234页。

② 王士雄：《随息居霍乱论》卷上，《中国医学大成》第4册，中国中医古籍出版社1995年版，第654页、667—668页。

③ 如《西报论上海引用清水法》，《申报》光绪元年二月初十日，第3页。《城内宜商取自来水说》，《申报》光绪元年四月十一日，第2页。

第十章

明清的区域环境

　　明清时期各区域的环境情况，本应按照明清的行省划分撰写，但考虑到明朝与清朝的行政区划有分有合，而当代各省市都希望了解当地在明清时期的环境情况，因此，本章按当代省级行政区分别介绍明清各地的环境情况，一是古书记载的信息，二是当代学者研究的信息。这些信息都只是大略的。鉴于其他章节已介绍有关气候、植物、动物、矿物、灾害等方面内容，因而此章从略。

　　本章的区域划分，仍然依据北京大学李孝聪教授的《中国区域历史地理》（北京大学出版社 2004 年），即：东北地区（黑龙江、吉林、辽宁）与内蒙古自治区，西北地区（宁夏、甘肃、青海、新疆），中原地区（河南、河北、陕西、山西、山东），西南地区（西藏、云南、四川、重庆、贵州），长江中下游地区（湖北、湖南、江西、安徽、江苏），东南沿海地带（浙江、福建、台湾），岭南地区（广西、广东、海南）。

第一节　明清学人的区域见识

　　明清的学人从区域与环境方面提供了一些新的见识。但是，与现代新型学术体系比较，他们的环境视野是有限的。

一、明人关于区域的见识

　　《明史·艺文志》记载："洪武三年（1370 年），诏儒士魏俊民等类编《天下州郡地理形势》。"虽然这部《天下州郡地理形势》今已不得见，但说明当时对天下区域地理的重视。与其他朝代一样，任何一个新的统治政权建立之初，都要求赶紧编绘全国地理形胜图。洪武皇帝要求按天下郡县形胜，汇编各地的山川、关津、城池、道路、名胜。到了嘉靖、万历年间，这类书籍逐渐增多，如李默的《天下舆地图》、张天复的《皇舆考》、卢传印的《职方考镜》等，都记载了当时的山川形势、险要、交通等情况。

　　这里，先要说明代谢肇淛《五杂俎》的一些观点。谢肇淛一生喜好藏书，兴趣广泛，游历过许多地方。他曾在湖州任推官，在南京任刑部主事，在云南任参政，在广西任左布政使，这些经历使他对各地区的环境与人文有切身的体会。

《五杂俎》卷四《地部》对不同的区域有不同的评价，他说："燕、齐萧条，秦、晋近边，吴、越狡狯，百粤瘴疠，江右蠲瘠，荆、楚蛮悍，惟有金陵、东瓯及吾闽中尚称乐土，不但人情风俗，文质适宜，亦且山川丘壑足以娱老，菟裘之计，非蒋山之麓则天台之侧，非武夷之亭则会稽之穴矣。"这段话评价了不同的地区，谈秦晋则说与边界太近，谈百粤则说瘴疠太重，这些评价的基础是环境。谈吴越则说人太狡狯，谈荆楚则说蛮悍，这些评价的基础是人文。其中，说到燕齐萧条、江右蠲瘠，又有多重含义。显然，谢肇淛用的不是一个标准。谢肇淛是长乐（今属福建）人，对家乡有所偏爱，所以说"吾闽中尚称乐土"。

《地部》又说："齐人钝而不机，楚人机而不浮。吴、越浮矣，而喜近名；闽、广质矣，而多首鼠。蜀人巧而尚礼，秦人鸷而不贪。晋陋而实，洛浅而愿；粤轻而犷，滇夷而华。要其醇疵美恶，大约相当，盖五方之性，虽天地不能齐，虽圣人不能强也。"这段文字中的"陋""浅""轻"等字，当与环境有关。正因为环境不同，所以各地就有了"钝""机""浮""鸷"等不同，但评价未必得当。

《地部》又说："仕宦谚云：命运低，得三西。谓山西、江西、陕西也。此皆论地之肥硗，为饱囊橐计耳。江右虽贫瘠而多义气，其勇可鼓也。山、陕一二近边苦寒之地，诚不可耐，然居官岂便冻饱得死？勤课农桑，招抚流移，即不毛之地，课更以最要，在端其本而已。不然，江南繁华富庶，未尝乏地也，而奸胥大驵，舞智于下，巨室豪家，掣肘于上，一日不得展胸臆，安在其为善地哉？"由此看来，当时的官员都希望在富庶安定的地方当官，不乐意到偏僻贫穷的地方工作，这是人情所致，但也反映了官员们的思想素质。

《地部》还探讨了地窖的修建与功能，记载了区域环境与文化差异，说："地窖，燕都虽有，然不及秦、晋之多，盖人家专以当蓄室矣。其地燥，故不腐；其上坚，故不崩。自齐以南不能为也。三晋富家，藏粟数百万石，皆窖而封之；及开，则市者垄至，如赶集然。常有藏十数年不腐者。至于近边一带，常作土室以避虏其中，若大厦，尽室处其中，封其隧道，固不啻金汤矣，但苦无水耳。"

关于区域环境与人文的关系，明初叶子奇《草木子》主张存在决定意识，提出"北人不梦象，南人不梦驼"。又说："夷狄华夏之人，其俗不同者，由风气异也。状貌不同者，由土气异也。土美则人美，土恶则人恶，是之谓风土。"这里强调一方水土养一方人，风土不同，人文亦不同。所说"人恶"不是指人坏，而是指人在恶劣的自然条件下，更加艰辛，更加刚毅。叶子奇（约1327—1390年），浙江龙泉人，兴趣广泛，于天文、博物、哲学、医学、音律，多有造诣。

明代陆容《菽园杂记》卷一记载："居庸关外抵宣府驿递官，皆百户为之，陕西环县以北抵宁夏亦然，盖其地无府、州、县故也。然居庸以北，水甘美，谷菜皆多；环县之北皆碱地，其水味苦，饮之或至泄利。驿官于冬月取雪实窖中，化水以供上官。寻常使客，罕能得也。"由此可知，当时，居庸关一带的水资源紧缺，对居庸关内外的管理是不一样的。居庸关以外抵宣府，陕西环县以北抵宁夏，没有设置具体的府、州、县，由百户掌管。但是，各地的水土是不一样的，居庸以北的水甘美，谷菜很多；环县之北尽是碱地，其水味苦，不宜于人的生存。

明代儋州同知顾岕撰写《海槎余录》。顾岕，苏州人，嘉靖年间在海南岛任官。顾氏在序中说："儋耳孤悬海岛，非宦游者不能涉，涉必有鲸波之险，瘴疠之毒。黎獠之冥顽无法，为兹守者，多不能久，久亦难其终也。余自嘉靖龙飞承乏是郡，迄于丁亥，乃有南安之命，山川要害，土俗民风，下至鸟兽虫鱼，奇怪之物，耳目所及，无不记载。共几百余则，藏之箧笥，将谓他日南归，客有询及兹郡之略，即举以对。"本书的植物章、动物章已经引用此书的内容。

通观中国古代，许多书籍都有突出的区域性质。如前面各章涉及广东时，时常引用到屈大均（1630—1696年）撰的《广东新语》。因而对广东与海南的环境很了解。《广东新语》记录了广东的天文、地理、风物、农业等方面的内容，全面地反映了明末清初广东的概貌，具有很高的史料价值，当代学者誉之为广东大百科。屈大均，籍贯广东番禺，16岁时补南海县生员，因而热心于搜集广东的资料，为后世留下宝贵的文献资料。

二、清人关于区域的见识

清初顾炎武特别重视边疆的生态环境，在《天下郡国利病书》有关西南的篇章中，历述了云南、大理、临安、永昌、楚雄、曲靖、澄江、蒙化、鹤庆、姚安、广西、寻甸等府和车里、木邦、孟养等军民宣慰司的沿革。在"边备"一卷中介绍了辽东、宣府、大同、榆林、宁夏、甘肃、哈密等地的形胜，对于我们今天了解古代边境各地的情况有重要的参考价值。

顾炎武在《日知录·州县界域》提出当时的疆域划分不尽合理，指出："今州县所属乡村，有去治三四百里者，有城门之外即为邻属者，则幅员不可不更也。下邽在渭北而并于渭南；美原在北山而并于富平。若此之类，俱宜复设。而大名县距府七里，可以省入元城，则大小不可不均也。管辖之地，多有隔越，如南宫（属真定）威县（属广平）之间，有新河县（属真定）地；清河（属广平）威县之间，有冠县（属东昌）地；郓城（属兖州）范县（属东昌）之间，有邹县（属兖州）地；青州之益都等县，俱有高苑地；淮安之宿迁县，有开封之祥符县地；大同之灵丘、广昌二县中，间有顺天之宛平县地。或距县一二百里，或隔三四州县，薮奸逋逃，恒必由之。而甚则有如沈丘（属开封）之县署、地粮，乃隶于汝阳（属汝宁）者，则错互不可不正也。卫所之屯，有在三四百里之外，与民地相错，浸久而迷其版籍，则军、民不可不清也。水滨之地，消长不常，如蒲州之西门外三里，即以补朝邑之坍，使陕西之人，越河而佃，至于争斗杀伤，则事变不可不通也。"

由顾炎武的这段话可知，他虽为文人，但确实关心国家大事，坚持经世致用。综观历史，摆在任何一批执政者面前都有一个大难题，那就是如何划分行政疆域，这是关系到社会稳定与发展的问题。事实上，历来的行政疆域划分，多有不合宜的情况。执政者只有采用最佳的行政区划，尽可能把自然环境与经济文化发展结合起来，实行有效管理，才有利于社会进步。但是，如果执政者没有远见卓识与魄力，行政区划是很难调整的。

在顾炎武看来，有的村庄距离县治三四百里，有的城门外面就是其他县的疆域，有的县太大，有的州太小，有的州县土地远在另外的州县，这些都需要调查研究，科学决策，从而提高管理效率，减少矛盾。顾炎武没有分析造成这种现象的原因，但是，原因是很清楚的，那就是由于国家太大，事情太多，朝代不断更替，政区管理缺少相应的机构。作为一介草民的顾炎武，关心国家各区域的行政划分，这种士人精神是值得后人认真学习的。

顾祖禹编写《读史方舆纪要》，重视各地区的经济地理，包括河渠、食货、屯田、马政、盐铁、职贡等历史自然地理和历史经济地理的内容。如交通的变迁，城市的兴衰，漕运的增减以及经济中心的转移等提供了许多资料。书中对于各省区农业生产特点的扼要概述，使我们可以了解这些地区历史上农业发展的概况，例如他谈到四川省时说："《志》称蜀川土沃民殷，货贝充溢，自秦汉以来，迄于南宋，赋税皆为天下最。"①

为了加强社会管理，清人对于各地区形胜的中枢、险要之处尤其关注。晚清姚炳奎在《拟教初学者通舆地之学条例浅说》中提出："舆地，经济切要之务也。……看书宜详究形险要害也。王公设险，以守其国，大《易》早有明训。欲习舆地，不讲险要，虽多记地名，何关痛痒？……其在当世，东南海防，西北塞防，海防自钦廉以至鸭绿江口，塞防自东三省以至新疆，又自西藏以至滇粤岛屿关隘，均为识时务者不可不知。"② 这段话反映了保卫边疆的意识。

值得注意的是，明清方志的编纂者重视环境的描述，大到中国，中到一省或数省，小到县，均有山川形胜的记载。如：程廷祚在《〈江南通志〉总图说》对江淮一带的山水及人文做了论述，他说："江南之地，广轮数千里，左临大海，旁界五省……其名山则有蒋、茅、八公、天柱、黄山、涂、梁、采石。其大川则有黄河、淮、泗、运河、三江、汝、颍［颍］、睢、滁、肥。其薮则有震泽、巢湖、洮湖。……淮、凤以北，地高，宜谷粟，而少塘堰，所忧在旱。淮、凤以东，地下，宜籼稻，而多川泽，所忧在涝。若其风气，则淮水以西，席用武之余烈，故多亢爽刚劲。大江以东，承浮靡之遗习，故多优柔文弱。"③ 同样是江南之地，由于地广千里，所以又有必要细分，这个细分不是

① (清) 顾祖禹：《读史方舆纪要》卷六十六，中华书局2005版，第3129页。

②《沅湘通艺录》卷五，引自谭其骧主编：《清人文集地理类汇编》第一册，浙江人民出版社1986年版，第14页。

③《青溪集》卷五，引自谭其骧主编：《清人文集地理类汇编》第二册，浙江人民出版社1986年版，第256页。

人为的，而是根据自然环境显现而细分。有的地方惧旱，有的地方惧涝，而人文亦有刚烈与浮靡之别。

修志者主要是依据山川形胜说明区域，李慈铭在《拟修郡县志略例八则》说："地志以疆域为重，疆域之限，村镇城邑，古今易名，当以山川为识。……大抵挈山之纲，以表水之源；沿水之流，以穷山之路。"① 杨椿《〈衢州府志〉小序》说："山，土之聚也；川，气之导也。自古辨疆域、审形势者，必以是制焉。"② 这些说明，修志者无不重视自然环境。一部方志，首当其冲就是叙述自然环境，在此基础上再展开行政、人物、风俗的介绍。

清乾隆二十年（1755年），清廷平定准噶尔，天山南北尽入版图。其后，乾隆皇帝亲自组织编纂《西域图志》，派人分别由西、北两路深入吐鲁番、焉耆、开都河等地及天山以北进行测绘。资料由军机处方略馆进行编纂，于四十七年（1782年）告成。此书全称《钦定皇舆西域图志》，五十二卷，首四卷为天章，汇录有关论述西域全局的御制诗文；其他四十八卷分为图考列表、晷度、疆域山水、官制、兵防、屯政、贡赋、钱法、学校、封爵、风俗、音乐、服物、土产、藩属、杂录等。此书是研究汉代至清代前期新疆地区的宝贵资料。

有些书不宜归于方志，但也是研究地区环境的重要文献。如边疆史地文献《蒙古游牧记》《新疆识略》对于边疆环境研究都有特别的价值。包世臣的《安吴四种》、刘献庭的《广阳杂记》、严如熤的《三省边防备览》都有关于地方环境的记载。

此外，清人笔记中有环境史的资料，如刘大鹏的《退想斋日记》记载了太原等地的水旱、饥荒、瘟疫。康熙年间，郁永河著的《裨海纪游》，记载了台湾的自然地理、地质、水文、气象。

---

① 《越缦堂文集》，谭其骧主编：《清人文集地理类汇编》第二册，浙江人民出版社1986年版，第573页。

② 《孟邻堂文钞》，谭其骧主编：《清人文集地理类汇编》第二册，浙江人民出版社1986年版，第628页。

第二节　北方的区域环境

一、东北地区与内蒙古

东北环境自成一系。东北在山海关以东，俗称关东。明朝洪武十四年（1381年），大将徐达修建山海关，从此，东北即以关东、关外来指代。因东北有长白山与黑龙江，故称之为白山黑水。

明代在东北设立了辽东都指挥使司，治所在辽阳，侧重在于军事防御。明成祖永乐七年（1409年）在松花江、黑龙江下游设奴儿干都指挥使司，治特林。明朝又在黑龙江上游、嫩江流域、大兴安岭设兀良哈三卫，由各部首领充任指挥使司官，采用了较为灵活的地方管理机制。

东北曾称为满洲。天聪九年（1635年）十月十三日，皇太极发布改族名为满洲的命令，满洲既是族称，也是地理概念。满族人对其发祥地东北采取封闭的治理方法，柳诒徵在《中国文化史》中说："清之入关，务保守其旧俗，凡东三省悉以将军，都统治之，与内地政体迥异。至光绪末年，始仿内地行省之例，设立道、府、州、县，文化之不进，实由于此。又清初禁例极严，出山海关，必凭文票。"[①] 这种治理因内地人出关要凭特别的证明，其结果是关外保持了文化原生态，但又使得关外的文化停滞不前。

站在历史学角度来看，东北具有广义和狭义之分。广义的东北指1689年《中俄尼布楚条约》之前大清朝在东北方向上的全部领土。大致西迄贝加尔湖、叶尼赛河、勒拿河一线，南至山海关，东临太平洋，北抵北冰洋沿岸，囊括整个亚洲东北部海岸线，包括楚克奇半岛、堪察加半岛、库页岛、千岛群

---

① 柳诒徵：《中国文化史》，东方出版中心1996年版，第701页。

岛。辽东是东北南部的地理概念，一度用来指代广阔的东北地区。历史上的辽东一度包括汉四郡（朝鲜半岛汉江流域以北大部地区）。狭义的东北指东北三省，包括辽宁省、吉林省、黑龙江省。由于东三省的西部划入内蒙古自治区，因此内蒙古东部（东四盟市：呼伦贝尔市、兴安盟、通辽市、赤峰市）也属于东北地区。清代的东北还包括热河（现划归河北省），今已无此建制。

东北山环水绕，其外环有黑龙江、乌苏里江、图们江、鸭绿江、黄海、渤海。其中环绕有大兴安岭、小兴安岭、长白山。在簸箕形的地势中有一片面积达 35 万平方公里的东北大平原。辽河、松花江、黑龙江是东北最主要的三大流域，支流众多，山水相依，贯通无阻，文化有同一性。东北地区与俄罗斯、朝鲜、蒙古接壤，南面的辽东半岛与山东半岛隔海相望，拥有大连、旅顺、营口、安东（今丹东）等优良港口。

康熙至乾隆年间，逐渐形成三个相当于行省的将军辖区：盛京、吉林、黑龙江。在盛京（今沈阳）设奉天将军，在宁古塔（今黑龙江宁安市）设吉林将军，在瑷珲城（今黑龙江黑河市爱辉）设黑龙江将军（后移治齐齐哈尔城）。将军之下设专城副都统分驻各城，并管理各城的邻近地区。副都统下有总管统领各旗。在汉民聚居之处，置府、州、县、厅，如同内地。居于黑龙江、嫩江中上游的巴尔虎、达斡尔、索伦（鄂温克）、鄂伦春、锡伯等族，编入八旗，由布特哈总管、呼伦贝尔总管管辖。黑龙江、里江下游及库页岛的赫哲、费雅喀、库页、奇楞等渔猎部落则分设姓长、乡长，由三姓副都统管辖。

清顺治年间颁发招垦令，鼓励华北农民到东北开垦。乾隆五年（1740 年）又颁布"流民归还令"，对东北实行封禁政策。但是，仍然有许多内地人通过不同的途径进入东北开垦。嘉庆八年（1803 年）废除了禁令。

清代把一些犯人流放到东北，黑龙江的宁古塔（今宁安）就是重要的流放地点。顺治十五年（1658 年），吴兆骞被流放到宁古塔，他的儿子吴振臣撰写的《宁古塔纪略》是了解清初黑龙江的宝贵材料。顺治十八年（1661 年），张缙彦被流放到黑龙江，撰写了《宁古塔山水记》，被学者称为黑龙江第一部山水记。

康熙四十六年（1707 年），杨宾撰写了《柳边纪略》，对东北的山河、城堡、隘口都有记载，对宁古塔新旧城的设置、住户、房屋、庙宇，附近的五国城（今依兰）、金上京会宁府遗址、唐代渤海龙泉府都有考察。其中记载了宁古塔西"有大石曰德林"，即火山口森林至吊水楼瀑布间的石龙；记载了东珠、人参、貂、獭、猞猁狲、猎鹰、鹿、鲟鳇鱼、大马哈鱼等，是研究东北边徼难得的环境史文献。所谓柳边，是一条界线。清初顺治到康熙年间，禁止关内居民到关外放牧或垦荒，插柳为边，形成柳边，又称为条子边。南自今辽宁凤城起，东北经新宾折西北至开原，又折向西南至山海关，北接长城的一条，名为"老边"。又自开原东北与老边相接吉林市北的一条，名为"新边"。柳边以外的地方主要是宁古塔辖境，黑龙江属宁古塔管辖。

乾隆年间，阿桂等奉敕修撰《满洲源流考》二十卷，全书分为部族、疆域、山川、国俗四部分，其中的山川部分记载了满洲境内的白山、黑水，是了解东北自然环境的重要材料。

光绪三十三年（1907 年），清朝在东北设奉天、吉林、黑龙江三省。

1. 黑龙江

黑龙江省，由黑龙江水系而得名，简称黑。黑龙江省位于中国最东北，省内多山，北部是小兴安岭，中西部是大兴安岭，东部和南部是张广才岭、老爷岭、完达山。山多必有大川，主要有黑龙江、乌苏里江、松花江、绥芬河。黑龙江气候较冷，属寒温带大陆性气候。在黑龙江这块土地上，历史上先后有肃慎、挹娄、夫余、室韦、黑水、女真、鞑靼等少数民族居住。明代属辽东指挥使司和奴儿干都指挥使司。清代在瑷珲设有黑龙江将军，光绪三十三年（1907年），改设为省，置巡抚。

《清稗类钞》卷一有关于黑龙江自然环境的资料，如："从珲春厅西至临江府，长五百四十里，其大部分皆出山间溪谷中，居民少，马贼横行，去珲春厅不远始略平坦。珲春地沃，气候和煦，尤为吉、黑之冠。""从延吉府经古洞河，东行至夹皮沟，长七百一十里而弱。……居民三分之一为韩人，三分之一为山东人。自延吉府至夹皮沟，皆道出万山中，穿羊肠，走峻坂，下溪谷，森林覆地际天，午不见日。有时山涧奔流，遮绝道路，沿途人烟萧条，行旅之中此为最苦。"这段文字中记述的地域是"地沃，气候和煦""森林覆地际天"，而"居民少"，许多人是从其他地方来的移民。

《清稗类钞》卷一"宁古塔"条记载："宁古塔，历代不知何所属，数千里内外无寸碣可稽，无故老可问。……山川不甚恶，水则随地皆甘冽，或曰参所融也。有大川，汇众川而达于海，可以舟。有东京者，在沙岭北十五里，相传为前代建都地，远睇之翁郁葱菁，若城郭鸡犬，可历历数，马头渐近，则荒城蒙茸矣。有桥，垛存而板灭；有城阖，轨存而国灭；有宫殿，基础存而栋宇灭；有街衢，址存而市灭，有寺，石佛存而刹灭，讹曰贺龙城，其慕容耶？"这条材料可见文明的兴替，传闻中的前代都城变成了一片荒凉之地，仅有废弃的城垣、土垛。其中说到环境不甚恶，而荒无人烟，数千里"无故老可问"。

2. 吉林

吉林省在辽宁省和黑龙江省之间。吉林省简称"吉"。吉林，因吉林市名之，吉林市古称吉林乌拉。吉林地形西北低，东南高。东南有长白山主脉、张广才岭、龙岗山脉，白云峰海拔2691米。发源于长白山天池的松花江长达900公里。西部是松辽平原。吉林冬长夏短，属季风区温带大陆气候。省内河流众多，主要有松花江、鸭绿江、图们江、浑江、嫩江等19条河流。较大的湖泊有长白山天池、松花湖、二龙湖、向海、月亮泡等。当地盛产人参、鹿茸、貂皮三宝。历史上，这里先后有肃慎、挹娄、扶余、女真族居住。

吉林在明代归奴儿干都司管辖。直到明末，吉林一直是人烟稀少，山林茂密、草原丰美的地区。

光绪四年（1878年），在吉林设置垦务局。光绪三十三年（1907年）五月，吉林省正式建制。

3. 辽宁

辽宁省在东北地区的南部。辽宁南面是黄海、渤海，东面有长白山余脉千山山脉，西部是大兴安岭南段，内蒙古高原的边缘部分，北部有大兴安岭，中间是辽河平原。背山面海，渤海沿岸有一条海滨平原——辽西走廊。全省四季分明，属于北温带大陆性季风气候。

辽宁因辽河而得名，简称辽。

辽宁在明初归山东布政使司管辖，同时设辽东都指挥使司辖铁岭等二十五卫，推行屯田军制度。

清初为盛京将军辖地，在山海关、开原、凤城一带设柳条边，不许移民进入开发。19世纪初禁令松弛。光绪三十三年（1907年）改盛京为奉天省，1929年改称辽宁省。

沈阳是辽宁省的省会。沈阳位于辽河平原的中央、沈水（今浑河）之阳。地形西北高、东南低。沈阳的地理位置很重要，它离中原很近，是关东与关西的咽喉，是汉族文化与少数民族文化交流的融合点。据《清太宗实录》卷九记载，努尔哈赤于后金天命十年（1625 年）召集群臣，商议把都城由东京（今辽阳市）迁往沈阳，有人认为这是劳民伤财，而努尔哈赤执意要迁，他说："沈阳形胜之地。西征明，由都尔鼻渡辽河，路直且近；北征蒙古，二三日可至；南征朝鲜，可由清河路以进，且于浑河、苏克苏浒河上流伐木，顺流下，以之治室、为薪，不可胜用也。时而出猎，山近兽多，河中水族，亦可捕而取之，朕筹此熟矣，汝等宁不计及耶？"努尔哈赤是从军事和生活两方面看待沈阳形胜，他把都城迁到沈阳，奠定了灭明的基础。

4. 内蒙古

内蒙古自治区，简称内蒙古，位于中国北部边疆，大部分地区在海拔千米以上。东部有大兴安岭，西部有阴山山脉的贺兰山、乌拉山和大青山。境内有呼伦贝尔、锡林郭勒、乌兰察布、巴彦淖尔、鄂尔多斯、科尔沁草原。内蒙古因蒙古族居住此地而得名。

内蒙古文化属于草原文化、游牧文化、蒙古族文化。古代的蒙古人随水草而迁徙，住蒙古包，食羊肉，喝奶茶，弹马头琴。蒙古人热情奔放，处世刚健，征战勇猛剽悍。呼和浩特是塞外名城，北面是大青山，南面是大草原，大黑河在南边流过。15 世纪时，这里有了初步的城区。

内蒙古的生态呈系列状，全境有暖温带、中温带、寒温带，有湿润、半湿润、半干旱、干旱、极端干旱区，有寒温针叶林带、中温阔叶林带、暖温阔叶林带、暖温草原带和暖温荒漠带。植被区又可分为西伯利亚针叶林区、东亚阔叶林区、欧亚草原区和亚洲荒漠区。内蒙古草原干旱少雨，土壤层很薄，土壤下面就是沙层。干旱、大风、气候骤变、植被稀疏是内蒙古的几个自然符号。

明代万历年间，俺答汗受汉文化影响，修建了定居的城市，明朝赐名"归化"，即后来的呼和浩特市。这座城池使草原上有了较大规模的政治经济中心。

清雍正三年（1725 年），蒙古天文学家在呼和浩特市内的五塔寺后山墙上镶嵌了一块蒙文天文图，图上标有 1550 颗星星，大致反映了草原民族的天文历法观念。

《清稗类钞》卷一"蒙古道路"条记载："由张家口至库伦都凡三千六百里，出张家口，一望皆沙漠，淡水殊少，每二三十里始有一井，非土人之拙于垦浚也，其土深厚不易掘耳，往往有掘数百丈尚不得涓滴者。人马经此，逢井必憩，有时人尚可支持，马则已渴甚，辗转必需饮矣。故蒙古交通，除台站外，其所有道路，惟游牧之径途耳。无水可饮，无柴可取，又无村落可寄宿，一片荒凉，极目不见一人。"由此可知，张家口之外的大片土地是荒凉的，尽是沙漠，严重缺水。由于钻井技术有限，人们偶尔掘得一口水井，供应人畜用水。正因为缺水，所以人们难以生存。

二、西北地区

西北部地貌环境的基本特征是：在西北部四周，东部是黄河，东南部边缘是秦岭山脉，西南部有昆仑山和巴颜喀拉山环绕，北部和西北部周围是以阿尔泰山、帕米尔高原山系为主的高山。在四周高山与黄河围绕的中部，耸立着祁连山、天山、阴山等高大的山脉。在高山、河流环绕的广大西部地区，主要是由高山分隔的草原、盆地、沙漠和以河西走廊为主的灌溉农田与众多河流边缘的绿洲农业。我国主要的草原、沙漠和绿洲农业点等大多分布在这里。在我国著名的"四大盆地"中，这里就分布有塔里木、准噶尔、柴达木三个盆地。但从总体来讲，这里的地形、土壤、气候等自然环境条件相对我国东部和中部地区较差，在人类利用的过程中容易造成生态失衡。[①]

西北地区，地理学界有不同的划分。李孝聪《中国区域历史地理》第一章认为西北地区指磴口黄河、陇山（六盘山）以西，昆仑山、秦岭以北的中国内陆腹地，包括甘肃、青海、宁夏、新疆。西北在内陆，缺少雨水，气候干燥、土质恶劣、生命维艰。《中国区域历史地理》归纳为四点：其一是干旱少雨，由东向西，大部分地区的年降水量只有200毫米，黑河下游与塔里木盆地是极干旱的中心。其二，地势宽坦，多是沙漠、戈壁。其三是水源匮乏，除东部黄河上游流域和北疆额尔齐斯河之外，都是内流河，缺少长年径流。其四是植被稀疏，多数地区是旱生灌木。[②] 西北的生态也很脆弱，基本特征是山多、

---

① 详见马敏主编的《中国西部开发史》一书的《西部的自然环境变迁》，湖北人民出版社2001年版，第443页。

② 李孝聪：《中国区域历史地理》，北京大学出版社2004年版，第11页。

沙漠多、不毛之地多。空气干燥，树少人稀。人们寻找有水的地方定居，从事粗放型的农业，过着半农半牧的生活。[1]

明代朝廷很重视对西北的经营。1371 年，设置了河州卫，以明将为指挥使。1372 年，设置了甘肃卫。1404 年封哈密王安克帖木要儿为忠顺王，次年设置了哈密卫。1590 年，派郑洛经略西北七镇，次年，郑洛进兵青海，在西宁与归德设守。

明代西北的环境，有一本《沙哈鲁遣使中国记》可以参考。永乐年间，波斯国王派使者到中国来，其中有一名使者叫火者·盖耶速丁撰写了此书。书中描写甘肃的兰州、酒泉（当时称为肃州）、张掖（古称甘州）。

清代，在西北地区，可供人们生存的绿洲逐渐形成农业开发区。学术界的共识是：我国绿洲集中分布于贺兰山—乌梢岭以西的干旱地区，基本上分为三个区：东部河套平原绿洲区、西北干旱内陆绿洲区和柴达木高原绿洲区。河套地区主要包括西部的银川平原，称西套；巴彦高勒与乌拉山之间的扇形平原，称后套；乌拉山以东的呼和浩特平原（土默特川），称前套（又称东套）；鄂尔多斯高原又有内套之称。[2] 当时，西北进入到开发期，大量人口迁移到西北，开垦土地。移民利用生态环境，改造生态环境，但又破坏了原生态的面貌，并带来后患。

当时之所以要开垦西北，主要是为了安置百姓，增加军需。道光皇帝就曾认为："西陲地面辽阔，隙地必多，果能将开垦事宜，实心筹办，当可以岁入之数，供兵食之需，实为经久良益。"[3] 由于同样面积的耕地比同样面积的草地能养活更多的人，所以清朝选择了垦辟草原。加上当时生态环境恶化的严重性没有显现出来，所以人们没有从长计议，只是着眼于当时的人口增长与社会的需要。

清初学者梁份三次到达西北考察地理形胜，到达陕西、宁夏、甘肃等地，记载了当地的山川、城堡，所撰《西陲今略》反映了清初西北的环境情况。

---

[1] 本节部分内容参考了赵珍《清代西北生态变迁研究》（人民出版社 2005 年版）。

[2] 封玲：《历史时期中国绿洲的农业开发与生态环境变迁》，《中国农史》2004 年第 3 期。

[3] 《清宣宗实录》卷四百二。

梁份（1641—1729 年），字质人，江西南丰人。此外，梁份还有《怀葛堂文集》传世，其中亦不乏环境史资料。清人刘献廷在《广阳杂记》称《西陲今略》是一部有用的奇书，并抄录传世。

1. 新疆

新疆地形特点是：山脉与盆地相间排列，盆地被高山环抱，俗喻"三山夹两盆"。三条山脉：其北有阿尔泰山，其南有昆仑山，中间有天山山脉。天山两侧形成两个不同的自然生态区——南疆和北疆。北疆有准噶尔盆地和古尔班通克特沙漠。南疆有塔里木盆地和塔克拉玛干沙漠。塔里木盆地位于天山与昆仑山中间，面积约 53 万平方公里，是中国最大的盆地。塔克拉玛干沙漠位于盆地中部，面积约 33 万平方公里，是中国最大、世界第二大流动沙漠。塔里木河长约 2100 公里，是中国最长的内陆河。天山山地之间有吐鲁番盆地、哈密盆地，称为东疆。吐鲁番盆地的艾丁湖在海平面 154 米以下，是全国最低地。

明朝在哈密等地设卫，管理新疆事务。

清朝以这块土地为新的疆域，故称新疆。新疆是中国土地面积最大的省区，有 160 万平方公里，占中国土地的六分之一，其中约有 7.6 亿亩草地，有 5000 万亩耕地。新疆的地理条件有多样性，除了有山和平原，还有戈壁、沙漠。新疆地形，与"疆"字很相似，"弓"代表了曲折的边界，"土"意味着土地，"疆"的右边代表了三山夹两地。

乾隆二十年（1755 年），清廷平定准噶尔，天山南北尽入版图。其后，乾隆亲自组织编纂《西域图志》，以大学士刘统勋主办其事，派都御史何国宗等率西洋人分别由西、北两路深入吐鲁番、焉耆、开都河等地及天山以北进行测绘。《西域图志》记载了疆域山水、官制、兵防、屯政、贡赋、钱法、土产、藩属等内容，是研究清代前期新疆地区的宝贵资料。

清代设有伊犁将军，同治十年（1871 年）新疆正式建省。清人汪之昌把《汉书·地理志》中所见新疆的自然环境与清代的自然环境情况进行比较，撰写了《新疆各路皆汉西域地，山川风俗物产见于〈汉志〉者今昔同异说》，他说：新疆为中国西徼，东西七千余里，周围二万里。南祁连山，"即《汉书》所谓南山者是"；北祁连山，"即《汉书》所谓南北山者是。然则，今之新疆，即汉西域地无疑"。①

　　据清人王树枬等纂修的《新疆图志·沟洫志》记载，至光绪年间，全疆有灌溉干渠944条，支渠2332条，灌溉面积1120万亩，规模空前。北疆属于温带干旱气候，南疆属于暖温带干旱气候，宜于耕种。新疆的水源较多，主要依赖于冰雪的融化和山区的大气水，这些水资源造就了河流与地下泉。在南疆有塔里木河、叶尔羌河、阿克苏河、和田河、开都河。在北疆有伊犁河、额尔奇斯河、玛纳斯河。

　　新疆的少数民族多。北疆的少数民族中以哈萨克族人最多，历史上他们长期从事游牧业，逐水草而迁徙，春夏秋三季住在可以随时拆迁的圆形房，冬季则在避风的牧场修建平顶土房。南疆居住着许多维吾尔族人，农耕文化发达。南疆是东西文化交流的重要通道。

　　《清稗类钞》卷一记载："新疆为我国极西屏蔽，本西域回部，官军征而有之，光绪壬午置行省。东西距七千里，南北距三千里。地势高峻，大山东西横亘，分为南北两路，南路半属戈壁，间有沃壤，北路土脉较腴。川之大者，北有伊犁河，南有塔里木河。民族庞杂，除汉族外，有驻防之满洲及蒙古、缠回各族。缠回以布缠头，与内地普通装饰之回人异。又有哈萨克、额鲁特、准噶尔等人。而户口蕃广必推缠回，故称之曰回疆。"

　　新疆是全国五大牧区之一，在三山和两盆的周围有大量的优良牧场，牧草地总面积仅次于内蒙古、西藏，居全国第三。新疆有大片的草场，用于游牧。新疆也有一些绿洲分布于盆地边缘和河流流域，绿洲总面积约占全区面积的5%，具有典型的绿洲生态特点。清代，特别是乾隆二十二年（1757年）之后，清朝政府鼓励移民新疆，开展屯田。人口与耕地成倍增加，凡有水之地就被垦殖，人们寻找水源，开挖水渠，向土地要粮食。

　　清末，新疆的一些城市采取了打井取水的方法。《阅微草堂笔记》卷八"伊犁凿井事"条记载："伊犁城中无井，皆汲于河。一佐领曰：'戈壁皆积沙无水，故草木不生。今城中多老树，苟其下无水，树安得活？'乃拔木就根下凿井，果皆得泉，特汲须修绠耳。……后乌鲁木齐筑城时，鉴伊犁之无水，乃

---

①《青学斋集》卷二十八，引自谭其骧主编：《清人文集地理类汇编》第二册，浙江人民出版社1986年版，第237页。

卜地通津，以就流水。"

晚清，洋务大臣左宗棠督办新疆军务。他下令从泾川以西至五门关，夹道种柳。这些树木一直保存到现在，成为绿色的风景线。

乌鲁木齐市在天山北麓、乌鲁木齐河畔。在少数民族语言中，乌鲁木齐的意思是"优美的牧场"。乌鲁木齐的东面有高大的博格达雪峰，北面和西面是准噶尔盆地，南面是宽阔的天山牧场。喀什市在塔里木盆地西沿克孜河畔，是南疆最大的城市。所有的城市在新疆形成"北疆一条线，南疆半个环"的格局。

新疆著名的自然风景有天池、喀纳斯湖、博斯腾湖、赛里木湖、巴音布鲁克草原等。在新疆 5000 多公里古丝绸之路的南、北、中三条干线上有数以百计的古城池、古墓葬、千佛洞、古屯田遗址等人文景观，如交河故城、高昌故城、楼兰遗址、克孜尔千佛洞、香妃墓等蜚声中外。

2. 青海

长江、黄河的源头在青海。长江全长 6380 公里，是世界第四大河、世界第三长河。它的源头就位于青海省南部唐古拉山脉主峰格拉丹东大冰峰。1979年发现长江的正源是沱沱河。黄河发源于青海的腹地，在腹地上有昆仑山、巴颜喀拉山、布尔汉布山；山下有盆地，大片沼泽，是高山雪水形成的花海子，称为星宿海。经深入的查勘，这片海子有三源：一是扎曲，二是约古宗列曲，三是卡日曲。扎曲一年之中大部分时间干涸，而卡日曲最长，流域面积也最大，在旱季也不干涸，是黄河的正源。

青海，简称"青"。省会西宁。中国最大的内陆高原咸水湖青海湖也在青海，因此而得名"青海"。青海南北宽 800 公里，面积 72.12 万平方公里。境内山脉高耸，地形多样，河流纵横，湖泊棋布。昆仑山横贯中部，唐古拉山峙立于南，祁连山耸立于北。

明初，青海东部实行土汉官参设制度。在青南、川西设有朵甘行都指挥使司，又在今青海黄南州、海南州一带设必里卫、答思麻万户府等。明洪武六年（1373 年），改西宁州为卫，下辖六千户所。以后又设"塞外四卫"：安定、阿端、曲先、罕东（地当今海北州刚察西部至柴达木西部，南至格尔木，北达甘肃省祁连山北麓地区）。孝宗弘治元年（1488 年），设西宁兵备道，直接管理蒙、藏各部和西宁近地。青海在明正德四年（1509 年）后为东蒙古所据，史称西海蒙古。厄鲁特蒙古一部于崇祯九年（1636 年）自乌鲁木齐一带移牧来此，史称青海蒙古，并控制卫藏。

顺治年间加强对此地的管理。雍正二年（1724 年），规定青海蒙藏各部统归钦差办理青海蒙古番子事务大臣（简称西宁办事大臣）管辖。光绪三十三年（1907 年）推行新政，议改青海为行省，不果。辛亥革命后，西宁办事大臣改为青海办事长官。1926 年设甘边诸海护军使，1929 年青海省正式成立。

《清史稿·地理志二十六》记载：青海的山有二峰独高，积雪不消。其一为阿木尼麻禅母孙山，即大雪山也。番语称祖为"阿木尼"。西海十三山，番俗皆分祭之，而以大雪山为最。凡环绕青海之滨者，亦有十三山，土人皆名乌尔图，谓之"十三角"云。又南旷野中，有汉陀罗海山、西索克图山、西南索克图山，地多瘴气。

《清稗类钞》卷一对青海的自然环境有较为详细的记载："青海古为西羌，有湖曰库库淖尔，大如海，故名。东西距二千里，南北距千里。地势甚高，东有祁连，西倾诸山，山巅恒积雪，巴颜哈喇山麓高出，其东之鄂陵、札陵二湖约三百里，有噶达素老峰者，上有池水喷出，作金色，黄河之源也。其西犁石山，则扬子江之源也。地气冱寒，人民以蒙古族为多。"

《清稗类钞》卷一"青海戈壁"条记载："青海和硕特南左翼次旗千格和之西，为朵巴搭连围墙，围墙之南为戈壁。戈壁满语谓沙漠也，蒙语曰额伦，西羌语曰额济纳。戈壁斜长百数十里，宽三十余里，面积逾五千方里。沙粒微细，间杂碎石，风吹之成浪纹，色纯白，莹然如银屑。青海之柴达木及黄河附近诸戈壁占地颇宽，上古时，青海水面本极广阔，观于海岸戈壁，及附近戈壁之盐泊，为古时之海底无疑也。戈壁有石，巨者如卵，小者如豆，沙石下有潜水，沙愈深而质愈粗，其上浮沙最细，下层沙粒如米，泉水即潜其中，至深五六尺。能识沙中泉脉者，莫如骆驼，是以蒙、番行沙漠者，无不以骆驼随行。夏月，无论昼夜尤为气燥易渴，驼更不可缺少。驼行沙漠，随地乱嗅，以前蹄抉沙而鸣者，就其处挖下必得泉眼。其法，张布帐于上风，以障飞沙，挖坎长数尺宽只尺许，挖去干沙，再将湿沙挖至见水，约候十分钟时，泉水即溢，取之不竭。浅者，牛马驼皆屈前蹄而饮；深者，掘坎之半为斜坦形，以牲畜能下饮为度。饮毕撤帐，须臾，坎为飞沙填满矣。至泉眼最巨之处，驼群必围而长鸣，叱之不肯行，一若待人挖验以显其能者。"戈壁就是沙漠，骆驼是沙漠中寻水取水的天然助手。青海湖水域宽阔，风景优美。

《清稗类钞》卷一记载青海以北的自然环境，"大戈壁在其北部合黎山之南，当青海、安西之交，东自英额池起，西至柴达伊吉河止，南自布隆吉河起，北至边界止，东西二百八十里，南北百六十里，面积四万四千方里。其地质为最细之沙，中含沙粒，小沙陀高低不一，沙之深虽不逮大漠，而过客鲜有度此者。戈壁之南无大山屏障，常遇暴风，发时尘埃蔽天，昼为之昏。飞沙盘旋空中，高数十丈，沙丘沙淖一日数移。每遇风日晴和，沙浪闪烁，则成五色纹，早晚常有云气，结为漠市，城郭宫室、人马鸡犬，历历可数。马头渐近，则一片荒沙耳，其奇幻与海市蜃楼正同"。

《清稗类钞》卷一"青海柴达木"条记载："青海柴达木，土壤辽阔，行程荒远，然村居相望，一路有停骖息迹之所，循大道而进，各站皆有屋，犹如新疆之官店，旅客实称便焉。……在西部者……托拉塔拉林，从前林木百余里不断，屡经野烧，千年古树，火烬数月不灭，后惟一片焦土而已。"青海柴达木沿路有村居，可以接待南来北往之人。本来还有绵延的林道，后来被野火烧毁了。柴达木盆地海拔2600—3100米，群山环抱。洪荒遥远时代，这里曾是个大湖，由于漂移的印度板块推挤，喜马拉雅山隆起，使柴达木与外隔绝，太阳蒸发了湖水，形成了巨大的盐湖。柴达木盆地内的自然环境恶劣，气候寒冷，风沙多，土多盐渍。直到16世纪，盆地内无长住居民。到了雍正五年（1727年），有少数农民进入盆地居住。其后，有藏族、哈萨克族迁入盆地，成为一个多民族聚居的地方。柴达木盆地是盐的世界。人们"挥盐如土"。人们走的是盐巴路，住的是盐巴房，甚至连用的厕所也用盐巴砌成。盆地中南部的察尔汗筑有一条长达30公里的公路，全部用盐堆积而成。这条盐路被称为万丈盐桥。在路边的民居大多以盐巴建房。盐房可以不打地基，不怕重压，不怕火烧，就是怕淡水。淡水会使盐块溶化，危及房屋安全。当地保护房屋的规矩是不得随便泼水。盐巴房用盐块垒成，有尖屋顶，从远处看亮闪闪的。

《清稗类钞》卷一"青海大雪山"条记载："青海倒淌河之东为大雪山，山后为东科寺地，山之阴陡削不可上，而山之阳则斜坦而袤长。日光暴暖，一山耳，阴阳分位，寒暖判然。倒淌河即发源于其麓，虽有数沟入注，而流尚缓弱，气阴寒，或曰大雪山产大黄，水为药气熏蒸也。西北有地名阿什汉，为哈拉库图至察汉托洛亥适中之地，形势便于控制。又北为察汉托洛亥山……光绪丁未，建海神庙于城外，两山之间可望见青海……西望青海，水色浓绿如濯锦，天半落霞，又如金蛇万道游泳中流，岛屿若隐若见，不可逼视。须臾，薄雾混合，海景卷藏，海心山更虚无缥缈而不可望焉。"青海的大雪山，山南山北完全不一样，一陡一缓，一寒一暖。从山上流下来的水，含矿物质。

青海东部的西宁谷地，属于高原平川，环境宜人，民国《甘肃省志·西宁道》记载这里"草深数尺，天然森林，所在多有，秋来落叶，厚可尺许，陈陈腐化，成天然肥料……绝非苦寒不毛之地，又水草丰富，牧马牛羊，易致蓄息，皆垦殖之大利"。清末民初，政府在青海设置了青海屯垦使，负责农业开垦。

青海在古代是东西通道，人口流动频繁，商旅骚扰征战，社会往往不安定。于是，羌族人加高碉房，建成碉楼。碉楼有六七层的，甚至有十几层的。碉楼有的是四角形的，有的是六角、八角的，下层很厚，有的厚达一米，由下向上逐渐收缩，呈梯形。外壁很光滑，不可能攀上去。楼上有瞭望孔，可以观察四周的动静。它实际上是军事碉堡炮楼，经得起枪弹，是防御型的掩体。

3. 甘肃

甘肃省简称甘、陇。古代在这里设有甘州（张掖）、肃州（酒泉），因州名而有省名。古代这里有陇西郡，所以简称陇。元代，甘肃属陕西和甘肃行中书省。明代，甘肃属陕西布政使司和陕西行都指挥使司。清代，顺治初年设甘肃巡抚。康熙三年（1664年）以陕西右布政使司驻巩昌（今甘肃陇西县），康熙七年（1668年）正式设甘肃省，治兰州府。

甘肃在黄河上游，地形狭长而复杂，处于青藏、内蒙古、黄土三大高原之间的接触地带，呈现东西长、南北窄的形状。甘肃地势西南高东北低，陇山把甘肃东部分成陇东、陇西。陇东是黄土高原，黄河通贯其地。西部是河西走廊，因在黄河以西而得名。在甘肃与青海交界处有祁连山地，祁连山主峰高达5808米。

甘肃属温带半干旱大陆性季风气候，温差大，降雨少。其生态环境较为恶劣，空气干燥。但是，甘肃有雪山和地下水。祁连山终年积雪，提供源源不断的水源。有水的地方，就有树，就有人烟，就是"江南水乡"。凡是临河的，有地下泉的地方，就有可能形成村落或城镇。

兰州位于陇中皋兰山北麓的黄河两岸。黄河自西向东流贯其间，皋兰山雄峙于河南，白塔山威镇于河北，在大山环抱中是一片兰州盆地。兰州是中原通往西北、西南的咽喉，它西控河湟，东连中原，北抵朔方，南通巴蜀。有人认为，兰州地处中国地理版图的几何中心，是中国的"陆都心脏"。

明代，从波斯来到中国的火者·盖耶速丁在《沙哈鲁遣使中国记》中记载了兰州城中的黄河上有一座大型桥，令人感叹当时兰州人"人定胜天"的建设力量。其文：河上有一座由二十三艘船搭成的桥，壮丽坚实，用一条粗如人腿的铁链连接，铁链的两头拴在一根粗若人腰并且结实地埋进地里的铁桩上，船是用大钩跟这条链子连接起来的。船上铺有大木板，坚固平坦，所有牲口可以毫无困难地从上面通过。① 桥梁是环境的一个要素，明代西北有如此壮观的黄河大桥，且有许多铁链，说明当时的架桥技术是很发达的。

《沙哈鲁遣使中国记》还描写了甘肃的酒泉（当时称为肃州），"这个肃州是一座有坚固城池的极整洁的城市。该城的形状恰如用尺子和一对罗盘画出来的四方形。中心市场宽有五十正规码，整个用水喷洒，打扫得干干净净"。此书又描述了张掖（古称甘州），说甘州城的规模更大，人口也很多。②

从农业角度而言，甘肃可以分为三个区域，陇东、陇中为干旱与半干旱地区，陇南为湿润区，河西为绿洲灌溉区。由于降水量少，使得甘肃不适合大面积发展农业。然而，明代有大量人口进入甘肃，并在甘肃实行军屯，这就使得甘肃树木被砍，水土流失。③

清代的兰州城，清人文献中有描述："长城枕藉于东北，洮河环绕于西南，云岭插天，笔峰摩汉。"（《古今图书集成·职方典·临洮府部》引旧方志）

甘肃西北部有河西走廊，东起乌梢岭，西迄敦煌市阳关、玉门关故址，南界为祁连山脉，北界是龙首山—合黎山—马鬃山，东西长 1200 公里，南北宽几十至一百余公里。河西走廊以北是北山山地。清代，河西走廊地区兴修农田水利，形成一个四通八达的灌溉网络。河西四郡的张掖有黑河提供水资源，安西有疏勒河，酒泉有讨来、红水二河。

---

① 何高济译：《海屯行纪　鄂多立克东游录　沙哈鲁遣使中国记》，中华书局 2002年版。

② 何高济译：《海屯行纪　鄂多立克东游录　沙哈鲁遣使中国记》，中华书局 2002年版。

③ 陈英、赵晓东：《论明清时期甘肃的生态环境》，《甘肃林业科技》2001 年第 1 期。

甘肃嘉峪关外都是戈壁，尽是沙石，难以找到水源。《阅微草堂笔记》卷八"天生墩"条记载："嘉峪关外有戈壁，径一百二十里，皆积沙无寸土。惟居中一巨阜，名天生墩，戍卒守之。冬积冰，夏储水，以供驿使之往来。初，威信公岳公钟琪西征时，疑此墩本一土山，为飞沙所没，仅露其顶。既有山，必有水。发卒凿之，穿至数十丈，忽持锸者皆堕下。在穴上者俯听之，闻风声如雷吼，乃辍役。穴今已圮。余出塞时，仿佛尚见其遗迹。"

比《阅微草堂笔记》晚一些的书籍《清稗类钞》卷一"关西之行路难"条也记载了类似的情况，说："出嘉峪关西行，抵安西州，其地荒沙满目，砂石纵横，高下难行，西北阻天山，南接青海，幅员为全陇府州冠。行者出关，多驾车马骆驼，乘暮夜西征，其故有二：一则日间四望无边，牲畜急欲奔站，易于疲困；一则途中无水，夜凉不至大渴。若当夏季，日中尤不敢行，向晚起程，天明送站，乃行西域之不二法门。遇流沙时，马行辄退，沙拥轮胶，其俯喷仰鸣之情状，更可悯也。"

《清稗类钞》卷一记载："甘肃居本部之西北隅，东西距三千六百余里，南北距二千四百里。气候甚寒，四月犹或飞雪。地多山岭沙碛，惟沿黄河两岸土壤腴美。黄河之外，有渭河、洮河，水急不便行舟。"可见，清代的甘肃地面上，黄河两岸是沃土，黄河上不能提供舟船之利。

康熙到乾隆年间，甘肃频有灾害。到了道光年间，灾害加剧，年年有灾。

4. 宁夏

宁夏回族自治区，简称宁，因西夏人民居住而得名。宁夏位于西北内陆高原，地处黄河中游，河套西部。地形南北狭长，南高北低。从北向南，依次有贺兰山、宁夏平原、鄂尔多斯高原、黄土高原、六盘山。贺兰山耸立在宁夏平原与西部的阿拉善高原之间。南部有陇山，即六盘山，是泾河与渭河的分水岭。宁夏处于荒漠草原地带，属温带大陆性半湿润干旱气候。其西北部雨水少，东南部雨水多一些，中部的盐池一带较干旱。

宁夏的中部有宁夏平原，银川位于贺兰山以东的宁夏平原。贺兰山阻挡了西北寒流和腾格里沙漠的东移。在蒙古语中，"贺兰"的意思是骏马。贺兰山山势奔腾，雄伟壮观。黄河流经银川，银川人毫不吝惜地开渠挖池，把水充分地留在当地，浇灌绿茵草地，种植水稻，使银川成为塞上江南。银川以西的贺兰山有数条山间谷道，是中原与西域的通路，兴庆在交易中大受其利。谷道口有许多寺庙，是传播宗教文化的场所。

宁夏是农耕时代中原王朝的边陲要地，明代在此设有宁夏和固原两个边镇，修有长城。明代的宁夏行政范围与现在有所区别。明朝初年，由于宁夏经常有游牧民族骚扰，明朝一度把宁夏的居民迁到陕西，使宁夏空旷，避免社会冲突。

《嘉靖宁夏新志》卷一记载："国初，立宁夏府，洪武五年（1372 年）废，徙其民于陕西。九年（1376 年），命长兴侯耿炳文弟耿忠为指挥，立宁夏卫，隶陕西都司，徙五方之人实之。"这条材料说明，明朝初年一度拆除了行政管理的建制，仅过四年，就重新派人管理，宁夏总镇驻今银川，隶属陕西都指挥使司，有军政合一的卫、所、屯堡之类的设置。每屯百户，几个屯组成一个堡。

银川在历史上称为兴庆府，其城建风格与环境相呼应，突出的特点是人字形。《弘治宁夏新志》卷一记载得很清楚：城的俯视平面犹如仰卧的人形，以黄河西岸的高台寺为头，长方形城郭为躯干，城外通向贺兰山的部分为双足。城内建筑纵横交错，道路迥异，犹如人的腑脏。兴庆城寓意天地人三者关系的协调，人是天地间的产物，城也是天地间的产物。

明代的官员积极迁移居民到银川平原屯田，使得宁夏迅速改变旧貌，社会稳定，经济发展，荒凉的边陲建设成为了塞北的小江南。明都察院右副都御史王珣在《嘉靖宁夏新志·序》说："宁夏当陕右，西北三边其一重镇也。远在河外，本古戎夷之地……左黄河，右贺兰，山川形胜，鱼盐水利，在在有之。人生其间，豪杰挺出，后先相望者济济。况今灵州之建，靖房渠之开，利边亦博且远矣。诚今昔胜概之地，塞北一小江南也！"

《五杂俎》卷四《地部》记载："宁夏城，相传赫连勃勃所筑，坚如铁石，不可攻。近来孛拜之乱，官军环而攻之，三月余，至以水灌，竟不能拔，非有内变，未即平也。史载勃勃筑城时蒸土为之，以锥刺入一寸，即杀工人，并其骨肉筑之。虽万世之利，惨亦甚矣。……近时戚将军筑蓟镇边墙，期月而功就，城上层层如齿外出，可以下瞰，谓之瓦笼成，坚固百倍，虏终其世不敢犯。"

明代有违背自然规律而大兴土木的情况，《嘉靖宁夏新志》卷一《南路邵刚堡》记载了一桩这样的教训，说的是西门关的建造："西关门者，北自赤木口，南抵大坝堡，八十余里。嘉靖十年，金事齐之鸾建议于总制尚书王琼，奏役屯丁万人，费内帑万金而为之堑者。初闻是议，父老以为不可，将士以为不可，制府亦以为不可。之鸾力主己议，坚不可回，逾六月而成。成未月余，风扬沙塞，数日悉平。仍责令杨显、平羌、邵刚、玉泉四堡，时加挑浚。然随挑随淤，人不堪其困苦。巡抚、都御史扬志学奏弃之，四堡始绥。"地方大员齐之鸾按个人主观意志，随意修筑关隘，耗时半年，导致劳民伤财，最终只得放弃。从这条史料可见，当时的风沙很大，环境恶劣。

清代设有宁夏府，废除宁夏的军屯，屯田军士转为自耕农，修建了大清渠、惠农渠、昌润渠，改善灌溉。凡有水之处，必定就有树林，有生机，就有人定居下来，而政府也敦促移民开垦。《清世宗实录》卷七十六记载，雍正皇帝在雍正六年（1728 年）十二月曾经对宁夏下谕，"闻彼中得水可耕之地，可安置两万户，朕已谕令广行招募远近人民，给以牛具籽种银两，俾得开垦"。嘉庆年间，银川平原灌地 21 000 顷。宁夏的花马池城（今盐池县城）、横城堡（今灵武市北）、石嘴（今石嘴山市）是游牧民族与农耕民族进行交易的主要地点。

民国十八年（1929 年），宁夏正式建省。

三、中原地区

1. 陕西

陕西，简称陕，别称秦。因在陕陌原以西，故得名。陕西省地形南部和北部高，中间是平原。北部是黄土覆盖的黄土高原，南部是秦巴山地。秦岭是长江流域和黄河流域的分水岭，也是中国地理南方和北方的一条分界线，大巴山绵延于陕西、四川、湖北边境。中部有号称八百里秦川的关中平原，它东起潼关，西至宝鸡，东西长三百多公里，南北宽几十公里，渭、泾、洛河流经其间，土地肥沃，是重要的农业区，汉代司马迁称关中平原为"天府"之地。关中平原一直是中国古代旱作农耕区，秦岭山区原有茂密的树林。

明朝在陕西设有西安府、凤翔府，清朝在陕西设省。

明代张瀚《松窗梦语》卷二《西游纪》记载了从西安到华山一带的环境面貌："至临潼，当骊山麓有温泉焉。泉水清冽，石甃光泽，地形如盘，为太真浴处。渭城以南，水自西流，经新丰、鸿门、斗宝台，合于黄河。华州当二华山北，时清和景明，白云飞绕山腰，山峰之下分为二三。初春，山下小雨，遥望山头，堆白雪已满峰岫已。……五岳惟华山最高，高处不胜寒，皆奇观也。道傍多石，涧中流水潺潺，遍栽水稻，若莲花舒红，嫩柳拖黄，披拂绿水之上，宛若江南风景。"《松窗梦语》卷二《西游纪》还记载："自华以北，渡渭水，投清凉寺。一望漠漠黄沙，无寸草人烟，仅有小村，皆回回种类。渡洛水，至同州，城郭甚整，民居寥寥。"

明代陆容《菽园杂记》卷八记载："延安、绥德之境，有黄河一曲，俗名河套。其地约广七八百里，夷人时窃入其中，久之乃去。叶文庄公为礼部侍郎时，尝因言者欲筑立城堡，耕守其地，奉命往勘。大意谓其地沙深水少，难以驻牧；春迟霜早，不可耕种。其议遂寝。然闻之，昔张仁愿筑三受降城，正在此地。前时夷人巢穴其中，春深才去。近时关中大饥，流民入其中求活者甚众，逾年才复业。则是非不可以驻牧耕种也。当再询其所以。"

陕西北边受到沙漠化影响，从明代就较为严重。如榆林城外一直有沙患，明代主持屯务的地方大员庞尚鹏曾经上疏说："其城镇一望黄沙，弥漫无际，寸草不生，猝遇大风，即有一二可耕之地，曾不终朝，尽为沙碛，疆界茫然。"[①]

徐霞客到过陕西，写了《游太华山日记》。太华山即华山，远望如花擎空，故名。地处陕西省华阴南，属秦岭东段，北临渭河平原，高出众山，壁立千仞，以险绝著称。主峰有三：东峰（又称朝阳峰）、南峰（落雁峰）、西峰（莲花峰）。该记从入潼关写起，对黄河在潼关的走向、东西大道的情况作了简略的记叙。

徐霞客记载了陕西的一些通道，在《游太华山日记》开篇就说："黄河从朔漠北方沙漠之地南下，至潼关，折而东。关正当河、山隘口，北瞰河流，南连华岳，惟此一线为东西大道，以百雉长而高大之城墙锁之。舍此而北，必渡黄河，南必趋武关，而华岳以南，峭壁层崖，无可度者。未入关，百里外即见太华屼出云表；及入关，反为冈陇所蔽。行二十里，忽仰见芙蓉片片，已直造其下，不特三峰秀绝，而东西拥攒诸峰，俱片削层悬。惟北面时有土冈，至此尽脱山骨，竞发为极胜处。"徐霞客又记："循之行十里，龙驹寨。寨东去武

---

① （明）庞尚鹏：《清理绥延屯田疏》，《明经世文编》卷三百五十九。

关九十里，西向商州，即陕省间道偏僻之捷路，马骡商货，不让潼关道中意即不比潼关道中少。"徐霞客记载了登山的经过，初二日，"从南峰北麓上峰顶，悬南崖而下，观避静处。复上，直跻峰绝顶。上有小孔，道士指为仰天池。旁有黑龙潭。从西下，复上西峰。峰上石耸起，有石片覆其上如荷叶。旁有玉井甚深，以阁掩其上，不知何故"。

徐霞客还游历了秦岭，初四日，"溯川东行十里，南登秦岭，为华阴、洛南界"。初五日，"华阳而南，溪渐大，山渐开，然对面之峰峥峥高峻挺拔也。下秦岭，至杨氏城"。

徐霞客对陕西的印象不错，心情亦佳，他在文中描述武关一带的感受时说："其地北去武关四十里，盖商州南境矣。时浮云已尽，丽日乘空，山岚重叠竞秀。怒流送舟，两岸浓桃艳李，泛光欲舞，出坐船头，不觉欲仙也。"

《清稗类钞》卷一对陕西有概括性地记载："陕西古称关中，东西距七百余里，南北距千三百里，唐以前历代帝王多建都于此。地势南北皆山，中央平坦，秦岭横亘其中，渭水流其北，汉水流其南，黄河自长城外南流而为省之东界，渭水入焉。渭水流域东距黄河，南界秦岭，北绕长城，万山中有险仄之径可四达，故为西北扼要之区。"

史书对陕西一些地区局部环境的描述：

西安位于秦岭以北、渭河以南。秦岭主峰太白山海拔 3767 米，高耸入云。秦岭山脉的支脉终南山横亘百里。北边有黄土高原的永寿梁，构成北边的天然屏障。南五台、骊山居于平原之中。《清史稿·地理一》记载西安府："渭水自西迳县北，东入咸宁。……渭水迳县北而东，灞水、浐水自东北合注之。又东迳高陵入临潼。潏水即潦水，一名皇水，出东南石鳖谷。其西镐水自宁陕入，右合白石、小库诸水，左合梗梓水，入长安。"

《清史稿·地理一》记载延安府："延水自保安入，西北纳杏子河，迳城南，曲折东南入肤施。西南：洛水，南入甘泉。……洛水自安塞入，右纳自修川、北河、美水，左纳清泉水、漫涨河水，南入鄜州。西南有甘泉，县以此名。……秀延水自安塞入，即北河，俗名县河，迳城北，合根水、革班川，东南亦入清涧。"延安位于陕北高原的南北要道，是西北屏蔽关中的重镇。它在群山环峙之中，宝塔山、凤凰山、清凉山拱立于四周。有山就有水，南川河、西川河在此注入延河，河流两岸的谷道提供了农作的良田。延安一带都是深厚的黄土层，黄土纯净干燥。延安人民世世代代挖窑洞居住，窑洞冬暖夏凉，经济实用。

2. 山西

山西在春秋时期为晋国地，简称晋。因其在太行山以西，故名山西，又称山右。因在黄河以东，又称为河东。山西属温带大陆性季风气候。明代在山西修筑长城，防止蒙古族入犯。

山西大同，又名云中，位于晋北，其南北西三面环山，东面有御河自北向南流过，注入桑乾河。大同地处农耕文明与游牧文明的接壤处，塞外的牧民在饥荒之年，总是从这个谷口进入农耕区。这里是燕京的屏藩，大同一丢，京城就告急，所以，大同历来是兵家必争之地。鲜卑族政权——北魏之所以曾经在此建都，是因为可以进退自如。明洪武年间，大将军徐达在旧城基础上，增筑城垣，成为明代重镇"九边"之一。

明代徐霞客于 1633 年到过山西，游览了五台山。《徐霞客游记》载有《游五台山记》，其中先是记载了五台山附近的环境，"抵阜平南关。山自唐县来，至唐河始密，至黄葵渐开，势不甚穹窿矣"。接着，《游五台山记》又记载了五台山的景观。五台山又省称台山，位于山西省五台县东北隅。五峰高耸，峰顶平坦宽阔如台，故称五台。东台称望海峰，南台为锦绣峰，西台为挂月峰，北台称叶斗峰，中台即翠岩峰。五座山峰环抱，绕周达 250 公里。该山为我国四大佛教名山之一，山内有规模宏大的古建筑群。《游五台山记》记载了游南台（锦绣峰）、西台（挂月峰）、中台（翠岩峰）、北台（叶斗峰）等山峰的经历，对几座山峰的不同之处，如各峰走势、林木、水溪都有记录。其中对寺庙建筑，特别是对万佛阁有详细描绘。

《游五台山记》记载了山西的名木，如当地特有的一种植物，"南自白头庵至此，数十里内，生天花菜，出此则绝种矣"。这种天花菜，俗称"台蘑"，野生植物，对于调养身体极有好处。

徐霞客还到过恒山，恒山在山西浑源县东南，原称玄岳、紫岳、阴岳，明代列为五岳之一，始称北岳恒山。《游恒山日记》记载了恒山的环境。其中不仅讲述了恒山，还讲述了附近的龙山。龙山有大道往西北，直抵恒山之麓，"车骑接轸形容车马络绎不绝，破壁而出，乃大同入倒马、紫荆大道也"。徐霞客说他游恒山，临时改变主意，游了龙山，实出意外，谓之"桑榆之收"。

从繁峙县界看到的山势，"望外界之山，高不及台山十之四，其长缭绕如垣矮墙，东带平邢，西接雁门，横而径者十五里"。山西繁峙县沙河堡西北 70 里，"出小石口，为大同西道；直北六十里，出北路口，为大同东道"。

《游恒山日记》记载许多植被状况。山西有些地方"村居颇盛，皆植梅杏，成林蔽麓"。繁峙县龙峪口附近，有一村落，"村居颇盛，皆植梅杏，成林蔽麓"。繁峙县一带的自然景观形成了石树融为一体的样子，"其盘空环映者，皆石也，而石又皆树；石之色一也，而神理又各分妍；树之色不一也，而错综又成合锦。石得树而嵯峨倾嵌者，幕覆盖以藻绘文采而愈奇；树得石而平铺倒蟠弯曲者，缘以突兀而尤古。如此五十里"。

山西左拥太行，右据黄河，四山阻隔，表里山河，有封闭性。清初顾祖禹曾说："山西之形势最为完固。关中而外，吾必首及夫山西。"①

《清史稿·地理一》记载了山西的山水，"其名山：管涔、太行、王屋、雷首、底柱、析城、恒、霍、句注、五台。其巨川：汾、沁、涑、桑乾、滹沱、清漳、浊漳"。

明代，山西经常发生灾害，人民流亡。《清稗类钞》卷一记载了山西的交通，"开通太行北道"条说："山西潞安、泽州二府在万山中，唐以前有孔道可通车马，宋后久埋塞，行旅苦之。光绪丙子丁丑间，秦、晋、豫大旱，山西灾尤重，至有一村数百户馁死不留一人者，而泽、潞二郡乃大有年，谷贱，农为之伤，而运道梗阻，竟不克输出山外。于是朝邑阎文介公以工部左侍郎家居奉命为山西赈务大臣……派员往勘，往来月余，得曲亭故址，遵此入山，直抵潞安城外，则旧迹宛然，且广阔，能并行两轨，不必凿山埋谷，仅平夷险阻，即可通车马。"为了加强管理，地方政府重视开辟道路，以便推动经济。

清人刘大鹏《退想斋日记》记载了太原等地的水旱、饥荒、瘟疫。

3. 河北

明代的河北有大片的湿地。《松窗梦语》卷二《北游纪》中记载河北的村庄，说："自保定走定州，投故人张凤泉庄。庄五百亩，一望无际，中有莲池、柳堰，芦苇萧萧，流泉隐隐，而北岳恒山在望，可以眺听。"

---

① （清）顾祖禹：《读史方舆纪要》卷三十九《山西方舆纪要序》，上海书店 1998 年版，第 268 页。

明代在河北设天津卫，始有"天津"之名，永乐三年（1405 年）正式建城。天津地处华北平原的东北部，西北背枕燕山，东南面临渤海，地势由西北向东南逐渐由高到低，形成了一个簸箕形的坡地。海河的五大支流南运河、北运河、子牙河、大清河、永定河均在天津汇合，流经市区注入渤海。天津的城市格局，有"五龙朝贺，一手擎天"美誉，人们称之为"五龙锁蓟北，盘龙拱神京"。天津在明代已经成为一个较为繁荣的海港与运河城市。正德年间的吕盛在《天津卫志跋》写道："天津之名，起于北都定鼎之后，前此未有也。北近北京，东连海岱，天下粮艘商舶，鱼贯而进，殆无虚日。"①

《清史稿·地理一》记载的直隶大致相当于今河北："其山：恒山、太行。其川：桑乾即永定，滹沱即子牙、卫、易、漳、白、滦。其重险：井陉、山海、居庸、紫荆、倒马诸关，喜峰、古北、独石、张家诸口。"

位于河北省东北部的承德是清代以来发展起来的园林城市。18 世纪，康熙和乾隆皇帝在此大兴土木，兴修了避暑山庄；以后又修了外八庙。这里风景宜人，文化色彩很浓，是重要的旅游区域。《承德府志》卷一《诏谕》记载康熙三十五年（1696 年），古北口总兵蔡元请求修复古北口的城墙，康熙下谕批评说："帝王治天下，自有本原，不专恃险阻。秦筑长城以来，汉、唐、宋亦常修理，其是时岂无边患？明末，我太祖统大兵，长驱直入，诸路瓦解，皆莫敢。可见，守边之道，惟在修德安民，民心悦则邦本得，而边境自固，所谓众志成城是也。"

河北有一座盘山。盘山是燕山山脉的一部分，处于京、津、唐、承四角交会地带，素有"京东第一山"之称。盘山有五峰，也叫五台。它们在昌平关沟交会，形成一个半封闭的大围屏，向东南展开，这就是北京城所在的北京湾平原。乾隆游历盘山时曾御书："连太行，拱神京，放碣石，距沧溟，走蓟野，枕长城，盖蓟州之天作，俯临重壑，如众星拱北而莫敢与争者也。"

4. 河南

河南，简称"豫"。传闻这个名称与大象有关，古代在河南有成群的大象出没，因而《尚书·禹贡》记载其地为豫州。古代的豫州居九州之中，因而

---

① 康熙十三年《天津卫志》。

又称为"中州"。河南省的大部分地区在黄河以南，故称河南。河南省属于湿润的大陆季风型气候，日照充足，雨量较多。冬季长，春季干旱风沙多。

河南的地势西高东低，与中国地形的整体走向一致。豫西是山地，豫东和豫中是黄淮平原，豫东南是大别山脉，豫西南是南阳盆地。北、西、南三面环山，东部是平原。西部的太行山、崤山、熊耳山、嵩山、外方山及伏牛山等属于第二台阶地貌。东部平原、南阳盆地及其以东的山地丘陵则为第三级台阶地貌组成部分。豫北山地间有一些小型盆地，豫西有南阳平原，是重要的农业区。豫东是华北平原的西南部，是由黄河、淮河冲积而成。明代为了加强管理，在划分河南省时，没有严格按照黄河以南的地理概念划分行政区域，而是将黄河以北的新乡、安阳地区划给河南，又将淮河以南与桐柏山、大别山以北的地区也划分给河南。

《松窗梦语》卷二《北游纪》记载洛阳的环境："洛阳……地多树黍麦，独牡丹出洛阳者，为天下第一。国色种种，以姚黄、魏紫为最。品特著二十五种，不独名圃胜园，在在有之，郊圻之外，多至数亩，或至数顷，一望如锦。郭外多长堤大道，道傍榆柳垂荫。夹道溪流，可饮可濯。王孙贵介，时驾朱轮华晓，乘雕鞍玉勒，驱驰堤畔，御风而行，泠然怡快。或幕天席地，顺风长啸，亦足赏心。秋冬草枯叶落，则驾鹰驱犬，追逐野兽于平原旷野，或挟弹持弓，钓弋于数仞之上，乐而忘返，不减江南胜游。"

徐霞客到过河南嵩山。嵩山又称嵩岳、玄岳、中岳，为五岳之首。分太室山和少室山两大部分，以少林河为界，太室山如大屏风横亘在登封北，少室山如一朵巨莲，耸峙在登封西。古时称石洞为石室，该山有石洞，皆以石室相称，徐霞客的游记中也多用"石室"。《游嵩山日记》记载了行程，"遂以癸亥（天启三年，1623 年）仲春朔，决策从嵩岳道始。凡十九日，抵河南郑州之黄宗店。由店右登石坡，看圣僧池。清泉一涵潭，停碧山半。山下深涧交叠，涧干枯无滴水。下坡行涧底，随香炉山曲折南行。山形三尖如覆鼎，众山环之，秀色娟娟媚人。涧底乱石一壑，作紫玉色。两崖石壁宛转，色较缜润细致而润泽；想清流汪注时，喷珠泄黛，当更何如也！十里，登石佛岭。又五里，入密县界，望嵩山尚在六十里外"。

《游嵩山日记》从嵩山外围写起，尽显嵩山周围秀色，如香炉山之奇峰异水、天山院古松玉立等。其中对各山峰、洞窟、庙宇之方位、峡谷、流水之优劣一一作了记叙，最终以登少室为高潮，对少室之少林寺、珠帘飞泉、炼丹台等作了详尽的描绘。

《游嵩山日记》记载了嵩山的景观："按嵩当天地之中，祀秩排列次序为五岳首，故称嵩高，与少室并峙，下多洞窟，故又名太室。两室相望如双眉，然少室嶙岣，而太室雄厉称尊，俨若负扆画斧之屏风。自翠微以上，连崖横亘，列者如屏，展者如旗，故更觉岩岩。崇封始自上古，汉武以嵩呼之异，特加祀邑。宋时逼近京畿，典礼大备。至今绝顶犹传铁梁桥、避暑寨之名。当盛之时，固想见矣。"

5. 山东

山东在太行山以东，故称山东，又称山左。其东部是山东半岛，突出在渤海和黄海中。半岛以山和丘陵为主，崂山海拔 1130 米。泰山与大海构成了"海岱之区"。

山东省的地势，中部为隆起的山地，东部和南部为和缓起伏的丘陵区，北部和西北部为平坦的黄河冲积平原，是华北大平原的一部分。西南有豫东平原。山东省的最高点是位于中部的泰山，海拔 1545 米；最低处是位于东北部的黄河三角洲，海拔 2 米至 10 米。

山东省平原、盆地约占全省总面积的 63%，山地、丘陵约占 34%，河流、湖泊约占 3%。平原亘荡无遮，使人们的视野开阔、心胸宽广、性格爽朗、朴素无华。山东德州的《陵县志·序》谈到当地人文时说："平原故址，其地无高山危峦，其野少荆棘丛杂、马颊高津、经流直下，无委蛇旁分之势，故其人情亦平坦质实，机智不生。北近燕而不善悲歌；南近齐而不善夸诈，民纯俗茂。"

山东省境内河湖交错，水网密布，干流长 50 公里以上的河流有 100 多条。黄河自西南向东北斜穿山东境域，从渤海湾入海。京杭大运河自东南向西北纵贯鲁西平原。海岸线有 3000 多公里。明代，在古泗水河道形成微山湖等湖泊，在古济水河道形成东平湖等湖泊，构成了以济宁为中心的带状湖群。

明代的《松窗梦语》卷二《北游纪》记载山东："自沛以北，经二十余闸，始达济宁，为山东界。涉获麟渡，为南旺湖。湖中遍栽莲花，香芬袭人，积水以防泉涸。东望一山，即梁山泺。西溯汶水，孔林在焉。汶水至此，南北两分，以济漕船。南流由徐入黄河，北流由临清以出卫河。历张秋七级十余闸，为东昌。东昌即古聊城。再经堂邑之土桥、清平之戴湾，至临清，始无闸。自临清之武城，即弦歌古渡，过甲马营，为德州。而东光、沧州，乃北直隶之界矣。自青州历天津、通州，始达京师。"

明代，位于山东大运河边的济宁、聊城都是较繁荣的城市，商业发达，得水运之利。临清是山东最大的商业城市，嘉靖年间，临清城延袤二十里，跨汶、卫二水。（民国《临清县志》第一册，序文）

明末清初的顾炎武对山东的生态环境尤其关注，在编写《肇域志》的同时，还编写了《山东肇域志》。

济南，俗称泉城，因其泉多水清而得名，济南是在丘陵和平原的交接处发展起来的历史名城，它在济水之南，济水与黄河、淮水、长江并称四渎，是古代重要的水道。济南北连平原，西有泰山。济南有千佛山、大明湖、趵突泉，城中栽有很多树木，清末刘鹗在《老残游记》第二回中说："到了济南府，进得城来，家家泉水，户户垂杨，比那江南风景，觉得更为有趣。"可见，济南是个很美好的城市。

清代马国翰在《对钟方伯济南风土利弊问》中专门谈到济南附近历城的自然环境，从其文可以大致了解清代一个县的生态状况全貌。[1] 他说："历邑郭以内分八约，郭以外分八乡。正南、东南、西南三乡近山，田多硗瘠，每患亢旱，其地高，去水脉极远。港沟、神坞诸庄，少水井，或水汲十里之外，民间多制旱井，储雨雪，以供饮涤，非甚蕴隆尚不缺也。……正东、正北、正西、东北、西北五乡近水，地多洼，恒苦霖潦，而西北诸屯尤甚。土壤不能尽同。"这就是说，历城以南是山地，缺水，人们掘旱井储水。历城的东、北、西三面的水资源较多。在不同的水资源条件下，历城南北乡民的生活状况是不一样的。马国翰说：在南边的干旱之地，人们种椈叶以饲蚕，春秋两收茧利。人们砍伐杂木为炭，还开采煤矿，得以谋生。北边的人"花泉、白云诸湖区擅水利，为上田，价倍于他地，宜粳稻及麦，水旱均有获"。东乡的人喜种秫、豆，还种桑养蚕。四乡之民，各因特定的自然环境而选择其经济生活方式。

---

[1] 马国翰：《对钟方伯济南风土利弊问》，谭其骧主编：《清人文集地理类汇编》第二册，浙江人民出版社 1986 年版，第 193—194 页。

第三节　南方的区域环境

一、西南地区

西南地区是中华民族对外交往的重要通道。历史上有所谓"蜀身毒道""蜀安南道""安南通天竺道""茶马古道""剑南道""大秦道"等。这些通道在连接海上丝绸之路和北方丝绸之路中起了桥梁作用。

1. 西藏

西藏自治区，简称藏。因藏族居住而得名。沧海桑田，寰宇巨变。二亿年前的三叠纪，这里是一片汪洋。西藏古籍《贤者喜宴》《纪史》《青史》都说西藏在远古是大海。这种传说与地理科学史的研究是吻合的。究其原因，是因为藏民在山上见到海里才可能有的鱼化石，于是推断出朴素的传说。

西藏分为藏北高原、藏南谷地、藏东高山峡谷、喜马拉雅山地四部分。如果说"登泰山而小天下"，那么可以说"登西藏而小天下"。唐古拉山（葱岭）长 400 公里，主峰高 8611 米，它是西藏与青海省的界山。昆仑山长 2500 公里，宽 200 公里，主峰高 7719 米。

西藏的三江（雅鲁藏布江、怒江、澜沧江）地区是农业区。拉萨，平均海拔只 3500 米，比其他地方低。其北边以唐古拉山为大屏，从东北向西南有大片草原。南边的拉萨河提供了丰富的水源，大自然在此造就了"西藏的谷仓"。西藏一直有游牧业，有大量的牦牛。牧民以羊、牛为食，用牦牛毛织帐篷。牦牛对藏人赐福尤多，牛皮、牛奶、牛肉都是人们生活必不可少的物品。所以，藏人在门、墙上多供奉牛的图形，有的人在门楣上置牛头以避邪。西藏到处是碉房，石木结构。墙体向上收缩，视觉上显得稳重，结构有墙体承重，柱网承重，墙柱混合承重。藏北牧区以帐房为主。藏东南木材多，盛行板屋，有干栏式建筑。

早在元朝，西藏就正式成为中国行政区域，忽必烈封西藏佛教萨加派领袖八思巴为大元帝师，灌顶国师，从此，西藏开始政教合一。

明代称西藏为乌斯藏，设有乌斯藏都司和朵甘都司。1372 年，明太祖封西藏法王。清设驻藏大臣。

西藏的布达拉宫西南有一座美丽的罗布林卡园林。罗布林卡的藏语意思是"宝贝园林"。起初，这里是一片柳林，始建于 1755 年，五世达赖曾到此消夏，清驻藏大臣为七世达赖修建了凉亭宫。全园占地 36 公顷，分宫前区、宫区、森林区三部分。园内有亭台池榭，松竹点石，林木茂密，成为公共园林。在布达拉宫后面有龙王潭公园。在 17 世纪时，为重建布达拉宫而在此取土，挖了人工湖，湖中有小岛。以后，在岛上修建了亭阁。亭中供奉九头龙王。小岛和陆地连接。湖上在夏天可泛舟，冬天可溜冰。园中有清代的《御制平定西藏碑》《御制十全记碑》。

《清稗类钞》卷一记载了西藏的拉萨："自嘉黎西南行，经高山数重，既过鹿马岭，则地势平坦，路旁有温泉，自平地石罅中出，气蒸而沸，溅沫，色如硫黄。经墨竹工卡，有水西流，即藏河也。至察里，风景和煦，山川平旷，多逆旅，皮船可径渡。由此西行，接近拉萨，已抵中藏地矣。"

西藏有一处类似于江南的名胜之地——巴塘。雍正十年（1732 年），王世浚由成都经雅安，到达拉萨，写成《进藏纪程》一书，记述沿途的生态环境，如关于巴塘的描述："地暖无积雪，节气与内地无殊。"《清稗类钞》卷一也记载了巴塘："巴塘在里塘南五百四十五里，土地饶美，气候暄妍，凡游边藏者，莫不停骖于此，几若上海，故有'内地苏杭、关外巴塘'之谚。然其地无城郭，无街道，汉、蛮杂处，寥寥百余户而已。其所以得此美名者，盖以地当冲衢，百货齐备，饮食衣服备极奢华，而又有种种名胜之区，供人游眺故也。山则峻标甲噶，水则流合金沙，昔为拉藏罕所属。"

清中叶姚莹（1785—1853 年）曾两次出差康藏，撰有《康輶纪行》，通过对康藏地区的实地考察，对当地环境得出了一些更加准确的认识。在此之前，《四川通志》记载勒楮河的源头出自昂喇山，而姚莹在书中指出勒楮河即《今舆图》之勒楚河（即察雅河，又名麦曲），源出察雅东南，在江卡之东北，其与察雅西北的昂喇山无涉。

清末，黄沛翘到川藏任职，他搜集各种文献，结合实际考察所得，著成

《西藏图考》八卷，记述了西藏的山川、城池、津梁关隘、古迹等。这是了解西藏地区生态环境的重要资料。

2. 云南

云南省，简称滇，因境内最大的湖泊滇池而得名。云南得名于云岭以南。

云南面积的 94% 是山区，坝子多，坝子把云南切割成一块一块的文化区。云南主要有三个文化区，滇池造就了昆明，洱海造就了大理，玉龙雪山造就了丽江，都自成文化单元。云南山高林密，民间宗教观念浓厚，巫术流行。人性自然纯朴，安土重迁，知足而保守。

明代的《五杂俎》卷四《地部》记载："滇中沃野千里，地富物饶，高皇帝既定昆明，尽徙江左诸民以实之，故其地，衣冠文物，风俗言语，皆与金陵无别。若非黔筑隔绝，苗蛮梗道，诚可以卜居避乱。然滇若不隔万山，亦不能有其富矣。"

徐霞客曾经到过云南，《徐霞客游记》约 63 万字，《滇游日记》约 25 万字，《滇游日记》约占《徐霞客游记》全书的 40%，可见信息量很大。《滇游日记》第一篇早已丢失了。第二至三篇大致记录其在云南东部、东南部地区的游历，以滇池、碧鸡山、颜洞、盘江为其重点，并著有《盘江考》专篇。游记四为中部、西南部部分地区的游历，第五至八篇为西、西北部之游历，西、西北部以洱海、点苍山（亦名苍山）、鸡足山为中心，向西北延伸至丽江。第九篇以后则为西南部集中记游。

根据《滇游日记》，我们可知：

云南的交通

崇祯十一年（1638 年），徐霞客从贵州进入云南，在接下来的 1 年零 9 个月中，徐霞客的足迹遍及当时的 14 个府，诸如昆明、大理、丽江等地，行程数千里。崇祯十三年（1640 年）离开云南。

《滇游日记》记载云南与其他省份之间的管理有真空地带，没有设置行政机构。如："抵江底，乃云南罗平州分界；南三十里为安障，又南四十里抵巴吉，乃云南广南府分界；北三十里为丰塘，又北二十里抵碧洞，乃云南亦佐县分界。东西南三面与两异省错壤，北去普安二百二十里。其地田塍中辟，道路四达，人民颇集，可建一县；而土司恐夺其权，州官恐分其利，故莫为举者。"

《滇游日记》记载云南与广西之间的通道有三条，"按云南抵广西间道有三。一在临安府之东，由阿迷州、维摩州本州昔置干沟、倒马坡、石天井、阿九、抹甲等哨，东通广南。……一在平越府之南，由独山州丰宁上下司，入广西南丹河池州，出庆远。此余后从罗木渡取道而入黔、滇者也，是为北路。一在普安之南、罗平之东，由黄草坝，即安隆坝楼之下田州，出南宁者"。

《滇游日记》记载元谋县的地界："元谋县在马头山西七里，马街南二十五里。其直南三十五里为腊坪，与广通接界；直北九十五里为金沙江，渡江北十五里为江驿，与黎溪接界；江驿在金沙江业，大山之南。由其后北逾坡五里，有古石碑，大书'蜀滇交会'四大字。然此驿在江北，其前后二十里之地，所谓江外者，又属和曲州；元谋北界，实九十五里而已。江驿向有驿丞。二十年来，道路不通，久无行人，今止金沙江巡检司带管。"由于是边界，人烟稀少，所以没有设置行政管理。

云南的山川

云南有大面积的岩溶地貌，到处是奇峰异洞。《滇游日记》《游颜洞记》对建水县石岩山三洞进行描绘。三洞名为水云洞、南明洞、万象洞。

云南的植被

今人朱惠荣撰《1638—1640：徐霞客赞美的云南生态环境》一文[1]，通过《滇游日记》，说明徐霞客走进了云南绿色世界：在罗平东部滇黔界上，即今富源、罗平一带，有大片松竹；在滇西有大片森林，各县间几乎林木不断，宾川的鸡足山林带随高程变化，山门一带是乔松，各静室则杂木缤纷，山脊则古木，山顶则灌木。

云南的物产

《滇游日记》记载当地的物产，如："象黄者，牛黄、狗宝之类，生象肚上，大如白果，最大者如桃，缀肚四旁，取得之，乘其软以水浸之，制为数珠，色黄白如舍利，坚刚亦如之，举物莫能碎之矣。出自小西天即今印度，彼处亦甚重之，惟以制佛珠，不他用也。又云，象之极大而肥者乃有之，百千中不能得一，其象亦象中之王也。"《滇游日记》记载了人们的食用油，"郡境所食所燃皆核桃油。其核桃壳厚而肉嵌，一钱可数枚，捶碎蒸之，箍搞为油，胜芝麻、菜子者多矣"。

---

[1] 中国地质学会徐霞客研究分会编：《徐霞客研究》第17辑，地质出版社2008年版。

顾祖禹在《读史方舆纪要·云南方舆纪要序》一文中说："云南，古蛮瘴之乡，去中原最远。有事天下者，势不能先及于此，然而云南之于天下，非无与于利害之数者也。其地旷远，可耕可牧，鱼盐之饶甲于南服，石桑之弓，黑水之矢，罗獠爨僰之人率之以争衡天下，无不可为也。然累世出而不一见者，何哉？或曰，云南东出思黔已数十驿，山川间阻，仓卒不能以自达故也。吾以为，云南所以可为者，不在黔而在蜀，亦不在蜀之东南，而在蜀之西北。"①

《清稗类钞》卷一"坝子"记载："滇人称平原为坝子，坝子有数方里者，有十余方里者，有数十方里者，大小不等。至其所谓坝子，非从前之府治，即州县治，或大村落。盖云南全省，本属岭地，山岭居十之七，一遇平原，即相其地势，以为府治，以为州县治，或人民集居，因成村落。至若居民数户，依稍平之坡筑室而居，以种玉蜀为生者，则名之为铺，而不名之为坝子。且坝子多在两山之间，往往将至一县或一大村，当下坡时，即先见万山围绕中平地一片，惟其形几如釜底，推以理想，千百年前或本一大河也。"

《清稗类钞》卷一"滇省水道"条记载："滇省水道甚稀，每有一溪一川，皆以江或海名之，大理之洱海，漾濞之漾濞江与澜沧江，不过大山间一百余尺阔之巨流耳，以视江浙之太湖，不知当以何物名之。顾江浙人之视丘为山，要亦与滇人之以川名海，同一浅见也。"

昆明的形胜很特别。昆明在滇西横断山脉与滇东高原之间，海拔 1895 米的滇池盆地之北。北边群山重叠，挡住了高寒气流。南边有五百里滇池，六条河水蜿蜒纵横，流入滇池。金马山和碧鸡山左右夹峙，气势雄浑。碧鸡山又称睡佛山、西山，山上有华亭寺、罗汉寺、龙门石道，可以鸟瞰烟波荡漾的滇池。山水间是一大片肥沃的平川，这是城区所在。

昆明号称春城，四季无寒暑，冬暖夏凉。日均气温 15℃，气温在 10℃ 至 22℃ 之间波动。冬季日照长，夏季有滇池水调节气候，这样的气温无疑是很适宜人们居住的。昆明夏季有滇池水调节气候。明代冯时可在《滇行纪异》说："云南最为善地，六月如中秋，不用挟扇衣葛；严虽雪，而寒不浸肤，不用围炉服裘，地气高寒，干爽而无霉气。"

明代在昆明筑砖城，有 6 个城门楼，城外有护城河。清代时，南边有丽正

---

① （清）顾祖禹：《读史方舆纪要》卷一百十三《云南一》。

门，北边有拱辰门。整个城区是北高南低，城外北边有商山。城内北边有螺峰山、圆能山。城中心有五华山。

清人赵琪有《望昆明池》云："巨浸东南是古滇，茫茫池水势吞天。碧鸡莫渡栖平岭，金马难行执野田。塔秀近扶双寺月，城高摇锁百族烟。炎风盼得昆明到，何日开襟向北施。"这样优美的自然环境条件，特别适宜人的生存。道光年间编修的《昆明县志》记载：昆明岗峦环绕，川泽淳法，沟渎气流，原田广衍，夏无溽暑，冬不祁寒，四时之气，和平如一，虽雨雪凝寒，昆明晴明旋复暄燠，以地列坤隅，得土冲气故耳。

昆明之美，美在滇池。滇池是高原上的一块明镜，也是世界上的名湖。昔日有诗云："昆池千顷浩溟蒙，浴日滔天气量洪。倒映群峰来镜里，雄吞六河入胸中。"为了游滇池，就要先到池畔的大观楼。大观楼的历史有 300 多年，它的"古今第一长联"久负盛名，出自清人孙髯翁之手，把昆明的景物与历史作了淋漓尽致的描写：

五百里滇池，奔来眼底。披襟岸帻，喜茫茫空阔无边。看，东骧神骏，西翥灵仪，北走蜿蜒，南翔缟素。高人韵士，何妨选胜登临。趁蟹屿螺州，梳裹就风鬟雾鬓。更蘋天苇地，点缀些翠羽丹霞。莫孤负，四围香稻，万顷晴沙，九夏芙蓉，三春杨柳。

数千年往事，注到心头。把酒凌虚，叹滚滚英雄谁在？想，汉习楼船，唐标铁柱，宋挥玉斧，元跨革囊。伟烈丰功，费尽移山心力。尽珠帘画栋，卷不及暮雨朝云。便断碣残碑，都会与苍烟落照。只赢得，几杵疏钟，半江渔火，两行秋雁，一枕清霜。

云南西部的大理市是个很美丽的城市，有"东方瑞士"之称。大理的形胜与昆明相类似，昆明有苍山滇池，大理有苍山洱海，都是在山水之间一城市。洱海古称叶榆泽，因湖形似耳、浪大如海，故名洱海。它长约 40 公里，宽约 8 公里。水面有三岛四州。洱海以西是苍山，山体绵延，共有 19 个山峰，群峰之间有 18 条溪水汇入洱海。最高的马龙峰海拔约 4122 米，山顶原来终年积雪，现在已不是积雪之山。《清稗类钞》卷一"大理下关"条记载："大理下关，为云南迤西门户，苍山绕其左，洱海临其右，诚天然之形胜也。苍山高度约距地平线七千余英尺，终年积雪，风景绝佳。……关以外水声淙淙，如飞马奔驰，白浪四溅，诚洱海西流之大观也。"大理是云南的重镇，不论是形胜还是资源，都极佳。

洱海原来面积很大，后逐渐缩小，四周露出沃腴的黑壤，便利农耕。几千年来，农民不需施肥，田地就可长出丰硕的庄稼，真是天赐的宝地。群山环抱着洱海，山水之间的台地上有一个接一个的村庄。村舍用白石灰粉墙，在青山绿水的衬托下，显得格外洁净。靠近水池，是一片片平坦的农田，呈现盎然的生机。苍山之间有崇圣寺三塔。三塔是佛教遗存，距今1000多年。其中有两座小塔，各高42.19米，建于宋代大理国时期。三塔背倚苍山，西映洱海。

丽江的自然环境很好。这一带西北高，东南低，这样的地形冬暖夏凉。北边的玉龙雪山终年白雪，甚为壮观。雪山为丽江提供了取之不尽的水源。丽江是群山之间的大块平地，如同一块大砚台，所以古人称之为大研镇，颇有文气。丽江人注意改造环境，他们把白沙水引到城中，一分为三，三又分为数支。城中大石板的街道上有若干处三眼井，居民用于取水或洗涤，水井边有环保公约，大意是说要爱惜水，不要混用水池。古城的布局合理，四通八达，十分紧凑，有如八卦阵。顺水是进城，逆水是出城，其水网绝不亚于苏州的河汊。

云南与老挝接界。老挝的民族大多数是从中国西南地区迁去演化、融合而成，他们沿着古老的丝绸之路南行，并将中国西南的石器文化、青铜文化、稻作文化带到了老挝。云南的马帮大多沿着西南通道前往缅甸、泰国、老挝等国进行贸易。云南数百年来一直充当着中国与南亚及东南亚各国之间的贸易集散地。其商路自昆明、西部的大理和腾越（今腾冲）以及南部的思茅等都市，翻山越涧，蜿蜒穿过东南亚。

著名的茶马古道从大理向南经过景栋、普洱等地前往缅甸、老挝等地。清政府在前代驿道的基础上，开辟了迤南、迤西两条军站线路。[①] 茶马古道是西南丝绸之路中自然条件最差的一条，通道大多位于崇山峻岭之中，雨季气候炎热，人和骡马极易染病。但我国西南少数民族在艰苦环境中开辟了数千公里长的古道，为西南丝绸之路的发展和繁荣做出了不可磨灭的贡献。

---

① 潘向明：《清代云南的交通开发》，载于马汝珩、马大正主编：《清代边疆开发研究》，中国社会科学出版社1990年版。

3. 四川与重庆

四川省位于中国西南。春秋时为巴蜀地，故称为巴蜀，或简称蜀。又因为境内有四条大河流入长江（岷江、涪江、沱江、嘉陵江），故称四川。或说四川由川陕四路简称而来。

巴文化在以重庆为中心的山区。以涪江为界，东为巴，西为蜀。近代有川东、川西之分。巴地范围一度很广，可能超出了今天的川东，包括今鄂西的巴东县等地。巴地交通闭塞，自然条件恶劣，人们的生活艰难。巴地山转水绕，云雾弥漫。

蜀文化是成都平原的产物。土地肥沃，岷江和沱江提供了充足的水源。成都位于成都平原，这里是四川盆地的西部，处在大盆地中的小盆地，东边20公里有龙泉山，西边50公里有邛崃山。北有剑门，形成成都外围的天堑。蜀地出产稻米、织锦、茶叶，盐业、纸业也很发达。

巴蜀在中国西南具有重要地位，其与周边的地区有过频繁的文化交往。明朝初年有大批湖广人进入巴蜀，使人地环境发生很大变化。明洪武二十四年（1391年），四川都司主持修灌县以西的西山路，沿松茂驿路建造驿站关堡。

《松窗梦语》卷二《西游纪》记载："自巴阳峡乘小舟，沿江而抵万县。复从陆行，盘旋山谷中水田村舍之间，竹木萧疏，间以青石，石砌平坦，路甚清幽，入蜀以来仅见。且山气清凉，非复沿江上下风景。将至蟠龙，遥见飞泉数十道从空而下，山崖草树翠青，而泉白真如垂练。且两山高峙，流泉平平低下，不知所从来。……气候较暖，初春梅花落、柳叶舒、杏花烂漫，如江南暮春时矣。地多二麦，春仲大麦黄、小麦穗，皆早于江南月余。"

《五杂俎·地部二》记载甘肃进入蜀地的道路艰险，"江油有左担道，为其道至险，自北而南，担其左者，不得易至右也"。

《清稗类钞》卷一记载："四川东西距二千余里，南北距千余里，地多山，雪山及北岭之脉周于四境。扬子江流其南，省中鸦砻江、岷江、嘉陵江、乌江诸大川并汇焉。西南境有盐井、火井。"清朝在四川设邮递交通机构——塘铺，用以传递文书。《清稗类钞》卷一记载康定县："此为由川入藏之孔道，四围皆山，形势险峻。中有废涧，敞若平地，有土城。番人聚族而居，多迭石为碉楼，有大寺，喇嘛数千。内地人颇有往贸易者，川茶藏产，辄以此为交易之所。"

巴蜀文化有一体性，共生共荣。清人顾祖禹在《读史方舆纪要·四川方舆纪要叙》中指出："以四川而争衡天下，上之足以王，次之足以霸，恃其险而坐守之，则必至于亡。"巴地对于长江中下游有居高临下之势，从重庆放舟，指日可达江汉平原，而从江汉平原欲进入四川，则是"蜀道难，难于上青天"。巴蜀有闭塞之憾。然而，在战争频繁的古代，这个缺憾正是它的优越性，可以免遭兵患。

任何区域文化的形成都基于一定的生态环境。近代学者梁启超很看重四川的地理环境与文化之关系，他在《中国地理大势论》说："蜀，扬子江之上游也，其险足以自守，自富足以自保，而其于进取不甚宜，故刘备得之以鼎魏吴，唐玄幸之以逃安史，王建、孟和祥据之以数世。然蜀与滇相辅车者也。故孔明欲图北征，而先入南，四川、云贵，实政治上一独立区域也。"[①]

重庆在长江与嘉陵江的交汇处，古称江州。嘉陵江古称渝江，重庆又被称为渝州，重庆简称渝。由于长江流域在明清时期的地位越来越重要，又由于重庆可以通过遵义到达贵阳，因而长江上游的重庆就成了经济文化的中心。光绪五年（1879 年），从宜昌到重庆试航轮船成功，加速了重庆的发展。

4. 贵州

贵州是湖广进入云南的重要通道之一，由湖南到镇远，再到贵阳、安顺，可以通向云南。洪武十五年（1382 年），明朝在贵州设置都指挥使司。永乐年间，在贵州设布政使司，相当于省级行政机构。明清时期，一直对贵州实行改土归流政策，加快了贵州的开发。

贵阳是中国西南的重镇，其所在地是一个河谷盆地，盆地有 30 多平方公里，地势较平，四周有众多的河流，南明河从西南流贯城中，与市西河、贯城河在城中汇合，向东北注入清水江。

明代在遵义筑城。遵义是黔北的重要城市，众多的乌江支流从这里分水，其间有丘陵、谷地。遵义的北面是大娄山脉，海拔 1000 多米，从东北向西南环绕，万木参天，峭壁林立。遵义的南面是乌江，岸深浪急。西南有偏岩河，东面有羊岩河，南面有通道。城南有许多农田，构成了天然粮仓。遵义的植被

---

① 梁启超：《饮冰室合集·文集之十》，中华书局 1989 年版，第 84 页。

很好。凤凰山在城中心，如同天然植物园，把遵义城衬托得郁郁葱葱。由于这里在大山之中，河网密集且有一大块相对平缓的坡地。

《清稗类钞》卷一"云贵山水"条记载："贵州山多槎丫，多深阻，水多湍悍，土多沮洳。"贵州石门坎海拔 2000 米，属高寒地带，主要粮食作物是洋芋、荞麦、苞谷等。当地"花苗衣花衣……其人有名无姓……散居山谷，架木为巢，寝处与牧畜俱，无卧具，炊豆煮以炙，虽赤子，率裸而火。食以麦稗，杂野蔬，终身不稻食"①。

二、长江中下游地区

1. 湖北

明代，朱元璋为控制长江流域中游及西南地区，把楚王封于武昌。洪武初，在武昌修筑城墙，城内有王城，以石砌成。到了明中叶，武昌的商业繁荣起来。万历年间的蒲秉权在《硕迈园集》卷八说城内的人口很多："道上行人，习习如蚁。"

《松窗梦语》卷二《西游纪》记载湖北境内的环境："黄梅以西则楚地也，路多高山深溪。由蕲渡巴为黄陂，经古云梦，而今之承天，则显陵在焉。余恭谒而渡湘江。贻诗以吊屈原。至荆州，走观音岩观瀑布泉，泉右雨后溪流奔腾如雷，一奇观也。再渡清溪，当阳，为玉泉寺。寺后一山，草木阴森，左右环拱，面溪流水潺潺，水外平布如案，境聚而佳，入寺便欲忘去。溯溪流而上，水出鬼谷洞，洞通巴江。至夷陵而望，面皆高山。初上一山，即肩舆衬扶掖而行，所谓蛇倒退也。再上一山，尤壁峻，即鬼见愁也。又上一山，极危险，登山下视，诸山尽若平铺，而白云高低掩映，宇内奇观也，是为钻天铺。又升降一山，山半开一洞天，洞外一峰突兀，盘旋攀跻，九折而过。红崖两渡溪流，又最上一山，土人呼为周坪坡。而归州四里之城，在高山之上，临大江之涯。居民半居水涯，谓之下河，四月水长，徙居崖上。江不阔而急流，渡江以南，沿江岸行，有屈原庙，原生于此地也。"

---

① 萧一山：《清代通史》，中华书局 1986 年版，第 585 页。

《乾隆汉阳府志》记载："（嘉靖）三十五年孝感……多狼，食人。"狼多得吃人，这种情况现在不敢设想。崇祯"十五年汉阳府大旱有虎"。在荆楚之地，在接近平原之地，明末还有老虎活动，情况罕见。

《道光建始县志》记载了鄂西南山区的环境变迁，"乾隆初，城外尚多高林大木，虎狼窟藏其中。塌沙坡等处树犹茂密，夏日行人不畏日色，则前此之榛榛狉狉固可想见，而离城鸾远之荒秽幽僻更可知也。十余年来，居人日众，土尽辟，荒尽开。昔患林深，今苦薪贵，虎豹鹿豕不复见其迹焉……维时林木繁盛，禽兽纵横，土旷人稀，随力垦辟，不以越畔相诃也。及后来者接踵，则以先居者为业主，兴任耕种，略议地界，租价无多，四至甚广。又或纠合众姓，共佃山田一所，自某坡至某涧，何啻数里之遥？始则斩荆披棘，驱虎豹、狐狸而居之，久而荒地成熟，收如塘栌，昔所弃为区脱，今直等于商於，而争田之讼日起矣"①。

徐霞客到过湖北的武当山。他写的《游太和山日记》就是描述武当山的珍贵资料。② 该篇日记从"第一山"之米芾书法写起，寻紫霄宫，摩展旗峰，对山中异品榔梅亦有所记载。除了写山，徐霞客还特别写了省际的环境差异，指出地点不一样，物候就不一样。"山谷川原，候同气异。余出嵩、少，始见麦畦青；至陕州，杏始花，柳色依依向人；入潼关，则驿路既平，垂杨夹道，梨李参差矣；及转入泓峪，而层冰积雪，犹满涧谷，真春风所不度也。过坞底岔，复见杏花；出龙驹寨，桃雨柳烟，所在都有。"郧县"乃河南、湖广界"。郧县与淅川之间有长流不息的溪水："有池一泓，曰青泉，上源不见所自来，而下流淙淙，地又属淅川。盖二县界址相错，依山溪曲折，路经其间故也。"

《清史稿·地理志》记载湖北历史，"明置湖广等处承宣布政使司。旋设湖广巡抚及总督。清康熙三年（1664年），分置湖北布政司，始领府八：武昌、汉阳、黄州、安陆、德安、荆州、襄阳、郧阳。并设湖北巡抚。雍正六年（1728年），升归州为直隶州。十三年（1735年），升夷陵州为宜昌府，降归

---

① （清）袁景晖修：《建始县志》卷三《户口》，道光二十一年刻本。

② 武当山，相传真武曾修炼于此，为道教名山，亦以传授武当派拳术著称。有72峰、36岩、24涧、11洞、10池、9井等自然风景。殿宇宏大，现保留有太和、南岩、紫霄、遇真、玉虚、五龙等六宫，复真、无和二观。

州直隶州为州属焉。以恩施县治置施南府。乾隆五十六年（1791年），升荆门州为直隶州。光绪三十年（1904年），升鹤峰州为直隶。东至安徽宿松，五百五十里。南至湖南临湘，四百里。西至四川巫山，千八百九十里。北至河南罗山，二百八十里。广二千四百四十里，袤六百八十里。面积凡五十八万九千一百一十六方里。北距京师三千一百五十五里。宣统三年，编户五百五万五千九十一，口二千三百九十一万七千二百二十八。共领府十，直隶州一，直隶一，县六十。"

《清稗类钞》卷一记载：

湖北居扬子江西游，为中原要地，东西距千二百里，南北距八百里，东西北多山，南路平坦。江、汉交流，湖陂相属，故水陆运输最为利便。土质腴美，农业最丰，西境冈岭纵横，矿产尤盛，大冶之铁、夏口之煤皆已开采。

黄冈县……过富池口，南北岸万山拱合，上流为田家镇，形势险要，自此而蕲州……黄冈城西北之赤壁山，屹立江滨，石壁皆赤色。

沙市，贸易繁盛，俗称小汉口，租界在镇之西。自此而上，江中时有沙礁，舟人驾驶惟谨。至宜昌，泊焉，汽船之航路止于此。再上，则江水湍急，数里一滩，改赁民船，乃可上达。楚蜀客货之转运，必于宜昌上下，故为巨埠。

自宜昌赁民船入川，溯江上行，两岸石山壁立，烟雾缭绕，非亭午夜分，不见日月。前望众山，回环若瓮，舟行至近稍一转折，则豁然又开一境。过西陵峡、黄牛峡、巫峡，崖瀑飞流，破石堆聚，与风水相激，舟行偶不慎，则撞石粉碎。上行俱赖纤夫拖缆，至极险之滩，客必登岸步行，待舟过滩毕，始复登舟。

顾祖禹在《读史方舆纪要》中很看重湖北的区位优势。他说："湖广之形胜，在武昌乎？在襄阳乎？抑在荆州乎？曰：以天下言之，则重在襄阳；以东南言之，则重在武昌；以湖广言之，则重在荆州。何言乎重在荆州也？夫荆州者，全楚之中也，北有襄阳之蔽，西有夷陵之防，东有武昌之援，楚人都郢而强，及鄢、郢亡而国无以立矣。……何言乎重在武昌也？夫武昌者，东南得之而存，失之而亡者也。……何言乎重在襄阳也？夫襄阳者，天下之腰膂也。中原有之可以并东南，东南得之亦可以图西北者也。"① 顾祖禹认为天下重心是襄阳，天下东南的重心是武昌。两个重心都在湖北。顾祖禹还认为武汉这一带关系到长江中下游的安危，决定着江淮及中国东南的命脉。顾祖禹在《湖广方舆纪要》中说："扼束江汉，襟带吴楚，自东晋之后，谈形势者，未尝不以武昌、夏口为要会。"又说："自昔南北相争，沿江上下所在比连，不特楚地之襟要，亦为吴会之上游也。"又说："荆楚之有汉，犹江左之有淮，唇齿之势也，汉亡江亦未可保也，国于东南者，保江淮不可不知保汉，以东南而向中原者，用江淮不可不知用汉，地势得也。"

近人陈夔龙（1855—1948 年）对武汉形势推崇备至，并说外国军事家也推崇至极。他在《梦蕉亭杂记》卷二说："武汉据天下上游，夏口北倚双江，又为武汉屏蔽。龟蛇二山，遥遥对峙，岷江东下，汉水西来，均以此间为枢纽。地势成三角形，屹为中流鼎峙。余服官鄂渚，适英美水师提督乘兵舰来谒，谓游行几遍地球，水陆形势之佳，未有如兹地者，推为环球第一。不仅属中国奥区，窃兴观止之叹。"② "武汉"本是武昌、汉阳的合称。明成化年，汉水改道，从龟山北入江，把今汉阳与汉口切开。万历元年（1573 年）姚宏谟写《重修晴川阁记》已有"武汉"二字。清代以江北、江南二城合称武汉。

2. 湖南

明代，湖南绝大部分地区属湖广行省。谢肇淛《五杂俎》卷四《地部》记载："楚中如衡山、宝庆亦一乐土也：物力裕而田多收，非戎马之场，可以避兵，而俗亦朴厚。长沙则卑湿而偎，不可居矣。"

以湖南慈利为例，"环慈皆丛山，田多逼厄山谷间。导水于高者注之，伐山为业。山高气常蓄聚，久郁不散则成瘴毒。农民往往依厓涧缚草为屋，植篱以障内外。临坪之田，土膏肥而用力易。其居深山者，刀耕火耨，谓之铇畬。……又有茶椒漆蜜之利，暇则摘茶、采蜜、割漆、捋椒，以图贸易。其女人俱以纺绩为业。滨河者，多依渔营生，刳木为舟，畜鸬鹚数十，持纲罟下河，颇

---

① （清）顾祖禹：《读史方舆纪要》卷七十五《湖广方舆纪要序》。

② 陈夔龙：《梦蕉亭记》，中华书局 2007 年版，第 105 页。

足自给。但地瘠农惰，砦窳偷生而亡积聚，是其故态也"①。

徐霞客到过湖南。他到达茶陵州、攸县、衡州、常宁县、祁阳县、永州、江华县、临武县、郴州等地。明代的湖广布政司辖境为楚国故地，故简称楚。《楚游日记》原有提纲云："丁丑正月十一自勒子树下往茶陵州、攸县。过衡山县至衡州，下永州船，遇盗。复返衡州，借资由常宁县、祁阳县、历永州至通州，抵江华县。复由临武县、郴州过阳县，复至衡州。再自衡州入永，仍过祁阳，闰四月初七入粤。遇盗始末。"其游程大致与以上提纲相符，其记对湖南各景的描绘多伴有对山形地貌的考察，对各水的辨析。

《楚游日记》记载了湖南的山川，如："衡州之脉，南自回雁峰而北尽于石鼓，盖邵阳、常宁之间逶迤而来，东南界于湘，西北界于蒸，南岳岣嵝诸峰，乃其下流回环之脉，非同条共贯者。徐灵期谓南岳周回八百里，回雁为首，岳麓为足，遂以回雁为七十二峰之一，是盖未经孟公坳，不知衡山之起于双髻也。若岳麓诸峰磅礴处，其支委固远矣。""余乃得循之西行，且自天柱、华盖、观音、云雾至大坳，皆衡山来脉之脊，得一览无遗，实意中之事也。由南沟趋罗（汉）台亦迂，不若径登天台，然后南岳之胜乃尽。"

《楚游日记》注重自然景观的形状。在祁阳县附近，徐霞客注意到一个称之为狮子袱的地方，他很想见到狮子形状的景观，可惜没有见到。《楚游日记》记载："第所谓狮子袱者，在县南滨江二里，乃所经行地，而问之，已不可得。岂沙积流移，石亦不免沧桑耶？"在永州，徐霞客注意到濂溪祠一带的龙山与象山，"濂溪祠在焉。祠北向，左为龙山，右为象山，皆后山，象形，从祠后小山分支而环突于前者也。其龙山即前转嘴而出者，象山则月岩之道所由渡濂溪者也。祠环于山间而不临水，其前扩然，可容万马"。他描述衡阳附近的一处景观说其形胜如动物仰面而卧："东上杨子岭，二里登岭，上即有石，人立而起，兽蹲而龙踞。"

徐霞客很留意奇特的景观，《楚游日记》在介绍东岭坞时说："东岭坞内居人段姓，引南行一里，登东岭，即从岭上西行。岭头多漩窝成潭，如釜之仰，釜底俱有穴直下为井，或深或浅，或不见其底，是为九十九井。始知是山下皆石骨玲珑，上透一窍，辄水捣成井。窍之直者，故下坠无底；窍之曲者，

---

① 《万历慈利县志》卷六《风俗》。

故深浅随之。井虽枯而无水，然一山而随处皆是，亦一奇也。又西一里，望见西南谷中，四山环绕，漩成一大窝，亦如仰釜，釜之底有洞，洞之东西皆秦人洞也。"这样的景观当类似于地质学所认定的天坑。

对自然景观，徐霞客时常用比较的观点加以评论，如《楚游日记》记载："逾岭而南，有土横两山，中剖为门以适行，想为道州、宁远之分隘耶。……其东又有卓锥列戟之峰，攒列成队，亦自南而北，与西面之山若排闼门者。然第西界则崇山屏列，而东界则乱阜森罗，截级不紊耳，直南遥望两界尽处，中竖一峰，如当门之标，望之神动。……掩口之南，东之排岫，西之横嶂，至此凑合成门，向所望当门之标，已列为东轴之首，而西嶂东垂，亦竖一峰，北望如插屏，逼近如攒指，南转如亘垣，若与东岫分建旗鼓而出奇斗胜者。"在谈到零县、东安县附近的景观，认为有长江三峡之美，他说："江南岸石崖飞突，北岸有水自北来注，曰右江口。或曰幼江。又五里，上磨盘滩、白滩埠，两岸山始峻而削。峭崖之突于右者，有飞瀑挂其腋间，虽雨壮其观，然亦不断之流也。又五里，崖之突于左，为兵书峡。崖裂成岕大石，有石嵌缀其端，形方而色黄白，故效颦三峡之称。其西坞亦有瀑如练，而对岸江滨有圆石如盒，为果盒塘。果盒、兵书，一方一圆，一上一下，皆对而拟之者也。"

到了清代，康熙三年（1664年），设湖广右布政使，驻长沙，湖南始与湖北分治。《清稗类钞》卷一记载：省北近湖之处多平原，水之大者曰湘、沅、资、澧，湘最巨。地质腴厚，产米、麻、烟、棉、茶、纸、木材，矿产尤多煤。南境瑶、苗杂处。

关于湖南的环境与人文，钱基博在其所著的《近百年湖南学风》中说："湖南之为省，北阻大江，南薄五岭，西接黔蜀，群苗所萃，盖四塞之国。其地水少而山多，重山叠岭，滩河峻激，而舟车不易为交通。顽石赭土，地质刚坚，而民性多流于倔强。以故风气锢塞，常不为中原人文所沾被。抑亦风气自创，能别于中原人物以独立。人杰地灵，大儒迭起，前不见古人，后不见来者，宏识孤怀。含今茹古，罔不有独立自由之思想，有坚强不磨之志节。湛深古学而能自辟蹊径，不为古学所囿。义以淑群，行必厉己，以开一代之风气，盖地理使之然也。"①

---

① 钱基博：《钱基博学术论著选》，华中师范大学出版社1997年版，第56页。

湖南的经济文化中心是长沙。长沙位于湘江下游河谷，湘江从南向北流过城区，西边是海拔约 200 米的岳麓山，东边和南边有起伏的山岗，北边是平原，向北到洞庭湖不过 50 公里。长沙是受益于湘江和洞庭湖而发展起来的。湘江两岸的岳麓山壮大了长沙的气势。《清稗类钞》卷一"长沙"条记载："湖南长沙，在洞庭湖之南，水道以岳州为第一门户，临资口为第二门户，靖港为第三门户。其陆路，北连湖北，南连粤东，亦寰中形势之区也。湘江中有沙坟起，若新筑之马路，长短不等，最长者曰老龙沙，长至六七里，长沙命名或以此耳。"

3. 江西

明代设江西承宣布政使司。

清代设江西省。江西的环境，《清稗类钞》卷一有描述："江西东西距八百里，南北距千里，三面环山，惟省北地势开展，控引江湖，土质肥腴，近湖之区尤胜。鄱阳湖湖长二百七十里，广六十余里，我国大湖当以此为第二。"

南昌是南方的昌盛之地，故而得名。它位于鄱阳湖西南岸，赣江下游东岸，负江依湖，南临五岭，北接宣扬，西控荆楚，东翼闽越。《松窗梦语》卷二《南游纪》记载了南昌："江右之会城古南昌故郡，登滕王阁，瞰槛外长江，一望水光接天，因忆画栋飞云，珠帘卷雨，洋洋在目。"南昌之所以能成为江西会城，是因为这里襟江带湖，特产丰富，交通便利，亦为楚粤咽喉。

景德镇在群山环抱之中，东、西、北的山比东南的山要高。昌江由北向南贯穿市区，昌江谷地为景德镇的发展提供了空间，城区沿昌江东岸发展。由于景德镇周围有优质瓷土，为瓷业提供了宝贵的原料，使得景德镇成为瓷业中心。中国有句俗话"靠山吃山，靠水吃水"，景德镇是"靠土吃土"，在清代成为瓷业中心，在康乾时期达到鼎盛。

九江市襟江带湖，北滨长江，南靠庐山，东临鄱阳湖，西邻八里湖。有很多水系在此流入长江，故称九江。"九，言之多也。"九江市古称浔阳，晋代在此设浔阳郡，所以九江简称"浔"。九江是交通枢纽，号称"七省通衢"。

江西有鄱阳湖，许怀林等人对鄱阳湖流域生态环境进行了历史考察，对诸如社会生态与移民、水土流失与综合治理、灾荒与社会控制等问题进行了研究。这是对单个湖区进行综合研究的学术成果，对每一个具体的问题都有较深入的探析。①

4. 安徽

安徽省因安庆府和徽州府的首字而得名，又因其西部的皖山（先秦有皖国）而简称皖。安徽是华东地区距海较近的内陆省，作为一个省的行政区划，始于康熙六年（1667年），朝廷设立了安徽布政使，辖安庆、徽州、宁国、池州、太平、庐州、凤阳七府以及滁州、和州、广德三州。这是一片横跨长江的地域，"这个跨江置省的举措在中国政区沿革史上具有重要的政治意义，从此长江不再作为划江而治的标志"②。

明代谢肇淛《五杂俎》卷四《地部》记载："由江右抵安庆，山多童而不秀，惟有匡庐，数百里外望之天半，若芙蓉焉。自德安至九江，或远或近，或向或背，皆成奇观。真子瞻所谓傍看成岭侧成峰者，岱、岳不及也。"

徐霞客到过安徽。他撰写了《游白岳山》。白岳山即今之齐云山。徐霞客于1616年游历此山。此山有36峰、72崖。徐霞客对香炉峰、天门、石桥岩、龙涎泉、龙井等都有描绘。徐霞客还到过安徽的黄山，黄山原名黟山，唐代天宝年后改为今名。相传黄帝与容成子、浮丘公同在此炼丹，故名黄山。黄山位于歙县与太平县（今黄山区）间，面积约154平方公里。黄山风景以奇松、怪石、云海、温泉最著名。《游黄山日记》记叙了黄山的温泉、黄山松等，同时也记录了一路游程的艰险，如踏雪寻径、凿冰开路等。"汤泉即黄山温泉，又名朱砂泉在隔溪，遂俱解衣赴汤池。池前临溪，后倚壁，三面石甃，上环石如桥。汤深三尺，时凝寒未解，而汤气郁然，水泡池底汩汩起，气本香冽。黄贞父谓其不及盘山，以汤口、焦村孔道，浴者太杂遝即杂乱出。"

安徽绩溪人戴震说："吾郡少平原旷野，依山而居，商贾东西行营于外，以口食。然生民得山之气，质重矜气节，虽为贾者，咸近土风。"③

芜湖处于长江之滨，是长江上下之要冲，也是陆路南北之襟喉。这里的冶炼业发达，铜商很多。

---

① 许怀林等：《鄱阳湖流域生态环境的历史考察》，江西科学技术出版社2003年版。

② 李孝聪：《中国区域历史地理》，北京大学出版社2004年版，第240页。

③《戴震文集》卷十二。

5. 江苏

江苏在春秋时为吴国地，明代为应天府，直隶南京。江苏地势低平，有广阔的平原。清代根据江宁府和苏州府的府名第一字，置江苏省。

《五杂俎》卷四《地部》记载："吴之新安，闽之福唐，地狭而人众，四民之业，无边不届，即遐陬穷发，人迹不到之处，往往有之，诚有不可解者；盖地狭则无田以自食，而人众则射利之途愈广故也。余在新安，见人家多楼上架楼，未尝有无楼之屋也。计一室之居，可抵二三室，而犹无尺寸隙地。闽中自高山至平地，截截为田，远望如梯，真昔人所云'水无涓滴不为用，山到崔嵬尽力耕'者，可谓无遗地矣，而人尚什五游食于外。"《地部》又记载："新安大贾，鱼盐为业，藏镪有至百万者，其它二三十万则中买耳。山右或盐，或丝，或转贩，或窖粟，其富甚于新安。新安奢而山右俭也。……天下推纤啬者，必推新安与江右，然新安多富，而江右多贫者，其地瘠也。新安人近雅而稍轻薄，江右人近俗而多意气。"

明代，由于徐州是南京的北大门，所以在洪武年间修筑了坚固的城墙。永乐年间，疏通运河，徐州一度恢复了昔日的繁荣。万历三十八年（1610 年），徐州附近的黄河决口，倒灌运河，使徐州附近的运道废弃，徐州出现中衰。1624 年，黄河在奎山附近决口，水淹徐州城，深达丈余，水浸三年不退，整个徐州城被毁严重。直到崇祯八年（1635），徐州城才有所恢复。清代，咸丰五年（1855 年），黄河北徙，徐州城过去依赖的水道全部涸竭，运河与黄河都不能惠泽徐州，徐州再没有水运之利，呈现出萧条状。康熙七年（1668 年），郯城大地震，徐州坚固的城墙被毁。

明代，由于运河的缘故，淮安成为繁荣的城市，与扬州、苏州、杭州并称运河线上的四大都市。淮安旁的运河修筑有仁、义、礼、智、信五坝，即"兴安五坝"。漕运官员规定，漕船由仁、义、礼三坝入淮，商旅民船由智、信二坝入淮。这样做的原因，一是为了加强对货物的检查，另一方面为了有效地组织物流。清代，由于运河变迁，道光年间以后，淮安顿时衰败，由 20 万人口骤减至 5 万，商贸城市变成了消费的小镇。

《清史稿·地理一》记载：苏州府范围的太湖"积三万六千顷。天目山水西南自浙之临安、余杭合苕、雪溪水，至大钱口；其西合宣、歙诸山水，迳长兴箬溪，至小梅口，与宜兴、荆溪诸县水，西北汇为湖"。

道光年间，除了水道改变，还有国策改变，这两个改变是造成运河城市由盛而衰的重要原因。道光年间，陶澍担任两江总督，负责盐政改革。他改引为票，使得盐商无利可图，无机可乘。大批盐商转行，或者破产。

一个城市，其亡亦速，其衰亦速。扬州城在明末清初受到重创。清人屠城十日，扬州城死亡人口众多，城已不城。可是，经过几十年营建，由于地理位置优越，扬州在康乾之时已经成为繁华城市。康熙、乾隆下江南，也促成了扬州的繁荣。清末，淮南盐场的产盐数量减少，淮北成了产盐的中心，加上运河淤塞，扬州又呈现出萧条的状况。

三、东南沿海地带

中国自古是一个农耕的国度，虽然有很长的海岸线，但海洋在中国人的心中没有突出的印象。到了明清时期，东南沿海的经济迅速发展，经济与文化在整个中国都有了举足轻重的地位，因此这个区域成为中国文化演进中的一个重心。

1. 浙江

浙江依区域不同而文化有异。浙东多山，故刚劲而偏兀；浙西近泽，故文秀而失之靡。杭州水秀山妍，其人机慧疏秀，长于工巧。明代王士性在《广志绎》卷四《江南诸省》中说："杭嘉湖平原水乡，是为泽国之民；金、衢、严、处丘陵险阻，是为山谷之民；宁、绍、台、温连山大海，是为海滨之民。三民各自为俗。泽国之民，舟楫为居，百货所聚，闾阎易于富贵，俗尚奢侈，缙绅气势大而众庶小；山谷之民，石气所钟，猛烈鸷愎，轻犯刑法，喜气俭素，然豪民颇负气，聚党与而傲缙绅；海滨之民，餐风宿水，百死一生，以有海利为生不甚穷，以有不通商贩不甚富，闾阎与缙绅相安，官民得贵贱之中，俗尚居奢俭之半。"由此可见，浙江省不同的地点有不同的文化，大抵可分为山谷、海滨、泽湖三类。

杭州是浙江省省会。"杭"的本义是方舟。传闻大禹治水，在此舍杭登陆，后人称为"禹杭"。杭州位于杭嘉平原，依傍钱塘江和西湖，紧靠凤凰山筑城。杭州的西北远眺天目山，西南和东南是龙门山和会稽山，大运河和钱塘江在此相交。杭州是中国东南的重镇，这里之所以形成大城市是因为优越的地势。西湖、钱塘江、大运河在此连接。地势西南高、东北低。北边是杭嘉湖平原。

杭州地势无天然之险要，但有自然之灵气。明代田汝成在《西湖游览志》记载正德三年（1508年）郡守杨孟瑛的描述："杭州地脉，发自天目，群山飞翥，驻于钱塘。江湖夹抱其间，山停水聚，元气融结……故杭州为人物之都会，财赋之奥区。而前贤建立城郭，南跨吴山，北兜武林，左带长江，右临湖曲，所以全形势而周脉络，钟灵毓秀于其中。"①

程嘉燧《余杭至临安山水记》记述了今杭州一带的环境。"过城之西门，道左见溪水甚清深。问舁夫，云是苕溪，从天目来。道逶迤隐起若堤，右平田，左陂泽，泽中多莲茭茎。陂皆临溪，田亦带山。沿陂多深松美筱。远山色若翠羽，时出松杪。稍前，竹益绵密，路屈曲竹中，如行甬道。竹光娟娟袭人，有沟水带之，或鸣或止，与竹声乱，鏓铮可听。几十余里，逶折竹穷，复与溪会，溪益深阔。道行溪之右，皆高岸。溪流所激齿，多崩坼。树根时踞頳岸，半迸出水上，偃蹇离奇，多桑，多乌臼。溪左皆平沙广隰，松竹深秀，桃柳始华，时见人家隐林间。估客乘筏顺流下，悠然如行镜中。溪流曲折明灭；远水穷处，爰有高山入云，黛色欲滴，与丛林交青，深溪合翠，森流蓊荟，警神沁目，盖至青山亭而道折。背溪行山间，至十锦亭大溪桥，乃复逾溪，则已次临安。桥以石，颇壮。桥上四望皆山，采翠翔舞，诚所谓龙飞凤舞者也。"②

袁宏道撰写的《西湖》是了解明代杭州西湖环境的重要资料，其文："西湖最盛，为春为月。一日之盛，为朝烟，为夕岚。今岁春雪甚盛，梅花为寒所勒，与杏桃相次开发，尤为奇观。……由断桥至苏堤一带，绿烟红雾，弥漫二十余里。歌吹为风，粉汗为雨，罗纨之盛，多于堤畔之草，艳冶极矣。……月景尤不可言，花态柳情，山容水意，别是一种趣味。"③

徐霞客曾遍游余杭、临安、桐庐、金体、兰溪等地。他游浙江的时间是1636年，从家乡江阴出发，由锡邑（今无锡市）、姑苏、昆山、青浦至杭州，

---

① 田汝成著，陈志明编校：《西湖游览志》，东方出版社2012年版，第5页。

② 上海市嘉定区地方志办公室编：《程嘉燧全集》，上海古籍出版社2015年版，第309页。

③ 袁宏道著，钱伯城笺校：《袁宏道集笺校》，上海古籍出版社1981年版，第422页。

再取道余杭、临安，下桐庐、兰溪，游金华三洞……西行过衢州、常山，再进入江西省境。农历九月十九日出发，直至二十五日才入浙境，一路行色匆匆。十月初一登西湖北岸之宝石山，历飞来峰、灵隐寺、上天竺、中天竺、下天竺。

徐霞客到过浙江的天台山。天台山，在今浙江天台县北，有华顶、赤城、琼台、桃源、寒岩等名景，其中以石梁飞瀑最为著名。《游天台山记》（后篇）记载天台一带的通道，上华顶，观日出。南下十里，至分水岭。"岭甚高，与华顶分南北界。西下至龙王堂，其地为诸道交会处。"《游天台山记》（后篇）还记载了环境与社会，在天台县，在瀑布山左登岭。"上桐柏山。越岭而北，得平畴一围，群峰环绕，若另辟一天。桐柏宫正当其中，惟中殿仅存，夷、齐即伯夷、叔齐二石像尚在右室，雕琢甚古，唐以前物也。黄冠久无住此者，群农见游客至，俱停耕来讯，遂挟一人为导。"

徐霞客先后两次游历浙江乐清县东北的雁荡山，写了《游雁宕山日记》二篇。雁宕山，省称雁山，今称作雁荡山。山顶有积水长草之洼地，故称"荡"。据传秋时归雁多宿于此，故名雁荡山。其山在温州地区，并分为南、中、北三段，北雁荡山面积最大，灵峰、灵岩、太龙湫为雁荡风景三绝。《游雁宕山日记》（后篇）记录了他探灵峰洞、天聪洞、大龙湫、屏霞嶂等地的观感。游天聪洞时，描绘践木登升的过程即"梯穷济以木，木穷济以梯，梯木俱穷，则引绳揉树"等细节，不但生动，而且也显示了与自然搏斗的精彩场面。《游雁宕山日记》（后篇）记载了大海，"历级北上雁湖顶，道不甚峻。直上二里，向山渐伏，海屿来前，愈上，海辄逼足下。……既逾冈，南望大海，北瞰南阁之溪，皆远近无蔽"。《游雁宕山日记》（后篇）还记载了雁荡山的通道，"南阁溪发源雁山西北之箬袅岭，去此三十余里，与永嘉分界。由岭而南，可通芙蓉，入乐清；由岭而西，走枫林，则入瓯郡道也"。《游雁宕山日记》（后篇）记载了雁荡山的农民生活，在石门潭一带的村落，"平畴千亩，居人皆以石门为户牖窗"。有恭毅宅，"聚族甚盛"。"至庄坞，夹溪居民皆叶姓。"

《清稗类钞》卷一"宋村"条记载村落环境："浙江开化与遂安交界处，有地名宋村者，环村皆山，惟一谷可通往来。村之大小，民之众寡，无由知悉，但闻自宋以来，历元、明迄国朝，村人曾无斗粟尺帛之供，而地方官以其负嵎，不易征剿，亦竟纯事放任不加干涉。"

2. 上海

上海是直辖市，简称沪，位地东海之滨的长江三角洲冲积平原上，雨水充沛，冬季和夏季时间长，属东亚季风气候。上海得益于江河湖海的汇聚，是水文化的高度凝结。它濒临东海，是南北海上的枢纽。上海是因海而兴，上海在宋代时，只是华亭县的一个市镇。到元代时，由镇升为县。到明代时，有了"小苏州"之称。

明代时由于东南沿海的商品经济发展，上海周边一带成为全国最大的棉纺业中心。明代传教士利马窦描写过上海，他说："本城的名字是因位置靠海而得。上海的意思就是靠近海上。"① 因为在海边，就有大量的滩地，吸引了一些移民前来开垦。海边的土地平坦，宜于种植棉花，于是上海的商业，在明代是棉花布匹生意居多。

晚清以来，上海成为最重要的对外通商口岸，堪称东方明珠。《清稗类钞》卷一"上海之昔日"条记载："上海一埠，始仅一黄浦江滨之渔村耳。咸、同粤寇之役，东南绅宦及各埠洋商避难居此者日多，税源日富。"

自从上海1842年开埠之后，由于所处区位在长江出海口，又是海岸线的中段，加上周围有富庶的发达地区，使得上海迅猛成为近代大都市。

3. 福建

张瀚《松窗梦语》卷二《南游纪》记载福建："即抵闽中会城，古闽越地也……惟汤门内外有汤井一，汤池二，水皆温暖，但多硫黄气，不堪沐浴。……稍北为藩司大门……由门至堂，隐隐遥望，两墀皆植荔挺，树高二三丈，阴森蔽天，果熟，色泽如脂，与绿叶相辉映，最为艳丽，其肉莹白如鸡卵，而臭味更香美，诸果不及也。闽中惟会城、兴化有之，而兴化者名状元红，核小尤佳。自甬路上月台……亭后有樟树一本，围十余丈，而榕木寄生其中，扶疏阴翳。后山渐高，传为闽越王无诸建都于此。睹重楼乔木，意者皆故物耶。此中天气甚暖，仅亚于粤，而冬亦少雪。花木岁暮不凋，橘柚桃李皆佳，有历秋后始熟者。多产奇花芳草，而鱼子兰，夹竹桃，尤芬芳可爱。"

---

①《利马窦中国札记》第五卷，第十八章。

泉州的形胜很好，北边地势高，有小丘陵为屏。南边是平原，东南是泉州湾，西南是晋江，晋江由北向南流过，城南不断扩充。谢肇淛《五杂俎》卷四《地部》记载："闽中郡北莲花峰下有小阜，土色殷红，俗谓之胭脂山。相传闽越王女弃脂水处也。环闽诸山无红色者，故诧为奇耳。后余道江右，贵溪、弋阳之山，无不丹者，远望之如霞焉。因思楚有赤壁，越有赤城，蜀有赤岸，北塞外有燕支山，想当尔耳。"

徐霞客曾五次去福建，分别是在 1616 年、1620 年、1628 年、1630 年、1633 年，前四次都留下了文字记录，第五次没有留下记录。徐霞客撰写了《闽游日记》。《闽游日记》分前后两部分。

《闽游日记》前篇记述了徐霞客于 1628 年入闽游历所见所闻。徐霞客由丹枫岭入闽，经浦城达今建瓯，再至延平府（今南平），乘舟达永安。中途兴游金斗山，对其乔松艳草、水色山光颇为流连。在延平，游历玉华洞，并对在延平遇雪作了有趣记录，对玉华洞的描绘观察细致。再南下，向漳平进发；再乘船入九龙江，对沿江两岸之境颇着笔墨，并对其江流水况亦作了描述。此游记止记于抵南靖。

《闽游日记》记述了福建的许多通道，如农历"三月十一日，抵江山之青湖，为入闽登陆道"。他住宿在山坑这个地方，走了二十里，到达仙霞岭。又走了三十五里，到达丹枫岭，岭南即福建界。又走了七里，"西有路越岭而来，乃江西永丰道"。显然，这里是古代吴地、赣地、闽地之间的分水岭。到达福建的浦城，"时道路俱传泉、兴海盗为梗，宜由延平上永安"。徐霞客顾忌海盗为患，加上对延平那个地方有兴趣，于是改乘船前行。"入将乐。出南关，渡溪而南，东折入山，登滕岭。南三里，为玉华洞道。"

福建有武夷山。武夷山又称为武彝山，徐霞客撰写了《游武彝山日记》。武彝山为福建著名风景区，虽无特别的高峰，但山中奇景甚多，特别是武彝溪两岸，除了有自然天成的石峰涧水外，还有悬棺，记中所记之"架壑舟"即是船形悬棺。还记载了山岩边的民居，"土人新以木板循岩为室，曲直高下，随岩宛转。循岩隙攀跻而上，几至幔亭之顶，以路塞而止"。徐霞客先是乘船沿溪而游，记叙了武彝山三十六峰中之大部分山峰。其记以溪水回曲为线索，然后登陆从山中行，对山中寺庙以及飞瀑林木都一一历尽。徐霞客很欣赏三仰峰下的一个称为"小桃源"的山寨，这个聚落的地形是"三仰之下为小桃源，崩崖堆错，外成石门。由门伛偻而入，有地一区，四山环绕，中有平畴曲涧，围以苍松翠竹，鸡声人语，俱在翠微中。出门而西，即为北廊岩，岩顶即为天壶峰"。这个山寨以天然的巨石为门，四山环抱，平地之中有水环流，有竹木布绿。

《乾隆汀州府志》卷三《山川》记载："南方称泽国，汀独在万山中，水四驰而下，幽岩迂溪。"卷四《形胜》中说："汀州府崇山复岭，南通较交广，北达淮右，瓯闽粤壤，在万山谷斗之地，西邻赣吉，南接潮梅，山重水迅，一川远汇三溪水，千障深围四面城。"闽西地势不一，随水势之高下，引以灌田，水力设施极为脆弱，抗洪防旱能力差。当春夏之交，山水暴至，易于为灾。明崇祯甲申、清康熙癸巳、道光壬寅，滨溪田庐淹没无算，城中女墙可以行舟，无家不覆，无墙不圮。

4. 台湾

郑成功于 1661 年率师收复台湾，赶走了荷兰殖民者，建立了政权。1683年，施琅统一了台湾。清代在澎湖设置巡检司、通判。

历史上，大陆人不断迁移到台湾，江、浙、闽、粤人居多，最多的是闽南人。福建与台湾相距不到 200 公里，俗语有"福州鸡鸣，基隆可听"。因此，大陆的汉族文化在台湾占主导地位。

台湾的面积有 36 000 平方公里，东西窄，南北长，三分之二的面积为山地和丘陵，主要有台湾山脉、阿里山脉、玉山山脉、台东山脉，最高的玉山海拔 3997 米。岛的西部是平原，主要有台南平原、屏东平原。台湾山高水急，最长的河流是浊水溪。一万年前，冰川融化，海平面升高，台湾始成岛屿。台湾岛经常发生地震，火山活动也很频繁，台风也时常造成危害。台湾的水产、水力资源丰富，植被较好。

台湾高温多雨，海拔差距大。从气候与区位而言，台湾位于气候分界的北回归线上，受热带和亚热带的气候、东北季风和西南气流、大陆冷气团等气候影响，台湾南部、北部的季节性温差和降雨量不同，形成生态多样化。台湾森林有阔叶林、针叶林，森林种类涵盖了北半球所有的森林种类。

台湾地处海路要冲，实为大陆东南之锁钥，具有重要的战略地位。台湾四面环海，本应属于海洋文化，民性应当有"海盗"般的冒险精神。但实际情况并非如此。台湾人朴实厚道，热情淳善。他们以农耕为主，保存了中华传统文化中很厚实的内容。

台北市位于台湾岛北部，是台湾的第一大城市，它是明朝末年郑成功到达台湾后开始兴建的。台北周围土地肥沃，便于农耕。在其北面有阳明山，阳明山是著名风景区，山上流水潺潺，还有各种花卉和树木。它作为巨大的屏山拥簇着市区。台北一带有很多著名瀑布，如乌来瀑布、阳明瀑、泓龙瀑等都很有观赏价值。

高雄位于台湾岛西南，是台湾第二大城市。它是作为海港城市发展起来的，这里有天然的深水港湾，港口面向西北，左有旗后山，右有寿山，如双钳夹峙，非常壮观。

关于台湾的环境，这里介绍清代的三本书做参考。

清代，郁永河受命在康熙三十六年（1697年）二月至十月，为采集硫黄矿，从福建到达台湾，在岛上进行深入考察，写了《采硫日记》（又称《裨海纪游》）。日记记述了台湾海峡、澎湖和台湾的山川形胜、交通、水文、气象、动植物等情况，特别是记述了他上岛前几年（1694年）台北盆地内大地震所引起的地陷、硫气孔地形等情况，还记载了岛上人烟稀少，瘴疠之气重。郁永河，字沧浪，浙江仁和（今杭州市）人，生卒年不详。性好远游，遍历闽中山水。康熙三十年（1691年），在福建省担任幕僚职务。康熙三十五年（1696年）冬，福州火药库因爆炸损失惨重，清廷闻知台湾北部盛产硫黄，可供炼制火药，于是派郁永河前往采硫。

康熙晚期，黄叔璥出任台湾巡使。他搜集了许多文献，加上自己的实地考察，撰《台湾使槎录》（1736年）。内容有三部分：《赤嵌笔谈》《番俗六考》《番俗杂记》。记录台湾的山川地势、风土民俗、攻守险隘、海道风信、地震灾异、岁时节令、农作物、热带水果、奇花异木、草药、海产、鸟兽鱼虫、甘蔗种植。黄叔璥，字玉圃，大兴（今北京）人。康熙四十八年（1709年）进士。曾任湖广道御史。

《台湾使槎录》对台湾的环境作了全方位介绍。

《台湾使槎录》谈台湾的形胜，称其与大陆有密切联系，"台湾为土番部族，在南纪之曲，当云汉下流；东倚层峦，西迫巨浸；北至鸡笼城，与福州对峙；南则河沙矶，小琉球近焉。周袤三千余里，孤屿环瀛，相错如绣"。"台地负山面海，诸山似皆西向，皇舆图皆作南北向，初不解；后有闽人云：台山发轫于福州鼓山，自闽安镇官塘山、白犬山过脉至鸡笼山，故皆南北峙立。往来日本、琉球海舶率以此山为指南，此乃郡治祖山也。澹水北山、朝山，与烽火门相对。"

《台湾使槎录》谈台湾的地情，称其土地适合农作物，"土壤肥沃，不粪种；粪则穗重而仆。种植后听其自生，不事耘锄，惟享坐获；每亩数倍内地。近年台邑地亩水冲沙压，土脉渐薄；亦间用粪培养。淡水以南，悉为潮州客庄；治埤蓄泄，灌溉耕耨，颇尽力作"。

《台湾使槎录》谈台湾的物候，称其与内地颇不一样，"花不应候。余壬寅仲冬按部北路，至斗六门，见桃花方谢，菜花初黄；回至笨港，见人擎荷花数枝；及回寓馆，榴花亦照眼。癸卯二月，桂正芳菲；八月，桃又花信；不可以时序限之。花开无节，惟菊至冬乃盛，开至二月"。

《台湾使槎录》谈台湾的植被，称其种类多而茂密："内山林木丛杂，多不可辨，樵子采伐鬻于市，每多坚质；紫色灶烟，间有香气拂拂。若为器物，必系精良，徒供爨下之用，实可惜！傥得匠氏区别，则异材不致终老无闻，斯亦山木之幸也。"又说到经济作物，"台地多瘴，三邑园中多种槟榔；新港、萧垄、麻豆、目加溜湾最多，尤佳。七月，渐次成熟；至来年三四月，则继用凤邑琅峤番社之槟榔干。种槟榔必种椰，有椰则槟榔结实必繁。椰树叶少，林高。椰子外裹粗皮如棕片，内结坚壳；剖之白肤盈寸，极甘脆，清浆可一碗，名椰酒"。

《台湾使槎录》说到台湾的动物："山无虎，故鹿最繁。昔年近山皆为土番鹿场；今则汉人垦种，极目良田，遂多于内山捕猎。""马小而力弱，异于内地；内山有山马。""传说北路有巨蛇，可以吞鹿，名钩蛇，能以尾取物。余始来此，坐檐下，有声如雀，却不见有飞鸟，后乃知为蜥蜴鸣也。""鹿场多荒草，高丈余，一望不知其极。逐鹿因风所向，三面纵火焚烧，前留一面；各番负弓矢、持镖槊，俟其奔逸，围绕擒杀。汉人有私往场中捕鹿者，被获，用竹竿将两手平缚，鸣官究治，谓为误饷；相识者，面或不言，暗伏镖箭以射之。若雉兔，则不禁也。"

此外，还有一部方志值得注意，即《台湾府志》。自1685年起，清朝重视对台湾信息的了解，加强了修志工作，并多次修改方志。1760年，完成《续修台湾府志》二十六卷，内容包括有关台湾的封域、规制、官职、赋役、典礼、学校、武备、人物、风俗、物产、杂记及艺文等。主修者余文仪，字宝冈，浙江诸暨人，丁巳进士，时任台湾府知府。

四、岭南地区

岭南地区包括广东、广西、海南岛、香港、澳门等地，是我国最南的地区。清人邓淳编的《岭南丛述》是一部岭南地区（广东、海南、广西部分、福建部分）百科全书式的地方性记述文献。全书 60 卷，共分 40 目，涉及物产的有 1134 条，对于研究环境史有重要价值。

1. 广东

广东在秦代分属南海郡和桂林郡，明代为了加强统治，把海南岛、广西的钦州、廉州和雷州半岛划归广东，明初设广东布政使司。

清代设广东省。《清稗类钞》卷一记载："广东为古粤地，故又称粤省，东西距千九百里，南北距千三百里。山岭盘绕，北境大庾岭与江西、湖南分界，南境面海，西南一带伸出海外若鹅颈。有珠江汇东、西、北三江之水南流入海。气候温暖，壤地膏腴。南部菁华所萃，故商埠为上海之亚。"

《松窗梦语》卷二《南游纪》记载广州："抵广东之会城，为古南越。城有七门，城东北隅有粤秀山，西北有九眼池，为一方胜概。天气甚暖，乃阳泄阴盛之地，冬不雪，花不谢，草木不凋，民人多湿疾，亦风气使然。其俗贱五谷而贵异物，然珠翠牙玳与五金诸香皆产自南海岛，非中国所有。市肆惟列豚鱼，豚仅十斤，既全体售；鱼盈数十斤，乃剖析而售，惟广州为然。果实种种，亦惟荔挺为最，荔奴次之。鸟多孔雀，兽多麋鹿。此其大较也。"

广州之所以兴起为城市，与环境优势有关。广州滨海沿江，地处珠江三角洲平原，交通便利，物产丰富。明代徽州休宁商人叶权曾经到过广州经商，对当地的商业风气有所赞扬。他撰有《游岭南记》，其中说："广城人家大小俱有生意，人柔和，物价平……若吴中非倍利不鬻者，广城人得一二分息成市矣。以故商贾骈集，兼有夷市，货物堆积，行人肩相击，虽小巷亦喧填，固不减吴阊门、杭清河坊一带也。"①

佛山市紧邻广州，是珠江三角洲北部的名城。明清时，佛山商业发达，与

---

① 叶权：《贤博编附游岭南记》，中华书局 1987 年版，第 43—44 页。

湖北的汉口镇、河南的朱仙镇、江西的景德镇合称四大名镇。

在广东第二条大河——韩江岸边，发展起两座城市，一座是韩江西岸的潮州，另一座是韩江入海处的汕头。其间又形成了潮州文化与汕头文化。明代，有些人从岭北迁入广东，栖止于南雄盆地，他们都自称是从珠玑巷迁来的。在明代，广东等地被视为"瘴疠"之地。据《明臣奏议》，隆庆四年（1570年），大学士高拱在《议处边方激劝疏》中说广东旧称富饶之地，但由于有瘴疠，所以官员都不愿意赴任，朝廷只得派一些能力稍次的人员前去就任，导致管理失当，盗贼四起。

岭南地域广阔，气候存在差异。屈大均《广东新语》卷三《山语》记载腊岭："五岭之第二岭，在郴州南境曰骑田，骑田之支曰腊岭……曰腊岭者，以乳源在万山中，风气高凉，于粤地暑湿不类，是岭尤寒，盛夏凛冽如腊也。一曰摺岭，以岭高不可径度，从岭边折叠而行，如往如复，故曰摺也。又西北境有关春岭，岭之左为梅花峒，山谷阴寒，夏多积雪，梅花繁盛亚梅关。"

康熙、雍正年间，三水县三江乡人范端昂撰《粤中见闻》，这是一本记述广东风物的笔记。卷二《天部》记载了岭南的气候，卷五《地部一》记载广东的祭祀与环境有关，卷六《地部二》记载了广东的盐田，卷二十一《粤中物》记载广东的物产，如金、银、铜、铁等，卷三十三《物部》记载岭南的动物有虎、鹿、狸、猿、熊等。

2. 广西

明代将原属于湖广行省的全州划给广西布政使司。

徐霞客到过广西。广东、广西本古百越族地，故别称粤，广东、广西合称两粤。徐霞客撰写的《粤西游记》共分四篇。

徐霞客在《滇游日记》说到了广西的形胜："广西府西界大山，高列如屏，直亘南去，曰草子山。西界即大麻子岭，从大龟来者。东界峻逼，而西界层叠，北有一石山，森罗于中，连络两界，曰发果山。东支南下者结为郡治；西支横属西界者，有水从穴涌出，甚巨，是为泸源，经西门大桥而为矣，邦池之源者也。"

《粤西游记》记载了全州一带的环境，"有坝堰水甚巨，曰上官坝。坝外一望平畴，直南抵里山隅。……抵赵塘，其聚族俱赵，巨姓也。村后一石山崎立，曰西钟山，下俱青石峭削，上有平窝，土人方斫石叠路，建五谷大仙殿"。桂林周边的人工树林不及全州的树林。徐霞客记载："入兴安界，古松时断时续，不若全州之连云接嶂矣。"

《粤西游记》描述了广西阳朔县的环境："阳朔县北自龙头山，南抵鉴山，二峰巍峙，当漓江上下流，中有掌平之地，乃东面濒江，以岸为城，而南北属于两山，西面叠垣为雉，而南北之属亦如之。""正北即阳朔山，层峰屏峙，东接龙头。东西城俱属于南隅，北则以山为障，竟无城，亦无门焉。而东北一门在北极宫下，仅东通江水，北抵仪安祠与读书岩而已，然俱草塞，无人行也。惟东临漓江，开三门以取水。从东南门外渡江而东，濒江之聚有白沙湾、佛力司诸处，颇有人烟云。""出西门二里，有龙洞岩，为此中名胜，此外更无古迹新奇著人耳目者矣。急于觅舟，遂复入城，登鉴山寺，寺倚山俯江，在翠微中，城郭得此。沈彬诗云'碧莲峰里住人家'，诚不虚矣。时午日铄金形容天气酷热，遂解衣当窗，遇一儒生以八景授。市桥双月，鉴寺钟声，龙洞仙泉，白沙渔火，碧莲波影，东岭朝霞，状元骑马，马山岚气。"

通过这段材料，我们可以把当下的阳朔县与明代的阳朔县进行比较，看看600年来阳朔县环境的变迁。阳朔县城的东边最热闹，临江有三个门，市民用于取水。在徐霞客看来，阳朔县周围除了龙岩洞之外，"更无古迹新奇著人耳目者"，这说明明代阳朔县的自然景观还没有得到开发，阳朔县还没有成为旅游热点。在农耕社会，到处都是原生态的自然景点，因此，阳朔县对人们没有什么吸引力。不像现在，在工业社会的浮尘背景下，广西桂林市显得特别清秀与难得，而紧邻桂林的阳朔县随着漓江的开发，也展示出原生态的魅力。阳朔与桂林市的旅游捆绑在一起了，形成旅游兴旺的景点。

《粤西游记》记载了一些通道，"过弃鸡岭。又四里，出咸水，而山枣驿在焉，则官道也"。"旧有北流、南流二县……鬼门关在北流西十里，颠崖邃谷，两峰相对，路经其中，谚所谓：'鬼门关，十人去，九不还。'言多瘴也。"

《松窗梦语》卷二《南游纪》记载广西的其他地方："广州以西，经三水为肇庆，入小厢、大厢峡，两山相夹，水流甚急。至新村，经杨柳洲，洲在江中，环洲之人仅四五百家，瑶僮所畏，有药箭能伤人。……梧州东临大江，风气稍凉，西逼深山，草木茂密，天色时阴翳，多江山瘴疠之气。中设总督府，院宇亭榭数十座，池塘数亩，多奇花异木，杂丛林中，莫可辨识，鸟雀飞鸣其间，声音聒耳。院中大楼七间，皆香楠，铁力所斫，壮丽无比。"

《清稗类钞》卷一对广西有概括性的记载："广西为古桂林郡，故又称桂省，东西距千二百里，南北距七百里。东南万山参错，川之大者曰西江，发源云南，曲折流横贯本省，合桂、林二江之水，东入广东之珠江，惟地多烟瘴。山中有瑶、苗种人，皆太古遗民，风俗迥异。西南之龙州厅有镇南关，与法属越南接壤，为陆路通商要埠，左右石山高耸，形势雄险，有重兵守之。"

3. 海南

海南省，简称琼。古代称海南岛为琼崖，西汉时置琼崖郡，明代在琼山设琼州府。有学者统计，洪武二十六年（1393 年），海南岛全岛只有 29.8 万人。

海南岛四周低平，中间高耸，以五指山、鹦歌岭为隆起核心，向外围逐级下降，由山地、丘陵、台地、平原构成环形层状地貌，梯级结构明显。山地和丘陵是海南岛地貌的核心，其面积占全岛面积的 38.7%，山地主要分布在岛中部偏南地区，丘陵主要分布在岛内陆和西北、西南部等地区。海拔超过 1000米的山峰有 81 座。海拔超过 1500 米的山峰有五指山、鹦哥岭、俄鬃岭、猴弥岭、雅加大岭和吊罗山等。

明太祖朱元璋把海南誉为"南溟奇甸"。出生于海南的布衣卿相丘濬（1420—1495 年）写了《南溟奇甸赋》，开篇说海南岛是大陆的一部分："爰有奇甸，在南溟中。邈舆图之垂尽，绵地脉以潜通。山别起而为昆仑，水毕归以为溟渤。气以直达而专，势以不分而足。万山绵延，兹其独也；百川弥茫，兹其谷也。岂非员峤、瀛州之别区，神州赤县之在异域者耶？"接着又描写了海南的生态与物产："惟走所居之地，介乎仙凡之间，类乎岛彝而不彝，有如仙境而非仙，以衣冠礼乐之俗，居阛阓风元圃之墺，势尽而气脉不断，域小而气局斯全。……物产有瑰奇之状，其植物则郁乎其文采，馥乎其芬馨，陆橘水桂，异类殊名。其动物则彪炳而有文，驯和而善鸣，陆产川游，诡象奇形，凡夫天下之所常有者，兹无不有，而又有其所素无者于兹生焉。岁有八蚕之茧，田有数种之禾，山富薯芋，水广鱼赢，所生之品非一，可食之物孔多。兼华彝之所产，备南北之所有。"丘濬的这篇赋有文学色彩，但有一定的真实性。

海口是海南省的省会，它位于海南岛北端，与雷川半岛隔海相望，是广东进入海南的咽喉。

康熙三十一年（1692 年），海南岛有 40 万人。[①]《清续文献通考》卷三七八《实业考一》记载，光绪三十四年（1908 年）农工商部侍郎杨士琦的奏折称："珠崖等郡，地多炎瘴，数千年未经垦辟，然其地内屏两粤，外控南洋与香港、小吕宋、西贡等埠，势若连鸡……尤为外人所称艳，未雨绸缪，诚为急务。"于是由两广总督查勘全岛荒地，试种棉花、蓖麻、甘蔗、萝卜、洋薯、树胶、椰子、胡椒等。

文献记载，海南最早于宣统二年（1910 年）始种橡胶，海南乐会人何书麟自马来西亚带回树胶种子及秧苗，在定安县属之落河沟地方开设琼安公司，辟地 250 亩种植树胶 4000 余株，最初三年均遭失败，至第四年始获发芽，长成者有 3200 株。[②]

4. 香港

香港岛是珠江口东侧近海群岛中的一个小岛。

明代万历年间，郭棐编纂《粤大记》，此书以历史为主，辅以地理，涉及沿海汛地、水利、珠池。书末附有《广东沿海图》，图上有一个岛屿，上标出了"香港"二字，这是迄今为止现存地图中最早出现的"香港"名称。[③]

香港名称取自珠江口外、南中国海的香港岛，亦包括四周小岛、九龙半岛及新界，合共由 235 个小岛组成。香港地形主要为丘陵，最高点为海拔 958 米的大帽山。香港的大奚山沙螺湾的土壤适合牙香树生长，种香及产香业慢慢发展起来，其商品早在明朝时就转运到内地贩卖。香港的名称大约与之有关。

最初的香港人口稀少，仅有几个小渔村。据有关资料，香港的开发有复杂的过程。清代，香港属新安县管辖。清廷为防沿海居民接济明朝遗臣郑成功，遂于康熙元年（1662 年）下令迁海，沿海居民须向内陆迁徙五十里，加上实施海禁，香港本区受严重影响。迁海后渔盐业废置、田园荒芜。后来，广东巡抚王来任、广东总督周有德请求复界。康熙八年（1669 年）朝廷终允复界，

---

① 转引自胡兆量、陈宗兴编：《地理环境概述》，科学出版社 2006 年版，第 78 页。
　民国初年设广东琼崖道。1988 年改建为中国的第 31 个省。
② 怿庐：《琼崖调查记》，《东方杂志》第 20 卷第 23 号。
③ 李孝聪：《中国区域历史地理》，北京大学出版社 2004 年版，第 357 页。

本区居民陆续迁回。

香港现有一座大型历史博物馆，馆内设有"香港故事"展览，内容有香港的自然环境、历史变迁、风土人情，真实展示了近几百年来香港的历史文化。

5. 澳门

澳门位于珠江口西岸，与香港、广州鼎足分立于珠江三角洲的外缘。古称"濠镜澳"，现通常是指由澳门半岛、凼仔岛和路环岛三部分组成的澳门地区。

澳门位居东南亚航线的中继点，是 16—17 世纪东西方贸易的重要港口。澳门海岸线长达 937.5 公里，形成了南湾、东湾、浅湾、北湾、下湾（以上位于澳门半岛）、大凼仔湾（凼仔）、九澳湾、竹湾、黑沙湾、荔枝湾（以上位于路环）等多处可供船只湾泊的地方。

明代将广东省电白市舶司移至濠镜澳，这一带港深澳静，是天然良港。随着时间的推移，这里成为广东的海口城市。由于位处珠江口外缘西侧与磨刀门口湾之间，深受珠江口淤泥及磨刀门冲积扇的影响，一些港湾淤积，除九澳湾、竹湾、黑沙湾外，其他港湾不是早已开辟成港口码头，就是因为淤泥堆积或填海造成消失殆尽，只剩下一个历史名词而已。特别是香港的地位突起之后，澳门的海陆运输失去优势。

澳门地处北回归线以南，深受海洋和季风影响，属亚热带海洋性气候，夏无炎热，冬无严寒。澳门雨量充沛，是华南沿海地区降雨量较多的地区之一。

依上可见，中国地域辽阔，经纬跨度大，地形落差大且有多样性。各地有各地的环境特色，各时期的环境也有差异。因此，在了解或描述明清环境史的过程中，切忌在思维和观点上片面化、简单化。任何研究结论都只是相对的，只有在无数相对接近真实的学术成果中才逐渐接近真实的历史原貌。

第十一章

明清的城乡建筑环境

环境史学不是一门仅仅只研究自然史的学科，它还要关注环境对社会的影响、社会对环境的影响。限于篇幅，本书的初衷是侧重研究自然环境史，即明清社会背景的环境史，因此，全书的主要章节都较少提及社会。但是，这并不意味环境与社会的关系就不重要。为弥补不足，本节特从若干个独立的角度叙述明清时期的环境与社会，意在说明环境史的研究与社会演进是有密切联系的。从社会史角度，论述了明清环境与社会的关系，对社会的文明性质、城镇的走向、乡村的趋势、住宅的理念、园林环境等分别做了叙述。

第一节　城市与环境

城市是人类社会长期形成的大型居住区，任何城市都是因特定的环境而形成的，是大环境中的一部分。城市之中有城市的内在环境。城市环境史是环境史的重要领域。

明清时期，随着农耕经济的发展，工商业也得到了较快的发展。当时出现了一些数十万人甚至上百万人口的城市。在草原上，鞑靼俺答汗被明朝封为顺义王，他和夫人三娘子修建了呼和浩特城。在内地，城市星罗棋布，日益扩大。

乾隆末年，中国已经有 3 亿人口，耕地面积 10.5 亿亩，粮食生产 2040 亿斤。当时全世界人口是 9 亿，18 世纪的英国只有 1600 万人。18 世纪，世界上人口超过 50 万的国家有 10 个，而中国的人口超过 50 万的城市就有 6 个，分别是北京、南京、苏州、扬州、杭州、广州。外国的 4 个大城市是伦敦、巴黎、江户、伊斯坦布尔。18 世纪末，中国在世界制造业总产量方面的占比已超过整个欧洲。

如何处理好城市与环境的关系，就成了明清时期突出的问题。[①]

一、都城与环境

都城是经济、文化、政治的中心。明初曾在南京短暂建都。明永乐之后，明清的都城一直在北京。

（一）南京的环境及其管理

南京在各时期有不同的名称，明朝称南京，清朝称为江宁府，太平天国称为天京。南京地势得天独厚，它三面环山，一面临水。北高南低，易守难攻。西边有秦淮河入江，沿江多山矶。从西南往东北有石头山、马鞍山、四望山、卢龙山、幕府山；东北有钟山（紫金山），高达400多米。北边有富贵山、覆舟山、鸡笼山；南边有长命州、张公州、白鹭州等沙州形成夹江之势；西北有长江为带。这些天然屏障拱卫着南京。南京周围的交通也比较发达。长江是运输大动脉，比黄河更加便利。长江西上可通江西、湖湘、巴蜀，东下可以出海。秦淮河和太湖水系的四周都是小城镇。

因为南京的独特地形，历代统治者都把它作为南方重镇，或者建为都城。与西安、洛阳、北京等古都相比，南京还有一个特点就是四周拥有取之不竭的经济资源。南京的北面是江淮平原，东南是太湖平原和钱塘江流域，西南是皖浙诸山，平原、山区、湖泊可以提供丰富的生活资料。

朱元璋由布衣而得天下，在定都问题上犹豫不决，身边的谋臣纷纷建议定都南京，《明史·冯国用传》记载，冯国用对朱元璋说："金陵龙蟠虎踞，帝王之都，先拔之以为根本。"《日下旧闻考》引明代《杨文敏集》云："天下山川形势，雄伟壮丽，可为京都，莫逾金陵。至若地势宽厚，关塞险固，总扼中原之夷旷者，又莫过于蓟。虽云长安有崤函之固，洛邑为天下之中，要之帝王都会，为亿万太平悠久之基，莫金陵、燕蓟也。"

[①] 中国人民大学韩大成教授著的《明代城市研究》（中国人民大学出版社1991年版），参考了许多历史文献，内容丰富，对城市相关的环境，如交通等都有论述。书末附有市镇简表、各地水陆交通干线表也很有价值。

明初的建都过程，《明太祖实录》卷四十五记载得比较详细，洪武二年（1369年）九月癸卯，朱元璋与臣僚讨论选址。"初，上召诸老臣问以建都之地，或言关中险固，金城天府之国；或言洛阳天地之中，四方朝贡道里适均；汴梁亦宋之旧京；又或言北平元之宫室完备，就之可省民力者。上曰：所言皆善，惟时有不同耳。长安、洛阳、汴京实周秦汉魏唐宋所建国，但平定之初，民未苏息。朕若建都于彼，供给力役悉资江南，重劳其民；若就北平，要之宫室，不能无更作，亦未易也。今建业长江天堑，龙盘虎踞，江南形胜之地，真足以立国。"

南京城由刘基主持规划，因地制宜，依山就势。《明太祖实录》卷二十一记载："初，建康旧城西北控大江……因元南台为宫，稍卑隘。上乃命刘基等卜地定，作新宫于钟山之阳，在旧城东北下门之外二里许，故增筑新城、东北尽钟山之址、延互周回凡五十里。规制雄壮，尽据山川胜焉。"南京的建城工程从1366年动工，到1386年才完成。后来明朝又在城外建筑土城，将雨花台、钟山、幕府山都包括到土城内，形成双层防护城郭。

南京虽然是六朝古都，但直到明洪武年间，才开始形成"三套城"的格局，即类似于北京城一样，有皇城、内城、外城。皇城南北长达2.5公里，东西宽2公里，有洪武门、东安门、北安门、西安门。内城有聚宝门、正阳门、朝阳门、定淮门等13座城门。外城有16座城门。三道城墙，一方面是为了拱卫皇室，另一方面体现了天地人三才思想。

洪武二十六年（1393年），为了改善南京城水上交通，在溧水县境内开了一条胭脂河作为运河，以便运输。为了加强排洪，对玄武湖、琵琶湖、前湖进行浚疏，使之作为城东的护城河。

《松窗梦语》卷二《东游纪》记载："金陵……出朝阳门，沿城而南，恭谒孝陵。陵中禁采樵，草深木茂，望之丛蒙，深远不可测，惟遥望殿宇森严。"这说明当时南京孝陵周围的植被得到了保护。

佚名氏（或云作者仇英）的明代宫廷美术作品《南都繁会图卷》描绘了明代后期南京城市的繁荣。画面上街巷纵横，店铺栉比，有油坊、布庄、绸绒店、铜锡店、头发店、靴鞋店、皮货店、木行、漆行、枣庄、银铺等，展示了当时的环境与文化。

（二）北京的环境及其管理

朱棣通过靖难之役，夺得皇权，把都城从南京迁到了北京。他认为北京的环境更有利于统治朱明江山。明修《顺天府志》卷一记载："燕环沧海以为池，拥太行以为险，枕居庸而居中以制外，襟河济而举重以驭轻，东西贡道来万国之朝宗。西北诸关壮九边之雄堞，万年强御，百世治安。"《明太宗实录》卷一百八十二记载一些臣僚的疏文，多是称赞北京的环境描述，说："伏惟北京，圣上龙兴之地，北枕居庸，西峙太行，东连山海，俯视中原，沃野千里，山川形势，足以控制四夷，制天下，诚帝王万世之都也。"作为都城，北京的气象要比南京大得多，其北部和东北部有属燕山山脉的军都山绵亘，在西部有太行山北段余脉西山，南边是平原。北京处于华北大平原北端、东北大平原的南边，东面有渤海湾，山东半岛和辽东半岛环抱渤海。

《五杂俎》卷三《地部》认为建都北京是国家管理的需要，也是环境使然，他说："燕山建都，自古未尝有此议也。岂以其地逼近边塞耶？自今观之，居庸障其背，河济襟其前，山海扼其左，紫荆控其右，雄山高峙，流河如带，诚天造地设以待我国家者。且京师建极，如人之元首然，后须枕藉，而前须绵远。自燕而南，直抵徐、淮，沃野千里，齐、晋为肩，吴、楚为腹，闽、广为足，浙海东环，滇、蜀西抱，真所谓扼天下之吭而拊其背者也。且其气势之雄大，规模之弘远，视之建康偏安之地固已天渊矣。国祚悠久，非偶然也。"

明代北京的环境怎么样？袁中道写过脍炙人口的《西山十记》，描述北京西北郊的群山（百花山、灵山、妙峰山、香山、翠微山、卢师山、玉泉山）。文云："出西直门，过高梁桥，杨柳夹道，带以清溪，流水澄澈，洞见沙石，蕴藻萦蔓，鬣走带牵。小鱼尾游，翕忽跳达。亘流背林，禅刹相接。绿叶秾郁，下覆朱户，寂静无人，鸟鸣花落。过响水闸，听水声汩汩。至龙潭堤，树益茂，水益阔，是为西湖也。每至盛夏之月，芙蓉十里如锦，香风芬馥，士女骈阗，临流泛觞，最为胜处矣。憩青龙桥，桥侧数武有寺，依山傍岩，古柏阴森，石路千级。山腰有阁，翼以千峰，萦抱屏立，积岚沉雾。前开一镜，堤柳溪流，杂以畦畛，丛翠之中，隐见村落。降临水行，至功德寺，宽博有野致。前绕清流，有危桥可坐。寺僧多业农事。日已西，见道人执畚者，锸者，带笠者，野歌而归。有老僧持杖散步塍间，水田浩白，群蛙偕鸣。噫！此田家之乐也。"① 由此可见，万历年间北京西山一带花木茂密，清新浓郁，道旁清溪如同衣带，湖水清澈见底，如同江南。

明朝注重改造都城的水环境，把元代太液池的湖面向南扩大，形成了三个大的水面，即今天的北海、中海、南海。《松窗梦语》卷二《北游纪》记载北京的自然景色："京城之外置御马苑，大小凡二十所，相距各三四里。置南海子，大小凡三，养禽兽、植蔬果于中……西出阜城门三十里，为西山。层峦叠嶂，龙飞凤舞。长溪曲折，自西旋绕而来，溪上锁以白石桥。过桥为碧云寺，古刹连云，朱扉映水，景最佳丽。"

京城的环境受到了相当的重视。由于人口增多，城市扩大，明代设有管理城市环境卫生的官吏，即所谓"各巡视街道官员"。洪武年间，确定五城兵马司负责"疏通沟渠，巡视风火"。朝廷要求对京城的东西长安街的路面要保持维修，不许随意掘坑及侵占。对于大小水沟，都要随时疏通，有通水器具，有专门的人员巡查与看管。

永乐年间营建北京城时，设有专门的官吏管理内城街巷的排水系统。具体事务由五城兵马司负责，同时和锦衣卫等部门共同巡视。北京各水关，都有专人守护，并配置通水器械工具，雨后便马上打开疏通。每年二三月调发兵丁民夫对城中大小沟渠、水塘、河道进行疏浚，保证畅通。

成化二年（1466年）又进一步作了明确规定："城街道沟渠，锦衣卫官校并五城兵马时常巡视，如有怠慢，许巡街御史参奏。"② 成化六年（1470年）、十年（1474年），明宪宗因沟渠淤滞阻塞而颁诏进行整治，还下令增设管理人员定期疏浚排水沟。成化十五年（1479年），朝廷在工部虞衡司添设员外郎一名，专职巡视京城街道沟渠。凡街道坍塌，沟渠壅塞，则由工部都水司负责派人进行疏通及修理。

清朝定都北京。清初顾祖禹在《读史方舆纪要》中一方面作了肯定，说北京"川归谷走，开三面以来八表之梯航；奋武揆文，执长策以扼九州之吭

---

① （明）袁中道著，钱伯城点校：《珂雪斋集》，上海古籍出版社1998年版，第535页。

② 《明会典》卷二〇〇《河渠》五《桥道》。

背"。另一方面又认为："燕都僻处一隅，关塞之防日不暇给，卒旅奔命，挽输悬远，脱外滋肩背之忧，内启门庭之寇，左支右吾，仓皇四顾，下尺一之符，征兵于四方，死救未至而国先亡矣。"

《清史稿·地理一》记载顺天府的环境，说顺天在明初称为北平府，"广四百四十里，袤五百里。北极高三十九度五十五分。领州五，县十九"。"北有榆河，自昌平入，纳清河。西北：玉河，自宛平入。歧为二：一护城河，至崇文门外合泡子河；一入德胜门为积水潭，即北海子，流为太液池，分为御沟。又合德胜桥东南支津，复合又东，为通会河。凉水河亦自宛平入，迳南苑，即南海子，龙、凤二河出焉。龙河淤。……西北二十里瓮山，其湖西海。乾隆十五年赐山名曰万寿，湖曰昆明。有清漪园，光绪十五年改曰颐和。相近玉泉山，清河、玉河源此。玉河迳高梁桥，一曰高梁河。永定河自怀来入，至卢师山西，亦曰卢沟河，错出复入。有灰坝、减河。……永定河自宛平入。……公村河自房山入，为㹀牛河，复合茨尾河。卢河自房山入，迳琉璃镇曰琉璃河，纳挟活河。……永定河自宛平入。……减河亦自涿入，纳太平河，曰㹀牛河，歧为黄家河，其西蜈蚣河，并淤。……西有北运河，自通入。……鲍丘河，古巨浸，源自塞外，淤。今出西北田各庄，晴为枯渠，雨则泓注，俗曰泻肚河。……三角淀一曰东淀，古雍奴薮，亘霸、文、东、武、静、文、大七州县境。"

《清稗类钞》卷一对北京的环境记载得较为详细，其"水局"条记载京城有较好的水环境，如："京师自地安门桥以西，皆水局也，东南为十刹海，又西为后海，过德胜门而西为积水潭，实一水也。""后海"条记载："京师之后海较前海为幽僻，人迹罕至，水亦宽，树木丛杂，坡陀蜿蜒。两岸多古寺名园、骚人遗迹。""十刹海"条又记载："京师十刹海，在后门西，上接积水潭，名净业湖，下通大内三海，荷花杨柳，风景幽绝。""泡子河"条记载京城内原有一条泡子河，"泡子河在崇文门东城角，前有长溪，后有广淀，高堁环其东，天台峙其北，两岸多高槐垂柳，河水澄鲜，林木明秀，不独秋冬之际难为怀也。河上诸招提苦无大者，水滨颓园废圃多置不葺。城内自德胜河外，惟此二三里间无车尘市嚣，惜无命驾者耳。宣统年间，河身尚存，经吕公祠南石桥出南水门以入通惠河"。

《清稗类钞》卷一"白河风景"条记载："自通州至天津，水程三日可达，河身甚广，宽处约五十余丈，古所称白河者是也。河两岸植杨柳，蜿蜒逶迤，经数百里不绝。当三四月时，舟行其中，篷窗闲眺，千丝万镂，笼雾含烟，水天皆成碧色，间有竹篱茅舍，隐现于桃柳之间，为状至丽。"由此可知，当时白河一带风景秀丽，河水宽广，可以行船。两岸是绵延不绝的树木，还有农家小舍，犹如南方的风景。

北京的环境有其缺陷，城区缺水缺粮，离塞外较近，在生活和军事上有不利因素。黄宗羲在《明夷待访录·建都》指出："东南粟帛，灌输天下；天下之有吴会，犹富室之有仓库匮箧也。今夫千金之子，其仓库匮箧必身亲守之，而门庭则委之仆妾。舍金陵而迁都，是委仆妾以仓库匮箧；昔日之都燕，则身守夫门庭矣。曾谓治天下而智不（若）千金之子若与！"在黄宗羲看来，北方的生态不如南方，都城仍应建立在富庶的吴越，而皇帝不顾库府之地，而去充当守门仆，是一个大的失误。黄宗羲的观点反映了南方士大夫的见识。

清朝多次整治都城中的北海、中海、南海。顺治八年（1651 年），在万岁山上修建藏式白塔和寺庙。

当时的城市环境管理仍然存在诸多问题。即使是在京城，人们的卫生意识淡薄，随地大小便的情况随处可见。《燕京杂记》记载："京师溷藩，入者必酬以一钱，故当道中人率便溺，妇女辈复倾溺器于当街，加之牛溲马勃，有增无减，以故重污叠秽，触处皆是。……便溺于通衢者，即妇女过之，亦无怍容。"该书又记载："人家扫除之物，悉倾于门外，灶烬炉灰，瓷碎瓦屑，堆如山积，街道高于屋者至有丈余，入门则循级而下，如落坑谷。"

《清稗类钞》卷一在"京师道路"条记载北京的公共卫生存在诸多问题："京师街市秽恶，初因官款艰窘，且时为董其事者所干没，继因民居与店户欲醵资自修街道，而所司吏役辄谓妨损官街，百般讹索，故亦任其芜秽。又京城例于四月间于各处开沟，盖沟渠不通，非此不能宣泄地气也。是时秽臭熏人，易致疫疠，人马误陷其中，往往不得活。"可见，由于当时的社会尚处于农耕社会，使得城市的管理还不到位。城市居民大多数是由农村转移而来，农民把旧有的生活习惯带到城里，难免有些随意。

明清时的北京胡同名称有些得之于姓氏，有些与环境有关，如臭小河胡同（今高义伯胡同）、苦水井胡同（今福绥境胡同）、粪厂胡同（今奋章胡同）、屎克螂胡同（今时刻亮胡同），此外，还有羊尾巴胡同、狗尾巴胡同、鸡罩胡同，这些反映了当时市民的生存环境。①

二、其他城市的环境

（一）大中城市的环境

环境是客观的，城市建设是主观的，良好的城市环境是主观与客观的完美结合。明清时期，除都城之外，中国已有许多大中城市，如武汉、苏州、西安等，试挑选几个城市介绍如下。

汉口

武汉有三镇，三镇是在明代成化年间出现汉口之后才形成的。这之前，汉水从无数个河汊流入长江，成化之后汉水汇聚到一个口子进入长江，江北形成了汉口。汉口与汉阳、武昌形成三镇。到了清代，汉口迅速成为一个大城市，人称"大汉口"。

清代，汉口与朱仙镇、景德镇、佛山镇合称天下四大名镇。汉口有"户口二十余万，五方杂处，百艺俱全"。康熙间，刘献庭在《广阳杂记》说："汉口不特为楚省咽喉，而云贵四川湖南广西陕西河南江西之货，皆于此转输，虽欲不雄于天下，而不可得也。天下有四聚，北则京师，南则佛山，东则苏州，西则汉口。然东海之滨，苏州而外，更有芜湖、扬州、江宁、杭州以分其势，西则唯汉口耳。"这就是说，汉口在"四聚"中具有特殊地位。

清人叶调元在《汉口竹枝词·自叙》中认为汉口是个物流的码头城市，他说："汉口东带大江，南襟汉水，面临两郡（汉阳郡、江夏郡），旁达五省，商贾麇至，百货山积，贸易之巨区也。夫逐末者多，则泉刀易聚；逸获者众，则风俗易隤。富家大贾，拥巨资，享厚利，不知黜浮崇俭，为天地惜物力，为地方端好尚，为子孙计久远；骄淫矜夸，惟日不足。中户平民，耳濡目染，始而羡慕，既而则效，以质朴为鄙陋，以奢侈为华美，习与性成，积重难返。"

晚清，1861年，汉口被迫开埠，沿江出现了英、法、俄、德、日等国租界，轮船载客载货来往于长江之上。这是以汽轮机作为动力的时期，货物运输

---

① 《紫气贯京华·北京卷》，中国人民大学出版社1994年版，第81页。

更加便捷，并走向海洋。

苏州

王世贞称苏州城"百技淫巧之所凑集"，堪称天下第一繁雄郡邑。明代苏州城市的建置格局有变化，苏州的店铺逐渐转移到丝织业集中的地方及手工业主和工人、小商人比较多的地方。

清代画家徐扬是江苏人，他画有长达 12 米的长卷《盛世滋生图》，以东南都会姑苏为背景，描写出 18 世纪的市井繁荣。画面上有城堞、街楼、小巷、园林、庙宇、铺店。从中可见民居白墙黑瓦红柱、前店后室、下店上室的格局。这幅画对社会的揭示，可与《清明上河图》媲美。如果说《清明上河图》反映了黄河流域汴梁（今开封）的市民生活，表现了中世纪农耕社会的商业文化，《盛世滋生图》则反映了资本主义萌芽时期，长江太湖流域的商业文化。图中不仅有传统的米行、染坊，还有洋货铺、钱庄、船行、客店、香水浴室。因此，把这两幅画参照起来研究中国城市环境变迁，将可以得到许多启示。

西安

地方上的城市环境保护，有法可依。成化元年（1465 年），陕西巡抚项忠下令，立《新开通济渠记》碑，碑阴镌刻着《水规》十一则，以保障西安的城市用水。其主要内容包括：渠道所生菱、藕、茭、蒲之利，归地方公用；以金取老人（夫头）、人夫负责巡视、修缮事务；不准在渠水中沤蓝靛，洗衣物，以免造成污染；依据水量消长开关闸门，调节供水；植树渠傍，保护堤岸；分水溉田和工业用水也有相应限制；等等。《水规》在制度上保障了西安城市长期拥有充足而洁净的供水，体现了当时城市环境管理水平的一个侧面。

天津

明永乐二年（1404 年），设天津卫。天津城选择在较高的地方，并修筑了城墙，天津城墙的重要功能就是防洪。在 1604 年、1668 年、1725 年、1801 年的大洪水中，天津城墙都发挥了很好的作用。

清代设天津府治，作为港口城市。天津境内的大运河以海河为界，北为北运河，接河北省香河县；南称南运河，连河北省青县，全长 174 公里。历史上作为漕运河道，是连接京津的黄金水道。南、北运河交汇的三岔河口一带，是体现运河文化最为集中的地方。早期天津的商业中心就坐落在三岔河口运河南岸。清以来，天津在南北漕运、物资集散、对外通商和近代工业创立中发挥了非常重要的作用。天津有明显的区位优势，它背靠腹地，面向东北亚和太平洋地区，是亚欧"大陆桥"的东起点。三岔河口作为海河干流的起点，是海河与南北运河的交汇点，是南上北下船舶的必经之地，这使东南沿海一带的妈祖崇拜也传到了天津。天津的天后宫与福建湄州妈祖庙、台湾北港朝天宫并称为世界三大妈祖庙。

（二）中小城市的环境

明清时期，有许多作为县治的城市。方志在介绍这些城市时，都是先从环境作介绍，说明环境因素在这些城市的形成与特色方面起了重要作用。试介绍几个中小城市如下：

泰州

泰州城是一座以水网为特色的古城。泰州城水城一体、双河绕城，有陆门，也有水门。《道光泰州志》记载泰州有名称的水利工程有河道上河 21 条、下河 16 条、市河 6 条，桥 96 座，坝 12 座，涵洞 65 座。如此高密度的水系，在全国不多见。

泰州城墙四四方方，城内的水道弯弯曲曲。城门四座，分列东南西北。城内以四个门为纵横中轴线，形成四个区域。城内东北的土地较为开敞，于是设有州署、学政试院、城隍庙、玉皇宫、大中仓。城内西北水网密布，泰山是全城的制高点，有小西湖映托。临近北边城墙设有儒释道文化走廊，有崇儒祠、光孝寺、泰山行宫、武庙、演武厅。靠近东西轴线，有泰山为靠，设有胡公书院、胡公祠、东岳庙、西山寺。此外，还有三官殿等。城内东南有南山寺、南山寺塔、文昌阁、望海楼、学宫。城内西南有盐义仓。

明代把泰州古城称为凤城。景泰年间，侯瓒写有一首诗《浴沂亭》，其中有关于凤凰墩的内容："凤凰墩上凤凰仪，风去亭高俯碧漪。童冠新衣春浴罢，舞雩风暖咏归迟。问酬可是成狂简，章甫何曾入梦思。遥想前贤真乐地，杏仁坛上瑟音稀。"从中可知，凤凰墩上有浴沂亭，这是人们常来游玩抒情之地。

成化年间，方岳在泰州为官，写有《泰山》诗，其文："泰州无泰山，飞来奠兹土。凌云入青霄，秀色贯今古。乘风一登之，去天如尺五。忽闻弦诵声，仿佛过齐鲁。"①

清代学人蒋春霖曾经登上泰州城墙的城楼，写了一首诗《登泰城楼》，说到了泰州城的环境。诗云："四野霜晴海气收，高城啸侣共登楼。旌旗杂遝连三郡，锁钥矜严重一州。西望云山成间阻，南飞乌鹊尚淹留。海陵自古雄争地，烟树苍苍起暮愁。"这首诗说出了泰州的重要战略地位，也写出了泰州周边的环境。

清代大书法家、泰州人吴熙载有一首《题城西草堂图》，是我们了解城西的历史资料。其中有诗句云："东风吹我到城西，春情忽被子规啼。春色满园题不得，举目唯见草萋萋。""草萋萋"三字，道出了城西生态环境的原生态面貌。整个城区的布局形成以北驭南，北实南虚，北重南轻，北阳南阴，动静有序，符合中华古城格局的规制。

安陆

湖北安陆已有两千年的历史，顾祖禹在《读史方舆纪要·湖广》中有论述。他说安陆县城"北控三关，南通江汉，居襄樊之左掖，为黄鄂之上游，水陆流通，山川环峙。春秋楚人用此得志于中原者也。三国时为吴魏争逐之地。……盖顾瞻河洛，指臂淮汝，进可战，退可守，安陆形势实为利便矣"。在这样一个地方，必然会形成鄂中重镇。

安陆县的城关镇特别注重环境的选择。据道光年间修纂的《安陆县志》，安陆县城修在郧山东来二涧之间。"其二涧之水，东北则三板桥之水绕河冈而南，又西出赵家桥与七星桥之水绕碧霞台之北，复折而西，从北月城而注于涢。勘舆家曰水绕玄武。云东则城东铺之水，汇三洲从飞花峡汇于南濠，而东北滚钟塘朱家台之水经响水桥俱汇于南濠，濠自东而西，环城如带，从通济桥而注于涢。勘舆家曰逆水。"安陆的山脉——郧山发脉于桐柏及随县而分，涢流出焉。又东南入安陆界，为大安北白诸山。有"紫金山，在府署前东首紫金寺后，形家曰郡之主峰"。

徐霞客在《游记》中记载了许多中小城市的环境。

《滇游日记》记载丽江城周围的环境，"筑城环之，复四面架楼为门：南曰云观，指云南县昔有彩云之异也；东曰日观，则泰山日观之义；北曰雪观，

_____

① 朱学纯等：《泰州诗选》，凤凰出版社 2007 年版，第 92 页。

指丽江府雪山也；西曰海观，则苍山、洱海所在也"。丽江的城建，民间用五行生克解读，徐霞客对迷信加以驳斥："张君于万山绝顶兴此巨役，而沐府亦伺其意，移中和山铜殿运致之，盖以和在省城东，而铜乃西方之属，能剋即刻木，故去彼移此。有造流言以阻之者，谓鸡山为丽府之脉，丽江公亦姓木，忌剋剋，将移师鸡山，今先杀其首事僧矣。余在黔闻之，谓其说甚谬。丽北鸡南，闻鸡之脉自丽来，不闻丽自鸡来，姓与地各不相涉，何剋之有？"

《楚游日记》记载了衡州城的环境。"衡州城东面濒湘，通四门，余北西南三面鼎峙，而北为蒸水所夹。其城甚狭，盖南舒而北削云。北城外，则青草桥跨蒸水上，此桥又谓之韩桥，谓昌黎公过而始建者。然文献无征，今人但有草桥之称而已。而石鼓山界其间焉。盖城之南，回雁当其上，泻城之北，石鼓砥其下流，而潇、湘循其东面，自城南抵城北，于是一合蒸，始东转西南来，再合耒焉。"《楚游日记》记载了衡州外围的形胜。"衡州之脉，南自回雁峰而北尽于石鼓，盖邵阳、常宁之间迤逦而来，东南界于湘，西北界于蒸，南岳岣嵝诸峰，乃其下流回环之脉，非同条共贯者。徐灵期谓南岳周回八百里，回雁为首，岳麓为足，遂以回雁为七十二峰之一，是盖未经孟公坳，不知衡山之起于双髻也。若岳麓诸峰磅礴处，其支委固远矣。"

《楚游日记》记载了祁阳县城的环境，"抵祁阳，遂泊焉……山在湘江北，县在湘江西，祁水南，相距十五里。其上流则湘自南来，循城东，抵山南转，县治实在山阳、水西。而县东临江之市颇盛，南北连峙，而西向入城尚一里。其城北则祁水西自邵阳来，东入于湘"。徐霞客对祁阳的山川形胜很欣赏，他说："自冷水湾来，山开天旷，目界大豁，而江两岸，唉水之石时出时没，但有所遇，无不赏心悦目。盖入祁阳界，石质即奇，石色即润。"他描述祁阳的外环境时说："桥之北奇石灵幻，一峰突起，为城外第二层之山。一盘而为九莲，再峙而为学宫，又从学宫之东度脉突此，为学宫青龙之沙。"

（三）城市的兴衰与环境

在农耕文明向工业文明转型的过程中，随着主导经济形态的变化和交通线路的变化，商业也跟着发生变化，城市的业态也发生变化。这是文明演进的必然归宿。①

晚清，中国有些城市兴起，有些城市衰落，这都与生态环境（诸如区位、资源分布、交通路线）有关。清代，西安、洛阳、成都皆不及唐时繁荣。不论是人口、商业规模、社会影响力，都呈下降趋势。这几个大城市之所以不及广州、上海、天津等城市，重要原因在于不在海边，没有获得早期工业化进程中的地理条件。明清时期，苏州在江浙地区是最繁荣的城市，上海被称为"小苏州"。随着上海迅速崛起，苏州却在萎缩，苏州远远落后于上海了，连"小上海"都称不上了。从某种意义上说，农耕时期是沿河文明，工业时期是滨海文明，这是世界经济一体化所致。即使海滨城市，因自然条件不同，城市之间的地位也在经济大潮中发生变化。如宁波，作为城市，比上海的历史要早得多。清前期，宁波的人口与经济总量都大大超过上海，并且是国际上著名的贸易港口。但是，宁波在近代工商业发展的过程中，自然条件不及上海，宁波缺乏足够的拓展空间，因而其发展受到限制。到了晚清，宁波却成了上海的一个卫星港而已。

清末，随着京汉铁路的开通，大运河的淤塞，运河沿线的城市逐渐萧条。山东的临清、江苏的淮阴与扬州，都是因为运河而繁荣。一旦运河不能承载主要的航运，商业就萧条，城市亦跟着萧条。以淮阴为例。淮阴原是黄河、淮河、运河三河交界之处，承担着繁忙的交通及中转任务。然而，1855 年，黄河在河南三阳铜瓦厢决口，改道从山东利津境内入海，不再经过淮阴。与此同时，淮河因为黄河河床太高而不再经过淮阴城，于是，南北之间的水路交通发生了重大改变，淮阴失去了商机，大批商人自动离去，其他各行各业相应地都萎缩，人口必然减少，城市进入衰退阶段。1912 年，津浦铁路通车，加上海运便捷而费用较低，又加快了运河的"淡出"，运河作为一条经济带必然冷却。

在农耕社会发达的城市，在工业社会一旦失去了区位优势，就可能萧条，变成小城市。如，四川广元西南的昭化城，在农耕时代一直显耀。显耀的原因是昭化紧临发达的水道，嘉陵江与白龙江在此汇合，这两条水系是川北最重要的两条通道。加上昭化古城三面环山，一面环水，符合古代城建选址的原则。

---

① 这一节参考了何一民主编的《近代中国衰落城市研究》（巴蜀书社 2007 年版）。

昭化北枕秦岭，西凭剑关，历来是兵家必争的锁钥之地，是商人乐意奔赴经商之地。然而，在工业社会，昭化没有工业资源，没有铁路，人气锐减，现在仅是一个县下面的小镇。类似的例子还有许多许多，如鄂东的蕲州，本是《禹贡》记载过的大地名，做过府治，现在也只是蕲春县的一个边远镇。

清朝前期，随着西北边陲的经济开发，在新疆兴起了伊犁与喀什这两个城市。18世纪，清朝为保卫边疆而在伊犁设置将军，并在伊犁河谷开展屯田，吸引了内地的人口，使伊犁成了一座新城。喀什处于中国的最西边，作为一个门户，必定会形成聚集人口的城市。加上中亚诸邦与清朝要进行贸易活动，因此，喀什既是军事重镇，也是商业中心。

交通线路往往决定城市的兴衰。如，1896年，俄国开始在东北修筑中东铁路，使哈尔滨这个小村庄在十年间变成了一座10万人的城市。沈阳的人口在1909年仅16万，到沈山铁路通车之后的1911年，人口升到25万。显然，交通环境对于城市布局有至关重要的影响。①

山东的烟台，在清代前期仅是一个避风港而已。由于滨海的优势，烟台成了一个开埠之城，到了晚清一跃成为一个中等城市。19世纪末，山东与京津、上海的船舶都停靠在烟台转运，它成为中国北方的重要贸易港口。1898年，青岛开埠，分散了烟台的海港功能，特别是胶济铁路开通之后，烟台被边缘化，烟台城就失去了清前期的机遇，开始萎缩了。

东北的辽河是重要的运输通道，辽河的入海口营口是重要城市。营口由于有得天独厚的地理位置，一直是东北地区最重要的港口城市。从关内来的船只，都要停靠营口。开埠之后，营口的商业更加忙碌，城市发展的速度超过了锦州。沿着辽河有一个城市带，如昌图、通江口、奉化、开原、抚顺、辽阳等，这些城市寄生于辽河而发展。到了20世纪初，辽河一家独秀的局面被改变，1903年，中东铁路通车，现代交通工具的优越性使辽河船舶运输相形见绌，辽河沿线有些城市的发展相应地进入到缓慢期。

明清时期，大庾岭（又称梅岭）商道是从北方到达岭南的重要通道，沿着这条道路有不少城镇。从广州到南雄，越大庾岭，在大庾县进入赣江水系，顺流到鄱阳湖，拐进长江，转大运河，就可以到达京城了。这条道上有驿站，

---

① 何一民主编：《近代中国衰落城市研究》，巴蜀书社2007年版，第284页。

还有络绎不绝的商队，他们日夜辗转运输茶、粮、药材、木材等物资。可是，随着农耕文明的转型，长江上有了轮船，京广线上有火车，依靠长途徒步与水路的历史结束了，沿途的南雄、韶关、铅山、赣州再也没有原来那么多商贾了，城市的繁荣指数明显下降。

河北的保定在清代是直隶的府城，位于北京通往西北与南方的重要通道上。在农耕时代，保定城址适合社会的需求，在大清河可直达天津，因而商贾云集。可是，到了晚清，传统的交通格局发生变化，工业社会与海外贸易都把保定搁置在一边，使保定难以发展，停滞不前。

湘潭在明清时期有五条驿道与周围的地区联系，向北可到长沙，向东可到醴陵、南昌，向南可到衡阳，向西可到湘西，向西北可到常德。处于这样一个中心位置，使得湘潭在农耕社会自然成为商业枢纽。与长沙相比，湘潭的水环境更好，湘江在湘潭这一段，江水较深，有利于做港口，在以水运为主的时代，湘潭在湖南起着重要作用。当欧风美雨登陆广东，广东作为对外通商口岸，湘潭是一个中转站，货物不必在长沙分流，直接在湘潭分运即可。因此，当湘潭是千船云集时，而长沙城外几无船泊。道光年间以后，由于汉口、九江开埠，北方的货物直接外运，岭南的货物走海道北上，湘潭逐渐冷落。

豫南地区有汉水支流唐河。清代，唐河上游的重镇赊旗镇可以通过船只与襄阳从事商贸。南船北马，商号云集。朝廷把南阳、唐河、方城、泌阳四县的厘金（税金）设在赊旗镇，可见其地位之重要。到了 20 世纪初，由于唐河河床淤积，航行受阻，船运被迫中断。特别是京汉铁路开通之后，交通格局发生了变化，赊旗镇逐渐萧条。

第二节　乡村与环境

一、明清的村落环境

明代的人们习惯于选择适合农耕的环境居住。徐霞客记载了许多村落。

村落是农耕民族聚族而居的地方，家族要兴旺，不能不选择适宜生存的环境，因此，任何村落都是人们自觉不自觉选择的环境。《楚游日记》记载了多处村落，如："（茶陵县附近的）东岭坞。坞内水田平衍连绵铺开，村居稠密，东为云阳，西为大岭，北即龙头岭过脊，南为东岭回环。余始至以为平地，即下东岭，而后知犹众山之上也。"《楚游日记》还记载了一处如同桃花源一样的地点，进口窄，里面宽，藏风得水："初随溪口东入（一里），望（一小溪自）西峡（透隙出），石崖层亘，外束如门。……溯大溪入，宛转二里，（溪底石峙如平台，中剖一道，水由石间下，甚为丽观。）于是上山，转山嘴而下，得平畴一壑，名为和尚园。四面重峰环合，平畴尽。"

《滇游日记》记载滇池附近的海口村环境美丽如画："坐茅中，上下左右，皆危崖缀影，而澄川漾碧于前，远峰环翠于外；隔川茶埠，村庐缭绕，烟树堤花，若献影镜中；而川中凫舫贾帆，鱼罾即罾网渡艇，出没波纹间，棹影跃浮岚，橹声摇半壁，恍然如坐画屏之上也。既下，仍西半里，问渡于海口村。南度茶埠街，入饭于主家，已过午矣。茶埠有舟，随流十里，往柴厂载盐渡滇池。"

《滇游日记》记载村落形胜："村南山坞大开，西为凤羽，东为启始后山，夹成南北大坞，其势甚开。三流贯其中，南自上驷，北抵于此，约二十里，皆良田接塍，绾谷成村。曲峡通幽入，灵皋近水高地夹水居，古之朱陈村、桃花源，寥落已尽，而犹留此一奥，亦大奇事也。"

《滇游日记》记载云南罗平一带的卫生环境较差，人畜混居："营中茅舍如蜗，上漏下湿，人畜杂处。其人犹沾沾谓予：'公贵人，使不遇余辈，而前无可托宿，奈何？虽营房卑隘，犹胜彝居十倍也。'"

《粤西游记》描述了村落的环境："有一村在丛林中，时下午渴甚，望之东趋，共一里，得宋家庄焉。村居一簇，当南北两山坞间，而西则列神洞山为屏其后，东则牛角洞山为屏其前，其前皆潴水成塘，有小石梁横其上。""大寨诸村，山回谷转，夹坞成塘，溪木连云，堤篁夹翠，鸡犬声皆碧映室庐，杳出人间，分墟隔陇，宛然避秦处也。"这是我们了解古代聚落环境的宝贵材料。宋家庄在绿色的丛林中，这个村庄的选址很注意环境，东南西北都有屏障，形成环抱，村宅自成一系。村前有水塘，人工的石梁横跨其上，周围高地的水流入水塘中，"四水朝堂"，这为人们的生活提供了方便。大寨村也是宋家庄这样的形胜，"山回谷转，夹坞成塘"，周围都是树木，参天连云，农家养有鸡群，还有小狗。这是农耕民族最喜欢构建的家园形式。住在这样的环境里，村落之间"分墟隔陇"，各自守着田园，春播秋获，安静自逸，形成"小国寡民，鸡犬之声相闻，老死不相往来"的农耕生活。官府难以到这样的地方收取苛捐杂税。如果社会上发生了战争，或者出现了瘟疫，这样的村落很少受到干扰。历史上，人多地少，特别是山区有一些荒无人烟之地。如果有一对勤劳的小夫妻选择在这样的空地生活，几百年就会形成一个大村落。

徐霞客在《滇游日记》记载广西与云南之间的环境凋零状况，他寻访师宗城，看到的是荒凉："闻昔亦有村落，自普与诸彝出没莫禁，民皆避去，遂成荒径。广西李翁为余言：'师宗南四十里，寂无一人，皆因普乱，民不安居。龟山督府今亦有普兵出没。路南之道亦梗不通。一城之外，皆危境云。'……老人初言不能抵城，随路有村可止。余不信。至是不得村，并不得师宗，余还叩之。老人曰：'余昔过此，已经十四年。前此随处有村，不意竟沧桑莫辩！'……过尖山，共五里，下涉一小溪，登坡，遂得师宗城焉。……师宗在两山峡间，东北与西南俱有山环夹。其坞纵横而开洋，不整亦不大。水从东南环其北而西去，亦不大也。城虽砖甃而甚卑。城外民居寥寥，皆草庐而不见一瓦。"

二、明清乡镇环境的新趋势

(一) 乡镇注重环境协调

乡镇是介于城市与村庄之间的居住群落。它有一定的经济文化辐射功能。随着农耕文明的充分发展，明清时期形成了许多风景宜人、文化深厚的乡镇。

湖南岳阳渭洞乡四面环山，有层层屏障。张谷英村坐落在大墩坳之中，堪称世外桃源。五百里幕阜山余脉绵延至此，在东北西三方突起三座大峰，如三大花瓣拥成一朵莲花。四周青山环抱。明洪武年间，有张姓兄弟自江西洪州迁居于此地，几百年间发展为有 600 多户、3000 多人的大家族。家族尊卑有序，父慈子孝，妻贤母良，兄弟和怡，姑嫂宜顺，男耕女织，道不拾遗，夜不闭户，现在已经成为国家级文化名村、旅游景点。

浙江兰溪市西边有个诸葛镇，镇里有个诸葛村。传说五代时，诸葛亮的14 世孙诸葛澜迁居于此，诸葛家族从此兴旺发达。诸葛子孙遵循祖训"不为良相，便为良医"，世世代代做药材生意，药铺遍布江浙。诸葛村的民居很有特色，俯视村落像太极太卦图。村子中间有口名叫"钟池"的池塘，半边池水，似阴阳太极图。从钟池向四周排列八条巷道。巷道纵横，如同迷魂阵。诸葛村鼎盛时期有 45 座祠堂，最大的是丞相祠堂，它占地近 8000 平方米，五开间结构，还有钟楼和鼓楼，现在已毁。

江苏太湖东南隅有个半岛，称为洞庭东山，今属苏州市。这一带风景宜人，且有许多古民居。初步统计，有 20 多处古典园林村遗址，有 90 多处明清建造的庭院宅第，有灵源寺、灵峰寺等遗址，有翁巷、陆巷、杨湾村等民俗村。太湖还有洞庭西山，当地有个明月湾古村，依山面湖，村中道路以条石铺砌，两边有古老的民宅，有的宅子像私家园林，古树、小桥、祠庙，构成一幅幅世外桃源的图景。村中有吴宫女梳妆的胭脂井、画眉池遗迹。

徽州的乡村也特别美丽。清代，王灼、胡熙陈等六七位文士在夏季六月到歙县西边的乡村游玩，王灼写了《游歙西徐氏园记》，所描述乡村如画，有人工凿的水池，池上横石为桥，以通往来。池西有亭，池南有虚堂。"田塍相错，烟墟远树，历历如画。而环歙百余里中，天都、云门、灵、金、黄、罗诸峰，浮青散紫，皆在几席。"王灼等一直游兴不减，"及日已入，犹不欲归"。

(二) 乡镇发展生态经济

明清时期的乡村悄悄在发生变化，乡村环境出现新的发展趋势。南方部分地区，农业由平面变为立体，由单一经济变为多种经济，变废为利，因循生态，这不仅在经济上增加了收入，关键是使人们的头脑发生了变化，人们乐意由传统农业走向新式农业，这个意义是重大的。

当时，出现了生态农庄。最具典型意义的是嘉靖年间常熟县谈参所经营的庄园。当时，农民们普遍都是用传统的方法，春播秋获，累死累活，维持温饱，如遇灾年，颗粒无收，妻离子散，流落他乡。有一年的大旱灾之后，谈参决定换一个思路务农。他利用灾荒的机会，廉价买下别人的弃置之地，获得了很大一片土地。他合理设计农庄，立体实施农业与养殖业，种粮食、蔬菜、瓜果，在农业产业上形成一条生态链。他雇用百余名漂流的饥民，各用其长，有的种田，有的养鱼，有的种树。他掘土为池，既整理了地形，改良了土地，又有了蓄水池。他在水中养鱼，以剩余的粮食养家畜，以家畜的粪便养鱼，将鱼拿到市场上交易。在这个过程中，他因天道，循地利，尽人事，使得物尽其用。由于巧妙地利用了自然生态，采用了生态方法，节省了人力、物力、财力，事半功倍，全方位地发展了经济，大大增加了收入。这样有利于安定社会、增加税收的事情，肯定会得到地方官员的支持。谈参尝到了甜头，越忙越有劲，甚至被文人写进书里，千古扬名。

此事载于李诩的《戒庵老人漫笔》卷四《谈参传》，原文："谈参者，吴人也，家故起农，参生有心算，居湖乡，田多洼芜，乡之民逃农而渔，田之弃弗辟者万计。参薄其值收之。庸饥者，给之粟，凿其最洼地池焉，因为高塍，可备坊泄，辟而耕之，岁之入视平壤三倍。池以百计，皆畜鱼。池之为梁为舍，皆畜豕，谓豕凉处，而鱼食豕下，皆易肥也。塍之平属植果属，其淤泽置菰属，皆以千计。鸟凫昆虫悉罗取，法而售之，亦以千计。"李诩，弘治到万历年间的人。谈参，又名谭晓，或为谭晓、谭照兄弟。光绪三十年，《常昭合志稿》卷四十八《佚闻》把谈参写为谭晓，后世多沿用。[1]

---

[1] 闵宗殿：《明清时期的人工生态农业——中国古代对自然资源合理利用的范例》，《古今农业》2000 年第 1 期。

明代王士性在《广志绎》中对生态农业有所研究，提倡立体养殖技术。在《广志绎》卷四《江南诸省》中谈到鲢鱼"最易长……入池当夹草鱼养之，草鱼食草，鲢则食草鱼之矢，鲢食矢而近其尾，则草鱼畏痒而游，草游，鲢又随觅之，凡鱼游则尾动，定则否，故鲢草两相逐而易肥"。加上"草鱼亦食马矢，若池边有马厩，则不必饲草。"这就是说，在池中养鲢鱼和草鱼，在岸边养马，使马粪养草鱼，降低养殖成本，提高了单位面积上的综合种养能力。

有一位湖州沈氏，他不仅自己经营生态庄园，还结合实践撰写了一卷《农书》。其书的内容虽然简略，但涉及稻麦轮作、经济作物种植、畜禽鱼养殖等内容，可见其能合理安排农业生产，提高土地利用率，形成了综合发展、相辅相成的经营机制。

稍后，张履祥据《沈氏农书》作"补遗"三十九项，题为《补农书》。此书所记太湖流域农业生产方法和技术颇为具体，其中描述了富于地方特色的生态农业格局："浙西之利，茧丝为大，近河之田，积土可以成地，不三四年，而条桑可食矣；桑之未成，菽麦之利，未尝无也。"又载："池中淤泥，每岁起之，以培桑竹，则桑竹茂而池益深矣。"水深则用以养鱼，池水又"足以灌禾"；有粮桑更利于多养禽畜，"令羊专吃枯叶枯草"；"猪专吃糟麦"，则利用烧酒的下脚料又赢利。这些记述清晰地展示了当地小农经济循环利用自然资源的新型模式。

据《乾隆震泽县志》，明代湖州的农民流行多种经营，"低者开浚鱼池，高者插莳禾稻，四岸增筑，植以烟靛桑麻"。在土地较为紧张的背景下，商业开始活跃的时期，人们充分利用地利，增加收入，这种情况是社会发展的必然。

长江下游及东南沿海兴起许多城镇，特别是苏杭湖松诸府成为国内市场中心区域。有些市镇贾户千百，铺店密布。如吴江盛泽镇在万历、天启年间形成一个丝织业大镇，镇上还有牙行、饭铺、酒馆、杂货、鞋帽等店铺。

清末，在浙北有一个南浔镇，这个镇上形成了一个新兴的经济群体，人们称为"浔商"。他们利用便利的水陆交通，利用物产蚕丝，以经营湖丝为主，形成了巨大的财富。浔商中有许多草根实力人物，老百姓戏称他们是"四象八牛七十二条焦黄狗"（或说"三十二条金狗"）。《湖州风俗志》记载："象、牛、狗其形体大小颇有悬殊。以此比喻各富豪聚财之程度，十分形象。民间传说一般以当时家财达百万两以上者称'象'，五十万两以上、不足百万者称'牛'，三十万两以上、不足五十万两者叫'狗'。"其中的"四象"是指刘、张、庞、顾四家，每家的资产都在 100 万两白银以上。这个浔商集团以特色取胜，垄断了当时的生丝出口业，并伺机投资缫丝业、纺织业、金融业、盐业、房地产业等行业。

广东顺德有个环境优雅、经济发达的乡镇——陈村，它不仅以水资源丰富闻名，还因为有经济作物——荔枝、龙眼、橄榄而闻名。在农耕时代，人们能够生活在这样的村落是十分幸福的。屈大均《广东新语》卷二《地语》记载："顺德有水乡曰陈村，周回四十余里，涌水通潮，纵横曲折，无有一园林不到。夹岸多水松，大者合抱，枝干低垂，时有绿烟郁勃而出。桥梁长短不一，处处相通，舟人者咫尺迷路，以为是也，而已隔花林数重矣。居人多以种龙眼为业，弥望无际，约有数十万株。荔支、柑、橙诸果，居其三四。比屋皆焙取荔支、龙眼为货，以致末富。又尝担负诸种花木分贩之，近者数十里，远者二三百里。他处欲种花木及荔支、龙眼、橄榄之属，率就陈村买秧，又必使其人手种搏接，其树乃生且茂。其法甚秘，故广州场师，以陈村人为最。又其水虽通海潮，而味淡有力，绍兴人以为似鉴湖之水也，移家就之，取作高头豆酒，岁售可数万瓮。他处酤家亦率来取水，以舟载之而归，予尝号其水曰酿溪。有口号云：'龙眼离支十万株，清溪几道绕菰蒲。浙东酿酒人争至，此水皆言似鉴湖。'又云：'渔舟曲折只穿花，溪上人多种树家。风土更饶南北估，荔支龙眼致豪华。'"

第三节 住宅与环境

任何住宅都处在特定的环境之中，有宅外环境的选择与营建，也有宅内环境的布置。

一、宅外环境

农耕时代的人们特别讲究宅外环境，认为环境影响人的身体与活动。房屋周边的山水、植被、交通都关乎人的健康与心情，甚至关乎家族的兴旺。

明代文震亨的《长物志》卷一记载："居山水间者为上，村居次之，郊居又次之。"这段话体现了回归自然的观念，城郊不如乡村，乡村不如山水之中。

明末清初的黄周星写过一篇《将就园记》，提出了初步的设想，大意如下：

民居周围应是崇山峻岭、匼匝环抱，如莲花城。民居的两边各有一座山，右边的比左边高一些。山的外崖耸立，不可攀登，山的内面有深水为壕，山形内倾，山间有泉，四时不竭。山中宽平衍沃，广袤百里，散布村舍。凡百物之产，百工之业，无一不备其中。地气和淑，不生荆棘，亦无虎狼蛇鼠蚊蚋。山泉下注成溪沼，可以通航。溪流环绕十余里，中为平野，也有冈岭湖陂、林薮原隰，参差起伏。居民淳朴亲逊，略无嚣诈……累世不知有斗辩争夺之事。

明代画家髡残是湖广武陵（今湖南常德）人，他画的《苍山结茅图》很有苍茫荒率的意境，只见深山有湍急的溪水，小桥对面有硬山屋面的三开间茅屋。画家归隐，但忧国之心如奔泻的飞泉，一刻不能静止。

在苏州，画家唐寅亲自选择地点，修筑了桃花庵。清代先后改为宝华庵、文昌阁。现存建筑面积500多平方米，坐北朝南，两路两进，有水池和殿堂。现存《桃花庵歌》石刻碑文，歌云："桃花坞里桃花庵，桃花庵里桃花仙。桃花仙人种桃树，又摘桃花换酒钱。酒醒只在花间坐，酒醉还来花下眠。半醉半醒日复日，花落花开年复年。但愿老死花间酒，不愿鞠躬车马前。车尘马足贵者趣，酒盏花枝贫者缘。若将富贵比贫贱，一在平地一在天。别人笑我成病癫，我笑他人看不穿。不见五陵豪杰墓，无花无酒锄作田。"这首歌颇能反映唐寅绝意仕途后在此的隐居生活。

明代长洲（今苏州）人沈周是吴门画派的鼻祖，与文徵明、唐寅、仇英合称"吴门四大家"。他绘有《东庄图》，原有 24 幅，万历时丢失 3 幅，现存 21 幅。东庄在苏州葑门内，原为吴宽父亲孟融所居。通过《东庄图》，可以了解 500 年前苏州郊野的民居环境：有黄澄澄的"稻畦"，田边坡地上有茅屋和丛林，林边有清澈的池塘。池塘边有"知乐亭"，人们倚栏观鱼，怡然自乐。从图上看，田野仍有原始貌，人口稀少，生态环境协调。

明代高攀龙在《可楼记》很欣赏自己的"可楼"，他说："水居一室耳，高其左偏为楼。楼可方丈，窗疏四辟。其南则湖山，北则田舍，东则九陆，西则九龙峙焉。楼成，高子登而望之曰，可矣！吾于山有穆然之思焉，于水有悠然之旨焉，可以被风之爽，可以负日之暄，可以宾月之来而饯其往，优哉游哉，可以卒岁矣！于是名之曰'可楼'，谓吾意之所可也。"高攀龙自称年轻时志向很大，想要游遍天下名山，寻找一个像桃花源那样美好的处所，寄居下来。他北方去了燕赵，南方到过闽粤，中原跨越了齐鲁殷周的故地。

《五杂俎》卷三《地部》记载福建乡民创造家居小环境的过程："吾闽穷民有以淘沙为业者，每得小石，有峰峦岩穴者，悉置庭中，久之，甃土为池，砌蛎房为山，置石其上，作武夷九曲之势，三十六峰，森列相向，而书晦翁棹歌于上，字如蝇头，池如杯碗，山如笔架，水环其中，蚬蛳为之舟，琢瓦为之桥，殊肖也。余谓仙人在云中，下视武夷，不过如此。以一贱佣，乃能匠心经营，以娱耳目若此，其胸中丘壑，不当胜纨绔子十倍耶？"

云南的民居建筑颇有特色，根据环境而有不同形式的民居。彝族民居深受自然环境的影响：高寒酷热少雨地区多采用土掌房建筑形式，多雨地区则采用草顶建筑，盛产麻的昙华山建有麻秆房，林区边缘建有井干式的木楞房。在云南靠近四川一带，由于重牧轻农，人们建有许多棚屋；在靠近贵州一带，建有较大规模的院坝。院坝往往由二幢或三幢建筑围合而成。[1] 徐霞客《滇游日

---

① 郭东风：《彝族建筑文化探源》，云南人民出版社 1996 年版。

记》记载云南各地的民居建筑形式有差别，"滇西有大聚落，是为炉头。……其溪环村之前，转而北去。炉头村聚颇盛，皆瓦屋楼居，与元谋来诸村迥别"。

住宅周围的土壤，也是建宅必须考虑的一个重要因素。因为，土壤中含有微量元素锌、钼、硒、氟等，在光照下放射到空气中，直接影响人的健康。明代王同轨在《耳谈》云："衡之常宁，耒阳产锡，其地人语予云：'凡锡产处不宜生殖，故人必贫而移徙。'"

二、宅内环境

中国古代社会为了维系礼制秩序，对住宅的规模、结构、颜色都有一定的限制。民宅不许用黄、红二色，只能用黑、白二色。黄、红是贵色，金碧辉煌。黑、白是贱色，沉闷冷淡。贵族，特别是皇宗国戚才有资格用红色的墙、黄色的瓦。

明代对居住规格也有严格限制。《明史·舆服志四》记载："明初，禁官民房屋，不许雕刻古帝后、圣贤人物及日月、龙凤、狻猊、麒麟、犀象之形。……洪武二十六年定制，官员营造房屋，不许歇山转角、重檐重栱，及绘藻井，惟楼居重檐不禁。公侯，前厅七间、两厦、九架。中堂七间、九架。后堂七间、七架。门三间、五架，用金漆及兽面锡环。家庙三间、五架。覆以黑板瓦，脊用花样瓦兽，梁、栋、斗栱、檐桷彩绘饰。门窗、枋柱金漆饰。廊、庑、庖、库从屋，不得过五间、七架。……庶民庐舍，洪武二十六年定制，不过三间、五架，不许用斗栱，饰彩色。三十五年复申禁饬，不许造九五间数，房屋虽至一二十所，随其物力，但不许过三间。"

尽管有诸多限制，但广大民众仍然有自己的住宅追求。明代文震亨的《长物志》卷一《室庐》说："要须门庭雅洁，室庐清靓。亭台具旷士之怀，斋阁有幽人之致。又当种佳木怪箨，陈金石图书，令居之者忘老，寓之者忘归，游之者忘倦。"

明代高濂撰《遵生八笺》。① 他在书中的《起居安乐笺》论云："吾生起居，祸患安乐之机也……知恬逸自足者，为得安乐木；审居室安处者，为得安乐窝；保晨昏怡养者，为得安乐法；闲溪山逸游者，为得安乐欢；识三才避忌者，为得安乐戒；严宾朋交接者，为得安乐助。"他又说："居庙堂者，当足于功名；处山林者，当足于道德。……人能受一命荣，窃升斗禄，便当谓足于衣食；竹篱茅舍，荜窦蓬窗，便当谓足于安居；藤杖芒鞋，蹇驴短棹，便当谓足于骑乘；有山可樵，有水可渔，便可谓足于庄田；残卷盈床，图书四壁，便当谓足于珍宝；门无剥啄，心有余闲，便当谓足于荣华；布衾六尺，高枕三竿，便当谓足于安享；看花酌酒，对月高歌，便当谓足于欢娱；诗书充腹，词赋盈编，便当谓足于丰赡，是谓之知足常足。"高濂提倡因时而异。他主张：正月（农历）坐卧当向北方，生气在子。二月卧养宜向东北，生气在丑。三月向东北方，生气在寅。四月向东方，生气在卯。其他各月依次按十二支方位变动。

高濂《遵生八笺·居室建置》认为应当调适住宅环境："南方暑雨时，药物、图书、皮毛之物，皆为霉潬坏尽。今造阁，去地一丈多，阁中循壁为厨二三层，壁间以板弸之，前后开窗……余置格上。天日晴明，则大开窗户，令纳风日爽气。阴晦则密闭，则大杜雨湿。中设小炉，长令火气温郁。又法：阁中设床二三，床下收新出窑炭实之。乃置画片床上，永不霉坏，不须设火。其炭至秋供烧，明年复换新炭。床上切不可卧，卧者病暗。"

在生活实践中，沿江居民为了防止地下潮湿，采取了厚垫地基的措施。如歙县棠樾村保艾堂的地面铺设相当讲究：最下面铺一层石灰，可以防湿吸潮，其上铺细沙，沙上排列许多酒缸，缸口朝下，再用细沙垫平，上面再铺地墁砖。这样就保证了地面干燥，即使在梅雨季节也不返潮。水泼到地上，马上浸下去吸干了。住在这样的房间有益于养生。

明代散文家归有光，昆山（今江苏昆山）人，嘉靖进士，当过县令之类的官。他写了一篇《项脊轩志》，描述他17岁时苦读的条件。我们从该文可知当时的民住条件："项脊轩，旧南阁子也。室仅方丈，可容一人居。百年老

---

① 高濂，浙江钱塘（今杭州）人，万历年间在世。《遵生八笺》19卷，50余万字，是一部住宅环境的资料汇编。高濂把平日从各种书中翻检到的有关资料汇集在一起，间或加一些议论，目的是养生长寿。

屋，尘泥渗漉，雨泽下注；每移案，顾视，无可置者。又北向，不能得日，日过午已昏。"归有光的小书房项脊轩仅可容一人，朝北，漏雨。就是在这种环境下，他发奋读书，后来终于考中了秀才。为了改善学习条件，归有光对项脊轩"稍为修葺，使不上漏。前辟四窗，垣墙周庭，以当南日，日影反照，室始洞然。又杂植兰桂竹木于庭，旧时栏楯，亦遂增胜。借书满架，偃仰啸歌，冥然兀坐，万籁有声；而庭阶寂寂，小鸟时来啄食，人至不去。三五之夜，明月半墙，桂影斑驳，风移影动，珊珊可爱"。事在人为，经过一番努力，陋室改为庭园，居者怡然自乐。

清代李渔对居住环境很有研究，他的著作很多，如《闲情偶寄》有《居室部》（房舍第一、窗栏第二、墙壁第三、联匾第四、山石第五）、《种植部》（木本第一、藤本第二、草本第三、众卉第四、竹木第五），均与环境有关。《居室部》专讲居住观，颇有代表性。试介绍如下。

《闲情偶寄》谈到房屋的向背，说："屋以面南为正向。然不可必得，则面北者宜虚其后，以受南薰；面东者虚右，面西者虚左，亦犹是也。如东、西、北皆无余地，则开窗借天以补之。牖之大者，可低小门二扇；穴之高者，可敌低窗二扇，不可不知也。"谈到建筑物的高下，他说："房舍忌似平原，须有高下之势，不独园圃为然，居宅亦应如是。前卑后高，理之常也。然地不如是，而强欲如是，亦病其拘。总有因地制宜之法：高者造屋，卑者建楼，一法也；卑处叠石为山，高处浚水为池，二法也。又有因其高而愈高之，竖阁磊峰于峻坡之上；因其卑而愈卑之，穿塘凿井于下湿之区。总无一定之法，神而明之，存乎其人，此非可以遥授方略者矣。"这些说明，人们对乡村社会的环境日益重视。

李渔认为房舍要适合于人，他说："人之不能无屋，犹体之不能无衣。衣贵夏凉冬燠，房舍亦然。"房子应当多大多小为宜？房舍太高大，"宜于夏而不宜于冬"。"登贵人之堂，令人不寒而栗，虽势使之然，亦寥廓有以致之。"李渔说："吾愿显者之居，勿太高广。夫房舍与人欲其相称。……堂愈高而人愈觉其矮，地愈宽而体愈形其瘠，何如略小其堂，而宽大其身之为得乎？"他倡导俭朴，"居室之制，贵精不贵丽，贵新奇大雅，不贵纤巧烂漫"。民居一般以向南为宜。如果不得已而面北，就应尽量使南边开敞。民居的整体造型忌死板，宜高低错落，一般前低后高。有时需要在低处建楼，有时又需要在低处浚水为池，皆无定式，一切取决于综合因素。民居是避风雨的，实用第一，装饰第二。

《闲情偶寄·居室部》主张居舍虽小而窄，但仍要保持干净，"净则卑者高而隘者广矣"。他自述说："吾贫贱一生，播迁流离，不一其处，虽债而食，赁而居，总未尝稍污其座。"洒扫也是一门学问。李渔说："精美之房，宜勤洒扫，然洒扫中亦具有大段学问，非僮仆所能知也。"做清洁，宜先洒水，再清扫。"精舍之内，自明窗净几而外，尚有图书翰墨，古董器玩之种种，无一不忌浮尘。……勤扫不如勤洒，人则知之。则洒不如轻扫，人则未知之也。……运帚切记勿重；匪特勿重，每于歇手之际，必使帚尾着地，勿令悬空，如扫一帚起一帚，则与挥扇无异，是扬灰使起，非抑尘使伏也。……顺风扬尘，一帚可当十帚，较之未扫更甚。"李渔是一位大学问家，而喋喋不休地饶舌"洒扫"二字，可见先贤是很重视居舍卫生的。

当时，有的民居设有废物蓄存室或垃圾箱，李渔认为这样的做法值得推广。他说："必于精舍左右，另设小屋一间，有如复道，俗名'套房'是也。凡有败笔弃纸，垢砚秃毫之类，卒急不能料理者，姑置其间，以俟暇时检点。妇人闺阁亦然，残脂剩粉无日无之，净之将不胜其净也。此房无论大小，但期必备。如贫家不能办此，则以箱笼代之，案旁榻后皆可置。"

三、名宅环境拾遗

农耕文明以定居作为特征之一，民居是农耕文明的建筑符号。从明代至清代，传统的民居达到了农耕文明时期的极致。在没有钢筋水泥的社会中，民居的样式、民居与周围的环境，都"无所不用其极"。许多传统民居，直到当代社会都还被保存着，有的民居还作为文化遗产供人观览。

江苏太湖原有洞庭东山与西山两个地方，东山为伸入太湖之半岛，即古胥母山，亦名莫蔽山。西山在太湖中，即古包山。太湖的东庭西山东蔡村有春熙堂。之所以称为"春熙"，是因为《老子》一书中有"众人熙熙，如享太牢，如登春台"。书房称为"缀锦书房"，取楹额"运生花妙笔，联词缀句而成锦绣文章"之意。书房前后都有花园。前园有黄石假山，矮墙上有透空花窗。后园有白皮松、牡丹花、湖石假山。假山有三峰，中峰似老人，称老人峰，左右两峰名"太狮""少狮"，取名于古代高官名称"太师""少师"的谐音。

江苏吴县有曲园。曲园的主人是国学大师俞樾，他买了吴县潘世恩的旧第，建成曲园。这是一座小巧精致、文化内涵丰富的书斋庭园。之所以称为曲园，俞樾有诗记其原委。他在诗序中说："余故里无家，久寓吴下。去年于马医西头买得潘氏废地一区，筑室三十余楹，其旁隙地筑为小园。垒石凿池，杂莳花木，以其形曲，名曰曲园。"他在诗中描述曲园：曲园虽褊小，亦颇具曲折。花木隐翳，循山登其巅，小坐可玩月。其下一小池，游鳞出复没。右有曲水亭，红栏映清洌。左有回峰阁，阶下石凹凸。循此石经行，又东出自穴。依依柳阴中，编竹补其缺。园东北有小屋称为艮宦，艮在八卦代表东北隅，有"止"意，意为园止于此。艮宦有廊，西边有达斋。艮宦既是园中的终点，又是园中的起点，从南门可入园重游，颇有太极循环之意。

顺治年间的王大经写过一首《世耕庄记》，其中描述了江苏农耕社会的村庄环境，所述世耕庄，是改造环境的典范。最初，这个地方是一片荒地，豺狼野兽出没，人们不敢涉足。后来，有姓蔡的一户人家开辟其地，经过几代人，成为一方乐土。"方此地未开辟之先，庸知非榛莽灌棘之区，为鱼龙蛇虺之所，窟宅毒虫怪兽方隐慝，人之行过是者，方且畏避退缩，侧足不敢前，虽有嘉种将安用其播植？今一经蔡子区画位置，遂变为乐土，而创垂贻之业，皆于是乎存。"当王大经到达世耕庄时，这里俨然一处世外桃源。他记述说："由吴陵而东，百八十里为南沙，而世耕庄在南沙西南二十里。枕带长河，周以缭垣，纵横二万余亩，锦联绣错，悉皆主人二十年来勤苦经营而缔造者也。庄居土田之中央，小桥流水，舟行屈曲，逶迤数里。望之巍然而特峙者，为春求楼。从外而入者，杂树丛篁，交蔽互荫，一望蓊翳，绝不知其中有室庐亭榭，恍然引人入一异境，盖至其地而后见。楼之内有隙地，长可百丈，广半之，宽平坦荡，可场，可圃，可驰，可射。入其门而左旋，回廊绕之，拾级以登，有堂翼如，唅唅其正者为世耕堂。"[①] 世耕堂的选址，与陶渊明在《桃花源记》中描述的类似，这是农耕时代人们最向往的地点。四周环抱，藏风得水，无外界骚扰之虞。宽阔的明堂，为农人提供了很好的活动空间。规整的楼堂，显示了主人的尊严。农耕时代的人们讲究孝道，慎宗追远，不忘祖宗。"去庄稍远而西，有水泓然者为池，架桥以渡，则蔡氏之先茔在焉。盖念先世之积累而因

---

① 常康等：《泰州文选》，江苏文艺出版社 2007 年版，第 63 页。

以拓充，示不忘也。"在世耕庄西边有祖宗之坟墓，每年祭祀之。①

江苏扬州西门外有今觉楼。据石成金在《传家宝》三集卷六介绍，宅主陈正（字益庵），擅长作画。他在山岗上盖了三间朝南小屋，栽种不惹人眼的野菊、月季。柴门土墙，围成小苑，苑内有二层小楼，楼上有四面推窗，从南窗可遥望镇江、长山一带云树烟景，从北窗可见虹桥、法海花柳林堤；从东窗可见富人的花园亭阁，从西窗可见荒坟野冢。有朋友到楼上，觉得西边不吉利，陈正回答说："我之所以在荒坟边建宅，是因为看到坟冢，就想及时行乐。"他写了一联"引我开怀山远近，催人行乐冢高低"，贴在柱上。由这个事例可知，清代的一些书画家生活得很洒脱，以享乐主义持世。

扬州有片石山房。该民居临湖，三面环列湖石，湖石有玲珑之概，石峰下有正方形石室，人称片石山房。《履园丛话》卷二十说："扬州新城花园巷，又有片石山房者。二厅之后，浚以方池，池上有太湖石山子一座，高五六丈，甚奇峭，相传为石涛和尚手笔。其地系吴氏旧宅，后为一媒婆所得，以开面馆，兼为卖戏之所，改造大厅房，仿佛京师前门外戏园式样，俗不可耐。"

扬州净香园的怡性堂陈设兼有中西韵味。清人李斗《扬州画舫录》描述说：怡性堂"盖室之中设自鸣钟，屋一折，则钟一鸣，关捩与折相应。外画山河海屿、海洋道路，对面设影灯，用玻璃镜取屋内所画影，上开天窗盈尺，令天光云影相摩荡，兼以日月之光射之，晶耀绝伦"。怡性堂已采用了声学、光学之类的陈设，并且接受了西方的技巧，堪称中西合璧。

康熙年间，高士奇在浙江平湖北门外7里筑有江村草堂，草堂旧址原为明代冯洪业的耘庐。草堂之所以称为江村是因为高士奇的老家在浙江余姚的姚江，以示不忘亲情。草堂占地很大，圈有300亩，四周有壕沟，遍地栽有梅树，多达3000株。景点有32处，如草堂、瀛山馆、红雨山房、醋春榭、醒阁、耨月楼、岩耕堂、渔书楼，还有菊圃、红药畦等。可见，这是一个颇有规模的农庄。又如邓尉山庄，在江苏苏州西南40里的光福里，明清时建，有24景，庄内有思贻堂、耕鱼轩、梅花屋、听钟台、春浮精舍等建筑。山庄碧波环绕，妙景天成。

四川在清代重建了不少民居。民国《南溪县志》记载明末战乱，对社会

①之所以举出这个例子，是为了说明泰州在园林方面确实有深厚的底蕴。

摧残严重，清初逐渐恢复。其卷二《食货》中说："当是时，故家旧族百无一存，人迹几绝，有同草昧。民人多习楼居，夜偶不慎便为兽噬。二十年后楚粤闽赣之民纷来占插标地报垦。"卷四《衣食住器用》中谈民居建筑形式说："住舍多随田散居，背高临下，其始犹村堡制也。说者谓明末乱后，侨民占插始更今制，意或然与？古时庐舍有制，下不得僭上，僭者有罪。（明制庐舍不过三间五架，不许饰彩色，不许造九五间数房屋，嗣变通架多而间少不在禁限。清制士庶人惟用油漆，逾制者罪之。）故旧时庐舍至五进而止，数多三间，乡居或为五七间一列式，中产以上为三合式。……有土筑、有木建、有砖砌。土筑者饰垩，木建者饰油漆，土筑者多用草覆。"这段文字把四川农耕地区清初以来的民居变迁描述了一个大概，为我们清晰地了解当地的民居提供了资料。

第四节　园林与环境

园林是环境艺术的高度凝结，是人居环境中的最佳者。陈从周在《中国园林》中有一篇《明清园林的社会背景与市民生活》，论及中国园林发展到明清时已经成熟，达到封建社会的顶点，官僚告老还乡，必置田宅，尽声色泉石之乐，于是大修园林。同时，文学书画又为造园之立意源渊，造园家精通诗画、雅擅戏曲。在经济物质基础、自然环境、气候条件等各方面，都已具备造园条件。能工巧匠为之经营建造，于是城市山林宛自天开。

一、园林文献何其多

明清时期有许多关于园林的文献，内容有综合性的，也有专题性的。

（一）明代的园林文献

常见的明代园林文献有顾大典的《谐赏园记》、朱察卿的《露香园记》、王世贞的《安氏西林记》《灵洞山房记》、王稚登的《寄畅园记》、邹迪光的《愚山谷乘》、祁彪佳的《寓山注》、张宝臣的《熙园记》、张凤翼的《东志园记》、陈宗之的《集贤圃记》、钟惺的《梅花墅记》、郑元勋的《影园自记》、王心一的《归田园居记》、江元祚的《横山草堂记》、孙国光的《游勺园记》、刘侗的《帝京景物略》、计成的《园冶》、文震亨的《长物志》等。

有些文献是宏观的。如，王世懋撰的《名山游记》，其中涉及江浙等地园林。他钻研园艺，建有宅园。松江（今上海市）人林有麟撰有《素园石谱》，书中图文并茂，汇录了一百多种园石图案及前人题咏，便于人们选择石材。

有些园林文献有区域特色。如，描述杭州园林：明代钱唐（今浙江杭州）人田汝成撰有《西湖游览志》，书中载录了宋朝杭州一带的山水园林，有十锦堂三堤胜迹、南山胜迹、北山胜迹、南山分脉城内胜迹、北山分脉城内胜迹、浙江胜迹，书前有西湖总序，还有地图。描述上海园林：潘允端有《豫园记》。描述南京园林：明代太仓（今属江苏）人王世贞官至南京工部尚书，他写的《游金陵诸园记》是研究南京园林变迁的重要史料。明代陈沂撰有《金陵世纪》，记载南京的宫阙台苑，有园林资料。描述苏州园林：袁宏道写了《虎丘记》，文徵明有《拙政园记》。描述四川园林：曹学佺撰《蜀中名胜记》，对四川的山川与园林有所介绍。

（二）清代的园林文献

清代有许多关于园林环境的文献，有叶燮的《涉园记》、徐乾学的《依绿园记》、陈维嵩的《水绘园记》、潘耒的《纵棹园记》、方象瑛的《重葺休园记》、陈基卿的《安澜园记》、赵昱的《春草园小记》、袁枚的《随园记》、吴长元的《宸垣识略》、李斗的《扬州画舫录》、钱大昕的《网师园记》、王昶的《渔隐小圃记》、邓嘉缉的《愚园记》、黄周星的《将就园记》。

有些园林书涉及面很广泛，如：张岱编有《夜航船》。这是一部类书，其中介绍了虎丘、滕王阁、岳阳楼等名胜，还有西湖十景、越州十景，都是研究明末清初园林的资料。沈复撰《浮生六记》。由于沈复对园林有浓厚的兴趣，所以对山水、花卉、盆景都有独到的见解。如评价人工园林应以天然为妙，应以总体布局协调为妙，大小、虚实、深浅、藏露适中。钱泳在居所"履园"从事写作，完成了24卷《履园丛话》，全书分23类，在第20类记载了56座私家园林，其中3座是京师园林，其余全是江南园林。他在书中提出了一些精辟见解，如"造园如作诗文，心使曲折有法，前后呼应，最忌堆砌，最忌错杂，方称佳构"。

有些书专讲某一地区的园林，如：徐崧、张大纯（均是今江苏籍人）撰有《百城烟水》，书中记述了当时的苏州府及所属吴县、长州、吴江、常熟、昆山、嘉定、太仓、崇诸县的风土人情及史实，对园林宅第介绍尤祥，考证的园林有南园、石湖别墅、千株园、招隐园、寒山别业、唐家园、怡老园、涧上草堂、志圃、辟疆园、六如别业、无梦园、依园、东园、东庄、拙政园、祇园、狮子林、康庄、元和山庄、红豆庄、秋水轩、硕园、三益园、妙喜园、石冈庄、秋霞圃、菽园、澹园、梅村，为研究江南园林提供了宝贵资料。

仪征（今属江苏）人李斗撰《扬州画舫录》，此书专记扬州园林名胜和寺观祠宇。每园有总说，并分列景点条目，介绍人文掌故。清代赵之壁的《平山堂图志》,虽名"平山堂",实则介绍了扬州 27 处园亭。作者任两淮都转运使时,在扬州居住,悉心搜集资料,写成了这部 10 卷本的扬州园林专书。

张岱撰《西湖梦寻》,对杭州西湖的典故、园林兴衰、园林诗文都有记载。张岱还撰有《陶庵梦忆》,书中有天镜园、不击园、范长白园、于园的资料,还有西湖、明湖等的资料。

余宾硕撰《金陵览古》,其中介绍了南京的半山园、华林园、灵谷寺等。

(三) 最有代表性的两本园林书籍

①《园冶》

《园冶》,吴江人计成撰。计成,字无否,1582 年出生。他多次主持造园,于崇祯年间撰写完成《园冶》。他在《自序》中自称从小以绘画知名,宗奉五代杰出画家荆浩和关全(一作"同"),属写实画派。他性好探索奇异,后来漫游京城和两湖等地,中年择居镇江,开始模仿真山造假山。明天启三至四年(1623—1624),他应常州吴玄的聘请,成功地营造了一处五亩园,一举成名。后来,他在仪征县为汪士衡建"寤园",在南京为阮大铖建"石巢园",在扬州为郑元勋建"影园"。他总结实践经验,写出了中国最早系统的造园名著《园冶》。

《园冶》完稿后,阮大铖为之作序。阮大铖在《明史》有传,因他依附魏忠贤而臭名远扬。《园冶》因此被清朝列为禁书,在国内几乎绝迹。幸好在日本有残本保存,经国内专家整理,得以重新问世。日本造园界人士推崇此书为世界造园学最古名著,受到国内外高度重视。

《园冶》有三卷。卷一有兴造论、园说以及相地、立基、屋宇、装折四篇。卷二叙述栏杆。卷三叙述门窗、墙垣、铺地、掇山、选石、借景。

这三卷可分为十方面内容,《相地》论及山林、城市、村庄、郊野、傍宅、江湖之地。《立基》论及厅堂、楼阁、门楼、书房、亭榭、廊房、假山之基。《屋宇》论及门楼、堂、斋、室、房、馆、楼、台、阁、亭、榭、轩、卷、广、廊、五架梁、七架梁、九架梁、草架、重椽、磨角、地图。《装折》论及屏门、仰尘、风窗。《门窗》论及门窗图式。《墙垣》论及白粉墙、磨砖墙、漏砖墙、乱石墙。《铺地》论及乱石路、鹅子地、冰裂地、诸砖地。《掇山》论及园山、厅山、楼山、阁山、书房山、池山、内室山、峭壁山、山石池、峰、峦、岩、洞、涧、曲水、瀑布。《选石》论及太湖石、昆山石、宜兴石、龙潭石、青龙山石、灵璧石、岘山石、宣石、湖口石、英石、散兵石、黄石、旧石、锦川石、花石纲、六合百子。《借景》论及景点设置。

《园冶》一书写有《相地》一章，提出选择园林环境要注意五个事项：一是看是否具有造景的条件，如山林、水系、道路。二是不仅要看地形（方圆偏正），还要看地势（高低环曲）。三是重视水文与水源的疏理。四是重视建园的目的。五是重视原有树木的保存和利用。园林用地有六类：山林地、城市地、村庄地、郊野地、傍宅地、江湖地。最理想的是山林地，最讨巧的是江湖地。计成认为："十亩之基，须开池者三。"

计成在《园冶》卷三认为：园林的假山有水才妙。要善于把自然的水引到园林，做成天沟，从假山上泛漫而成瀑布。假山要似真山。山虽不大，但要有来龙去脉，要有气势、逶迤多姿、青翠葱郁，要有层次。水贵有源，活水最佳，多源更佳。水不在深，妙在曲折，美在清澈。水随山转，山因水活，山水交融，水因山而媚。赏园，历代文人主张心境为先，认为心情好，园林就美。

造园要注重宗旨，计成在开篇《兴造论》中说：园林是否成功，工匠占三分，设计师占七分。"故凡造作，必先相地立基，然后定其间进，量其广狭，随曲合方，是在主者，能妙于得体合宜，未可拘率。……园林巧于因、借，精在体、宜。……因者，随基势之高下，体形之端正，碍木删桠，泉流石注，互相借资；宜亭斯亭，宜榭斯榭，不妨偏经，顿置婉转，斯谓精而合宜者也。"这段文字强调的体、宜、因、借，正是计成一生研究园林艺术的总结。

园林的景点要有可观性。计成在《园冶·园说》主张"景到随机"。他指出可观性在于"山楼凭远，绕目皆然；竹坞寻幽，醉心即是。轩楹高爽，窗户虚邻，纳千顷汪洋，收四时之烂熳。……障锦山屏，列千寻之耸翠，虽由人作，宛自天开。……移竹当窗，分梨为院……栏杆信画，因境而成"。

园林要保护植物。《园冶·相地》说："多年树木，碍筑檐垣，让一步可以立根，斫数桠不妨封顶。斯谓雕栋飞楹构易，荫栋挺玉成雕。"这就是说，遇到古老的树木，建筑物不必与树争地，而应退一步，或者适当修整树枝。建筑物是人为的，树木是天成的，人为应让天成。

②《长物志》

《长物志》，明代文震亨著。文震亨，字启美，有家学，曾任明末武英殿中书舍人。清入关建政权，南京沦陷，文震亨忧愤绝食而死，享年61岁。他勤于著述，撰有《琴谱》《金门录》《香草坨》等。《香草坨》叙述了婵娟堂、绣铗堂、笼鹅阁、斜月廊、香草廊、方池、曲沼等景物，都是他居住的园景。

《长物志》十二卷，记载的内容很广，其中的《室庐》《花木》《水石》《禽鱼》《蔬果》讲述园林构成的主要材料；《书画》《几榻》《器具》《衣饰》《舟车》《位置》《香茗》讲述园林的陈设，均有独到见解。卷一《室庐》分别讲述了门、阶、窗、栏杆、照壁、堂、山斋、丈室、佛堂、桥、茶寮、琴室、浴室、街径、庭除、楼阁。卷二《花木》讲述了牡丹、芍药、玉兰、海棠等40多种花卉草木。卷三《水石》讲述了广池、小池、瀑布、凿井、天泉、地泉、流水、丹泉、品石、灵璧石、英石、太湖石、尧峰石、昆山石等。这些内容是对造园经验的总结，并且对后世也很有影响，对当今的造园建筑学、花卉园艺学、岩石学、动物学都有借鉴作用。

园林是综合性艺术，它有多种要素，要素之间要能有机配合，才能达到好的效果。《长物志》卷三说："石令人古，水令人远。园林水石，最不可无。要须回环峭拔，安插得宜。一峰则太华千寻，一勺则江湖万里。又须修竹、老木、怪藤、丑树，交覆角立，苍崖碧涧，奔泉汛流，如入深岩绝壑之中，乃为名区胜地。"

园林的石材有粗精俗雅之别，《长物志》卷三说："石以灵璧为上，英石次之。然二种品甚贵，购之颇艰，大者尤不易得，高逾数尺者，便属奇品。小者可置几案间，色如漆，声如玉者最佳。"文中所说灵璧石，又称磬石，产于安徽灵璧县的磬山，质密光润，有细白纹如玉。它埋在深山沙土中，形状如卧牛、蟠螭。所说英石，产于广东英德，它的形状如同峰峦岩窦，适宜于掇治假山或做盆景。这两种石材都是极品。园林能得到太湖石就算不容易了。太湖石长年在水中浸泡冲刷，玲珑青润。它孔穴多，形状奇特，以透、皱、瘦、漏为佳品，给人以剔巧、波折、清美、空疏的感觉，可以产生诸多幻想。石材还有多种，如江苏昆山产的昆山石、山东兖州产的土玛瑙、云南大理产的大理石、湖南零陵产的永州石、安徽黄山的黄山石，都被用于园林中。

二、园林与环境的关系

有必要根据园林文献和客观存在的园林，论述明清时期园林与环境的关系。

（一）优美的山水造就优美的园林

苏州之所以有许多优美的园林，与太湖有关。苏州在太湖之滨，太湖是我国五大淡水湖之一，沿湖的苏州、无锡、常熟、宜兴等都是园林城市。沿湖有梅梁湖景区、天灵景区、石湖景区、光福景区、洞庭东山景区、洞庭西山景区、锡惠景区、蠡湖景区、马山景区、阳羡景区、虞山景区。正因为有许多优美的山水景区，才有众多的园林。由《苏州历代园林录》以及其他一些文献，我们知道苏州在明朝时期有春锦堂、张氏梅园、槐树园、墨池园、寄傲园、徐园、日涉园、西畴、驻景园、菽园、西墅、五祯园、菟园、山居园、瑞芝园、七桂园、怡老园、芳草园、真适园、且适园、晚圃、紫芝园、燃松园、桐园、月驾园、真越园等。

苏州园林绝大多数是在"水"上大做文章。文徵明在《王氏拙政园记》中说：苏州的水域条件好，"郡城东北，界娄、齐门之间，居多隙地，有积水亘其中，稍加浚治，环以林木"。拙政园面积的五分之三是池水。网师园的水域面积占全园面积的五分之四。五亩园亦池沼逶迤。明代袁祖庚修筑艺圃，初名"醉颖堂"，占地 3800 平方米，园中有约 700 平方米的水池，池北有延光阁水榭五间，是苏州园林最大的水榭。

在无锡惠山寺旁，明代原有一处邹园，即"愚公谷"。它是由僧房改建的私家园林，转手到邹迪光手里。邹迪光在《愚公谷乘》中说他建园很成功，以人支配自然，使山水为人服务，"吾园锡山龙山纡回曲抱、绵密复夹，而二泉之水从空酝酿，不知所自出，吾引而归之，为嶂障之，堰掩之，使之可停、可走、可续、可断、可巨、可细，而惟吾之所用；故亭榭有山，楼阁有山，便房曲室有山，几席之下有山，而水为之灌漱；涧以泉，池以泉，沟浍以泉，即盆盎亦以泉，而山为之砥柱。以九龙山为千百亿化身之山，以二泉水为千百亿化身之水，而皆听约束于吾园，斯所为胜耳"。《愚公谷乘》中指出："园林之胜，惟是山水二物。无论二者俱无，与有山无水，有水无山不足称胜，即山旷率而不能收水之情、水径直而不能受山之趣，要无当于奇，虽有奇葩绣树、雕甍峻宇，何以称焉？"

无锡寄畅园善于运用泉水。它依傍惠山，引山泉入园。寄畅园，最初是惠山寺的僧寮，明代有梁姓官员在此建"凤谷行窝"，后来改名寄畅园。清代，康熙六次南巡都到了寄畅园，乾隆六次南巡也到了寄畅园，可见这个园子是值得一游的。从明代王稚登的《寄畅园记》可知："得泉多而取泉又工，故其胜遂出诸园上。"园中泉水汇聚于"锦汇漪"，其水面约 10 亩，长廊映竹临池。廊接书斋，书斋面向白云青霭，故称"霞蔚"。园中还有先月榭、凌虚阁、卧云堂、含贞斋、箕踞室、雀巢、栖玄堂、爽台、涵碧亭。王雅登有一段评述："大要兹园之胜，在背山临流。……故其最在泉，其次石，次竹木花药果蔬，又次堂榭楼台池籞。"

扬州西北有瘦西湖，清代沿湖有 24 景，园林连绵达 8 公里。汪沆有诗云"垂杨不断接残芜，雁齿虹桥俨画图。也是销金一锅子，故应唤作瘦西湖。"扬州园林与杭州园林有相似之处，以大湖为共同空间，沿湖修建园林，依山临水，园内有园，桥亭塔阁浑然一片。扬州园林与杭州园林不同的是，由于扬州是南北文化交流的一个枢纽，所以其园林既有北方之雄，也有南方之秀。

（二）园林因地制宜

园林讲究因地制宜，力求随意。明代王心一在《归田园居记》中主张："地可池，则池之；取土于池，积而成高，可山，则山之；池之上，山之间，可屋，则屋之。"他又说："东南诸山采用者湖石，玲珑细润，白质藓苔，其法宜用巧，是赵松雪之宗派也。西北诸山采用者尧峰，黄而带青，古而近顽，其法宜用拙，是黄子久之风轨也。"

黄汝亭的《黄山记引》说："我辈看名山，如看美人。颦笑不同情，修约不同体，坐卧徙倚不同境，其状千变。山色之落眼光亦尔，其至者不容言也。"

明代，潘允端任四川右布政使，解官回家，在上海修建了豫园。从他写的《豫园记》可知修建经过和布局，一切因地制宜。最初，豫园不过是数畦蔬圃。从嘉靖到万历年间，潘允端不断地凿池、聚石、构亭、栽竹，终于有了一定的规模。在园东面，建有门楼，以隔尘世之嚣，园门题匾"豫园"，意在取悦老亲。入园有门，称为"渐佳"。接着有小坊，称为"人境壶天"。接着有玉华堂，堂后有鱼乐轩，轩旁有涵碧亭。接着有大池，池边有乐寿堂，池心有岛横峙。接着有纯阳阁、山神祠、大土庵、溪山亭馆、留影亭、会景堂。园中的主体建筑是乐寿堂，堂西有祠，代奉高祖和神主；堂东有琴书室，堂后有方池。此外，园中还有梅树、竹林、葡萄架和冈岭、山洞。潘允端自称"卉石之适观、堂室之便体、舟楫之沿泛，亦足以送流景而乐余年矣"。潘允端说："有亲可事，有子可教，有田可耕，何恋恋鸡肋为?"既可侍奉双亲，教育子女，种植谷蔬，不贪恋官场。

清代，南京北门桥外的小仓山有随园。据袁枚《随园记》，随园始建于康熙年间，织造隋公兴建，"构堂皇，缭垣墉，树之楸千章，桂千畦，都人游者，翕然盛一时，号曰隋园"。过了30年，隋园已倾颓，亭阁改变为酒肆，贩夫走卒，聚饮喧嚷，一片嘈杂。禽鸟不来栖息繁殖，草木枯萎，逢春也不开花。时逢袁枚在南京为官，看中了隋园的环境，用月俸"三百金"就买下了隋园这片土地，恢复园林，取名随园。袁枚的随园园旨在一个"随"字，他在《随园记》说建园过程中"茨墙剪阖，易檐改涂，随其高而置江楼，随其下而置溪亭，随其夹涧为之桥，随其湍流为之舟，随其地之隆中而欹测也为缀峰岫，随其翁郁而旷也为设宧窔。或扶而起之，或挤而止之，皆随其丰杀繁瘠，就势取景，而莫之夭阏者，故仍名曰随园"。改建后的随园颇具规模，袁枚的族孙袁起绘有《随园图》，并附《图说》，于同治四年（1865年）印行。据说，当时的南京人每到春秋吉日必到郊外游玩，到随园的人尤多。特别是遇到乡试，每年有数万名士人来随园，以至于园门门槛每年都要更换。随园虽是私家园林，实际上成了公共游览场所。

（三）园林以自然为本

园林，不论是"移植"，还是"浓缩"景观，都要自然化，不可渗入太多的"人工化"。人造园林要体现"天然"意境，不可矫揉造作。

明代，在无锡胶山南、安镇北有一座"西林"，这是嘉靖年间安国建造的。安国（1481—1534年），自号桂坡，以印书、藏书称名于一时。有一年大旱，饥民没有粮吃，安国雇用上千饥民，要他们在胶山以南挖池，面积数十亩，发粟千钟，计口就食，既救活了饥民，又造了一处风景。

西林以自然为本。明代王世贞在《安氏西林记》说：大凡造园，山区的人以无水为憾，湖区的人以无山为憾，居山近水的人以地方狭窄为憾，适合于观看的往往以不能游玩为憾，适合于游玩的往往以太累为憾，郊居野处难以满足口腹之欲，且难以有文人雅士光临，而西林没有任何遗憾，是一个很完美的园林。除了西林之外，安氏还有南林。安国曾孙安璿在《胶东山水志》中说，它不在城市，但离城仅30余里，没有城镇的喧闹，也没有深山的荒僻。园中建筑不侈丽，也不简率，人们爱其壮丽，又不嫉其盛名。堂阁不在山，也不傍水，但周围有山水之致，山色近人，水态柔凝。台榭巧于取景，门窗赏心悦目。园中清流环绕，绿荫蔽天，有茅屋临溪，称"芳甸"；有"岁寒堂"，以申明志向；有夕佳轩，可观夕阳西下；有嘉莲亭，临风自媚。堂后有几十亩的水池，周池之岸尽是古树。①

如果园林能够"以假乱真"，达到"虽由人作，宛自天开"的境界，那么，其就是成功之作。曹雪芹在《红楼梦》第十七回借宝玉之口，评价大观园中的一处景点说："此处置一田庄，分明是人力造作而成，远无邻村，近不附郭，背山无脉，临水无源，高无隐寺之塔，下无通市之桥，峭然孤出，似非大观，那及前数处有自然之理、得自然之趣呢？虽种竹引泉，亦不伤穿凿。古人云'天然图画'四字，正恐非其地而强为其地，非其山而强为其山，即百般精巧，终不相宜……"

清人李渔对园林借景颇有研究。他在《闲情偶寄·居室部·窗栏·取景在借》中谈到在西湖、瘦西湖这些园林中游玩时，人坐船中，透过扇面窗框，见到的湖光山色、寺观浮屠、云烟竹树、樵人牧竖，都成为一幅幅天然图画。船行湖中，摇一橹变一象，撑一篙换一景，出现千百万幅美景，不胜其乐。与此同时，湖边的游客看到的游船也是扇头人物，很有诗情画意。

上海嘉定区南翔镇有个猗园。猗园园名取自《诗经》"瞻彼淇奥，绿竹猗猗"。它始建于明代，几度易主，占地百余亩。上海松江，明代原有熙园。熙园园主顾正心以经商致富，于是大修园林，建有东园，又称熙园；还建了北园，又称濯锦园。两个园子都在明末被毁。但从明代张宝臣的《熙园记》可知熙园大略。熙园占地百亩，池水浩渺，荷花争艳，乘舟垂钓，堪称快事。

乾隆皇帝一生喜好园林艺术，对南方园林很钟情，多次南巡到苏杭。他到狮子林，写了"真有趣"三字。至今，狮子林还悬挂着"真趣"匾额。清代沈德潜认为江南的胜景总是让人游不胜游。同一园林，游了数次，仍觉得游兴未尽，就是江南环境胜景的魅力所在。他在《游虞山记》中说游罢常熟西北的虞山，"稍识面目，而幽邃窈窕，俱未探历，心甚快快。然天下之境，涉而即得，得而辄尽者，始焉欣欣，继焉索索，欲求余味，而了不可得，而得之甚艰，且得半而止者，转使人有无穷之思也"。江南园林奥妙无穷，给人以无穷

---

① 无锡市史志办公室、无锡太湖文史编纂中心合编：《梅里志·泰伯梅里志》，中国文史出版社 2005 年版，第 442 页。

之思，这就是其生命力。

清代有许多名园，如圆明园、承德避暑山庄、颐和园等。名园之所以有名，是因为利用了环境，且人造了环境，人与环境达到了完美的融合。

北方园林受南方园林影响。朝廷把南方工匠招到京城造园，北方人也自觉地学习南方园艺。京城的园林实际上是全国园林的集锦，集全国名园之大成，有异曲同工之妙。承德避暑山庄的烟雨楼仿照了嘉兴南湖，小金山仿照了镇江的金山，芝经云堤仿照了杭州苏堤。

在清朝的"太平盛世"时期，康熙、雍正、乾隆皇帝用 150 多年时间，在京城西北修建了圆明园。圆明园占地 5200 多亩，有 140 多所宫殿楼阁，实为人类历史上罕见的巨大园林。为什么清朝统治者要在这个地方修建圆明园？因为这里的环境很好。蔡申之在《圆明园之回忆》中谈到其地形胜说："京郊西北，太行列峙，峙如屏障，宛延绵亘，深秀葱茏。距西直门十数里曰海淀，又西北有三山，曰瓮山，曰玉泉，曰香山，其最著者也。泉甘而土肥，草木畅遂，名园古寺，高下位置其间。玉泉水下注，汇为湖，为淀，为泊，析为流，为溪。当春夏之间，萍藻莲芰之属，分红布绿，香风十里。沙禽水鸟，出没隐于天光云影中，与丹楼珠塔相映，诚为胜绝。"

圆明园是利用自然、改造环境的典范。这一带地下水泉丰富，园工们开池凿湖，取土堆山，栽树造林，成天然之趣。圆明园有一百多处秀丽的景点，全是人工造成，如"后湖"有许多小山，错落有致，一如天成。还有"福海"，其上有蓬莱瑶台，胜似仙境。圆明园有四十景，有的是根据古代诗画创作，有的是仿照江南名胜。圆明园仿照了杭州的"断桥残雪""柳浪闻莺""平湖秋月""雷峰夕照""三潭印月""曲院风荷"；圆明园还仿照了苏州的"狮子林"。

圆明园的景点自成特色，如"碧桐书院"，前接平桥，环以带水；"武陵春色"，复谷环抱，山桃万株；"月地云居"，背山临流，松色翠密；"平湖秋月"，倚山面湖，竹树蒙密；"接秀山房"，平冈萦回，碧沚停蓄。园内建筑各异。房屋平面有工字、口字、因字、井字、卍字，桥梁形式有圆拱、尖拱、瓣拱不拘一格。

自然景观是客观存在的，人们通过主观努力可以使客观存在变得更美好，圆明园的建设是成功的。可惜，外国侵略者一把火烧掉了这个世界名园，我们已看不到其原来的美景，真是可惜。笔者曾多次到圆明园，看到那些残柱断石，深感那是历史教科书最生动的一页，也是中西文化冲撞最悲壮的一曲。

三、造园名家

本书介绍或论述环境时，限于资料，总是见物不见人。然而，写到明清园林环境时，有些造园人物就出现了，他们是利用环境与改造环境的高手，也是底层社会的劳动工匠，有必要作特别介绍。

（一）明代造园名家

陆叠山

陆叠山，其名已佚。他是明初造园师，在杭州等地造园。他的叠山技术精湛，在操作之前打好"腹稿"，然后指挥若定，"九仞功成指顾间"。所以，人们称他为叠山，而忘记了他的真名。田汝成《西湖游览志余》记载：有陆姓者，佚其名字，杭州人，以堆山为业。"杭城假山，称江北陈家第一，许银家第二，今皆废矣，独洪静夫家者最盛，皆工人陆氏所叠也。堆垛峰峦，拗折洞壑，绝有天巧。号陆叠山，张靖之尝以诗赠之。其诗曰：'出屋泉声入户山，绝尘风致巧机关。三峰景出虚无里，九仞功成指顾间。灵鹫飞来群玉垛，峨眉截断落星间。方洲岁晚平沙路，今日溪山送客还。'"

周丹泉

周丹泉，名秉忠，字时臣，吴县人。他和他的儿子周廷策在万历年间叠山造园，在苏州颇有名声。他的事迹见之于长洲县令江盈科的《后乐堂记》，谈到东园（今留园）说："里之巧人周丹泉，为叠怪石作普陀天台诸峰峦状，石上植红梅数十株，或穿石出，或倚石立，岩树相得，势若拱遇。"东园园主为徐泰时。园中的黄石假山棱角分明，线条流畅，有一种雄浑的阳刚之美。黄石产自苏州郊外尧峰山，故又称"尧峰石"。此外，洽隐园（今惠荫园）内太湖石水假山"小林屋"，也是周丹泉的杰作。乾隆年间韩是升的《小林屋》记载："园为归太守湛初所筑。台泉池石，皆周丹泉布画。丹泉名秉忠，字时臣，精绘事，洵非凡手云。"小林屋水假山仿洞庭西山的"林屋洞"，洞口有蒋蟠猗篆书"小林屋"三字。整座水假山在荷花池东面，四面临水，有三个蜿蜒狭小洞口，可盘旋直达洞顶，垒土为丘，起伏萦回。周丹泉还善于仿古器，仿造的文王鼎炉和兽面戟耳彝，尤为逼真。他93岁而卒。

张南阳

张南阳（约 1517—1596 年），上海人，始号小溪子，又号卧石生，人们称他为张山人。他受画家父亲的影响，从小喜欢绘画，成人后以画家的意境去造园，特别精通叠山之法。他的杰作有上海潘允端的豫园、陈所蕴的日涉园、太仓王世贞的弇园。他的事迹见于陈所蕴《竹素堂藏稿》卷十九《张山人传》。陈所蕴称他堆叠的假山"沓拖逶迤，巉嵲嵯峨，顿挫起伏，委宛婆娑。大都转千钧于千仞，犹之片羽尺步。神闲志定，不啻丈人承蜩。高下大小，随地赋形，初若不经意，而奇奇怪怪，变幻百出，见者骇目恫心，谓不从人间来。乃山人当会心处，亦往往大叫'绝倒'，自诧为神助矣"。"家不过寻丈，所衰石不能万之一。山人一为点缀，遂成奇观。诸峰峦岩洞，岭巇溪谷，陂坂梯磴，具体而微。"他造园能"以小见大"，使假山有真山的气势。每次造园，他"视地之广衮与所衰石多寡，胸中业具有成山，乃始解衣盘薄，执铁如意指挥群工，群工辐辏，惟山人使，咄嗟指顾间，岩洞溪谷，岑峦梯磴陂坂辐辏"。他活到 80 多岁，豫园是他六七十岁时的作品。

翁彦升

翁彦升（1589—1622 年），字升之，号亘寰，因做过光禄寺丞，故又名翁光禄。太湖东山岛是一处天然的园林，翁彦升因天时、就地利、尽人事，建造了一座集贤圃，受到时人的赞扬。当时有个叫陈宗之的名士写了《集贤圃记》说："即长堤数百步，从浩渺澎湃中筑址。莘莀猎猎，暑月夹霜气。由一石桥入门，折右数武，为'开襟阁'……大凡此圃之胜，一则得基地……此以湖山为粉本，虽费匠心，其大体取资，多出天构。一则得其时，当万历之季，物力宽饶，故得斥其资治此，若遇今日（明末），山穷水涸，岂能闳诡坚亘若尔？时与地即相得，而所守或非人……虽赍志未竟，而有子克述其业，以底于昭融，良称厚幸。"

张涟

张涟（1587—1673 年），字南垣，出生于松江华亭，后迁嘉兴。《清史稿》卷五百五有传，说他从小向董其昌等人学习作画，用画法叠石堆土为假山。他认为世上的园艺师之所以把假山堆得很蹩促，原因在于不通画理。他堆的假山作品"平冈小阪，陵阜陂陁，错之以石，就其奔注起伏之势，多得画意，而石取易致，随地材足，点缀飞动，变化无穷"。他造园时，图案烂熟于胸，与宾客谈笑风生，指挥役夫，顷刻而使假山成天然之势。他在江南游历数十年，大家名园多出其手，北方也有人慕名请他垒山叠石。他的传世杰作有松江李逢中横云山庄，嘉兴关昌时竹亭湖墅、朱茂时鹤州草堂，太仓王时敏乐郊园和南园及西田、吴伟业梅村、钱增天藻园，常熟钱谦益拂水山庄，吴县席本桢东园，嘉定赵洪范南园，金坛虞大复豫园。《戴名世集》卷七记载张涟"治园林有巧思，一石一树，一亭一沼，经君指画，即成奇趣，虽在尘嚣，如入岩谷。诸公贵人皆延翁为上客，东南名园大抵多翁所构也。常熟钱尚书、太仓吴司业与翁为布衣交"。可见，张涟以叠山之技而成为豪门大户的宾客。《康熙嘉兴县志》卷七说他叠山特点在于以土石结合，"旧以高架叠缀为工，不喜见土，涟一变旧模，穿深覆冈，因形布置，土石相间，颇得真趣"。

张涟晚年隐居南湖畔，康熙年间去世。张涟有四个儿子，都擅长叠山。次子张然号陶庵，在北京供奉内廷28年，参与修造了畅春苑、南海瀛台、玉泉山静明园、王熙怡园、冯溥万柳堂。三儿子张熊，字叔祥，也很知名，并且都善制盆景。因叠山有名，后世称张涟家族为"山子张"。清初黄宗羲称他"移山画法为石工，比元刘元之塑人物像，同为绝技"。

祁彪佳

祁彪佳（1603—1645年），字幼文，号世培，别号远山堂主人。祁彪佳造有寓园，他在《寓山注》一文中谈到他造园的酸甜苦麻辣经历，颇为典型：

卜筑之初，仅欲三五楹而止。客有指点之者，某可亭、某可榭，予听之漠然，以为意不及此；及其徘徊数四，不觉向客之言，耿耿胸次，某亭某榭，果有不可无者。前役未罢，辄于胸次所及，不觉领异拔新，迫之而出。每至路穷径险，则极虑穷思，形诸梦寐，便有别辟之境地，若为天开，以故兴愈鼓，趣亦愈浓，朝而出，暮而归，偶有家冗，皆于烛下了之，枕上望晨光乍吐，即呼奚奴驾舟，三里之遥，恨不促之跬步。祁寒盛暑，体粟汗浃，不以为苦，虽遇大风雨，舟未尝一日不出。摸索床头金尽，略有懊丧意，及于抵山盘旋，则购石庀材，犹怪其少。以故两年以来，囊中如洗，予亦病而愈，愈而复病，此开园之痴癖也。

祁彪佳曾任苏松道巡按，回家修园，两年就"囊中如洗"，可见造园是"无底洞"，有多少钱都可用完。《寓山注》是祁彪佳为寓园各处亭台所作评注，由48篇组成。有《水明廊》《读易居》《踏香堤》《太古亭》《志归斋》《听者轩》《四负堂》等。他还撰有《越中园亭记》，是他遍游越中地区亭台馆园，为每处景致所作短文。《明史》有《祁彪佳传》。

(二) 清代造园名家

石涛

明清之际的僧人画家石涛擅长造园，尤擅叠山。石涛，本姓朱，生于崇祯三年（1630 年），是明宗室靖江王赞仪之十世孙，原籍广西桂林，为广西全州人。石涛年幼时出家，法名原济，字石涛。晚年一直居住在扬州，卒于清康熙四十六年（1707 年）。史书记载石涛主持了万石园、片山石房等工程。《扬州画舫录》卷二说："石涛……兼工垒石，扬州以名园胜，名园以垒石胜，余氏万石园出道济手，至今称胜迹。"《履园丛话》卷二十说："扬州新城花园巷又有片石山房者，二厅之后，渫以方池。池上有太湖石山子一座，高五六丈，甚奇峭，相传为石涛和尚手笔。"据说，他叠山讲究纹理，峰与纹浑然一体，没有人为雕凿的生硬。清人钱泳的《履园丛话》卷十二说："堆假山者，国初以张南垣为最，康熙中则有石涛和尚，其后则仇好石、董道士、王天于、张国泰皆妙手。"

雷发达

雷发达，字明所，江西建昌县（今永修县）人，后来迁居南京。他出生于万历四十七年（1619 年），卒于康熙三十二年（1693 年）。他作为木工被招募到北京，处处显示了精湛的技艺。他多次主持宫廷建筑。每次从事工程，他首先用罗盘测定方位，确立中轴线，然后由近及远地排列建筑，由个体建筑组成庭院，由庭院组成建筑群。工整对称中有错综变化，山水林木相得益彰。他具有深厚的传统文化功底，把南方大户人家的房屋样式扩大发挥成皇族建筑样式，受到社会的认可。

雷发达的长子雷金玉，字良生，曾负责圆明园的营建。金玉之子声澂（1729—1892 年），字藻亭，在工匠中有声名。声澂的三个儿子家玮、家玺、家瑞先后参加了万寿山、玉泉山、避暑山庄、昌陵的工程。第五代雷景修参与了清西陵工程。到光绪末年，第六代雷思起与其子雷廷昌先后参与修建咸丰、同治、光绪等几位皇帝和慈禧的陵寝，以及重修圆明园、颐和园，扩建"三海"工程。雷家传承"样式雷"建造设计技术有 200 余年，在皇家宫廷园林、陵园等方面做出了很多贡献。

戈裕良

戈裕良（1764—1830 年），字立三，出生于武进县城（今常州市）。年少时帮人造园叠山。成年后多次主持园林造景，代表作是苏州环秀山庄的湖石假山。环秀山庄，原为五代钱氏金谷园故址，几经易手，道光始称环秀山庄。园主请戈裕良叠山，戈裕良在有限的空间，以少量石材，创造出变化万端、有无限意境的假山。人行其上，感受到雄奇险幽秀旷，无不称绝。环秀山庄在苏州声名鹊起，形成名园。戈裕良的另一代表作是扬州小盘谷，其石径盘旋，构思奇妙，势若天成。他还参与了常州约园、常熟燕园、如皋文园、仪征朴园、江宁五松园、虎丘一榭园等的修建。建园中，他经常采用"钩带法"，使假山浑然一体，自然而坚固。其环境美学思想与实践，受到高度评价。

特别要说明的是，明清时期写有园林书籍或文章的文人或官员，也都是造园名家，如计成、李渔等，此处从略。在明清的城市建设、乡村建设中，应当还有许多的建筑家、环境学家、著名工匠，他们的名字淹没在历史之中，成为无名专家。正是有很多的无名氏专家，才使得中华文明到了明清时期放射出新光芒。

第十二章 明清的自然灾害与影响

灾害史是环境史研究的重要内容，也是环境史研究中最令人揪心的领域。在农耕社会，科技不发达，人们在灾害面前软弱无力，任其肆虐。明清时期的灾害尤多，水灾、旱灾、震灾、疫灾、蝗灾危害尤大。明朝与清朝的衰败，都与灾害有一定的关系。

第一节　明清灾害的基本情况

一、对灾害的统计

在中国环境史的研究过程中，学术界对灾害史的研究最着力，推出了许多学术成果。

邓云特的《中国救荒史》（上海书店 1984 年版）是 20 世纪最早系统研究自然灾害的专著。其中记载："明代共历二百七十六年，而灾害之多，竟达一千零十一次，这是前所未有的记录。计当时灾害最多的是水灾，共一百九十六次；次为旱灾，共一百七十四次；又次为地震，共见一百六十五次；再次为雹灾，共一百十二次；更次为风灾，共九十七次；复次为蝗灾，共九十四次。此外歉饥有九十三次，疫灾有六十四次，霜雪之灾有十六次。当时各种灾害的发生，同时交织，表现为极复杂的状况。"《中国救荒史》还记载：清代灾害频繁，总计达 1121 次，较明代尤为繁密。这 1121 次灾害分别是旱灾 201 次、水灾 192 次、地震 169 次、雹灾 131 次、风灾 97 次、蝗灾 93 次、歉饥 90 次、疫灾 74 次、霜雪之灾 74 次。从《中国救荒史》可知，明代是中国灾害最多的时期，而清代又是灾害频繁发生的时期。

有关灾害统计的书，还有陈高傭等编的《中国历代天灾人祸表》，该书部头宏大，收录了历代水灾、旱灾和其他灾害。其中，明代灾害以《明纪》材料为主，清代以《清鉴》为主。书中列有图表，指出明代的天灾中，旱灾占 35%，水灾占 41%，其他灾害占 24%；指出清代的各种天灾中，旱灾占 38%，水灾占 34%，其他灾害占 29%。《中国历代天灾人祸表》记载北方的灾情尤为突出：从 1644 年到 1847 年，山东水灾 45 次，河南水灾 41 次，河北水灾 71 次；山东旱灾 30 次，河南旱灾 18 次，河北旱灾 46 次。书末附有竺可桢撰的《中国历史上气候之变迁》一文，竺先生在文章中提出："欲为历代各省雨灾旱灾详尽之统计，则必搜集各省各县之志书，罗致各种通史与断代史，将各书中雨灾旱灾之记述一一表而出之而后可，但欲依此计划进行，则为事浩繁，兹为简捷起见，明代以前根据《图书集成》，清代根据《九朝东华录》，上自成汤十有八祀，下迄光绪二十六年（1900 年），依民国行省区域，将上述二书所载雨灾旱灾次数，分列为表。"① 竺先生用其文献检索方法，列有中国历代各省水灾、旱灾分布表，其数据值得参考。

有学者统计，明清以来，灾害情况加剧。江淮地区平均 12 年一次大旱，淮河地区平均 5 年一次大旱，海河地区平均 4 年一次大旱。1640 年的华北大旱，1920 年的河北、山东等 5 省大旱，都饿死几十万人。②

夏明方的《民国时期自然灾害与乡村社会》一书也有明清灾害的材料。其中列了两个表，分别是《陕、豫、鄂、闽暨长江沿岸盆地平原水旱等灾害世纪频次表》《粤、桂、滇、黔、川、湘、鲁、冀、辽等省水旱各种灾害暨中国地震、黄河决溢朝代频次表》，把明清时期的水灾、旱灾、虫灾以表格的形式作了展示，颇有参考价值。③ 赫治清著的《中国古代灾害史研究》（中国社会科学出版社 2007 年版），内容涉及先秦至明清历代水、旱、震、虫、火、疫灾等灾情，论述了历代赈灾防灾政策，灾害与农业、灾害对江南社会和国家科举制度的影响、荒政中的腐败、传统救灾体制转型和近代义赈诸问题。此外，学术界还有一些从区域角度研究灾害的成果，使我们可以从具体的空间了解灾害。

邱云飞、孙良玉著《中国灾害史·明代卷》，对明代自然灾害的总体趋势、阶段性特征、时空分布均有详细论述。朱凤祥著《中国灾害史·清代卷》对明清灾害群发期进行了阐述，对清代自然灾害进行了分别论述。这两本书由

---

① 陈高傭等编：《中国历代天灾人祸表》，上海书店 1986 年版（影印），附录第 10 页。
② 参见韩渊丰等主编：《中国灾害地理》，陕西师范大学出版社 1993 年版。
③ 夏明方：《民国时期自然灾害与乡村社会》，中华书局 2000 年版。

郑州大学出版社 2009 年出版，可供参考。

二、对北方灾害的记载与研究

西北黄土高原是一片光秃秃的黄土地，没有林木蓄水、吸水，夏季一旦有暴雨，山洪冲刷泥浆，瞬间就成汪洋。洪水过后又是一片光秃秃的黄土地，太阳一晒风一吹，黄沙黄土飞扬。

袁林著的《西北灾荒史》论述了西北地区（陕、甘、宁、青、新）明代发生的旱、水、雹、霜、风、地震、瘟疫、病虫等凡 13 类。袁林认为，西北旱灾发展的趋势是越来越恶劣。明朝 276 年，陕西旱灾 162 次，平均 1.7 年 1 次；甘宁青地区的旱灾 154 次，平均 1.8 年 1 次。清朝到 1949 年共 305 年，陕西旱灾 189 次，平均 1.6 年 1 次；甘宁青旱灾 203 次，平均 1.5 年 1 次。从汉代的 5 年 1 次旱灾到近代以来的 1.5 年 1 次旱灾。

包庆德研究了明代内蒙古地区水旱灾害及其分布规律，他的结论是明代 276 年中，内蒙古最严重的是旱灾，达 172 次，其次是水灾 67 次、雹灾 50 次、震灾 42 次、蝗灾 25 次、风灾 24 次、霜灾 13 次、疫灾 11 次、雪灾 8 次、其他灾害 29 次，总计 441 次，年均灾害 1.6 次。史书描述内蒙古旱灾有 "大旱" "久不雨" "大饥" "大荒" "人相食" 等语；水灾有 "淫雨连绵" "雨天连日" "坏垣干墙" "大水" 等语。明前期的 83 年中发生各类灾害 94 次，明中期的 100 年中发生各类灾害 229 次，明后期的 93 年中发生各类灾害 118 次，时段上明代中期的灾害居多，明后期高于明前期。从空间上看，内蒙古中西部以旱灾为主，东部以水灾为主。这些水旱灾害的特点是时间的持续性、空间的广泛性、灾害的群发性、灾荒的严重性。[①]

王元林研究了陇东、陕北一带泾洛流域的灾害，对明洪武初、正统、成化末弘治初、嘉靖、万历、崇祯和清康熙、光绪年间的大旱分别进行了研究。指出明代泾洛流域出现特大旱灾、重大旱灾、大旱灾总计 97 次，平均 2.1 年一次。清代的大旱灾总计 42 次，平均 6.4 年一次。明代出现 13 次大涝灾，清代

---

① 包庆德：《明代内蒙古地区水旱灾害及其分布规律》，侯甬坚主编：《鄂尔多斯高
　原及其邻区历史地理研究》，三秦出版社 2008 年版。

出现 36 次大涝灾。①

根据陕西气象台编的《陕西省自然灾害史料》（1976 年编的内部资料），佳宏伟分析了清代陕南水灾空间分布的大致情况。安康、旬阳、白河、镇安、商县、商南、定远、略阳等高海拔山地是水灾的多发区，每年水灾暴发的次数要高于其他平坝地区。清代陕南地区的水灾主要发生在夏秋两季，分别占 52.76% 和 42.82%，其中又多集中在农历五月、六月、七月。洪涨期最早是在夏季四月，最迟在仲秋九月，冬季则为低水位时期，几无洪水发生。这一统计与自然科学工作者根据现代水文仪器对 1934—1940 年汉中盆地汉江洪涨季节的测量统计分析基本上是吻合的。据统计，1934—1940 年汉中盆地汉江的洪涨期起于五月，终于十月，以七月八月两月次数最多；就季节而言，夏季最多，达到 10 次，秋季 5 次，春季 1 次，最少。清代陕南地区水灾的年均暴发趋势，呈波浪状分布，但总体有增多之态势，嘉庆、道光、同治、光绪时期灾害暴发频繁，较其他时期更为集中，而嘉庆朝最多，平均每年达到 4.48 次，道光朝平均每年 2.63 次，同治平均每年 3.07 次，光绪平均每年 3.29 次。发生灾害频率较高的地区为安康、旬阳、略阳、沔县、白河、紫阳、商县、镇安，这些州县的海拔也相对较高，而城固、洋县等海拔较低的河谷盆地则频次较低。

据翟旺执笔的《山西省森林简史》可知，明清时期，山西北部的朔州从嘉靖二十七年（1548 年）到康熙二十八年（1689 年）的 142 年中，共发生大灾 16 次，其中大旱有 10 次之多。山西山区的植被遭破坏较晚，太行山中段腹地的和顺县有森林，太岳山腹地的沁源是山西森林覆盖率最高的一个县。太行山南段的壶关虽是深山县区，但清末时没有森林。每到旱年，有森林的地区灾情明显减缓，反之则加重。

明清以来，山东旱涝交加。据 1470—1969 年 500 年间灾害文献记录分析，山东气候出现全年偏旱有 82 年次，春夏秋冬季节性出现偏旱年 401 年次，占总年数的 80%；春夏秋冬季节性出现偏涝年 362 年次，占总年数的 72.4%。晚清，山东的地理环境发生了很大变化，1855 年黄河改道，由山东入渤海，使

---

① 王元林：《泾洛流域自然环境变迁研究》，中华书局 2005 年版，第 355 页。

得原由河南、安徽、江苏、山东四省共同承担的黄河下游水患几乎全都落到了山东。① 袁长极对清代山东的自然灾害做过统计，他说："在清代267年中，山东曾出现旱灾233年次，涝灾245年次，黄、运洪灾127年次。除仅有两年无灾外，每年都有不同程度的水旱灾害。"②

三、南方的灾害

王双怀研究了明代华南的灾害，论述了明代华南自然灾害的时空特征。其时间分布不平衡：明代前期灾害发生的频率相对较低，中期各种灾害逐渐增多，后期灾害有所减少。自然灾害的空间分布不平衡，福建灾害最多，集中发生在福州、漳州、泉州等府。广东灾害次之，主要分布在广州、潮州等府。广西灾害相对较少，但太平、梧州、柳州等府也常受灾。明代华南地区共发生过1069次较大的自然灾害，平均每年3.87次。在这1000多次自然灾害中，共有水灾301次，年均1.09次，占明代全部自然灾害的28.16%。有旱灾142次，年均0.51次，占全部灾害的13.28%。有风灾106次，年均0.38次，占9.92%。冷冻103次，年均0.37次，占9.64%。地震212次，年均0.77次，占19.83%。饥荒99次，年均0.36次，占9.26%。瘟疫49次，年均0.18次，占4.58%。生物灾害57次，年均0.21次，占全部灾害的5.33%。从水灾发生的频率来看，无论是明代前期、中期还是后期，水灾都是最主要的自然灾害，其发生频率始终高于旱灾。14世纪后期水灾尚少。15世纪初叶，水灾一度猛增，但不久减弱到一两年一遇的状况。15世纪60年代以后，情况发生了很大变化，水灾越来越多。16世纪前20年水灾尤为严重。16世纪60年代前期、70年代前期及17世纪20年代水灾也很严重。③

杨伟兵研究明清时期云贵高原的环境，认为水旱灾害是云贵高原主要的危害灾种。贵州从1450年到1949年的500年间，旱灾具有2.3年的周期。贵州

---

① 王林主编：《山东近代灾荒史》，齐鲁书社2004年版，第2—3页。

② 袁长极等：《清代山东水旱自然灾害》，山东省地方史志编纂委员会编：《山东史志资料》第2辑，山东人民出版社1982年版，第150页。

③ 王双怀：《明代华南的自然灾害及其时空特征》，《地理研究》1999年第2期。

省 1308 年至 1949 年的 641 年间发生地震 104 次，每 10 年约有 1.6 次，其中破坏性地震占 8 次，全为明代以后发生。从 1659 年到 1960 年，云贵地区发生严重农业旱灾分别有 72 年次和 272 地次。水灾分别有 97 年次和 417 地次。云南近 500 年来平均每 3 年一旱年，每 8 年一大旱年。明代至 1956 年的 588 年间，云南发生破坏性地震 162 次，每 10 年发生 2.8 次。从 1772 年至 1855 年、1856 年至 1937 年和 1938 年至 1949 年三个时期，云南鼠疫流行厉害，有的村庄人户甚至死绝。①

清前期（1651—1735 年），四川盆地生态环境良好，正常年景占 70% 以上，只出现了 3 次四级旱灾，3 次二级涝灾，无严重旱涝灾害。清后期（1736—1880），四川旱涝变化剧烈，灾害强度大、时间长，出现了 10 次五级旱灾和 48 次四级旱灾，出现了 19 次一级涝灾和 45 次二级涝灾。造成这种现象与四川森林破坏比重愈来愈大有直接关系，一方面表现为大面积灾害的年份与森林破坏比重急剧上升相呼应，另一方面则表现为灾情在有林、无林之区或者多林、少林之区迥然不同。②

《九朝东华录》记载：有清一代，各省旱灾以四川为少，陕西每年平均旱灾九次半，四川则百年不到半次。水利调节起了重要作用。

湖北是水旱灾多发区。有学者统计，明代湖北较严重的大旱年是 1434 年、1438 年、1440 年、1446 年、1455 年、1458 年、1459 年、1478 年、1481 年、1488 年、1508 年、1509 年、1523 年、1528 年、1544 年、1554 年、1582 年、1588 年、1589 年、1629 年、1640 年。清代湖北较严重的大旱年是 1640 年、1641 年、1642 年、1652 年、1661 年、1671 年、1679 年、1752 年、1768 年、1778 年、1758 年、1802 年、1813 年、1814 年、1835 年、1856 年。③ 这些年份有连续的，也有相隔 10 年左右的，其中似乎有某些规律。

---

① 杨伟兵：《云贵高原的土地利用与生态变迁（1695—1912）》，上海人民出版社 2008 年版，第 43—46 页。

② 蒋国碧等：《四川盆地近千年来旱涝灾害分析》，《西南师范大学学报》（自然科学版）1991 年第 2 期。林鸿荣：《历史时期四川森林的变迁》，《农业考古》1986 年第 1 期。

③ 温克刚主编：《中国气象灾害大典·湖北卷》，气象出版社 2007 年版，第 443 页。

　　清代，鄂西北山区灾害加剧。由于鄂西北山地不断被开垦，一遇大雨，泥沙俱下。如由于竹山县与竹溪县多是陡峭的大山，一遇灾年，缺乏抗灾能力。《同治竹溪县志》卷十二《艺文》载有县知事黄晖烈的《祷雨文》，其文说竹山在万山之中，"无大泽广圩供其蓄泄，无茭蒲蛤活其余生，一遇灾荒，鸟兽散矣。是贫莫于溪之民，苦亦莫苦于溪之民也"。卷十六《杂记》记载灾害，"乾隆五十年（1785年）大旱，溪流皆断，民荐饥。……五十九年（1794年）夏五月大雨，溪涨，沿河市房多漂没"。说明大山中的植被被破坏之后，经不起旱灾，也经不起水涝。卷十六《杂记》记载："嘉庆十八年（1813年）五月至六月不雨，七月至八月连雨四十日，高下无收。"风雨不时，农业必然受损。宣统元年（1909年）湖北咨议局的提案曾指出："鄂省幅员为本国之中省，江汉两大河流直贯中区，大小山系延于各府，河湖在在皆是，而无高大平原。人民日多，耕地日少，往往于蓄水之区域建筑堤防，从事种植，夏秋水涨，即有冲决泛滥之患。"①

　　长江下游以水灾为多，但时常也有旱灾和其他灾害。明嘉靖、万历年间，张瀚出任庐州知府，"尝往来淮、凤，一望皆红蓼白茅，大抵多不耕之地。间有耕者，又苦天泽不时，非旱即涝。盖雨多则横潦弥漫，无处归束；无雨则任其焦菱，救济无资。饥馑频仍，窘迫流徙，地广人稀，坐此故也"②。

　　关于江南一带的灾害，冯贤亮认为有清一代的特大旱灾至少有14次，即发生于顺治九年（1652年），康熙十年（1671年）、十八年（1679年）、三十二年（1693年）、四十六年（1707年）、五十三年（1714年）、六十一年（1722年），雍正元年（1723年）、二年（1724年）、十一年（1733年），乾隆五十年（1785年），嘉庆十九年（1814年），道光十五年（1835年），咸丰六年（1856年）。旱灾多在一个月之内，太湖平原不存在一年以上的大旱，时间长达四五个月的旱期也较罕见。③

　　张崇旺对明清时期江淮地区的自然灾害与社会经济进行了研究，"以明清

---

① 吴剑杰主编：《湖北咨议局文献资料汇编》，武汉大学出版社1991年版，第34页。

② （明）张瀚：《松窗梦语》，中华书局1985年版，第72页。

③ 冯贤亮：《太湖平原的环境刻画与城乡变迁（1368—1912）》，上海人民出版社2008年版，第276页。

江淮地区这一重灾区作为考察对象，对当地的自然灾害与社会经济进行了全方位的系统研究……从灾害史研究入手，注重分析灾害场景下江淮地区社会与经济发展状况，突出江淮地区经济与社会发展的灾害属性"①。

康熙十年（1671 年），江淮大旱。朱彝尊根据所见所闻，写了一首《旱》，描述说："水潦江淮久，今年复旱荒。翻风无石燕，蔽野有飞蝗。"诗中说明灾害的多样性，水灾、旱灾、蝗灾接踵而至。② 朱彝尊（1629—1709 年），浙江秀水（嘉兴）人，工于诗词，有《曝书亭集》传世。

陈业新统计，在明朝 276 年时间里，皖北地区有 203 个年份发生了水旱灾害，水旱灾害年次占明朝统治时间的 73.6%。其中水灾 149 年次，发生频率约为每年 0.54 次；旱灾 115 年次，发生频率约为每年 0.42 次。水灾明显多于旱灾。③

清计六奇的《明季北略》卷五记载明末无锡的灾害。《无锡灾荒疏略》载："天启四年至七年（1624—1627 年），无锡二年大水，一年赤旱，又一年蝗螟至，旧年八月初旬，迄中秋以后，突有异虫丛生田间，非爪非牙，潜钻潜啮，从禾根禾节以入禾心，触之必毙，由一方一境以遍一邑，靡有孑留。于其时，或夫妇临田大哭，携手溺河；或哭罢归，闭门自缢；或闻邻家自尽，相与效尤。至于今或饥妇攒布，易米放梭身陨；或父子磨薪，作饼食噎而亡；或啖树皮吞石粉，枕藉以死。痛心惨目，难以尽陈。大尊覆申文云：五邑惟靖江无灾，江阴虽有虫而不为甚害，不过二三分灾耳。若无锡、宜兴、武进三县，则无一处无虫，无一家田禾不被伤，三县相较，武进八分灾，无锡、宜兴九分灾。太尊曾姓名樱，江西峡江人，万历丙辰进士。时入觐，三日一哭于户部，必欲求改拆以苏民困，而总督仓场郭允厚、户部尚书王家祯，坚执不从。"

据学者统计，20 世纪的 1901 年到 1948 年之间，浙江不同程度的水、旱、

---

① 晏雪平：《张崇旺新作〈明清时期江淮地区的自然灾害与社会经济〉评介》，《中国社会经济史研究》2008 年第 4 期。

② 朱学纯等：《泰州诗选》，凤凰出版社 2007 年版，第 153 页。

③ 陈业新：《明至民国时期皖北地区灾害环境与社会应对研究》，上海人民出版社 2008 年版，第 11 页。

风、虫、冰雹、霜冻等灾害共 1036 次，平均每年 21.58 次。其中，44 个年份有水灾（1922 年的水灾最大），33 个年份有旱灾（1934 年的旱灾最大），28 个年份有风灾，20 个年份有虫灾（1929 年的虫灾最大），14 个年份有冰雹及霜冻灾。[①]

罗志华在《生态环境、生计模式与明清时期闽西社会动乱》（《龙岩学院学报》2005 年第 5 期）一文中，根据《乾隆汀州府志·杂录》、民国《上杭县志·大事志》等文献，统计了明清以来闽西的自然灾害情况，发现自然灾害发生比较频繁。他指出：宋元明清汀州各县发生的自然灾害如下：水灾 44 次，旱灾 12 次，饥荒 3 次，雹灾 9 次，疫灾 8 次，地震 18 次，兽灾 8 次，风灾 3 次，山崩 9 次，而明清占多数，特别是明中期开始，水灾 36 次，旱灾 12 次，饥荒 23 次，雹灾 9 次，疫灾 5 次，地震 18 次，兽灾 8 次，风灾 3 次，山崩 3 次，有些灾情是新出现的，如雹灾、地震、兽灾、风灾、山崩，自然灾害对人员和财物造成了巨大损失，在成化年间，"夏淫雨，水骤溢，长、宁、清、归、连、上、永七县田庐荡析，人畜溺死无算"。

徐泓主编的《清代台湾自然灾害史料新编》，搜集了清代台湾的地震、霜雪冰雹、旱灾、洪灾、风灾史料。其序言称该书最先是 1983 年出版的，后来又不断增补。除利用中文资料外，还引用外文资料，这是难能可贵的。该书称台湾历史上最大的地震发生于清光绪十九年三月二十六日（1893 年 4 月 22 日），震中在台南安平附近，震级达 7.5 级。台湾历史上造成最大伤亡的地震是清同治六年十一月十三日（1867 年 12 月 18 日）的基隆外海地震，这次 7 级地震引发大海啸，无数船只沉没，房屋倾塌，溺死至少 480 人。1868 年 1 月 4 日的《字林西报》对这次地震有详细描述。[②]

有学者统计，明代至民国时期（1368—1949 年）的 581 年间，海南共发生风灾 101 次，旱灾 384 次，水灾 97 次，蝗灾 25 次。其中，明代发生风灾 29 次，旱灾 33 次，水灾 39 次，蝗灾 7 次。[③] 明清时期海南岛南渡江中下游流域

---

① 浙江省政协文史资料委员会编：《浙江文史大典》，中华书局 2004 年版，第 849 页。

② 徐泓主编：《清代台湾自然灾害史料新编》，福建人民出版社 2007 年版，第 1、67 页。

③ 颜家安：《海南岛生态环境变迁研究》，科学出版社 2008 年版，第 336 页。

是水旱灾害多发地区。定安、万州分别为水灾、旱灾频发区。从时间上看，秋季频发水灾，春季频发旱灾；咸丰、光绪时期是水灾多发期，咸丰时期还是旱灾多发期。[①]

[①] 石令奇、赵成智：《明清时期海南岛水旱灾害的时空分布及社会应对》，《海南热带海洋学院学报》2019 年第 1 期。

第二节　主要的灾害

一、旱灾

（一）频繁的旱灾

纵观中国历史，旱灾频率，愈到后来愈密。有人统计，秦汉时期有81次，明、清时各有174次和201次。区域性的旱灾，如河北和山西的旱灾，唐代每100年平均6.6次，清代则上升到每100年平均34.2次。黄土高原则十年九旱。陕西在隋唐至宋初发生大旱，明至清初又发生了长达17年之久的大旱，300年至400年为一个旱灾大周期。[①]

《明史·五行志》对旱灾多有记载：嘉靖元年（1522年），南畿、江西、浙江、湖广、四川、辽东旱。二年（1523年），两京、山东、河南、湖广、江西及嘉兴、大同、成都俱旱，赤地千里，殍殣载道。三年（1524年），山东旱。五年（1526年），江左大旱。六年（1527年），北畿四府，河南、山西及凤阳、淮安俱旱。七年（1528年），北畿、湖广、河南、山东、山西、陕西大旱。八年（1529年），山西及临洮、巩昌旱。九年（1530年），应天、苏、松旱。十年，陕西、山西大旱。十一年（1532年），湖广、陕西大旱。十七年夏，两京、山东、陕西、福建、湖广大旱。十九年（1540年），畿内旱。二十年（1541年）三月，久旱，亲祷。二十三年，湖广、江西旱。二十四年（1545年），南北畿、山东、山西、陕西、浙江、江西、湖广、河南俱旱。二

[①] 唐泽江主编：《大西南自然经济社会资源评价》，四川省社会科学院出版社1986年版，第198页。

十五年（1546 年），南畿、江西旱。二十九年（1550 年），北畿、山西、陕西旱。三十三年（1554 年），兖州、东昌、淮安、扬州、徐州、武昌旱。三十四年（1555 年），陕西五府及太原旱。三十五年（1556 年）夏，山东旱。三十七年（1558 年）大旱，禾尽槁。三十九年（1560 年），太原、延安、庆阳、西安旱。四十年（1561 年），保定等六府旱。四十一年（1562 年），西安等六府旱。

从《明史·五行志》可知：洪武年间的旱灾似乎都在北方，集中在洪武四年（1371 年）、七年（1374 年）、二十三年（1390 年）、二十六年（1393 年）。永乐年间的旱灾不多，然而，长江中下游出现了旱灾。嘉靖年间的旱灾严重，特别是嘉靖元年到十一年（1522—1532 年），十七年到二十五年（1538—1546 年）、三十到三十五年（1551—1556 年）、三十九到四十一年（1560—1562 年），旱灾没有休歇。这种情况，对于任何一个朝廷来说，都是很艰难的岁月。从嘉靖朝的旱灾可见，中国当时无省无旱灾，有的地区经常发生旱灾。

明清时期，各个地区都有严重的旱灾，如：

北京干旱频率较高。高寿仙在《明代北京的沙尘天气及其成因》（《北京教育学院学报》2003 年第 3 期）一文中，根据《明实录》以及《明史·五行志》中有关北京干旱的记载，可知每年农历五月至八月为雨季，九月至次年四月为干季，从永乐二十二年（1424 年）秋至崇祯十七年（1644 年）春，北京共经历了 220 个干季，其中有 74 个干季出现过"冬不雨雪""冬旱""经春久旱""雨雪不降""雨泽愆期""河干"之类的记载，明代北京冬春时节出现较严重旱情的频率是比较高的。

明清海河流域旱灾加剧。统计表明，自西晋至元的 1103 年间，河北共发生旱灾 71 次，每百年平均 6.4 次。而明代平均 25 次，清朝 41 次，民国时期 51 次。[①]

江南时常发生大旱灾，至少有 14 次，即发生于顺治九年（1652 年），康熙十年（1671 年）、十八年（1679 年）、三十二年（1693 年）、四十六年（1707 年）、五十三年（1714 年）、六十一年（1722 年），雍正元年（1723 年）、二年（1724 年）、十一年（1733 年），乾隆五十年（1785 年），嘉庆十

---

① 河北省水利厅编：《河北省水旱灾害》，中国水利水电出版社 1998 年版，第 3 页。

九年（1814 年），道光十五年（1835 年），咸丰六年（1856 年）。如，乾隆五十年（1785 年）夏秋之交的大旱，导致河流干涸，水井干枯，许多地方发生民众日常饮水困难的情况。嘉庆十九年（1814）夏季由于旱期太长，河港全枯，行路不必再循桥坝。① 同治十一年（1872 年），台湾全年数月不雨，年岁大荒，禾苗焦黑。

明清时期，极端干旱年份多。

嘉庆十八年（1813 年），冀鲁豫三省大旱，春夏无雨，有些地方颗粒无收。其中，河南卫辉县的灾民靠吃草根树皮度日。

道光十五年（1835 年），长江中下游出现大旱灾。湖北、湖南、江西、安徽、江苏都有旱情。湖北的大冶、通城等县从三月到六月（有的地方是到八月）都不下雨，水井无水。与此同时，又发生了蝗灾，农作物被飞蝗吃光，民众多饿死。

道光二十六年至二十七年（1846—1847 年），陕西与河南大旱。陕西省气象局在 1976 年编了一本《陕西自然灾害史料》，今人赵珍据之对陕北的灾害作了初步的统计，即从清初到清末的 17—20 世纪，陕北发生旱灾 71 次，每个世纪依次是 17、14、19、21 次，说明旱情不断加剧。②

1856 年在河南商城，1861 年在贵州盘县，1876 年在晋豫直鲁陕，1877 年在四川阆中，1882 年在山西，1900 年在陕西与山西都出现过大旱灾，死亡人口都在万人以上。四川的干旱，有人指出：该省在 19 世纪发生干旱的频率是 4%，20 世纪的前 50 年是 10%，后 50 年是 30%—60%。③

（二）两次特大的旱灾

1877—1878 年的旱灾

1877—1878 年，在山西、河南等省发生特大旱灾，史称丁戊大旱。这是

---

① 冯贤亮：《清代江南乡村的水利兴替与环境变化——以平湖横桥堰为中心》，《中国历史地理论丛》2007 年第 3 期。

② 赵珍：《清代西北生态变迁研究》，人民出版社 2005 年版，第 259 页。

③ 唐泽江主编：《大西南自然经济社会资源评价》，四川省社会科学院出版社 1986 年版，第 198 页。

有清一代最严重的旱灾。

丁戊大旱，受灾的州县，山东 79 个，山西 82 个，陕西 86 个，直隶 69 个，河南 86 个，五省共计 402 个。山西旱情最严重，有 14 个县连续 200 天以上无雨，有 61 个县连续 100 多天无雨，洪洞县连续 349 天无雨。

从整个中国大地而言，气候呈现旱涝无常的烦躁模式，先是华北年年阴雨，洪水泛滥，永定河从 1867 年到 1875 年竟然决口 11 次之多。接着就是丁戊时期的南涝北旱，一方面是华北大旱，另一方面是南方洪涝，长江淹没了沿岸的县城，江西、福建、浙江、湖北的水灾最大。

1899 年的北方大旱

1899 年的北方大旱，有 30 多个县受灾。佚名氏在《庸扰录》中记载："自四月以来，天气亢旱异常，京城内外喉症瘟疫等病相继而起，居民死者枕藉，朝廷求雨多次，迄无一应"①。《新河县志》记载："是年（光绪二十六年，即 1900 年）闰八月。后八月十七日落枯霜，急性晚谷者每亩收成两口袋，晚性谷收成约三小斗，至晚者秀而不实。农谚曰：立秋顶手心，五谷杂粮定食新。信然尤堪庆者，是年苗长半尺，蝻蝗忽生，独食草而不及苗，贫民多捕蝗为食。又是年夏天，久不雨。民间无知少年设坛立义和拳场，时以均粮为名，聚众强抢，乡民苦之。"②

二、水灾

（一）水灾的基本情况

明清时期，各地都有水灾发生。1854 年在江西广昌与浙江太平、1867 年在云南昆明、1865 年在江浙、1884 年在江西景德镇、1885 年在湖南常德与广东广州、1888 年在河北顺天卢沟桥、1890 年在直隶天津、1906 年在湖南衡阳等地、1911 年在江苏与安徽等地，都发生过水患，死亡人口都在万人以上。

---

① 中国社会科学院近代史所编：《庚子记事》，中华书局 1978 年版，第 247 页。

② 中国社会科学院近代史所编：《义和团史料》，中国社会科学出版社 1985 年版，第 992 页。

南方、北方同时大水。《明史·五行志》记载正德十二年（1517年），"顺天、河间、保定、真定大水。凤阳、淮安、苏、松、常、镇、嘉、湖诸府皆大水。荆、襄江水大涨"。从河北到长江流域的中下游，到处都有水灾。

水灾旱灾频繁发生。据缪启愉的《太湖塘浦圩田史研究》（农业出版社1985年版）可知。太湖水灾与旱灾的记录，明代平均是3.7年一次水灾，7.8年一次旱灾。而唐代是20年一次水灾，37.7年一次旱灾，可见明清时期的水旱灾频率提高。[①]

水灾与旱灾经常递进式发生。明代嘉靖元年（1522年），南畿（顺天府，保定真定河间诸府）、江西、浙江、湖广、四川、辽东旱。七月南京暴风雨，江水涌溢，郊社、陵寝、宫阙、城垣吻脊皆坏。拔树万余株，江船漂没甚众。庐、凤、淮、扬四府同日大风雨雹，河水泛涨，溺死人畜无算。清道光三年（1823年），华北出现灾情，先是春夏，缺雨干旱，农作物歉收。到了农历六月与七月，大雨连绵，异常倾注，各处山水陡发，甚为汹涌，华北大地的81个州县都被水淹，平陆一片汪洋。受黄河洪峰的顶托，一些支流无法宣泄，沁河等河流决堤。

洪灾多是由雨水造成的。康熙元年（1662年）五月到八月之间，黄河中游地区发生超常的降水，甘肃、陕西、河南都有暴雨。陕西关中大水，省志与县志都有记载。《康熙陕西通志》卷三十记载："大雨六十日，全省皆然。泾、渭、洛涨，诸谷皆溢。"泾河、渭水都停止渡船，商旅断绝。《康熙永寿县志》卷六记载永寿县："六月大雨，六月二十四日至八月二十八日淫雨如注，连绵不绝，城垣、公署、佛寺、民窑俱倾，山崩地陷，水灾莫甚于此。"《乾隆泾阳县志》卷一记载："大雨五旬，居民倾圮，泾河水涨，漂没人畜，绝渡者十日。"这年的大雨水，造成黄河泛滥成灾，影响到淮水泛滥。陕西南部汉中的大雨影响到汉水，使得湖北境内的谷城、宜城、天门、沔阳、钟祥等汉水沿岸地也发生大水。长江以北尽受其灾。

雨水在空间上是有走向的。满志敏谈到黄河流域的特大降水分布时，注意到空间的走向，以及有代表性的实例。他认为有三种类型："其一，雨带呈西

---

① 水利水电科学研究院《中国水利史稿》编写组编：《中国水利史稿》，水利电力出版社1989年版，第75页。以下此书均出自此版本。

南东北走向，在渭河、泾河、北洛河的上游，延河、无定河、窟野河以及晋西北的一些河流形成洪水，近百年以来这种雨带分布的特征和洪水最大的一次是在清道光二十三年（1843 年）；其二，雨带呈南北向分布，伊洛河、沁河、汾河、涑水河以及潼关一线至郑州花园口区间黄河干流发生洪水，两百多年以来这种类型的雨带分布特征和大洪水最大的一次发生在乾隆二十六年（1761 年）；其三，雨带呈东西走向，渭河、泾河、北洛河、延河、清涧河、昕水河、黄河北干流南段、汾河、涑水河、沁河以及下游沿黄河的部分地区出现洪水，三百多年来，这种洪水发生最大的一次在康熙元年（1662 年）。"①

（二）北方的水灾

①黄河泛滥

黄河是中华民族的母亲河，它曾经造福于中华民族，孕育了中华文明。然而，黄河也是一条多灾多难的河流。历史上，黄河常淤、常决、常徙，改道是常有的事情。明清时期甚至是三年两决口，百年一改道，南到淮河，北到大清河，都是黄河成灾的范围。它夹带着大量的河沙，垫高了河床，荡平了湖沼，冲涤了沃壤，毁坏了庄稼。

明代，黄河泛滥淤积，河床不断增高，河堤也不断加高，形成了"悬河"。黄河经常改道并发生水灾。据黄河水利委员会编《人民黄河》，在 1946 年以前的 3000 多年中，黄河决口泛滥 1593 次，较大的改道 26 次。改道最北的经海河，出大沽口，最南的经淮河，入长江。有学者统计，终明一代，黄河决口 301 次，漫溢 138 次，迁徙 15 次。②

据沈怡《黄河问题讨论集》的统计，明清时期黄河决溢总次数分别高达 454 次和 480 次，平均分别每隔七个多月和六个多月就有一次河溢或河决的事件发生。

不过，黄河也有干涸的时候。《明史·五行志》记载："洪武五年（1372 年），河南黄河竭，行人可涉。"

但是，更多的情况是黄河决堤，泛滥成灾。如，洪武二十五年（1392

---

① 满志敏：《中国历史时期气候变化研究》，山东教育出版社 2009 年版，第 464 页。

② 郑肇经：《中国水利史》，商务印书馆 1939 年版，第 101 页。

年），黄河决河南阳武，南流入淮。弘治二年（1489 年），黄河在开封决口，
北冲张秋运河。嘉靖四十五年（1566 年），为防止黄河冲决运河，朝廷组织人
力从山东鱼台南阳镇到留城，开掘了长达 140 里的南阳新河。《明史·河渠
志》记载：万历二十九年（1601 年），"河涨商丘，决萧家口，全河尽南流。
河身变为平沙，商贾舟胶沙上。南岸蒙墙寺息徙北岸，商虞多被淹没，河势尽
趋东南，而黄固断流"。《嘉靖仪封县志·灾祥》记载："成化七年（1471 年）
河自南徙北，民被其害；成化十四年（1478 年）河决祥符东，本县被害；弘
治二年（1489 年）黄河自南徙县北，大水淹没流亡者半；弘治八年黄河积水，
水淹；正德四年（1509 年）六月十九日黄河自东徙西北，其汹涌，民遭势溺
者不可胜记；嘉靖八年（1529 年）六月河自北南徙。"[1] 直到康熙二十三年
（1684 年），开中运河，长 180 余里，使黄河与运河完全分开。

有学者从局部统计水灾，说清初至 1949 年的 306 年间，陕西发生水涝灾
害 236 次，其中局部暴雨洪水型水灾年有 94 年，河滥型水灾年有 20 年，两种
类型兼而有之者有 67 年。甘宁青地区有 220 年发生水涝灾害，局部暴雨洪水
型水灾年有 176 年；雨水型涝灾年有 9 年；两种类型兼而有之者有 16 年。[2]

清代，黄河水土流失加剧，特别是鸦片战争爆发后，统治者内忧外患，忽
略水利建设，使得河患加剧。黄河下游的河床不断因泥沙淤积而增高，黄河的
浊流还倒灌到洪泽湖和运河，黄河、淮水、运河的生态格局受到破坏，航运受
阻。如清人陈潢所言："平时之水，沙居其六，一入伏秋，沙居其八。"[3]

黄河在道光二十一年、二十二年、二十三年（1841—1843 年）连续决口，
分别是在河南祥符、江苏桃源、河南中牟决口。1841 年 8 月，黄河在河南祥
符县（今属开封）决口，冲决了开封府城西北的堤防，围困了开封城。洪水
泛滥，淹没河南、安徽两省共五府二十三州县，房屋倒塌，千万民众受灾，惨
不忍睹。时人朱琦在《河决行》中说："传闻附廓三万家，横流所过成荒沙。
水面浮尸如乱麻，人家屋上啄老鸦。老鸦飞去烟尘昏，沿堤奔窜皆难民。难民

①《天一阁藏明代方志选刊续编》卷五十九。

② 袁林：《西北灾荒史》，甘肃人民出版社 1994 年版，第 107 页。

③《治河方略》卷九。

呼食饥欲死，日给官仓二升米。"① 河南巡抚牛鉴一方面向朝廷告急，另一方面亲自乘木舟到决口视察，并在开封城上日夜督促抗洪。开封知府邹鸣鹤身先士卒，护守危城。林则徐于 9 月底到达河南，与其他官员一起，组织人力抗洪，直到第二年的 4 月初才在祥符堡堵住洪水。

当大水围困开封时，河督文冲心慌意乱，提出放弃开封，迁省会于洛阳。如果他的建议被朝廷采纳，开封城必将大乱，历史名城必将毁于一旦。大臣李星沅到江苏赴任，途经河南，耳闻目睹了文冲的表现，在日记中有所记录，其中一则记云："闻文一飞（即文冲）当六月十六张家湾决口即可廿二日堵合，乃必拣廿四日上吉，以致是夕大溜冲突，附省死亡以数万计，现筹工料已估四百八十五万，殃民糜帑，其罪诚不可逭，又密遣人决水，声言冲死牛犊子，果尔，尤可痛恨。"② 1841 年的黄河水患，洪水包围开封省城长达 8 个月之久，这是历史上罕见的情况。

1842 年 8 月，黄河又在江苏桃源县（今泗阳）北崔镇一带决口。在此之前，南河河道总督麟庆多次向道光皇帝报告黄河各地的险情，但道光皇帝束手无策。这一带离出海口不远，受灾情况主要局限于苏北，较 1841 年河南的灾害要小一些。

1843 年 7 月，黄河在河南中牟决口，口子冲开二三百丈，洪水泛滥，几十个县受灾，直到 1845 年 2 月才将决口堵住。

1851 年 9 月，黄河在江苏丰县北岸决口，这是黄河在大改道之前的最后一次肆虐，苏北受灾。1853 年春季，溃口合龙。

1855 年，黄河发洪水，形成了前所未有的改道。由于黄河河道有 600 余年的泥沙淤积，使淮河中下游河床垫高，成为"地上河"，河水难以顺河道下泄。8 月 1 日，黄河在河南兰阳县北岸铜瓦厢北岸决口，向北改道，淹没了河南和山东的大片村庄和农田，最后流入山东大清河。从此，大清河为黄河替代，黄河不再从江苏入海，而改由山东入海。黄河的这次决口改道，是历史上第六次重大改道。铜瓦厢改道，结束了黄河自南宋以来南流 700 年的历史。《清史稿·河渠志》记载："六月，决兰阳铜瓦厢，夺溜由长垣，东明至张秋，

---

① （清）朱琦：《怡志堂诗初编》卷四。

② 李星沅：《李星沅日记》，中华书局 1987 年版，第 283 页。

穿运注大清河入海，正河断流。"这次改道对生态有很大的影响，原来的黄河下游成为一片旱地，河床无水，两岸的湖泊干涸。安徽萧县一带飞蝗蔽天。与之相反，河南、山东的州县受洪涝威胁。山东一半的地区受水患，东明县、菏泽县、郓城县、范县等受灾最重，全省计有 7000 多个村庄受灾。数年之内，到处是积水港汊。在此以前，山东虽有水患，不过是由外省波及而至。自此之后，山东经常直接受黄河水患，其频率和恶果远远超过了改道之前。①

早在道光年间魏源在《筹河篇》中根据河床的淤积和河水冲决的情况，就推断黄河迟早要改道，他说："今则无岁不溃，无药可治，人力纵不改，河亦必自改之。"② 他认为黄河 "地势北岸下而南岸高，河流北趋顺而南趋逆"，应当顺其自然，让黄河北去由大清河入海，而黄河下游河道大改道已成必然趋势。因而，要整治大清河，使之成为黄河下游的备用通道。后来，与魏源推测的一样，1855 年黄河在兰阳铜瓦厢决口改道，北行沿大清河入海。

当黄河泛滥时，正在被遣送到新疆的林则徐，中途受命到开封防汛。看到一片汪洋紧逼城墙，林则徐叹道："尺书来汛汴堤秋，叹息滔滔注六州。鸿雁哀声流野外，鱼龙骄武到城头。谁输决塞宣房费，况值军储仰屋愁。江海澄清定何日，忧时频倚仲宣楼。"③

在历次的黄河水灾中，河南都直接受害。从《明史·五行志》看，洪武十五年（1382 年）之后，"十五年二月壬子，河南河决。三月庚午，河决朝邑。七月，河溢荥泽、阳武。……十七年（1384 年）八月丙寅，河决开封，横流数十里。是岁，河南、北平俱水。十八年（1385 年）八月，河南又水。……二十三年（1390 年）七月癸巳，河决开封，漂没民居。……二十五年（1392 年）正月，河决阳武，开封州县十一俱水。……三十年（1397 年）八月丁亥，河决开封，三面皆水，犯仓库"。弘治二年（1489 年）五月，"河决开封黄沙冈抵红船湾，凡六处，入沁河。所经州县多灾，省城尤甚"。

②北方其他河流的水灾

辽河上游是黄土山区，水中夹带大量泥沙。由于周围的植被较差，河水经

---

① 袁长极等：《清代山东水旱自然灾害》，《山东史志资料》1982 年第 2 辑，第 170 页。

② （清）魏源：《魏源集》，中华书局 1976 年版，第 371 页。

③ 来新夏：《林则徐年谱》，上海人民出版社 1985 年版，第 371 页。

常泛滥成灾。明代从 1416 年到 1613 年的 197 年中，发生水灾 14 次，平均 14 年 1 次。清代从 1650 年到 1895 年的 245 年中，发生水灾 30 次，平均 8 年 1 次。[①] 光绪十四年（1888 年），辽河发生罕见大水，千里之地尽为泽国，沈阳城内有的地方水深达 6 米。

海河水系的支流有北运河、永定河、子牙河、大清河、南运河。

明中叶以后，由于山林破坏，海河流域水灾逐渐增多。据统计，唐五代时期平均 8.8 年一次，宋辽金时期 4 年一次，元代 1.3 年一次，明代 1.4 年一次，清代 1.03 年一次，民国时期 1.05 年一次。[②]

永定河的上游是山峡，下游是北京平原，平原容易沉积泥沙，使得河床增高，堤防容易决口。明清把永定河视为悬河，担心随时出现水患。明清永定河水患的频率加剧。有学者统计永定河在明代发生水灾 27 次，清代发生水患 71 次，而辽代仅 1 次，金代仅 3 次，元代有 15 次。[③]

永定河，原名浑河，康熙三十七年（1698 年）改名永定河。到了嘉庆年间，永定河出现险情，多次决口，在嘉庆二年、六年、十年、十五、二十四年都发生了决口的情况。嘉庆六年（1801 年），从农历六月初一（7 月 11 日）起，连续数天降暴雨，永定河决口，北京城外的西郊、南郊被淹，先后有保定等一百多个州县受灾。这说明暴雨是北方洪灾的重要原因。

《清史稿·食货志三》记载光绪十九年（1893 年），北运河上游潮、白等河狂涨，水势高于堤颠数尺，原筑土堰都被埋在水中。北京的大兴、宛平、通州、房山、昌平都受到不同程度的水灾，由于永定河泛滥，水势湍急，使得北京的前三门内水深数尺，不能开关。

淮水是中国南北方分界线的标志。淮水流域的水灾通常与黄河流域水灾相联系。淮水流域的水灾主要是对苏北有影响。[④] 苏北本有较好的自然条件。自

---

① 《中国水利史稿》，第 294 页。

② 刘洪升：《唐宋以来海河流域水灾频繁原因分析》，《河北大学学报》（哲学社会科学版）2002 年第 1 期。

③ 《中国水利史稿》，第 284 页。

④ 本节参考了汪汉忠：《灾害、社会与现代化——以苏北民国时期为中心的考察》，社会科学文献出版社 2005 年版。

从南宋光宗绍熙五年（1194 年）黄河夺淮，直到咸丰五年（1855 年）黄河北徙，这期间，黄河的泥沙冲积淤垫，形成了带状黄土层达数米之深。由于黄河经常决堤，原有的沟渠陂塘与良田被覆盖。黄河与淮水都在苏北泛滥，改变着原有的生态环境。①

位于淮河南岸、东淝河西岸有寿州城，其地势险要，八公山屹立其北，城堞坚厚，楼橹峥嵘。但是，明清时期因涨水坏城的事件时有发生，如明代永乐七年（1409 年），宣德七年（1432 年），正统元年（1436 年）、二年（1437 年），嘉靖十四年（1535 年）、十五年（1536 年）、十六年（1537 年）、三十四年（1555 年）、四十五年（1566 年）。②

清代学人记载淮水的情况，不容乐观，"昔淮渎安流，港浦交络，与射阳湖互为灌输，鱼盐杭稻之利，丰阜蕃绕。自黄淮合流，支渠湮泪。决水所至，暨浊沙所凝结。陵谷互易，沧桑改观"③。

清代，宿州境内出现了大量的洪涝水灾现象。据《宿州志·杂类志·祥异》统计，从顺治到光绪宿州地区因降水形成的洪涝灾害共 41 次，因黄河决堤引起的水灾共 22 次。如，"顺治十六年，大雨二十余日，涨，河决，庐舍漂没"。康熙年间发生了一次巨变。康熙十九年（1680 年）的夏秋之秋，连续大雨，淮河上游山洪暴发，水漫泗州，全城百姓如鸟兽散，瞬间城毁人亡。洪泽湖中的洪泽村也淹在水下。

彭安玉研究苏北的里下河，指出："明清时期，黄、淮洪水屡屡倾泻苏北里下河。水走沙停，里下河地区的河湖港汊日趋淤塞，并最终导致射阳湖的消失。里下河自然环境亦因此而完成了从泻湖到平畴的巨大变迁，而自然环境的变迁又进一步加剧了水灾的肆虐性。水灾与自然环境变迁交相作用，将里下河引入赤贫的深渊。"④

---

① 王日根：《明清时期苏北水灾原因初探》，《中国社会经济史研究》1994 年第 2 期。

② 见《中国地方志集成·安徽府县志辑》第 21 册，《光绪寿州志》卷四《营建志·城郭》。

③《光绪阜宁县志·疆域·恒产》。

④ 彭安玉：《论明清时期苏北里下河自然环境的变迁》，《中国农史》2006 年第 1 期。

（三）南方的水灾

长江中下游常受洪水之苦。据长江流域规划办公室档案资料室编的《长江历代水灾》，长江水灾在清代发生 62 次。沿江人民记忆最深刻的是 1788 年、1860 年、1870 年的水灾，分别使几千公顷农田淹没，数万人无家可归。如乾隆五十三年（1788 年），川西和长江中下游连降暴雨，湖北有 36 个县被淹，江堤有 22 处溃口，荆州城成为一片泽国。《清史稿·灾异志》记载了水灾的情况，如，顺治十五年（1658 年）夏，"归州、峡江、宜昌、松滋、武昌、黄州、汉阳、安陆、公安、嵊县大水；宜城汉水溢，浮没民田；当阳水决城堤，浮没田庐人畜无算；荆门州大水，漂没禾稼房舍甚多。秋，苏州、五河、石埭、舒城、婺源大水，城市行舟；钟祥大水；天门汉堤决；潜江大水"。十六年（1659 年），"江陵大水。六月，江夏、汉川、沔阳大水"。1831 年五月，湖北境内连降大雨，长江与汉水泛涨，各个湖泊漫溢，石首、嘉鱼等地溃堤。湖南、贵州、江西、安徽、江苏都是大雨滂沱，整个长江中下游是一片泽国。

1870 年，长江发生大水，中上游地区受淹，许多城市受到严重破坏，如丰都、合川、涪州、忠县、万县、巫山、云阳、巴东、宜昌、公安、监利、汉阳、黄冈都是大水漂城，民不聊生。丰都全城被淹。后来，县城不得不重新规划城区格局。合川城，一洗而空。涪州的房屋毁坏几百栋。巫山的粮食仓库被淹，颗粒无存。清人丁树诚在《庚午大水纪》称这次大水是几百年，或千年未遇之洪水。[1] 这年（1870 年），长江的支流汉江也发生大水，"宜城汉水溢，公安、枝江大水入城，漂没民舍殆尽"[2]。

包世臣《江苏水利说略》记载：清代雍正至道光年间江苏的水灾日益严重，"江苏泽国也，而水利湮废，且数十百年。嘉庆甲子大水，江浙两省会议疏浚者，累年竟无成说。道光癸未水尤甚，苏、松、常、镇、太、杭、嘉、湖

---

① 水利部长江水利委员会、重庆市文化局等编：《四川两千年洪灾史料汇编》，文物出版社 1993 年版，第 32 页。

②《清史稿·灾异志一》。

八府被灾，为雍正乙巳以后所未有"①。

道光三年（1823 年）京畿直隶、南方苏浙皖发生大水。主要原因是农历六月初就开始下大雨，长达半个月，北方有 80 多个州县受灾。长江中下游也是普降大雨，杭嘉湖三郡受灾最严重。

由于泥沙淤积加快，水陆关系恶化，长江中游自 16 世纪起，水灾周期频率缩短。其中江汉平原自道光辛卯（1831 年）湖北大水灾后，岁岁有之。湖北是水灾多发区。有学者统计，湖北较严重的洪涝年是 1788 年、1860 年、1870 年、1931 年、1935 等年，江汉平原的洪涝灾害次数最多，鄂西北最少。②

明代到清乾隆年间的 400 余年，珠江三角洲发生水灾 210 余次，平均两年一次。清代中期以后，珠江三角洲几乎年年水灾。有人统计，有明一代，广东水患有 160 年次，644 县次，清代增加到 247 年次，1186 县次。③ 吴滔的《关于明清生态环境变化和农业灾荒发生的初步研究》（《农业考古》1999 年第 3 期）研究表明：明成化以后，珠江三角洲地区水患明显加剧。据《筹潦汇述》载《佛山同安里安福居来书》：明洪武至天顺（1368—1464 年）的 96 年间，发生水灾 21 次，平均相隔不到 5 年发生一次；而自明成化至清乾隆（1465—1795 年）的 330 年中，共发生水灾 195 次，平均每隔 1.7 年就发生一次。

三、旱灾水灾的原因与危害

（一）原因

明清旱灾水灾的原因有主观原因，也有客观原因。

①自然的无情肆虐

明清时期，气候变冷，雨水多，容易发生水灾。北京一向缺水，并不意味着就没有水灾。由于周边植被环境已被破坏，所以，一旦有连续大雨，没有大

---

① 谭其骧主编：《清人文集地理类汇编》第五册，浙江人民出版社 1988 年版，第 256 页。

② 温克刚主编：《中国气象大典·湖北卷》，气象出版社 2007 年版，第 10 页。

③ 梁必骐主编：《广东的自然灾害》，广东人民出版社 1993 年版，第 38、42 页。

河导流，也没有大型湖泊容积洪水，就容易形成水灾。

从《明史·五行志》可知，北京城经常受到大雨带来的损失。"永乐元年（1403年）三月，京师霪雨，坏城西南隅五十余丈。"万历三十五年（1607年）京师大雨，连续十天不止。朱国桢《涌幢小品》卷二七记载："京邸高敞之地，水入二三尺，各衙门内皆成巨浸，九衢平陆成江，洼者深至丈余，官民庐舍倾塌及人民湮溺，不可数计。……正阳、宣武二门外，犹然奔涛汹涌，舆马不得前，城埋不可渡，诚近世未有之变也。"《国榷》等文献也都有记载。这说明，洪水主要是由大雨引起来的。计六奇《明季北略》卷二记载天启三年（1623年）六月二十八日至闰六月初三日，"北京大雨倾盆，城中水长六尺，屋屋倒塌，压死人口甚多"。

到了清代，特别是道光中后期天气异常寒冷。北京雨水多，灾情严重。光绪九年（1883年）六月和七月，直隶大雨成灾，李鸿章署理直隶总督，饱受水灾之苦。光绪十四年（1888年），北京地区出现大雨，在宛平、房山西部山区发生因洪水引起的泥石流，村舍荡为平地。光绪十六年（1890年），北京降雨频繁，月总降雨量达到825毫米，是1841年有雨量记录以来的最大值。海河、滦河、潮白河、蓟运河都发生洪水，造成百年一遇的大水灾。六月，直隶大雨。永定河、大清河、南北运河都先后决口，平地水深二丈，房屋倒塌，数万百姓在城墙或庙宇避水。李鸿章称这是几十年未见的大水灾，上疏请推广赈捐，官吏捐银可减轻被议的罪责。光绪十八年（1892年），直隶又是大水成灾。光绪十九年（1893年）六月，大雨成灾，各河漫决，上下千余里，一片汪洋。李鸿章同许振查勘一再泛滥的永定河。[①]

长江流域的水灾也与暴雨有关。《明史·五行志》记载正统"十二年（1447年）六月，瑞金霪雨，市水丈余，漂仓库，溺死二百余人"。这说明水灾也不全是河流泛滥之灾，还有雨水导致的灾害。《明史·五行志》记载宣德"三年（1428年）五月，邵阳、武冈、湘乡暴风雨七昼夜，山水骤长，平地高六尺"。成化二十一年（1485年），"夏淫雨，山水骤溢，长、宁、清、归、连、上、永七县田庐荡析，人畜溺死无算"[②]。长江在嘉靖三十九年（1560

---

① 《清史稿》卷五十九。

② 《乾隆汀州府志·杂录》。

年）发生过特大洪水。洪水之灾主要来自上游，起因是连续下大暴雨，山体冲刷，水势凶猛。1560 年，由于金沙江流域大面积降雨，使洪水狂泻，水位急涨。至今，在沿江一些县城还有当年的记忆痕迹，如四川忠县县城北外李家石盘刻有"大明庚申嘉靖卅九年七月廿三日大水到此"，下游的一些堤坝被冲垮，县城被淹。到了清代，长江流域的水灾也与暴雨有关。乾隆五十三年（1788 年）、咸丰十年（1860 年）、同治九年（1870 年）都发生过特大洪水。洪水之灾主要来自上游，起因是连续下大暴雨，山体冲刷，水势凶猛。

不过，水灾的发生，也有不是雨水造成的。明代陈洪谟《治世余闻》卷二记载江南水情："戊午六月，南京并苏、松、常、镇、嘉、湖、杭州、徽州诸处河港潭池井沼，水急泛溢二三尺许。似潮非潮，天亦无雨。沿海去处，约有四尺，千里相应。岂蛟龙妖异所致，抑水为阴物，过多失常为灾也？"此外，由于地壳的原因，导致河湖水势不安。《明史·五行志》记载万历二十五年（1597 年）八月甲申，"蒲州池塘无风涌波，溢三四尺。临淄濠水忽涨，南北相向而斗。又夏庄大湾潮忽起，聚散不恒，聚则丈余，开则见底。乐安小清河逆流。临清砖板二闸，无风大浪"。

②人为的原因

旱灾与水灾，除了自然的客观原因，还有人为的原因。

人为的原因，一方面是统治者的腐败，大兴土木，加剧了环境恶化。老百姓常常归责于统治者，如明初的安徽凤阳年年发生灾荒，民间有歌谣："说凤阳，话凤阳，凤阳原是好地方。自从出了朱皇帝，十年倒有九年荒。三年水淹三年旱，三年蝗虫闹灾殃。大户人家卖田地，小户人家卖儿郎。惟有我家没得卖，肩背锣鼓走街坊。"清初赵翼的《陔余丛考》卷四十一记载了这首凤阳花鼓唱词，似乎是在批评朱元璋，把灾害的原因归为朱明政权。

人为的原因，另一方面是民众本身。明清以来，人们向山要地，向湖要田。开发山区，围堰造田，改造自然，导致了生态环境的破坏。

道光年间，长江的支流汉水经常溃漫。针对这种情况，林则徐对汉水的生态环境进行过实地考察。道光十七年（1837 年），林则徐沿着汉水，坐船从汉阳出发，历经汉川、沔阳、天门、潜江、京山、荆门、钟祥、襄阳等地，调查了河堤的安全段、危险段。通过调查，林则徐分析了汉江的水患原因，他说："襄河河底从前深皆数丈，自陕省南山一带及楚北之郧阳上游之深山老林，尽行开垦，栽种包谷，山土日掘日松，遇有发水，沙泥随下，以致节年淤垫，自汉阳至襄阳，愈上而河愈浅。"可见，造成汉江水患的原因，主要是上游山区的开垦，导致水土流失，改变了汉江的河床情况，使河床淤积。要想改变淤积的加剧，有必要加强对上游的防治。[①] 嘉庆十一年至嘉庆十六年（1806—1811年），汪志伊任湖广总督，重视生态环境改造，动用民力，疏挖汉川、天门、荆门的河道，修筑沿江的堤坝，保证了江汉平原的农业安全。

（二）危害

人类社会的任何时期都会有灾害发生，问题在于灾害的程度。明清时期，旱灾与水灾经常发生，对社会的危害很大。通常情况下，灾害导致人口流离失所，甚至社会动荡。

①人民流失或死亡

旱灾与水灾导致没有粮食，百姓饥饿，甚至抢劫。《明季北略》记载万历年间杨嗣昌上奏汇报岁饥之事，说："淮北居民食草根树皮至尽，甚或数家村舍，合门妇子，并命于豆箕菱秆；比渡江后，灶户之抢食稻，饥民之抢漕粮，所在纷纭。犹曰去年荒歉之所致也。至于江南未尝有赤地之灾，稽天之浸，竟不知何故汹汹嗷嗷，一入镇江，斗米百钱，渐至苏松，增长至百三四十而犹未已。商船盼不到关，米肆几于罢市，小民垂橐，偶语思图一逞为快。甚有榜帖路约，堆柴封烧第宅，幸赖当事齐之以法，一时扑灭无余。"

旱灾与水灾导致百姓背井离乡。清代陈登泰写过一首《逃荒诗》，形象地道出了灾民的心声。诗云："有田胡不耕，有宅胡弗居。甘心弃颜面，踉跄走尘途。如何齐鲁风，仿佛凤与庐。其始由凶岁，其渐逮丰年。岂不乐故土，习惯成自然。"[②] 农民是最不愿意离开生养于斯的故土的，他们抛妻离子，各奔东西，实在是为了活命，原因就在于灾害导致颗粒无收。

旱灾与水灾造成人口大量死亡。《明史·五行志》记载永乐三年（1405年），"八月，杭州属县多水，淹男妇四百余人"。永乐十二年（1414年）十月，"崇明潮暴至，漂庐舍五千八百余家"。"宣德元年（1426年）六七月，江水大涨，襄阳、谷城、均州、郧县，缘江民居漂没者半。"天顺五年（1461

---

① 杨国桢选注：《林则徐选集》，人民文学出版社 2004 年版，第 76 页。

② 张应昌编：《清诗铎》下册，中华书局 1960 年版。

年）七月，"河决开封土城，筑砖城御之。越三日，砖城亦溃，水深丈余。周王后宫及官民乘筏以避，城中死者无算"。天顺五年（1461年）七月，"崇明、嘉定、昆山、上海海潮冲决，溺死万二千五百余人"。成化"十八年（1482年），河南、怀庆诸府，夏秋霪雨三月，塌城垣千一百八十余丈，漂公署、坛庙、民居三十一万四千间有奇，淹死一万一千八百余人"。正德"十六年（1521年），京师雨，自夏及秋不绝，房屋倾倒，军民多压死"。隆庆二年（1568年）七月，"台州飓风，海潮大涨，挟天台山诸水入城，三日溺死三万余人，没田十五万亩，坏庐舍五万区"。三年（1569年）九月，"淮水溢，自清河至通济闸及淮安城西，淤三十里，决二坝入海"。万历元年（1573）"海盐海大溢，死者数千人"。万历十年（1582年）正月，"淮、扬海涨，浸丰利等盐场三十，淹死二千六百余人"。同年七月，"苏、松六州县潮溢，坏田禾十万顷，溺死者二万人"。万历十九年（1591年）六月，"苏、松大水，溺人数万"。三十一年（1603年）八月，"泉州诸府海水暴涨，溺死万余人"。崇祯元年（1628年）七月壬午，"杭、嘉、绍三府海啸，坏民居数万间，溺数万人，海宁、萧山尤甚"。崇祯十五年（1642年）六月，"汴水决。九月壬午，河决开封朱家寨。癸未，城圮，溺死士民数十万"。谢肇淛《五杂俎》卷四《地部》记载："万历己酉（1609年）夏五月廿六日，建安山水暴发，建溪涨数丈许，城门尽闭。有顷，水逾城而入，溺死数万人。两岸居民，树木荡然。如洗驿前石桥甚壮丽，水至时，人皆集桥上，无何，有大木随流而下，冲桥，桥崩，尽葬鱼腹。翌日，水至福州，天色清明而水暴至，斯须没阶，又顷之，入中堂矣。"

据有人统计清代的情况：嘉庆十五年（1810年），山东春夏大旱；河北七州县大水大饥；浙江地震；湖北雨雹，死亡之数总计约九百万人。嘉庆十六年（1811年），山东大旱，河北等地十三州县大水，十六州大饥，甘肃大疫，四川地震，死亡当在两千万人左右。道光二十六年（1846年），江苏、山东、江西均有水灾，陕西大旱，浙江地震，死亡约二十八万人。二十九年（1849年），直隶地震大水，浙江、湖北亦大水，又浙江大疫，甘肃大旱，死亡约一千五百万人。咸丰七年（1857年），河北十余州县及陕西十余州县大蝗，湖北大水，又七州县旱，大蝗，河决，山东大饥，总计死亡约八百万人。光绪二年至四年（1876—1878年），江苏、浙江、山东、直隶、山西、陕西、江西、湖北等省大水，安徽、陕西、山东又大旱，死亡约一千万人。光绪十四年（1888

年），河北、山东地震，河决，河南、郑州大水，河北亦大水，死亡约三百五十万人，仅此数次大灾荒死亡人口合计至少当达六千二百余万人。①

旱灾与水灾导致百姓卖儿卖女，甚至人吃人。《明史·五行志》记载：天顺元年（1457 年），"北畿山东金饥，发茔墓，斫道树殆尽，父子或相食"。明代成化二年（1466 年），闰三月，江淮大旱，人相食。"成化八年（1472年），山东饥。九年（1473 年），山东又大饥，骼无余胔。"弘治十七年（1504 年），淮扬庐凤四府相继发生饥荒，人相食。正德九年（1514 年）"春，永平（卢龙）诸府饥，民食草树殆尽，有阖室死者"。正德十一年（1516年）："顺天河间饥，河南大饥。"正德十四年（1519 年），淮扬饥，人相食。嘉靖三年（1524 年），"湖广、河南、大名、临清饥。南畿诸郡大饥，父子相食，道殣相望，臭弥千里"。

除了《明史·五行志》，其他史书也记载了大量的关于人吃人的事例。嘉靖八年（1529 年），进士杨爵外出，回朝上言："臣奉使湖广，睹民多菜色，挈筐操刀，割道殍食之。"② 嘉靖年间王宗沐任山西右布政使，上疏说：山西列郡俱荒，太原尤甚。三年于兹（约指 1560 年前后），百余里不闻鸡声。父子夫妇互易一饱。③《明会要》卷五十四《食货》记载：嘉靖三十八年，辽东大饥，巡抚侯汝谅进言："臣被命入境，见其巷无炊烟，野多暴骨，萧条惨楚。问之，则云：'去年凶馑，斗米至银八钱，母弃生儿，父食其子。父老相传，咸谓百年来未有之灾。'"万历二十四年（1596 年），岭南大饥，民多鬻妻子。④ 万历三十九年（1611 年）夏，马孟祯进言："畿辅、山东、山西、湖南，比岁旱饥，民间卖女鬻儿，食妻啖子，铤而走险，急何能择。一呼四应，则小盗合群，将为豪杰之藉，此民情可虑也。"⑤

明代大臣马懋才有一次回家乡探亲，回京后写了一封信给皇帝，痛陈灾后的社会状况。《明季北略》卷五载录了马懋才的《备陈大饥疏》，其文："臣乡

---

① 邓云特：《中国救荒史》，上海书店 1984 年版，第 141 页。

②《明史·杨爵传》。

③《明史·王宗沐传》。

④《明史·列女传》。

⑤《明史·马孟祯传》。

延安府，自去岁一年无雨，草木枯焦。八九月间，民争采山间蓬草而食。其糙类糠皮，味苦而涩。食之，仅可延以不死。至十月以后而蓬尽矣，则剥树皮以为食，冀可稍缓其死。迨年终而树皮又尽矣，则又掘其山中石块而食。石性冷而味腥，少食则饱，不数日则腹胀下坠而死。"《明季北略》卷五还记载："童稚辈及独行者，一出城外便无迹踪。后见门外之人，析人骨以为薪，煮人肉以为食，始知前之人皆为其所食。而食人之人亦不免数日后面目赤肿，内发燥热而死矣。"由于饥饿，导致了人吃人的事情时有发生，这简直就不是人类社会了！然而，如果马懋才不是身临其境，又有谁会相信这样的事情呢？

夏燮《明通鉴》卷八十五记载：崇祯十年（1637年），"两畿、山西、江西皆大旱，时，浙江亦大饥，至父子兄弟夫妻相食……吴、楚、齐、豫之间，赤地数千里"。《明史·李自成传》记载：崇祯元年（1628年），陕西以连岁饥荒（久旱）；又苦于征发，常赋有加成，有新饷，有均输，有间架（房屋税），其目日增；官吏贪污，更藉加征横敛。延安府旱甚，庄稼无收，百姓初食蓬草，草尽吃树皮，树皮剥光，吃泥土、石粉，食者坠胀而死。甚至有"炊人骨以为薪，煮人肉以为食者"。

不仅明代有人吃人现象，清代在灾年也有此类事情发生。《乾隆诸城县志》记载了山东灾民吃活人的情况："自古饥民，止闻道馑相望与易子而食，析骸而爨耳。今屠割活人以供朝夕，父子不问矣，兄弟不问矣。剖腹剜心，支解作脔，且以人心味为美，小儿味尤为美。甚有鬻人肉于市，每斤价钱六文者；有腌人肉于家，以备不时之需者；有割人头用火烧熟而吮其脑者；有饿方倒而众刀攒割立尽者；亦有割肉将尽而眼睁视人者。间有为人所呵禁，辄应曰：我不食人，人将食我。愚民恬不为怪，有司法无所施。"[1] 清代比明代更进一步的是，因为饥饿，竟然发生了抢吃活人事例，甚至变换着方法吃人肉，现在听起来真是难以相信。食物链断了，就会出现异常的人吃人现象。人吃人的状况，现代人是很难相信的。明清时期的文献只是零星地作了一些记载，读来令人毛骨悚然。而真实的场景更令人恐惧。

1887—1888年大旱导致人伦丧失。有些地方发生了吃人肉的情况。先是吃死人肉，后来又生吞活人肉。王锡纶在《怡青堂文集》中描述说："死者窃

---

① 张晓虎：《历史的回旋》，中州古籍出版社1991年版，第102页。

而食之，或肢割以取肉，或大脔如宰猪羊者，有御人于不见之地而杀之，或食或卖者；有妇人枕死人之身，嚼其肉者，或悬饿死之人于富室之门，或竟割其首掷之内以索诈者。"1878 年 4 月的《申报》发表了一篇《山西饥民单》，说吃人肉是平常事，屯留县王家庄有个人吃了 8 个人，有个儿子把父亲吃了，有一家父子把一个女人吃了，还有专卖人肉的。同年 1 月 11 日的《申报》说河南各地"甚至新死之人，饥民亦争相残食。有丧之家不敢葬，潜自坎埋，否则，操刀而割者环伺向前矣"。丁戊大旱，死亡约 1000 万人，流亡约 1000 多万人。其中，山西死了 500 万人，太原府 100 万人死得只剩 5 万。有些人逃荒到了外地，流亡到苏州、常州、镇江、扬州等地，苏南官员收养流民近 10 万人。许多大县变小县，小县变得空荡无人，大批村落消失了。许多州县的人口，直到过了二三十年，都没有恢复到灾前的人口数量。灾前，山西晋城县有 1000 多座冶铁炉，泽州地区有机户千余家，灾后顿减大半。

②社会不安

长江流域的洪水危害很大。1788 年的洪水，湖北有 36 个县被淹，武昌一片汪洋。1842 年，洪水直灌荆州郡城，伤民无数。1870 年，洪水使得四川、湖北、湖南、江西、安徽受到严重摧残，数千里蒙灾。

水灾淹没了土地，改变了生态环境的面貌。《明史·五行志》记载：宣德九年（1434 年），"五月，宁海县潮决，徙地百七十余顷"。万历十五年（1587 年）五月，"杭、嘉、湖、应天、太平五府江湖泛溢，平地水深丈余。七月终，飓风大作，环数百里，一望成湖"。《五杂俎》卷四《地部》记载洪灾："闽中不时暴雨，山水骤发，漂没室庐，土人谓之出蛟，理或有之。……吴兴水多于由间暴下，其色殷红，禾苗浸者尽死，谓之发洪。晋中亦时有之。岢岚四面皆高山，而中留狭道，偶遇山水迸落，过客不幸，有尽室葬鱼腹者。州西一巨石，大如数间屋，水至，民常栖止其上。一日，水大发，民集石上者千计，少选，浪冲石转，瞬息之间，无复孑遗，哭声遍野。时固安刘养浩为州守，后在东郡为余言之，亦不记其何年也。"

水灾破坏了水利工程。《明史·五行志》记载：成化三年（1467 年）六月，"江夏水决江口堤岸，迄汉阳，长八百五十丈有奇"。还记载水灾使建筑物受到破坏："成化元年（1465 年）六月，畿东大雨，水坏山海关、永平、蓟州、遵化城堡。八月，通州大雨，坏城及运仓。二年，定州积雨，坏城垣及墩台垛口百七十三。"可见，防卫的设施都被破坏了。同时，礼制性的建筑也受到破坏，如弘治"三年（1490 年）七月，南京骤雨，坏午门西城坛。七年（1494 年）七月庚寅，南京大风雨，坏殿宇、城楼兽吻，拔太庙、天、地、社稷坛及孝陵树。……八年（1495 年）五月，南京阴雨逾月，坏朝阳门北城堵"。弘治"十五年（1502 年）六七月，南京大风雨，孝陵神宫监及懿文陵树木、桥梁、墙垣多摧拔者"。"嘉靖元年（1522 年）七月，南京暴风雨，江水涌溢，郊社、陵寝、宫阙、城垣吻脊栏楯皆坏。"

水灾导致城市毁灭或迁移。蔡泰彬认为，明代黄河中下游沿岸作为政治文化中心的州县治所，受灾之后，迁城以避河患的达 27 个，有的迁徙达 2 次，如山东曹州（今菏泽）分别于洪武元年（1368 年）和洪武二年（1369 年）两次迁城以避水患，其中一次迁到安陵镇，一次迁至磐石镇；考城（今河南兰考）分别于洪武二十三年（1390 年）和正统二年（1437 年）两次迁城。①

灾害影响社会经济发展。如成化八年（1472 年），京畿连月不雨，运河水涸，影响到漕运。万历十一年（1583 年）八月庚戌朔，河东管理盐业的大臣言，解池旱涸，盐花不生，山西的盐业萧条。《明史·李东阳传》记载，李东阳奉令到曲阜祭孔（修庙成功），回京上疏云："臣奉使巡行，适遇亢旱。天津一路，夏麦已枯，秋禾未种。挽舟者无完衣，荷锄者有菜色。盗贼纵横，青州（益都）尤甚。南来人言：江南浙东流亡载道，户口消耗，军伍空虚，库无旬日之储，官缺累岁之俸。东南财赋所出，一岁之饥已至于此。"由此可知，政府没有粮食储备，只要发生饥荒，民众必然流亡，官员没有俸禄，经济萧条，社稷出现危机。

---

① 蔡泰彬：《晚明黄河水患与潘季驯之治河》，（台北）乐学书局 1998 年版。

第三节　震灾、蝗灾、疫灾

一、震灾

中国处在世界上两个最强大的地震带（环太平洋构造带、欧亚构造带）之中，因此，中国是一个地震频繁的国家。在台湾及其附近海域、黄河中下游汾渭河谷、太行山麓、京津唐和渤海湾沿岸、河西走廊、六盘山和天山南北、青藏高原东南边缘、四川西部、云南中部、西藏是地震的多发区域。

当今的学人很关注地震，有不少学术成果。邓云特的《中国救荒史》统计，从周迄清末，中国历史上共发生了 695 次地震，明代 165 次，清代 169 次。自 15 世纪末，我国出现两个较大的地震活跃期：明成化十六年到清乾隆四十五年（1480—1780 年），清光绪五年（1879 年）至今。①

学者最关注的是大地震。《嘉道时期的灾荒与社会·序言》写道②：据《中国地震目录统计》，截至 1949 年，我国发生的 4.75 级以上的破坏性地震达 1645 次。1556 年 1 月 23 日，以陕西华县为震中，发生了 8.25 级大地震，波及晋陕豫三省，有 83 万人罹难。杨子撰的《中国古代的地震及防震与抗震》一文记载，我国学者从近 8000 多种历代文献中摘录有关地震的史料 15000 多条，获取到从公元前 1177 年到 20 世纪 50 年代中，共计 8100 多次地震记录，其中发生 5 到 5.9 级地震为 1095 次，6 到 6.9 级地震 410 次，7 到 7.9 级地震 91 次，8 级以上地震 17 次。

---

① 赵珍：《清代以来西部地震及其影响》，《光明日报》2008 年 8 月 3 日。

② 张艳丽：《嘉道时期的灾荒与社会》，人民出版社 2008 年版，第 2 页。

（一）明清对地震的记载

①相关文献与记录

明清的学者关注地震，留下了一些地震的资料。如《明实录》《清实录》及各种地方志等。

1674 年，担任清朝钦天监监正的传教士南怀仁编写了《坤舆图说》一书并刻行于北京。该书在传播西方地理知识方面颇有影响，其中就专门列有《地震》。这位深受康熙帝信任和重用的西洋人在讲到"地震"时，直接修改、引用了《空际格致》中关于"地内热气"致震论的有关内容。

1726 年，陈梦雷等辑《古今图书集成地异篇》，自周至清康熙共录地震和部分地陷、地裂资料共 654 条。

1910 年，黄伯禄编《中国地震目录》，自上古至清光绪二十二年（1896年）共收录大小地震 3322 次。

明清时期的这些历史文献为我们今天研究地震史提供了宝贵资料。中国科学院等单位从方志、正史等文献搜集了有关地震的材料，编了《中国地震历史资料汇编》（科学出版社 1985 年出版）。从中可知以下情况。

明代的主要地震：1411 年 10 月，西藏当雄西地震。1500 年 1 月，云南宜良地震。1501 年 1 月，陕西朝邑地震。1515 年 6 月，云南永胜西北地震。1536 年 3 月，四川西昌北地震。1548 年 9 月，渤海地震。1556 年 1 月，陕西渭南和山西蒲州地震。1561 年 8 月，宁夏中卫东地震。1588 年 8 月，云南建水曲溪地震。1597 年 10 月，渤海地震。1600 年 9 月，广东南澳地震。1604 年 12 月，福建泉州海中地震。1605 年 7 月，海南琼山地震。1609 年 7 月，甘肃酒泉红崖堡地震。1622 年 10 月，宁夏固原北地震。1626 年 6 月，山西灵丘地震。

清代的主要地震：1652 年 7 月，云南弥渡南地震。1654 年 7 月，甘肃天水南地震。1668 年 7 月，山东郯城地震。1679 年 9 月，河北三河平谷地震。1683 年 11 月，山西原平地震。1695 年 5 月，山西临汾地震。1709 年 10 月，宁夏中卫地震。1718 年 6 月，甘肃通渭南地震。1725 年 8 月，四川康定地震。1733 年 8 月，云南东川紫牛坡地震。1739 年 1 月，宁夏平罗银川地震。1786 年 6 月，四川康定南地震。1786 年 6 月，四川泸定得妥地震。1792 年 8 月，台湾嘉义地震。1799 年 8 月，云南石屏宝秀地震。1806 年 6 月，西藏错那西北地震。1812 年 3 月，新疆尼勒克东地震。1816 年 12 月，四川炉霍地震。1830 年 6 月，河北磁县地震。1833 年 8 月，西藏聂拉木地震。1833 年 9 月，云南嵩明杨林地震。1842 年 6 月，新疆巴里坤地震。1850 年 9 月，四川西昌、普格间地震，死亡人数约 23 860。1867 年 12 月，台湾基隆北海地震。1879 年 7 月，在甘肃武都文县发生 8 级大地震，死亡人数约 29 480。1883 年 10 月，西藏普兰地震。1887 年 12 月，云南石屏地震。1888 年 6 月，渤海湾地震。1893 年 8 月，四川道孚乾宁地震。1895 年 7 月，新疆塔什库尔干地震。1902 年 8 月，新疆阿图什北地震。1902 年 11 月，台湾台东地震。1904 年 8 月，四川道孚地震。1906 年 12 月，新疆沙湾西地震。1908 年 8 月，西藏奇林湖地震。1909 年 4 月 15 日，台湾台北地震。

②西方地震知识的传入

从明代中期以后，有一些西方的传教士来到中国，把西方的自然知识传到中国。意大利来华传教士熊三拔于 1612 年刊行的《泰西水法》一书中，就有对"气致震论"的介绍。把地震的原因归纳为气的挤压，这种见解在我国古代已经有之，周代的大夫就是这样解读的。

黄兴涛的《西方地震知识在华早期传播与中国现代地震学的兴起》（《中国人民大学学报》2008 年第 5 期）一文介绍，明末清初，意大利来华传教士龚华民（1568—1654 年）撰写《地震解》（1626 年），其中讲述了地震的原因、等级、预兆，把西方人的地震思想传入中国。还有另一位意大利传教士高一志（1566—1610 年）撰写了《空际格致》，他们将当时欧洲的地震学知识介绍到中国来。两书介绍了亚里士多德的"摇"和"踊"两种情况（摇者，左右摇晃；踊者，上下晃动）和亚尔北耳的"摇""反""裂""钻""战掉"和"荒废"六种情况。书中还介绍了地震前的六种预兆，包括井水无故忽浊并发恶臭，井水沸滚，海水无风而涨，空中异常清莹，昼间或日落后"天际清朗而有云细如一线甚长"等。这六条预兆，成为明清时期民间预防震灾所依凭的基本知识。

《皇朝经世文四编》卷十《地学》载有传教士龚华民所归纳的"地震之兆""六端"，地震较多的宁夏隆德县的修志者加以补充转载在清康熙二年（1663 年）刊印的《隆德县志》。其文："地震之兆约有六端：一、井水本湛静无波，倏忽浑如墨汁，泥渣上浮，势必地震。二、池沼之水，风吹成谷，荇藻交萦，无端泡沫上腾，若沸煎茶，势必地震。三、海面遇风，波浪高涌，奔腾泙淘，此常情。若风日晴和，台飓不作，海水忽然浇起，汹涌异常，势必地震。四、夜半晦黑，天忽开朗，光明照耀，无异日中，势必地震。五、天晴日暖，碧空清净，忽见黑云如缕，蜿如长蛇，横亘空际，久而不散，势必地震。六、时值盛夏，酷热蒸腾，挥汗如雨，蓦觉清凉，如受冰雪，冷气袭人，肌为之栗，势必地震。"这些地震前兆经验已为中国人所接受，并作为普及地震知识的重要资料。

③明清对地震原因的认识

地震的原因，有人认为与水有关系，有人持反对态度。明代谢肇淛《五杂俎》卷四《地部》记载："闽、广地常动，浙以北则不恒见。说者谓滨海水多则地浮也。然秦、晋高燥，无水时亦震动，动则裂开数十丈，不幸遇之者，尽室陷入其中。"当时滨海的福建、两广地时常有地震，有人就认为是沿海的海水多，大地是浮着的，所在地常震动。谢肇淛却认为，陕西与山西远离大海，没有海水，可是，时常也有地震，大地有时撕开了巨大的口子，把房屋都吞进去了。显然，地震不完全与海水有关。这就是谢肇淛对民间地震原因解读的质疑，毫无疑问是一种朴素的认识。

明代人注意到星变与地震之间的关系，金士衡上疏说："往者湖广冰雹，顺天昼晦，丰润地陷，四川星变，辽东天鼓震，山东、山西则牛妖、人妖，今甘肃天鸣地裂，山崩川竭矣。"他对神宗说："明知乱征，而泄泄从事，是以天下戏也。"① 这些议论可能有些牵强，但也不排斥当时确有各种异常现象。地情与天象是有联系的，地球无非就是宇宙的一个子系统，宇宙中的任何一个微小变化都可能会对地球产生影响。

④明清地震前兆的记载

许多古书记载地震前往往有些征兆，如云雾蔽天，火光冲天，雷鸣如鼓，这都是史籍中记载的地震前兆。

《明宪宗实录》卷五十五记载，成化四年（1468 年）三月十二日，广东琼州府，"夜四更地震，未震之先，有声从西南起，遂大震，既而复震，良久乃止"。

《明武宗实录》卷五十记载，强烈地震在发生之前，震区上空往往出现灼

---

① 《明史·金士衡传》。

亮的闪光,这种发光现象俗称地光。正德四年(1509 年)五月二十六日夜,湖北"武昌府见碧光闪烁如电者六七次,隐隐有声如雷鼓,既而地震"。《明武宗实录》卷一百七还记载:正德八年(1513 年)十二月三十日,四川越巂县"有火轮见空中,声如雷,次日地震"。

地震时人们能够听到巨大的声音。如:有声如吼,声如巨雷。《明神宗实录》卷二百六记载:万历十六年(1588 年)十二月,礼部报告地震的情况,"山西偏关及陕西泾州、固原、陇西、孤山等处俱天鼓鸣,或如炮,或如雷,而镇番卫石灰沟天鼓震响,云中有如犬状乱吠有声;直隶滦州、山东乐陵、武定,河南叶县,浙江嘉兴府,辽东金盖、广宁及陕西、宁夏、云南卫府州县十余处俱地震,或有声如雷鼓,山裂石飞,毁屋杀人。甚则震倒城楼、铺舍、城垣、衙宇、民居,压死男妇百余,牛畜无算"。

《顺治邓州志》记载,明世宗嘉靖三十五年(1556 年)正月二十三日、二月十四日夜,河南邓县、内乡"分闻风雨声自西北来,鸟兽皆鸣,已而地震轰如雷"。

大震之前往往有微震,地下水位往往发生异常变化。康熙十八年(1679 年),三河、平谷(京郊地区)8 级大震前,出现了"特大炎暑,热伤人畜甚重"的异常现象。民国《寿光县志》记载山东寿光"未震之前一日,耳中闻河水汹汹之声,遣子探试,亦无所见,或云先一日弥丹诸河水忽涸"。地震前往往出现气象异常情况,如高温酷热、雷雨风大作、干旱水涝等。

⑤根据地震前兆预防地震

乾隆二十年(1755 年)编写的《银川小志》记载:清初一位在官府做饭的炊事员和几位老乡共同总结出了地震的前兆。书中说,宁夏地震"大约春冬二季居多,如井水忽浑浊,炮声散长,群犬围吠,即防此患"。

《道光遵义府志》记载:嘉庆十四年(1809 年)八月十一日、九月二十日贵州正安发生强震之前,"小溪里、罗乾溪忽山动石坠",当地居民迅速把器具牛羊转移到安全地方,"迁毕地摇,房屋倒塌,田土尽翻"。

《明清宫藏地震档案》记载:道光十年(1830 年)闰四月二十二日,河北磁县发生 7.5 级大震,之后余震不止,到五月初七日发生了一次强余震,"所剩房屋全行倒塌,幸居民先期露处或搭席棚栖身,是以并未伤毙人口"。

清咸丰五年(1855 年),辽宁金县地区发生地震,《明清宫藏地震档案》中记载:"未震之时,先闻有声如雷,故该处旗民早已预防,俱各走避出屋。

是以未经压毙多人，只伤男妇子女共七名。”

⑥地震的过程

明代王士性《广志绎》记录了山西某次地震的过程及后果，如：山西的地震，“地震时，蒲州左右郡邑，一时半夜有声，室庐尽塌，压死者半属梦寐不知。恍似将天地掀翻一偏，砖墙横断，井水倒出，地上人死不可以数计”。这就是说，地震时常发生在半夜，人们在深睡中突然感受到大地在翻身，顷刻之间就屋毁人亡。他还对地震之后的情况作了记载：“自后三朝两旦，寻常摇动，居民至夜露宿于外，即有一二室庐未塌处，亦不敢入卧其下。人如坐舟船行波浪中，真大变也。比郡未震处，数年后瘟疫盛行，但不至喉不死，及喉无一生者，缠染而死又何止数万。此亦山右人民之一劫也。”由此可知，地震不是一日行为，而是持续数日。地震时，人们如同在波浪中的舟船上。地震之后的灾害就是瘟疫，瘟疫暴发时，如果出现了喉疾，就难以救治了，因为瘟疫而死亡的人常达数万人。地震与瘟疫是人们的大劫难。

明代秦大可撰《地震记》，记述了他亲身经历的嘉靖三十四年十二月至第二年即嘉靖三十五年一月二十三日发生在关中的地震，当时出现了地理异动现象，“或涌出朽栏之舢板，或涌出赤毛之巨鱼，或山移五里而民居俨然完立，或奋起土山迷塞道路。其他如村树之易置，阡陌之更反，盖又未可以一一数也”。由于地壳运动，许多物质如同从地底下冒出来的一般，有江河中船板，也有水中的大鱼，甚至于把山体移动了五里，把民宅挤动得耸立起来，道路为之阻塞，田地都破坏了，一片狼藉现象。秦大可在《地震记》中还记载了他亲身体验和耳闻目睹的事实，“因计居民之家，当勉置合厢楼板，内竖壮木床榻，卒然闻变，不可疾出，伏而待定，纵有覆巢，可冀完卵；力不办者，预择空隙之处，审趋避可也”。

有些地区连续发生地震，《明英宗实录》卷七十五记载：正统六年（1441年）正月“甘肃总兵官定西伯蒋贵、陕西行都司都指挥使任启等奏：庄浪卫苦水湾驿，去岁十月三十日地数震；十一月二十二日夜地震，有声，墙壁、草棚多倾覆者；二十四日夜天鼓鸣；二十五日地复震如初”。两个月内地震不停，这种情况是令人恐惧的。清代，有些地震形成地震链。《清史稿·灾异志五》记载：“康熙七年（1668年）五月癸丑（初六），子时，京师地震；初七、初九、初十、十三又震。”此史料说明地震不是一次就完成，往往持续数天。这一年，在六月发生大旱，接着又是大雨数日，接着又是浑河（永定河）

水决，大水淹死不少人，超过明代万历三十年（1602 年）的京城大水。这又说明各种灾情是连锁发生的。因为大雨，才导致河决。

《光绪虞乡县志》卷一一《艺文上》所载季元瀛的《地震记》，记录了嘉庆二十年（1815 年）九月二十日山西平陆强震全过程。地震前，自八月初六，"阴雨连绵四旬，盆倾檐注，过重阳微晴，十三日大雾"。对此异常天气，"乡老有识者，谓霪雨后天大热，宜防地震"。"二十日早，微雨随晴，及午欻蒸殊甚。傍晚，天西南大赤。初昏，半天有红气如绳下注。""二鼓后……忽然屋舍倾塌，继有声逾迅雷。"而"自初震及次日晚，如雷之声未绝"。地震中天气及动植物的反应是："二十四日晚，云如苍狗，甚雨滂沱，天上地下，震声接连，即地水盈尺。""震时，鸡敛翅贴地，犬缩尾吠声。""日数次震，牛马仰首，鸡犬声乱，即震验也。""初震时，有大树仆地旋起者，有井水溢出者。"

清人闵麟嗣纂《黄山志定本》卷三《灵异》记载了地震的具体过程："康熙丁未六月中旬，太平陈辅性过（黄山）汤岭上百级，小憩石亭，见对面云门峰半，忽发大声，似雷奋天空，陵谷震动，仰首视之，见巨石掀翻，彼此磕撞，相随坠下者不可计，石火灰埃，复如电睒云飞，疑是老蛟破石而出。须臾，水涌岸摧，度此身填涧中泥沙矣。既而声收尘散，四山静嘿，凝神谛观，则半壁破阙，新痕灿见，何风雷未作而有此怪异也？"这是突然发生在黄山的地震，山体似有蛟龙发威，一瞬间石破天惊，随即就云散雾开，令人惊愕不已。

⑦地震改变了山川的自然环境

《明宪宗实录》卷二百六记载：成化十六年（1480 年）八月，"云南镇守总兵官等奏：丽江府巨津州金沙江北岸有白石，雪山一带约高三四百丈，本年四月初二日山忽断裂约大里许，下塞江流，两岸山相倚合，山上草木皆不动，江水不流者三日，两岸禾麦尽为所没，已而其下渐开，水始通泄"。

咸丰三年（1853 年），湖北保康县大山崩，移十里许，陈家河东岸大山崩移西岸。① 地震之后，山体移动，河道改变。咸丰六年（1856 年），湖北咸丰

---

① 民国《湖北通志》卷七六。

县地震时，"山崩石走……只见尘氛迷漫，乱石纷腾，星奔雨集"①。据调查，此次地震山崩、滑坡相当普遍，"山崩十余里"，滑坡体体积巨大，形成了中外地震史上罕见的巨大滑崩。② 山体被破坏时，在一些山谷地带还可形成地震湖泊。

在距今渝鄂边境黔江 30 公里处的崇山峻岭中，镶嵌着一片"小南海"，因地震山崩阻塞山谷而形成的"地震湖"。清《黔江县志》记载："咸丰六年（1856 年）五月壬子，地大震，后坝乡山崩……压毙居民数十余家，溪口遂被湮塞。潴塞为泽。延袤二十余里，土田庐舍，尽被淹没，今设楫焉。"另外，1866 年立于小南海边石板凳上的石碑碑文中亦有类似的记载："轿顶山因咸丰六年（1856 年）地震，而此山崩，压毙千有余人，河塞水涌，荡析百有余户。"小南海形成后的面积，据清人言"广约六七里，深不可测"③。与小南海同时因"土石堆积，塞断山谷"而形成的"地震湖"，还有汪大海、小叉塘、向家塘、蛇盘溪等。④

⑧地震的社会影响

地震使人类文明的成果受到重创，社会环境发生变化。震灾最大的危害是人口死亡。顺治十一年（1654 年）天水南地震，山体滑坡达 4 公里，压埋千家，死亡 3 万余人。乾隆三年十一月二十四日（1739 年 1 月 3 日），宁夏府发生特大地震，房子倒塌，引发水灾与火灾。沿河沿渠的城堡被水灌泡，淹死冻死无数，计 5 万人。清代的方志中有不少的材料。《道光安陆县志》卷十四《祥异》记述了各种灾害，如清代康熙二年（1663 年）有震灾，导致城垣倒塌。

在一段时间内，往往连续发生地震，造成连续严重危害。《明神宗实录》卷四百十三记载：万历三十三年（1605 年），广西陆川震。礼部言："比年灾异，地震独多。自三十一年（1603 年）五月二十三日京师地震，至于今未三年也，其间南北二直隶，以至闽、山、陕、宣府、辽东，无处不震；今年则湖

---

① 熊继平主编：《湖北地震史料汇考》，地震出版社 1986 年版，第 104 页。

② 熊继平主编：《湖北地震史料汇考》，地震出版社 1986 年版，第 120 页。

③《酉阳直隶州志》卷末。

④ 熊继平主编：《湖北地震史料汇考》，地震出版社 1986 年版，第 76 页。

广武昌等处，山东宁、海等处，广东琼、雷等郡，广西桂、平等郡，至有陷城沉地，水涌山裂，屋宇尽倾，官民死者甚多。"

明朝嘉靖三十四年十二月壬寅夜间，在陕西渭南一带和山西蒲州等地发生了强烈地震，死亡人数 83 万多。这次地震是中国历史上有明确文字记载的死亡人数最多的一次大地震。明人朱国桢《涌幢小品》载：地震发生时，陕西、山西、河南等地同时发生地震。

地震对某一地区造成毁灭性的打击。康熙十八年（1679 年），河北发生了很大的地震，史书记载："东到奉天之锦州，西到豫之彰德，凡数千里，平谷、三河极惨。自被灾以来，或一日数震，或间日一震，多日尚未安静，诚亘古所稀有之灾也。"① 当通州地震时，人不能起立，凡雉堞、城楼、仓库、官廨、民房、寺院无一存者。后周修建的燃灯佛塔异常坚固，也在地震中倒塌了。顺义县地震时，地下冒出黑水。延庆县地震时，河水荡动几竭。平谷县地震时，地底如鸣巨炮。民众日则暴处，夜则露宿，仍有许多人死亡，积尸如山，哭声震天。董含在《三岗识略》中说："帝都连震一月，亘古未有之变。"

地震甚至导致城镇消失。光绪五年（1879 年）五月，在甘肃南部与四川接壤的阶州（今武都）和文县一带发生 8 级以上大地震，这是晚清破坏性最大的一次地震，波及甘肃、四川、山西、陕西等省的 100 多县市。阶州和文县有 3 万多人死亡，阶州的洋汤河镇从地面消失。

面对震灾，统治者感受到惊慌，康熙皇帝曾在康熙四年（1665 年）地震频繁发生时，下"星变地震"诏曰："去岁之冬，星变示警，迄今复见，三月初二日，又有地震之异，意者所行政事，未尽合宜，吏治不清，民生弗遂，以及刑狱繁多，人有冤抑，致上干天和，异征屡告。"②

地震会使人们产生恐惧感，因为恐惧人们便会求救于宗教等，以缓解内心的恐慌。《明季北略》记载天启六年（1626 年）六月初五日四鼓，"广昌县地震，摇倒城墙，开三大缝，有大小妖魔，日夜为祟，民心惊怖。县令请僧道百人设醮于关帝、城隍诸庙，旬日渐息"。其实，即使当地不请僧道设醮，地震同样可以平息。由于请了僧道，人们就误认为是僧道镇住了地震，于是更加茫

---

① 民国《平谷县志》卷三《灾异·平谷县地震记》。

② 《清圣祖实录》卷十四。

然相信了宗教的作用。

明代与其他时期一样，常以地震而检讨官员的工作情况，以之作为对官员的一种制约。但是，也有人主张以客观的态度对待地震，不要把天灾简单地归罪于官员。《明史》卷二五八《汤开远列传》记载，汤开远为河南府推官时，给崇祯帝的上疏陈述的就是盛夏雪雹后地震以及天气干燥所引发草场自燃的事情，认为不能因地震怪罪官吏失职，说"今岁盛夏雪雹，地震京圻，草场不热自焚"，即草场燃烧是因地震天热、气候干燥，并非官吏管理不善而致。

（二）地震个案

①个案文献：《明史·五行志》所载地震

《明史·五行志》是按照金木水火土五行排列的历史文献，其中所载地震资料尤为集中与详细，提供了以下值得我们注意的信息：

地震前有兆头。正德元年（1506年）五月己亥夜，武昌见碧光如电者六，有声如雷，已而地震。

地震引起山体发生变化。"山颓"条记载："正统八年（1443年）十一月，浙江绍兴山移于平田。""崇祯九年（1636年）十二月，镇江金鸡岭土山崩。后八年（1644年），秦州有二山，相距甚远，民居其间者数百万家。一日地震，两山合，居民并入其中。"

发生地震的区域面积巨大，山川震鸣，河水变得清澈。嘉靖三十四年十二月"壬寅，山西、陕西、河南同时地震，声如雷。渭南、华州、朝邑、三原、蒲州等处尤甚，或地裂泉涌，中有鱼物，或城郭房屋陷入地中，或平地突成山阜，或一日数震，或累日震不止。河渭大泛，华岳终南山鸣，河清数日，官吏军民压死八十三万有奇"。

地震引起地形变化。弘治十一年（1498年）六月丙子，桂林地有声若雷，旋陷九处，大者围十七丈，小者七丈或三丈。

地震造成连锁反应，引起一系列的社会危害，导致大量人口死亡。弘治十四年（1501年）八月癸丑，四川可渡河巡检司地裂而陷，涌泉数十派，冲坏桥梁、庄舍，压死人畜甚众。

地震不是孤立地发生在一个地区，往往波及很大的区域。成化十七年（1481年）二月甲寅，南京、凤阳、庐州、淮安、扬州、和州、兖州及河南一些州县，同日地震。五月戊戌，直隶蓟州遵化县地震。六月甲辰，又震，日三次。永平府及辽东宁远卫亦三震。正德六年（1511 年）十一月戊午，京师地震。保定、河间二府及八县三卫，山东武定州，同日皆震。嘉靖二年（1523 年）正月，南京、凤阳、山东、河南、陕西地震。三年（1524 年）正月丙寅朔，两畿、河南、山东、陕西同时地震。隆庆二年（1568 年）三月甲寅，陕西庆阳、西安、汉中，宁夏，山西蒲州、安邑，湖广郧阳及河南十五州县，同日地震。

《明史·五行志》注重两京的地震情况。史官对北京的每一次地震，都没有遗漏（详见后文），甚至对南京的地震也记载得较为详细。如：洪熙元年（1425 年），南京地震。宣德元年（1426 年），南京地震者九。二年（1427 年）春，复震者十。三年（1428 年），复屡震。四年（1429 年），两京地震。五年（1430 年）正月壬子，南京地震。辛酉，又震。景泰三年（1452 年），南京地震。天顺元年（1457 年）十月乙巳，南京地震。成化十二年（1476 年）正月辛亥，南京地震。弘治年间的地震多，值得地震史学家注意，如三年（1490 年）八月乙卯，南京地震，屋宇皆摇。淮、扬二府同日震。十四年（1501 年）十月辛酉，南京地震。十五年（1502 年）九月丙戌，南京、徐州、大名、顺德、济南、东昌、兖州同日地震，坏城垣、民舍。十六年（1503 年）二月庚申，南京地震。十八年（1505 年）六月甲午，南京及苏、松、常、镇、淮、扬、宁七府，通、和二州，同日地震。嘉靖二年（1523 年）南京震者再。崇祯三年（1630 年）九月戊戌，南京地震。五年（1632 年）四月丁酉，南京地震。十年（1637 年）正月丙午，南京地震。十三年（1640 年）十一月戊子，南京地震。十七年（1644 年）正月乙卯，南京地震。

《明史·五行志》之所以详细记载北京与南京的地震，主要原因是地震发生在明朝的都城，史官在京城中能够直接感受到地震的情况，并亲自记述下来。虽然史官对地震记载的次数多，但均不详细。地震发生时的情况如何？地震后如何处置的？都难以考证。

②个案年代：天启年间的地震

地震是周期性的自然灾害。地震看似无规律，实则有内在的必然性。明末是多灾多难的时期，地震灾害也特别多，而天启年间地震尤其频繁，史书多有记载。清人计六奇在《明季北略》就有不少记载，此处不妨与《明史·五行志》对应着列举史料。

《明季北略》记载天启二年（1622 年）九月二十二日，"陕西临洮地震，摇倒房屋，压伤民命"。

按，《明史·五行志》也记载这年的地震特别多，如二月癸酉，济南、东昌、河南、海宁地震。三月癸卯，济南、东昌属县八，连震三日，坏民居无数。九月甲寅，平凉、隆德诸县，镇戎、平虏诸所，马刚、双峰诸堡，地震如翻，坏城垣七千九百余丈，屋宇万一千八百余区，压死男妇万二千余口。十一月癸卯，陕西地震。正史与野史笔记对应着读，不难看出其中是有差异的。

《明季北略》记载天启三年（1623年）癸亥四月初六日，"云南洱海卫地震三次，初七、十二日，复大震三次如雷。房舍俱倒，大理府亦然。北来南去，有声如吼。时旱魃为灾。十二月乙丑二十二日丁未申时，应天府地震，声如巨雷，两个时方止。常镇扬泰州俱然，摇倒民房无数，压死多命"。二月三十日巳时，"北京地震，自西北至东南，有声如雷，未、申时又震二次。六月初五日，保定各州县地震有声如雷，城墙倾倒，打死人口无数"。六月初五日，"时大同府地震如雷，从西北起至东南去，浑源州等处亦然，城墙俱倒，压死甚众"。十一月十八日午时，"南京陵寝地震。二十五日宁夏地震。六月、九月俱震，半年三震"。

按，《明史·五行志》也记载：天启三年（1623年）四月庚申朔，京师地震。十月乙亥，复震。闰十月乙卯，云南地震。十二月丁未，南畿六府二州俱地震，扬州府尤甚。是月戊戌，京师地又震。天启四年（1624年）二月丁酉，蓟州、永平、山海地屡震，坏城郭庐舍。甲寅，乐亭地裂，涌黑水，高尺余。京师地震，宫殿动摇有声，铜缸之水，腾波震荡。三月丙辰、戊午，又震。庚申，又震者三。六月丁亥，保定地震，坏城郭，伤人畜。八月己酉，陕西地震。十二月癸卯，南京地震。天启六年（1626年）六月丙子，京师地震。济南、东昌及河南一州六县同日震。天津三卫、宣府、大同俱数十震，死伤惨甚。山西灵丘昼夜数震，月余方止。城郭、庐舍并摧，压死人民无算。七月辛未，河南地震。九月甲戌，福建地震。十二月戊辰，宁夏石空寺堡地大震。碛山石殿倾倒，压死僧人。是年，南京地亦震。天启七年（1627年）丁卯正月十八日卯时，"京师地震，有声起自西南，以至东北，房屋倾倒，伤人无数"。宁夏各卫营屯堡，自正月己巳至二月己亥，凡百余震，大如雷，小如鼓如风，城垣、房屋、边墙、墩台悉圮。十月癸丑，南京地震，自西北迄东南，隆隆有声。

以上可见，天启年间是地震频发期，涉及的地点不仅多次有都城北京，还有河北的保定，山西的大同、浑源，陕西的临洮，长江下游的南京、常州、镇江、扬州、泰州，西南的大理，都不同程度发生地震。宁夏甚至半年三震。

③个案实例：北京是地震的高发区

《明史·五行志》记载了明代从公元1375年至1637年北京的地震：

（明洪武）八年七月戊辰，京师地震。十二月戊子，又震。建文元年三月甲午，京师地震，求直言。永乐元年十一月甲午，北京地震。山西、宁夏亦震。二年十一月癸丑，京师、济南、开封并震，有声。六年五月壬戌、十一年八月甲子，京师复震。十三年九月壬戌、十四年九月癸卯，京师地震。十八年六月丙午，北京地震。宣德元年七月癸巳，京师地震，有声，自东南迄西北。正统三年三月己亥，京师地震。庚子，又震。甲辰，又震者再。四年六月乙未，复震。八月己亥，又震。十年二月丁巳，京师地震。景泰二年七月癸丑，京师地震。五年十月庚子，京师地震，有声，起西北迄东南。成化四年八月癸巳，京师地震，有声。成化十二年十月辛巳，京师地震。成化十三年九月甲戌，京师地三震。成化二十年正月庚寅，京师及永平、宣府、辽东皆震。宣府地裂，涌沙出水。天寿山、密云、古北口、居庸关城垣墩堡多摧，人有压死者。成化二十一年闰四月癸巳，蓟州遵化县地震，有声，越数日复连震，城垣民居有颓仆者。五月壬戌，京师地再震。成化二十一年十一月丙寅，京师地震。弘治三年十二月己未，京师地再震。四年六月辛亥，复三震。弘治七年，两京并六震。弘治八年，南京地再震。九年，两京地震者各二次。十年正月戊午，京师地震。弘治十三年七月己巳，京师地震。十月戊申，两京、凤阳同时地震。正德八年八月乙巳，京师大震。正德十四年二月丁丑，京师地震。嘉靖六年十月戊辰，京师地震。十二年八月丁酉，京师地震。十五年十月庚寅，京师地震。顺天、永平、保定、万全都司各卫所，俱震，声如雷。嘉靖二十七年七月戊寅，京师地震，顺天、保定二府俱震。八月癸丑，京师复震，登州府及广宁卫亦震。三十年九月乙未，京师地震，有声。嘉靖四十一年正月丙申，京师地震。隆庆二年三月戊寅，京师地震。隆庆三年十一月庚辰，京师地震。四年四月戊戌，京师地震。五年六月辛卯朔，京师地震者三。万历三年九月戊午，京师地震。十月丁卯，又震。万历四年二月庚辰，蓟、辽地震。辛巳，又震。万历七年七月戊午，京师地震。八年五月壬午，遵化数震，七日乃止。万历十二年二月丁卯，京师地震。五月甲午，又震。万历十二年八月己酉，京师地震。十四年四月癸酉，又震。万历十六年六月庚申，京师地再震。万历二十三年五月丁酉，京师地震。万历二十五年正月甲申，京师地震，宣府、蓟镇等处俱震。十二月乙酉，京师地震。万历二十八年二月戊寅，京师地震，自艮方西南行，如是者再。五月戊寅，京师地震。万历三十三年九月丙申，京师地震者再，自东北向西南行。三十六年二月戊辰，京师地震。七月丁酉，又震。崇祯元年九月丁卯，京师地震。崇祯十二年二月癸巳，京师地震。

北京的地震，一直是学术界重点研究的内容。学者们指出：[①] 明代北京发生地震，史书上记载的年代主要有 1413 年、1415 年、1420 年、1426 年、1429 年、1451 年、1494 年、1495 年、1496 年、1497 年、1511 年、1512 年、1513 年、1519 年、1524 年、1533 年、1551 年、1568 年、1576 年、1581 年、1584 年、1585 年、1588 年、1601 年、1605 年、1608 年、1615 年、1623 年、1628 年、1637 年、1638 年、1639 年。从这些年份中，不难发现，北京的地震在 1494 年至 1497 年、1511 年至 1513 年、1637 年至 1639 年这些时段内年年发生，在 1413 年、1415 年、1420 年、1426 年、1429 年、1601 年、1605 年、1608 年是隔几年就发生一次。在史书中，有时一年发生数次地震，如 1496 年，农历二月的壬戌、壬申、闰三月的辛未都有地震的记载。为什么历史上的这些年份频发地震，是不是当时进入了地震高发期？地震是一种不以人们意志为转移的自然现象，但其中是有规律的。如果我们掌握了明代北京地震的规律，对于预防以后的地震灾情是有益的。

明代北京地震有相当严重的危害。《古今图书集成·方舆汇编·职方典·顺天府部·纪事》引《蓟州志》载："天启六年（1626 年）五月初五日巳时，京师地震，王恭厂灾。是日蓟地同震。六月初五日丑时，地大震千余里。"这次地震的范围包括山东、河南、山西。《明季北略》也记载了天启六年（1626年）北京这次地震的危害情况。其文：

初六日巳时，天色皎洁，忽有声如吼，从东北方，渐至京城西南角。灰气涌起，屋宇动荡，须臾大震一声，天崩地塌，昏黑如夜，万室平沉。东自顺城门大街，北至刑部街长三四里，周围十三里，尽为齑粉，屋数万间，人二万余；王恭厂一带，糜烂尤甚。僵尸层迭，秽气熏天，瓦砾盈空而下，无从辨

---

① 于德源编著：《北京历史灾荒灾害纪年：公元前 80 年—公元 1948 年》，学苑出版社 2004 年版。

别。衙道门户，震声南由河西务，东自通州，北自密云、昌平、告变相同。城中屋宇无不震烈，举国狂奔。象房倾圮，象俱逸出。遥望云气，有如乱丝者，有如五色者，有如灵芝黑色者，冲天而起，经时方散。

钦天监周司历奏曰：五月初六巳时，地鸣声如霹雳，从东北艮位上来行至西南方。有云气障天，良久散。占曰：地鸣者，天下起兵相攻，妇寺大乱。又曰：地中泅泅有声，是谓凶象，其地有殃。地中有声混混，其邑必亡。魏忠贤谓妖言惑众，杖一百乃死。

后宰门火，神庙栋宇巍焕，初六日早，守门内侍忽闻音乐之声，一番粗乐过，又一番细乐，如此三叠，众内侍惊怪巡缉，其声出自庙中，方推殿门入，忽见有物如红球，从殿中滚出，腾空而上，俄东城震声发矣。

哈达门火神庙，庙祝见火神支飒飒行动，势将下殿，忙拈香跪告曰：火神老爷，外边天旱，切不可走动。火神举足欲出，庙祝哀哭抱住。方在推阻间，而震声旋举矣。

皇上此时方在乾清宫进膳，殿震，急奔交泰殿，内侍俱不及随。止一近侍掖之而行。建极殿槛鸳瓦飞堕，此近侍脑裂，而乾清宫御座御案俱翻倒。异矣哉。

绍兴周吏目弟到京才两日，从蔡市口遇六人，拜揖尚未完，头忽飞去，其六人无恙。

一部官家眷，因天黑地动，椅桌倾翻，妻妾仆地，乱相击触，逾时天渐明俱蓬跣泥面，若病若鬼。

大殿做工之人，因是震而坠下者约二千人，俱成肉袋。

郎中潘云翼母居后房，雷火时抱一铜佛跪于中庭，其房瓦不动，得生。前房十妾俱压重土之下。颂天胪笔云：抱佛者云翼之妻，非母也。

北城察院此日进衙门，马上仰面见一神人，赤冠赤发，持剑坐一麒麟，近在头上，大惊，堕马伤额，方在喧嚷间，东城忽震。

初六日五鼓，时东城有一赤脚僧，沿街大呼白：快走！快走！

所伤男妇，俱赤体寸丝不挂，不知何故？有一长班于响之时，鬃帽衣裤鞋袜，一霎俱无。

……长安街空中飞堕人头，或眉毛和鼻或连一额，纷纷而下，大木飞至密云，驸马街，有大石狮子，重五千斤。数百人移之不动，从空飞出顺城门外。……震崩后，有报红细丝衣等俱飘至西山，大半挂于树梢。昌平州教场中衣服成堆，首饰银钱器皿，无所不有。户部张凤达使长班往验，果然。……予闻宰相顾秉谦妾，单裤走出街心，顾归见之，赤身跣足扶归，余人俱陷地中，不知踪迹甚众。又闻冯铨妻坐轿中被风吹去落下，止剩赤身而已。又石忽入云霄，磨转不下，非常怪异，笔难尽述。呜呼！熹庙登极以来，天灾地变，物怪人妖，无不迭见，未有若斯之甚者。思庙十七载之大饥大寇，以迄于亡，已于是乎兆之矣。

天启六年（1626 年），北京的这场地震可以称之为北京历史上的一次重大自然灾害，可以作为一个个案加以研究。这次地震发生在农历五月，这个月份是最容易发生地震的月份。这天天气晴朗，突然风尘大扬，从东北方传来巨大的声音，可能是地震中心的声音，接着，京城的房屋成片地倒塌。京城以外的地方也出现地震，东自通州，北自密云、昌平，相继告急。

这次震灾的直接危害是：大量的建筑被毁；死伤者不计其数；皇宫内，皇帝险些被建筑物砸伤。好在当时的楼房不高，许多建筑是木结构的，所以没有压死太多的人。

这场震灾危机在京城以内。由于死人有两万多，事情来得太突然，朝廷没有应急措施，以至于死尸层叠，糜烂尤甚，秽气熏天。目前尚不知道震灾是否引起传染病，按说死这么多人，是完全可能引起瘟疫的。

伴随着这场震灾，迷信思想泛滥，出现各种附会之说，如赤脚僧有预感，火神举足欲出等。事实上，地震时，由于房屋遭破坏，引起了火灾，这是地震通常引起的次生性灾害，不足为奇。于是，就传闻说火神出屋。

北京是地震的高发区。河北三河、平谷于康熙十八年（1679 年）七月二十八日发生地震。这是北京附近地区历史上的一次大地震，震级估计为 8 级，震中烈度为 XI 度，破坏面积纵长 500 公里，北京城内故宫破坏严重。据《乾隆三河县志》记载，三河知县任埏震后作记："七月二十八日巳时，余公事毕，退西斋假寐。若有人从梦中推醒者。视门方扃，室内阒无人。正惝恍间，忽地底如鸣大炮，继以千百石炮，又四远有声，俨数十万军马飒沓而至……次日人报县境较低于旧时，往勘之。西行三十余里及柳河屯，则地脉中断，落二尺许。渐西北至东务里，则东南界落五尺许。又北至潘各庄，则正南界落一丈许。"土地下沉，这是三河县地震的突出特点。地震范围至河北、山西、陕西、辽宁、山东、河南等省，共计 200 多个县市，最远记录有 700 百多公里。

据《清文鉴》等文献记载：二十八日庚申巳时，从京城东方的地下发出响声，只见尘沙飞扬，黑雾弥漫，不见天日。蓟州地区，地内声响如奔车，如急雷，天昏地暗，房屋倒塌无数，压死人畜甚多，地裂深沟，缝涌黑水甚臭，日夜之间频震，人不敢家居。宛平县城也没有逃过此劫，城中裂碎万间屋。二十九日、三十日复大震，良乡、通县等城俱陷，裂地成渠，黄黑水溢出，黑气蔽天。仅京城即倒房一万二千七百九十二间，坏房一万八千二十二间，死人民四百八十五名。有很多的官员也死在了这次地震中，包括内阁学士王敷政、大学士勒得宏、掌春坊右庶子翰林侍读庄炯生、原任总理河道工部尚书王光裕。

道光十年（1830年）闰四月二十二日，河北磁县发生 7.5 级大震，到五月初七日发生了一次强余震。

（三）各地的地震

这里，由北向南介绍明清时期的地震：

①东北与西北

1855 年 12 月 11 日，辽宁金县发生 6 级地震，因为震前有巨声，人们到屋外，得以减少损失。

《明史·五行志》记载西北的甘肃、宁夏等地多次发生地震。洪武四年（1371 年）正月己丑。巩昌、临洮、庆阳地震。成化十三年（1477 年）闰二月癸卯，临洮、巩昌地震，城有颓者。四月戊戌，甘肃地裂，又震，有声。榆林、凉州亦震。宁夏大震，声如雷。城垣崩坏者八十三处。甘州、巩昌、榆林、凉州及沂州、郯城、滕、费、峄等县，同日俱震。成化二十一年（1485 年）闰四月癸未，巩昌府、固原卫及兰、河、洮、岷四州，地俱震，有声。弘治六年（1493 年）三月，宁夏地震，连三年，共二十震。弘治八年（1495 年）三月己亥，宁夏地震十二次，声如雷，倾倒边墙、墩台、房屋，压伤人。嘉靖四十年（1561 年）二月戊戌，甘肃山丹卫地震，有声，坏城堡庐舍。六月壬申，太原、大同、榆林地震，宁夏、固原尤甚。城垣、墩台、府屋皆摧，地涌黑黄沙水，压死军民无算，坏广武、红寺等城。万历三十五年（1607 年）七月乙卯，松潘、茂州、汶川地震数日。三十七年（1609 年）六月辛酉，甘肃地震，红崖、清水诸堡压死军民八百四十余人，圮边墩八百七十里，裂东关地。

顺治十一年（1654 年）夏，甘肃天水发生 7.5 级地震。

乾隆三年（1738 年）年初，宁夏银川地震，《银川小志》有记载。《乾隆宁夏府志》记载："酉时地震，从西北至东南，平罗及郡城尤甚，东南村堡渐减。地如奋跃，土皆坟起。平罗北新渠、宝丰二县，地多坼裂，宽数尺或盈丈……三县城垣堤坝屋舍尽倒，压死官民男妇五万余人。"又据故宫档案载：靠近黄河的一些城镇，震后地裂"涌出大水，并河水泛涨进城，一片汪洋，深四五尺不等，民人冻死、淹死甚多"。这是中国内陆因地震引起河水泛滥成灾的一次震例。这次地震，震中烈度 X 度，破坏范围半径达 380 公里，震级估计为 8 级。极震区长轴与银川地堑方向一致。

②中原

从《明实录》可知，陕甘一带的地震也记载颇多，往往是连成一片地震，如《明宪宗实录》卷一百六十五记载：成化十三年（1477 年）夏四月，"陕西、甘肃天鼓鸣，地震有声，生白毛，地裂水突出，高四五丈，有青红黄黑四色沙；宁夏地震声如雷，城垣崩坏者八十三处；甘州、巩昌、榆林、凉州及山东沂州、郯城、滕费峄等县地同日俱震"。

《明史·五行志》记载陕西经常发生地震。如成化二十二年（1486 年）六月壬辰，汉中府及宁羌卫地裂，或十余丈，或六七丈。宝鸡县裂三里，阔丈余。弘治十四年（1501 年）正月庚戌朔，延安、庆阳二府，同、华诸州，咸阳、长安诸县，潼关诸卫，连日地震，有声如雷。朝邑尤甚，频震十七日，城垣、民舍多摧，压死人畜甚众。县东地拆，水溢成河。自夏至冬，复七震。是日，陕州，永宁、卢氏二县，平阳府安邑、荣河二县，俱震，有声。蒲州自是日至戊午连震。崇祯六年（1633 年）七月戊戌，陕西地震。十年（1637 年）十二月，陕西西安及海剌同时地震，数月不止。

嘉靖三十四年十二月十二日，陕西华县发生地震，这是中国历代地震中死人最多的一次地震，也是目前世界已知死亡人数最多的一次地震。这次地震，山西、陕西、河南同时发生。渭南、华州、朝邑、三原、蒲州等处尤甚。《明史·五行志》记载："官吏军民压死八十三万有奇。"《隆庆华州志》记载：地震前，该地区长期没有中小地震活动。但震前 8 小时左右，在震中区有"地旋运，因而头晕"。这次地震首次记载到地震时"地中出火"（地光）的现象。震后，灾民用木板作房墙，以便抗震。此震极震区长轴与渭河地堑方向一致。估计震级约有 8 级或更高。明代秦大可撰《地震记》也记述了这次关中的大地震。

陕西的地震有很大的互动性，往往是各地同时地震。如，隆庆二年（1568

年）三月甲寅，陕西庆阳、西安、汉中、宁夏，山西蒲州、安邑，湖广郧阳及河南十五州县，同日地震。

《松窗梦语》卷五《灾异纪》记载嘉靖年间山陕的地震："（嘉靖）戊申（1548 年）之秋，山、陕西及山东、直隶地震，日月不同。惟八月之震，京师与直保相同，声如潮涌，盂水皆倾，朝廷震恐。"这场地震的范围覆盖山西、陕西、河北等地，震声汹涌，民心慌乱。同书又重点记载了陕西渭南县的地震：嘉靖"乙卯冬，地震渭南、华州等处。余自蜀出陕，经渭南县，中街之南北皆陷下一二丈许。东郭外旧有赤水山，山甚高大，水旋绕山下，每出郭时，沿山傍水而行，今山冈陷入平地，高处不盈寻丈，渭水北徙四五里，渺然望中矣。过华州华阴，觉华岳亦低于往昔。陵谷之变迁如此"。可见，这场地震导致原有的山形地势发生变化，渭南县东边的赤水山，山势甚高，地震之后，"山冈陷入平地，高处不盈寻丈"，而过去环流的渭水向北迁移了四五里。甚至五岳之一的华山也似乎变得不那么高了。

同书还记载地震引起的山体变化，说陕西澄城县的一座大山竟然分崩离析，相隔甚远："（嘉靖）己酉（1549 年）三月朔，日食几尽，天地晦冥，诸星尽见。时，陕西澄城县有大山高数百丈，一夕忽吼声如雷鸣者数日，遂分崩而东西徙去，相隔五百余里。"由此可以推断，在大型地震之后，自然环境有可能发生一定程度的改变，这是地质构造不断运动的结果。文中说两山相隔五百里，过于夸大。

《清史稿·灾异志五》记载了清代陕西地震情况，顺治五年、顺治十一年、顺治十七年、康熙二十七年等都发生较大的地震。

《明史·五行志》记载山西多次发生地震。洪武五年（1372 年）六月癸卯，太原府阳曲县地震。八月癸未，太原府徐沟县西北中有声如雷，地震凡三日。戊戌，阳曲县地又震。九月壬戌，又震者再。十月戊寅、辛卯，复震。是年，阳曲地凡七震。自六年至十四年，复八震。成化三年（1467 年）五月壬申，宣府、大同地震，有声，威远、朔州亦震，坏墩台墙垣，压伤人。成化二十年（1484 年）五月甲寅，代州地七震。弘治十四年（1501 年）十月甲子，山西应、朔、代三州，山阴、马邑、阳曲等县，地俱震，声如雷。正德八年（1513 年）十月壬辰，叙州府，太原府代、平、榆次等十州县，大同府应州山阴、马邑二县，俱地震，有声。万历十二年（1584 年）三月戊寅，山西山阴县地震，旬有五日乃止。

《松窗梦语》卷五《灾异纪》记载：（嘉靖）戊申（1548 年）之秋，"山西猗氏、蒲州、潞村、芮城等州县地震四五日，有一日四五动者。平地倏忽高下，中开一裂，延袤数丈，惟闻波涛奔激声，近裂处人畜坠下无算。房屋振动，皆为倒塌，压死宗室、职官、居民以数万计。……余览《国朝名臣奏议》，弘治十五年（1502 年）元旦，地震于朝邑等处凡旬四五日，倒房屋、压人畜无算。时载灵宝、阌乡皆然，独不言及蒲。而今蒲之祸独甚，纪数几甲子一周云"。山西的若干个州县都相应发生了地震，震期长达四五天，有时一天有四五次地震。地震撕开了地面，裸露出巨大的沟壑。

从《明神宗实录》卷二百六可知，万历十六年（1588 年）十二月的地震震级大，其震中在山西与陕西之间，同时地震的地区还有直隶滦州，山东乐陵、武定，河南叶县，浙江嘉兴府，辽东金盖、广宁及陕西、宁夏、云南卫府州等地。

清代王士禛《池北偶谈》记载："康熙癸亥（1683 年）十月初五日，山西巡抚穆尔赛疏报：太原府属地震，凡十五州县，而代州崞县、繁峙为甚。崞县城陷地中，毁庐舍凡六万余间，与丁未山东、己未京师之灾相似。"康熙癸亥年间的这场地震，受害最严重的是山西代州崞县，损坏房屋六万余间，伤亡的人数亦当以万计。

山西临汾地震发生于清朝康熙三十四年四月六日（1695 年 5 月 18 日）。这次地震震级估计为 8 级。震中烈度 X 度，破坏面积纵长 500 公里。前一次 8 级地震是 1303 年的洪洞、赵城地震。1815 年 10 月 23 日，山西平陆发生 6.7 级地震，地震造成的破坏极大。

明清山东地震也比较频繁。《明史·五行志》记载了山东的地震，如洪武二十三年（1390 年）正月庚辰，山东地震。成化二十一年（1485 年）二月壬申，泰安地震。三月壬午朔，复震，声如雷，泰山动摇。后四日复微震，癸巳、乙未、庚子连震。

泰山是五岳之一，由于历代皇帝到泰山封禅，使泰山特别具有文化意义。这座文化山发生地震，必然引起人们的关注，甚至作为天人关系的一种警示。明代陆容的《菽园杂记》卷九记载："成化二十一年（1485 年）乙巳二月初五日丑时，泰山微震；三月一日丑时，大震；本日戌时复震；初五日丑时，复震；十三日、十四日相继震；十九日连震二次。考之自古祥异，所未闻也。"明代成化年间泰山的这次地震是连续性的震动，从初五日到十九日长达十四天，震时主要发生在丑时。

1668年7月28日，山东郯城发生8.5级大地震，波及8省161县，是中国历史上地震中最大的地震之一，破坏区面积50万平方公里以上，史称旷古奇灾。据《康熙郯城县志》记载："戌时地震，有声自西北来，一时楼房树木皆前俯后仰，从顶至地者连二三次，遂一颤即倾，城楼堞口官舍民房并村落寺观，一时俱倒塌如平地。"极震区延伸方向与郯庐大断裂方向相一致，最远的有感地区距震中达1000公里。地震时海水有显著变动。清代王士禛《池北偶谈》记载："康熙戊申（1668年），山东、江南、浙江、河南诸省同时大震，而山东之沂、莒、郯三州县尤甚。郯之马头镇，死伤数千人，地裂山溃，沙水涌出，水中多有鱼蟹之属。又天鼓鸣，钟鼓自鸣。淮北沭阳人白日见一龙腾起，金鳞烂然，时方晴明无云气云。"这场地震的震中也许就在郯州的马头镇，该镇"地裂山溃，沙水涌出"，"死伤数千人"。

河南多次地震。方志记载，世宗嘉靖三十五年（1556年）正月二十三日、二月十四日夜，河南邓县、内乡地震。《明史·五行志》也有关于河南地震的记载，如：成化六年（1470年）正月丁亥，河南地震。弘治六年（1493年）四月甲辰，开封、卫辉同日地震。万历十五年（1587年）三月壬辰，开封府属地震者三，彰德、卫辉、怀庆同日震。《清史稿·灾异志五》记载清代河南地震不多，但地方志记载比较详细。如《光绪内黄县志》记载："（道光）十年四月地震，有声如雷。"《履园丛话》记载1820年许昌发生6级左右的大地震，损失惨重。

③西南

《明史·五行志》等文献记载显示，明清时期，云南多次发生地震。如：洪武十九年（1386年）六月辛丑，云南地震。十一月己卯，复震，有声。弘治七年（1494年）二月丁丑，曲靖地震，坏房屋，压死军民。正德六年（1511年）四月乙未，楚雄地三日五震，至明年五月又连震十三日。十月甲辰，大理府邓川州、剑川州、洱海卫地震。鹤庆、剑川尤甚，坏城垣、房廨，人有压死者。正德七年（1512年）五月壬子，楚雄府自是日至甲子，地连震，声如雷。八月己巳，腾冲卫地震两日，坏城楼、官民廨宇。赤水涌出，田禾尽没，死伤甚众。正德十年（1515年）五月壬辰，云南赵州永宁卫地震，逾月不止，有一日二三十震者。黑气如雾，地裂水涌，坏城垣、官廨、民居不可胜计，死者数千人，伤倍之。八月丁丑，大理府地震，至九月乙未，复大震四日。正德十一年（1516年）十二月己未，楚雄、大理二府，蒙化、景东二卫俱震。十二年（1517年）六月戊辰，云南新兴州及通海、河西等地地震，坏城楼、房屋，民有压死者。嘉靖五年四月癸亥，永昌、腾冲、腾越同日地震。万历五年（1577年）二月辛巳，腾越地二十余震，次日复震。山崩水涌，坏庙庑、仓舍千余间，民居圮者十之七，压死军民甚众。万历四十年（1612年）二月乙亥，云南大理、武定、曲靖地大震，次日又震。五月戊戌，云南大理、曲靖复大震，坏房屋。四十三年（1615年）八月乙亥，楚雄地震如雷，人民惊殒。四十八年（1620年）二月庚戌，云南地震。从《明史·五行志》看，云南的地震，给人的印象是常常造成总体性的破坏。诸如地下冒水冒气，房屋倒塌，死人众多。由于抗震的条件较差，地方官员组织抵御灾害的能力有限，所以地震造成的危害较大。

明代陆容的《菽园杂记》卷七记载，云南在成化十六年与十七年（1480—1481年）连续发生地震，地点从丽江到大理："成化十六年四月初二日，云南丽江军民府巨津州雪山移动。十七年六月十九日戌时，大理府地震有声，民物摇动，二次而止。鹤庆军民府本日亥时，满川地震，至天明，约有一百余次，次日午时止廨舍墙垣俱倒。压死军民囚犯皂隶二十余人，伤者数多；乡村民屋倒塌一半，压死男妇不知其数。丽江军民府通安州，本日戌时地震，人皆偃仆，墙垣多倾。以后昼夜徐动约有八九十次，至二十四日卯时方止。各处奏报地震，无岁无之，而云南之山移地震，盖所罕闻者，故记之。"这次地震给人们印象很深的是"雪山移动"，"昼夜徐动约有八九十次"。天启三年（1623年）癸亥四月初六日，云南洱海卫连续地震。

雍正十一年六月二十三日（1733年8月2日），云南东川发生地震。这次地震震级估计为7.5级，是中国地震史料中记述地面断裂最详细的一次地震。《雍正东川府志》记载："自紫牛坡地裂，有罅由南而北，宽者四五尺，田苗陷于内，狭者尺许，测之以长竿，竟莫知浅深，相延几二百里，至寻甸之柳树河止。"地震后人们注意到城墙垛"南北则十损其九，东西十存其六，抑又奇也"。这是中国地震史料对地震力方向性的最早描述。

道光十三年七月二十三日（1833年9月6日），云南昆明发生地震。这次地震震级估计为8级，震中烈度达XI度，破坏范围半径达260公里。它是迄今所知云南省最大的一次地震。魏祝亭《天涯闻见录》记载：震前"先期黄沙四塞，昏晓不能辨，凡三昼夜……震之时声自北来，状若数十巨炮轰……最烈则嵩明之杨林驿，市廛旅馆，尽反而覆诸土中，瞬成平地"。

明清时期四川多次发生地震。四川是地震高发区。《明史·五行志》记载，成化三年（1467年），四川地震。成化十四年（1478年）七月，四川盐井卫地连震，廨宇倾覆，人畜多死。十六年（1480年）八月丁巳，四川越巂卫一日七震，越数日连震。成化二十二年（1486年）九月辛亥，成都地日七八震，俱有声。次日，复震。弘治元年（1488年）十二月辛卯，四川地震，连三日。二年五月庚申，成都地震，连三日，有声。万历三年（1575年）九月己卯，岷州卫地震。己丑至壬午，连百余震。万历二十五年（1597年）正月壬辰朔，四川地震三日。崇祯五年（1632年）四月丁酉，四川地震。十年（1637年）十月乙卯，四川地震。十四年（1641年）九月甲午，四川地震。

《明武宗实录》卷一百七记载正德八年（1514年）十二月三十日，四川越巂县地震，而《明史·五行志》没记。

光绪五年（1879年）五月，在甘肃南部与四川接壤的阶州（今武都）和文县一带发生8级以上大地震。

由于四川及周边频繁发生地震，因而保存了较多的地震碑石。雍正十年（1732年）西昌地震，碑刻有《重修土地神祠碑记》《重修合族宗祠碑记》。乾隆五十一年（1786年），在康定、泸定间发生一次特大地震，碑刻有《铁桩庙碑》。咸丰四年（1854年），南川陈家场发生了地震，碑石有记载。咸丰六年（1856年），黔江发生地震，碑刻有《两河口义渡碑》。同治九年（1870年），巴塘发生强烈地震，《德政碑》记载此事。

贵州也时常发生地震，《明史·五行志》有所记载，如弘治十四年（1501年）八月癸酉，贵州地三震。《清史稿·灾异志》记载，嘉庆十四年（1809年）八月十一日、九月二十日贵州正安发生强震。但总的情况是记载不太多。

④长江中下游地区

湖北省地处华东、华南两大断块构造单元的结合部，地质构造、断裂活动以及新地质构造运动比较复杂，具有发生6级以上地震的地质背景，历史上发生过有记载的破坏性地震（4.7级以上）33次，其中，6级以上地震3次。

1470年，武昌、汉阳发生5级地震；1509年，武昌府地震；1605年，武昌（江夏）等地发生地震；1605年，武昌、汉阳等地发生5级地震。

《明史·五行志》对湖广地区地震作了一些记载。如：成化元年（1465年）四月甲申，钧州地震，二十三日乃止。成化四年（1468年）十二月戊戌，湖广地震。五年（1469 年）十二月丙辰，汝宁、武昌、汉阳、岳州同日地震。六年（1470 年），湖广亦震。正德六年（1511 年）七月丙寅，夔州獐子溪骤雨，山崩。正德十一年（1516 年）八月戊辰，武昌府震。嘉靖二十一年（1542 年）六月乙酉，归州沙子岭大雷雨，崖石崩裂，塞江流二里许。万历元年（1573 年）八月戊申，荆州地震，至丙寅方止。三年（1575 年）二月甲戌，湖广、江西地震。五月戊戌朔，襄阳、郧阳及南阳府属地震三日。万历二十七年（1599 年）七月辛未，沔阳、岳州地震。

1856 年，咸丰大路坝发生 6 级以上地震，山崩十余里，堆积成了一座大坝，形成了目前我国保存最大的地震堰塞湖——小南海。1897 年 1 月，武昌、汉口发生 5 级地震。

历史上，安徽的破坏性地震大都分布于不同差异运动的交接地带、断陷盆地的边缘，以及活性断裂的端点成交会处，都属于浅源地震。安徽地震大都分布在霍山、六安地区和淮河中下游地区。其中 6 级以上地震有 3 次，最大为 1831 年 9 月 28 日凤台 6.25 级和 1917 年 1 月 24 日霍山 6.25 级地震，均造成了一定程度的人畜伤亡和房屋破坏。与邻省相比，安徽的地震活动频次和强度低于山东、江苏，高于湖北、江西、浙江，与河南省相近。

成化十七年（1481 年）二月甲寅，南京、凤阳、庐州、淮安、扬州、和州、兖州及河南州县，同日地震。

⑤东南沿海地带

《明史·五行志》记载正统八年（1443 年）十一月，浙江绍兴地震。

《明史·五行志》还记载了福建、浙江等地的地震，如弘治十四年（1501 年）正月丁丑，福、兴、泉、漳四府地俱震。万历十七年（1589 年）八月，福建地屡震。同年，杭州、温州、绍兴地震。总的说来，史书对福建、浙江等地的地震记载得较少，究其原因在于这些地区远离京城，且地震不多。

台湾是多发地震的地区，清代姚莹撰《台湾地震说》认为地震的原因在于"台湾在大海中，波涛日夕鼓荡，地气不静，阴阳偶衍，则地震焉，盖积气之所宣泄也"。道光十九年（1839 年），嘉义县地震，官舍民屋多倾圮，死伤百余人。当时有谣言说地震是社会发生动荡的预见，姚莹查阅了从康熙二十二年（1683 年）到嘉庆九年（1804 年）之间的台湾地震记录，期间共发生 9 次大的地震，其中有 7 次都没有发生社会动荡。从而得出结论："台地常动，非关治乱。"①

今人徐泓主编《清代台湾自然灾害史料新编》（福建人民出版社 2007年），该书搜集了清代台湾的地震。台湾历史上造成最大伤亡的地震是清同治六年十一月十三日（1867 年 12 月 18 日）的基隆外海地震，这次 7 级地震引发大海啸，无数煤船沉没，房屋倾塌，溺死至少 480 人。1868 年 1 月 4 日的《字林西报》对这次地震有详细描述。台湾历史上最大的地震发生于清光绪十九年三月二十六日（1893 年 4 月 22 日），震中在台南安平附近，震级达里氏7.5 级。

⑥岭南地区

明宪宗成化四年（1468 年）四月四日，广东琼州府地震。

琼山于明万历三十三年五月二十八日（1605 年 7 月 13 日）发生地震。《康熙琼山县志》记载："亥时地大震，自东北起，声响如雷，公署民房崩倒殆尽，城中压死者数千。"估计震级为 7.5 级或更强，为海南岛地区历史上最大地震。这次地震前矿井中还发生形变坍塌现象。《康熙澄迈县志》中记载"是日午时，银矿怪风大作，有声如雷，动摇少顷，坑岸崩，压挖矿人夫以百计。夫外处震于亥时，而矿内午时先发，所谓本根伤而枝叶动。"

《明史·五行志》也记载了广西的地震，如洪武五年（1372 年）四月戊戌，梧州府苍梧、贺州、恭城、立山等处地震。成化十四年（1478 年）六月，广西太平府地震，至八月乙巳，凡七震。成化二十一年（1485 年）九月丙辰，廉州、梧州地震，有声，连震者十六日。

二、蝗灾

中国历史上虫灾发生的次数，邓云特《中国救荒史》做过统计：明时虫灾 94 次。其实，中国历史上的虫灾次数远非这个数字。明清时期蝗灾地区分布较广，从东三省到海南岛，从浙江到陕甘宁，到处都发生了蝗灾，其中仍以黄淮地区最为严重。蝗灾发生的季节以夏秋两季为多，夏蝗多于秋蝗，六月往

① 姚莹：《东溟文后集》卷一，谭其骧主编：《清人文集地理类汇编》第一册，浙江人民出版社 1986 年版，第 24 页。

往是高峰期。这是由其特定的生态环境所决定的。马世骏认为，东亚飞蝗的起点发育温度为 15°C，蝗蝻的起点发育温度为 20°C，成虫的适宜发育温度为 25°C—40°C，最适发育温度为 28°C—34°C。[①] 中国北方只有夏秋两季可以提供适宜蝗虫生活的温度条件。其他季节虽然也会有蝗灾爆发，但显然因为温度的限制而次数有限。所以历史上夏秋两季蝗患也最为严重。有学者认为，黄河中下游地区春旱少雨的大气候环境正好孕育了第一代蝗虫——夏蝗。夏蝗以 4 月中旬至 6 月上旬最盛，秋蝗以 7 月上中旬最盛，5—6 月是夏秋蝗害并发的时期。[②]

陈业新博士专门对皖北的蝗灾进行了研究，统计出明至民国时期皖北发生的大小蝗灾共 134 年次，蝗灾年均发生 0.23 次，亦即平均每 4.33 年有 1 次蝗灾。他注意到蝗灾具有明显的不均衡的特征，如 1521—1540 年的 20 年间即有 13 次之多，而 1461—1500 年、1561 年—1580 年各有 40 年、20 年无蝗虫灾害。[③] 在灾害统计方面，中国的历史文献记载颇多，但也会存在疏漏的情况。因此，对中国历史上灾害的研究，从统计层面而言，只能是相对的数字。真实的历史与学者们研究展示的历史永远都不可能完全一样。

（一）蝗灾及其危害

《明史·五行志》记载了明代蝗灾的情况，其频繁出现的地名及行政区有济南、徐州、大同、北平、河南、山西、山东、平阳、太原、汾州、历城、汲县、怀庆、真定、保定、河间、顺德、大名、彰德、延安、顺天、两畿、广平、应天、凤阳、淮安、开封、兖州、南阳、太原、东昌、淮安、宁国、安庆、池州、淮安、扬州、应天、太平、杭州、嘉兴、青州、河间、江北、常州、镇江等。从时间顺序而言，蝗灾先是在北方，后来向长江中下游转移。

《农政全书》把我国历史上从春秋到元朝所记载的 111 次蝗灾发生的时间和地点进行了分析，发现蝗灾"最盛于夏秋之间"，得出"涸泽者蝗之原本

① 马世骏：《中国东亚飞蝗蝗区的研究》，科学出版社 1965 年版。

② 周楠：《20 世纪 40 年代豫东黄泛区蝗灾述论》，《中州学刊》2009 年第 2 期。

③ 陈业新：《明至民国时期皖北地区灾害环境与社会应对研究》，上海人民出版社 2008 年版，第 40 页。

也"的结论。书中还对蝗虫的生活史进行了细致的观察，并提出了防治办法。《荒政》提倡"预弭为上，有备为中，赈济为下"的理念。从环境的角度，提出从滋生地消除蝗灾，在卷四十四《除蝗疏》写道："蝗之所生，必于大泽之涯，然而洞庭、彭蠡、具区之旁，经古无蝗也。必也骤盈骤涸之处，如幽涿以南，长淮以北，青兖以西，梁宋以东，都郡之地，湖漅广衍，旸溢无常，谓之涸泽，蝗则生之。历稽前代及耳目所睹记，大都若此。若他方被灾，皆所延及与其传生者矣。……故涸泽者，蝗之原本也。欲除蝗图之，此其地矣。"

明代发生蝗灾的时间与地点，主要在河南、山东。清代陈芳生《捕蝗考》记载："明永乐元年（1403 年），令吏部行文各处有司，春初差人巡视境同内。遇有蝗虫初生，设法捕扑，务要尽绝。……宣德九年（1434 年），差给事中、御史、锦衣卫官往山东、河南捕蝗。万历四十四年（1616 年），御史过庭训山东《赈饥疏》：捕蝗男妇，皆饥饿之人。如一面捕蝗，一面归家吃饭，未免稽迟时候。遂向市上买现成面做饼子，担在有蝗去处，不论远近大小男妇，但能捉得蝗虫与蝗子一升者，换饼三十个。"（清代陈芳生《捕蝗考》）

西北的蝗灾也很严重。嘉靖八年（1529 年），陕西佥事齐之鸾上书世宗说："臣承乏宁夏，自七月中由舒霍逾汝宁，目击光、息、蔡、颍间，蝗食禾穗殆尽，及经陕阌、潼关晚禾无遗，流民载道，迫入关中，重以秋潦，环庆而北，骄阳五载。"①

明代宋应星《天工开物·乃粒》记载："江南有雀一种，有肉无骨，飞食麦田数盈千万，然不广及，罹害者数十里而止。"这种雀是一种什么样的害虫？我们尚不得知，应当比麻雀厉害。

《嘉靖宁夏新志》记载了当地的蝗灾，"成化二十年（1484 年）夏六月，蝗虫大作……禾稼殆尽。是岁大饥，斗米值银二钱，人多掘地黎子充食"。这说明蝗灾对百姓的威胁是很大的，社会几乎崩溃。

明末时，特别是丁巳年（1617 年）北方的蝗灾严重，蝗灾向南方发展。从民国《大名县志》卷二十六《祥异志》所载该地 2000 余年的蝗灾史，还可以发现这样一种现象，即越是在一个王朝的末期，大名地区的蝗灾爆发越是频

---

① （明）雷礼等撰：《皇明大政纪》卷二二，转引自《邓拓文集》第二卷，北京出版社 1986 年，第 47 页。

繁。如明崇祯"十一年夏大蝗，飞扬蔽日，食禾殆尽"。"十二年四月旱，六月大蝗。飞扬散落，未几，蝻子复生，伤稼殆尽。""十三年旱蝗大饥疫。斗粟值一千四百钱，鬻妻卖子者相属，人相食。命官赈济。""十四年大旱飞蝗食麦，疫气盛行，人死大半。斗米逾千钱。民饥，相互杀食。土寇蜂起，道路不通。""十六年秋蝻生。""十七年六月蝗。"由此说明，灾害与王朝衰败有密切关联。

《清史稿》卷四十《灾异一》全面记载了清代的蝗灾，如"顺治三年（1646年）七月，延安蝗；安定蝗；栾城蝗，蔽天而来；元氏蝗，初蝗未来时，先有大鸟类鹤，蔽空而来，各吐蝗数升；浑源州蝗。九月，洪洞蝗，宣乡蝗"。清代蝗灾的覆盖面特别广泛，如延安、洪洞、无极、邢台、保定、定陶、商州、祁县、大同、宝鸡、榆林、交河、德州、昌平、密云、日照、滦州、济南、六安、冀州、长治、临清、解州、信阳、章丘、真定、安邑、遵化、胶州、三河、兰州、祁州、湖州、杭州、凤阳、巢县、合肥、苏州、岳阳、襄阳、沛县、舒城、黄安、武昌、江夏、潜江、麻城、罗田、定州、枣阳、云梦、江陵、公安、石首、松滋、咸宁、崇阳、黄陂、汉阳、安陆、随州、钟祥、谷城等州县，主要分布在河北、河南、山东、山西、甘肃、安徽、湖北等省。从顺治到道光的207年间，有78年出现了蝗灾，平均近三年一次。

顺治四年到六年（1647—1649年），华北出现蝗灾，《保安州志》载录了经过："顺治四年秋七月十五日飞蝗从西南来，所至禾稼立尽，并及草木；山童林裸，蝗灾无甚于此者。五年蝗复起。民蒸蝗而食，饿死者无数。"[1]

康熙年间有27年记载了蝗灾，有167个县次受害，平均两年闹一次虫祸，一般都在大旱之年。计六奇《明季北略》卷九记载蝗虫移动为害。崇祯六年（1633年）："八月，襄城县莎鸡数万自西北来，莎鸡固沙漠产，今飞入塞内，占者以为兵兆。"

除了蝗灾，还有鸟灾。王士禛《池北偶谈》记载"鸠食麦"："康熙癸丑（1673年），吾邑旱，东山曹村，有鸠千百成群食麦，近羽孽也。"

《明季北略》卷十记载崇祯七年（1634年），"凤阳总督杨一鹏奏言：去冬十一月有异鸟聚集淮泗之间，雀喙鹰翅，兔足鼠爪，来自西北，千万为群，

---

[1] 陈正祥：《中国文化地理》，香港三联书店1983版，第53页。

未尝栖树，集于田，食二麦，亦异灾也。五月，飞蝗蔽天"。

比起鸟灾，蝗灾对农业的危害更大。《明季北略》卷十六《志异》记载崇祯十三年（1640 年）的无锡蝗灾："六月初六至十五日，月下蝗至，落落飞过，久旱所致也。七月二十五日下午，飞蝗蔽天而来，自西北往东南，吾锡城中屋上俱盈二三寸，道途父老俱云目中未见。二十九日下午蝗飞三日，至八月初二、初四两日，蔽天而下。十二下午，落落飞过，晚更甚。"这条材料说明蝗虫有时候在一个地区连续为害。

《明季北略》卷十七《志异》记载崇祯十四年（1641 年）"六月，两京、山东、河南、浙江旱蝗"。以上都是崇祯年间的蝗灾，各种史书记载朱由检当皇帝时的蝗灾最多，明末这个皇帝真是不得天时。

蝗灾与水灾、旱灾往往是接踵而来。根据清代《大名县志》记载的灾异，统计有水灾 176 次，旱灾 115 次，蝗灾 78 次，其中蝗灾伴随水、旱灾而生的多达 61 次。这说明了水灾、旱灾、蝗灾三大自然灾害之间有密切联系。若某年发生严重水患，第二年又接着发生旱灾，则此情景下极易发生蝗灾，甚至是连续性的蝗灾。

《清稗类钞·动物类》"乌啄蝗"条记载："康熙壬子（1672 年）夏，吴中大旱，飞蝗蔽天，竹粟殆尽。蝗亦有为鸦鹊所食者。长洲褚稼轩家庭中之桩，有鸟巢于上，以其朝暮飞鸣，方憎恶之。至是，独喜其捕蝗。中有一无尾者，攫啄尤多。"蝗虫是一种专吃庄稼的小昆虫，玉米、稻、麦、粟都是它的佳肴。它繁殖力极强，飞起来遮天蔽日，农作物往往被蝗虫顷刻间吃得精光，方圆几百里变得颗粒无收。

清代最严重的蝗灾发生在咸丰年间。咸丰年间的蝗灾表明了一种新的动向，即位处南方边陲的广西竟然成为蝗灾发源地，并且连续几年（1852—1854 年）出现蝗灾，蝗灾的范围逐年扩大，从十几个县，扩大到二十多县。从 1852 年至 1858 年，湖北、湖南、安徽、江苏、河南、山东、山西、陕西都有蝗灾发生，全国三分之一的省受灾。目前尚不清楚这些地区的蝗虫是否来自广西，或是当时的普遍性灾害所致，如黄河在 1855 年改道之后，原来的河道遗址干涸，萧县（今属安徽）连续出现三年的大旱，并出现蝗灾。

对于明清时期的蝗灾情况，可参考章义和著的《中国蝗灾史》，该书由安徽人民出版社 2008 年出版。书中说明代有蝗灾的年 205 个，占明朝总年数的74%。清朝有蝗灾的年 107 个，占清朝总年数的 40%。如果广泛查阅历史文献，清朝发生蝗灾的年 229 个，占清朝总年数的 85%。

顺便要提及的是鼠灾。对于农民而言，害怕的灾害实在太多，既有天上的蝗灾，还有地上的鼠灾。《清史稿·灾异三》记载了鼠灾。如："康熙二十年（1681 年）五月，巴东鼠食麦，色赤，尾大；江陵鼠灾，食禾殆尽。二十一年（1682 年），西宁鼠食禾。二十二年（1683 年）夏，崇阳田鼠结巢于禾麻之上。二十八年（1689 年），黄冈鼠食禾，及秋，化为鱼。二十九年（1690年），孝感鼠食稼。"

（二）防蝗举措

蝗灾一般发生于大旱之后，但也有随水灾而至的蝗灾。民国《大名县志》卷二十六《祥异志》记载：明世宗嘉靖"十五年（1536 年）三月大雨雪，秋大蝗，食禾且尽"，"三十四年（1555 年）春旱，麦禾尽槁。六月大水，蝗蝻生"。蝗灾的主要危害是"食禾殆尽"。

①防蝗机制

朝廷上下深知蝗灾的危害，注意到消除蝗虫必须在尚未成灾之前。《明英宗实录》卷二十九记载正统元年（1436 年），"癸酉，巡抚直隶行在工部右侍郎周忱言：嘉定县吴松江畔原有沙涂柴荡一所，约计百五十顷有奇，水草茂盛，虫蝻、蝥蜮多生其中，近荡禾稼岁被伤损。请募民辟之，成熟之余，征其租税，下可以消虫伤之灾，上可以供国家之用。从之"。这个奏折意在改造环境，不使虫孽成灾，一举几得。

政府要求一旦发现蝗虫活动迹象，马上捕捉消灭。《明英宗实录》卷八十记载：正统六年（1441 年）六月"甲戌，巡按山东监察御史等官何永芳奏：'山东乐陵、阳信、海丰，因与直隶沧州天津卫地相接，蝗飞入境，延及章丘、历城、新城并青莱等府，博、兴等县，已专委指挥江源、添委左参议李雯等设法捕瘗。'上命驰驿谕三司御史：务在严督尽绝，稽迟怠误者，具实究问"。由此可见，朝廷对待蝗虫是如临大敌，把灭蝗作为头等大事。

徐光启在《除蝗疏》提出水、旱、蝗均是凶饥的因素，他说："凶饥之因有三：曰水、曰旱、曰蝗。地有高卑，雨泽有偏被；水旱为灾，尚多幸免之处，惟旱极而蝗，数千里间草木皆尽，或牛马毛幡帜皆尽，其害尤惨过于水旱也。"① 此外，徐光启对蝗灾之时、蝗生之地、治蝗之法都做了论列。《农政全书》总结蝗灾的时间规律，发现农历夏季高温季节最易发生蝗灾，认为对蝗灾必合众力才可灭除。

清代，对于那些执行诏令不速、治蝗不力的地方官吏，政府则严惩不贷。《筹济篇》记载：康熙四十八年（1709 年），复准州、县、卫所官员遇蝗蝻生发，不亲身力行扑捕，借口邻境飞来，希图卸罪者，革职拏问。该管道府、布政司使、督抚不行察访严饬催捕者，分别降级留任。协捕官不实力协捕，以致养成羽翼，为害禾稼者，革职。州县地方遇有蝗蝻生发，不申报上司者，革职。②

各地只要发生了蝗灾，就要向朝廷汇报，朝廷对蝗灾的信息有详细的记述。如《清史稿·灾异志》记载：康熙"十一年（1672 年）二月，武定、阳信蝗害稼。三月，献县、交河蝗。五月，平度、益都飞蝗蔽天，行唐、南宫、冀州蝗。六月，长治、邹县、邢台、东安、文安、广平蝗。定州、东平、南乐蝗。七月，黎城、芮城蝗，昌邑蝗飞蔽天，莘县、临清、解州、冠县、沂水、日照、定陶、菏泽蝗"。

清代的《大清律》规定："凡有蝗蝻之处，文武大小官员率领多人会同及时捕捉，务期全净。"

除了蝗灾，《清史稿·灾异三》对那些还不能确定的虫害也作了记载，如："康熙十年（1671 年）秋，潮州虫生五色，大如指，长三寸，食稼。十一年（1672 年）七月，杭州雨虫，食穗。十二年（1673 年）七月，万载虫食禾。"

②捕蝗研究

人们认识到，蝗虫生于涸泽，飞行顺风，喜食高粱谷稗。徐光启在论及蝗灾的地域分布时指出："蝗之所生，必于大泽之涯……幽涿以南，长淮以北，青兖以西，梁宋以东诸郡之地，湖巢广衍，暵溢无常，谓之涸泽，蝗则生之。

---

① （明）徐光启：《农政全书》卷四十四。

② 嘉庆十七年《户部纂修则例》，李文海、夏明方、朱浒主编：《中国荒政书集成》第 5 册《灾赈全书》，天津古籍出版社 2010 年版，第 2971 页。

历稽前代及耳目所睹记，大都若此。若他方被灾，皆所延及与其传生者耳。"[1]

明代还出现了利用害虫天敌治虫的一些做法。万历年间，福建人陈经纶创造了养鸭灭蝗法，神奇地消除了蝗害。陈经纶曾指导他人种植番薯，在田中看到蝗虫"遍嚼薯叶，后见飞鸟数千下而啄之，视之则鹭鸟也"。陈经纶"因阅《埤雅》所载，蝗为鱼子所化，得水则为鱼，失水则附于陂岸芦荻间，燥湿相蒸，变而成蝗。鹭性食鱼子，但去来无常，非可驯畜。因想鸭亦陆居而水游，性喜食鱼子与鹭鸟同。窝畜数雏，爰从鹭鸟所在放之，于陂岸芦荻唼其种类，比鹭尤捷而多，盖其嘴扁阔而肠宽大也。遂教其土人群畜鸭雏，春夏之间随地放之，是年比方遂无蝗害"[2]。陈经纶能够细心观察周围生物之间的制约关系，采用了放鸭啄食蝗虫的方法对付虫害，虽其"鱼子化蝗"之依据未足为训，但放鸭啄食蝗虫毕竟是有一定成效的生物防治方法。这不仅节省劳力和费用，见效快，易推广，而且还不会对环境带来任何负面影响，能产生多种经济利益，可谓事半功倍。

清代蝗灾空前严重，有关研究捕蝗的书籍颇多，例如：陈芳生撰有《捕蝗考》（1684年）。陈芳生，字漱六，仁和人。《四库全书》载有此书。俞森的《捕蝗集要》（1690年）、陆曾禹的《捕蝗必览》（1739年）、王勋的《扑蟵历效》（1732年）、王凤生的《河南永城县捕蝗事宜》、陈仅的《捕蝗汇编》等，都是以积极的态度对待蝗灾。

清代陈仅描述了蝗虫的隐匿之地："芦洲苇荡、洼下沮洳、上年积水之区。高坚黑土中，忽有浮泥松土坟起。地觉微潮，中有小孔如蜂房，如线香洞。丛草荒坡停耕之地。崖旁石底，不见天日之处。湖滩中高实之地。"陈仅提出"捕蝗十宜"：宜广张告示，分派委员，多设厂局，厚给工食，明定赏罚，预颁图法，齐备器具，急偿损坏，足发买价，不分畛域。[3]

---

[1]（明）徐光启：《农政全书》卷四十四，岳麓书社2002年版。

[2]（明）陈世元：《治蝗传习录·治蝗笔记》。

[3]（清）陈仅：《捕蝗汇编》，《中国荒政全书》第二辑（第四卷），北京古籍出版社2003年版。

三、疫灾

我国在明清时期发生过几次大的瘟疫。如明末华北的瘟疫、清代嘉道年间的霍乱、清末东北的鼠疫。这些瘟疫给中国人以深刻的印象。

学术界有些成果值得注意：龚胜生的《2000 年来中国瘴病分布变迁的初步研究》（《地理学报》1993 年第 4 期），梅莉、晏昌贵的《关于明代传染病的初步考察》（《湖北大学学报》哲学社会科学版，1996 年第 5 期），曹树基的《鼠疫流行与华北社会的变迁（1580—1644 年）》（《历史研究》1997 年第 1 期），李玉尚、曹树基的《咸同年间的鼠疫流行与云南人口的死亡》（《清史研究》2001 年第 2 期），周琼的《清代云南瘴气环境初论》（《西南大学学报》社会科学版，2007 年第 3 期），杜家骥的《清代天花病之流行、防治及其对皇族人口的影响》（《清代皇族人口行为和社会环境》，北京大学出版社 1994 年版），对满族由东北入关，迁移到关内，其对疾疫的抵抗力如何，此书进行了深入探讨。余新忠著的《清代江南的瘟疫与社会：一项医疗社会史的研究》（中国人民大学出版社 2003 年版），分析了江南地区清代流行瘟疫的情况，试图探讨其中的规律与社会控制的经验。美国学者麦克尼尔在 20 世纪 70 年代著有《瘟疫与人》，书中提出瘟疫在人类文明变迁中扮演了重要角色。这是一本很有影响的学术著作，值得参考。

（一）疫灾的原因与瘴疠之气

一般说来，由于天热，空气潮湿，土壤中腐殖质多，微生物容易繁殖，人们容易生病。疫情也是这样，有气候原因，有细菌原因。传染源有水，有风，有动物，有人。

明代张景岳对疫病有很专门的研究，认为疫病与季节有关，他在《景岳全书》中说：“瘟疫本即伤寒，然亦有稍异，以其多发于春夏。”通观中国历史上的疫情，大多发生在春夏之际，这说明时间因素是不可忽略的。因为，每到气候暖和、湿度较大时，“疫气”最容易泛滥成灾。

明代学人试图从自然环境方面说明瘴气产生的原因，王士性在《广志绎》中分析了南方的环境与湿热病的关系，“大江入地丈余。南中之湿，非地卑也，乃境内水脉高，常浮地面，平地略洼一二尺，辄积水成池，故五六月淫潦得暑气搏之，湿热中人"。"五六月淫潦得暑气搏之"，使人容易染病。在中国历史上，南方的疫情常常比北方要多，如《清史稿·五行志》所载疫情大多是在长江流域，这也说明疫情与气候是有密切关联的。

崇祯年间，河北、山东、浙江等省流行疫病，江苏人吴有性研究环境与疾病的关系，撰写了《瘟疫论》，1646 年刊行。他在书中说："疫者感天地之疠气，在岁运有多少，在方隅有轻重，有四时有盛衰。"① "夫瘟疫之为病，非风、非寒、非暑、非湿，乃天地间别有一种异气所感。"《瘟疫论》提到有各种不同"戾气"，不同的"戾气"攻击不同的经络。"戾气"在人和动物身上都有，有些"戾气"只限于特别的动物。书中提出疾病是从口鼻传入，这是对传染源的正确认识。限于特定的历史条件，在传统的中医体系之内，中国先民不知道细菌、病毒之类的概念，于是从精微物质——气来解释疫情，这比起那些用鬼神迷信思想解释疫情，无疑是进步的，是朴素的唯物论。《瘟疫论》在 1788 年传到日本。

值得注意的是，为了对付疫情，我国先民于 1567 年在宁国府太平县试行种痘接种方法，以预防天花。种痘预防天花是人工免疫法的开端，17 世纪中国种痘技术已相当完善，并已推广到全国。中国种痘法于 17 世纪初传入欧洲。

《清稗类钞》卷一记载："土司地方之气候，大抵不良，平原之地，尤劣于山岭。如临安府属之十五猛，普洱府属之十版纳，镇边厅属之孟连、上下猛、允猛、角董，顺宁府属之耿马、猛猛，永昌府属之孟定、潞江、湾甸、登鲁埂掌，腾冲府属之芒市、遮放、猛卯、陇川，皆系著名烟瘴，入夏以后，内地之人莫不视为畏途。"有学者指出，明代，云南湾甸州（今保山昌宁县湾甸）是永昌境内瘴气浓烈的地区之一，此地的瘴水以含剧毒的"黑泉"形式表现，其毒素的强烈令人恐惧，六月瘴盛时节不可渡涉，泉涨时飞鸟难越，若用浸过瘴水晒干的布擦拭盘盂，人吃盘中食即中瘴毒身亡。此地的瘴水对人、鸟的毒害，将云南瘴水的毒性推向了巅峰。②

清人注意到瘴气有不同的类型。屈大均《广东新语》卷一《天语》记载："瘴之名不一。当八九月时，黄茅际天，暑气郁勃……昏眩烦渴，轻则寒热往

---

① 俞慎初：《中国医学简史》，福建科学技术出版社 1983 年版，第 281 页。

② 周琼：《清代云南瘴气环境初论》，《西南大学学报》（社会科学版）2007 年第 3 期。

来，是谓冷瘴。重则蕴火沉沉，昼夜若在炉炭，是谓热瘴。稍迟一二日，则血凝而不可救矣。最重者，一病失音，莫知所以，是谓哑瘴。冷瘴者，与疟相似，秋来多患之，天凉及严寒少有。若回头瘴，则因不能其水土，冷热相忤，阴阳相搏，遂成是疾。"

《广东新语》卷一《天语》记载："瘴之起，皆因草木之气。青草、黄梅，为瘴于春夏；新禾、黄茅，为瘴于秋冬。是名四瘴，而青草、黄茅尤毒。青则为草，黄则为茅，一盛一衰，而瘴气因之。盖青草时，恶蛇因久蛰土中，乘春而出，其毒与阳气俱吐。吐时有气一道上冲，少焉散漫而下如黄雾，或初在空中如弹丸，渐大而如车轮四掷，中之者或为痞闷，为疯痉，为汗死。若伏地从其自掷，闭塞口鼻，不使吹嘘，俟其气过方起，则无恙。盖炎方土脉疏，地气易泄，百虫之气易舒。而人肤理亦疏，二疏相感，汗液相诱，而草木之冷气通焉。"

《广东新语》卷一《天语》用《周易·蛊卦》解释瘴疠之气："当唐、宋时，以新、春、儋、崖诸州为瘴乡，谪居者往往至死。仁人君子，至不欲开此道路。……盖风主虫，虫为瘴之本。风不阻隔于山林，雷不屈抑于川泽，则百虫无所孽其族，而蛊毒日以消矣。在《易》之《蛊》，刚上而柔下，则不交，故巽而止，止而蛊。父之蛊，父之气止也。母之蛊，母之脉止也。天气止，则为父之蛊。地脉止，则为母之蛊。干之者，静则为阴，以通水之脉。动则为阳，以通火之气。吾之中和致，则天地之中和亦至，故曰干。今之岭南，地之瘴亦已微薄矣，独人心之蛊未除耳。"

清代林庆铨的《时疫辨》、余伯陶的《疫证集说》在疫疾研究方面各有建树。道光十七年（1837年），江浙一带霍乱流行，医家大多根据《诸病源候论》《三因方》，提出霍乱本于风寒，认为霍乱有寒无热。王士雄（孟英）根据多年经验，认为霍乱有寒热之分，撰《霍乱论》二卷，提出："热霍乱流行似疫，世之所同也；寒霍乱偶有所伤，人之所独也。巢氏所论虽详，乃寻常霍乱耳！执此以治时行霍乱，犹腐儒将兵，岂不覆败者鲜矣。"

周琼博士对云南的瘴、瘴气、瘴水、热瘴、冷瘴、瘴疠等分门别类进行了研究。他认为云南是瘴疫的重灾区，但随着云南的开垦，水利或矿业等经济的发展，瘴气逐渐消退。①

---

① 周琼：《清代云南瘴气与生态变迁研究》，中国社会科学出版社2007年版。

（二）有关疫情的记录

明清时期对疫情有详细记录。地方官员密切注意疫情，而朝廷要求各地及时上报疫情。当时的人对疫情并没有科学的分类，只要是有大规模的人群因病而死，就向朝廷汇报，并且记录下来作为史料。

①明代

从《明史·五行志》等史书可知①：明洪武五年（1372年），江西南安府上犹、大庾、南康三县发生大疫。永乐六年（1408年）七月，江西广信府玉山、永丰二县发生疫情，接着福建建宁、邵武也发生疫情，半年间，疫死者七八万人之多。

《明太宗实录》卷一百三十六记载：光泽、泰宁二县因疫情死亡四千四百八十余户。邵武境内百姓死绝二千余户，几年难以恢复生产，朝廷在永乐八年（1410年）同意让囚徒前往耕种输税。永乐八年（1410年），山东登州府宁海等州县自正月至六月疫死六千余人。永乐十一年（1413年），浙江的乌程、归安、德清、鄞、慈溪、奉化、定海、象山等县先后发生疫情，死人近万。

《明太宗实录》卷一百四十一记载：奉化五县因为疫疾。"民男女死者九千五百余口"。永乐十二年（1414年），湖广武昌府通城县发生疫情。

《明太宗实录》卷二百十二记载：福建集宁三府自永乐五年（1407年）以来屡大疫，民亡十七万四千六百余口。

正统八年（1443年），福州府古田县上半年发生疫情，死一千四百余人。《明英宗实录》卷一百六记载这次疫情长达五个月，地方官员组织了大规模的埋葬。正统九年（1444年），浙江绍兴、宁波、台州发生疫情，死者三万余人。

景泰四年（1453年）冬，建昌、武昌、汉阳疫。景泰六年（1455年），西安、平凉等府瘟疫死者二千余人。常、镇、松、江四府瘟疫，死者七万七千余人。景泰七年（1456年），广西桂林府疫情，死二万余人，湖广黄梅县春夏疫，有一家死至三十余人，有全家灭绝者七百余户。

天顺元年（1457年），顺天蓟州、遵化等州县从去年冬天到今年春夏发生疫情，有一家死七八口者，有一家同日而死者。天顺五年（1461年）四月，

---

① 以下未注明的均出自《明史·五行志》。

陕西疫。

成化十一年（1475 年）八月，福建大疫，延及江西，死者无算。

正德元年（1506 年）六月，湖广平溪、清凉、镇远、偏桥四卫大疫，死者甚众。靖州诸处自七月至十二月大疫，建宁、邵武自八月始亦大疫。正德十二年十月，泉州大疫。

嘉靖元年（1522 年）二月，陕西大疫。二年七月，南京大疫，军民死者甚众。嘉靖四年（1525 年），山东疫死 4128 人。嘉靖三十三年（1554 年）四月，都城内外大疫。《明世宗实录》卷四百九记载嘉靖皇帝非常着急，下谕礼部说：“时疫大甚，死者塞道，朕为之恻然。”嘉靖四十四年（1565 年）正月，京师饥且疫。

万历十年（1582 年）四月，京师疫。万历十五年（1587 年）五月，又疫。万历十六年（1588）五月，山东、陕西、山西、浙江俱大旱疫。

崇祯十六年（1643 年），京师大疫，自二月至九月止。明年春，北畿、山东疫。京城是人口居住较多的地方，灾情之后，难免出现疫情。

明朝末年，河北、山西、浙江等省流行疫疾，死者众多。吴有性在《瘟疫论·序》中说：“崇祯辛巳疫气流行，山东、浙省、南北两直，感者尤多，至五六月益甚，或到阖门传染。……迁延而致死，比比皆是。”

②清代

清代的疫情，《清史稿·灾异志》对各时期的疫情记载得特别详细，大大小小的疫情有一百多次，如道光元年（1821 年）、二年、三年、四年、六年、七年、十一年、十二年、十三年、十四年、十五年、十六年、十九年、二十二年、二十三年、二十七年、二十八年、二十九年（1849 年）都有疫情发生。涉及的地方广泛，如任丘、冠县、范县、登州、通州等地。疫情的社会危害是“死者无算”，“病毙无数”。疫情成片状地带发生，如道光十二年（1832 年）集中发生在湖北，“三月，武昌大疫，咸宁大疫，潜江大疫。……五月，黄陂、汉阳大疫，宜都大疫，石首大疫，死者无算，崇阳大疫，监利疫，松滋大疫。八月，应城大疫，黄梅大疫，公安大疫”。

清代的疫疠，据有的学者统计，266 年中发生了 74 次大流行，主要传染病有鼠疫、疟疾、天花、猩红热、麻疹、水痘、白喉。[①]

1817—1823 年间，世界发生霍乱，霍乱从印度传入中国。光绪十四年（1888 年），流行瘟疫，或称为霍乱。清政府统计有三百余县受影响，死亡人口三万余，患病人数十万。

1868 年，四川铜梁发生瘟疫，"瘟疫四起，吐泻交作，二三时立毙，城市乡镇，棺木为之一空"。四川德阳流行霍乱，俗称麻脚症，"邑中死亡二三千人。始自成都，达于近境，传染几遍"[②]。

1877—1878 年的丁戊大旱引发瘟疫。在这场灾害中，山西的死者有十分之二三是患瘟疫，河南安阳的死者有一半是患瘟疫，陕西榆林县的三任县令都殁于瘟疫。

1901 年在湖南湘乡、1902 年在广东潮安、1910 年在东北三省都出现过瘟疫，死亡人口都在万人以上。1903 年 6 月，"杭州城内，时疫流布，几乎无人不病。大都发热头眩，热退则四肢发红斑，然死者甚少"[③]。

（三）疫情的地理分布

①北方

清宣统二年（1910 年）九月，在东北中俄边界流行肺鼠疫。鼠疫的疫源，被认为是蒙古高原旱獭传染给人，而后在人类中迅速传播。鼠疫流行初期的中心哈尔滨傅家甸（今哈尔滨道州区），一天死亡者高达 185 人。整个鼠疫流行期间，该地共有 5693 人死于鼠疫感染，大约占当地人口的三分之一。棺木销售一空。这是东北第一次鼠疫大流行，也是近代中国的首次大规模肺鼠疫灾害。清廷设立东北防疫总局，各地设立防疫韦务所，专门负责具体的防疫。约五个月后鼠疫被扑灭。

《清稗类钞》"疾病类"记载瘴气：甘肃多烟瘴，青海更多，至柴达木而尤甚。瘴有三种：其一，水土阴寒，冰雪凝沍，气如最淡之晓雾，是为寒瘴。

---

① 俞慎初：《中国医学简史》，福建科学技术出版社 1983 年版，第 295 页。

② 四川省志办编：《四川文史资料选辑》第 16 辑，四川人民出版社 1965 年版，第 188 页。

③ 孙宝瑄：《忘山庐日记》，上海古籍出版社 1983 年版，第 718 页。

人触之气郁腹胀，衣襟皆湿，饮其水则立泻。其二，高亢之地，日色所蒸，土气如薄云覆其上，香如茶味而带尘土气，是为热瘴。触之气喘而渴，面项发赤。其三，山险岭恶，林深菁密，多毒蛇恶蝎，吐涎草际，雨淋日炙，溃土经久不散，每当天昏微雨，远望之有光灿然，如落叶缤纷，嗅之其香喷鼻者，是为毒瘴。触之眼眶微黑，鼻中奇痒，额端冷汗不止，衣襟湿如沾露，此瘴为最恶。三瘴又各分水旱二种：水瘴生于水，犯之易治；旱瘴生于陆，犯之难治。草地烟瘴，不似炎方之重，犯瘴倒地者，不忌铁器，刀刺眉尖验之，血色红紫者，虽有重有轻，皆无恙，惟血带黑者不可救。多食葱蒜姜韭，可敌瘴；少食番产蔬蓏野味，可避瘴。

②南方

疫疾在南方是一个很难准确把握的概念，古人对疫疾只有一个模糊的印象。疫疾种类繁多，其中最重要的是指恶性疟疾一类的疾病。龚胜生对这类瘴病进行了研究，认为瘴病的分布范围逐渐南移，明清时期的瘴病以南岭为北界，瘴病主要公布在云南、广西、贵州、广东、四川等地。①

南方的疫情常常比北方要多，《明太祖实录》记载："西南蛮夷……高山深林，草树丛密，夏多雾雨，地气蒸腾，蛇虺蚊蚋之毒随出而有，人人其境，不服水土，则生疾疫。"②《清史稿·五行志》所载疫情大多是在长江流域，这也说明疫情与气候是有密切关联的。

西藏——《清稗类钞》卷一《时令》记载，西藏每年"二月二十九日，送瘟神，又名打牛魔王。相传西藏为瘟神托足之地，达赖坐床，乃始逐之。故历年预雇一人扮瘟神，向番官商民敛钱，可得千金。自大招逐出，即起解，营官护送，悉以王爷称之。解至山南，安置之于桑叶寺石洞。洞在寺之大殿旁，幽深而寒栗，体健者，年余辄死。然瘟神入洞数日即潜回，不至丧命"。

云南——《滇游日记》记载了地方上的流行病："是方极畏出豆天花。每十二年逢寅，出豆一番，互相牵染，死者相继。然多避而免者。故每遇寅年，未出之人，多避之深山穷谷，不令人知。都鄙间一有染豆者，即徙之九和，绝

---

① 梅莉、晏昌贵、龚胜生：《明清时期中国瘴病分布与变迁》，《中国历史地理论丛》1997 年第 2 期。

②《明太祖实录》卷一百九十五。

其往来，道路为断，其禁甚严。九和者，乃其南鄙，在文笔峰南山之大脊之外，与剑川接壤之地。以避而免于出者居半，然五六十岁，犹惴惴奔避。"《滇游日记》记载土著人喝酒抗疠，"土人言瘴疠指疟疾痛毒甚毒，必饮酒乃渡，夏秋不可行"。

《滇游日记》记载有些流水有毒气弥漫伤人，"桥下旧有黑龙毒甚，见者无不毙。又畏江边恶瘴，行者不敢伫足"。《滇游日记》记载由于湿热的地气，导致徐霞客身染皮肤病，"余先以久涉瘴地，头面四肢俱发疹块，累累丛肤理间，左耳左足，时时有蠕动状。半月前以为虱也，索之无有。至是知为风，而苦于无药。兹汤池水深，俱煎以药草，乃久浸而薰蒸之，汗出如雨。此治风妙法，忽幸而值之，知疾有瘳机矣"。

清末，西双版纳地区仍是瘴气弥漫，《光绪普洱府志》记载："东自等角、南自思茅以外为猛地及车里、江坝所在，隔里不同，炎热尤甚，瘴疠时侵，山岚五色，朝露午晴触之则疟，重则不救，所谓天地之大，若有憾殆，未可与中土例论者欤。"[1]

《清稗类钞》"疾病类"记载云南鼠疫："同治初，滇中大乱，贼所到之处，杀人如麻，白骨盈野，通都大邑悉成邱墟。乱定，孑遗之民稍稍复集，扫除骸骼而掩之，时则又有大疫。疫之将作也，其家之鼠无故自毙，或在墙壁中，或在承尘上，不及见，久而腐烂，闻其臭，鲜不病者。病皆骤起，其身先坟起一小块，坚如石，色微红，扪之极痛。俄而身热谵语，或逾日死，或即日死，可以刀割去之。然此处甫割，彼处复起，得活者千百中一二而已。疫起乡间，延及城市，一家有病者，则其左右十数家即迁移避之，踣于道路者无算，然卒不能免也。甚至阖门同尽，比户皆然，小村聚中至绝无人迹焉。"

海南——明代顾岕《海槎余录》记载海南岛的瘴疠，说："然其中高山大岭，千层万迭，可耕之地少，黎人散则不多，聚则不少，且水土极恶，外人轻入，便染瘴疠，即其地险恶之势，以长黎人奔窜逃匿之习，兵吏乌能制之？此外华内夷之判隔，非人自为之，地势使之然也。"乾隆三十九年（1774年）编的《琼州府志·舆地志·气候》记载："惟黎峒中，多瘴气，乡人入其地即成

---

① （清）陆宗海修，陈度等纂：《光绪普洱府志稿》，云南省图书馆藏清光绪廿六年（1900）刻本，第3页。

寒热。"

海南岛在历史上也发生过鼠疫。民国《琼山县志》记载清光绪二十一年（1895 年），"海口海甸、白沙、新埠各村鼠疫盛行，死亡千余人，棺木几尽"。据颜家安介绍，海南岛的鼠疫流行始于光绪八年（1882 年），终于 1937年，在 55 年间共流行 88 次。第一次是在光绪八年至光绪三十四年（1882—1908 年），流行于儋县全境，死亡 1900 人。第二次是光绪十四年至民国二十三年（1888—1934 年），流行于海口等地，死亡 2000 人。①

广东——地气对人的身体有明显的影响。《广东新语》卷一《天语》记载："岭南濒海之郡，土薄地卑，阳燠之气常泄，阴湿之气常蒸。阳泄，故人气往往上壅，腠理苦疏，汗常浃背，当夏时多饮凉冽，至秋冬必发疟。盖由寒气入脾，脾属土，主信，故发恒不爽期也。"湿热的地气导致瘴疫。《天语》又记载："岭南之地，愆阳所积，暑湿所居，虫虫之气，每苦蕴隆而不行。其近山者多燥，近海者多湿。海气升而为阳，山气降而为阴，阴尝溢而阳尝宣，以故一岁之中，风雨燠寒，罕应其候。其蒸变而为瘴也。"

广西——《嘉靖钦州志·气候》记载："五岭以南，界在炎方，廉、钦又在极南之地，其地少寒多热，夏秋之交，烦暑尤盛。隆冬无雪，草木鲜凋，或时暄燠，人必扬扇。"由于天热、空气潮湿、土壤中腐殖质多，微生物容易繁殖，人们容易生病。明崇祯年间编修的《恩平县志·地理志·气候》记载："若瘴疠之疟，新、恩俱有，而阳春为盛，故古称恩、春为瘴乡。"

道光十五年（1835 年）编的《廉州府志·舆地·气候·增辑》记载："廉郡旧称瘴疠地，以深谷密林，人烟稀疏，阴阳之气不舒。加之蛇蝮毒虫，怪鸟异兽，遗移林谷，一经淫雨，流溢溪涧，山岚暴气，又复乘之，遂生诸瘴。……今则林疏涧豁，天光下照，人烟稠密，幽林日开。合（浦）、灵（山）久无瘴患，钦州亦寡。惟王光、十万暨四峒接壤交趾界，山川未辟，时或有之，然善卫生者，游其地亦未闻中瘴也。"

（四）对付疫情的举措

疫情导致人口迅速死亡。《明史·五行志》记载，明代每次疫情导致几万

---

① 颜家安：《海南岛生态环境变迁研究》，科学出版社 2008 年版，第 335 页。

人死亡。永乐八年（1410 年），福建邵武"死绝者万二千户"。民间用一些土方法，治疗疫疾。

《楚游日记》记载了民间的一个传闻，说郴州"天下第十八福地"乳仙宫有神奇的庭院，院中有橘和井。如果民间有大疫，"以橘叶及井水愈之"，后果大验。还有奇石也可以治病，"所谓'仙桃石'者，石小如桃形，在浅土中，可锄而得之，峰顶及乳仙洞俱有，磨而服之，可以治愈心疾，亦橘井之遗意也"。

更多的情况是，用中医药防治疫疾。《松窗梦语》卷五《灾异纪》记载嘉靖"癸亥夏，天灾流行，民多病疫。上命内使同太医院官施药饵于九门外，以疗济贫民。又命礼部官往来巡察，务使恩意及下。上亲为制方，名如意饮。每药一剂，盛以锦囊，益以嘉靖钱十文，为煎药之费"。

由于时代的局限，清人对付疫疾，有时用巫术。《广东新语》卷六《神语》记载，为对付疫情而"祭厉"，说："叶石洞为惠安宰，淫祠尽废，分遣师巫充社夫。遇水旱疠疫，使行禳礼。又遵洪武礼制，每里一百户，立坛一所，祭无祀鬼神。祭日皆行傩礼，或不傩则十二月大傩。傩用狂夫一人，蒙熊皮，黄金四目，鬼面，玄衣朱裳，执戈扬盾。又编茅苇为长鞭，黄冠一人执之，择童子年十岁以上十二以下十二人，或二十四人，皆赤帻执桃木而噪，入各人家室逐疫，鸣鞭而出，各家或用醋炭以送疫。"

传统的消灭瘟疫的方法大多是生态的方法，即用火烧的方法。笔者参观珠海的梅溪民俗博物馆，注意到早期华侨到夏威夷的一件事情。那是清末，陈芳等人到夏威夷经商，时值当地发生瘟疫，地方官员就把华人居住的村落烧得精光，说是杜绝瘟疫的进一步蔓延。这种方法在西方普遍被应用。如，西方曾经有过灭国灭种的大疫情：公元前 4 世纪有大规模的鼠疫；公元 534 年，东哥特王国因疫情而导致社会动荡。公元 744—747 年拜占庭帝国流行黑死疫，君士坦丁堡有时每天死 5000 人，死者总计在百万人以上。西方人主要是用火烧的方法消灭瘟疫。

我国古代很早就有了种痘防疫的举措。为了对付复杂的疫疾，清代在南方流行种痘预防。清代曾七如《小豆棚》一书中有《种痘说》，认为种痘"乃消患于未萌……今南方多行之。吾乡咸以为伪，盖痘症最盛于南，又起于中古，亦气数之积，渐沉溺使然也"①。清代董玉山在《牛痘新书》、朱纯嘏在《痘疹定论》中都论述在江南有人采用了种痘方法。西方殖民主义者到中国后，长期流行的天花在中国也大面积传播，大部分都不能治，还经常死人。如1832年汉口大疫，时间长达半年，死者无数。为了防治天花，中华人民共和国成立后实行普及种痘，现在已经完全消灭了天花，停止了种痘。

1911年，东三省流行鼠疫。清政府下令严格控制，在奉天（今沈阳）设万国鼠疫研会，研究对策，不让传入关内。民政部设防疫局，京城巡警总厅组织了卫生警察队，如临大敌。美国乔治城大学约翰·麦克尼尔在《由世界透视中国环境史》中认为②：中国也可能是世界上对于传染病最有经验的国家，中国人在辽阔的大地上，形成了抵抗力。"尤其是在致命的传染病最多的中国南方，却是地球上具有最灵敏而活泼之免疫系统的人。因此，中国人确实比其他人更不害怕陌生人所带来的疾病，而陌生人却很怕他们。"

艾尔弗雷德·W·克罗斯比在《生态扩张主义：欧洲900—1900年的生态扩张》③一书中谈到一个重要观点，那就是欧洲人的海外殖民成功，与其是军事问题，不如说是生物学问题。他说："病原菌是所有生物中最具有繁殖力的。……对于把土著居民斩尽杀绝和为新欧洲的人口移居创造条件应负主要责任的不是这些野蛮、冷酷无情的扩张主义者本身，而是它们所带来的病菌。"病原菌奠定了欧洲扩张主义者在海外成功的基础。"有迹象表明，土著人与世隔绝的状态一旦被打破，大规模的死亡便开始了。""世界上最大的人口灾难是由哥伦布、库克和其他的航海者引发的，而欧洲的海外殖民地在其现代发展的第一阶段成了恐怖的坟场。"如果白人不到达土著人封闭生活的区域，疾病就不会随之而来。在白人到达之前，他们不知道天花、麻疹、白喉、沙眼、百日咳、水痘、霍乱、黄热病。新大陆也有独特的病菌，但对旧大陆的影响要小一些。"流行病交流的不平等性，使欧洲入侵者获得了巨大的优势，而给其祖

---

① （清）曾七如著，南山点校：《小豆棚》，荆楚书社1989年版，第98页。

② 刘翠溶等主编：《积渐所至：中国环境史论文集》，（台北）"中央研究院"经济研究所1995年版，第44页。

③ ［美］艾尔弗雷德·W·克罗斯比著，许友民、许学征译：《生态扩张主义：欧洲900—1900年的生态扩张》，辽宁教育出版社2001年版，201—219页。

先定居于泛古陆裂隙失败一方的部族带了毁灭性的劣势。"

人类文明在发展过程中，很难绕开瘟疫的骚扰。人类应当如何对付瘟疫？即如何构建公共卫生机制？如何加强宏观调控？如何形成危机预案？中国古代有详细的疫情记录，有对付疫情的宝贵思想，有一套积极的办法和经验，值得我们认真总结。近代思想家康有为在《大同书》谈到人类总是受到各种各样的苦难，瘟疫是折磨人类的一个祸根。他寄希望于大同时代，那时就不会有瘟疫了。但愿康有为在一百多年前做的美梦能够在人类社会中早日实现。

四、其他灾害

1. 风灾

我国地处欧亚大陆的东部、太平洋的西岸，海陆差异使得季风气候明显。冬季多北风，夏季多台风。

明清时期的北京，经常出现严重的风沙。每到农历二月或三月，空中常有波涛汹涌之状，随即狂风骤起，黄尘蔽天，日色晦暝，咫尺莫辨。特别是在亢旱之时，天气晦黑，大风西来，飞沙拔木，甚至把人畜都吹起来。

计六奇《明季北略》卷七记载崇祯四年（1631年）的风雹灾害："三月初八日壬午，大风霾。五月，大同宣垣等县雨雹，大如卧牛，如石且径丈，小如拳，毙人畜甚众。六月初八日庚戌，临隶县雷风，忽风霾倾楼、拔木，砖瓦磁器翔空，落地无恙，铁者皆碎。山东徐州大水。……霾，风而雨土也。晦者，如物尘晦之色也。雹，雨水也，盛阳雨水温暖，阴气胁之不相入，则转而为雹。风霾雨雹，总是阴晦惨塞之象。而雹大且径丈，尤史书不经见者。"

《明季北略》卷九记载崇祯六年（1633年）风雨灾情："正月朔癸巳，大风霾，日生两珥。……六月河南大旱，密县民妇生旱魃，浇之乃雨。……六月二十四日大风，下午益烈，雨五六寸，水顿长三四尺，墙壁多倒，有压死者。风声如雷，大杨尽拔，门首桥板重三四百斤，飞起落河中。凡异风猛雨一昼夜，次日黎明始息，天色阴惨，予过桥南，见鹊多死田塍下。江湖河海间，人死无算。靖江夜半，江水泛溢入城，陷半壁。二十五辰时方退。城外人多死。通州、瓜州等处皆淹，自南都下至杭州，虽或无雨之处，而风俱甚大。六合县无雨，而水亦长五六尺，松柏多拔。时予年十二，从家孟伯雄读书厅左，闻风刮烈，颇怛，先君子叹曰：岁其歉乎！"

《清史稿·灾异三》记载了大风毁坏树木，如"顺治二年（1645 年）七月，湖州大风拔木。三年（1646 年）二月，孝感大风拔木"。咸丰"三年（1853 年）三月初三日，宜昌大风拔木，民舍折损无算，牛马有吹去失所在者。五月，随州大风拔木"。

南方沿海经常受到台风和风暴潮袭击，康熙三十五年（1696 年）农历六月初一，台风暴潮使宝山、嘉定、崇明、吴淞、川沙等地，淹死 10 万多人。乾隆四十四年（1779 年）秋，广东海丰县大台风刮坏民房、民船无计其数，尸积如山。同治元年（1862 年）七月初一，广东沿海发生大风暴潮，死亡人数逾 10 万人，河面捞尸 8 万多人。同治十三年（1874 年），广州、中山、顺德飓风狂潮并作，溺者万人，捡得尸者七千。光绪三十一年（1905 年），宝山沿海涨潮，淹死 2 万人。

徐泓根据《军机档》等文献研究表明，道光二十五年（1845 年）六月中旬，台湾发生大风雨，南部嘉义、台南、高雄三县受灾，难民 5481 人，死亡 3059 人，房屋倒塌 2404 间。这对于台湾的社会经济是沉重的打击。[①]

2. 火灾

由于自然的原因，引起的火灾，史书中也有许多记载。

雷电毁树，或者造成山木火，这在古代都是常事。谢肇淛《五杂俎》卷一《天部》记载："余旧居九仙山下，庵室外有柏树，每岁初春，雷必从树傍起，根枝半被焦灼，色如炭云。居此四年，雷凡四起，则雷之蛰伏，似亦有定所也。"

火山爆发时，导致森林毁坏。《徐霞客游记》记载云南腾冲的火山，说打鹰山在万历三十七年（1609 年）有原始森林，后来因火灾而毁林。"三十年前，其上皆大木巨竹，蒙蔽无隙……连日夜火，大树深篁，燎无孑遗。"[②] 清代周玺编《彰化县志》卷十一记载：乾隆十七年（1752 年）七月，"大风挟

---

① 徐泓主编：《清代台湾自然灾害史料新编》，福建人民出版社 2007 年版，第 311 页。

② （明）徐弘祖著，朱惠荣校注：《徐霞客游记校注》，云南人民出版社 1985 年版，第 1042 页。

火而行，被处草木皆焦（俗称火台，或云麒麟飓）"①。

　　民间建筑大多以木材为结构，容易形成火患。如《明孝宗实录》卷一百四十二记载：弘治十一年（1498 年）六月"贵州自春徂夏亢阳不雨，火灾大作毁官民屋舍千八百余所，男妇死者六十余人，伤者三十余人"。在炎热的条件下，火灾最容易扩大面积，导致大规模灾难。《五杂俎》卷四《地部》记载："火患独闽中最多，而建宁及吾郡尤甚：一则民居辐凑，夜作不休；二则宫室之制，一片架木所成，无复砖石，一不戒则燎原之势莫之遏也；三则官军之救援者，徒事观望，不行扑灭，而恶少无赖利于劫掠，故民宁为煨烬，不肯拆卸耳。江北民家，土墙甓壁，以泥苫茅，即火发而不然，然而不延烧也。"

　　还有一些不明原因的火灾。如防守森严的皇陵也有发生火灾的情况。《明季北略》卷二记载：天启七年（1627 年）四月，"皇陵失火，延烧四十余里，陵上树木焚尽无遗"。

　　为了防火，古代民居经常采用马头墙，以防大火蔓延。明代的城市甚至要求建筑之间保持一定的距离，如江西抚州府的东乡县城"街阔一丈八尺，巷阔一丈二尺，左右渠各一尺五寸，令民居疏阔，以远火灾"②。万历年间，江西南安知府商以仁曾经颁发《防御火灾示》，对如何防火，火灾出现之后如何应对，提出了详细的办法，要求全城官民遵守。③ 清末，太平天国时期的杭州已经有民办的"义龙会"。同治年间，杭州士绅把分散的义龙会联合成救火公所。

　　整体而言，明清的灾害种类多，灾害大，面积广，给人们留下的印象深。

---

① 徐泓主编：《清代台湾自然灾害史料新编》，福建人民出版社 2007 年版，207 页。

②《嘉靖东乡县志》卷上《街巷》。

③ 载于《康熙南安府志》卷二〇《杂著》。

第四节　灾害的应对与影响

一、灾害的应对

任何社会都难免有灾情发生。有些书上说，灾荒发生之后，统治者总是麻木不仁，不管人民死活。其实，情况不完全是这样。统治者为了社会安定，为了维系统治，还是做了一些有益的事情。

关于灾情的应对，清人方承观撰有《赈纪》，说明当时文人对灾情的重视。贺长龄、魏源等编《皇清经世文编》，其中有些资料经常被引用，如方承观《赈纪》被法国学者魏丕信采用，写了《18世纪中国的官僚政治与荒政》。此书以1743—1744年直隶救灾为实例，研究了清朝的救灾制度、措施及其成效，所论延及官僚制度与管理、国家财政、地方社会、商业与市场、乡村经济和生活等，有中译本，由江苏人民出版社2003年出版。①

（一）积极应对

①沟通灾情信息

灾情是社会的大事，如果处理不及时，可能酝酿社会动荡。

---

① 李文海、夏明方著的《天有凶年：清代灾荒与中国社会》，内容涉及清代饥荒及其社会影响，清代官府救荒制度与实践，清代基层社会与民间御灾机制，官、民合办与中国救荒制度的近代转型，社会记忆、文化认同与清代救荒观念的变迁。张艳丽著的《嘉道时期的灾荒与社会》（人民出版社2008年版），与其他学者选择一个地区研究灾荒不同，此书选择一个时期研究灾荒，可以从时间断面了解当时的社会。

《明会要》卷五十四《食货·荒政》记载：洪武元年（1368 年）八月，朱元璋下诏，要求各地官员不拘时限，从实踏勘灾情，酌情减速免租税。洪武二十六年（1393 年）四月，朝廷更是通知各部门，说灾荒发生之时，从地方到京城的道路遥远，往返得数月，使得民众饿死了许多人。"自今遇岁饥，先贷后闻。著为令。"嘉靖八年（1529 年），广东金事林希元上书，论及救荒有二难、三便、六急、三权、六禁、三戒，朝廷让他把这些想法写成书，再报到有关部门，以便采纳。由此可见，从明朝初年，统治者都重视赈灾，甚至采取了较为灵活的国策。

明代每当发生大的灾情，官员们总是积极上报到朝廷。如：成化二年（1466 年），尚书李贤因奔丧还家，回朝廷报告，说河南诸郡由于灾荒，使得仓廪空虚，百姓饿死者不可胜计。李贤建议，宜将十年内起运京师的粮食储存于当地，以备赈济。

《明史·五行志》记载："成化中，太学生虎臣，麟游人，省亲归，会陕西大饥……上言：臣乡经岁灾伤，人相食，由长吏贪残，赋役失均。请饬有司，审民户，分三等以定科徭。"

《明史·李俊传》记载：成化二十一年（1485 年）正月，本月星变，李俊、汪奎分别上疏，说：陕西、河南、山西频年水旱，赤地千里，尸骸枕藉，流亡日多，死徙大半。山陕之民，仅存无几。山陕河洛饥民至骨肉相啖，请大发帑庾振济。《明史·李东阳传》记载，此年四月，奉派去曲阜祭孔（修庙成功），回京上疏云："臣奉使巡行，适遇亢旱。天津一路，夏麦已枯，秋禾未种。挽舟者无完衣，荷锄者有菜色。"

清代的《大清律》规定各部门之间、上下级之间要互相沟通信息，不得隐瞒灾情。对农业注重保护，条款特别细致，如《户律田宅》卷九记载："凡部内有水旱霜雹及蝗蝻为害，一应灾伤，有司官吏应准告而不即受理申报检踏及本官上司不与委官复踏者，各杖八十。""凡毁伐树木稼穑者计赃准盗论。若毁人坟茔内碑碣石兽者杖八十。"清朝的县官每个月都要向朝廷汇报农业情况，如雨水、粮价，这些档案一直保存在故宫。

②开仓救济

明代成化二年（1466 年），江淮有灾，右佥都御史吴琛奉敕巡视淮、扬灾民，但吴琛不能禁革奸弊，且作威作福，军民饿死，道路嗟叹。明宪宗得知之后，赶紧调换官员，以平民愤。

清代陆曾禹《康济录》卷一《前代救援之典》记载："永乐十八年（1420年）十一月，皇太子过邹县，民大饥，竞拾草实为食，太子见之恻然。乃下马入民舍，见男女衣皆百结，灶悉倾颓，叹曰：'民隐不上闻若此乎？'顾中官赐之钞。时山东布政石执中来迎，责之曰：'为民牧，而视民穷如此，亦动念否乎？'执中言：'灾荒处已经奏免秋粮。'太子曰：'民饥且死，尚及征税耶？汝往督郡县，速取勘饥民口数，近地约三日，远地约五日，悉发官粟赈之，事不可缓。'执中请人给三斗，太子曰：'且与六斗，毋惧擅发。'"这条材料说明，统治者面对灾民，是有恻隐之心的，并不是有的教科书上所说的统治者不管人民死活。《明太宗实录》卷二百三十一也记载了此事，当时，山东青、莱、平度等府州县频被水灾，饥民有十五万之多，百姓挖草根而食。

明代以国库粮食赈灾。《明会要·食货》记载：洪武三年（1370年），朝廷要求各县在东南西北设置预备仓，作为赈灾的储备。永乐元年（1403年），朝廷又重申建仓之事，作为对地方官员政绩考核的内容。

《明史·五行志》记载："洪武元年（1368年）六月戊辰，江西永新州大风雨，蛟出，江水入城，高八尺，人多溺死。事闻，使赈之。"《明史·宪宗纪》记载成化二十年（1484年），"是秋，陕西、山西大旱饥，人相食。停岁办物料，免税粮，发帑转粟，开纳米事例赈之"。河南有一个知县，在当地发生灾荒时，未经请示，就将驿站公粮上千石发放给灾民。明宣宗对他加以表扬：如果拘于手续，层层申报，那老百姓早就饿死了。

崇祯十三、十四年（1640、1641年），绍兴逢大灾，饥民公然抢掠州县。祁彪佳正在家乡服母丧，他召集地方官员，给宁波、台州地方官和乡绅大户们写信268封，借调钱粮，采取平抑米价，接济灾民，借库银向外地购粮，每石粮比市价低三钱出售，青黄不接时，按人口供粮，夏天设粥厂，处理尸体，收养弃婴。祁彪佳本人捐资在大善寺开设药局，聘友人为灾民问诊给药，每日仅药材就花费银十两左右。赈灾完成后，祁彪佳把救灾的方法和手段编辑成《古今救荒全书》。[①]

清代有些地方官员能体恤民情，在荒年为饥民着想。王士禛的《池北偶谈》"王恭靖公逸事"条记载：山东沂州人王廷采是成化进士，以清节著闻。

---

① 详见《明史·祁彪佳传》和《祁彪佳集》（中华书局1960年版）。

他"总理两淮盐法。浙东大饥，被命赈济，所全活四十万人。巡抚保定，乞罢皇庄以苏民困，孝宗嘉纳之"。

③蠲免赋税

灾蠲是当时的一项国策。明代，每当发生灾害，只要地方政府向朝廷打报告，朝廷都会或多或少地减免一些赋税，从而缓和社会矛盾。明初，朱元璋曾经规定被灾十分者，免赋额十分之三。朱元璋对待灾民颇有同情心，洪武六年（1373 年）十一月有一段史事耐人寻味，《明太祖实录》卷八十六记载："甲寅，山西汾州官上言：'今岁本处旱，朝廷已免民租。候秋种足收，民有愿入赋者请征之。'上谓侍臣曰：'此盖欲剥下益上，以觊恩宠。所谓聚敛之臣，此真是矣。民既遇旱，后虽有收，仅足给食。况朝廷既已免租，岂可复征之！……若复征之，岂不失信乎。夫违理而得财，义者所耻；厉民以从欲，仁者不为。'遂不听。"汾州的官员本是试探性地打听朱元璋的态度，而朱元璋很明确地告示下属，既然已经免了租，就不要补收。这才是明君应有的恤民态度。

清代经常减免农民的赋税，"灾蠲"以济民生。清初有人口 9000 万，到晚清达 4 亿，这个变化与经济政策不无关系。

康熙帝关心灾民的生活，他读汉元帝《蠲民田租诏》，叹曰："蠲租乃古今第一仁政，穷谷荒陬，皆沾实惠，然非宫廷崇节，不能行此。"① 康熙帝规定被灾九分者，免赋额十分之三。雍正帝继承了康熙的国策，规定被灾十分者，免赋额十分之七；被灾六分者，免赋额十分之一。乾隆皇帝在位时，曾经有四年完全不收税。这一方面说明了国库充实，另一方面是为了表示帝王的仁政，还说明民众生活的困难。

④鼓励义赈

明代景泰四年（1453 年），山东、河南的饥民有二百余万，朝廷规定生员纳米可入国子监，军民亦许纳粟入监以赈之。

景泰年间的王竑是一位救灾的典范，史书中有许多好评。《明史·王竑传》记载：王竑在景泰五年（1454 年）上疏："比年饥馑荐臻，人民重困。顷冬春之交，雪深数尺，人畜僵死万余，弱者鬻妻。"王竑巡抚淮、扬、庐三府，时值淮北大水，民多饥死。王竑发徐州广运仓余积，又令死囚以粮赎，令

---

① 《清史稿·食货志》。

沿淮商舟以大小出米，令富民出米二十五万石，全活百八十余万人。清代朱轼《广惠编》记载："明景泰时，金都御史王竑巡视江淮。适徐淮间大饥，民死枕藉。竑至，尽所以救荒之术。流民数百万猝至，竑大发官贮赈之，用米一百六十八万石。穷昼夜，竭思虑，躬自查阅抚慰，毋令失所。又委用官吏，必多方奖劝，激切周挚，人乐为用，活人无算。"

《嘉靖宁夏新志》记载了赈灾，卷二《宁夏总镇》记载："正统五年（1440 年），宁夏大饥。巡抚、都御史金濂奏设预备仓，劝镇人之尚义者，各输粟三百石以上，赐敕表其门。"

清朝政府鼓励商民赈灾，据《钦定户部则例》卷八十四（同治十年刊本）记载："凡绅衿士民，有于歉岁出资捐赈者，准亲赴布政司衙门具呈，不许州县查报，其本身所捐之项，并听自行经理。事竣由督抚核实，捐数多者题请议叙，少者给予匾额。"这项规定，有效地阻止了州县的拦截回扣，提升了绅商的自主权。①

光绪三年（1877 年），山西、河南大旱，朝廷拿出三十万两银救灾，又在官绅商民中间募捐，浙江绅商胡雪岩最为慷慨。曾国荃在给刘坤一的回函中说："合肥相国（指李鸿章，著者注）深悉赈费之难筹，灾黎之可悯，以为功德之大，莫功于援救。此次晋中之灾，代劝浙绅胡雪岩（光墉）诸君交相捐助，嗣后闻风而兴起者亦不乏人。"②"义赈"是"民捐民办"的赈灾活动，有别于官方主持的"官赈"。清光绪二年（1876 年），苏北的海州、沭阳出现旱灾蝗灾。《申报》报道"饥民四出就食"，流亡的灾民"不下二十万人"，如"饿极自焚死""两子饿死，母痛极自缢""妻女自揣不能存活，共投井死"之类的新闻俯拾皆是。寓居杭州的胡雪岩收到沭阳县县令陆恂友的求救信，希望能为灾区赈灾。胡雪岩利用自己在商界的威望，发动绅商广为募捐。据《申报》所载，光绪三年三月初十日沈葆桢向朝廷的奏报，胡雪岩"捐赠小麦八千四百石、棉衣四千七百件，并劝沪上绅商集银一万一千两，棉衣三千数百件"。这些钱物被迅速发往海州（今属江苏连云港）、沭阳等重灾区，予以散放。

---

① 《中国荒政书集成》第四册，第 2531 页。

② 曾国荃撰，梁小进整理：《曾国荃全集》第三册，岳麓书社 2006 年版，第 506 页。

在这次赈灾过程中，李金镛也是一个积极行动者。李金镛早年随父经商，面对苏北重灾，李金镛亲赴灾区，成为赈务的"总其成者"。《清史稿·李金镛传》记载李金镛"少为贾，以试用同知投淮军。光绪二年，淮、徐灾，与浙人胡光墉集十余万金往赈，为义赈之始"。《清史稿》标举这次由民间自行筹资、自行放赈的苏北赈灾，为"义赈之始"。有人说，胡雪岩、李金镛等江南绅商组织的苏北赈灾，开创了近代中国的义赈先河。

光绪年间，山西等地迭遭水、旱灾害，灾情惨重，浙江商人经元善带着父亲死后留下的五万多元钱从上海乘船北上天津，然而亲赴山西灾区散发赈款，救活灾民众多。经元善在《沪上协赈公所溯源记》讲述了此事的经过："光绪三、四年间，豫晋大祲。时元善在沪仁元庄。丁丑冬，与友人李玉书见日报刊登豫灾，赤地千里，人相食，不觉相对凄然……毅然将先业仁元庄收歇，专设公所壹志筹赈。……沪之有协赈公所，自此始也。"[1] 经元善等人首创成立了"协赈公所"，组织并领导江浙沪绅商赈灾，持续十余年，筹募善款数百万，以救济灾民。

浙江商人每逢灾年，都协助政府赈灾。《道光昌化县志》卷十五记载昌化人胡禁在灾年办粥厂，"活人无算"；余临川经营盐业，"乾隆十六年岁荒，众议向殷户劝赈。临川慨然捐米一十五石，由是闻风而愿输者数十家，两社穷民存活无数"。

⑤考核官员

每当灾荒发生，有些官员请求处分。如万历十八年（1590年）五月，癸卯大学士王家屏因灾异自劾，他上书说："……今时则更难矣，天鸣、地震、星陨、风霾、川竭、湖涸之变叠见于四方；水旱、虫螟、凶荒之患，天昏礼瘥、疠疫之殃交丛于累岁，天时物候乖沴如此，则调燮之难。……目今骄阳烁石，飞尘蔽空，小民愁痛之声殷天震地，而独未彻九阍之内，上轸皇情。此臣所以上负恩慈，中惭同列，而下靦颜于庶官百执事者也。"

对于发生灾荒的地方，朝廷注意考核地方官员是否有所作为，否则罢免。《明会要》卷七十《祥异三》记载：万历三年（1575年）五月，淮扬大水，

---

[1]（清）经元善著，虞和平编：《经元善集》，华中师范大学出版社1988年版，第326—327页。

皇帝下诏："近来淮扬地方，无岁不奏报灾伤，无岁不蠲免振济。若地方官平时著实经理民事，加意撙节，多方设备，即有灾荒，岂其束手无措？今为官者本无实心爱民，一遇水旱，即委责于上，事过依旧，因循不理。岂朝廷任官养民之意？吏部查两府有司，有贪酷虐民及衰老无为者，黜之。"

康熙皇帝还经常告诫官员要有防灾意识，居安思危，以备不虞。《授时通考·劝课·本朝重农》中记载，康熙三十三年（1694年）四月十三日的谕旨："朕处深宫之中，日以闾阎生计为念，每巡历郊甸，必循视农桑，周谘耕耨，田间事宜，知之最悉，诚能预筹稿事，广备灾藗，庶几大有神益。昨岁因雨水过溢，即虑入春微旱，则蝗虫遗种必致为害，随命传谕直隶、山东、河南等省地方官，令晓示百姓，即将田亩亟行耕耨，使覆土尽压蝗种，以除后患。今时已入夏，恐蝗有遗种在地，日渐蕃生，已播之谷，难免损蚀，或有草野愚民云蝗虫不可伤害，宜听其自去者，此等无知之言，切宜禁绝。捕蝗弭灾，全在人事。"

⑥反思国策

清代对付灾情，有一套较完整的国策。① 嘉庆《大清会典》卷十二记载："凡荒政十有二，一曰备祲，二曰除孽，三曰救荒，四曰发赈，五曰减粜，六曰除贷，七曰蠲赋，八曰缓征，九曰通商，十曰劝输，十有一曰兴土筑，十有二曰集流亡。"

康熙皇帝认为："大凡天变灾异，不必惊惶失措，惟反躬自省，忏悔改过，自然转祸为福。"② 即使有了天灾变异，不需要惊惶失措，只要回过头来对自己多加反省，忏悔改过，就一定会转祸为福的。

《清史稿·德宗纪二》记载：光绪二十一年（1895年）四月"己酉，天津海溢，王文韶自请罢斥，不许"，上谕说："非常灾异，我君臣惟当修省惕厉，以弭天灾。"光绪三十三年（1907年），发广东库储十万，赈香港及潮、高、雷等地风灾。

每次经历灾难，统治者都深感建仓贮粮的重要性。只有平时多贮粮食，才

---

① 李向军：《清代救灾的制度建设与社会效果》，《历史研究》1995年第5期。

② （清）康熙撰，陈生玺、贾乃谦注译：《庭训格言》，中州古籍出版社2010年版，第146页。

能应对不虞之灾。据高建国《中国古代仓储文化》分析《明史》和《清史稿》中记载仓储的情况，从成化六年（1470 年）到宣统三年（1911 年）的 441 年中，备赈记录共 90 次，而光绪三年（1877 年）大旱以后备赈记录高达 64 次。这说明 1877 年的华北大旱给朝廷的印象太深，于是更加重视备赈。光绪八年（1882 年），朝廷先后拿出四万两白银，在陕西大荔县朝邑镇兴修义仓。义仓占地 63 亩，可储粮 5220 吨。此义仓不仅规模宏大，而且设计合理，既通气，又防潮，被称为天下第一仓。[①]

据焦竑《玉堂丛语》卷四记载：有位叫张铎（《明史》无传）的金陵人，嘉靖年间以监察御史抚辽。他贮辽阳预备仓，积粟六万余斛，当嘉靖三十年（1551 年）辽阳遭大水，疫疠继作之时，百姓赖积粟以济，人们修祠纪念他。

⑦开展灾荒研究

每当旱灾水灾发生，食物是最大的问题，如何解决食物？明代永乐四年（1406 年）产生了一本重要著作《救荒本草》。《救荒本草》分为上下两卷，它专讲地方性植物，并讲述了这些植物的食用情况，是一部以救荒为主的植物志。作者朱橚系朱元璋第五子，受封于开封为周王，谥"定"，故又题周定王撰。因明皇室内部争斗，朱橚曾两度遭放逐，故能体察民间饥寒。他多次见到饥民误食野生植物而中毒丧命的惨剧，于是研究救灾度荒之事。他广泛搜集引种草本野生植物种苗，分析其食用性能及加工方法，绘其形态，编写成书。全书所录可食草木分五类：草类 245 种、木类 80 种、米谷类 20 种、果类 23 种、菜类 46 种，凡 414 种（见于历代本草者 138 种，新增 276 种）。

《救荒本草》对植物的记载，皆缕陈其产地及分布、地貌环境、生长习性、形态特征、食用部分性味、食用方法。除开封本地的食用植物外，还有接近河南北部、山西南部太行山、嵩山的辉县、新郑、中牟、密县等地的植物。朱橚认识到环境的差别影响到植物种类，他对水生植物、湿生植物、陆生植物都有细致观察和准确记录，描述了不同地理分布或地貌影响着植物生长，其遗传特性和形态结构均有区别。

关于植物的加工和食用，书中记载有加"净土"共煮除毒法。一般水洗

---

① 孙关龙、宋正海主编：《中国传统文化的瑰宝——自然国学》，学苑出版社 2006 年版，第 163—170 页。

蒸煮方法对毒性大的植物减毒去毒难以奏效。这种去毒方法，与 1906 年俄国植物学家茨维特方（1872—1919 年）发明的色层吸附分离法在理论上是一致的。

在植物的形态、分类等诸方面，书中也有不少创见。瑞典人林奈（1707—1778 年）以花的性状为基础来划分植物纲目的"双名法"，被学术界视为分类学上的重要突破，而《救荒本草》早在 15 世纪初就揭示了花器官在鉴定植物种类上的作用。如书中对几种豆科植物所作描述："回回豆开五瓣淡紫花，如蒺藜花样。结角如杏仁样而肥，有豆如牵牛子微大。"这些记述十分缜密，富于科学性。

《救荒本草》有山西都御史毕昭和按察使蔡天祐刊本，这是《救荒本草》第二次刊印，也是现今所见最早的刻本。

（二）存在的问题

在对付灾情的过程中，明清时期仍然存在许多问题，如：

①中央与地方的矛盾

在赈灾问题上，地方上有本位主义，也容易造成矛盾。明代陆容《菽园杂记》卷八记载："成化初，江、淮大饥，都御史林公聪以便宜之命赈济，驻节扬州。令御史借粮十万石于苏州府，知府林公一鹗以苏为闽、浙矜喉，江、淮冲要，万一地方不靖，无粮其何以守？不许。御史乃借之松江而去。人以一鹗知大体云。"

地方官员希望加大赈灾力度，减免更多的赋税，或从朝廷得到更多的财物。中央却担心国库收入减少，担心地方官员夸大灾情。以林则徐巡抚江苏为例。道光十二、十三年（1832—1833 年），江苏连续受灾，木棉和稻谷受淹，农民不敷日食，纺织业不能开工，而苏、淞等州府的上缴赋税额很重。林则徐与两江总督陶澍等人函商，向朝廷请求缓征江南漕赋，拨发赈银。而道光皇帝严厉训斥了林则徐等人，说地方官员不肯为国任怨，不以国计为亟，使国徒有加惠之名而百姓无受惠之实。林则徐据理力争，提出培植地方经济元气，不要把民众逼到了绝路，关系国家安危，终于迫使道光帝减赋。

②求神祭祀

面对旱灾水灾，明朝与清朝的统治者经常求神祭祀，祈祷息灾。

史书记载，明洪武三年（1370 年），夏旱。六月戊午朔，皇帝步祷郊坛。

洪武二十六年（1393 年），大旱，诏求直言。崇祯十六年（1643 年）五月辛丑，祈祷雨泽，命臣工痛加修省。

明代的皇帝经常派官员到道教圣地武当山祈求天佑，今人从祈文中可见当时的气象灾害。如明武宗《告真武祈雨文》记载："今岁已来，雨炀愆候，田苗枯槁，黎庶忧惶。予心兢惕，虔致祷祈，惟神矜民，旋斡太和，式调和气，以济民艰，庶民有丰稔之休，神亦享无穷之报。"[1] 武当山供奉的是真武大帝，民俗认为真武大帝居于北边，是管水的，故在旱灾时多求之。

明代旱灾多，求雨的活动也多。上到官人，下到百姓，都有求雨的经历。《松窗梦语》卷一记载，作者张瀚在家中求雨："乙巳夏庐阳旱，余疏食斋居，晨昏素服徒步郊坛，祷至七日不雨。"

徐霞客在《滇游日记》记载：1639 年云南的局部地区有旱，人们就停止屠杀牲畜，采取各种方式求雨，"五月初一日……是日因旱，断屠祈雨，移街子于城中。旱即移街，诸乡村皆然"。

《乾隆汉阳府志》卷四十七记载明代汉阳府地方官员王叔英的《祷雨文》，其文："天不施需泽于此土殆三越月矣。……叔英今谨待罪于坛之次，自今日至于三日不雨，至四日则自减一食，到五日不雨则减二食，六日不雨则当绝食，饮水以俟神之显戮。诚不忍见斯民失种至饥以死。赖神其鉴之，惟神其哀之。"这样的公文，写得很感人，能够表达民众的心声，得到民众的赞许。

当时还有公开发表的求雨文献。《王阳明全集》卷十五载有明代流行的《祈雨辞》，其文："呜呼！十日不雨兮，田且无禾；一月不雨兮，川且无波；一月不雨兮，民已为疴；再月不雨兮，民将奈何？小民无罪兮，天无咎民！抚巡失职兮，罪在予臣。呜呼！盗贼兮为民大屯，天或罪此兮赫威降嗔；民则何罪兮，玉石俱焚？呜呼！民则何罪兮，天何遽怒？油然兴云兮，雨兹下土。彼罪遏通兮，哀此穷苦！"如何看待《祈雨辞》？笔者认为，《祈雨辞》表达了苍生的迫切心情，体现了一种民意。在久旱之时，人们十分无奈与不安，往往自觉反思自己是否有过错，是否得罪了上天。人的情感需要表达，官员有责任时时反映民意。虽然《祈雨辞》有迷信色彩，但却是农耕时代的文化诉求，是朴素经验的认识。人们寄托着对天的期盼，间接地抒发了对天的不满。说来也

---

[1] 杨立志点校：《明代武当山志二种》，湖北人民出版社 1999 年，第 280 页。

巧，每当举行庄严的仪式宣读《祈雨辞》之后，天就下雨了。这是什么缘故呢？原因在于干旱总是有尽头的，天久不雨，人们等待不及了，于是就请有身份的人写《祈雨辞》。当《祈雨辞》写毕，旱期已经到了尽头，必然会下雨。换言之，不论你是否写《祈雨辞》，雨水总是会来临的。

当时的求雨，可以视作一种文化传统。求雨者心知肚明，深知一纸《祈雨辞》不可能祈求得到及时雨。作为地方官员，最务实的是要改良政务。《王阳明全集》卷十二《静心录之四·外集三》载录《答佟太守求雨》记载："盖君子之祷不在于对越祈祝之际，而在于日用操存之先。……古者岁旱，则为之主者减膳撤乐，省狱薄赋，修祀典，问疾苦，引咎赈乏，为民遍请于山川社稷，故有叩天求雨之祭，有省咎自责之文，有归诚请改之祷。……仆之所闻于古如是，未闻有所谓书符咒水而可以得雨者也。唯后世方术之士或时有之。然彼皆有高洁不污之操，特立坚忍之心。虽其所为不必合于中道，而亦有以异于寻常，是以或能致此。然皆出小说而不见于经传，君子犹以为附会之谈……仆谓执事且宜出斋于厅事，罢不急之务，开省过之门，洗简冤滞，禁抑奢繁，淬诚涤虑，痛自悔责，以为八邑之民请于山川社稷。而彼方士之祈请者，听民间从便得自为之，但弗之禁而不专倚以为重轻。"这段文字明确提出了"未闻有所谓书符咒水而可以得雨者"，主张"罢不急之务，开省过之门，洗简冤滞，禁抑奢繁，淬诚涤虑，痛自悔责"，只有这样，才能赢得民心，感动上苍。

清代每年春天在圜丘坛举行常雩礼，用于求雨。首先选择吉日。在吉日的前三天，皇帝斋戒，停止屠宰和刑事。皇帝在吉日穿素服登坛，礼官读祝文。清代祭祀之礼很烦琐。世祖入关后规定：冬至祀圜丘，奉日、月、星辰、云雨、风、雷；夏至祀方泽，奉岳、海、渎。《清史稿》卷八十三记载很详细，如"雍、乾以来，凡祈祷，天神、太岁暨地祇三坛并举，遣官将事，陪祀者咸兴焉"。

张之洞写有《祭伏羲文王周公孔子祈雨文》，反映了天旱时的急迫心情："窃念晋省承饥馑荐臻之后，乃创痍未起之时，杼轴早竭其盖……某等职膺牧养，目怵子遗，政事不修，和甘莫迓。已群望之并走，盈缶未占；念光天而弗违，奉盛以告。躬率长吏，同省咎愆，薪资生资始之元功，纾不耕不之急难。於戏！吏庆于庭，商歌于市，惟期泽之旁流；雷出于地，云上于天，仰赖神明之幽赞。尚飨！"①

清人范端昂的《粤中见闻》卷五《地部》记载广东的祭祀与环境有关："吾粤水国，多庙祀天妃。新安赤湾沙上有天妃庙，背南山，面大洋，大小零丁数峰立为案，最显灵，凡渡海者必祷。"

依上可见，面对灾害，明清时期抵抗灾害的能力是很差的，抗灾体系是脆弱的，反应是被动、迟缓的。但是，从总体说来，统治者还是想缓解灾情的，但力不从心，特别是面对巨大的灾害，救灾谈何容易。各地报上灾情之后，朝廷总是尽可能减免受灾地点的赋税，甚至拿出国库的贮藏。然而，庞大的官僚系统运作起来是困难的，官员各怀其心，各有其德，各有其能，有的官员能够尽力，有的官员勉强应付，有的官员乘机贪污，朝廷处理灾情确实很难。

二、环境灾害与明清的衰亡

（一）环境灾害是明亡的原因之一

明代灭亡的原因有诸多方面，如政治腐败、宦官当权、皇帝无能等。其中重要的原因是环境灾害，以及应对灾害失误。如果一个朝代经常遇到大的自然灾害，用民众的话说："天要灭之。"那么，这个朝代的生存就必然面临着严峻的考验。如果处置不当，灾害必然会成为导火线，加速朝代的灭亡。

明朝中期，干旱加剧，气候异常，连年的饥荒，流民渐多。湖广荆襄地区比较富庶，是流民集中地，明廷曾派重兵围剿，试图阻止流民进入，但未能如愿。到成化初，入山垦荒种田或开矿者已有 150 多万人。成化元年（1465 年）三月，在刘通、石龙与冯子龙等人的领导下，流民在房县大石厂立黄旗起义，集众占据了梅溪寺，刘通称汉王，国号汉，建元德胜，设将军、元帅等职。次年三月在大市与明军相遇，刘通被俘遇害。起义失败。明朝强迫流民归乡，禁止流民进入郧阳地区。后又开设湖广郧阳府，在该地置湖广行都司和卫所，专门抚治流民。

宣德元年（1426 年）朱高煦趁北京地震之机，在乐安（今山东广饶东

---

① （清）张之洞：《张文襄公文集》卷二百二十三《骈体文二》。

北）谋反，设立王军府、千哨，分官授职，并勾结英国公张辅做内应。明宣宗在大学士杨荣的劝谏下御驾亲征朱高煦。大军到达乐安城北，送诏书给朱高煦。朱高煦无力抵抗，只得举手投降，余党都被擒获。明宣宗兵不血刃，大胜而还，改乐安为武定，将朱高煦软禁在西安门内的逍遥楼。参与谋反的王斌、朱恒及天津、山东各地的反贼或被处死，或被发配边关。

明末，自然灾害最大！试以蝗灾为例论述。

终明一朝，明末的蝗灾最严重。崇祯年间，徐光启在《除蝗疏》说："自万历三十三年（1605年）北上至天启元年（1621年）南还，七年之间，见蝗灾者六，而莫盛于丁巳。是秋奉使夏州，则关陕邠岐之间遍地皆蝗，而土夫云百年来所无也。江南人不识蝗为何物，而是年亦南至常州。有司士民尽力扑灭，乃尽。"由这条史料可见，明末时，特别是丁巳年（1617年）北方的蝗灾严重，蝗灾向南方发展。计六奇《明季北略》卷九记载蝗虫移动为害。崇祯六年（1633年）："八月，襄城县莎鸡数万自西北来，莎鸡固沙漠产，今飞入塞内，占者以为兵兆。"

蝗灾不是孤立现象，它一般是伴随着旱灾发生的，大旱灾之年往往有蝗灾。明末，从崇祯初年开始，北方的旱灾就相当严重。马懋才是陕西安塞县人，天启五年进士。他受公差到东北、贵州、湖广等地，四年之间往还数万余里，看到人民奔窜，景象凋残，然而，他认为这些都谈不上极苦极惨，最痛苦的莫过于自然灾害带来的惨遭，诸如父弃其子，夫鬻其妻，掘草根以自食，采白石以充饥者，都还不能表达灾民的痛楚。他在崇祯二年（1629年）四月二十六日上疏，备陈大饥：

臣乡延安府，自去岁一年，无雨，草木枯焦，八九月间，民争采山间蓬草而食，其粒类糠皮，其味苦而涩，食之仅可延以不死。至十月以后而蓬尽矣，则剥树皮而食，诸树惟榆皮差善，杂他树皮以为食，亦可稍缓其死。迨年终而树皮又尽矣，则又掘其山中石块而食，石性冷而味腥，少食辄饱，不数日则腹胀下坠而死。……最可悯者，如安塞城西，有冀城之处，每日必弃一二婴儿于其中，有号泣者，有呼其父母者，有食其粪土者，至次晨，所弃之子，已无一生，而又有弃之者矣。更可异者，童稚辈及独行者，一出城外，便无踪迹，后见门外之人，炊人骨以为薪，煮人肉以为食，始知前人之人，皆为其所食。而食人之人，亦不免数日后，面目赤肿，内发燥热而死矣。于是死者枕藉，臭气熏天，县城外，掘数坑，每坑可容数百人，用以掩其遗骸。臣来之时，已满三坑有余，而数里以外不及掩者，又不知其几许矣。小县如此，大县可知。一处如此，他处可知。……总秦地而言，庆阳、延安以北，饥荒至十分之极，而盗则稍次之。西安、汉中以下，盗贼至十分之极，而饥荒则稍次之。①

　　严重的旱灾没有间断，崇祯七年（1634 年），"三月，山陕大饥，民相食。山西自去秋八月至是不雨，大饥，民相食。四月，山西永宁州民苏倚哥，杀父母炙而食之"②。这类文献尚有许多，如果不从当时的实际情况思考，很难相信有如此惨无人道的事情发生。试想，人吃人，子女吃父母，这是一种怎样的场景啊！

　　社会面对旱灾已经难以承受，又雪上加霜，来了蝗灾，这更是致命的一击。

　　此外，明末还有频发的水灾，危害社会。崇祯十五年（1642 年），河南开封人工决河，城市一片汪洋，农地被淹，引起社会极大震荡。《顺治祥符县志》卷二《城池》记载："崇祯十五年闯贼李自成攻围于前，黄河冲没于后，遂荡为泥沙，汴于是无城并无池矣。……此古今未有之奇厄。今之成聚成市者，不过冲涛北渡一二之苗裔也。"

　　灾年之后，往往是社会的动荡，即灾害酿成天下大乱。灾荒导致社会萧条，经济停滞。如，明代北平河间府交河县于洪武四年（1371 年）受到旱灾，农民有一千多户流离失所，三百多顷土地荒芜，直到洪武八年（1375 年）都没有缓解困境，连续数年免其租税。光绪三十二年（1906 年），江苏、河南、安徽、山东受灾，苏北的草根树皮都被铲光了，在 8 万平方公里内有 1500 多万灾民。如此多的灾民，对于社会而言，毫无疑问是不稳定的因素。据《明实录》，万历十年（1582 年），户科给事中上言，说顺天等八府自万历八年（1580 年）以来遭灾，禾苗尽槁，死者枕藉，群盗峰起。在通、开、巨鹿等县有成群的民众手持大剑长枪，昼夜劫掠，以所劫之财施济老弱。万历四十三年（1615 年），山东沂州报告，有七百人骑马抢劫。昌乐县报告有三百人啸聚，行旅受阻。

　　《明史·左懋第传》记载，崇祯十四年（1641 年），左懋第督催漕运，道

①《明季北略》卷五。

②《明季北略》卷十。

中驰疏言："臣自静海抵临清，见人民饥死者三，疫死者三，为盗者四。"又说从鱼台到南阳（南阴湖之南阳，即今鲁台县），流寇杀戮，村市为墟。其他饥疫死者，尸积水涯，河为不流。《阅微草堂笔记·滦城消夏录》记载："前明崇祯末，河南山东大旱蝗，草根木皮皆尽。乃以人为粮，官吏勿能禁。妇女幼孩，反接鬻于市，谓之菜人。屠者买去，即刲羊豕。周氏之祖，自东昌（聊城）商贩归，至肆午餐。屠者曰：肉尽，请少待。俄见曳二女子入厨下，呼曰：客待久，可先取一蹄来。急出止之，闻长号一声，则一女已先断右臂，宛转地上，一女战栗无人色。见周，并哀呼：一求速死，一求救。周恻然心动，并出资赎之。"

明代中晚期气候变冷，农业减产，全国发生饥荒。1627 年，陕西澄城饥民暴动，拉开明末民变的序幕，其后群雄蜂起，李自成决河灌开封，加重灾害。《清史稿》卷二百七十九记载："李自成决河灌开封，其后屡决屡塞，贼势浸张，土寇群起，两岸防守久废。伏秋汛发，北岸小宋口、曹家塞堤溃，河水漫曹、单、金乡、鱼台四县，自兰阳入运河，田产尽没。"明末郑廉著的《豫变纪略》，逐年记载了明末的气候，多是恶劣天气。天气导致饥荒，饥荒引起社会动荡。崇祯十三年（1640 年），"朔雨赤雪，大饥，人相食"。李自成进攻河南，大赈灾民，"远近灾民荷锄而往，应之者如流水，日夜不绝，一呼百万，而其势燎原不可扑"。

《顺治祥符县志》卷二《城池》记载："崇祯十五年（1642 年）闯贼李自成攻围于前，黄河冲没于后，遂荡为泥沙，汴于是无城并无池矣。"这说明，李自成决河，有一定的负面影响，使黄河形成了习惯性的洪水破堤。明末清初，黄河泛滥成灾，根源在于明朝末年的政治腐败和清朝初年对河堤缺乏维护，加上黄河本身就是一条放荡不羁的河流。①

1644 年，李自成建国大顺，攻克北京，明朝灭亡。姚雪垠在长篇小说《李自成》中引用了大量的史料说明起义的诱因。近年，曹树基撰的《鼠疫流

---

① 此类事情在民国年间重演。1938 年，国民党为了阻挡日寇的进攻，炸开黄河花园口，河水冲决豫皖苏平原，形成黄泛区，百姓流亡，死亡无数。河堤直到 1947 年才合龙。其泛滥面积之大，时间之长，都是空前的。

行与华北社会的变迁（1580—1644 年）》，从崇祯末年的流行疾疫说明社会的动荡。① 正因为明末有严重的自然灾害，所以出现了农民流离失所，社会动荡，以至于朱明政权的灭亡。从某种意义上说，明朝的灭亡，与自然灾情有关。

（二）自然灾害、环境恶化加速了清亡

清朝是中国古代的最后一个封建王朝，是农耕文明处于解体阶段的朝代，是西方列强正虎视中国的朝代，是强大与脆弱交织的朝代，也是生态环境问题多多的朝代。

清朝康熙、雍正两朝，治理黄、淮等河流，颇显成效，减少了水患。但乾隆、嘉庆、道光以来，尤其是道光时期，河政日趋腐败，河道梗阻，河防松弛，许多河流频频漫口，堵而复决。当时，河工积弊日深，承办工员偷工减料，"每年岁抢修各工，甫经动项兴修，一遇大汛，即有蜇塌淤垫之事"②。

由于封建社会官场的黑暗，每到灾年，一方面是下层民众食不果腹，另一方面是官吏和豪强私充囊橐。道光年间，金应麟上奏陈述流弊说："被灾地方，穷民最苦而豪棍最强，富户最忧而吏胥最乐。有搀和糠秕、短缺升斗、私饱己囊者；有派累商人、抑勒铺户令其帮助者；有将乡绅家丁、佃户混入丁册，希图冒领者；有将本署贴写皂班、列名影射者；有将已故流民、乞丐入册分肥者；有将纸张、饭食、车马派累保正作为摊捐者；有将经纪贸易人等捏作饥民，代为支领者。"③

以太平天国起义之前的广西为例，同治十三年（1874 年）的《浔州府志》记载：道光十三年（1833 年）夏五月，桂平县蝗灾。接着连续三年都有灾，浔州蝗灾，复大水。桂平大宣里鹏化、紫荆、五指三山水同发，平地水深三尺，岁大歉。平南蝗灾，草木百谷殆尽。平南再发蝗灾。由于灾害频繁，导致社会出现危机，当时有官员在《论粤西贼情兵事始末》中分析说："柳

---

① 曹树基：《鼠疫流行与华北社会的变迁（1580—1644 年）》，《历史研究》1997
　　年第 1 期。

②《清仁宗实录》卷二百三十九。

③《查明灾赈积弊及现在办理情形折》，《林则徐集·奏稿》上册，第 143 页。

（州）、庆（远府）上年旱蝗过重，一二不逞之徒倡乱，饥民随从抢夺，比比皆然。此又一奇变也。"① 果然，在广西爆发了太平天国起义，动摇了清政府的统治。灾害引起社会动荡是普遍的现象，李文海研究辛亥革命时期的自然灾害，注意到灾害引起社会恐慌，出现社会流民，酝酿了革命的土壤与时机。②

在西北，旱灾往往是导致社会不安的因素。天不下雨，有些河流出现断流，人们为争夺有限的水源而酿成水事纠纷。清代后期，河西地区反清战事迭起，官府调动兵力，也无法根本遏制。在陕西"饥民相率抢粮，甚而至于拦路纠抢，私立大纛，上书'王法难犯，饥饿难当'八字"③。

义和团把久旱不雨，归为天意，借机起事。《天津政俗沿革记》记载："光绪二十六年（1900年）正月，山东义和拳其术流入天津，初犹不敢滋事，惟习拳者日众。二月，无雨，谣言益多。痛诋洋人，仇杀教民之语日有所闻，习拳者益众。三月，仍无雨，瘟气流行，拳匪趁势造言，云：'扫平洋人，自然得雨。'四月，仍无雨，各处拳匪渐有立坛者。"④

1906年，江苏、河南、安徽、山东等省出现自然灾害，有些地方的饥民把草根树皮都铲尽了。受灾饥民约1500万之多，形成人数庞大的流民，造成社会极大的不安。（详见池子华：《中国近代流民》，浙江人民出版社1996年版。）

自然灾害严重，加上民众不断地造反，加速了清朝灭亡。清末在全国各地发生民众起事，辛亥年间在武昌发生首义，与自然灾害不无关系。

---

① 太平天国历史博物馆编：《太平天国史料丛编简辑》第2册，中华书局1959年版，第5页。

② 李文海：《清末灾荒与辛亥革命》，《历史研究》1991年第5期。

③ 李文治：《中国近代农业史料》第1辑，三联书店1957年版，第745—746页。

④ 中国社会科学院近代史所编：《义和团史料》，中国社会科学出版社1985年版，第961页。

附录　明清环境变迁史大事表

1368 年，正月，朱元璋在应天府称帝，国号明，年号洪武。是年，定大祀之礼，分祀南北郊，举行四时之祀。是年，扬州、镇江旱。

1369 年，颁《大统历》。正月，山东、应天、陕西等地旱。

1370 年，改司天监为钦天监，回回司天监并入。山东旱。朱元璋命令修《大明志书》，按天下郡县形胜，汇编各地的山川、关津、城池、道路、名胜。

1371 年，三月，徙山后民一万七千户屯北平。六月，徙山后民三万五千户于内地，又徙沙漠遗民三万二千户屯田北平。山西、河南、陕西等地旱。

1372 年，在万里长城西端嘉峪山营建城关，是为嘉峪关。山东旱，并有蝗灾，命淮安转粟赈之。开封大水。江西的南安府大疫。

1373 年，辽东旱。松江府水灾。

1374 年，山西旱、蝗。

1375 年，黄河水溢，开封府灾。

1376 年，浙江、湖北水灾。俞宗本撰《种树书》。

1377 年，五月，户部主事赵乾到荆州、蕲州处理水灾事务，不得力，致民多饥死，诛之。

1378 年，以苏松嘉湖杭五府受水灾，命罢五府河泊所，免其税课。

1381 年，河决祥符等地。

1382 年，河决阳武等地，北平府蝗灾。

1384 年，河决开封。

1385 年，在京师建观象台。泰州、应天、河南、常德大水。

1386 年，山东旱，郑州蝗，大名府水。

1390 年，河决凤池。海门县遭飓风潮溢。

1392 年，河决阳武等十一州县。

1397 年，河决开封。

1402 年，浙江台州府临海县旱蝗。

1403 年，准户部尚书夏原吉奏，派人治吴淞诸浦港，以杜水患。山西蝗。年底，北京、山西、宁夏地震。

1404 年，长江中下游水灾。年底，北京、济南、开封地震。

1405 年，杭州等地水灾。1405—1433 年间，郑和率船队七下西洋，开辟了我国到东非等地的航路。

1406 年，北京等地旱，常州等地水。

1407 年，河南旱，有饥民饿死，有司隐匿不报。

1408 年，江西广信府、福建建宁等府疫，死七万余人。

1410 年，河决开封旧城。山东疫情。

1411 年，长江中下游水。工部尚书宋礼开会通河，水利家白英主持其事，截引汶水，保证流量，确保大运河畅通。是年，疏浚黄河故道，与会通河合。

1413 年，浙江宁波府疫。

1422 年，制发雨量器，给全国州县使用，以便统一降雨统计标准。

1425 年，朱橚去世，生前撰《救荒本草》。郑和随行人员完成郑和航海图。

1426 年，汉江涨水，襄阳等地受灾。

1427 年，山西、河南旱。

1431 年，河决开封。

1432 年，河北、河南、山东、山西旱。

1434 年，湖广、山东、江西旱。顺天、辽东水。

1435 年，两京、山东、河南蝗。

1439 年，京师大水。

1440 年，山西旱，百姓煮榆皮而食，倾家外逃。

1442 年，在北京设观象台。

1443 年，福州府古田县上半年疫，死千余人。

1444 年，山东、河南、湖广、江浙均出现江河泛滥。浙江绍兴等地疫。

1448 年，河决大名，淹三百余里。

1450 年，北京去冬无雪，今春不雨，狂风扬沙。

1452 年，淮北大水，民多饥死。山东水涝。

1453 年，山东、河南等地大雪，饥民二百余万，命生员纳米可入国子监，军民亦许纳粟入监以赈之。漕运总督王竑救济灾民。

1454 年，淮南北、山东、河南饥。山东、湖广寒冷，江南常熟等地积雪，冻死千余人。

1455 年，山东、山西、河南、陕西、南京、湖广、江西三十三府、十五州卫旱。徐有贞开广济渠，以通漕运。常、镇、松、江四府疫。

1456 年，山东、河南连日雨，大水。广西桂林、湖广黄梅疫。

1457 年，顺天疫。

1458 年，山东等地去冬无雪，今春不雨。

1461 年，沿海的崇明、嘉定等县受海潮，溺死者一万二千余人。

1466 年，河南诸郡灾荒，仓廪空虚，百姓饿死者不可胜计。

1470 年，吏部尚书姚夔建议安置百姓，教民多栽椿、槐、桑、枣。

1471 年，钱塘江岸被海潮冲决千余丈。京城有疫，死者枕藉于路。内蒙古瘟疫流行。

1473 年，总理河道王恕上奏，说自京师到扬州，南北三千余里，受水旱灾伤，民甚艰食。

1474 年，明筑宁夏边墙自紫城砦至花马池。

1475 年，福建大疫，延及江西。

1477 年，陕西、甘肃、宁夏地震。

1478 年，南北直隶、山东、河南等处骤雨连绵，平陆成川。四川盐井卫地连震，人畜多死。

1484 年，京畿、山东、湖广、陕西、河南、山东俱大旱。

1493 年，天气异常寒冷，汉水结冰，苏北海水结冰，大面积寒潮。

1495 年，宁夏连续地震。

1497 年，真定、宁夏、榆林、太原等地地震。

1501 年，陕西延安、长安等地地震。

1502 年，南京、徐州、大名、开封同日地震。

1506 年，湖广的平溪、清溪、镇远等卫大疫。云南、山西地震。

1511 年，大理、京师、山东地震。《颍州志》载录玉米种植事，是为美洲玉米传入中国的最早记录。

1512 年，腾冲地震。

1513 年，洞庭湖、鄱阳湖和太湖结冰。

1515 年，云南永宁卫地震，逾月不止。

1517 年，云南新兴州地震。

1521 年，辽东饥。嘉州（四川乐山）凿成石油竖井，深达数百米。

1522 年，陕西疫。

1523 年，二京、山东、河南、湖广、江西、成都俱旱，赤地千里。南京疫。

1524 年，户部说天下之灾，江北最甚，江南次之，湖广又次之。江北人相食。

1525 年，山东疫，徐州、开封、辽东地震。

1526 年，礼部尚书吴一鹏说江南诸郡久旱不雨，人畜渴死。渡淮以北，田庐淹没，巨浸千里。

1532 年，四川、湖广、贵州、江西、浙江为宫中采办大木。陕西大旱。

1556 年，山西、陕西、河南同时地震，压死军民八十三万人，史称关中大地震。（嘉靖三十四年十二月十二日实为 1556 年 1 月 23 日。）

1557 年，俺答汗建成"八座大板升"，提倡种谷物、蔬菜和果木。辽东大饥。朝廷大采楠木。

1558 年，华州地震。

1559 年，辽东出现百年未有之灾，民无炊烟，野多暴骨。

1560 年，山西等地大旱。

1565 年，真定、保定二郡连年旱涝。胡宗宪编《筹海图编》。

1568 年，台州海潮，溺死三万余人。

1569 年，甘肃《平凉府志》描述了玉米的植物形态学特征。

1572 年，陕西巩昌府地震。

1573 年，湖广荆州府连续数日地震。

1575 年，直隶巡抚御史请开草湾等港口，以备淮黄之冲。

1577 年，云南腾越连续地震。

1580 年，清查得知天下田为七百零一万三千九百七十六顷。

1582 年，番薯由华侨陈益自越南传入。葡萄牙人将烟草介绍给中国。《园冶》作者计成出生。

1583 年，利马窦把西方的地图与天文仪器传入中国。

1585 年，安徽等地大旱。淮安、扬州等地地震。福建下雪。

1586 年，中原、西北大旱。

1589 年，刊刻《坤舆万国全图》。江淮大旱。

1590 年，陕西、甘肃地震。

1591 年，袁黄刊行所撰《宝坻劝农书》，提出治理盐碱地的方案。

1593 年，福建旱，陈经纶建议多种番薯。

1595 年，水利学家潘季驯去世，生前撰有《河防一览》。

1596 年，李时珍《本草纲目》出版。屠叔田撰《闽中海错记》。

1598 年，浙江金华大风雪。王士性去世，生前撰有《五岳游草》《广志绎》。

1599 年，华北大旱。

1604 年，工部侍郎李化龙开加河。

1605 年，广西陆川震。山东抚按说，自三十一年王家口大开，苏家庄大决，全河北徙，鱼台一县为水国，八千余顷之田，存者不及千顷。

1609 年，淮北大旱。

1611 年，方以智出生，他在世时提出"宇中有宙，宙中有宇"，即时空相互渗透而彼此不能孤立存在的时空观。方以智 1671 年去世。

1612 年，传教士熊三拔撰《泰西水法》，介绍西方农田水利。

1613 年，水利家童时明撰《三吴水利便览》。

1616 年，山东、山西、河南、南直隶蝗灾。在此之前，蝗灾一般在北方，此时蝗灾到达江南，史臣说"蝗不渡江，渡江乃异"。

1618 年，湖州六县海飓大作，溺死一万二千余人。山西地震，压死五千人。陕西大雨雪。

1619 年，辽东、广西大旱。

1620 年，云南、湖广地震。

1621 年，王象晋撰《群芳谱》。

1622 年，山东、陕西、甘肃地震。

1623 年，京师、扬州地震。

1624 年，保定地震。谢肇淛去世，生前撰《五杂俎》。

1626 年，宣大总督疏言灵丘县半年来多次地震。京城地震。

1628 年，畿辅旱，赤地千里。

1631 年，甘肃临兆等地地震。

1633 年，河南、京师、江西旱。五台山在七月仍月冰。徐光启去世，生前撰《农政全书》，译《几何原本》。

1635 年，修成《崇祯历书》，其中采用了西方的历法知识。

1637 年，山东、河南蝗，长江中下游旱。刊行宋应星《天工开物》。

1641 年，两京、山东、河南、湖广旱，开封大疫。山东德州人食人。吴有性撰成《瘟疫论》。徐霞客去世，生前撰《徐霞客游记》。

1642 年，中原赤地千里，河决开封，溺死士民数十万。

1643 年，上半年京师大疫，死者日以万计。

1644 年，三月，明朝灭亡。十月，清朝定都北京。宣化、怀来大疫。

1645 年，清廷颁行《时宪历》，以清朝正朔诏示天下。鄂西北饥，人食人。

1646 年，吴有性撰写的《瘟疫论》刊行。

1647 年，河北、山西、陕西蝗。

1649 年，颁布招民开垦政策，关内民众迁入东北。

1652 年，湖广武昌、岳州旱。遵化大雪。霍山地震。

1654 年，冬季严寒。陕西甘肃地震，死伤三万余人。1654—1693 年，修建拉萨的布达拉宫。

1655 年，陕西地震。是年，全国有人口五千一百六十五万。比明代人口减少三分之二。

1656 年，西宁疫。河北武强、昌黎大雪。黄履庄出生，他撰有《奇器图略》。

1657 年，汶川地震。

1661 年，郑成功率师收复台湾。

1662 年，广东钦州、浙江余姚大疫。

1663 年，西藏始名，这之前，唐称吐蕃，元、明称图伯特或乌斯藏。

1664 年，湖广大冶县大雪四十余日。

1668 年，京师地震。康熙皇帝推行"四禁制度"，在关外林区与草原禁止采伐森林，禁止农垦，禁止渔猎，禁止采矿。

1669 年，命南怀仁督造天文仪器。

1677 年，清朝组织考察松花江源头。江南上海、青浦、陕西商州大疫。

1679 年，三河、平谷（京郊地区）8 级大震。

1680 年，淮河上游山洪暴发。

1681 年，推广人痘接种预防天花。云南晋宁、直隶曲阳疫。

1682 年，顾炎武去世，生前撰有《肇域志》《天下郡国利病书》。

1683 年，台湾郑克塽归顺清廷，全国统一。郁永和著《采硫日记》，记述了台湾的环境。山西等地地震。

1685 年，台湾府知府蒋毓英修《台湾府志》。

1687 年，徐乾学奉诏编纂《大清一统志》。

1688 年，水利学家陈潢去世，生前参与治理黄河，倡导治理上游。

1690 年，浙江绍兴、湖广宜都大雪。当涂、阜阳大雪，江河冻，舟楫不通。

1692 年，江南凤阳、湖广郧阳、陕西富平疫。王夫之去世，在世时提出"天下唯气"，"气外无理"。顾祖禹去世，生前撰《读史方舆纪要》。于成龙任河道总督。

1693 年，孙兰撰成《柳庭舆地隅说》。

1695 年，刘献庭去世，生前撰有《广阳杂记》。山西等地地震。

1696 年，京师地震。屈大均去世，生前撰有《广东新语》。

1699 年，八月，赈巴林部饥。

1701 年，遣官往喀尔喀、土默特督教耕种。圣祖巡视塞外。

1702 年，青海蒙古贝勒纳木扎勒以牧地乏水草，请求徙牧大草滩，不准。

1703 年，建承德避暑山庄。

1704 年，康熙皇帝派人勘察黄河源，发现星宿海之上还有三河为上源，即扎曲、古宗列曲、卡日曲。山东大疫。

1708 年，派人往各省测量，制为地图。从 1708—1718 年，在全国进行了空前规模的大地测量，测定了 630 个经纬点，最终绘制了著名的全国地图《皇舆全览图》。

1709 年，建圆明园，国人称之为"万园之园"，外国人称之为"东方的凡尔赛宫"。1860 年被英法联军焚毁。甘肃等地地震。

1712 年，颁行"摊丁入亩"，只征土地税，取消人口税。

1714 年，编《御制历象考成》。

1716 年，齐召南撰成《水道提纲》。

1720 年，河北地震。

1721 年，梅文鼎去世，生前撰有《梅氏历算全书》。梅氏研究中西数学、历法，著述八十多种。

1723 年，河南中牟水灾，直隶平乡疫。

1724 年，浙江海宁、余姚等县海潮溢。

1725 年，傅泽洪主持修撰《行水金鉴》。

1727 年，中俄订立了《布连斯奇条约》和《恰克图条约》。湖广揭阳、澄海、黄冈等地疫。

1728 年，江苏武进、山西太原、湖北崇阳、陕西甘泉、安徽巢县、直隶山海卫等地疫。

1730 年，京城地震。

1732 年，王世浚由成都经雅安，到达拉萨，写成《进藏纪程》。

1736 年，巴林郡王等四旗旱。

1737 年，苏州府在虎丘山门口立《永禁虎丘开设染坊污染河道碑》。

1739 年，宁夏等地地震，死伤五万余人。确切时间是农历十一月二十四日（1740 年 1 月 3 日）。

1741 年，全国总人口约 1.43 亿人。这是有确切记载的中国人口首次突破 1 亿大关的时间。

1743 年，修成《大清一统志》，是为全国总志。

1746 年，黑龙江齐齐哈尔等城水灾。京城地震。

1747 年，松江府崇明县等地因海潮受灾，崇明县淹死一万余人。

1752 年，修成《仪象考成》。

1755 年，汪锋辰著《银川小志》，记载了地震发生前井水浑浊、群犬狂吠等前兆，是有关以动物异常预报地震的科学史料。拉萨建罗布林卡园林。

1756 年，测量西北天山南北并绘图。湖州大疫。

1757 年，河南、河北、山东水灾，为数十年之未有之大水。

1762 年，全国总人口突破两亿。

1763 年，筑乌鲁木齐新城，名迪化。

1764 年，洞庭湖满溢成灾。

1765 年，甘肃地震。

1777 年，戴震去世，生前对地理有专深的研究。

1782 年，官修《西域图志》完成。

1786 年，山东、安徽、河北等地大疫。四川地震。

1788 年，川西和长江中下游连降暴雨，荆州万城大堤溃决。

1792 年，内地旱灾，允许人民往蒙古地方谋食。洪亮吉在贵州担任学政，撰写了《贵州水道考》。

1796 年，河南、山东大水，甘肃、陕西、山西、贵州大旱。

1797 年，台湾飓风成灾。宁波大疫。永定河决口。女天文学家王贞仪去世，她撰有《地圆论》《月食解》《岁差日至辨疑》。

1801 年，陕西旱。永定河决口。

1803 年，河南蝗。禁贫民携眷属出口，不准汉人另垦地亩侵占游牧处所，已垦地按地纳租，定流民耕垦蒙古土地办法，定青海蒙古和番人地界及交易规程。

1805 年，河南旱，两淮水，山东蝗。永定河决口。

1806 年，奉天水灾。阿拉善亲王献吉兰泰盐池。规定蒙古旗内荒地，未经允许，不准私行招垦。

1809 年，陕西旱。福建蝗。洪亮吉去世，生前撰《意言》，提出人口增长快于粮食增长，必将导致社会的动荡和变乱。

1810 年，永定河决口。山东水灾。十一月，禁流民出关，令蒙古盟长报告已垦地亩及租地民户，并禁再招人佃种。

1813 年，直隶、山东、河南旱。

1815 年，山西运城十八州县地震。

1819 年，永定河决口。

1821 年，自去年以来疫情不断，从江南到山东、直隶，死者无数。徐松完成《西域水道记》。

1822 年，甘肃静宁十七州县地震。

1823 年，京畿直隶、南方苏浙皖发生大水。科尔沁蒙古私招流民开垦地亩，传知蒙古不准再行招垦。

1830 年，河北磁县地震。

1832 年，湖广武昌、黄陂、应城等县大疫。

1834 年，全国总人口 401 008 574 人。

1837 年，林则徐考察汉水流域。

1839 年，台湾嘉义县地震，云南浪穹、邓州二县地震。

1841 年，河决河南祥符，洪水包围开封省城长达八个月。鄂东大雪。登州府人畜多冻死。

1842 年，黄河在江苏桃源决口。武昌疫。即墨地震。

1843 年，黄河在河南中牟决口。

1845 年，青浦、苏州地震。

1846 年，湖州、定海地震。陕西与河南大旱。吴其濬完成《植物名实图考》。

1847 年，西宁地震。永嘉疫。陕西与河南大旱。苏、皖、浙、鄂、赣、湘大水。

1849 年，长江中下游水灾，江汉平原饥。

1852 年，中卫地震，涌黑沙。

1853 年，保康大山崩移十里许。姚莹去世，生前两次出差康藏，撰有《康𫐏纪行》。

1855 年，王锡祺出生，生前独自编刻清代地理著作汇抄《小方壶斋舆地丛钞》。黄河改道，由山东入渤海。

1857 年，河北、湖北蝗灾。

1860 年，长江中下游水灾。

1862 年，山东、湖北等地大疫。

1865 年，汉水冰，牲畜多冻死。汉口海关设长江水位站。

1868 年，法国传教士韩德来华，在上海徐家汇创立博物馆。

1870 年，长江中下游水灾。

1875 年，左宗棠督办新疆军务，下令从泾川以西至五门关，夹道种柳。

1876 年，近畿旱，安徽蝗。浙江遂昌奇寒。李榕撰《自流井记》，记载蜀地已初步掌握了地下岩层的分布规律，并找到了绿豆岩和黄姜岩两个标准层，表明我国已建立起最早的地下地质学。

1877 年，山西、陕西、河南大旱，人相食。

1879 年，甘肃地震。

1889 年，赈伊犁等处震灾。

1892 年，赈台湾等处潦灾。河南蝗。宋恕在《六字课斋卑议》中写了《水旱章》。东南沿海奇寒。

1893 年，西宁、甘肃、新疆地震。永定河泛滥。

1895 年，新疆色勒库尔地震。

1897 年，长江中下游水灾。赈新疆蝗灾。甘肃地震。俄国人柯乐德筹建"蒙古金矿公司"，陆续开采库伦以北十五处金矿。

1898 年，甘肃、新疆地震。赈吐鲁番等处水灾、蝗灾。黄思永等奏请开垦伊克昭、乌兰察布二盟牧地，清廷未准。严复译述英国赫胥黎的《天演论》，把"物竞天择，适者生存"的进化论思想介绍给中国。

1900 年，甘肃、陕西旱。黑龙江将军奏准垦放扎赉特等旗土地。

1903 年，曲阳地震。在内蒙古西部新设五原、陶林、武川、兴和等直隶厅。东清铁路建成。

1904 年，四川打箭炉地震。新设洮南府并陆续添设靖安、开通、安广、醴泉、镇东县，管辖科尔沁右翼三旗新辟汉民垦区。

1905 年，大兴安岭成立"祥裕木植公司"。

1907 年，发广东库储十万，赈香港及潮、高、雷等地风灾。

1908 年，兰州旱灾，广东雨灾，黑龙江水灾，山东蝗灾。地图学家邹代钧去世。邹代钧撰有《光绪湖北地记》《直隶水道记》。

1909 年，甘肃全省旱。

1910 年，从年底开始东三省出现疫情。江淮饥。

1911 年，东三省、直隶、山东疫。王树枏等编成《新疆图志》。

明清环境变迁史大事表说明

本书是按专题叙述环境史，而大事表是按编年形式显示环境史中的大事。通过大事表，使读者能从纵向对明清的环境史有所了解，同时弥补在正文中的疏漏之处。

以上大事表，参考了众多的资料。如，中国社会科学院历史研究所编的《中国历代自然灾害及历代盛世农业政策资料》（农业出版社 1988 年版）、虞云国等编著的《中国文化史年表》（上海辞书出版社 1990 年版）。

由于我国地域辽阔，几乎无年不灾。要想把环境史的变化详细排列出来，谈何容易！因此，所记大事，主要是根据作者在写作中感觉到应当收录的事情，没有非常确切的收录标准。大事表只是"二次文献信息"。本表所列大事的月份，由于公历与农历在年头或年尾的月份上有差异，请读者以原始资料为准。

主要参考文献

（明）陈子龙等选辑：《明经世文编》，中华书局 1962 年版。

（明）王士性著，吕景琳点校：《广志绎》，中华书局 1981 年版。

（明）张翰：《松窗梦语》，中华书局 1985 年版。

（明）徐弘祖著，朱惠荣校注：《徐霞客游记校注》，云南人民出版社 1985 年版。

（清）张廷玉等撰：《明史》，中华书局 1974 年版。

（清）叶梦珠撰，来新夏点校：《阅世编》，上海古籍出版社 1981 年版。

（清）贺长龄、魏源等编：《清经世文编》，中华书局 1992 年版。

（清）顾祖禹：《读史方舆纪要》，中华书局 2005 年版。

陈高傭等编：《中国历代天灾人祸表》，上海书店 1986 年版（影印）。

赵尔巽等撰：《清史稿》，中华书局 1976 年版。

《明实录》，中华书局 2016 年版。

《清实录》，中华书局 1985 年版。

李文海、夏明方主编：《中国荒政全书》，北京古籍出版社 2004 年版。

徐泓主编：《清代台湾自然灾害史料新编》，福建人民出版社 2007 年版。

温克刚主编：《中国气象灾害大典·湖北卷》，气象出版社 2007 年版。

邓云特：《中国救荒史》，上海书店 1984 年版。

岑仲勉：《黄河变迁史》，人民出版社 1957 年版。

竺可桢、宛敏渭：《物候学》，科学出版社 1973 年版。

刘昭民：《中国历史上气候之变迁》，台湾商务印书馆 1982 年版。

严足仁编：《中国历代环境保护法制》，中国环境科学出版社 1990 年版。

彭雨新编著：《清代土地开垦史》，农业出版社 1990 年版。

韩大成：《明代城市研究》，中国人民大学出版社 1991 年版。

蓝勇：《历史时期西南经济开发与生态变迁》，云南教育出版社 1992

年版。

　　梁必骐主编：《广东的自然灾害》，广东人民出版社1993年版。

　　何业恒：《中国珍稀兽类的历史变迁》，湖南科学技术出版社1993年版。

　　彭雨新、张建民：《明清长江流域农业水利研究》，武汉大学出版社1993年版。

　　梅兴等：《中国大百科全书·中国地理》，中国大百科全书出版社1993年版。

　　邹逸麟：《中国历史地理概述》，福建人民出版社1993年版。

　　施和金编著：《中国历史地理》，南京出版社1993年版。

　　何业恒：《中国珍稀鸟类的历史变迁》，湖南科学技术出版社1994年版。

　　文焕然等：《中国历史时期植物与动物变迁研究》，重庆出版社1995年版。

　　罗桂环等主编：《中国环境保护史稿》，中国环境科学出版社1995年版。

　　袁林：《西北灾荒史》，甘肃人民出版社1994年版。

　　赵冈：《中国历史上生态环境之变迁》，中国环境科学出版社1996年版。

　　张丕远主编：《中国历史气候变化》，山东科学技术出版社1996年版。

　　冯沪祥：《人、自然与文化——中西环保哲学比较研究》，人民文学出版社1996年版。

　　王振忠：《近600年来自然灾害与福州社会》，福建人民出版社1996年版。

　　耿占军：《清代陕西农业地理研究》，西北大学出版社1996年版。

　　赵荣、杨正泰：《中国地理学史》，商务印书馆1998年版。

　　华林甫编：《中国历史地理学五十年》，学苑出版社2002年版。

　　鲁西奇：《区域历史地理研究：对象与方法——汉水流域的个案考察》，广西人民出版社2000年版。

　　田培栋：《明清时代陕西社会经济史》，首都师范大学出版社2000年版。

　　鲁枢元、陈先德：《黄河史》，河南人民出版社2001年版。

　　复旦大学历史地理研究中心主编：《自然灾害与中国社会历史结构》，复旦大学出版社2001年版。

　　冯贤亮：《明清江南地区的环境变动与社会控制》，上海人民出版社2002年版。

　　余新忠：《清代江南的瘟疫与社会：一项医疗社会史的研究》，中国人民大学出版社 2003 年版。

[法] 魏丕信：《18 世纪中国的官僚政治与荒政》，江苏人民出版社 2003 年版。

鲁西奇、潘晟：《汉水中下游河道变迁与堤防》，武汉大学出版社 2004 年版。

于德源编著：《北京历史灾荒灾害纪年：公元前 80 年—公元 1948 年》，学苑出版社 2004 年版。

钞晓鸿：《生态环境与明清社会经济》，黄山书社 2004 年版。

梅雪芹：《环境史学与环境问题》，人民出版社 2004 年版。

李孝聪：《中国区域历史地理》，北京大学出版社 2004 年版。

王元林：《泾洛流域自然环境变迁研究》，中华书局 2005 年版。

罗桂环、汪子春主编：《中国科学技术史·生物学卷》，科学出版社 2005 年版。

汪汉忠：《灾害、社会与现代化——以苏北民国时期为中心的考察》，社会科学文献出版社 2005 年版。

张全明：《中国历史地理学导论》，华中师范大学出版社 2006 年版。

林颀：《中国历史地理学研究》，福建人民出版社 2006 年版。

张修桂：《中国历史地貌与古地图研究》，社会科学文献出版社 2006 年版。

廖国强等：《中国少数民族生态文化研究》，云南人民出版社 2006 年版。

杨京平：《环境生态学》，化学工业出版社 2006 年版。

安作璋主编：《中国运河文化史》，山东教育出版社 2006 年版。

张崇旺：《明清时期江淮地区的自然灾害与社会经济》，福建人民出版社 2006 年版。

韩汝玢、柯俊主编：《中国科学技术史·矿冶卷》，科学出版社 2007 年版。

周致元：《明代荒政文献研究》，安徽大学出版社 2007 年版。

何一民主编：《近代中国衰落城市研究》，巴蜀书社 2007 年版。

陈业新：《明至民国时期皖北地区灾害环境与社会应对研究》，上海人民出版社 2008 年版。

章义和：《中国蝗灾史》，安徽人民出版社 2008 年版。

张建民：《明清长江流域山区资源开发与环境演变：以秦岭—大巴山区为

中心》，武汉大学出版社 2007 年版。

尹玲玲：《明清两湖平原的环境变迁与社会应对》，上海人民出版社 2008 年版。

冯贤亮：《太湖平原的环境刻画与城乡变迁（1368—1912）》，上海人民出版社 2008 年版。

赵启安、胡柱志主编：《中国古代环境文化概论》，中国环境科学出版社 2008 年版。

[美] J·唐纳德·休斯著，梅雪芹译：《什么是环境史》，北京大学出版社 2008 年版。

王瑜、王勇主编：《中国旅游地理》，中国林业出版社、北京大学出版社 2008 年版。

颜家安：《海南岛生态环境变迁研究》，科学出版社 2008 年版。

侯甬坚主编：《鄂尔多斯高原及其邻区历史地理研究》，三秦出版社 2008 年版。

张艳丽：《嘉道时期的灾荒与社会》，人民出版社 2008 年版。

谢丽：《清代至民国时期农业开发对塔里木盆地南缘生态环境的影响》，上海人民出版社 2008 年版。

满志敏：《中国历史时期气候变化研究》，山东教育出版社 2009 年版。

袁祖亮：《中国灾害通史》，郑州大学出版社 2009 年版。

梅雪芹：《环境史研究叙论》，中国环境科学出版社 2011 年版。

[英] 伊懋可著，梅雪芹等译：《大象的退却：一部中国环境史》，江苏人民出版社 2014 年版。

钞晓鸿主编：《环境史研究的理论与实践》，人民出版社 2016 年版。

周琼主编：《道法自然：中国环境史研究的视角与路径》，中国社会科学出版社 2017 年版。

陈跃：《清代东北地区生态环境变迁研究》，中国社会科学出版社 2017 年版。

后 记

许多治史者喜欢研读明清史，笔者亦如此。早在 20 世纪 80 年代，笔者在吴量恺教授指导下写的本科毕业论文，就是研究明代的倭寇。后来，又在李国祥教授指导下做过《明实录》的整理，并写过一些关于明史的小文章。不过，笔者一直没有用全部精力研究明清史，也未专门研究明清环境史。这次撰写此书，笔者边学边研，所做的仅仅是非常初步的工作，主要是从历史文献方面做些工作。

环境史是一门年轻的学科，从这个意义上说，中国古代是没有环境史著作的。然而，这并不意味着中国古代就没有环境史资料。与宋元时期相比，明清时期的史料非常丰富，难以穷尽。在明清的每一本历史文献之中，只要用心寻找，都可以找到与环境史相关的内容。因此，研究明清环境史，不是资料的问题，而是时间与能力的问题，是学识的问题。

环境史是一门交叉学科，需要跨学科的知识。每个不同的学科，可以从不同的角度，做出不同特色的环境史研究。在笔者看来，中国历史上保存有大量的环境史料，可以从历史文献学角度作为一个切入点。研究任何一门学问，都需要将文献研究作为起步，然后步步深入。这本书稿只是一个尝试，还需要后继者勇往开拓。从自然知识角度，从数理统计角度，从图表模型角度，从理论分析角度，都还可以做出新的学术成果，并有很大的研究前景。这些角度正是本书的缺点所在。如果有年轻人乐意把毕生精力用于专治明清环境史，一定可以做出更加综合而专深的学术成就。

特别想说明的是，《中国环境变迁史丛书》从筹划、写作到完稿，时间长达十年，在中途近乎"夭折"之时，杨天荣编辑独具慧眼，主动与我们联系，并得到中州古籍出版社的鼎力支持，有幸能顺利出版。本书在定稿的过程中，编辑提出了许多宝贵意见，李文涛博士做了大量文献核对工作，对此笔者深深表示谢意。

由于学识有限，研究过程中还存在不少问题，其中难免存在一些疏漏、不妥之处，请读者批评、指正。

王玉德

2020 年于武昌桂子山

王玉德 ◎ 著

中国环境变迁史丛书

明清环境变迁史

『十一五』国家重点图书出版规划项目

中州古籍出版社
· 郑州 ·

[2]《清史稿·灾异志一》。

王玉德

2020 年于武昌桂子山